GRÚAS

GRÚAS

Emilio Larrodé, Antonio Miravete

Grupo I+D Transportes y Vehículos
Área de Ingenieria e Infraestructura de los Transportes
Departamento de Ingeniería Mecánica
Centro Politécnico Superior de Ingenieeros
Universidad de Zaragoza

ZARAGOZA, 1996

1.ª Edición, 1996

Editado por: Servicio de Publicaciones, Centro Politécnico Superior
Universidad de Zaragoza

I.S.B.N.: 84-605-4663-2
Dep. Legal: Z-169-96

Imprime: Publidisa - www.publidisa.com

PROLOGO

El ingeniero mecánico que estudie los aparatos de elevación y transporte precisa de un texto de apoyo que le sirva tanto de base teórica como de documentación, es por ello por lo que hemos desarrollado y presentado este libro cuyo objetivo es eminentemente docente. Dada la falta de textos docentes que existen sobre este tema en lengua castellana, se considera una necesidad la edición de un libro de estas características que sirva como apoyo al estudiante.

En este libro el tratamiento de materias relacionadas con ascensores, funiculares y máquinas e instalaciones de manutención no está contemplado, ya que está centrado en el estudio de grúas y aparatos de elevación de una manera mas exhaustiva, de tal manera que el lector por medio de la base teórica y ejemplos prácticos, comprenda el funcionamiento de todos estos aparatos y los elementos que los componen. El estudio de funiculares, ascensores y máquinas e instalaciones de manutención se desarrolla en otra obra de los autores.

El avance en nuevas técnicas de fabricación, la puesta en marcha de nuevas Normativas y el interés científico-técnico tanto para profesionales de esta materia como a estudiantes, nos ha parecido razón suficiente para realizar esta publicación. Los nuevos conceptos en el diseño de los aparatos, la incorporación de nuevos materiales, aspectos relacionados con la estabilidad de los mismos y el tratamiento que da la nueva Normativa, son algunos ejemplos de materias incorporadas en este libro.

A lo largo de todos los capítulos del libro se han desarrollado ejemplos numéricos resueltos que facilitan al lector la comprensión de las materias tratadas. De esta manera se consigue explicar con detalle el proceso de cálculo que ha de seguirse a la hora de diseñar cada uno de estos aparatos y sus elementos. Dada la importancia y dificultad que la materia presenta, creemos que es un buen complemento para la parte descriptiva ya que permitirá afianzar los conocimientos adquiridos en el libro.

Es de agradecer el apoyo y colaboración de todas aquellas personas y empresas que de una manera u otra se dedican al desarrollo de los aparatos de elevación y transporte, y que nos han brindado su más sincera y desinteresada ayuda en todo momento, con el ánimo de dar a conocer las más novedosas técnicas de diseño y fabricación, así como los mas modernos aparatos que se fabrican hoy en día.

Queremos subrayar que esta publicación no habría salido a la luz sin el esfuerzo y plena dedicación de todos los miembros del Área de Ingeniería e Infraestructura de los Transportes del Centro Politécnico Superior de la Universidad de Zaragoza.

Mención especial merecen Anabel Márquez y Teresa Labordé por su eficiente labor en la edición de este texto, a quienes queremos enviar nuestro más sincero agradecimiento.

1. INTRODUCCION

El ingeniero mecánico encuentra en las máquinas y aparatos de elevación un campo de actividad muy interesante y variado, con un carácter particularmente resultante a la vez de una combinación de la Mecánica, Cálculo de Máquinas, Resistencia de Materiales y Electrotecnia y de la gran variedad de problemas y de soluciones que ellos comportan.

Hay que subrayar la importancia que tienen los aparatos de elevación y transporte en Aragón, sin duda una potencia en la construcción y diseño de vehículo-grúa, grúas portacontenedores, puentes grúa, grúas pórtico e instalaciones de transporte en minería.

El libro se divide en dos partes: elementos y aparatos. Inicialmente se estudian los elementos de suspensión con objeto de determinar la carga total a elevar. Posteriormente se estudian cables, poleas, aparejos y tambores, completando lo que se denomina circuito mecánico de elevación. A continuación se analizan ruedas y carriles, que constituyen el circuito mecánico de translación. En los dos últimos capítulos, del apartado de elementos, se estudia el equipo eléctrico y la normativa existente para llevar a cabo el cálculo de la estructura.

En la Parte II correspondiente a aparatos, se estudian puentes grúa, grúas pórtico, grúas consola, grúas giratorias, grúas de cubierta, grúas portacontenedores, grúas torre y vehículos grúa.

1.1. Historia de los aparatos de elevación y transporte

1.1.1. LOS PRIMEROS PASOS

Los primeros medios para transportar y elevar cargas fueron las palancas, rodillos y planos inclinados. La construcción de grandes obras con este equipamiento requería un elevado número de personas. A título de ejemplo, la pirámide de Cheops fue construida en el siglo XXII a.C. en un tiempo aproximado de veinte años, estando ocupadas de manera continua alrededor de cien mil personas.

Los primeros elevadores de palanca se utilizaron en China e India en el siglo XXII a.C. para elevar agua.

Así pues, por medio de los ancestrales medios anteriormente citados y la fuerza realizada por un elevado número de personas se realizaron las labores de elevación y transporte durante un largo período de tiempo en la historia.

Una operación que constituyó un problema técnico de notable complejidad fue el desplazamiento y colocación de la columna de Heliópolis en el Antiguo Egipto. El peso de la estructura era aproximadamente de 360 toneladas.Una fecha trascendental en la historia de la grúa la constituye la aparición de la polea, datada en el siglo VII a.C. Su lugar de nacimiento parece ser Grecia.

Durante los siglos VI al IV a.C. existió un notable progreso técnico en Grecia. Es imposible determinar las primeras aplicaciones de la polea, si bien se duda entre la navegación y el teatro.

Ciertas obras de teatro, en especial las escritas por Eurípides (480-406 a.C.) requerían maquinaria de elevación (mechane), ya que una persona era descendida al escenario simulando la entrada en escena de un dios procedente del cielo. De aquí, la sarcástica frase de Luciano "theos ek mechane, deus ex machina", que traducida sería: "dios [descendiendo] mediante una máquina". Parece que esta maquinaria fue usada por primera vez en un drama en el año 427 a.C.

También en la misma época hizo su aparición el tambor de arrollamiento. Así pues, aproximadamente en el siglo V a.C. se realizaron las primeras instalaciones de elevación: una soga anclada a la carga pasaba a través de una polea dispuesta a una cota superior. La soga se arrollaba a través de un tambor de accionamiento manual sin ningún tipo de guiado.

Aristóteles (384-322 a.C.) escribió en su obra Mecánica cómo se podrían elevar cargas en construcción de edificios mediante poleas y palancas.

En el siglo III a.C. Arquímedes utilizó las primeras combinaciones de varias poleas y sistemas complejos de triple polea en una demostración pública en transporte de barcos tierra adentro. Los primeros resultados en los sistemas citados fueron sorprendentes hasta para el propio Arquímedes quien, sin duda movido por la euforia del momento, llegó a decir que él sería capaz de mover la Tierra si le fuera posible permanecer en una referencia inmóvil. Entre las innovaciones de Arquímedes destaca un potente aparato de elevación utilizado para la defensa de Siracusa contra los romanos. Esta grúa se caracterizó por su gran actividad y el enorme respeto que provocó en sus enemigos. A la muerte de este inventor, la utilización del sistema de triple polea fue extendido rápidamente.

El cabestrante fue utilizado a partir del siglo II a..C. Marco Vitruvio (85-26) fue un auténtico conocedor de las técnicas antiguas de elevación de cargas pesadas. Por primera vez en la Historia, se conseguía reducir la fuerza de elevación ya que se conocían los engranajes y el tornillo sin fin. Vitruvio explica cómo es posible elevar pesadas cargas sin la realización de esfuerzo manual.

El procedimiento consistía en acoplar a un tambor manual una rueda de gran diámetro, unos dos metros, con radios de elevada resistencia. Una serie de personas, "subidas en los radios", ejercían con su propio peso un momento motriz que se multiplicaba, según la relación de dimensiones entre diámetros de rueda y tambor. Con esta ancestral y original técnica era posible la elevación de varias toneladas.

Dos relieves, uno en Lateral y otro en el museo de Capua, muestran sendos aparatos de elevación basados en "la rueda de gran diámetro" y los hombres trepadores". En el primero de los citados, se aprecia un mástil simple, que se mantenía vertical por medio de conjuntos de poleas y sogas. La elevación la realizaban cinco hombres gravitando sobre otros tantos radios de la gran rueda. En el museo de Capua, se representa en un relieve el mástil, pero dispuesto aparte de la gran rueda, ocupada por dos hombres. Ambos documentos datan del siglo I d.C.

Vitruvio describe otro aparato para elevar pesadas cargas consistente en dos mástiles mantenidos verticalmente por medio de sogas y unidos inferiormente entre sí por el propio tambor de accionamiento. Un sistema de varias poleas eleva la carga mediante un procedimiento manual.

Después de Vitruvio, que vivió en tiempos de Augusto, destaca Hero, que vivió en el siglo I d.C. En el año 70 d.C. escribió en el segundo tomo de su libro Mecánica diversas técnicas de elevación de pesadas cargas. Describe los aparatos de uno, dos, tres y cuatro mástiles con visibles mejoras con respecto a las enseñanzas de Marco Vitruvio. Introdujo diversos tipos de elementos pasadores que mantenían una determinada carga sin necesidad de mantener la tensión de tracción en las sogas. Destacan el pasador triple donde una pieza penetra en elementos taladrados pertenecientes al aparato y al conjunto de sujeción de la carga.

Tras Hero, se abre un paréntesis en la historia de la grúa, en el cual se aplican los principios ya conocidos pero no se realizan aportaciones importantes. No obstante, se habían trazado las líneas maestras de la elevación; ahora sólo faltaba su desarrollo y perfeccionamiento.

1.1.2. LA EDAD MEDIA

En el siglo XII d.C., para el desarrollo de la navegación, el comercio, la industria minera y metalúrgica precisaron de unos aparatos que elevaran y transportaran elevadas cargas de manera mecánicamente estable y potente.

Las primeras grúas se construyeron a orillas del mar y de los ríos, siendo el embrión de las sofisticadas grúas portuarias que hoy bordean nuestros mares. Su accionamiento era manual o hidráulico. En el siglo XI es digna de mención la técnica de construcción civil llevada a cabo en la catedral de Sofía en Novgorod, mediante sistemas de aparejos complejos. Los materiales utilizados en esta época eran la madera y el acero. Si bien este último se empleaba para la construcción de ejes y ganchos únicamente.

En la Alta Edad Media aparecieron según diferentes manuscritos las primeras grúas formadas por una columna y una viga superior en voladizo con travesaños de refuerzo. Eran construidas con sistemas de gancho, cables, poleas y tambor.

En un manuscrito que data del año 1430, se describe una grúa giratoria de columna giratoria que, aunque muy primitiva, presentaba ya los movimientos de elevación de la carga y giro de la estructura. En la Edad Media, así mismo, se llevó a cabo un notable desarrollo de las actividades portuarias con el consiguiente avance del nivel técnico de los aparatos de elevación y transporte.

En el siglo XV se realizaron novedades relacionadas con el uso de palancas oscilantes y trinquetes que permitían elevar pesadas cargas de forma progresiva. Un aspecto importante es el aumento de la seguridad existente en los nuevos aparatos en comparación con el clásico mecanismo de elevación manual.

En el aspecto energético, ya en la Alta Edad Media se utilizaba la hidráulica como sustitución de la fuerza o el peso humano, pero comenzaba a existir una preocupación sobre la eficacia de las máquinas, así como del rendimiento de la totalidad de las máquinas de elevación en especial.

Esta preocupación llevó a Leonardo da Vinci (1452-1519) a realizar notables mejoras. Así, inventó lo que sería la primera grúa móvil para elevación y transporte de bloques de piedra. La grúa se compone de una plataforma a partir de la cual se elevan unos tirantes de madera. Estos tirantes alzan una viga por la que circula un cable a través de un sistema de poleas. Esta plataforma giratoria podía ser arrastrada por medio de un sistema de cables.

Es notable observar en los cuadernos de notas de Leonardo reflexiones sobre problemas de fricción, transformación de movimiento, reducción y aumento de potencia, problemas de tensión y deformación en materiales, problemas de mecanización y, sobre todo, problemas científicos que sólo pueden ser resueltos por métodos experimentales. Todos estos problemas serían resueltos a lo largo de la Historia.

En el siglo XV, uno de los más notables aparatos realizados es la grúa de Trier, que constituye el monumento principal de la ciudad alemana de Moseta. Es una grúa de columna de madera que lleva en la parte superior otras dos vigas horizontales también de madera contrabalanceadas mutuamente por dos riostras de hierro. La columna lleva en su base una espiga de hierro y apoya en un tejuelo del mismo material. La cadena tractora se arrolla en un tambor soportado por la misma columna. La carga a elevar se estima en valores superiores a 2,5 toneladas. Esta grúa está encerrada en un edificio monumental en forma de torre.

En el año 1444 se construyó la grúa de Danzing, que da nombre a una de las puertas de la ciudad.

En diversos grabados del siglo XVII se muestran muelles de descarga donde se aprecia una notable actividad portuaria. Se observan grúas simples en voladizo, donde una polea superior era recorrida por una soga que por un lado amarraba la carga y por el otro era arrollada manualmente en tambores de gran diámetro con objeto de disminuir el esfuerzo del operario.

Sobre el año 1630 se estima la construcción de una interesante grúa en la ciudad alemana de Augsburgo. Consistía en una columna de madera mantenida verticalmente pro cuatro tirantes del mismo material. La columna, en su parte superior, alojaba una viga horizontal o pluma en voladizo. Un tambor y un sistema de poleas componían el circuito de elevación. La potencia de elevación era obtenida mediante una rueda de gran diámetro acoplada al tambor. Siguiendo los esquemas clásicos aparecidos en el siglo I d.C., varios hombres, con su propio peso elevaban la carga. Era notable el progreso en el rendimiento de la transmisión ya que dos hombres de 75 kg elevaban 600 kg. La carga máxima era de 10 toneladas.

En el año 1769 se trasladó desde las orillas del río Neva hasta San Petersburgo un monumento a Pedro I de 1000 toneladas de peso. El transporte por tierra se llevó a cabo mediante bolas de cobre dispuestas en canales revestidos con chapas de cobre y con ayuda de tornos aparejos. Se puede afirmar que este mecanismo es el primer prototipo de rodamiento de bolas.

1.1.3. EL CAMBIO EN LA TECNOLOGÍA Y EN LA ENERGÍA

Durante los siglos XVIII y XIX se gestó un cambio profundo en el aspecto tecnológico. En los siglos anteriores, se habían izado notables grúas pero todavía necesitaban notables modificaciones.

En el aspecto del material, la tecnología del hierro y del acero anunciaban un futuro con estructuras rígidas y resistentes que iban a desplazar a la clásica viga de madera. Los procesos de prensa y fundición permitían la realización de novedosos elementos.

En el aspecto de fricción, los antiguos aceites serían reemplazados por casquillos de bronce que asegurarían por más tiempo la vida de las piezas móviles y elevarían los rendimientos de la transmisión.

En el terreno de la rodadura, se desarrollaron durante el siglo XVIII dos sistemas diferentes: la rueda metálica de pestaña sobre carril ordinario y el de ruedas ordinarias sobre rail con reborde o con surco. El segundo de los sistemas estaba formado por barras de hierro fundido en forma de L apoyadas en piedras. Con ambos sistemas se obtenían estructuras móviles de extraordinaria estabilidad y con una larga vida para sus elementos de rodadura.

En el tema de las energías, en el año 1860, se construyó la primera grúa de vapor. Esta histórica fecha significaba la variación de la posición del hombre frente a la máquina: pasaba de agente productor de energía a agente auxiliar de la propia máquina generadora de energía.

La electricidad, descubierta durante el siglo XVIII, fue aplicada a los aparatos de elevación en el año 1881.

En muy pocos años se produjo el gran cambio. De ver grúas en madera con enormes ruedas o tambores manuales se pasó a ver aparatos de elevación en acero accionados a vapor o eléctricamente no muy diferentes de los de nuestros días.

1.1.4. EL CONGRESO DE PARÍS DE 1889

A finales del siglo XIX el hombre tenía los conocimientos y la tecnología suficientes como para elevar una carga siguiendo en la línea de progreso emprendida en el siglo XVIII, pero aparecieron nuevos problemas. Con objeto de buscar una cooperación internacional, se reunieron en París en el año 1889 los principales técnicos de una gran parte de países europeos.

La importancia del Congreso fue de primer orden debido fundamentalmente a la época en que se dio pues, al haberse aplicado la energía eléctrica de forma reciente, el hombre buscaba solución a los problemas técnicos suscitados por las nuevas tecnologías y energías.

Algunas contribuciones se citan a continuación:

En el año 1867, entre las primeras grúas portuarias, se construyó una gran grúa de puerto de 50 toneladas de alcance variable. Mediante un mecanismo articulado y la traslación de una sobreestructura auxiliar, se obtenía una trayectoria de la carga de apenas variación vertical. Una máquina de vapor accionaba los mecanismos de traslación y elevación. Con esta construcción, la compañía Fives-Lille obtenía un aparato sofisticado de elevado rendimiento debido a que la carga en el desplazamiento horizontal no generaba ningún cambio apenas en su energía potencial. En consecuencia, la potencia necesaria era mínima.

Las empresas inglesas Hunter y English construyeron en el año 1886 una interesante grúa a bordo movida por una máquina de vapor. La peculiaridad del aparato residía en su capacidad de carga, ya que, por ejemplo, su carga máxima de elevación a 16 metros era de 50 toneladas.

El técnico M. Guyenet diseñó en el año 1888 un moderno carro de puente grúa. En el citado elemento, mediante las recientes aplicaciones de la electricidad, se conseguía accionar los mecanismos de maniobra de elevación de la carga. Así mismo, los frenos actuaban con mecanismos de seguridad. El resultado del diseño fue la consecución de uno de los primeros carros eléctricos con dispositivos de seguridad eléctricos en la frenada. Este proyecto a la vez que ambicioso era un preludio de lo que iban a ser los próximos años en la evolución de la grúa, ya que la seguridad iba a ser un tema de investigación de primera línea.

1.1.5. LA SEGURIDAD Y EL RUIDO

Los principios del siglo XX estarán marcados por un conocimiento de los mecanismos eléctricos y mecánicos de los aparatos de elevación. El propio conocimiento citado implicaba la preocupación por dos temas fundamentales: la seguridad y el ruido.

Los procesos tecnológicos de fabricación de piezas metálicas iba evolucionando considerablemente de manera que la prensa había obtenido notables resultados, la fundición estaba imponiéndose en piezas irregulares y se empezaban a apuntar novedosas técnicas de laminación. Este cambio en la tecnología del acero implicó estructuras estables y resistentes debido a la mayor cantidad del acero y la evolución de las uniones estructurales atornilladas o roblonadas con notables características. Un ejemplo de esta evolución son las grúas realizadas por las empresas Briausk, Krauctorsk y Putilov en Rusia a principios del siglo XX.

La joven sociedad americana mecanizaba los puertos mediante grúas sobre neumáticos que recorrían las instalaciones portuarias con una gran flexibilidad de movimientos. Con objeto de obtener unas idóneas condiciones de seguridad, las grúas se equipaban con controles de basculamiento y frenos basados en las corrientes de Foucault.

Las cadenas, utilizadas a lo largo de los siglos XVIII y XIX como elementos de transmisión flexibles entre la carga y el órgano de arrollamiento fueron sustituidas por modernos cables metálicos. En prototipos de grúas de comienzos del siglo XX se aprecian cables metálicos de alta resistencia y de silenciosa marcha.

A lo largo de la Edad Media se utilizaron como elementos reductores engranajes de dientes rectos. En los años de transición entre los siglos XIX y XX, Ravelli diseñó una transmisión para carros de elevación que fue el primer paso para el engranaje helicoidal. Este tipo de transmisión, introducido por Leason en la primera mitad del siglo XX, se caracteriza por su elevado rendimiento y su engranaje silencioso.

En los movimientos de orientación de grandes grúas y en máquinas siderúrgicas de elevación se requerían rodamientos de elevado diámetro que fueran estables, resistentes y seguros. En el año 1946, la Dirección de Puertos Marítimos en un programa de normalización imponía la circulación sobre rodamientos de bolas. Las empresas Timken y Priestaman inglesas y la sociedad alemana Roth-Erde idearon un sistema de supresión del pivote central de giro y de disposición de un gran rodamiento que absorbía los momentos de giro. Al mismo tiempo, también la sociedad francesa R.K.S. del grupo S.K.F., captando la idea de los automóviles Panhard, lanzaba al mercado un gran rodamiento de rodillos alternados que constituían el primer prototipo de los grandes rodamientos de giro de plataforma que existen hoy en día.

1.1.6. EL ALIGERAMIENTO COMO ELEMENTO DE AHORRO ENERGÉTICO

El transporte terrestre es una actividad natural del hombre. No ocurre así con la elevación de una carga. Para ello el hombre ha ideado durante cinco siglos pesadas máquinas progresivamente más sofisticadas pero realizadas sobre materiales de alta densidad.

A partir de los años cincuentas, la fuerte competencia entre las diferentes marcas, los problemas energéticos derivados del petróleo y la posibilidad de elevar mayores cargas con la misma potencia del motor han originado una tendencia generalizada del diseño de la grúa hacia una disminución de su propio peso.

En 1948, en el Congreso de Amberes, M.L. Descans trazó las líneas maestras de la nueva tecnología en grúas de puertos, que en muy poco tiempo fueron puestas en marcha.

En 1949, los puertos marítimos alemanes y, en particular, el de Bremen, tomaron la iniciativa en un tipo de construcción radicalmente nuevo para grúas de gancho con objeto de conseguir un aligeramiento de peso: las grúas "monobloc" explicadas por el profesor H. Ernst en el año 1954 en la revista V.D.I. y , en 1957, en Stahlbau.

Estos aparatos consistían en una estructura unitaria que representaba un reducido peso propio debido a la utilización de tubos de acero de características elevadas: Corten de Usinor, Werten de De Wendel-Sidelor, Ni-Cu-Nb o a base de aleaciones de aluminios. Así mismo, las paredes de las vigas cajón eran notablemente disminuidas debido a la elevación del límite elástico del material.

A Bremen siguieron los puertos de Le Havre, Marsella y, progresivamente, el resto de los puertos europeos y no europeos.

Continuando con grúas de puerto, es preciso mencionar Estrasburgo, que en 1969 configuró la más reciente instalación para mantenimiento de contenedores, iniciando la normalización del sistema de carga en longitudes de veinte, treinta y cuarenta pies.

En el capítulo de grúas pórtico, las empresas MAN de Nüremberg y Van Roll de la Confederación Helvética realizaron construcciones altamente aligeradas basadas en una única viga principal recorrida por un carro en voladizo. La rodadura del carro, altamente económica y original, se llevaba a cabo por medio de cuatro rodillos situados a dos cotas diferentes. El momento de la carga en voladizo generaba dos componentes horizontales, por lo que se precisaban dos rodillos horizontales y otros tantos dispuestos en una cota superior que, inclinados, absorbían las reacciones verticales y horizontales.

La estructura, un pórtico simple, reunía las condiciones de estabilidad mediante unas vigas longitudinales de rodaduras acopladas rígidamente a los extremos inferiores de los postes.

En el campo de los puentes grúa, la empresa DEMAG de Alemania obtuvo a partir de la década de los cincuenta notables progresos mediante la sustitución de puentes grúa de doble viga principal por vigas simples aligeradas para una amplia gama de cargas.

El mecanismo de elevación estaba constituido por compactos polipastos cuya estructura resistente es la propia carcasa de los grupos motrices de elevación. Con esta filosofía se acoplaban en serie tambor, reductor de elevación, acoplamiento, freno de tambor y motor de elevación.

La viga principal estaba constituida en estos modelos por perfiles laminados de tipo I.P.N.

Las monumentales grúas portacontenedores fueron continuamente objeto de mejoras que disminuían progresivamente las mil toneladas de peso propio que inicialmente tenían.

La tendencia inicial fue la optimización estructural, que originó grúas conformadas en sección cajón con la viga principal realizada en celosía. Se pueden citar Vickers en Londres, Stothert y Pitt en Liverpool, Clyde Crane y Both en Grange Mouth, Demog en Rotterdam y Paceco en Los Angeles.

La construcción de la viga principal en celosía encarecía el proceso de fabricación pero disminuía de forma notable el peso de la citada viga y con él la potencia de los motores de elevación de la viga principal y de traslación.

En Japón, la sociedad Fives-Lille-Cail fue contratada por Mitsubishi para la construcción de grúas de manutención de mineral. Estos aparatos de estructura, de grúa portacontenedores, introducían una interesante variante. La cuchara recorría la distancia entre el extremo de lado agua , donde se realizaba la descarga del material. Se dispuso, partiendo de las condiciones de carga anteriormente descritas, la tolva y una cabina con mecanismos de accionamiento y transformadores eléctricos en el extremo de lado tierra de la viga principal. De esta forma, el peso de estos elementos ejercía la labor de contrapeso, reduciendo el peso de la grúa.

En grúas portacontenedores de carro muy giratorio se introdujo la novedad de disponer los mecanismos de elevación y traslación del carro en una cabina situada sobre la viga principal. Con este diseño, el carro estaba compuesto por una estructura simple, cuatro rodillos de giro y cuatro poleas de paso de cable. Obviamente disminuyó el peso del carro con la correspondiente reducción de las potencias de elevación y traslación de aquél. La transmisión entre la cabina de accionamiento y el propio carro se llevó a cabo mediante un sistema de poleas que mantenía fija la altura de la carga ante un movimiento de traslación del carro.

Muy notable ha sido la evolución de los vehículo grúa con pluma telescópica. La empresa alemana GROVE ideó un original sistema en el que un solo cilindro hidráulico gobernaba el movimiento de extensión de los cinco tramos que componen la pluma. Se trataba de un cilindro hidráulico asistido que se acoplaba a los extremos de los diferentes tramos trepando en el interior de la pluma.

Estructuralmente, se obtuvieron altos aligeramientos mediante la utilización de aceros de alto límite elástico. Hasta hace muy pocos años se construían tanto el bastidor como la pluma en acero tipo T1 (700 MPa de límite elástico). En la actualidad, se tienden a utilizar modernos aceros de 900 MPa de límite elástico. Con estos materiales, la pluma se deformaba varios metros en punta y el bastidor se torsionaba de forma visible, recuperando su geometría inicial en el momento de la liberación de la carga. La pluma se diseñaba con estudiadas secciones que soportaban altos esfuerzos de compresión y flexión. La sección continua era asistida con perfiles cuidadosamente dispuestos para la correcta transmisión de esfuerzos.

Una novedad importante en los últimos años fue la introducción en toda la gama de cargas de un solo motor térmico que alimenta al aparato como vehículo y como grúa. Esta posibilidad, por medio de un circuito hidráulico general, permitió eliminar uno de los dos motores que existían para gobernar vehículo y grúa independientemente.

Finalmente la automatización es otro aspecto a subrayar y como ejemplo sirva la factoría central de POTAIN en Francia que fabrica de forma totalmente automática y continua las estructuras de celosía que luego se utilizan en la torre, pluma, contraflecha y portaflecha.

PARTE I: ELEMENTOS

2. ELEMENTOS DE SUSPENSION

En este capítulo, se van a analizar los diferentes tipos de elementos de suspensión. Estos elementos tienen como misión fundamental enclavar la carga a elevar con el aparato de elevación. Si la carga a elevar puede amarrarse a cables o eslingas, éstos se sujetarán a un gancho que forma parte del aparejo del aparato de elevación. Cuando se trata de manipular carga a granel, el elemento de suspensión será una cuchara que estará unida mediante cables al aparato de elevación. En caso de transportar contenedores, el elemento de suspensión será una estructura metálica que estará unida al aparato de elevación mediante cables y que se enclavará al contenedor mediante cuatro puntos de sujeción dispuestos en cada uno de los vértices superiores del contenedor. El nombre de este elemento de suspensión se toma del idioma inglés: spreader.

Es importante subrayar, que siempre que se dimensione un aparato de elevación, se debe comenzar con la definición del elemento de suspensión. La razón es obvia: en algunos casos el elemento de suspensión pesa aproximadamente lo mismo que la carga útil, con lo cual la carga total a elevar será aproximadamente el doble de la carga útil.

2.1. Ganchos

2.1.1. GENERALIDADES

En el ciclo completo realizado por un aparato de elevación una parte importante la compone la operación de enganche y desenganche de la carga. A partir de la afirmación anterior, es preciso un diseño adecuado del elemento de suspensión. En la actualidad, existe una normativa vigente, que define completamente el diseño de los ganchos. Por lo tanto, la tarea del ingeniero de grúas se compone básicamente de seleccionar de forma adecuada el gancho de acuerdo con la normativa.

En el aspecto de seguridad, ocupa un lugar relevante la forma de enganche de la carga, debido a que la aceleración ejercida así como posibles choques pueden desestabilizar el enlace elemento de suspensión-carga.

Figura 2.1. Fotografía de grúa con un gancho como elemento de suspensión.

Existen diferentes tipos de ganchos:

- Gancho simple
- Gancho doble
- Gancho de hojas
- Gancho de seguridad

El gancho simple se utiliza en grúas de capacidad de carga media o baja. Se realizan en acero pobre en carbono mediante una operación de forja o estampación. El empleo de acero rico en carbono y fundición es inadmisible debido a la existencia de problemas de fractura en base a la fragilidad del material. Se representa en la Figura 2.2.

En aparatos de elevación de capacidad de carga alta, se recurre a ganchos dobles cuya solicitación simétrica es más favorable. Se realizan en acero forjado o estampado. Su cálculo resulta mucho más sencillo que el gancho simple. La Figura 2.3 representa un gancho doble.

En ambos casos, la caña o parte cilíndrica superior del gancho puede tener dos longitudes. Se tomará la menor en aquellos casos donde la carga deba ser elevada a una cota muy próxima a la del aparato de elevación. En aquellos casos, donde la geometría de la pieza a elevar no permita su amarre con el gancho de caña corta, se tomará el de mayor longitud.

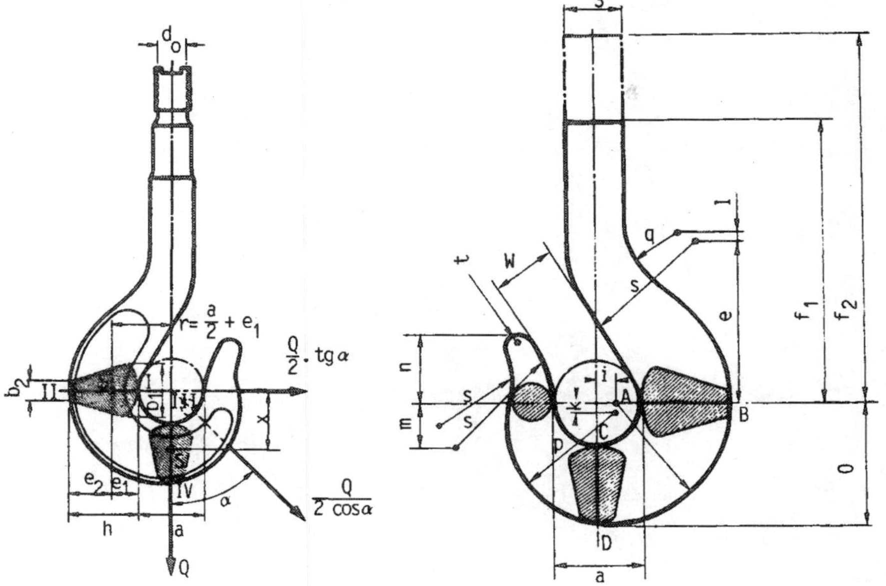

Figura 2.2. Gancho simple de carga.

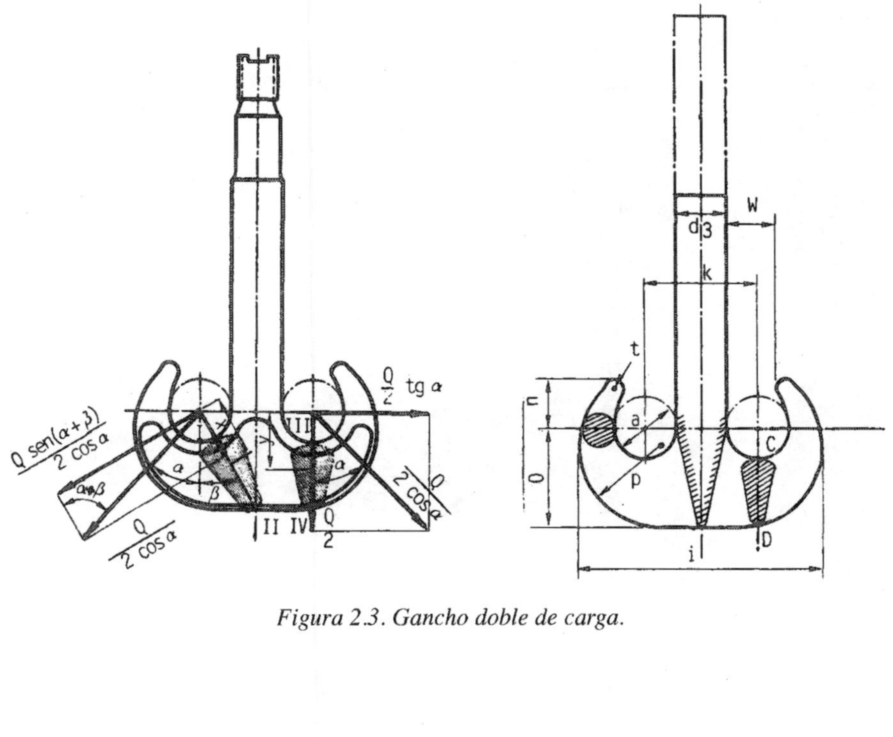

Figura 2.3. Gancho doble de carga.

En puentes-grúa de acería y en cucharas de colada se utilizan ganchos de hojas. Son más ligeros que los forjados, se realizan mediante chapas de acero de fusión. En el caso de una rotura de una hoja por exposición permanente al calor radiante, concentración de tensiones,.. el resto es suficientemente resistente para soportar la plena carga. Se representa en la Figura 2.4.

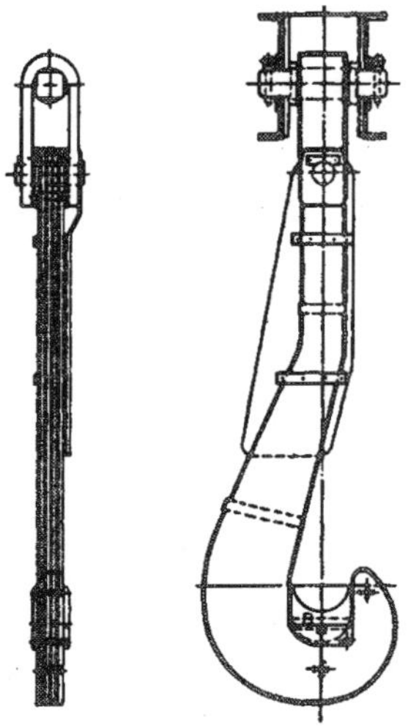

Figura 2.4. Gancho de hojas.

Con objeto de distribuir la carga uniformemente a las diferentes hojas, se dispone de una pieza metálica (a) articulada sobre un eje (b) que descansa asimismo en un soporte (c). Los ganchos de cada una de las hojas no se sujetan por fileteador sino por dos ejes en forma de cardan (Figura 2.5).

En casos de alta seguridad, se dispone una pieza articulada que cierra el espacio existente entre el extremo y la parte recta del gancho. De esta forma, se impide la salida de la eslinga a través del gancho. El desenganche de la carga se lleva a cabo mediante la retirada manual de la pieza metálica articulada (Figura 2.6).

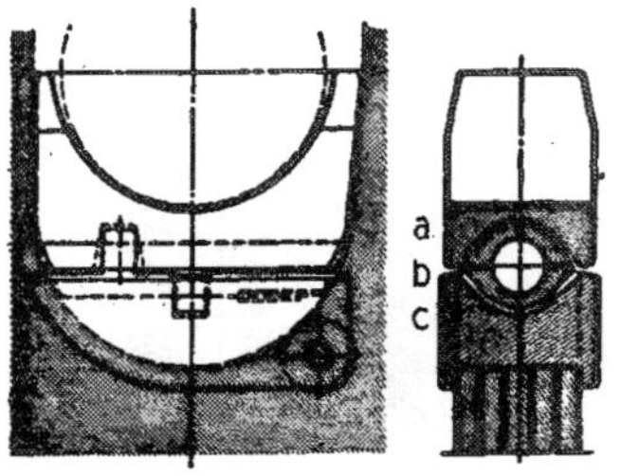

Figura 2.5. Portagorrón para ganchos de hojas.

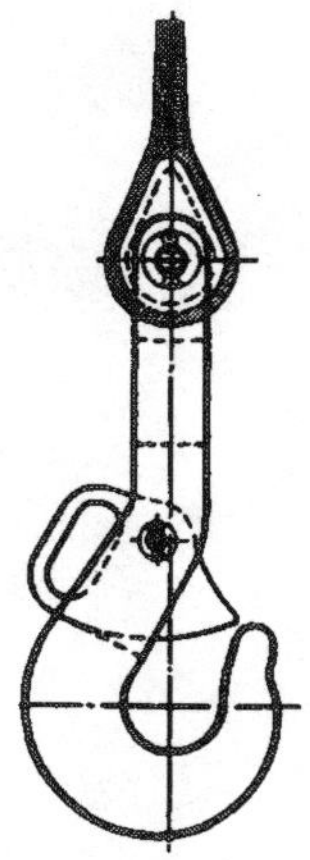

Figura 2.6. Gancho de seguridad.

2.1.2. CÁLCULO DE GANCHOS

Gancho simple

Está solicitado a tracción en la parte recta y a tracción y flexión en la parte curvada. Según la Figura 2.2.a el esfuerzo de tracción en la parte alta se calcula por la Fórmula 2.1.

$$\sigma = \frac{Q}{\pi do^2/4} \qquad (2.1)$$

El momento de flexión está reflejado en la Fórmula 2.2.

$$M_f = Q\left(\frac{a}{2} + e_1\right) \qquad (2.2)$$

En el punto I, como consecuencia de la flexión existe una tensión de tracción:

$$\sigma_{f\ tracción} = \frac{M_f}{W_1} \qquad (2.3)$$

Y asimismo, también debido a la flexión, existe una compresión en el punto II:

$$\sigma_{f\ compresión} = \frac{M_f}{W_2} \qquad (2.4)$$

Por último, siendo F la sección, existe un esfuerzo de tracción:

$$\sigma_{tracción} = \frac{Q}{F} \qquad (2.5)$$

Es decir, en el punto I, existe una tracción total de valor

$$\sigma = \frac{M_f}{W_1} + \frac{Q}{F} \tag{2.6}$$

Y en el punto II, existe una compresión total de valor

$$\sigma = \frac{M_f}{W_2} - \frac{Q}{F} \tag{2.7}$$

Estas tensiones no deben sobrepasar los valores admisibles en función de la calidad del acero y del coeficiente de seguridad adoptado.

Gancho doble

Según la Figura 2.3.a en el momento de flexión máximo de la sección I - II se obtiene admitiendo que las eslingas adoptan la posición límite. Partiendo de esta hipótesis, el momento flector es:

$$M_f = \frac{Q}{2} \frac{\operatorname{sen}(\alpha + \beta)}{\cos \alpha} x \tag{2.8}$$

En el punto I, la tensión de tracción es:

$$\sigma = \frac{M_f}{W_1} + \frac{Q}{2F} \frac{\operatorname{sen}(\alpha + \beta)}{\cos \alpha} \tag{2.9}$$

En el punto II, la tensión de compresión es:

$$\sigma = \frac{M_f}{W_2} - \frac{Q}{2F} \frac{\operatorname{sen}(\alpha + \beta)}{\cos \alpha} \tag{2.10}$$

Por último, en la sección III-IV existe un momento flector de valor:

$$M_f = \frac{Q}{2} y \operatorname{tg} \alpha \tag{2.11}$$

2.1.3. DIMENSIONES DE GANCHOS SEGÚN NORMATIVA

Los ganchos corresponden a las normas DIN 15401 y 15402 y se construyen en acero forjado de calidad ASt-52 (clase P, la norma DIN 15400). Bajo pedido se pueden utilizar aceros aleados 34 Cr Mo 4, 34 Cr Ni Mo 6 y 30 Cr Ni Mo 8 (clases S, T V).

Todos los ganchos están dotados con pestillo de seguridad para impedir la salida de la eslinga.

Bajo pedido pueden ser equipados con un sistema antigiro de fácil enclavamiento manual, sin herramientas, que mantiene fijo el gancho.

La norma DIN 15401 y 15402 establece las dimensiones de ganchos simples y dobles de forja (Tabla 2.1)

La Tabla 2.1 está referida a la Figura 2.7.

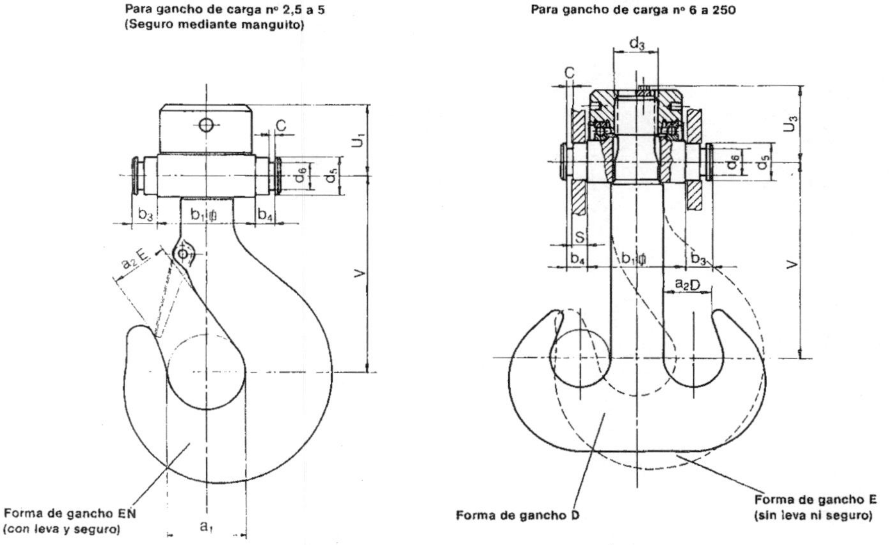

Figura 2.7. Gancho simple y Gancho doble.

Tabla 2.1. Dimensiones de ganchos simples de forja según la norma DIN 15401 y 15402

Gancho N.º (1)	a_1	a_2E	a_2D	b_1	b_3	b_4	c	d_3	d_5 h_9	d_6	s	u_1	u_3	v	Rodam.	Peso (Kg.)	Referencia
2,5	63	50	40	80	22,5	17	8	M 36	30	19	10	64		170	51108	9	001.2,5
4	71	56	45	90	25	19	8	M 42	35	23	12	71		190	51110	14	001.4
5	80	63	50	100	27,5	22	8	M 45	40	27	15	80		210	51112	20	001.5
6	90	71	56	125	30	24	10	Rd 50	45	32	15	95	95	240	51214	29	001.6
8	100	80	63	140	35	29	10	Rd 56	50	36	20	104	104	265	51216	40	001.8
10	112	90	71	160	35	29	10	Rd 64	55	40	20	110	116	280	51218	57	001.10
12	125	100	80	180	42,5	34	10	Rd 72	60	42	25	127	133	315	51220	85	001.12
16	140	112	90	190	42,5	36	12	Rd 80	70	50	25	136	143	370	51222	110	001.16
20	160	125	100	200	47,5	41	12	Rd 90	80	56	30	150	157	415	51224	160	001.20
25	180	140	112	220	49	41	12	Rd 100	90	64	30	166	173	460	51226	228	001.25
32	200	160	125	260	59	51	12	Rd 110	100	72	40	188	195	500	51232	312	001.32
40	224	180	140	285	65	58	14	Rd 125	110	80	45	208	215	565	51236	445	001.40
50	250	200	160	335	65	58	14	Rd 140	125	92	45	224	232	620	51244	612	001.50
63	280	224	180	380	71	63	14	Rd 160	140	104	50	260	267	700	51248	870	001.63
80	315	250	200	420	72,5	63	14	Rd 180	160	120	50	287	294	800	51256	1230	001.80
100	355	280	224	470	87,5	77	18	Rd 200	180	136	60	326	333	885	51260	1750	001.100
125	400	315	250	510	87,5	77	18	Rd 225	200	150	60	365	374	1000	51268	2520	001.125
160	450	355	280	550	100	87	18	Rd 250	220	164	70	406	416	1130	51272	3580	001.160
200	500	400	315	610	100	87	18	Rd 280	240	184	70	492	502	1270	51372	4850	001.200
250	560	450	355	700	110	97	18	Rd 320	260	200	80	552	562	1440	51384	6850	001.250

2.1.4. DISPOSICIONES DE SUSPENSIONES DE GANCHOS SEGÚN NORMATIVA

Con respecto a la normativa DIN 15411, las disposiciones a adoptar son las siguientes.

Gancho de carga núm..006 hasta 1, según Figura 2.8.

Aseguramiento de la tuerca del gancho a elección del fabricante, por ejemplo soldada; a partir del gancho de carga núm. 08 también elegible manguito de sujeción y cojinete de empuje.

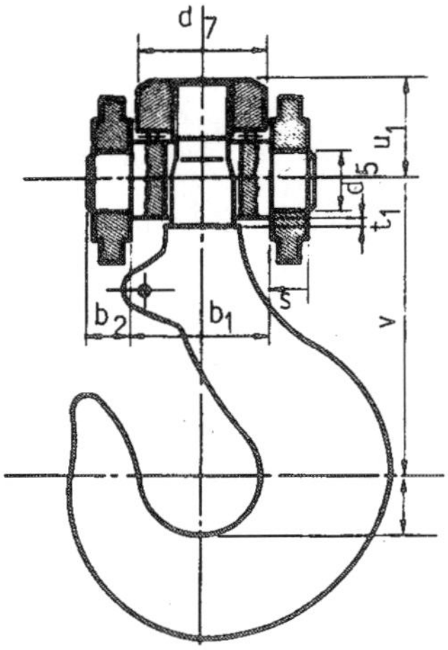

Figura 2.8. Definición de variables.

Gancho de carga núm. 08 hasta 8 para aparatos de elevación en serie y grúas con aparatos de elevación en serie así como ganchos de carga núm. 2.5 hasta 5 para grúas, según Figura 2.9.

Mitad izquierda de la figura para grúas

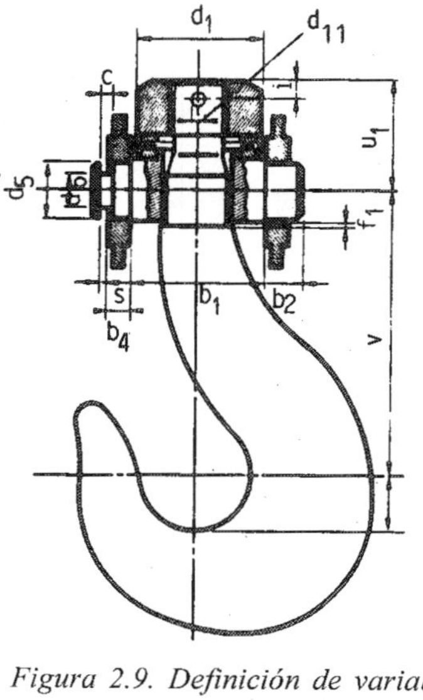

Mitad derecha de la figura para aparatos de elevación en serie y grúas con aparatos de elevación en serie

Figura 2.9. Definición de variables.

Tabla 2.2. Dimensiones de suspensiones para ganchos de carga núm. 006 hasta 250 según DIN 15411

Gancho de carga núm.	a_1	b_1	b_2	b_3	b_4	c	d_5 h 9	d_6	d_7	d_{11} H 12	d_{12}	f ± 0,5	g H 11	i	s	t_1 máx.	t_2	t_3	u_1	u_2	u_3	v ≈ aparatos de elevación en serie y grúas con aparatos de elevación en serie	v ≈ grúas	Rodamiento según DIN 711 abreviatura	Manguito de sujeción según DIN 1481
006	25	30	7,5	-	-	-	15	-	28	-	-	-	-	-	6	0,8	-	-	20	-	-	65	-	-	-
010	28	35	7,5	-	-	-	15	-	32	-	-	-	-	-	6	0,8	-	-	22	-	-	70	-	-	-
012	30	35	7,5	-	-	-	15	-	32	-	-	-	-	-	6	0,8	-	-	22	-	-	75	-	-	-
020	34	38	10	-	-	-	20	-	36	-	-	-	-	-	8	0,8	-	-	28,5	-	-	90	-	-	-
025	36			-	-	-		-		-	-	-	-	-			-	-		-	-	95	-	-	-
04	40	45	12,5	-	-	-	20	-	42	-	-	-	-	-	8	1	-	-	32,5	-	-	100	-	-	-
05	43			-	-	-		-		-	-	-	-	-			-	-		-	-	110	-	-	-
08	48	50	17,5	-	-	-	25	-	48	4	-	-	-	6	10	1	-	-	39	-	-	120	-	51105	4x50
1	50			-	-	-		-		4	-	-	-	6			-	-		-	-	130	-	51106	4x50
1.6	56	65	17,5	-	-	-	25	-	60	6	-	-	-	7	10	1	-	-	53	-	-	140	-	51107	6x60
2.5	63	80	20	22,5	17	8	30	19	70	8	-	-	-	10	10	1	-	-	63,5	-	-	155	170	51108	8x70
4	71	90	22,5	25	19	8	35	23	80	10	-	-	-	12	12	1	-	-	71	-	-	175	190	51110	10x80
5	80	100	25	27,5	22	8	40	27	95	10	-	-	-	13	15	1	-	-	79,5	-	-	195	210	51112	10x90
6	90	125	27,5	30	24	10	45	32	115	12	M 10	75	25	16	15	1	6	15	95	90	95	230	240	51214	12x100
8	100	140	30	35	29	10	50	36	125	12	M 10	100	25	16	20	1	6	15	104,5	98	104	250	265	51216	12x120
10	112	160	30	35	29	10	55	40	145	-	M 10	100	25	-	20	1	6	15	-	110	116	280	280	51218	-
12	125	180	35	42,5	34	10	60	42	165	-	M 10	100	32	-	25	1	8	15	-	127	133	315	315	51220	-
16	140	190	35	42,5	36	12	70	50	175	-	M 12	130	32	-	25	1,5	8	15	-	136	148	370	370	51222	-
20	160	200	-	47,5	41	12	80	56	185	-	M 12	130	32	-	30	1,5	8	15	-	150	157	-	415	51224	-
25	180	220	-	49	41	12	90	64	205	-	M 12	150	32	-	30	1,5	8	15	-	166	173	-	460	51226	-
32	200	260	-	59	51	12	100	72	240	-	M 12	190	32	-	40	1,5	8	15	-	188	195	-	500	51232	-
40	224	285	-	65	58	14	110	80	270	-	M 12	190	32	-	45	2	8	15	-	208	215	-	565	51236	-
50	250	335	-	65	58	14	125	92	320	-	M 12	240	32	-	45	2	8	15	-	224	232	-	620	51244	-
63	280	380	-	71	63	14	140	104	360	-	M 12	300	40	-	50	2	8	15	-	260	267	-	700	51248	-
80	315	420	-	72,5	63	14	160	120	400	-	M 12	300	40	-	50	2	8	15	-	287	294	-	800	51256	-
100	355	470	-	87,5	77	18	180	136	445	-	M 12	300	40	-	60	2	8	15	-	326	333	-	885	51260	-
125	400	510	-	87,5	87	18	200	150	490	-	M 16	430	50	-	60	2	10	25	-	365	374	-	1000	51268	-
160 2)	450	550	-	100	87	18	220	164	530	-	M 16	430	50	-	70	2	10	25	-	406	416	-	1130	51272	-
200 2)	500	610	-	100	87	18	240	184	590	-	M 16	430	50	-	70	2	10	25	-	492	502	-	1270	51372	-
250 2)	560	700	-	110	97	18	260	200	680	-	M 16	480	50	-	80	2	10	25	-	552	562	-	1440	51384	-

2) Para casos de empleo sin normalizar (p.e. motones locos de 12 ramales

Gancho de carga núm. 10 hasta 16 para aparatos de elevación en serie y grúas con aparatos de elevación en serie y ganchos de carga núm. 6 hasta 120 para grúas, según Figura 2.10.

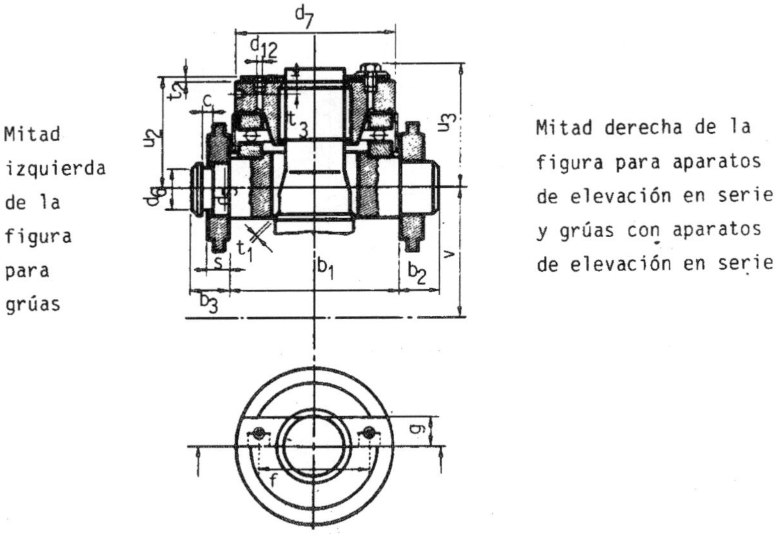

Figura 2.10. Definición de variables.

En la Tabla 2.2 se representan las dimensiones correspondientes a los diferentes números de ganchos.

La normativa DIN 15412 representa las dimensiones de traviesas para suspensiones de ganchos de carga para motones locos para grúas.

Según la Figura 2.11, las dimensiones se muestran en la Tabla 2.3.

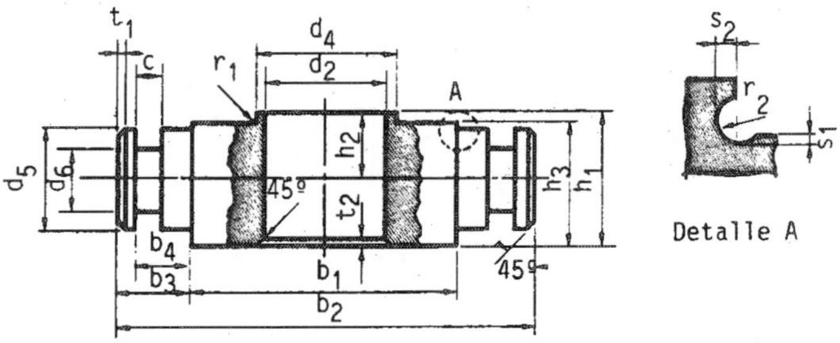

Figura 2.11. Definición de variables.

Tabla 2.3. Dimensiones de traviesas según DIN 15412.

Tamaño (ganchos de carga) número	b_1	b_2	b_3	b_4	c	d_2	d_4 j6	d_5 h9	d_6	h_1	h_2	h_3 h11	r_1 máx	r_2	s_1	s_2	t_1	t_2
2.5	60	125	22,5	17	8	37	40	30	19	40	21,5	37	0,6	1,6	0,5	1,2	2	2
4	90	140	25	19	8	43	50	35	23	45	24	42	0,6	1,6	0,5	1.2	3	2
5	100	155	27,5	22	8	46	60	40	27	50	27,5	45	1	1,6	0,5	1,2	3	2
6	125	185	30	24	10	51	70	45	32	55	30	50	1	1,2	0,5	1,2	4	2,5
8	140	210	35	29	10	58	80	50	36	60	32,5	55	1	1,2	0,5	1,2	4	3.5
10	160	230	35	29	10	66	90	55	40	65	35	60	1,3	1,2	0,3	1,2	4	5
12	180	265	42,5	34	10	74	100	60	42	78	42	72	1,3	2	0,5	2	5	6
16	190	275	42,5	36	12	82	110	70	50	88	47	82	1,3	2	0,5	2	5	7
20	200	295	47,5	41	12	93	120	80	56	95	51	88	1,3	2	0,5	2,2	5	6,5
25	220	318	49	41	12	103	130	90	64	105	56	98	1,6	2	0,5	2,2	5	8
32	260	378	59	51	12	113	160	100	72	115	62	106	1,6	2	1	1	5	9
40	285	415	65	58	14	128	180	110	80	130	70	120	1,6	2,5	0,5	2,3	5	11
50	335	465	65	58	14	143	220	125	92	145	77,5	135	2	2,5	0,5	2.3	5	12
63	380	522	71	63	14	163	240	140	104	160	85	150	2,5	2,5	0,5	2.3	5	13
80	420	565	72,5	63	14	183	280	160	120	180	95	170	2,5	2,5	0,5	2,3	6	15,5
100	470	645	87,5	77	18	203	300	180	136	200	106	188	2,5	2,5	0,5	2,2	6	18,5
125	510	685	87,5	77	18	229	340	200	150	240	126	228	2,5	5	0,5	3,4	6	14
160	550	750	100	87	18	254	360	220	164	270	142	256	3	5	0,5	3.4	6	25
200	610	810	100	87	18	284	360	240	184	305	160	290	4	5	0,5	3,4	6	25
250	700	920	110	97	18	325	420	260	200	850	185	330	5	5	0,5	3,4	6	27

La normativa DIN 15413 determina las dimensiones de tuercas de gachos de carga para motones locos para grúas.

Según la Figura 2.12, las dimensiones se representan en la Tabla 2.4.

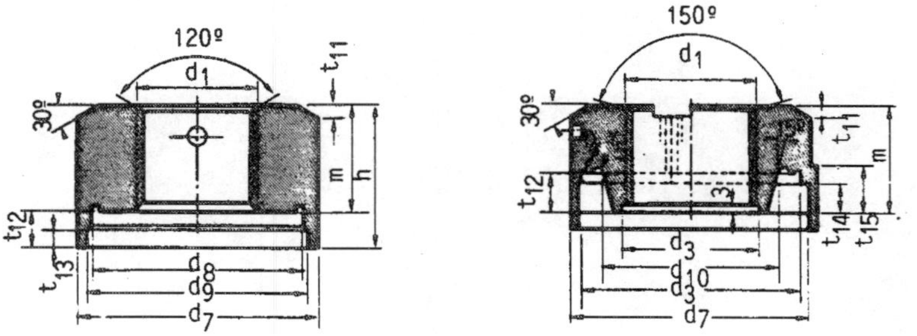

Figura 2.12. Definición de variables.

Tabla 2.4. Dimensiones de tuercas de gancho según DIN 15413.

d_1 rosca métrica	d_1 rosca redonda según DIN 15403	d_3 c11	d_7	d_8 E9	d_9	d_{10}	h	m	r_4	r_5	t_{11}	t_{12}	t_{13}	t_{14}	t_{15}	Para ganchos de carga núm.
M 36	-	-	70	50	63	-	44	32	0,6	-	4	12	8	-	-	2,5
M 42	-	-	80	70	73	-	49	36	0,6	-	5	13	9	-	-	4
M 45	-	-	95	85	88	-	56	40	1	-	5	16	9	-	-	5
-	Rd 50 x 6	50,6	115	105	-	68	-	55	1,6	4	8	20	-	15	22	6
-	Rd 56 x 6	56,6	125	115	-	78	-	62	1,6	4	8	21	-	16	23	8
-	Rd 64 x 8	64,8	145	135	-	88	-	67	2,5	5	8	24	-	18	26	10
-	Rd 72 x 8	72,8	165	150	-	98	-	76	2,5	5	8	25	-	19	27	12
-	Rd 80 x10	81	175	160	-	108	-	84	2,5	6	10	29	-	23	32	16
-	Rd 90 x12	91	185	170	-	118	-	93	2,5	6	10	28	-	22	31	20
-	Rd 100 x12	101,2	205	190	-	128	-	103	2,5	6	10	33	-	25	36	25
-	Rd 110 x12	111,2	240	225	-	144	-	115	2,5	8	10	33	-	25	36	32
-	Rd 125 x14	126,4	270	250	-	164	-	125	2,5	8	10	35	-	27	39	40
-	Rd 140 x16	141,6	320	300	-	187	-	140	2,5	10	10	48	-	38	53	50
-	Rd 160 x18	161,8	360	340	-	207	-	153	2,5	12	10	48	-	38	53	63
-	Rd 180 x20	182	400	380	-	235	-	173	2,5	16	10	53	-	43	58	80
-	Rd 200 x22	202,2	445	420	-	258	-	193	2,5	16	10	58	-	46	63	100
-	Rd 225 x24	227,4	490	460	-	290	-	215	3	18	12	63	-	51	69	125
-	Rd 250 x28	252,8	530	500	-	320	-	241	3	18	12	75	-	60	82	160
-	Rd 280 x32	283,2	590	560	-	360	-	266	3	20	12	81	-	63	89	200
-	Rd 320 x36	323,6	680	650	-	420	-	296	3	20	12	91	-	69	100	250

La norma DIN 15144 determina las dimensiones de las piezas de aseguramiento de ganchos de carga para motones locos para grúas.

Según la Figura 2.13, las dimensiones se representan en la Tabla 2.5.

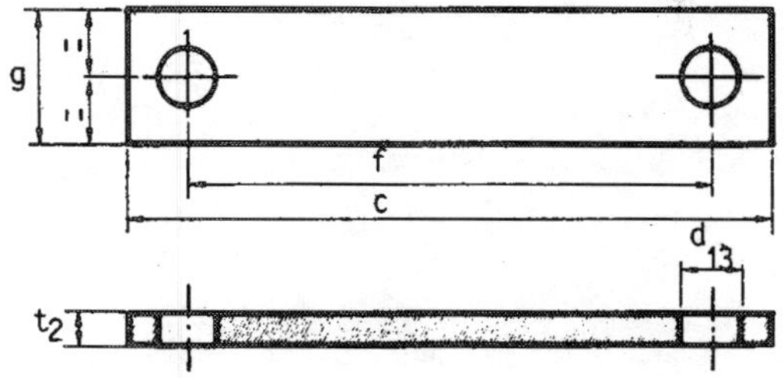

Figura 2.13. Definición de variables.

Tabla 2.5. Dimensiones de piezas de aseguramiento según DIN 15414.

Distancia entre agujeros f ± 0,5	g h11	t_2	c	d_{13}	Para gancho de carga número
75	25	6	100	11,5	6
100			125		8
100	25	6	125	11,5	10
	32	6			12
130	32	8	160	14	16
					20
150			180		25
190	32	8	220	14	32
					40
240			270		50
300	40	8	340	14	63
					80
					100
430	50	10	480	18	125
					160
430	50	10	480	18	200
480			540		250

2.2. Cucharas

2.2.1. GENERALIDADES

En la manutención de cargas a granel, es necesario disponer de un elemento de suspensión, capaz de penetrar en el material, cargarlo y elevarlo. El elemento de suspensión utilizado en este caso de denomina cuchara.

Lo que el ingeniero de grúas precisa en caso de tener un elemento de suspensión tipo cuchara es fundamentalmente la selección y el peso de la cuchara. A lo largo del presente apartado se definirá la selección de este tipo de elemento de suspensión. En cuanto a la determinación de su peso, no será preciso calcular la cuchara, ya que existe una normativa que permite obtener directamente el peso de este elemento de suspensión.

Es fundamental contar siempre con el peso de la cuchara, ya que como veremos en la gran mayoría de los casos, es del mismo orden de magnitud que la carga a elevar. Por lo tanto, el no considerar su peso significaría hacer todos los cálculos de la grúa con una carga mitad de la que realmente hay que elevar.

Figura 2.14. Fotografía de una grúa con una cuchara como elemento de suspensión.

Las cucharas, presentan en su parte superior, una traviesa en la cual se articulan dos o más barras unidas a los extremos exteriores de la mandíbula o elemento de carga del material. En la Figura 2.15 se representan los elementos principales de una cuchara.

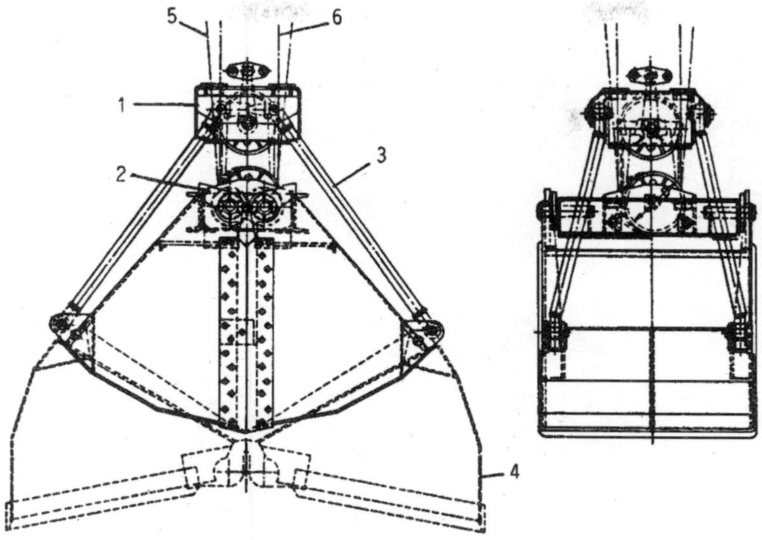

1. Traviesa superior. -2. Traviesa inferior. -3. Barras
4. Mandíbulas. -5. Cable de suspensión. 6. Cable de elevación

Figura 2.15. Elementos principales de una cuchara.

Según la disposición de apertura y cierre de la cuchara existen tres tipos: cucharas de dos o cuatro cables, cucharas de un cable y cucharas eléctricas.

Cucharas de dos o cuatro cables

La mitad de los cables corresponden a las funciones de suspensión o vaciado de la carga y el resto a las funciones de cierre o elevación.

La cuchara abierta se dispone sobre el material a cargar. Traccionando el cable de cierre, se aproximan ambas traviesas, cerrándose las mandíbulas. Prolongando la tracción del cable de cierre se eleva la cuchara, desplazando así la carga hasta que se alcance el punto de descarga. La operación de apertura de cuchara se lleva a cabo manteniendo traccionado el cable de suspensión y descargando el cable de cierre, así se desplazan relativamente ambas traviesas, abriéndose las mandíbulas.

En la Figura 2.16 se representan gráficamente las cuatro operaciones fundamentales.

El conjunto de fuerzas existentes en una cuchara de este tipo cuando está en posición abierta se describen en la Figura 2.17, donde

S: Tiro del cable de cierre

n: Número de ramales entre ambas traviesas

T: Mitad del peso de la traviesa superior

G_1:Peso de la mandíbula correspondiente al punto de articulación derecho

G_2:Peso de la mandíbula correspondiente al punto de articulación izquierdo más la mitad del peso de la traviesa inferior

R: Esfuerzo en la barra

H_S:Fuerza de cierre aplicada a la mandíbula

Z: Resultante en la traviesa inferior

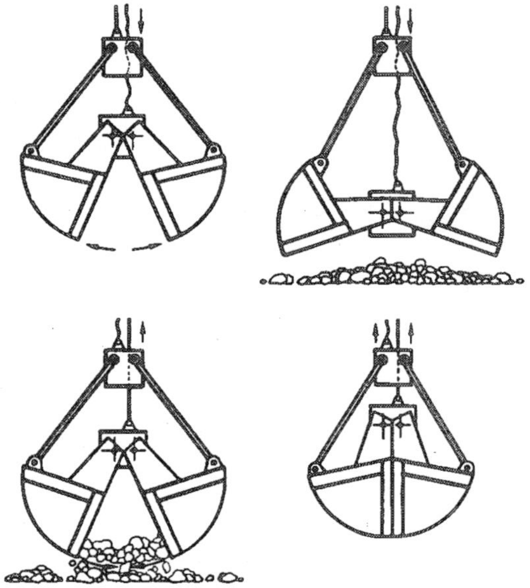

Figura 2.16. Operaciones fundamentales de una cuchara de dos cables.

En el punto A existirá una fuerza vertical de valor T + S.n

Por equilibrio de fuerzas, al conocerse la dirección de R, son conocidas la propia R y la fuerza horizontal H0.

En el punto B la fuerza resultante R1, se resolverá mediante la composición de las fuerzas R y G1.

Por último, en el punto C, es conocida la fuerza vertical, de valor G2 - S(n+1). Como es conocida la dirección de Z, por equilibrio de fuerzas, es resoluble la propia resultante Z y la fuerza horizontal H.

Aplicando el equilibrio de fuerzas en la cuchara, según el diagrama de la Figura 2.17, se obtiene el valor de HS, o máxima fuerza de cierre.

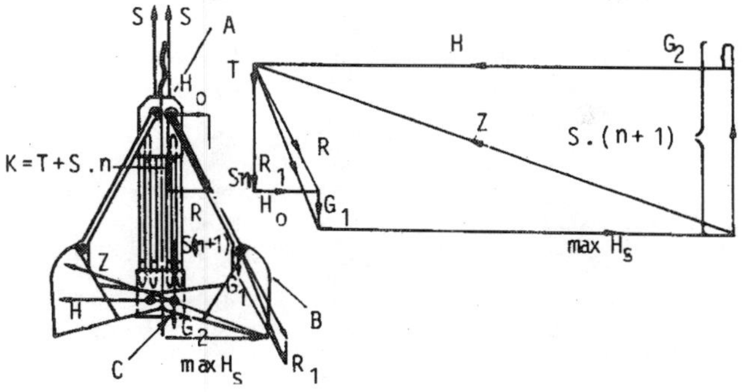

Figura 2.17. Fuerzas existentes en una cuchara abierta.

Se aprecia como esta fuerza máxima es proporcional al peso propio de la cuchara. Esta es la razón de que el orden de magnitud del peso propio de la cuchara coincida con el de la carga útil a elevar.

Cuando la cuchara está cerrada, la fuera H_S es menor si bien, en este caso, el valor S se ve incrementado con el peso de la carga útil. En la Figura 2.18 se representan las fuerzas existentes en una cuchara en posición cerrada.

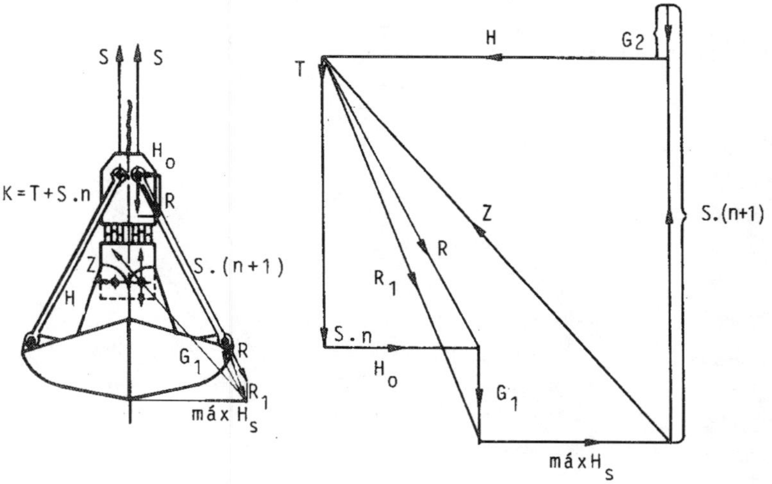

Figura 2.18. Fuerzas existentes en una cuchara cerrada.

La normativa DIN 69201 especifica la capacidad y el peso de este tipo de cucharas (Tabla 2.6).

Tabla 2.6. Capacidad y peso de cucharas de dos o cuatro cables.

Densidad aparente t/m³								Diám. de garganta de las poleas de cable	Diám. máx. del cable de cierre	Separación de los cables		Fuerza portante de la grúa correspondiente
0,35 a 1,2		de 1,2 a 2,0		de 2,0 a 2,6		de 2,6 a 3,8						
Serie 1		Serie 2		Serie 3		Serie 4						
Capacidad[1] m³ ± 5%	Peso[2] kg ± 5%	Capacidad[1] m³ ± 5%	Peso[2] kg ± 5%	Capacidad[1] m³ ± 5%	Peso[2] kg ± 5%	Capacidad[1] m³ ± 5%	Peso[2] kg ± 5%			Cable de cierre	Cable de retención	kg
0,8	1200	0,5	1200					320	13	335	180	2000
1,0	1275							320	13	335	180	
1,25	1450	0,8	1600	0,63	1800			320	16	335	180	
1,6	1650	1,25	1900					320	16	335	180	3000
2,0	2000							400	22	420	230	
2,5	2400	1,6	2300	1,0	2600			400	22	420	230	
3,0	2700							400	22	420	230	5000
3,5	3100							500	27	530	230	
4,0	3500	2,5	3500	1,6	4000	1,25	4500	500	27	530	230	8000
5,0	4300							500	27	530	230	
6,3	5300	3,0	4200	2,0	5000	1,6	5500	630	33	665	280	10000
8,0	6500	4,0	5600	2,5	6200	2,0	6500	630	33	665	280	12500
10,0	8000	5,0	7000	3,0	7300	2,5	8100	710	33	750	280	16000
12,5	9500	6,3	8500	4,0	9500	3,0	9700	800	40	845	280	20000
3,4 ó 5 veces		4 ó 5 veces		5 ó 6 veces				Relación de transmisión del aparejo de la cuchara				

1. Se calcula la capacidad en las series 1 y 2, a base del volumen de agua de la cuchara, añadiendo el volumen de una pirámide de 30° de pendiente.
2. Los pesos dados se refieren al peso propio de la cuchara y a la cuchara longitudinal. El peso de la cuchara transversal es un 3% mayor.

La necesidad de utilizar cucharas de elevados pesos propios es una limitación importante debido al aumento de la potencia de elevación y de las diferentes translaciones del aparato. Se están realizando estudios de modelos con objeto de optimizar los perfiles y dimensiones de cucharas ya que se ha observado la notable influencia que estos parámetros tienen en el grado de llenado de la cuchara.

En base a la Figura 2.19 se establecen en la Tabla 2.7, las dimensiones principales de cucharas de diferentes capacidades.

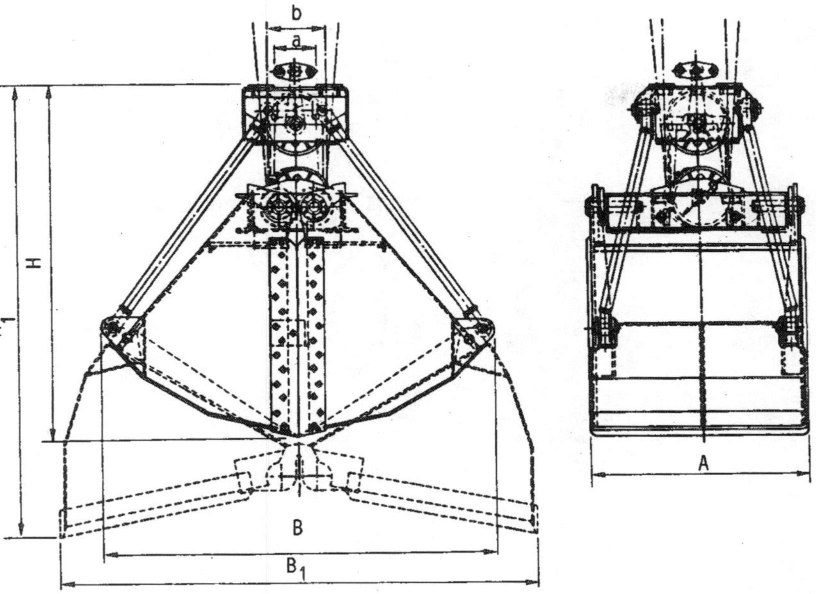

Figura 2.19. Definición de variables.

Con objeto de aumentar el grado de llenado de los últimos recorridos de la descarga en una bodega de un buque, se utilizan cucharas de gran apertura (Figura 2.20).

Tabla 2.7. Dimensiones principales de cucharas de dos y cuatro cables.

Capacidad m^3	A	B	B_1	H	H_1	a	b	D	Diám. máx. de cable	Carrera de cierre	Longitud de cable en la cuchara	Peso kg
0,8	1020	1810	2190	1760	2230	180	340	320	14	4 x 1205 = 4820	9750	1200
1,0	1020	2000	2420	1880	2410	180	340	320	14	4 x 1360 = 5440	10350	1275
1,25	1145	2110	2550	1945	2510	180	340	320	16	4 x 1445 = 5780	10700	1450
1,6	1245	2285	2765	2035	2655	180	340	320	16	4 x 1570 = 6280	11200	1650
2,0	1365	2415	2930	2295	2930	230	430	400	20	4 x 1650 = 6600	12350	2000
2,5	1515	2580	3115	2345	3040	230	430	400	20	4 x 1760 = 7040	12800	2400
3,0	1630	2720	3290	2425	3165	230	430	400	20	4 x 1870 = 7480	13200	2700

Inicialmente, estas cucharas se utilizaron únicamente con este objeto necesitando un cambio de cuchara en el último período de la descarga. Más recientemente, se llevan a cabo con este tipo de cucharas, operaciones completas de descarga, tanto en buques como en vagones de ferrocarriles.

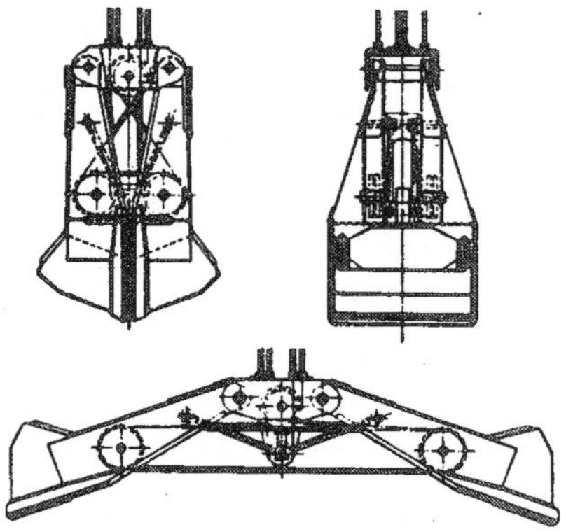

Figura 2.20. Cuchara de gran apertura.

La manutención de elementos de irregular geometría como chatarra, derribos, minerales,... requiere de cucharas especiales que presenten elevadas características prensoras (Figura 2.21).

En estos caso se utilizan cucharas de múltiples brazos o pólipos. Las palas, de extremos puntiagudos penetran en el material, obteniéndose elevados grados de llenado. Como ocurría en las cucharas normales, las palas están articuladas a una traviesa inferior que regula mediante un movimiento vertical las operaciones de apertura y cierre.

En función de la granulometría del material, los brazos se disponen con mayor o menor anchura para formar un volumen cerrado en el caso de material menudo o bien para permitir holguras con objeto de aumentar la facilidad de llenado de materiales irregulares como la chatarra.

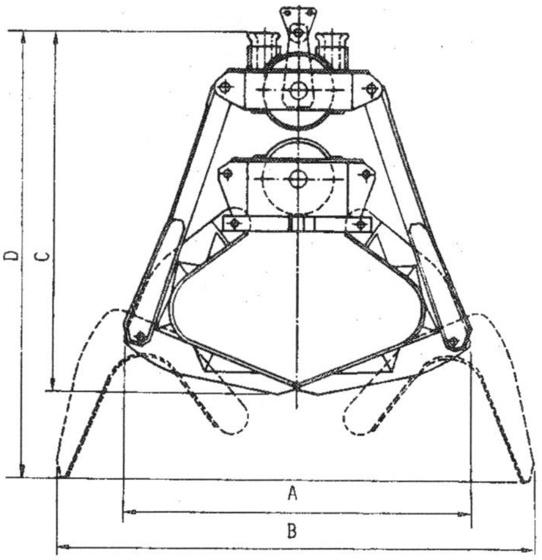

Figura 2.21. Cuchara pólipo.

Con arreglo a las variables definidas en la Figura 2.21, en la Tabla 2.8 se representan el peso propio y dimensiones principales de cucharas pólipo de diferente capacidad.

Tabla 2.8. Peso y dimensiones principales de cucharas pólipo.

Capacidad m^3	Peso propio kg	Dimensiones principales en mm				Material transportado
		A	B	C	D	
0,5	1800	1730	2430	1760	2225	Chatarra
0,8	2600	1930	2700	2050	2500	Chatarra
1,0	3600	2190	2970	2380	2945	Mineral
1,25	4250	2260	3190	2480	3025	Piedra caliza
6,0	13000	3650	5425	4375	5250	Mineral
15,0	10500	4200	6100	4500	5900	Coque

Para la elevación y transporte de cereales, se dispone de cucharas especiales, aligeradas debido a la facilidad de las operaciones de llenado de este tipo de materiales.

La forma exterior, del mismo corte que las citadas anteriormente como cucharas normales, presenta como novedad, el acoplamiento en los bordes de las mandíbulas de unas juntas especiales que conforman un volumen cerrado donde no es posible la pérdida del fino material en las operaciones de elevación y transporte.

En la Figura 2.22, se representa una cuchara para cereales y en la Tabla 2.9 las dimensiones principales y el peso propio de cucharas de diferentes capacidades con arreglo a las variables definidas en la Figura 2.22.

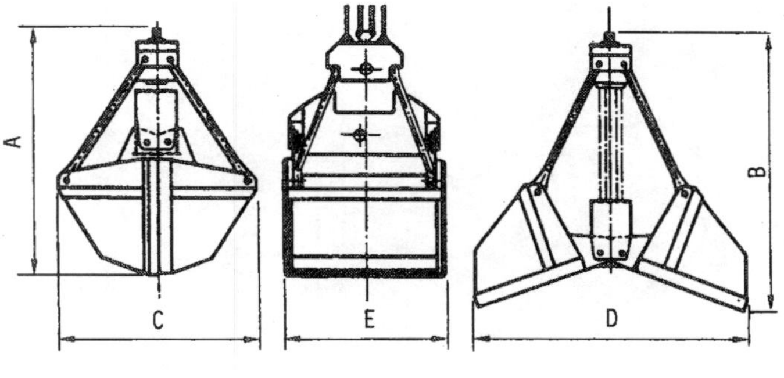

Figura 2.22. Cucharas para cereales.

Tabla 2.9. Peso y dimensiones generales de cucharas para cereales.

Capacidad m^3	Peso propio kg	Dimensiones principales en mm				
		A	B	C	D	E
0,8	900	2100	2400	1700	2200	950
1,0	1100	2150	2540	1840	2350	960
1,5	1300	2350	2700	1900	2400	1250
2,0	1650	2470	2800	1920	2630	1420
3,0	2600	2850	3200	2150	2980	1650

Cuchara de un solo cable

En este tipo de cuchara sólo existe un único cable de elevación, de manera que la apertura y cierre de la cuchara se debe realizar mediante procedimientos auxiliares.

Presenta la ventaja de que puede ser acoplada a cualquier aparato de elevación ya que no precisa de cable de suspensión.

Su capacidad de carga es menor que la de una cuchara de dos o cuatro cables. Se utiliza para manutención de fardos y muy rara vez como cuchara.

En la Figura 2.23 se representa una cuchara de un solo cable. En la Tabla 2.10 se describen dimensiones generales y pesos según la definición de variables expuestas en la Figura 2.23.

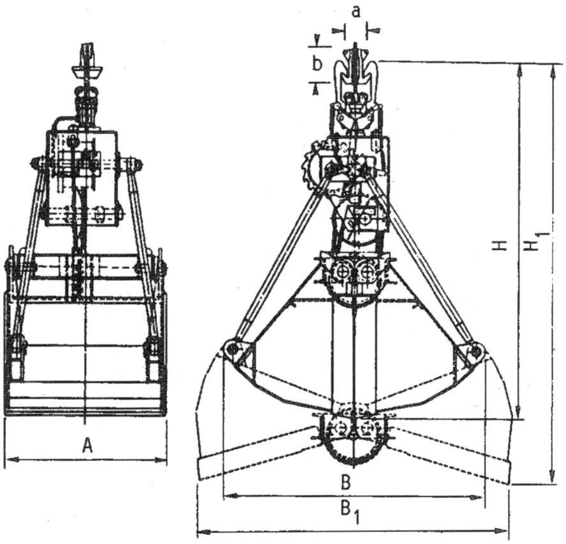

Figura 2.23. Cuchara de un solo cable.

Existen diferentes mecanismos de apertura y cierre de la cuchara, si bien todos ellos presentan como característica común el principio de funcionamiento:

• La apertura se ejecuta mediante una elevación del cable. Tras la apertura, entra en funcionamiento un mecanismo de detención que mantiene abierta la cuchara.

• El cierre se lleva a cabo por medio de una tracción del cable por medio de un mecanismo auxiliar.

Tabla 2.10. Dimensiones generales y pesos de cucharas de un solo cable de diferentes capacidades.

Capacidad m^3	A	B	B_1	H	H_1	a	b	D	Diám. máx. del cable	Carrera de cierre	Peso kg
0,63	1060	1580	1860	2335	2745	140	260	300	16	3800	1060
0,8	1060	1760	2070	2450	2905	140	260	300	16	4320	1130
1,0	1160	1760	2070	2450	2905	140	260	350	18	4560	1325
1,25	1270	1990	2320	2880	3400	140	260	400	22	4480	1640
1,6	1410	2134	2560	2960	3520	140	260	400	22	5240	1800
2,0	1464	2214	2650	3045	3620	140	260	400	22	5560	2010
2,5	1660	2458	2875	3145	3780	140	260	400	22	6040	2500

Cucharas eléctricas

En este modelo, se incorpora un motor eléctrico en la parte superior de la cuchara que regula la apertura y el cierre de la misma. Así pues, únicamente requiero un solo cable que controle la elevación del mecanismo (Figura 2.24).

Dado que las operaciones propias de la cuchara son reguladas independientemente por medio del elemento eléctrico, este tipo de suspensión presenta una gran flexibilidad en los movimientos de la carga. Se prefiere, así pues, a la cuchara de un solo cable, si bien no alcanza la potencia de las cucharas de varios cables debido a que la potencia del motor eléctrico está limitada por el peso de éste.

El peso del motor debe ser cuidadosamente estudiado con objeto de no sobrepasar en mucho, el peso necesario para un buen llenado del material. Para compensar el peso añadido se suelen utilizar materiales ligeros para la construcción de la cuchara. El centro de inercia debe estar situado a la cota más baja posible para evitar probables vuelcos de la cuchara, en el momento de la recepción del material.

El accionamiento puede ser mecánico o hidráulico. El accionamiento mecánico requiere una serie de engranajes y husillos con los correspondientes platos de acoplamiento. El accionamiento hidráulico consiste en la puesta en marcha de una bomba tras la correspondiente reducción, normalmente a través de engranajes de dientes rectos.

En la Figura 2.24 se representa una cuchara accionada eléctricamente. Sus pesos y dimensiones principales se describen según la Figura 2.24 en la Tabla 2.11.

Se utilizan para manutención de fardos y ocasionalmente para servicios de cuchara.

Un aparato importante en el diseño de este tipo de elementos de suspensión accionados eléctricamente es el sistema de protección ante el polvo y la suciedad existentes en las operaciones de carga y descarga. Se suelen construir bloques únicos que engloben motor, trenes de engranajes y bomba, en el caso hidráulico, asegurados con cierres especiales.

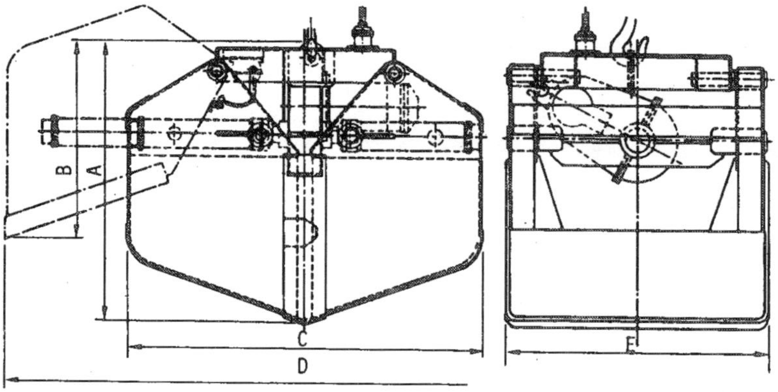

Figura 2.24. Cuchara accionada eléctricamente.

Tabla 2.11. Peso y dimensiones generales de cucharas accionadas eléctricamente.

Capacidad m^3	Peso propio kg	Potencia del motor H.P.	Dimensiones principales en mm				
			A	B	C	D	E
0,75	1000	3,4	1260	900	1650	2550	1050
1,0	1450	6,4	1350	1000	1900	2900	1400
1,25	1500	6,4	1400	1000	1900	3000	1400
1,5	1550	6,4	1500	1050	1900	3200	1400
1,75	1600	6,4	1600	1090	1900	3400	1400
2,0	2075	8,4	1700	1250	2010	3600	1630
2,25	2150	8,4	1750	1300	2010	3700	1630
2,5	2200	8,4	1850	1350	2010	3900	1630

2.3. Spreaders

2.3.1. GENERALIDADES

Los contenedores y cajas móviles presentan como únicos puntos hábiles para su manutención los ocho vértices o "corners". Se han ideado unos sistemas de suspensión especiales que encaramados sobre los puntos de amarre de la carga, realizan los movimientos de elevación y translación con rapidez y estabilidad.

A diferencia de ganchos y cucharas, no existe una normativa que defina el peso del spreader. Existe una norma que define las dimensiones de éstos, pero no su peso. Por lo tanto hay que calcular siempre el spreader para conocer su peso. Para determinar con exactitud qué carga debe ser suspendida por el spreader hay que conocer el peso del contenedor, ya que la carga suspendida es obviamente el peso de la carga más la del contenedor.

Figura 2.25. Fotografía de una grúa con un spreader como elemento de suspensión.

Un spreader tiene como componentes principales:

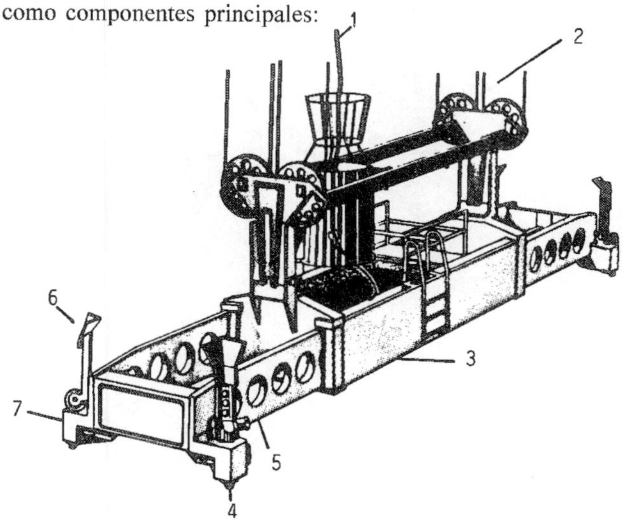

1. Cable de mando. -2. Aparejo de elevación. -3. Estructura. -4. Twist-lock.
5. Mecanismo de telescopaje. -6. Mecanismo de guiado.
7. Mecanismo de giro de twist-lock

Figura 2.26. Partes principales de un spreader.

En el caso más general, existen tres movimientos en el propio spreader, todos ellos gobernados por el cable de mando.

- Movimiento de telescopaje de largueros. Existe en aquellos spreaders hábiles para la manutención de contenedores de veinte, treinta y cinco y cuarenta pies.

  Se lleva a cabo mediante un accionamiento hidráulico por medio de poleas con reenvío, de cables o cadenas de rodillos.

- Movimiento de giro del mecanismo de guiado. Mediante este movimiento se incorporan en los cuatro corners del contenedor otras tantas guías metálicas conformadas por placas plegadas a noventa grados.

  El accionamiento es hidráulica o eléctrico.

- Movimiento de giro de twist-lock. El giro del twist-lock aprisiona los cuatro extremos del spreader en los corners superiores del contenedor.

  El movimiento se lleva a cabo mediante un varillaje accionado mecánicamente ó a través de cilindros hidráulicos.

Figura 2.27. Detalle de un twist-lock.

2.3.2. TIPOS DE SPREADERS

Existen tres tipos de spreaders:

Spreaders simples

Son dispositivos diseñados para trabajar suspendidos del gancho de una grúa mediante cuatro poleas. Son muy útiles para servicios ocasionales de manutención de contenedores.

Este tipo de spreaders no tiene posibilidad de movimiento de telescopaje, es decir presentan unas medidas fijas, normalmente correspondientes a las expresadas por ISO para contenedores de veinte pies.

Así mismo, no existe mecanismo de guiado, presentado únicamente giros en los cuatro twist-locks.

El accionamiento de giro de twist-lock puede ser:

- manual, mediante una palanca situada en la parte central del spreader, se transmite de forma mecánica el movimiento hasta los cuatro corners.

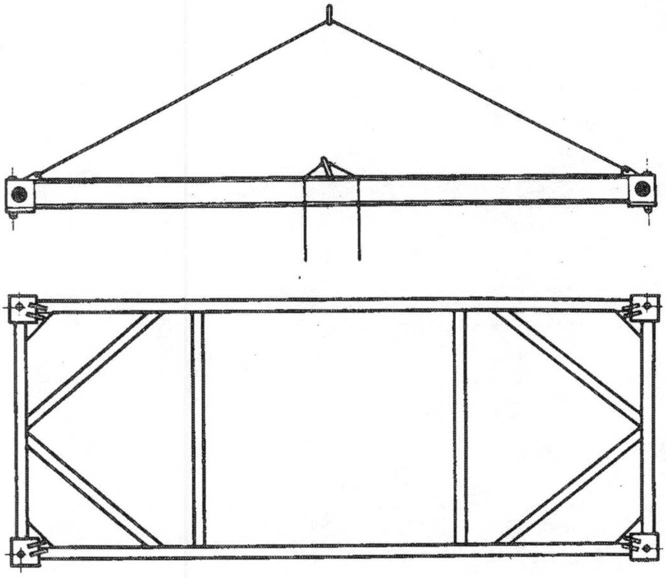

Figura 2.28. Spreader simple con accionamiento manual.

- semiautomático, mediante un cable central, al elevarse el gancho se tensa el cable de mando, transmitiendo mecánicamente el movimiento hasta los cuatro puntos de amarre, y enclavando el spreader al contenedor. La descarga se lleva a cabo, destensándose el cable de mando, una vez destensadas las cuatro eslingas de suspensión de la carga (Figura 2.29).

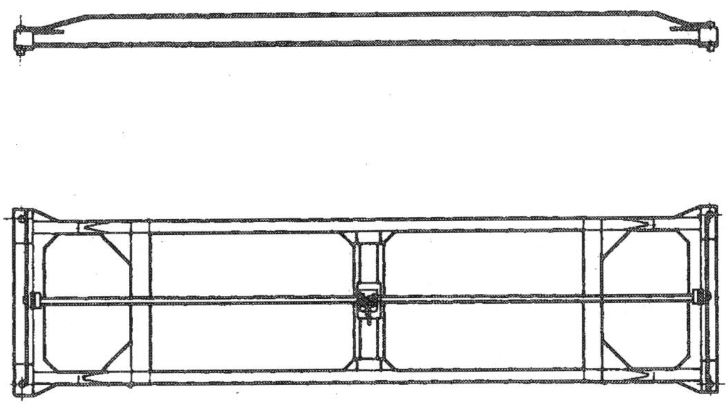

Figura 2.29. Spreader simple con accionamiento semiautomático.

Para la manutención de contenedores de treinta o cuarenta pies, se acopla a cualquiera de los spreaders simples analizados en los párrafos anteriores, otro segundo spreader formando un sólido rígido con los twist-locks de carga dispuestos en las nuevas cotas.

De esta forma, no es preciso sustituir el spreader y las correspondientes eslingas de suspensión, sino que con una operación de amarre o desamarre en los cuatro corners es suficiente.

En la Figura 2.30 se representa un spreader compuesto para acoplar un contenedor de treinta pies cuyo accionamiento es semiautomático.

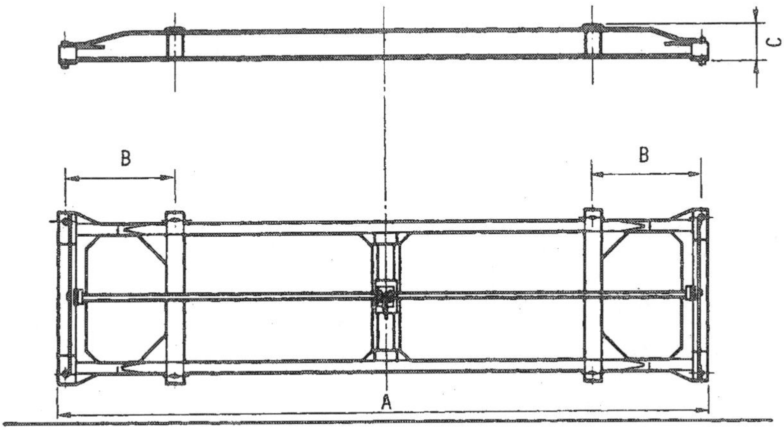

Figura 2.30. Spreader compuesto de accionamiento semiautomático.

Spreaders para grúas portacontenedores

Son dispositivos diseñados para su acoplamiento a sistemas de cuatro poleas. De esta forma se consigue un rectángulo de estabilidad que permite compensar en cierto grado las variaciones del centro de inercia de la carga sin la aparición de giros y movimientos desestabilizadores. Se utilizan en operaciones largas de transporte de carga containerizada.

Este tipo de spreader suele presentar los tres movimientos típicos:

- Telescopaje de largueros
- Giro del mecanismo de guiado
- Giro del twist-lock

Puede incluir un giro del spreader respecto a un eje vertical y mecanismos de antibalanceo.

Un cable eléctrico de mando regula los tres movimientos.

En la Figura 2.31 se muestra un spreader para grúa portacontenedores.

Figura 2.31. Spreader para grúa portacontenedores.

El accionamiento de los tres movimientos es hidráulico o eléctrico según diversos diseños. En el primer caso, el movimiento es generado por aparatos hidráulicos accionados eléctricamente, y en el segundo caso, por motores eléctricos independientes.

Este tipo de spreaders es el más utilizado en el transporte containerizado actual, si bien se están estudiando nuevos sistemas de suspensión, como por ejemplo el spreader puntual automático.

Spreaders puntuales automáticos

Es un sistema de suspensión novedoso que introduce en su concepto la sencillez del spreader simple y la sofisticación de movimientos del spreader para grúas portacontenedor.

El sistema de enganche de cuatro cables, visto en el spreader simple, es sustituido por una torre en forma de pirámide aligerada de manera que el enclavamiento del spreader al gancho es inmediato.

Por otro lado, la inestabilidad del sistema provocada por desplazamientos del centro de inercia de la carga es resuelta mediante la translación de la torre hasta el punto de estabilidad.

En la Figura 2.32 se muestra un spreader puntual automático.

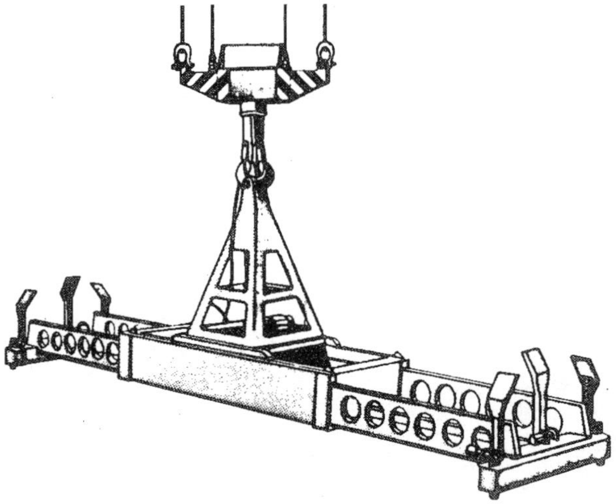

Figura 2.32. Spreader puntual automático.

El accionamiento hidráulico o eléctrico es regulado por el correspondiente cable de mando.

El caso más común es la existencia de los tres movimientos principales, anteriormente citados.

Con objeto de transportar cajas móviles, o incluso, trailers, existen unos dispositivos auxiliares denominados "piggyback", que son fundamentalmente cuatro brazos que enclavados en el spreader izan la carga por sus largueros inferiores (Figura 2.33).

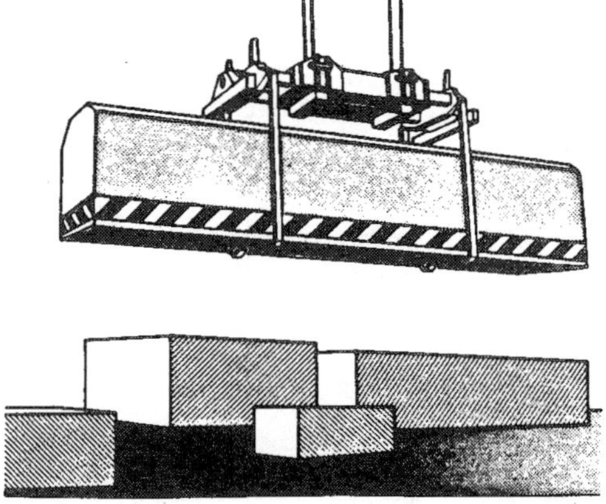

Figura 2.33. Spreader con piggyback.

El larguero inferior de la caja móvil está constituido por un perfil de tipo doble T con el ala superior redondeada exteriormente. Por debajo de este ala superior, penetra el extremo del piggyback, como indica la Figura 2.34.

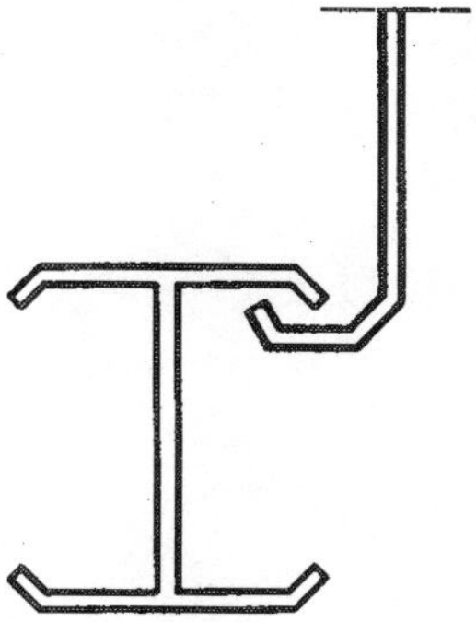

Figura 2.34. Detalle de la suspensión de la carga por medio de un piggyback.

Los cuatro brazos o piggybacks pueden estar incorporados en el propio spreader o constituir un elemento auxiliar acoplable para ocasionales transportes de cajas móviles o trailers.

2.3.3. LA ESTRUCTURA

En la práctica totalidad de los casos, la estructura está constituida por un cuerpo central, del cual parte cuatro largueros, que pueden ser extensibles y que están unidos dos a dos por dos vigas testeras que son siempre de longitud fija (Figura 2.35).

Las dimensiones están dadas por la normativa ISO, SEA LAND o especificaciones mixtas.

Suele estar construida en viga cajón, si bien en algunos casos se utiliza placa de gran espesor fuertemente aligerada o doble T.

Cálculo de la estructura

Según el esquema de la Figura 2.36, los largueros trabajan fundamentalmente a flexión y a cortadura. La fuerza vertical F_A genera una tensión máxima de trabajo en la sección BB de valor:

$$\sigma_{BB} = \sqrt{\left(\frac{F_A . l}{W_B}\right)^2 + 3\left(\frac{F_A}{A_B}\right)^2} \qquad (2.12)$$

Figura 2.35. Estructura de spreader.

Siendo:

W_B: módulo resistente a flexión vertical en la sección BB

A_B : área a cortadura vertical en la sección BB

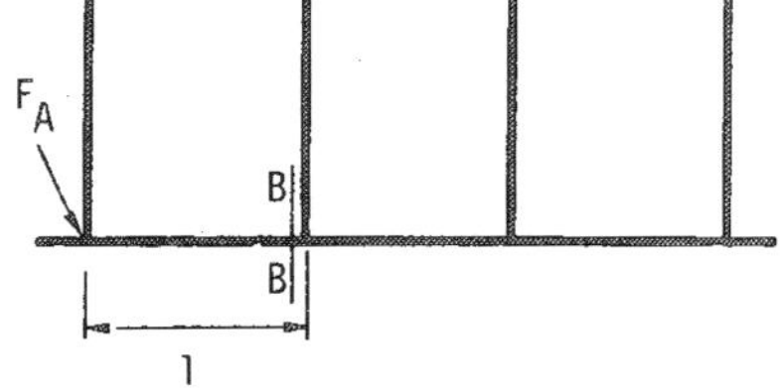

Figura 2.36. Esquema de cálculo de estructura de spreader.

2.3.4. MECANISMOS DE SEGURIDAD

En el diseño de un spreader, un capítulo importante es el ocupado a dispositivos de seguridad con objeto de impedir un mal amarre de la carga.

Existen los siguientes tipos:

- Dispositivo mecánico de palancas, que se ocupa del giro del twist-lock.
- Detector de proximidad de giro de twist-lock, de tipo magnético.
- Detector de spreader apoyada que impide el giro de los twist-lock.

Estos mecanismos están conectados a un sistema de luces que indican, según un determinado criterio, el estado del amarre del spreader.

Asimismo, es también posible conectar los mecanismos citados al propio sistema de elevación, de manera que ésta no se lleve a cabo hasta que se hayan verificado los diferentes sistemas de seguridad.

Figura 2.37. Detalle de dispositivos de seguridad del twist-lock.

2.3.4. DIMENSIONES

Siguiendo la Figura 2.30, las dimensiones de spreaders de 30 y 40 pies se representan en la Tabla 2.12.

Tabla 2.12. Dimensiones de spreaders.

	SPREADER 30 pies	SPREADER 40 pies
A (mm)	9.098	12.165
B (mm)	1.532,5	3.066
C (mm)	428	524

2.4. Otros elementos de suspensión

Además de ganchos, cucharas y spreaders se utilizan otros elementos de suspensión con objeto de optimizar el tiempo de enganche y desenganche de la carga.

2.4.1. ELECTROPORTADORES

Los electroportadores son dispositivos provistos de electro-imanes de gran potencia, dispuestos par el transporte de lingotes, de laminados, chapas, ferralla y de virutas metálicas. Empleados sobre todo en las grúas-puente manejan la pera característica de este tipo de aparejos. Se ahorra así el tiempo normalmente necesario para la suspensión, aumentando considerablemente la capacidad de las grúas. Los costos de inversión son rápidamente amortizados aunque el consumo de corriente eléctrica es muy elevado. Se los encuentra sobre todo en las acerías, laminadores y parques. En los talleres, su empleo es menos frecuente, ya que existe el peligro de que caiga la carga por una interrupción del suministro de energía eléctrica.

Construcción y forma de trabajo

Los imanes-portantes son normalmente una caja redonda suspendida por tres cadenas. Están construidos de acero moldeado, especial, para máquinas eléctricas (acero de 45 kg STG 45.81 D) y contienen la bobina, que se puede sacar después de desmontar la chapa de cobertura. A costa de un consumo superior de aproximadamente un 30%, se prefiere para la bobina el aluminio al cobre, ya que el peso total del electroimán disminuye así del 14 al 20%. La chapa de cobertura colocada entre la caja y el anillo de protección se hace de material no magnético (bronce al estaño, o acero al manganeso). Todas sus partes deben ser robustas, pues frecuentemente descienden los imanes a toda velocidad sobre los montones de materiales. La bobina constituye la parte más delicada y su fijación exige una atención especial. Ciertas construcciones llevan resortes para amortiguar los choques. La protección contra la humedad y la condensación se obtienen cuidando adecuadamente los aislamientos. En los intersticios entre la bobina y la caja se vierte una masa de material aislante, que debe conservar toda su consistencia a la temperatura de trabajo del electroimán. Los electroimanes son alimentados por corriente continua a 110 ó 160 voltios. Las grúas alimentadas únicamente con corriente trifásica deben ser equipadas con un convertidor. La alimentación se hace por un cable flexible que debe seguir los movimientos de elevación y descenso. Para ello se emplean tambores enrolladores sincronizados con el cabrestante o tambores de resortes. Se pueden también almacenar el cable con una polea provista de un contrapeso.

Figura 2.38. Fotografía de un electroportador.

La corriente que atraviesa la bobina, crea un campo magnético circular. La chapa de cobertura no es magnética y por lo tanto las líneas de fuerza no se encuentran cerradas más que cuando el imán se coloca sobre piezas de material magnético. La intensidad del campo magnético aumenta con la calidad del contacto.

Las corrientes de inducción son muy elevadas, por lo que no es posible gobernar los imanes con disyuntores simples. Son necesarios combinadores especiales. Hasta el quinto punto o escalón de mando del combinador es puesto en tensión el electroimán a través de resistencias; con los puntos siguientes se van eliminando progresivamente éstas. Los puntos de 4 a 0 sólo sirven para la puesta fuera de servicio, el electroimán es separado de la red y conectado sobre las resistencias que absorben las corrientes de inducción. Finalmente se prevé después de la posición 0 un punto para invertir la polaridad con objeto de desprender las pequeñas piezas que el magnetismo remanente puede, eventualmente, retener.

La fuerza magnética necesaria para atraer las piezas es más elevada que la fuerza necesaria para retenerlas y puede ser ventajoso para la manutención de la chatarra y lingotes de fundición prever un relé temporizado que reduzca la excitación del imán después de tomar la carga (Demag, Duisburg). De esta forma no sólo se economiza corriente, sino que también disminuye el calentamiento del electroimán.

La mayor parte de las averías de los electroportadores son causadas por una temperatura muy elevada que acaba por deteriorar el aislamiento. Existen cartuchos protectores (Demag) que cortan la corriente cuando la temperatura sobrepasa los 100o C. En la conexión de los Ardelwerke, Osnabrück, se ha previsto un relé de intensidad que conecta un avisador sonoro para que, debido al calentamiento, la corriente absorbida caiga por debajo de un cierto límite.

Normalmente no existe el riesgo de que la carga caiga durante los movimientos de giro o de traslación. La experiencia ha demostrado que las piezas cuyo peso rebasa la capacidad del electroimán se descuelgan en el mismo momento que se inicia la elevación. Por esta razón es raro el empleo de elementos de seguridad, ya que ellos implican una disminución de la capacidad. El mejor medio de evitar accidentes de trabajo es prohibir rigurosamente el acceso al campo de acción de la grúa durante su funcionamiento.

2.4.2. GARRAS Y PINZAS

En las Figuras 2.39 y 2.40 se representan diversos elementos de suspensión de tipo garras y pinzas.

Figura 2.39. Fotografía de una pinza.

Figura 2.40. Fotografía de una garra.

PROBLEMA TIPO 2.1

El objeto de este problema es evaluar la importancia que tienen sobre una carga útil dada, los pesos de los diferentes elementos de suspensión y en el caso de manipulación de contenedores, el propio peso del contenedor, que obviamente no se puede considerar carga útil ni peso de elemento de suspensión, se podría considerar peso de elemento auxiliar.

Enunciado: La grúa de puerto de la Figura 2.41 tiene dispuesto su aparejo de manera que se puede utilizar cualquier elemento de suspensión, en cualquier caso la carga útil a elevar es 12.500 daN. Evaluar la carga total a elevar así como la proporción del peso del elemento de suspensión respecto a la carga total considerando los tres elementos de suspensión más usuales.

Figura 2.41. Grúa de puerto a la que se puede acoplar gancho, cuchara y spreader como elementos de suspensión.

Solución: se van a analizar los siguientes casos:

Casos: 1. Gancho simple

2. Cuchara de 2 cables

   Densidad aparente, r = 1 T/m^3; Capacidad, n= 12,5 m^3

3. Spreader extensible con 2 tramos

Caso 1

Para evaluar el peso del gancho simple, como ya se ha explicado anteriormente, no se calcula sino que se selecciona según la norma DIN 15401 (Tabla 2.1)

De acuerdo con esta Tabla, como la carga a elevar no está en la tabla seleccionamos el valor inmediatamente superior, que en este caso será una carga de 16.000 daN que corresponde a un gancho doble y cuyo peso es de **110 daN**.

Caso 2

Para evaluar el peso de la cuchara, como ya se ha explicado anteriormente, no se calcula sino que se selecciona según la norma DIN 69201 (Tabla 2.6)

De acuerdo con esta Tabla, y tomando cuchara de 2 o 4 cables y densidad 1 T/m^3, el peso de la cuchara es **9500 daN**.

Caso 3

Para calcular todas las cargas a elevar en este caso, hay que calcular en primer lugar el contenedor y luego, el spreader.

3.1. Cálculo del peso del contenedor

Utilizamos un contenedor de 12.000 mm (12.000 x 2.500 x 2.500). Podemos estimar el peso del contenedor con las medidas de la figura 2.42.

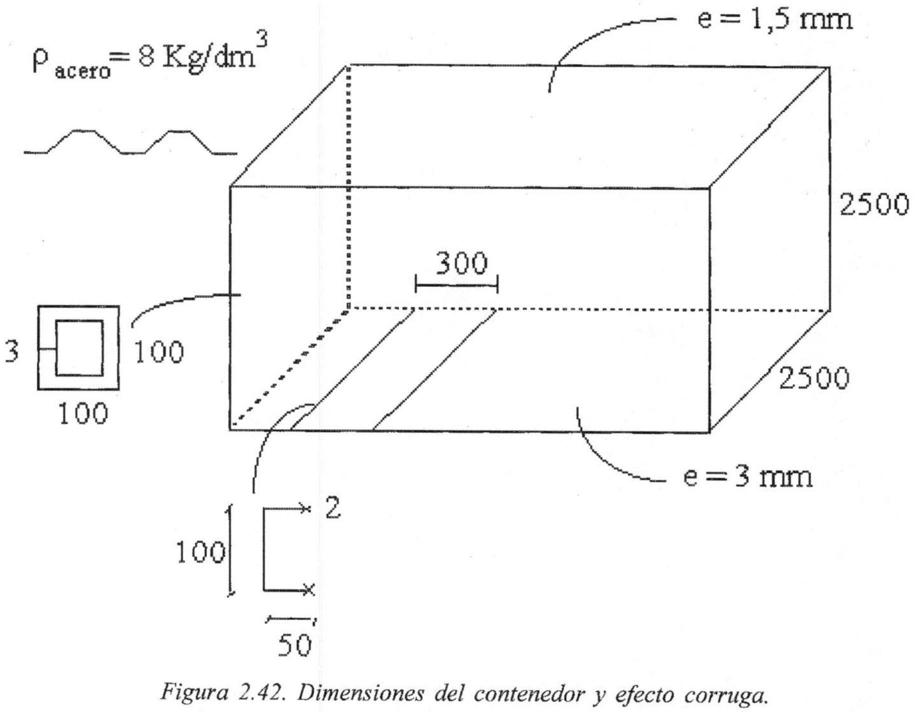

Figura 2.42. Dimensiones del contenedor y efecto corruga.

A efectos de peso, se va a considerar el efecto corruga en laterales y techo mediante un factor multiplicador de 2 y se va a suponer que el resto de las chapas son lisas:

$P_{suelo} = 0{,}003 \; . \; 2{,}500 \; . \; 12{,}000 \; . \; 8 \; 10^3 =$	720 daN
$P_{laterales\ y\ techo} = 3. \; (0{,}0015 \; . \; 2{,}5 \; . \; 12{,}0 \; . \; 8 \; 10^3) \; . \; 2 =$	2160 daN
$P_{fondo\ y\ puerta} = 2 \; . \; (0{,}0015 \times 2{,}500 \; . \; 2{,}500 \; . \; 8 \; 10^3) =$	150 daN
$P_{perfiles} = (0{,}1^2 - 0{,}094^2) \; . \; (4 \; . \; 2{,}5 + 4 \; . \; 12{,}0 + 4 \; . \; 2{,}5) \; . \; 8 \; 10^3 =$	634 daN
$P_{refuerzos\ suelo} = ((0{,}1 \; . \; 0{,}05) - (0{,}096 \; . \; 0{,}048)) \; . \; 2{,}5 \; . \; 39. \; 8 \; 10^3 =$	306 daN
$P_{contenedor} = 720 + 2160 + 150 + 633 + 305 =$	**3970 daN**

3.2 Dimensionamiento y cálculo del peso del spreader

La carga en cada uno de las cuatro esquinas para el cálculo del spreader será:

$Q_e = (Q_{útil} + Peso_{contenedor})/4 = (12.500 + 3.970)/4 = 4117$ daN

Es decir, se va a suponer que la carga dentro del contenedor está centrada, algo a lo que se tiende siempre.

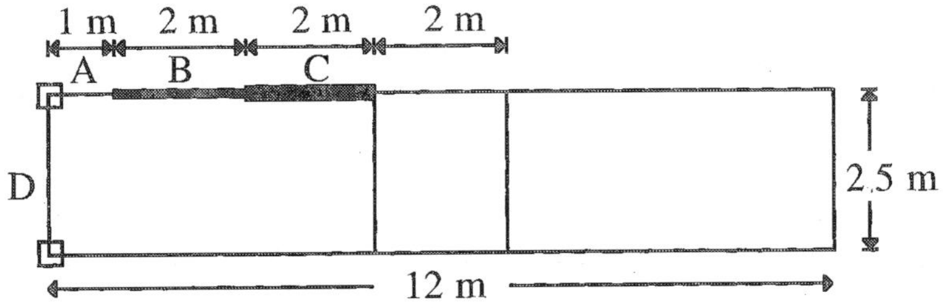

Figura 2.43. Dimensiones del spreader.

Analizando en primer lugar el tramo C, tenemos aplicado un momento flector de valor M_f = 4117 . 5 = 20.585 daN.m como puede verse en la figura 2.44.

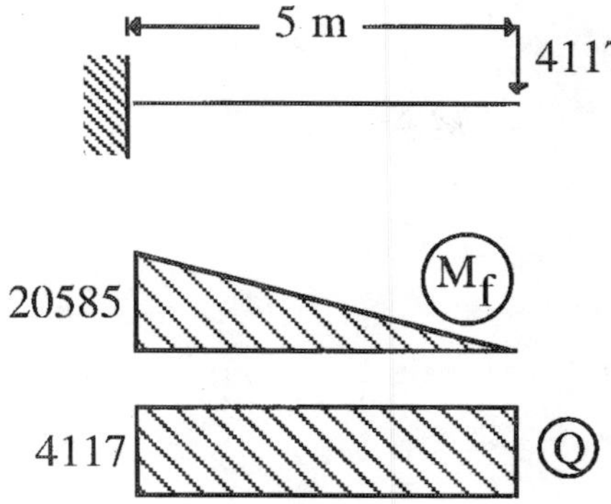

Tomaremos un coeficiente de seguridad de 2.

Figura 2.44. Solicitación del tramo C.

Se va a utilizar acero A-42 de límite elástico 260 MPa.

TRAMO C:

Interesa una sección rectangular, dado que todos los esfuerzos son verticales, y que tenga más inercia respecto de un eje que del otro.

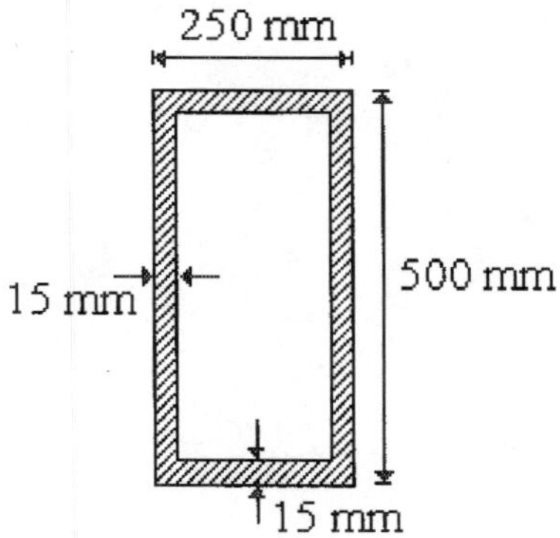

Cálculo de módulo resistente:

$$I = \frac{1}{12}\, b_1 h_1^3 - \frac{1}{12}\, b_2 h_2^3 = \frac{1}{12}\,(250 \times 500^3 - 220 \times 470^3) = 7 \,.\, 10^8 \text{ mm}^4$$

$$W = \frac{I}{h/2} = \frac{7.10^8}{250} = 2{,}8 \,.\, 10^6 \text{ mm}^3$$

El spreader es extensible, es decir, debe poder adaptarse a contenedores de 6, 9 y 12 metros. Por lo tanto el tramo C es fijo (longitud: 2 metros) y los tramos A y B son móviles, de manera que su longitud será de 2 y 3 metros respectivamente.

Cálculo del área de cortadura: $A_C = 500 \times 30 = 15.000 \text{ mm}^2$

Teniendo en cuenta que: $\sigma = \dfrac{M_f}{W}$ y que $\tau = \dfrac{Q_e}{AC}$

Por el criterio de Von Mises calculamos la tensión equivalente:

$$\sigma_{eq} = \sqrt{\sigma^2 + 3\tau^2} = \sqrt{\left(\frac{20585.10^3}{2,8.10^6}\right)^2 + 3\left(\frac{4117}{15000}\right)^2} =$$

$$= \sqrt{54 + 0,22} = 7,36 \text{ daN/mm}^2 = 73,6 \text{ MPa}$$

$$\text{Coeficiente de seguridad} = Cs = \frac{260}{73,6} = 3,53 > 3$$

Como la sección hallada es algo conservadora probamos con otra sección, por ejemplo de altura 450 mm

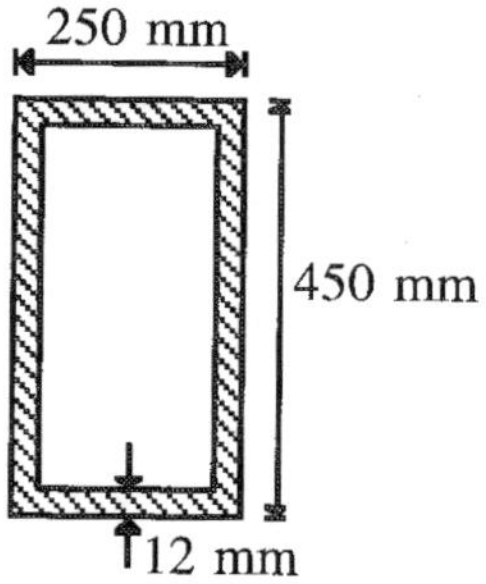

$$I = \frac{1}{12} b_1 h_1^3 - \frac{1}{12} b_2 h_2^3 = \frac{1}{12} (450^3 \times 250 - 426^3 \times 226) = 4,42.10^8 \text{ mm}^4$$

$$W = \frac{I}{h/2} = \frac{4,42.10^8}{225} = 1,96 \,.\, 10^6 \text{ mm}^3$$

$$A_C = 450 \times 24 = 10.800 \text{ mm}^2$$

$$\sigma_{eq} = \sqrt{\left(\frac{20585.10^3}{1,9.10^6}\right)^2 + 3\left(\frac{4117}{10800}\right)^2} =$$

$$= \sqrt{110,3 + 0,43} = 10,52 \text{ daN/mm}^2 = 105,2 \text{ MPa}$$

Coeficiente de seguridad = $Cs = \dfrac{260}{105,2} = 2,47$ este valor es admisible, podría probarse un espesor de 11 mm, pero éste no está normalizado.

TRAMO B:

Su geometría exterior debe coincidir con la geometría interior del tramo C.

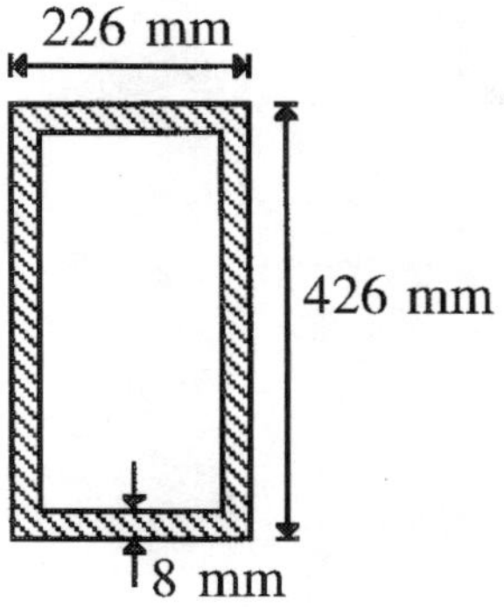

$$I = \frac{1}{12} b_1 h_1^3 - \frac{1}{12} b_2 h_2^3 = \frac{1}{12} (426^3 \text{ x } 226 - 410^3 \text{ x } 210) = 2{,}5.10^8 \text{ mm}^4$$

$$W = \frac{I}{h/2} = \frac{2{,}5.10^8}{213} = 1{,}17 \,.\, 10^6 \text{ mm}^3$$

$$A_C = 426 \text{ x } 16 = 6.816 \text{ mm}^2$$

$$M_f = \frac{20585 \text{x} 3}{5} = 12.351 \text{ daN.m}$$

$$\sigma_{eq} = \sqrt{\left(\frac{12351.10^3}{1{,}17.10^6}\right)^2 + 3\left(\frac{4117}{6816}\right)^2} =$$

$$= \sqrt{111{,}43 + 1{,}1} = 10{,}61 \text{ daN/mm}^2 = 106{,}1 \text{ MPa}$$

Coeficiente de seguridad = Cs = $\frac{260}{106{,}1}$ = 2,45 este valor es admisible. Si no fuera admisible, aumentaríamos el espesor. Si éste estuviera limitado podría mejorarse la calidad del acero.

TRAMO A:

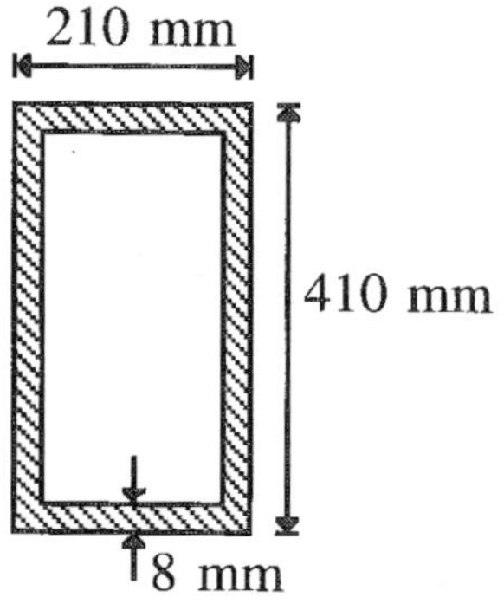

$$I = \frac{1}{12} b_1 h_1^3 - \frac{1}{12} b_2 h_2^3 = \frac{1}{12} (410^3 \times 210 - 394^3 \times 194) = 2{,}17.10^8 \text{ mm}^4$$

$$W = \frac{I}{h/2} = \frac{2{,}17.10^8}{205} = 1{,}06 \,.\, 10^6 \text{ mm}^3$$

$$A_C = 4106 \times 16 = 6560 \text{ mm}^2$$

$$M_f = \frac{20585}{5} = 4117 \text{ daN.m}$$

$$\sigma_{eq} = \sqrt{\left(\frac{4117.10^3}{1{,}06.10^6}\right)^2 + 3\left(\frac{4117}{6560}\right)^2} =$$

$$= \sqrt{15{,}08 + 1{,}18} = 4{,}03 \text{ daN/mm}^2 = 40{,}3 \text{ MPa}$$

Coeficiente de seguridad = Cs = $\frac{260}{40{,}3}$ = 6,45 >> sin embargo, se considera admisible por estar en el límite de nuestras restricciones: altura limitada.

TRAMO D:

Sus esfuerzos son despreciables. Lo dimensionamos según condiciones de diseño (soldadura ...)

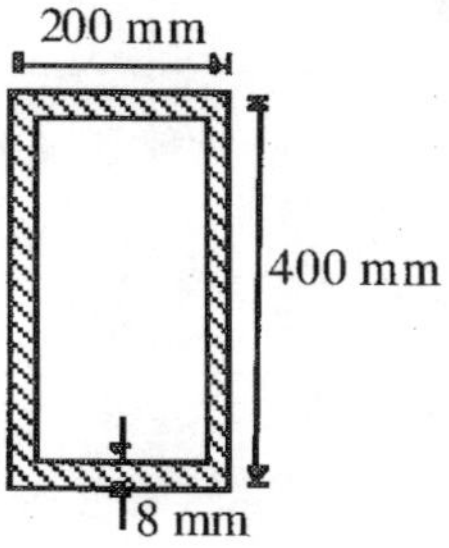

PESOS:

TRAMO C: $P_C = ((450 \times 250) - (426 \times 226)) \dfrac{8}{10^6}\ 2000 = 259$ daN

TRAMO B: $P_B = ((426 \times 226) - (410 \times 210)) \dfrac{8}{10^6}\ 3000 = 244$ daN

TRAMO A: $P_A = ((410 \times 210) - (394 \times 194)) \dfrac{8}{10^6})\ 2000 = 154$ daN

TRAMO D: $P_D = ((400 \times 200) - (184 \times 384)) \dfrac{8}{10^6}\ 2500 = 186$ daN

TOTAL: $P_{tramos} = 4\ (P_A + P_B + P_C) + 2P_D = 4\ (P_{A+B} + P_C) + 2P_D = 3000$ daN

La parte central del spreader o anclaje, donde se alojan los aparejos y elementos de control, se puede estimar que pesa 1/3 del resto del spreader:

$P_{anclaje} = 3000/3 = 1000$ daN

$P_{total} = P_{tramos} + P_{anclaje} = 3000 + 1000 =$ **4000 daN**

CONCLUSIONES

De acuerdo con los resultados de los tres casos analizados en este problema, se puede obtener la siguiente Tabla de resultados.

Tabla 2.13. Tabla de resultados de pesos de elementos de suspensión.

Caso	$Q_{útil}$	Q_{ses}	P_{es}	$Q_T = Q_{ses} + P_{es}$	$(P_{es} / Q_T).100$
1	12500	12500	110	12610	0,87 %
2	12500	12500	9500	22000	43,18 %
3	12500	16470	4000	20470	19,54 %

Donde:

$Q_{útil}$:carga útil (daN)

Q_{ses}: carga que eleva el elemento de suspensión (daN) (en todos los casos coincide con la carga útil, excepto para el caso de spreader donde hay que añadir a la carga útil el peso del contenedor 3970 daN)

P_{es}: peso del elemento de suspensión (daN)

Q_T: peso total a elevar (daN)

La última columna refleja el porcentaje del peso del elemento de suspensión sobre el peso total a elevar. Como se aprecia, el peso del gancho no supera el 1% y por lo tanto, se puede despreciar. Sin embargo, el peso de la cuchara y del spreader debe ser considerado. Otra conclusión que se desprende de este ejercicio es que hay que contemplar también el peso del contenedor, en el caso de tener un elemento de suspensión como el spreader ya que supone un 19,54 % de la carga total a elevar.

3. CABLES

3.1. Generalidades

Como órganos flexibles de las máquinas para elevar carga se emplean preferentemente los cables metálicos.

Un cable metálico es un elemento constituido por alambres agrupados formando cordones, que a su vez se enrollan sobre un alma formando un conjunto apto para resistir esfuerzos de extensión.

Los elementos componentes del cable son:

- ALAMBRES: generalmente de acero trefilado al horno, con carga de rotura a tracción entre 1200 y 1800 MPa.
- ALMAS: son los núcleos en torno a los cuales se enrollan los alambres y los cordones. Suelen ser metálicas, textiles (cáñamo, algodón) o incluso amianto.
- CORDONES: son las estructuras más simples que podemos constituir con alambres y almas: se forman trenzando los alambres, bien sobre un alma o incluso sin alma.
- CABOS: son agrupaciones de varios cordones en torno a un alma secundaria utilizados para formar otras estructuras.

Pueden verse en la Figura 3.1.

Con los alambres, almas, cordones y cabos se construyen los cables. No obstante y debido a la diversidad de configuraciones existentes, con el fin de conocer más a fondo la estructura y comportamiento del cable, pasamos a estudiar seguidamente:

- La estructura transversal de los cordones
- La estructura transversal de los cables
- Los sistemas de trenzado de cordones y cables

En la Figura 3.1 se puede apreciar la constitución de un cable.

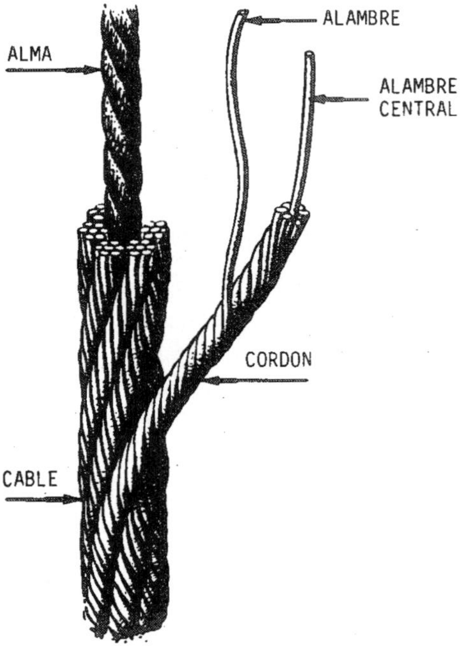

Figura 3.1. Constitución de un cable.

3.2. La estructura transversal de los cordones

La estructura transversal de los cordones está estrechamente relacionada con el trenzado longitudinal de los alambres, pudiendo ser éste:

- De pasos iguales en cordones con alambres diferentes. En ellos los alambres no se entrecruzan si no que se apoyan unos en otros en toda su longitud, consiguiéndose una mayor flexibilidad, mayor resistencia a la compresión y mayor capacidad de carga.
- Normal o de ángulos iguales: Todos los alambres son de igual diámetro, formando el mismo ángulo de cableado, por lo que los pasos de cada capa de alambres son distintos y proporcionales a los diámetros medios de cada capa.

Tanto en unos como en otros, el torcido de los cordones sobre el alma se puede realizar a derechas o a izquierdas.

Podemos clasificar los cordones en:

- de alambres de igual diámetro
- de alambres de diferente diámetro
- de alambres de forma especial
- de forma no circular

3.2.1. CORDONES DE ALAMBRES DE IGUAL DIÁMETRO

• Alambres de forma circular

Cada capa tiene 6 alambres más que la precedente

En la Figura 3.2 se representan diferentes tipos de cables de igual diámetro.

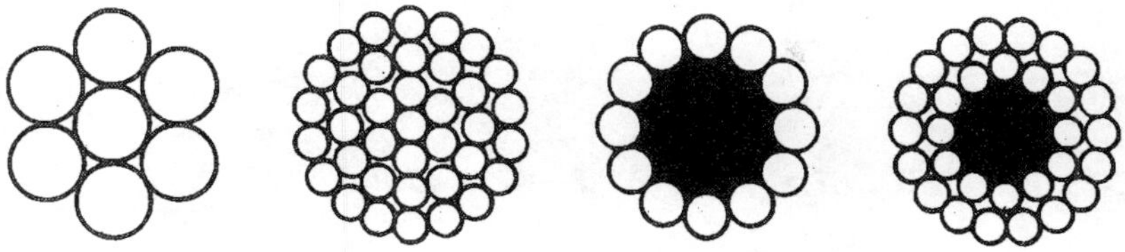

Figura 3.2. Diferentes tipos de cables de igual diámetro.

3.2.2. CORDONES DE ALAMBRES DE DIFERENTE DIÁMETRO

Existen tres tipos bien definidos:

• SEALE: Las dos últimas capas llevan igual número de hilos.

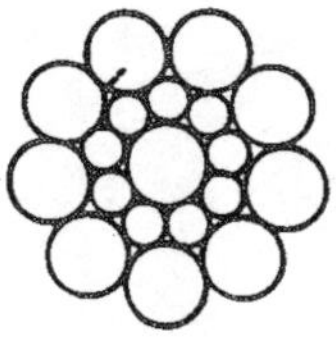

Figura 3.3. Cables tipo Seale.

• WARRINGTON: La capa exterior lleva alambres de dos diámetros distintos.

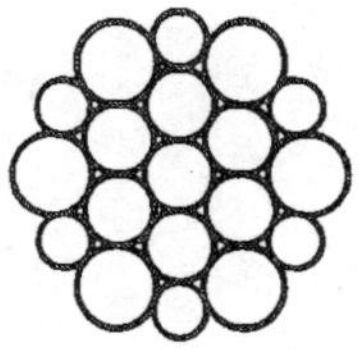

Figura 3.4. Cable tipo Warrington.

• FILLER-WIRE: Con hilos más finos para llenar los huecos existentes entre las capas. Tienen más sección metálica y mayor resistencia al aplastamiento.

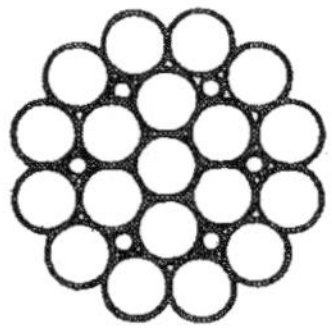

Figura 3.5. Cable tipo Filler-wire.

3.2.3. CORDONES DE ALAMBRE DE FORMA ESPECIAL

Con alambres de formas especiales en sus capas exteriores (Figura 3.6)

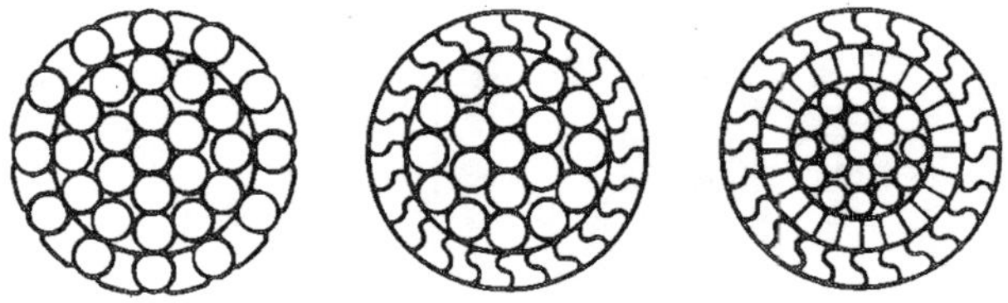

Figura 3.6. Cables con cordones de forma especial.

3.2.4. CORDÓN DE FORMA NO CIRCULAR

De perímetro triangular o elíptico (Figura 3.7)

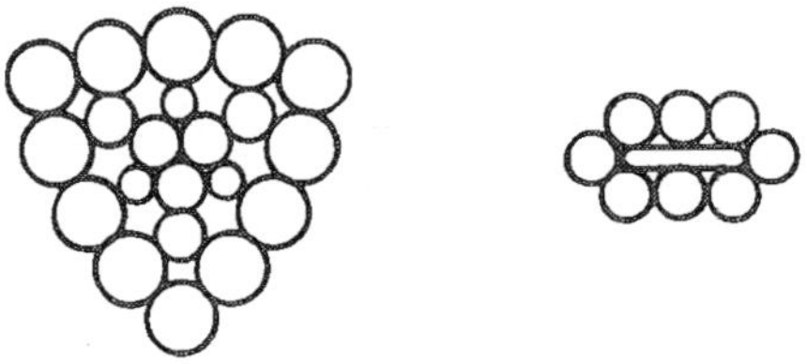

Figura 3.7. Cables con cordones de forma no circular.

3.3. La estructura transversal de los cables

Atendiendo a su complejidad, podemos dividirlos en formados por:

- un sólo cordón (monocordes)
- varios cordones (cables de cordones)
- varios cables (cables de cabos)

3.3.1. CABLES MONOCORDES

También llamados espiroidales, son enteramente metálicos. En este tipo están incluidos los cordones de tipo cerrado y semicerrado.

3.3.2. CABLES DE CORDONES

Son los más utilizados en la práctica. El número de cordones oscila entre 3 y 8, siendo el más común 6 por ser bastante redondo y con buena superficie de apoyo. Los cables con número de cordones bajos presentan aristas en las que se concentran los desgastes del cable, y en los de más de 6 cordones, se obtiene una buena flexibilidad, pero aparecen problemas de aplastamiento del alma.

Dentro de este apartado se encuentran las estructuras antigiratorias constituidas por capas de cordones trenzadas en sentido contrario, con lo que minimizan la tendencia natural de los cables a girar bajo el peso de la cargas libremente suspendidas de ellos.

3.3.3. CABLES DE CABOS

Son los de composición múltiple o cables guarines y los cables planos.

3.4. Sistemas de trenzado de los alambres y cordones

Tan importante como la estructura transversal de los cables es el sistema de torcido longitudinal de los mismos.

Se entiende por paso de cableado el paso de las hélices formadas por los cordones o cables al retorcerse para formar el cable o cordón. Si el sentido de torcido se hace siguiendo la dirección de las agujas del reloj, obtendremos torsión derecha; y torsión izquierda si es en sentido contrario.

Atendiendo al sentido de torsión de los alambres en los cordones y el de los cordones en los cables tendremos:

3.4.1. TORSIÓN CRUZADA O NORMAL

El sentido de cordoneado de los alambres es el contrario al sentido de cableado de los cordones. Según el cableado de los cordones, puede ser a derecha o a izquierda (Figura 3.8).

Figura 3.8. Trenzado con torsión cruzada

3.4.2. TORSIÓN LANG O DE SENTIDO ÚNICO

Los alambres en el cordón y los cordones en el cable se tuercen en la misma dirección. Dependiendo del sentido de cableado de los cordones, será a derecha o a izquierda.

Figura 3.9. Trenzado con torsión Lang.

Según DIN 6890, los sentidos de torsión son:

s: torsión izquierda del cordoneado

z: torsión derecha del cordoneado

S: torsión izquierda del cableado

Z: torsión derecha del cableado

El torcido cruzado es el más utilizado por su menor tendencia a destorcerse, y por tener una mayor resistencia estructural. Sin embargo, en muchos casos es preferible utilizar el torcido Lang por su mayor flexibilidad y una mayor superficie de apoyo, tener la superficie exterior más lisa y un mejor llenado del área de la sección transversal. Además sufren un desgaste menor al trabajar en poleas o tambores.

3.5. Cables preformados

En estos cables, los alambres y cordones reciben, antes de cablearlos la forma helicoidal que adoptarán más tarde, con ello se evitan las tensiones internas, obteniendo una mayor vida del cable. Además se evita que los alambres rotos salgan a la superficie del cable.

Podemos decir que la preformación es la mejora más importante introducida en la fabricación del cable desde el comienzo.

Ventajas del cable preformado:

- Mayor resistencia a la fatiga por flexión
- Más duración del factor de seguridad
- Menos susceptibles a las sacudidas y vibraciones
- Menor tendencia a girar sobre sí mismos
- Los alambres exteriores no salen a la superficie al romperse
- No tienen tendencia a la formación de cocas
- No se destuercen las puntas al quitar las amarras de los extremos
- Tienen todas las ventajas del cable Lang.

Por todo ello, el cable preformado tiene una mayor duración como puede apreciarse en la gráfica 3.1.

Los cables preformados tienen un mayor coste debido a su sistema más complejo de fabricación, pero a pesar de ello se utilizan dadas las ventajas enumeradas anteriormente.

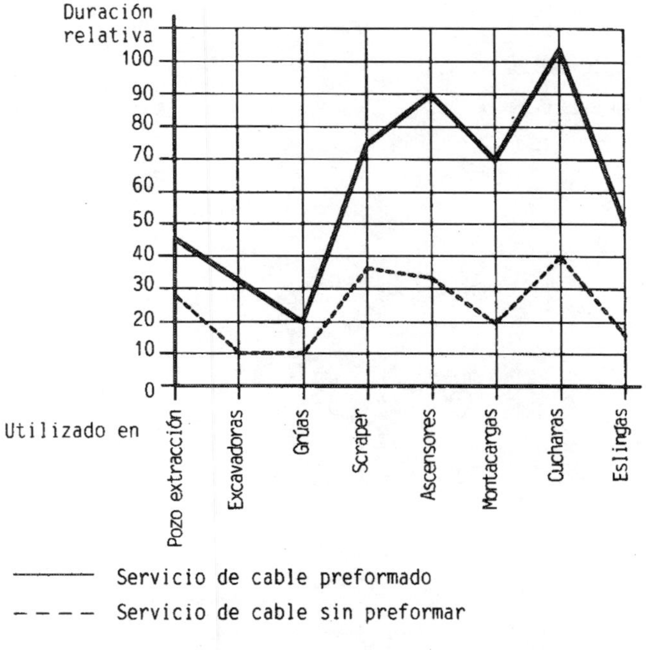

Gráfica 3.1. Duración relativa entre cables preformados y sin preformar.

3.6. Notación de las estructuras

3.6.1. FÓRMULA ABREVIADA

Constituida por tres cifras, las dos primeras separadas por el signo "x" y las dos últimas por el signo "+".

1° - n° de cordones del cable

2° - n° de alambres de los cordones

3° - n° de almas del cable

Ejemplo: 6 x 19 + 1. Según la Figura 3.10.

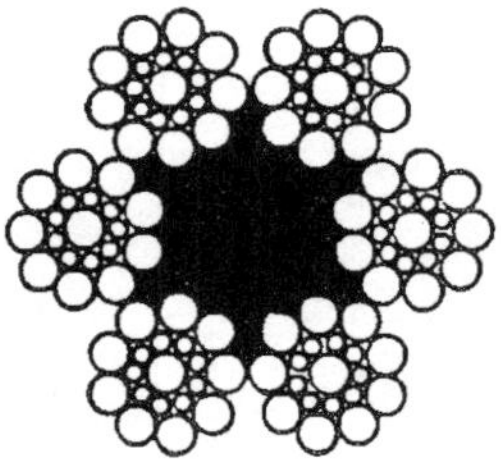

Figura 3.10. Cable de 6 cordones, 19 alambres y 1 alma.

3.6.2. FÓRMULA DESARROLLADA

Se añade al segundo número un paréntesis que contiene la disposición de los alambres dentro del cordón.

Ejemplo: 6 x 19 (1 + 9 + 9) + 1 (Figura 3.11)

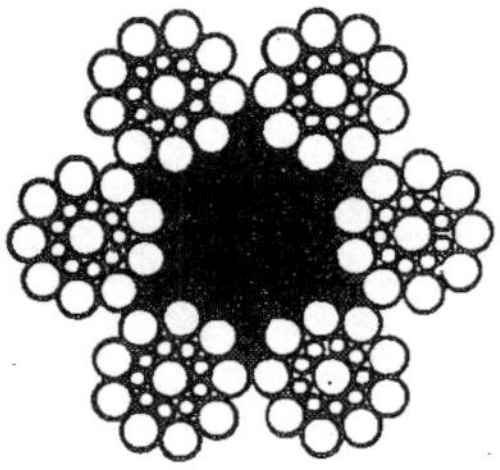

Figura 3.11. Cable de 6 cordones, 19 alambres y 1 alma.

Si el cable es de tipo Seale, Filler o Warrington, se incluye de palabra detrás del paréntesis.

Ejemplo: 6 x 19 (1 + 9 + 9) Seale + 1 (Figura 3.11)

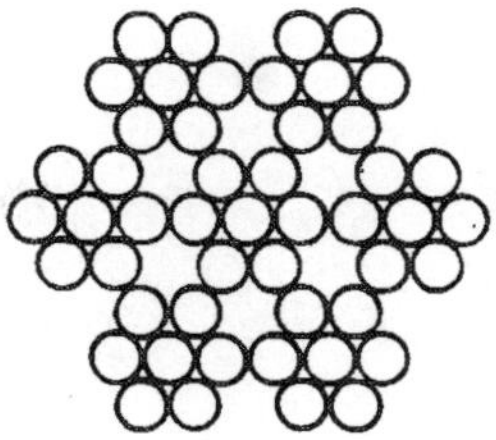

Figura 3.12. Cable de 7 cordones, 7 alambres y 0 almas.

Si el cable no tiene almas textiles, la última cifra es un cero (Figura 3.12).

Ejemplo: 7 x 7 + 0

3.7. Aceros empleados en la fabricación de los cables

Se parte del "fermachine" de acero Siemens Martin o de Horno Eléctrico con contenido en carbono entre 0,3 a 0,8 %, 0,3 % de Si y 0,8 % de Mg, en diámetros que oscilan entre 5 y 10 mm.

Partiendo del fermachine, los alambres sufren un proceso de tres fases:

•Patentado. Con el fin de dar a los alambres la ductilidad suficiente para poder someterlos a la operación de trefilado.

•Decapado, bonderizado y encalado. Para eliminar óxidos superficiales y preparar y proteger la superficie.

•Trefilado. Proceso en frío consistente en reducir la sección de alambre haciéndolo pasar por orificios de diámetro decreciente. Con ello se produce un endurecimiento del material, por lo cual se repite el ciclo desde el trefilado. Mediante estas operaciones podemos conseguir alambres con resistencia a la rotura de 900 a 1800 e incluso más de 2000 MPa.

Los ensayos de duración aconsejan no exceder de 1800 MPa con el fin de obtener la máxima duración.

Los valores máximos de resistencia en función del diámetro de los alambres son:

Diámetros (mm)	**Resistencia (MPa)**
0,5 a 1,5	1800
1,5 a 2	1600
2 a 3	1500
3 a 4	1400
más de 4	1200

3.8. Resistencia a la rotura de los cables

Hay que diferenciar entre:

• Carga de rotura real: la comprobada por ensayo de tracción sobre un trozo entero de cable. Es la empleada en cálculo.

• Carga de rotura teórica: la calculada multiplicando la sección metálica por la resistencia específica del acero empleado.

• Carga de rotura totalizada: obtenida sumando los resultados de ensayos de todos los alambres.

• Carga de rotura calculada: obtenida al disminuir a la totalizada la pérdida debida al cableado de los alambres. Esta pérdida oscila según los diferentes cables entre el 5% y el 23%.

3.9. La estructura de los cables y sus solicitaciones en el servicio

Hay que considerar las siguientes solicitaciones:

- encurvación
- aplastamiento
- estrepada
- abrasión
- corrosión

3.9.1. ENCURVACIÓN

El paso de los cables por las poleas y su enrollamiento sobre los tambores generan en éstos una fatiga por flexión, tanto mayor cuanto más rígido sea el cable.

La flexibilidad depende de:

- El grueso de los alambres del cable: A igualdad de sección metálica, la flexibilidad aumenta en proporción con el nº de alambres del cable.
- La sección textil del cable: A igualdad de diámetro, la flexibilidad será mayor cuando la relación entre la sección textil y la sección total del cable sea más elevado.
- Del tipo de cableado: Más flexibles los cables Lang que los cruzados.
- De su preformación: El preformado es el más flexible.
- Del acero empleado: Los aceros de resistencia específica menor dan cables más flexibles.

Por lo tanto, las fatigas por flexión de los cables serán menores si se eligen estructuras de:

• muchos alambres

• cordones con almas textiles

• cable Lang

• preformados

• acero de baja resistencia específica

Experimentalmente se ha comprobado que la flexibilidad de los cables aumenta más rápidamente al aumentar los alambres en los cordones que los cordones en el cable.

Hay que anotar que existe un límite inferior del diámetro de los alambres para conseguir una mayor flexibilidad, ya que en los alambres de cables muy delgados, la flexibilidad está limitada por el rozamiento interior de los alambres.

3.9.2. APLASTAMIENTO

Se produce aplastamiento cuando los cables se apoyan en las gargantas de poleas y tambores, desplazándose los alambres de sus posiciones con lo que se debilita el cable.

Los cables de alambres gruesos resisten mejor el aplastamiento que los de alambres finos. Los de 6 cordones son más aptos que los de 8, y los de alma metálica más que los de alma textil.

Son cables más aptos para resistir el aplastamiento:

• los de alambres gruesos que los de alambres finos

• los de 6 cordones que los de 8

• los de alma metálica que los de alma textil

• los de cordoneado de igual paso (Seale, Warrington) que los de cordones corrientes.

Al enrollarse el cable en capas sucesivas del tambor, se produce fatiga por aplastamiento. El cable más apropiado será uno Seale, con alma metálica y cableado Lang.

3.9.3. ESTREPADA

Son los fuertes estirones repentinos del cable que provocan en éste deformaciones respecto de su condición inicial. Fundamentalmente se producen estos fenómenos en las máquinas de minería y obras públicas.

Los cables más apropiados para evitar este fenómeno son los de cordoneado Seale y con alma metálica.

3.9.4. ABRASIÓN

La resistencia de un cable al desgaste es la que se opone a la abrasión del mismo. Como el desgaste es función de la presión específica, y esta función de la superficie de contacto, los cables más apropiados son los que con igual diámetro presenten la máxima superficie de apoyo. Por lo tanto se recomienda el cable Lang.

Podemos estimar la superficie de contacto como:

- monocordes de tipo cerrado: 100% de la superficie aparente
- de cordones triangulares: 75% de la superficie aparente
- de cordones redondos: 35% de la superficie aparente

3.9.5. CORROSIÓN

Sobre los cables, que generalmente se encuentran en instalaciones al aire libre, se presenta el fenómeno de la corrosión. Para evitar en la medida de lo posible este deterioro, los cables se engrasan, pero hay casos en los que esto no resulta suficiente y es necesario proteger superficialmente los cables con capas de cinc.

Es importante evitar la corrosión de los cables pues ésta reduce la sección metálica transversal y por ello, la resistencia mecánica, capacidad contra la abrasión, elasticidad y flexibilidad de los cables.

El galvanizado de los cables los protege de la corrosión, pero disminuye un 10 % su resistencia y un 15 % su flexibilidad.

En lineas generales, la mejor solución contra la corrosión se consigue con un engrasado meticuloso realizado periódicamente.

3.9.6. TENDENCIA AL GIRO Y RESISTENCIA AL CALOR

Los cables, debido a su construcción enrollada, tienen tendencia a girar en sentido contrario a este enrollamiento al suspender una carga de ellos.

Para evitar esta tendencia, se construyen cables antigiratorios en los que las capas de cordones se cablean en sentido contrario.

Hasta 160°C el acero de los cables no se ve afectado por la temperatura, si bien los cables de alma textil no deben emplearse en montajes con temperaturas de trabajo superior a los 100°C.

3.9.7. ELECCIÓN DE LA ESTRUCTURA DEL CABLE

A la hora de seleccionar la estructura del cable debemos tener en cuenta todas las consideraciones anteriormente apuntadas. El principal problema que se presenta es determinar cual es la acción más importante y la que marcará el límite de la vida del cable.

A modo de orientación se incluye el cuadro (Tabla 3.1), si bien en última instancia es la experiencia quien permite discernir entre la mayor o menor preponderancia de cada uno de los efectos anteriormente citados.

Tabla 3.1. Guía de determinación del tipo de estructura de cable.

Trabajo del cable	**Características de la estructura**
Cable resistiendo principalmente esfuerzos de extensión.	Cable grueso. Alambre de mucha resistencia. Alma metálica.
Cable resistiendo principalmente a la abrasión.	Cable de alambres exteriores gruesos. Alambre de mucha resistencia. Cableado Lang.
Cable resistiendo principalmente esfuerzos de encurvación.	Cable de alambres delgados. Alambres de baja resistencia. Muchos alambres por cordón. Cableado Lang y preformación.
Cable resistiendo principalmente esfuerzos de estrepada y aplastamiento.	Cable grueso. Pocos alambres por cordón. Cableado cruzado. Alma metálica. Cordoneado paralelo.

3.10. Coeficientes de seguridad

Depende del límite del acero empleado y las condiciones de la instalación.

Existen normas que marcan los coeficientes y normas de cálculo según la aplicación a que se destine el cable.

A modo de orientación pueden servir los siguientes (Tabla 3.2)

Tabla 3.2. Determinación del coeficiente de seguridad.

	Coeficientes de Seguridad
Cables fijos, de puentes colgantes	3 - 4
Cables carriles para teleféricos	3 1/2 - 5
Cables tractores para teleféricos	5 - 7
Cables de labor, elevación y guías	5 - 9
Cables para instalaciones importantes	8 - 12
Cables para transporte de personal	8 - 12
Cables para planos inclinados	5 - 8
Cables para pozos de extracción	8 - 12
Cables para ascensores	12 - 22
Cables para cabrestantes y trenajes	4 - 6
Cables para montacargas	8 - 12

3.11. Cálculo de las fatigas del cable

Los principales esfuerzos a que se someten los cables son de tracción y de flexión al curvarse para pasar por poleas y tambores, cuyos efectos se suman, si bien sobre el cable se producen otros esfuerzos.

En la práctica se calcula la máxima solicitación estática y se multiplica por el coeficiente de seguridad, obteniéndose de esta forma el esfuerzo para el que seleccionaremos el cable.

No obstante en muchas ocasiones conviene conocer la influencia del resto de los esfuerzos. Por ellos vamos a detallar a continuación su cálculo.

3.11.1. ESFUERZOS DE EXTENSIÓN

Originados al levantar cargas.

La fatiga específica de extensión en MPa es:

$$\sigma_e = \frac{P}{s} \qquad (3.1)$$

P = carga a levantar en N

s = sección metálica del cable en mm^2

Al iniciarse el movimiento se genera un esfuerzo dinámico de valor

$$\sigma_d = \frac{\sigma_e \cdot y}{g} \qquad (3.2)$$

y = aceleración en m/sg^2

g = aceleración de la gravedad m/sg^2

Podemos decir que el esfuerzo total del cable es:

$$\sigma_t = \frac{P}{s} + \frac{\sigma_e . y}{g} = \frac{P}{s} + \frac{\sigma_e . V^2}{2eg} \qquad (3.3)$$

siendo:

V = velocidad en m/sg

t = tiempo para alcanzar la velocidad de régimen sg

e = espacio recorrido por la carga desde V = 0 hasta V de régimen

Si la velocidad es menor de 2 m/sg se puede considerar que

$$\sigma_t = 1.1 \ \frac{P}{s} \qquad (3.4)$$

3.11.2.ESFUERZO DE ENCURVACIÓN

Generado al pasar el cable por una polea o por un tambor. Depende del tipo y tamaño del cable y del tamaño de las poleas y tambores.

Se alcanza el valor máximo cuando la longitud de contacto del cable con la polea es igual al paso de sus cordones, momento a partir del cual pese a poder plegarse más, no se aumenta el esfuerzo en el cable.

Para limitar estos esfuerzos, se busca que los diámetros de los hilos o del cable y el de las poleas o tambores sigan una relación.

Vamos a analizar los esfuerzos producidos por el enrollamiento de un cable de diámetros "d" sobre otro "D" como puede verse en la Figura 3.13.

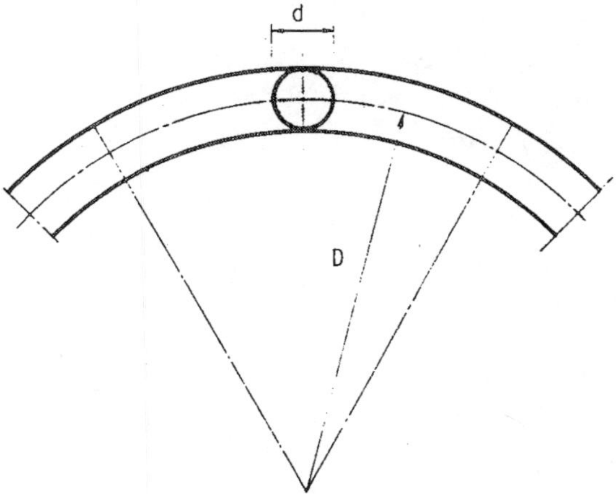

Figura 3.13. Definición de variables.

La fibra a - b inferior sufre un acortamiento, mientras que la superior c - d se alarga.

El alargamiento unitario de la fibra c - d es:

$$\frac{\pi(D+d)-\pi D}{2}=\pi\frac{d}{2} \qquad (3.5)$$

de donde resulta:

$$i=\frac{\pi\frac{d}{2}}{\pi\frac{D}{2}}=\frac{d}{D} \qquad (3.6)$$

La fatiga correspondiente que este alargamiento produce es:

$$\sigma_f = E\,.\,i \qquad (3.7)$$

Es decir,

$$\sigma_f = E\,.\,\frac{d}{D} \qquad (3.8)$$

Como los alambres de los cables no son paralelos sino que forman ángulos a_1 de cordoneado y a_2 de cableado, podemos decir que

$$\sigma_f = E\,.\,\frac{d}{D}\cos^2 a_1 . \cos^2 a_2 \qquad (3.9)$$

como a_1 y a_2 oscilan entre 18 y 20° quedará que

$$\sigma_f = 0{,}8\,E\,.\,\frac{d}{D} \qquad (3.10)$$

3.11.3. ESFUERZOS DE APLASTAMIENTO

Al pasar el cable por las poleas ejerce sobre el fondo de las gargantas una presión que es función de la tensión longitudinal del cable y del radio de la polea.

Viendo la Figura 3.14 podemos deducir que la tensión del cable origina sobre la polea un esfuerzo de valor

$$F = 2.\,T\,\mathrm{sen}\,a \qquad (3.11)$$

lo que origina una presión de valor

$$p=\frac{2T\,\mathrm{sen}\,a}{l.m} \qquad (3.12)$$

p: presión en Pa

l: longitud de contacto del cable en m

m: anchura transversal de contacto del cable en m

T: tiro del cable en N

R: radio de la polea en m

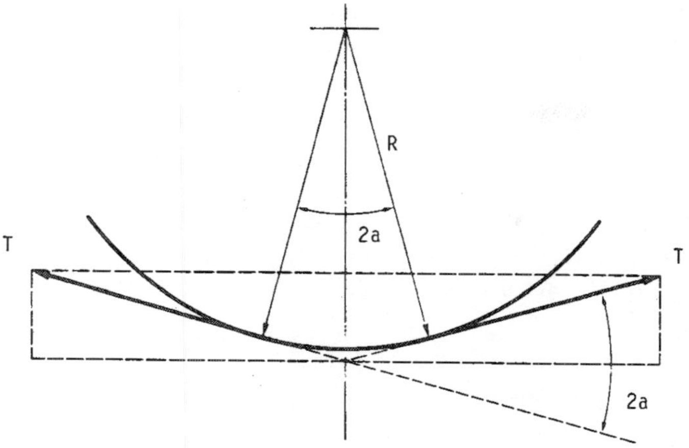

Figura 3.14. Definición de variables

como l = 2 R sena, queda que:

$$p = \frac{T}{R.m} \qquad (3.13)$$

Fórmula de la que se deduce que la presión por unidad de superficie es independiente del valor del arco abrazado por el cable en la polea.

El valor m de contacto del cable con la polea es una fracción de su diámetro. La anchura de contacto aparente es de 0,9 de, aunque en realidad es bastante menor que esto. Realmente el contacto es:

$$m = N \, . \, d$$

El coeficiente N es el siguiente (Tabla 3.3).

Tabla 3.3. Valores del coeficiente N.

CABLES		N
Cerrados	....	0,90
8 x 19 + 1	....	0,50
6 x 37 + 1	....	0,50
6 x 19 + 1	....	0,40
6 x 12 + 1	....	0,35
6 x 7 + 1	....	0,25

Estos valores son válidos para gargantas perfectas y con entrada de cables sin oblicuidad. Si existe oblicuidad, los coeficientes pueden quedar reducidos a la mitad.

Queda por tanto que:

$$p = \frac{T}{R.N.d} \qquad (3.14)$$

En los tambores lisos y poleas de gargantas muy anchas, el contacto transversal aparente del cable de cordones queda reducido a una tira estrecha, haciéndose el valor N igual a 0,4.

Los valores de la presión superficial máxima admisible en las poleas en función del material de la polea y del diferente tipo de cable son (Tabla 3.4).

Tabla 3.4. Valores de presión superficial máxima

Composición del cable	MPa		
	Fundición	Acero moldeado	Acero al manganeso
6 x 7 + 1 cruzado	2,1	3,9	10,5
6 x 7 + 1 Lang	2,5	4,8	13,0
6 x 19 + 1 cruzado	3,5	6,3	17,5
6 x 19 + 1 Lang	4,0	7,3	17,0
6 x 37 + 1 cruzado	4,3	7,6	21,0
6 x 37 + 1 Lang	4,9	8,7	24,0
6 x 19 + 1 cruzado	4,3	7,6	21,0
6 x 19 + 1 Lang	4,9	8,7	24,0

En aquellos montajes en los que el trabajo haya de ser muy intenso, no debe pasarse de una presión superficial de valor p = 10 MPa, y en los cables pertenecientes a instalaciones extracción de valor p = 7 MPa.

Hay que procurar que el valor de la presión de apoyo no sobrepase los valores dados en la tabla anterior. Si esto ocurre hay que aumentar el diámetro de la polea, e incluso el del cable a fin de mantener la presión superficial dentro de los límites marcados.

3.11.4. ESFUERZOS DE ESTREPADA

Entendemos por estrepada los esfuerzos producidos en el cable debido a los tirones violentos. Si este esfuerzo sobrepasase el límite elástico del cable, se produciría la rotura del cable.

Por tanto, los esfuerzos de estrepada han de ser menores que el trabajo de deformación elástico, que es:

$$Q = \frac{C_e^2 \, . \, L \, . \, s}{2E_a} (\text{Kjulios}) \tag{3.15}$$

Q = trabajo de deformación elástico

C_e = carga límite elástica en MPa

L = longitud total del cable en m

s = sección metálica del cable en m^2

E_a = Módulo de elasticidad del cable en GPa dado en la Tabla 3.5

A modo de inciso se van a hacer algunas aclaraciones sobre el alargamiento de los cables. Este se debe fundamentalmente a dos esfuerzos elementales:

- debido a la elasticidad del acero empleado
- debido al asentamiento de los alambres y cordones en el cable

El alargamiento elástico es transitorio y desaparece al hacerlo la acción que lo producía.

El alargamiento elástico del cable es:

$$A = \frac{\sigma_t \, . \, L}{E_a} \tag{3.16}$$

Tabla 3.5. Valores del módulo de elasticidad del cable.

Composición del cable	E_a = Módulo de elasticidad aparente en GPa	
	Cable nuevo	Cable usado
Cables monocordes		
1 + 6	180	215
1 + 6 + 12	160	192
1 + 6 + 12 + 18	150	180
1 + 6 + 12 + 18 + 24	145	174
1 + 6 + 12 + n^z	170	204
1 + 6 + 12 + 18 + n^z	157	188
Cables de cordones normales		
6 x 7 + 1	108	130
6 x 19 + 1	100	120
6 x 37 + 1	95	114
6 x 61 + 1	87	105
7 x 7 + 0 cordón de alma	138	165
7 x 19 + 0 cordón de alma	130	156
6 x 19 + 0 cablecillo de alma	125	150
6 x 37 + 0 cablecillo de alma	120	144
8 x 19 + 1	80	96
8 x 19 + 1 alma mixta	120	144
17 x 7 + 1	130	156
17 x 19 + 1	130	156
34 x 7 + 1	120	144

34 x 19 + 1	120	144
Cables de cordones de pasos iguales		
6 x 19 + 1 SEALE	103	122
6 x 19 + 1 WARRINGTON	100	120
6 x 25 + 1 FILLER	97	116
6 x 36 + 1 WARRINGTON-SEALE	87	105
6 x 41 + 1 WARRINGTON-SEALE	85	102
6 x 36 + 1 FILLER-SEALE	85	102
6 x 41 + 1 FILLER-SEALE	82	98

A = alargamiento total del cable en mm

σ_t= carga de trabajo en MPa

L = longitud total en m

E_a = módulo de elasticidad del cable en GPa

El alargamiento de asentamiento es permanente, y puede estimarse en un principio entre el 2% y el 4% de la longitud total. Resulta progresivo hasta alcanzar valores entre el 5% y el 8%.

La carga límite de elasticidad es la carga de rotura multiplicada por un coeficiente obtenido de la Tabla 3.6.

Tabla 3.6. Valores del coeficiente de carga límite de elasticidad.

Cable de acero (MPa)	1400/1600	1600/1800	1800/2000	2000/2200
Galvanizado	0,60	0,65	0,70	0,75
Claro	0,65	0,70	0,75	0,80

Para tipos usuales de cables, se ha obtenido la carga elástica siguiente:

Tabla 3.7. Valores de carga límite elástica (MPa).

Cable de acero (MPa)	1400/1600		1600/1800		1800/2000		2000/2200	
	Galv.	Clar.	Galv.	Clar.	Galv.	Clar.	Galv.	Cla
Cables de 6 cordones:								
1 + 6 hilos	820	760	1010	940	1210	1130	1400	132
De 3 + 9 a 1 + 6 + 12 hilos	790	730	970	900	1170	1090	1350	127
1 + 9 + 9 hilos	790	730	970	900	1170	1090	1350	127
De 27 a 37 hilos	770	710	950	880	1150	1070	1320	124
De 48 a 61 hilos	740	680	910	850	1090	1020	1260	118

9 + 9 hilos con alma tálica	760	700	940	870	1130	1050	1310	1230
6.6 + 12 hilos con alma tálica	760	700	940	870	1130	1050	1310	1230

La energía desarrollada por la caída libre de un cuerpo de peso P cayendo desde una altura h es:

$$Q = P.\,h \qquad (3.17)$$

Un cable de longitud L podrá detener a este cuerpo si

$$P.\,h \leq \frac{C_e^2 .\, L.\, s}{2\, E_a} \qquad (3.18)$$

con lo que es posible calcular los trabajos de las estrepadas del cable.

3.11.5. RIGIDEZ DE LOS CABLES Y RENDIMIENTO DE LAS POLEAS

Los cables presentan una oposición a curvarse sobre las poleas que hace que existan pérdidas. Esta resistencia es debida a dos causas:

- la resistencia elástica de los alambres, independiente del diámetro de la polea.
- el rozamiento interior, dependiente del diámetro de la polea creciendo aritméticamente con el número de capas de alambres y cordones.

La compresión de cada alambre con la capa inferior produce un rozamiento de valor:

$$F_R = 0{,}2\,\pi\, t \operatorname{ctg} a \qquad (3.19)$$

a = ángulo de inclinación de los alambres

t = tensión de un alambre

Este valor es muy considerable e impide al doblarse el cable la libertad de movimiento de los alambres dentro del cable.

La rigidez ocasionada por el rozamiento interior de los hilos es mucho mayor que la resistencia elástica de todos los hilos del cable, por lo que ésta última se desprecia.

La rigidez del cable se mide por la diferencia de tensiones existente entre el ramal conducido y el conductor.

Según Benoit y Rubin, para cables entre 13 y 21 mm. en poleas de 500 a 900 mm. de diámetro, vale

Cable Lang: $$s = 6{,}3\ \frac{d^2}{D}(T + 30) \qquad (3.20)$$

Cable cruzado: $s = 9 \dfrac{d^2}{D}(T + 50)$ (3.21)

s = rigidez en MPa/m

D = diámetro de la polea en m

d = diámetro del cable en m

T = tensión del cable en MPa

Los fabricantes franceses de cables proponen para cables de 6 cordones con alma textil la siguiente fórmula:

$$s = (1,9 + 0,0021\ T)\ \frac{P}{D} \qquad (3.22)$$

P = peso por metro del cable

Al ramal motor del cable hay que añadir un esfuerzo s debido a su rigidez y otro s' para vencer los rozamientos de la polea al girar sobre los rodamientos o sobre los cojinetes.

Los rendimientos de poleas fijas son por unidad:

$K_f = 0,96$ cojinetes de bronce

$K_f = 0,98$ cojinetes de bolas

En polipastos el rendimiento se calcula por la expresión:

$$K_p = \frac{1}{N}\frac{1 - K_f^N}{1 - K_f} \qquad (3.23)$$

N = número de ramales que sostienen la carga en el polipasto.

En los tambores se considera que el rendimiento es igual al de una polea fija.

$K_t = 0,96$ para bronce

$K_t = 0,98$ para bolas

El rendimiento de una instalación compleja formada por polipastos y poleas será el producto de los rendimientos parciales de cada elemento.

$$K = K_f^N . K_p . K_t \qquad (3.24)$$

por lo que el esfuerzo motor T_m será:

$$T_m = \frac{T}{K} \qquad (3.25)$$

T = esfuerzo motor teóricamente calculado sin rozamientos.

3.11.6. ESFUERZOS REITERADOS

Los cables pueden encontrarse sometidos a esfuerzos reiterados de extensión, flexión, etc., lo que origina la destrucción del cable antes de lo que correspondería a una carga estática.

Se define como resistencia límite a los esfuerzos reiterados, a la correspondiente al máximo esfuerzo que puede aplicarse indefinidamente a un cable sin que se produzca la rotura del mismo.

Pese a todo, este valor no tiene excesivo interés puesto que los parámetros que marcan la sustitución de los cables son la mayor parte de las veces el desgaste, la oxidación, el alargamiento permanente, etc.

El límite convencional de resistencia a los esfuerzos reiterados R_r tiene un valor situado entre el 30 y el 40% de su carga de rotura.

3.11.7. FATIGA TOTAL DEL CABLE Y DURACIÓN DEL MISMO

Como resumen de lo anteriormente visto, podemos decir que los cables están sometidos a los siguientes esfuerzos:

- esfuerzo de tracción σ_e
- esfuerzo dinámico $\sigma_d = \frac{\sigma_e . y}{g}$ (3.26)
- esfuerzo de rozamiento y rigidez $\sigma_r = \sigma_e (1 + \frac{y}{g})(\frac{1}{k} - 1)$
- esfuerzo de encurvación $\sigma_f = \frac{E_a . d}{D}$ (3.27)
- resistencia a la rotura R_r

Para obtener la máxima duración de un cable debe resultar que

$$\sigma_t = \sigma_e (1 + \frac{y}{g}) \frac{1}{k} + \frac{E_a . d}{D} 2 \leq R_r \quad (3.28)$$

Aunque puede suceder normalmente que $\sigma_t > R_r$, nunca habrá de exceder del límite elástico C_e del cable.

Por tanto, se consigue la máxima duración cuando $\sigma_t = R_r$ y la mínima cuando $\sigma_t = C_e$.

En la actualidad hay tendencia a completar dentro de los apartados de cables el concepto de seguridad con el de duración.

G. Nieman de la siguiente fórmula:

$$W = \frac{170.000}{n} \cdot (10.b_1.b_2 \frac{\frac{D}{d} - \frac{9}{b_1}}{\sigma_e + 40})^2 \quad (3.29)$$

W es el número de flexiones (plegado sobre la polea y desplegado), que puede soportar el cable antes de romperse.

n coeficiente de valor:

1	flexión en el mismo sentido
1,5	flexión en sentido contrario cable cruzado
2	flexión en sentido contrario cable Lang

D diámetro de la polea (m)

d diámetro del cable (m)

σ_e esfuerzo de extensión (MPa)

b_1 = coeficiente de forma de garganta

para radio de garganta, r = 0.54 d

b_1 = 1 cable cruzado y Lang

para radio de garganta, r = ∞

b_1 = 0,72 cable cruzado

b1 = 0,65 cable Lang

para garganta en V a 45°

b_1 = 0,72 cable cruzado

b_1 = 0,60 cable Lang

b_2 = coeficiente de forma del cable

b_2 = 1,04 cable cruzado 6 x 37, 1600 MPa

b_2 = 1,11 cable Lang 6 x 37, 1600 MPa

El valor W suele estar comprendido entre 30.000 (polipastos) y 150.000 flexiones (grandes grúas).

3.12. Aplicaciones típicas de los cables

En la industria los cables de acero se emplean en grúas, montacargas, tornos, cabrestantes, etc.

3.12.1. GRÚAS CORRIENTES

En este apartado se consideran grúas giratorias y grúas de cubierta.

Suelen utilizarse los diámetros y composiciones siguientes:

Tabla 3.8. Diferentes composiciones de cables.

Diámetro del cable	Composición
5 a 25 mm.	6 x 19 (1 + 6 + 12) + 1
10 a 30 mm.	6 x 37 (1 + 6 + 12 + 18) + 1
10 a 30 mm.	6 x 36 (1 + 7 + 7.7 + 14) W.S. + 1

3.12.2.GRÚAS DE GRAN ALTURA DE ELEVACIÓN

En este apartado se consideran grúas torre, grúas portacontenedores y vehículos grúa.

Se utilizan cables antigiratorios, sobre todo si la carga es soportada por un sólo ramal y no va guiada.

Hay que observar una serie de precauciones en el manejo de estos cables, que son:

1.El diámetro mínimo de enrollamiento debe ser 40 veces el diámetro del cable.

2.Los cables deben estar siempre sometidos a tensión, por lo que puede ser necesario contrapesar el gancho.

3.El ángulo de emboque no debe ser superior a 1° 30'.

4.Debe evitarse que la carga gire.

5.Los cables pueden enrollarse en varias capas.

6.Los amarres de los extremos han de realizarse con terminales ejecutados con una aleación especial de cinc.

De no poder cumplir estas condiciones es preferible montar un cable de 8 cordones con alma mixta, o de 6 y alma textil.

La elección del cable debe hacerse preferentemente de entre las siguientes composiciones:

Tabla 3.9. Diferentes composiciones de cable.

Diámetro de utilización	Composición del cable
10 a 25 mm.	17 cordones (6+11) de (1+7) hilos y alma textil
	34 cordones (6+11+17) de (1+7) hilos y alma textil
	8 x 19 (1+6+12) + alma textil
	8 x 19 (1+9+9) S. + alma textil

3.12.3. PUENTES GRÚA

En este apartado se consideran puentes grúa, grúas pórtico y grúas cónsola.

Los cables más utilizados suelen ser:

Tabla 3.10. Descripción de cables más utilizados

Diámetro de utilización	Composición del cable
8 a 25 mm.	6 x 19 (1+6+12) + 1 alma textil
10 a 30 mm.	6 x 37 (1+6+12+18) + 1 alma textil
	6 x 36 (1+7+7.7+14) W.S. + 1 alma textil
20 a 40 mm.	6 x 61 (1+6+12+18+24) + 1 alma textil
	6 x 54 (1+6+9+9.9+18) W.S. + 1 alma textil

3.12.4. TORNOS Y CABESTRANTES

En general se eligen los cables para tornos y cabrestantes de entre las siguientes composiciones:

Tabla 3.11. Composiciones de cables para torno y cabrestantes.

Diámetro de utilización	Composición del cable
6 a 20 mm	6 x 7 (1+6) + 1
10 a 20 mm	6 x 19 (1+6+12) + 1
	6 x 37 (1+6+12+18) + 1
	6 x 19 (1+9+19) S + 1
	6 x 25 (1+6.6+12) F. + 1
	6 x 36 (1+7+7.7+14) W.S. 1

Algunas veces, debido al trabajo a la intemperie, es conveniente construir estos cables con alambres galvanizados.

En los cabrestantes para arrastre de vagones, como el cable roza por el suelo, la estructura debe ser tipo Seale, con alambres gruesos en la capa exterior. El diámetro de los tambores para estos cables suele ser de 400 a 500 veces el diámetro del hilo más grueso del cable.

3.13. Efectos giratorios de los cables

3.13.1 ESFUERZOS DE GIRO

Cuando suspendemos libremente una carga del extremo de un cable, ésta gira debido al enrollamiento helicoidal de los elementos del cable. El efecto giratorio se produce en sentido opuesto al del enrollamiento.

La tensión horizontal f, que produce el giro del cable, es la resultante del esfuerzo vertical de tracción p, debida a la carga sobre el torón y del esfuerzo de reacción q, que sigue el eje del torón (ver Figura 3.15).

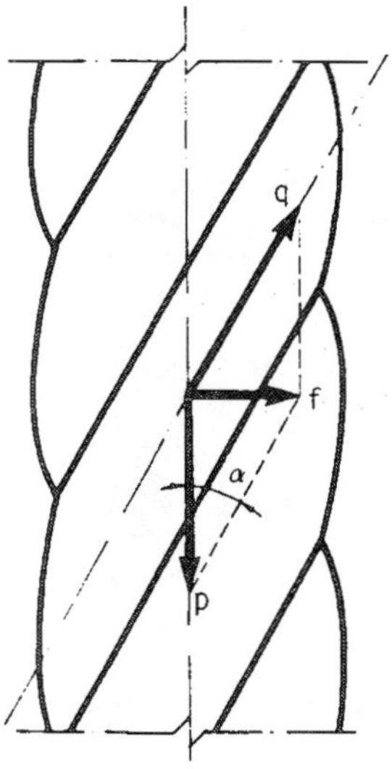

Figura 3.15. Tensión horizontal en un cable.

Si α es el ángulo de enrollamiento de los torones en el cable, se tendrá:

$$f = p\, tg\alpha \qquad (3.30)$$

Por idénticas razones, los hilos enrollados en hélice en cada torón provocan un efecto giratorio de sentido inverso al de su enrollamiento.

- Si el sentido de enrollamiento de los alambres en el torón es el inverso del de los torones en el cable (cable cruzado, Figura 3.16), el efecto giratorio disminuye en el cable.

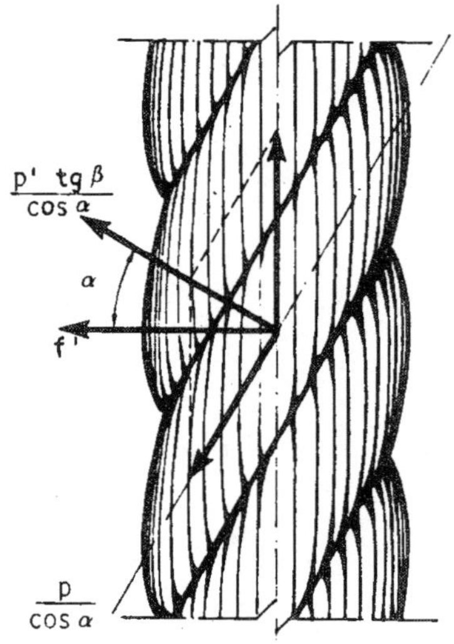

Figura 3.16. Efecto giratorio de un cable cruzado.

- Al contrario, en cables Lang (Figura 3.17) en los que el sentido de enrollamiento de los hilos en el torón es el mismo que el de los torones en el cable, el efecto giratorio debido a los hilos de alambre, aumenta el par giratorio del cable.

Si llamamos β al ángulo de enrollamiento de los hilos en el torón, la tensión horizontal f' de la carga soportada por un hilo tendrá por valor:

$$f' = p' \, tg\beta \tag{3.31}$$

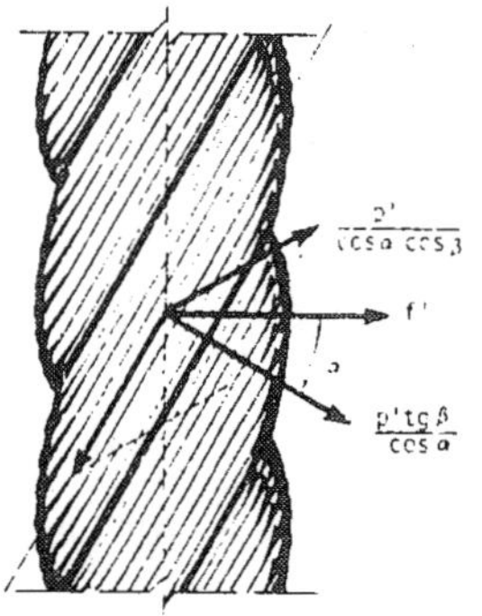

Figura 3.17. Efecto giratorio de un cable Lang.

3.13.2. CÁLCULO DEL PAR GIRATORIO DE UN CABLE

Por ejemplo, el de un cable de 6 torones de 19 hilos de diámetro d.

La carga P, soportada por el cable, está repartida por los 114 hilos que lo componen. Cada hilo soporta un esfuerzo p' (ver Figura 3.18)

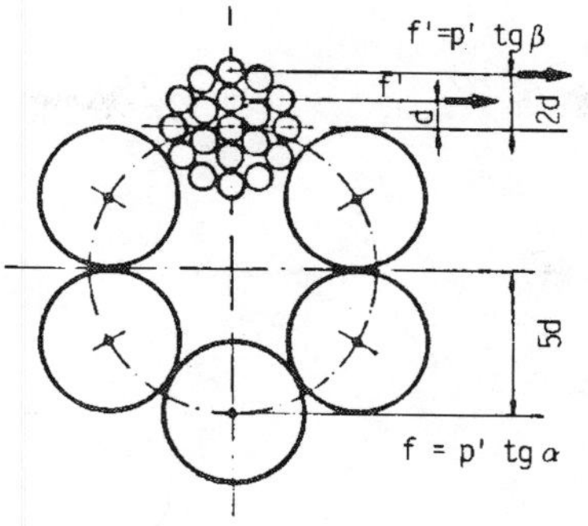

Figura 3.18. Distribución de esfuerzos en un cable

- Par giratorio de los hilos en los torones

Capa interior de los hilos:

$$P_i = 6\ p'.tg\beta.d = 6\ p'.tg\beta.d \quad (3.32)$$

Capa exterior de los hilos:

$$P_e = 12\ p'.tg\beta.2d = 24\ p'.tg\beta.d \quad (3.33)$$

Total por torón:

$$P_t = P_i + P_e = 30\ p'.tg\beta.d \quad (3.34)$$

Total por cable:

$$P_T = 6.\ P_t = 180\ p'.tg\beta.d \quad (3.35)$$

- Par giratorio de los torones en el cable:

$$6\ .\ 19\ p'\ tg\alpha\ .\ 5d = 570\ p'\ tg\alpha\ .\ d \quad (3.36)$$

para simplificar el cálculo, se puede tomar

$$\alpha = \beta = 18 \div 20^{\circ} \quad (3.37)$$

- Par giratorio del cable:

A) Cable cruzado:

$$570.p'.tg\alpha.d - 180.p'tg\alpha.d = 390.p'.tg\alpha.d \quad (3.38)$$

B) Cable Lang:

$$570.p'.tg\alpha.d + 180.p'tg\alpha.d = 750.p'.tg\alpha.d \quad (3.39)$$

Tomando $tg\alpha = 0{,}34$, y puesto que $114\ p' = p$, se puede decir que el par giratorio de un cable de 6 torones de 19 hilos vale:

Cable cruzado:

$$\frac{390 \text{ x } 8,34 \text{ x P x d}}{114} = 1,164 \text{ P.d} \qquad (3.40)$$

Cable Lang:

$$\frac{750 \text{ x } 0,34 \text{ x P x d}}{114} = 2,236 \text{ P.d} \qquad (3.41)$$

De forma general, el par giratorio de un cable será:

$\mu = k.P.d$

μ = par giratorio del cable en daN/m

P = carga soportada por el cable en daN

d = diámetro del hilo componente del cable en m

k = coeficiente función de la composición del cable

El valor k puede verse en la Tabla 3.12, para diferentes composiciones de cables en valor decreciente de su calidad antigiratoria.

En la Tabla 3.12, las letras S y Z simbolizan el sentido de enrollamiento

S: enrollamiento a izquierda

Z: enrollamiento a derecha

El par resultante es igual a la diferencia de los pares, desarrollándose siguiendo los sentidos de enrollamiento.

Para algunos cables, el par giratorio resultante puede ser aún mejorado utilizando sentidos de enrollamiento diferentes que los indicados en la tabla.

Por ejemplo, el enrollamiento del cable de 17 torones de (1+ 6) hilos podría ser, para los torones de la primera capa: toronado a izquierda y cableado a izquierda.

El par resultante sería entonces:

$$\text{P. d } (1.320 - 0,360 - 0,189 - 0,103) = 0,688 \text{ P. d (daN.m)} \qquad (3.42)$$

en vez de 0,874 P . d (daN.m)

Tabla 3.12. Valores del coeficiente k.

Composición	Nº de orden de capas de torones	Valor del coeficiente k del par giratorio		Valor del coeficiente k del par resultante del cableado cruzado
		hilos en torones	torones en el cable	
·34 torones de (1 + 6) hilos	3ª capa 2ª capa 1ª capa	0,146 S 0,094 Z 0,051 Z	1,640 Z 0,660 S 0,180 S	0,799
17 torones de (1 + 6) hilos	2ª capa 1ª capa	0,189 S 0,103 Z	1,320 Z 0,360 S	0,874
17 torones de 19 hilos	2ª capa 1ª capa	0,346 S 0,189 Z	2,190 Z 0,598 S	1,435
8 torones de 19 hilos en alma de (1+6) torones de (1+6)hilos	torones ext. 6 toron.alma toron central	0,395 S 0,067 Z 0,011 Z	1,870 Z 0,262 S	1,291
8 torones de 37 hilos sobre alma en (1 + 6) torones	torones ext. 6 toron.alma	0,560 S 1,109 Z	2,600 0,368 S	1, 806
6 torones rellenos de (1 + 6 . 6 + 12) hilos sobre alma en (1+6) torones de (1+6)h.	torones ext. 6 toron.alma toron central	0,456 S 0,029 Z 0,006 Z	1,550 Z 0,126 S	1,003
8 torones de 19 hilos sobre alma mixta en 5 torones de (1+6)hilos	torones ext. 5 toron.alma	0,438 S 0,054	1,820 Z 0,162 S	1,273
8 torones de 37 hilos sobre alma mixta en 4 torones de 19 hilos	torones ext. 4 toron.alma	0,615 S 0,109 Z	2,590 Z 0,247 S	1,837
6 torones con (1 + 6.6 + 12) hilos, alma textil		0,596 S	1,720 Z	1,124
6 torones Warrington Seale de 36 hilos (1+7+7.7+14)alma textil		0,640 S	2,000 Z	1,360
6 torones de 61 hilos alma textil		1,000 S	3,050 Z	2,050
6 torones de 37 hilos alma textil		0,770 S	2,370 Z	1,600
6 torones Seale de (1+9+9)hilos alma textil		0,425 S	1,390 Z	0.965
6 torones de (1+6) hilos alma tex.		0,291 S	1,020 Z	0,729

3.14. Normas para las instalaciones de cables

3.14.1. DIÁMETROS DE LAS POLEAS Y TAMBORESy

La relación entre el diámetro de los alambres y el de las poleas d/D tiene una gran importancia en la vida del cable.

Gabay recomienda que

$$\frac{d}{D} = \frac{1}{500 + 30i} \tag{3.43}$$

Siendo i el número de pliegues que sufre el cable al pasar por las poleas. Cuando en todas las poleas el cable se pliega en el mismo sentido, se toma para cada polea i = 2. Cuando el cable cambia de sentido de giro de una polea a otra, se toma i = 4 para cada polea.

Las relaciones recomendadas entre el diámetro de las poleas y el del hilo del cable es la siguiente:

Tabla 3.13. Relaciones entre diámetros de poleas y cable.

Tipo de instalación	D/d
Cabrestantes movidos a mano, aparatos de pequeña velocidad y carga	300
Aparatos usuales de elevación, con velocidad media	500
Aparatos grandes de cargas y velocidades	600 a 800
Pozos de extracción	1.200 a 1.500

También se utiliza la relación D/d existente entre el diámetro de las poleas y el diámetro del cable que puede verse en la Tabla 3.14.

Tabla 3.14. Relaciones entre diámetros de poleas y cable.

	D/d		
	140/155	155/170	170/185
I. Cables de cordones corrientes			
6 x 7 (1 + 6) + 1	40	43	48
6 x 19 (1 + 6 + 12) + 1	28	30	33
6 x 37 (1 + 6 + 12 + 18) + 1	20	22	24
6 x 61 (1 + 6 + 12 + 18 + 24) + 1	17	18	20
8 x 19 (1 + 6 + 12) + 1	23	25	28
18 x 7 (1 + 7) + 1	34	37	41
36 x 7 (1 + 6) + 1	27	29	32
II. Cables de cordones de pasos iguales			
6 x 19 (1 + 9 + 9) S + 1	30	34	37
6 x 27 (1 + 6 + 10 + 10) S + 1	28	30	33
8 x 19 (1 + 9 + 9) S x 1	25	27	30
6 x 36 (1 + 7 + 7.7 + 14) W-S + 1	23	25	28
6 x 19 (1 + 6 + 6 .6) W + 1	28	30	33
6 x 21 (1 + 5.5 + 10) F + 1	28	30	33
6 x 25 (1 + 6.6 + 12) F + 1	24	26	29
6 x 25 (1 + 6.6 + 12) F + 1	20	22	24

Las dos maneras de determinar el diámetro mínimo de enrollamiento del cable se complementan, por lo que es conveniente aplicar los dos criterios.

El diámetro así determinado puede resultar demasiado grande. Por consideraciones de esfuerzos de fatiga de la encurvadura podemos decir que: Mientras el cable no se encurve sobre la polea un arco superior a 2°, el diámetro de ésta puede ser igual a 9 veces el del cable.

3.14.2. FORMA DE LAS GARGANTAS DE LAS POLEAS Y RANURAS DE LOS TAMBORES

Tiene gran importancia para la vida de los cables.

El cable ha de ajustarse en las gargantas de forma que no quede ni muy prieto por problemas de acuñamiento, ni muy holgado, por problemas de aplastamiento.

Normalmente se da a las gargantas el perfil formado por un arco de circunferencia de 135° y diámetro ligeramente superior al del cable. Dos rectas convergentes a 45°, hasta una altura total de 1,5 a 2 veces el diámetro del cable. Esta construcción puede verse en la Figura 3.19.

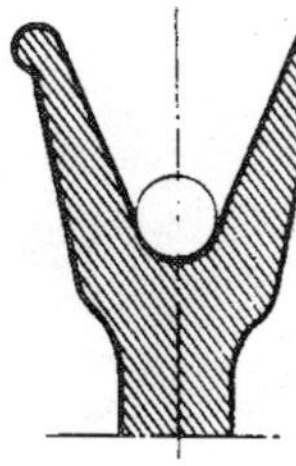

Figura 3.19. Garganta de una polea.

Hay normas que marcan los diámetros más apropiados para las gargantas de las poleas, una recopilación de todas esas normas son las tablas que pueden verse a continuación.

Tabla 3.15. Diámetros del fondo de las gargantas.

Diámetro del cable	Diámetro del fondo de las gargantas	
	Mínimo	Máximo
Hasta 12	d + 0,8 mm	d + 2,4 mm
12 - 25	d + 1,6 mm	d + 3,2 mm
25-50	d + 2,4 mm	d+ 4,8 mm
mayor de 50	d+ 3,2 mm	d + 6,4 mm

Tabla 3.16. Diámetros de cable en función de gargantas.

Dimensiones de las gargantas	Diámetro del cable (mm)							
	6,5-9	9.5-14	15-20	22-26	28-31	33-39	42-48	51-56
a..............	30	40	56	72	80	95	115	135
b..............	20	30	40	50	60	72	85	100
c..............	18	25	32	40	48	56	64	75
r..............	5	8	12	15	18	22	25	30

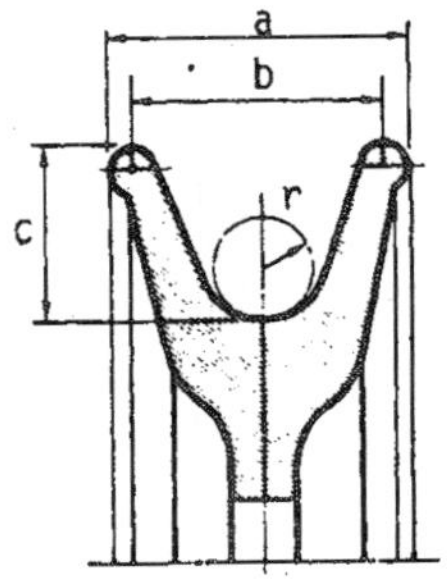

Figura 3.20. Definición de variables.

3.14.3. ANGULO DE EMBOQUE DEL CABLE EN POLEAS Y TAMBORES

Hay instalaciones, como las constituidas por un tambor y una polea fija en las que se forma un ángulo de desvío que tiende a desplazar el cable de su posición en la parte inferior de la garganta de la polea haciéndole ascender por el flanco. Esto da lugar a que se produzca un enrollamiento irregular, estrepadas y desgaste prematuro por frotamiento del cable contra las vueltas ya enrolladas en el tambor.

La inclinación del cable respecto a la perpendicular al tambor no debe de exceder de 1° 30'.

Para conseguir la máxima posibilidad de enrollamiento, la distancia de la polea al tambor será

$$L = \frac{d}{tg\alpha} \qquad (3.44)$$

y la anchura del tambor será:

$$A = 2\ L\ tg\beta \qquad (3.45)$$

Los valores de A, α, L y β son los indicados en la Figura 3.21.

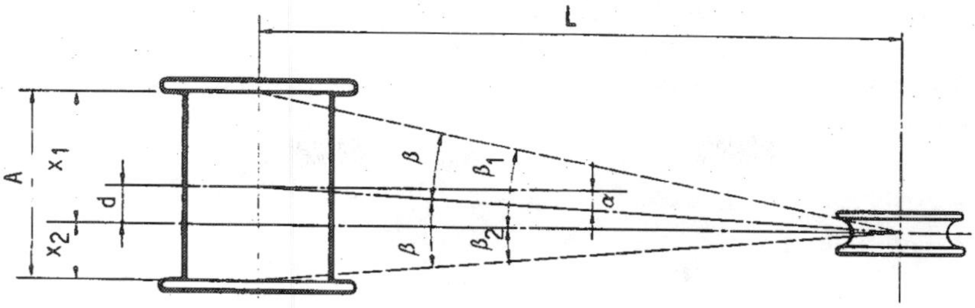

Figura 3.21. Definición de variables.

Los tambores se ranuran cuando los cables han de trabajar con grandes cargas o cuando se enrollan en varias capas. Las ranuras van colocadas a una distancia de 1,15 d y el arco de circunferencia que las forma es de 130°.

Es importante seguir el sentido oportuno de enrollamiento de los cables en los tambores. Es fácil recordarlo mediante las siguientes reglas que pueden seguirse en la Figura 3.22.

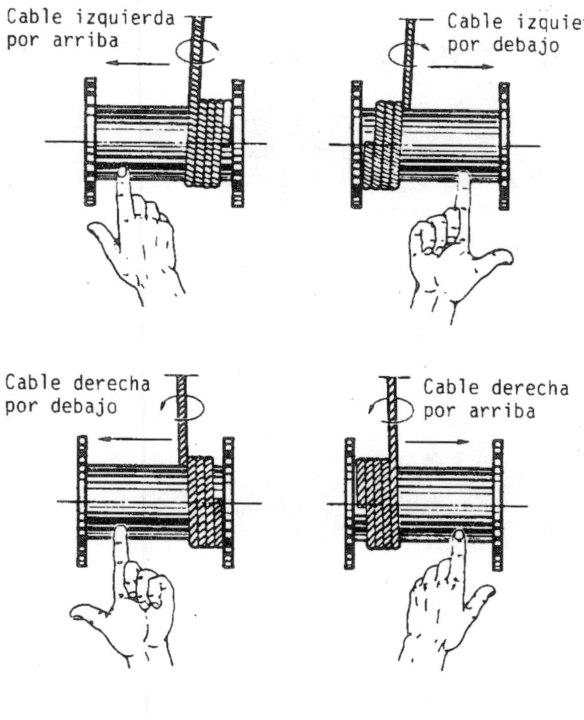

Figura 3.22. Diferentes disposiciones de cables sobre tambores.

Para los cables con cableado a la derecha se emplea la mano izquierda, y para los cableados a la izquierda la mano derecha. Ambas manos se colocan con la palma hacia abajo si el cable se enrolla o desenrolla por arriba del tambor, y con la palma hacia arriba si el cable se enrolla o desenrolla por debajo.

El sentido de enrollamiento del cable viene señalado por el dedo pulgar de la mano que se emplea, en dirección dedo meñique a dedo pulgar.

3.14.4. DIÁMETRO MÍNIMO DE ENRROLLAMIENTO

No existen unos valores mínimos absolutos para los diámetros de las poleas y tambores por debajo de los cuales no se podría asegurar el funcionamiento de un cable. No hay por tanto un diámetro mínimo absoluto.

No obstante, existe una gran relación entre el diámetro de poleas y tambores y la duración de la vida del cable, disminuyendo ésta muy rápidamente con el decrecimiento del diámetro de poleas y tambores.

Por ello las normas marcan unos criterios que garantizan un satisfactorio funcionamiento del cable, vamos a verlo a continuación.

3.14.5. CLASIFICACIÓN DE LOS APARATOS DE ELEVACIÓN

Para poder empezar el análisis de un aparato de elevación, es necesario en primer lugar determinar el grupo al que pertenecen de acuerdo con las últimas exigencias de la técnica y de las normas ISO 4301 FEM - Sección I (Cuadernos 2 y 4) y DIN 15020. Esta clasifificación viene dada en función de la vida en horas de funcionamiento real del mecanismo y del estado de la carga. Las normas FEM realizan la clasificación con la siguiente notación: M*n*, donde *n* es el número del grupo al que pertenece el aparato de elevación y va del 3 al 8, mientras que las normas DIN utilizan la siguiente notación: *n*m, donde *n* es el numero de grupo al que pertenece el aparato de elevación y varia de 1 a 5, siendo el grupo 1m doble (1 Am y 1 Bm). En la tabla 3.17 se describen cada uno de los grupos según las dos normativas.

Tabla 3.17. Grupo del mecanismo FEM/DIN 15020

ESTADO DE CARGA		VIDA EN HORAS DE FUNCIONAMIENTO REAL DEL MECANISMO													
tor K.	SERVICIO	800		1600		3200		6300		12500		25000		50000	
125	Frecuencia muy reducida de la carga máxima					M3	1 Bm	M4	1 Am	M5	2m	M6	3m	M7	4m
250	Frecuencia reducida de la carga máxima			M3	1 Bm	M4	1 Am	M5	2m	M6	3m	M7	4m	M8	5m
500	Frecuencia aproximada igual de cargas pequeñas, medianas y máximas	M3	1 Bm	M4	1 Am	M5	2m	M6	3m	M7	4m	M8	5m	M8	5m
,000	Frecuencia elevada de la carga máxima	M4	1 Am	M5	2m	M6	3m	M7	4m	M8	5m	M8	5m	M8	5m

3.14.6. DIMENSIONADO Y SELECCIÓN DEL CABLE

La norma DIN 15.400 marca unas reglas para el dimensionamiento basadas en ensayos y experiencias prácticas.

Es necesario tener en cuenta las condiciones de trabajo de la máquina. Se distinguen seis grupos para las normas DIN y otros seis para las normas FEM, según la duración real del mecanismo y de la frecuencia de la carga máxima.

La tracción máxima S en el cable de elevación se obtiene considerando:

Q_u = Carga máxima nominal del aparato.

Q_{es} = Peso propio del aparejo o elemento de suspensión de la carga.

i =Relación del aparejo.

η =Rendimiento del aparejo. (Tabla 3.19.)

Fa = Fuerza de aceleración si fuese superior a 10% de la carga.

α_m =Inclinación del cable en fin de curso si es superior a 22,5°.

Por lo tanto:

$$S = \frac{Q_u + Q_{es}}{i \bullet \eta} \qquad S = \frac{Q_u + Q_{es}}{i \bullet \eta \bullet \cos\alpha_m} \qquad S = \frac{Q_u + Q_{es} + Fa}{i \bullet \eta} \tag{3.46}$$

En el caso particular de cucharas auto prensoras se considerarán dos casos:

1.Sistema de elevación que asegura el reparto de cargas.

- en cables de cierre;

  S = 66% del peso total de la cuchara dividido por el número de cables

- en cables de retención;

  S = 66% del peso total de la cuchara dividido por el número de cables

2.Sistema de elevación que no asegura el reparto de cargas.

- en cables de cierre;

  S = 100% del peso total de la cuchara dividido por el número de cables

- en cables de retención;

  S = 66% del peso total de la cuchara dividido por el número de cables

El diámetro del cable se calcula de la siguiente manera:

FEM: Seguridad Zp $\geq \frac{F_0}{S}$ $\frac{\text{(carga de rotura del cable)}}{\text{(tracción máxima en el cable)}}$ (3.47)

DIN: $d = K_C \sqrt{S}$ C = coeficiente indicado en Tabla 3.18. (3.48)

Tabla 3.18. Coeficientes Zp y K_C

FEM			DIN				
GRUPO	SEGURIDAD MINIMA Zp		GRUPO	COEFICIENTE K_C			
	NORMAL	CARGAS PELIGROSAS CABLE ANTI GIRATORIO		NORMAL		CARGAS PELIGROSAS Y CABLE ANTIGIRATORIO	
				180	200	180	200
M3	3,55	4	1 Bm	0,250	0,235	0,265	0,250
M4	4	4,5	1 Am	0,265	0,250	0,280	0,265
M5	4,5	5,6	2m	0,280	0,265	0,315	0,280
M6	5,6	7,1	3m	0,315	0,280	0,335	0,325
M7	7,1	9	4m	0,335	0,325	0,375	0,365
M8	9	11,2	5m	0,375	0,365	0,425	0,400

Tabla 3.19. Rendimiento del aparejo.

Nº de Ramales		2	3	4	5	6	7	8	9	10	11	12	13	14
Poleas con rendimiento	η	0,99	0,98	0,97	0,96	0,95	0,94	0,93	0,92	0,91	0,90	0,90	0,89	0,88

Rendimiento de una polea de cable $\eta = 0{,}98$

PROBLEMA TIPO 3.1

Enunciado: El puente grúa de la Figura 3.23 tiene un que elevar una carga de 12.000 daN. Se va a suponer que el diámetro de las poleas es de 1000 mm. El cable tiene una resistencia de 180 Kg/mm^2. El aparato posee una Frecuencia aproximada igual de cargas pequeñas, medianas y máximas, y se le estima una duración del mecanismo de 25000 horas.

Dimensionar el cable: 1.- Diámetro del cable

2.- Vida del cable

Figura 3.23. Fotografía del puente grúa de una polea.

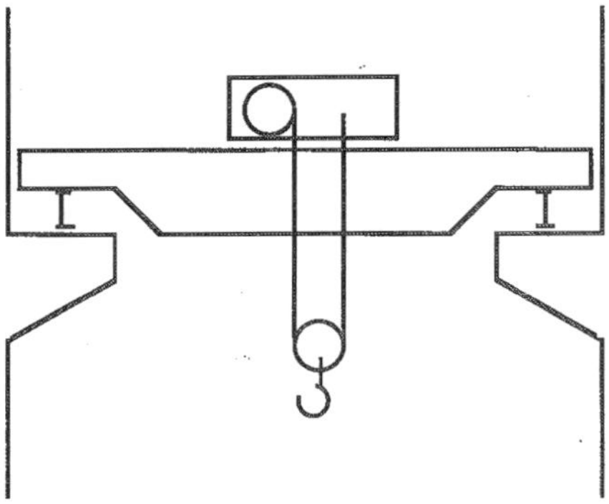

Figura 3.24. Detalle del esquema de elevación.

Solución:

1.- Cálculo de diámetro del cable

Según la Tabla 3.17, el aparato pertenece al Grupo M8.

y según la Tabla 3.18 $\Rightarrow K_C = 0{,}375$

$Q_{útil} = 12000$ daN

$Q_{elemento\ suspensión} = 85$ daN (según tabla de ganchos)

la carga total es $Q_T = Q_{útil} + Q_{elemento\ suspensión} = 12000$ daN + 85 daN = 12085 daN

Existen varias disposiciones posibles :

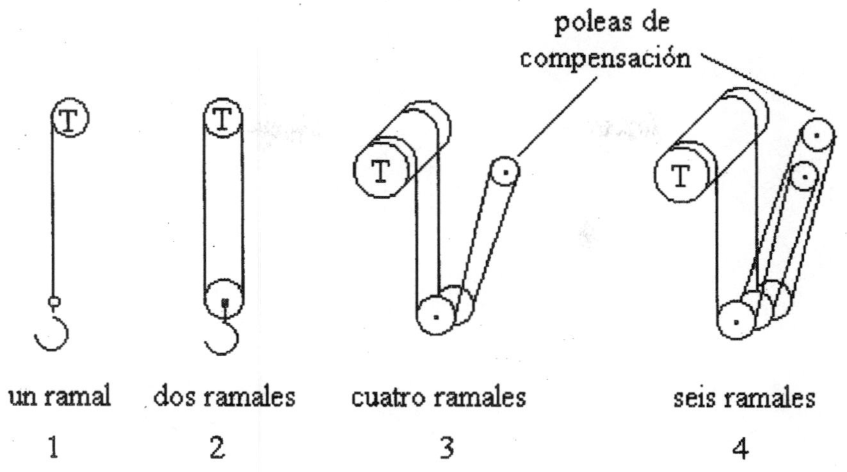

Figura 3.25.

Considerando la disposición 2:

Suponiendo $a_m < 22{,}5°$ y $Fa < 10\%\ Q_T$

$\eta = 0{,}99$ (Tabla 3.19)

$i = 2$ (2 ramales)

$$S = \frac{Q_u + Q_{es}}{i \cdot \eta} = \frac{12.000 + 85}{2 \cdot 0{,}99} = 6103{,}5 \text{ daN}$$

$d_{cable} = K_C \sqrt{S} = 0{,}375 \sqrt{6103{,}5} = 29{,}29$ mm Normalizando este valor en tablas:

$d_{cable} = 30$ mm

Según la Tabla 3.10, hay dos opciones (podríamos coger de 10 a 30 mm ó de 20 a 40 mm), tomaremos de 10 a 30 mm pues son más económicos, y resultan suficientes para el problema. Tenemos encurvación y tracción (ambos de una misma importancia).

Entonces, se eligen dos soluciones en función del tipo de trabajo del puente grúa:

a) Industria genérica _ 6 x 37 (1+6+12+18)+1

b) Aplicación minería _ 6 x 36 SW (1+7+7.7+14)+1

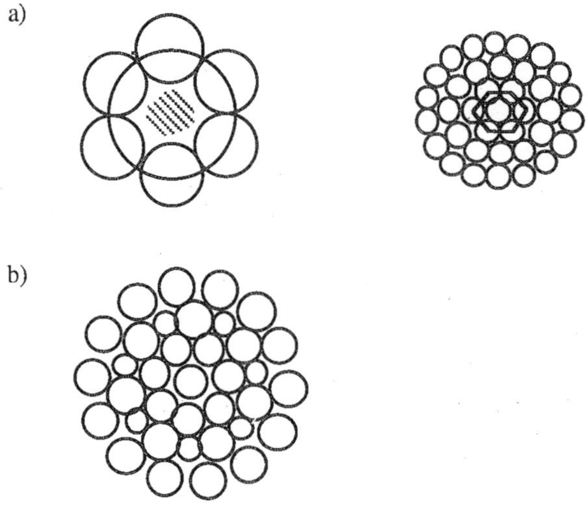

Figura 3.26.

2.- Cálculo de la vida estimada del cable

Se va a utilizar la fórmula de G. Niemman (Fórmula 3.29):

$$W = \frac{170000}{n} \cdot \left(10\, b_1 b_2 \frac{\frac{D}{d} - \frac{9}{b_1}}{\sigma_e + 40}\right)^2$$

con: $n = 1$

$d_{polea} = D = 1000$ mm

$d_{cable} = d = 30$ mm

$b_1 = 1$ (para $r = 0{,}54\ d$)

$b_2 = 1{,}04$

$$\sigma_e = \frac{120850}{2.\pi.0.015^2} = 85{,}5\ .10^6 \text{ Pa} = 85{,}5 \text{ MPa}$$

$$W = \frac{170000}{1} \cdot \left(10.1.1{,}04 \frac{\frac{1000}{30} - 9}{85{,}5 + 40}\right)^2 = 691243{,}9 \text{ flexiones}$$

Como es muy superior al límite inferior de 150.000 flexiones para grandes grúas el cable está bien calculado.

4. POLEAS

La polea es un elemento de un aparato de elevación cuyo objeto es cambiar la dirección del cable o servir de elemento de acoplamiento entre aparato y carga como componente de un aparejo. En la actualidad se realizan poleas en acero y en plástico, siendo estas últimas más utilizadas en aquellos aparatos en los que la carga en punta de flecha es importante, debido a la reducción de peso que llevan consigo.

4.1. Poleas de acero

4.1.1 GENERALIDADES

Existen dos tipos de poleas, las de radios o las de alma central. Su representación así como sus partes principales se exponen en las Figuras 4.1 y 4.2.

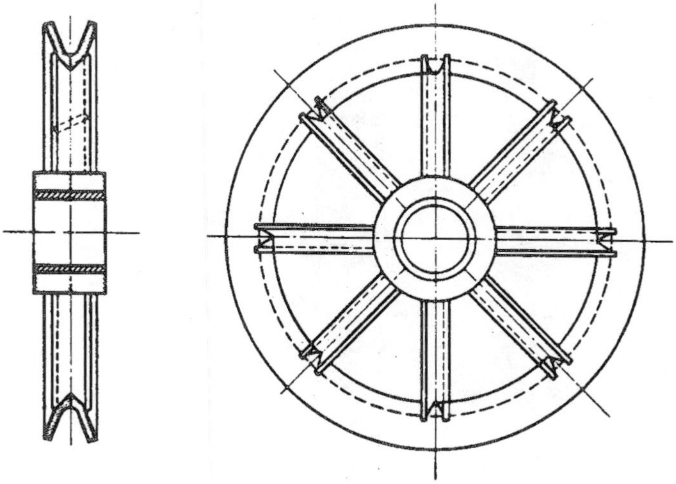

Figura 4.1. Representación de una polea.

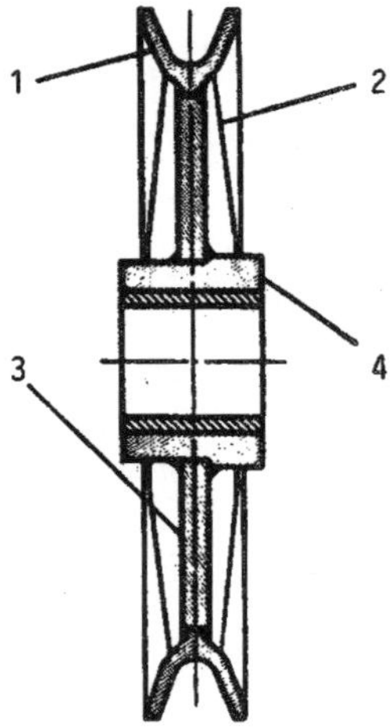

Figura 4.2. Partes principales de una polea.

1. Llanta
2. Radios
3. Alma
4. Cubo

Las poleas en la actualidad pueden realizarse partiendo de los siguientes materiales:

- fundición nodular
- acero moldeado
- acero soldado
- acero laminado

Las poleas de fundición de dimensiones pequeñas son de alma llena. Las de mayor diámetro tienen entre cuatro y seis radios. En la Figura 4.3 puede verse una polea de fundición.

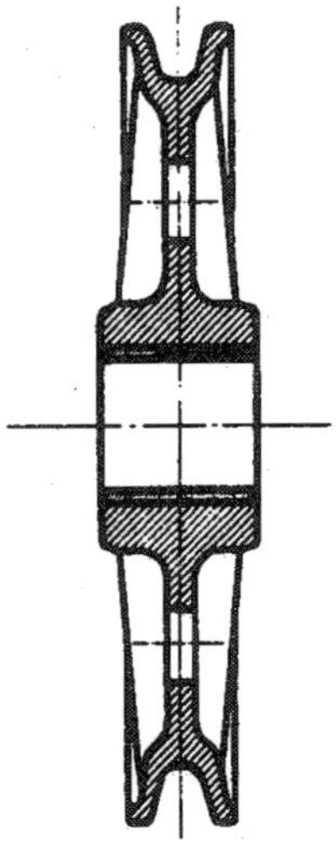

Figura 4.3. Polea de fundición.

Las poleas de fundición no resisten bien el desgaste, por lo que en casos de servicio duro, se deben utilizar poleas de acero moldeado, cuyo precio es bastante mayor.

Las poleas soldadas, son ligeras, son más utilizadas que las poleas fundidas en función de la maquinaria disponible y de la magnitud de la serie a fabricar. En este proceso, los radios son pletinas o varillas. En el caso de existir alma, ésta se compone de una o dos placas, que pueden estar aligeradas en función de los esfuerzos existentes. La llanta es un angular o pletina perfilado y plegada en forma semicircular. El cubo es generalmente realizado mediante una operación de torneado. En la Figura 4.4 se representa una polea soldada.

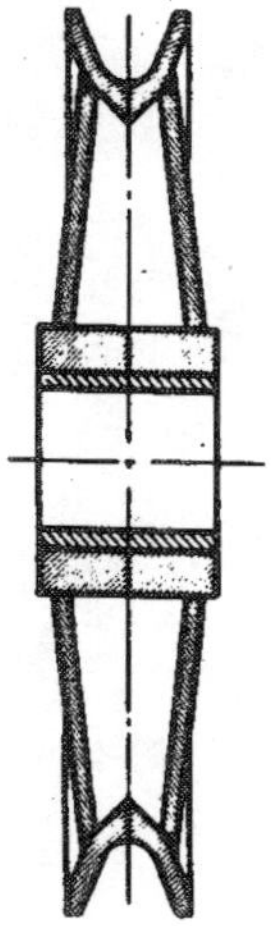

Figura 4.4. Polea soldada.

Las poleas laminadas requieren para su fabricación, maquinaria específica. Una placa de forma circular es trabajada en frío o en caliente en su línea exterior hasta conformar el perfil de garganta de la polea. Posteriormente, se ejecuta el cubo y su inclusión por soldadura en el conjunto del elemento. Una polea laminada puede apreciarse en la Figura 4.5.

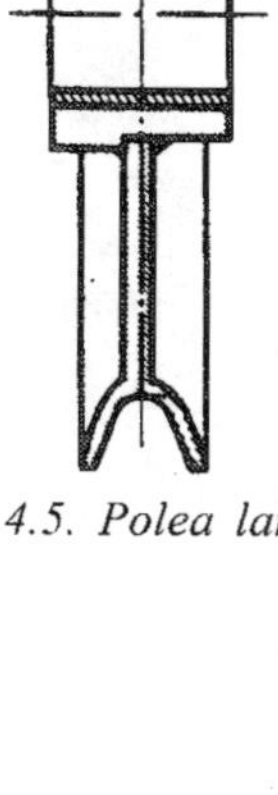

Figura 4.5. Polea laminada.

Existen así mismo poleas de garganta especial, preparadas para el paso del cable y de la pera de unión. La garganta está formada por dos laterales soldados a un anillo central, mecanizado para el paso del cable. El cubo y los radios está unidos por soldadura. Figura 4.6.

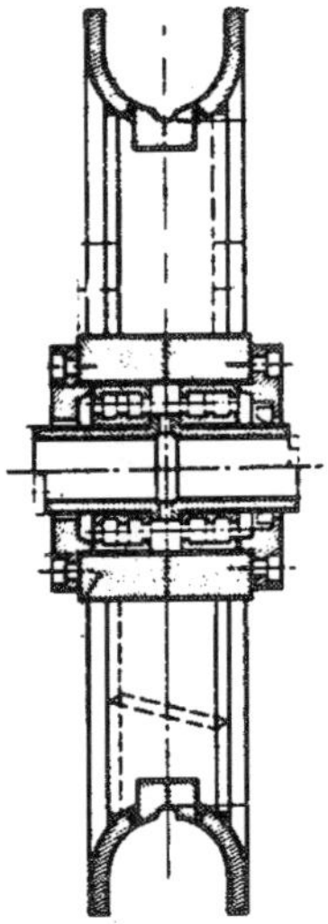

Figura 4.6. Polea de garganta especial.

La Tabla 4.1 refleja la diferencia de peso entre las poleas de fundición y las construidas mediante soldadura. Estas diferencias son particularmente elevadas en las poleas de perfil ensanchado que permiten el paso de las peras de unión a las que nos hemos referido anteriormente.

Tabla 4.1. Relación de peso entre diferentes tipos de poleas.

Diámetro primitivo de la polea D_1 (mm)		400	500	630	710	800	900
Peso en daN de una polea montada sobre anillo	• de fundición	33	59	85	128	195	308
	• de construcción soldada	14	23	30	45	60	75
Ahorro de peso (%)		58	61	65	65	69	75

El acoplamiento entre la polea y el eje se realiza mediante casquillos de bronce o rodamientos.

El material de la garganta de la polea determina la vida del cable. Debido a la existencia de mayores tensiones de contacto entre los alambres del cable y de la garganta, y a las peores condiciones de deslizamiento del cable por las poleas de acero, el cable se desgasta más en estas poleas que en las de fundición. A veces, con el fin de aumentar la vida del cable, se emplean poleas con la garganta forrada de otros materiales como aluminio, goma, plásticos, etc.. En la Figura 4.7 se muestran diferentes tipos de diseño.

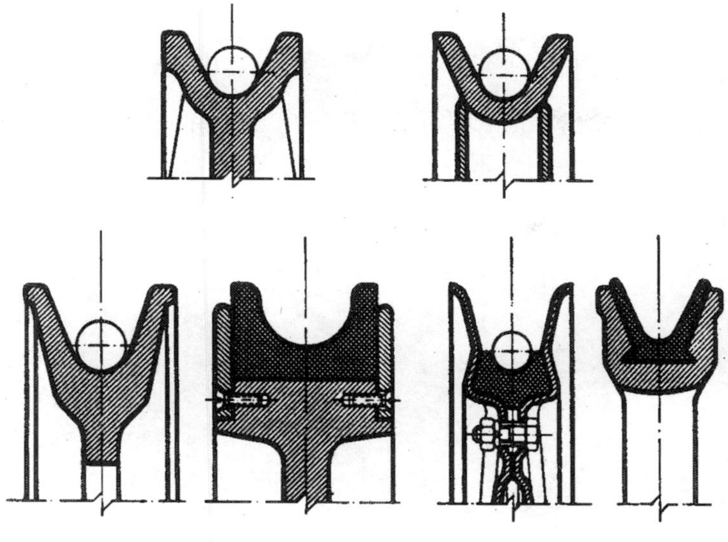

Figura 4.7. Diferentes tipos de gargantas de polea.

Si tomamos como unidad, el desgaste del cable en una polea de fundición, en la polea de acero el desgaste es de 1.1, en la polea con garganta de aluminio de 0.8, y en la forrada con kaprón, 0.5.

4.1.2. EL PERFIL DE LA GARGANTA

Está normalizado según DIN 15061, basándose en las diferencias admisibles siguientes entre radio de garganta y de cable, en función del diámetro nominal de éste, d_1 (Tabla 4.2)

Tabla 4.2. Normalización de perfil de garganta según DIN 15061.

Diámetro nominal del cable d1 (mm)	hasta 3	más de 3 hasta 6	más de 6 hasta 7	más de 7
Diferencia admisible %	+ 8 0	+ 7 0	+ 6 0	+ 5 0

Se ha tenido en cuenta, en la construcción de esta tabla, la desviación máxima admisible del cable con respecto al sentido de la garganta, 4° para ambos lados según DIN 15020.

En base a la Figura 4.8, se van a describir diferentes niveles de precisión en el estado de la superficie para el perfil de garganta.

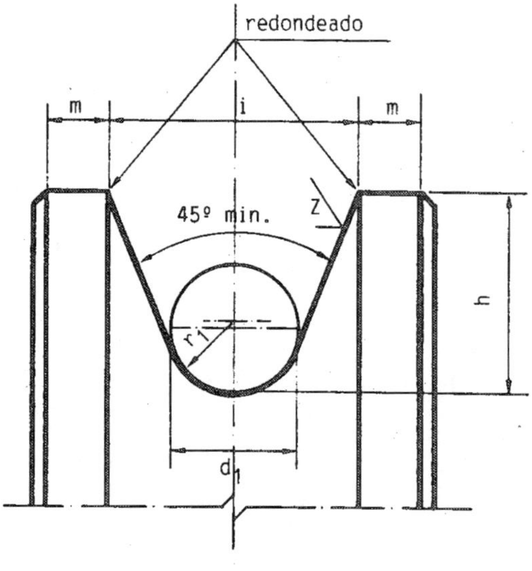

Figura 4.8. Definición de variables.

Precisión 1:

$$Z = {}^{\text{P.e. laminado y soldado a tope}}\sqrt{\text{rebarbada y alisada la junta soldada}} \tag{4.1}$$

Precisión 2:

$$Z = {}^{\text{torneado}}\sqrt{R_t = 50} \tag{4.2}$$

Precisión 3:

$$Z = {}^{\text{torneado}}\sqrt{R_t = 25} \tag{4.3}$$

En la Tabla 4.3 se representan las características geométricas que definen el perfil de garganta, en base a la Figura 4.8 y según DIN 15061.

Tabla 4.3. Definición de perfiles de garganta de poleas según DIN 15061.

Radio de garganta r_1	diferencia adm. para precisión 1	2	3[1]	h[2] (valores aproximados)	i	m	Diámetro nominal del cable d_1
1,6	+0,4	+0,2	+0,1	8	9	2	3
2,2				10	11	2	4
2,7				12,5	14	2	5
3,2				12,5	15	3	6
3,7				15	17	4	7
4,2				15	18	4	8
4,8				17,5	21	4,5	9
5,3	+0,6	+0,3	+0,2	17,5	22	4,5	10
6				20	25	5	11
6,5				20	25	5	12
7				22,5	28	5	13
7,5				25	31	6	14
8				25	31	6	15
8,5	+0,8	+0,4	+0,2	27,5	34	6	16
9				30	37	6	17
9,5				30	38	6	18
10				32,5	40	7	19
10,5				35	43	7	20
11				35	44	7	21
12				35	45	7	22
12,5				35	46	7	23
13				37,5	48	8	24
13,5				40	51	8	25
14				40	52	8	26
15				40	53	8	27,28
16				45	59	8	29,30
17	+1,6	+0,8	+0,4	45	60	8	31,32
18				50	65	10	33,34
19				55	71	10	35,36
20				55	72	11	37,38
21				60	78	11	39,40
22				60	79	11	41
23				65	84	11	42,43
24				65	86	12,5	44,45
25				67,5	89	12,5	46
				70	91	12,5	47
26				70	93	12,5	48
				72,5	95	12,5	49
27				72,5	96	12,5	50
28				75	99	12,5	52
29				77,5	103	12,5	54
30				80	106	12,5	56
31				82,5	110	12,5	58
32				85	113	12,5	60

1) Para grúas de producción, p.e. grúas para empresas siderúrgicas y fábricas de laminación, se recomienda la precisión 3.

2) $h_{min} = d_1\sqrt{2}$

4.1. 3. CÁLCULO DE UNA POLEA SOLDADA

En la Figura 4.9 se puede ver como la componente radial de la tracción del cable genera en la llanta una flexión.

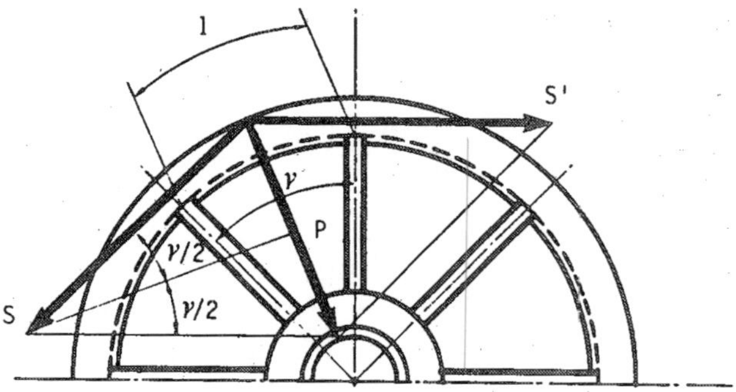

Figura 4.9. Esfuerzos sobre una polea.

En el punto central entre dos brazos, la resultante de las componentes radiales es:

$$P = 2\ S\ \text{sen}\ \frac{\nu}{2} \qquad (4.4)$$

S: tracción del cable

ν: ángulo entre dos radios

Al estar la carga uniformemente repartida y considerando la llanta como una viga con varios apoyos, el máximo momento de flexión es:

$$M_{f\,máx} = \frac{P.l}{16} \qquad (4.5)$$

l: longitud del elemento

Por lo que la fatiga de flexión será:

$$\sigma_f = \frac{P.l}{16\ W} \qquad (4.6)$$

W: módulo resistente

Cada radio está solicitado a compresión por una fuerza de

$$P = 2\ S\ \text{sen}\ \frac{\nu}{2} \qquad (4.7)$$

La tensión en los brazos será:

$$\sigma = \frac{2\ S\ \text{sen}\frac{\nu}{2}}{A}\omega \qquad (4.8)$$

A: sección de los brazos

ω: factor de pandeo

4.1.4. DIMENSIONES DE POLEAS SOLDADAS Y LAMINADAS

4.1.4.1. Poleas con casquillos de bronce

Con $D_1 \approx 23.d$

d: diámetro del cable

En base a la Figura 4.10, las dimensiones se representan en la Tabla 4.4.

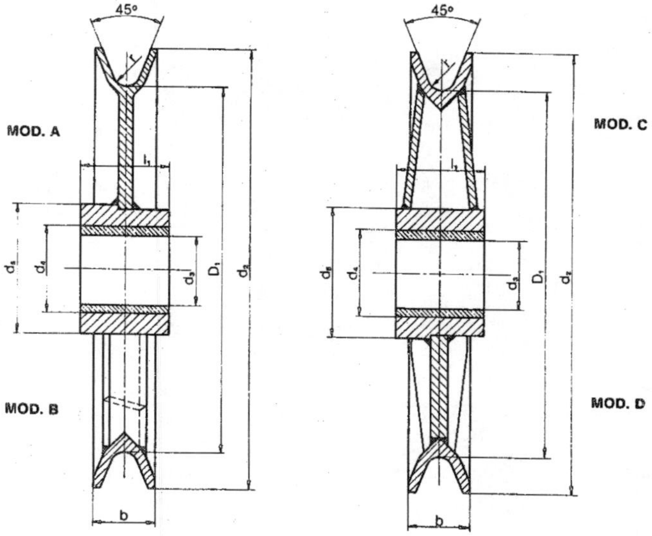

Figura 4.10. Definición de variables en una polea de casquillos de bronce.

4.1.4.2. Poleas con rodamientos de bolas

Con $D_1 \approx 23 \div 28.d$

Con respecto a la Figura 4.11, las dimensiones se representan en la Tabla 4.5.

4.1.4.3. Poleas con rodamientos de rodillos

Con $D_1 \approx 23 \div 28.d$

Con respecto a la Figura 4.12, las dimensiones se representan en la Tabla 4.6.

Tabla 4.4. Dimensiones de poleas con casquillos de bronce.

D_1	Ø de cable	r	d_2	b	d_3 E_9	d_4 H_7	d_5	l_1 $_{-0,2}$	Peso aprox.Kg.	Referencia
100	Hasta 5	2,5	125	18	12 15 20 25	18 22 26 32	40	25	1,5	002.10.02 002.10.03 002.10.04 002.10.05
125	5-6,5	3,2	150	22	20 25 30	26 32 38	50	30	2	002.12.04 002.12.05 002.12.06
160	6-8	4	190	28	35 40 50	45 50 60	70 70 90	40	3	002.16.07 002.16.08 002.16.10
200	8-10	5	235	32	40 50 60	50 60 72	75 90 100	50 40 40	4	002.20.08 002.20.10 002.20.12
250	10-12,5	6,3	290	36	50 60 70	60 72 85	90 100 115	60 60 50	7	002.25.10 002.25.12 002.25.14
315	12-15	8	359	40	60 70 80 90	72 85 95 105	100 115 125 140	70 70 60 60	10 12 12 11	002.31.12 002.31.14 002.31.16 002.31.18
355	14-17	9	411	48	70 80 90 100	85 95 105 115	115 125 140 150	80 70 70 60	16	002.35.14 002.35.16 002.35.18 002.35.20
400	16-20	10	456	50	70 80 90 100 110	85 95 105 115 125	115 125 140 150 165	80 100 90 80 80	21	002.40.14 002.40.16 002.40.18 002.40.20 002.40.22
450	18-22	11	526	60	80 90 100 110 125	95 105 115 125 140	125 140 150 165 180	90 110 100 90 90	30	002.45.16 002.45.18 002.45.20 002.45.22 002.45.25
500	20-25	12,5	570	60	90 100 110 125 140	105 115 125 140 160	140 150 165 180 200	130 130 110 100 100	36	002.50.18 002.50.20 002.50.22 002.50.25 002.50.28
560	24-28	14	630	60	100 110 125 140 160	115 125 140 160 180	150 165 180 200 230	140 140 130 120 120	50	002.56.20 002.56.22 002.56.25 002.56.28 002.56.32
630	26-32	16	710	70	110 125 140 150 160 180	125 140 160 170 180 200	165 180 200 220 230 245	160 150 140 130 130 130	65	002.63.22 002.63.25 002.63.28 002.63.30 002.63.32 002.63.36
710	30-35	18	810	80	120 125 140 160 170 180 200	135 140 160 180 190 200 220	180 180 200 230 230 245 280	180 180 180 160 120 150 140	85	002.71.24 002.71.25 002.71.28 002.71.32 002.71.34 002.71.36 002.71.40
800	32-40	20	900	83	130 140 160 180 200	150 160 180 200 220	190 200 230 245 280	200 200 180 160 150	95 95 95 96 98	002.80.26 002.80.28 002.80.32 002.80.36 002.80.40
900	37-45	22,5	1020	100	140 160 180 200 220	160 180 200 220 250	200 230 245 280 290	240 220 200 180 160	122 128 130 135 135	002.90.28 002.90.32 002.90.36 002.90.40 002.90.44
1000	40-50	25	1135	110	160 180 200 220 240	180 200 220 250 270	230 245 280 290 325	240 220 200 180 160	175 180 183 185 185	002.100.32 002.100.36 002.100.40 002.100.44 002.100.48

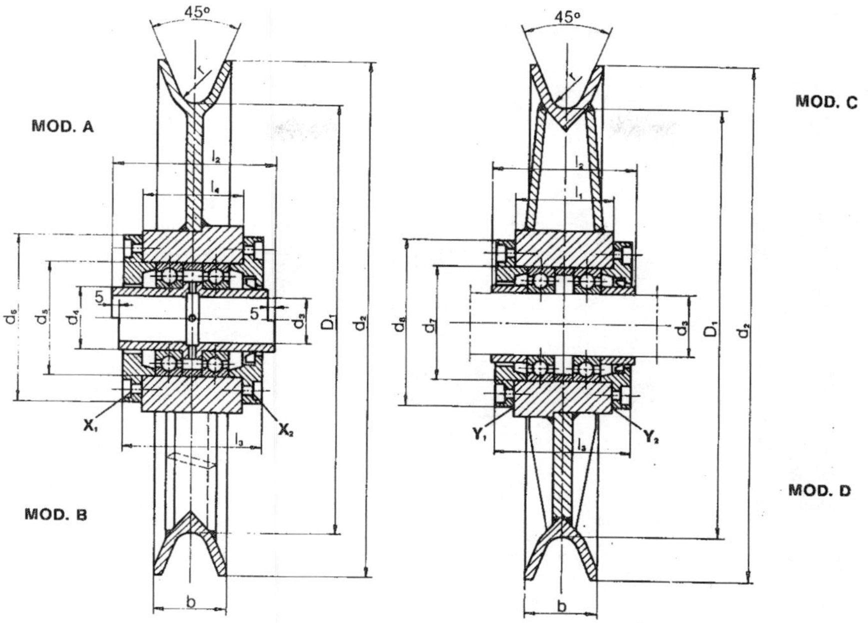

Figura 4.11. Definición de variables de poleas de rodamientos de bolas.

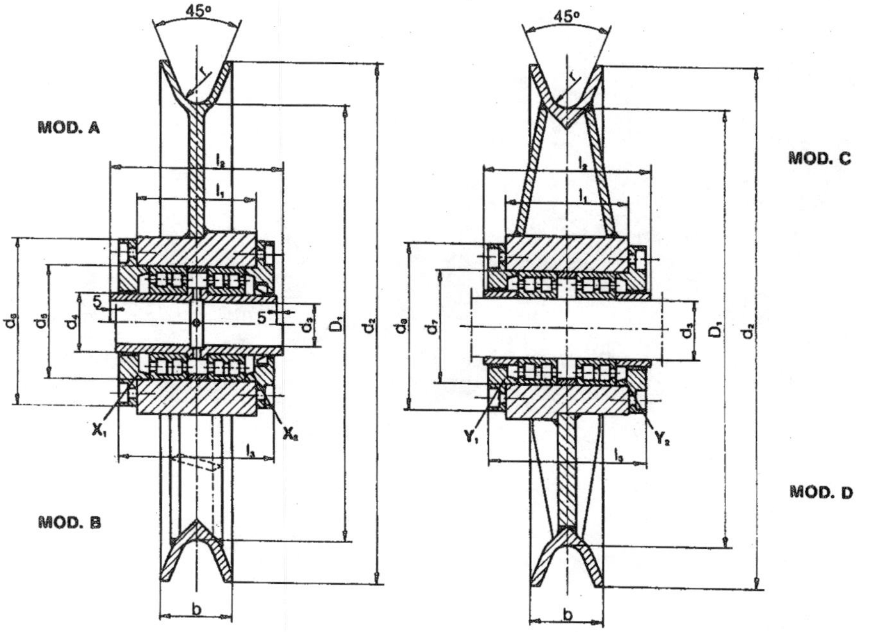

Figura 4.12. Definición de variables de poleas de rodamientos de rodillos.

Tabla 4.5. Dimensiones de poleas con rodamientos de bolas.

D_1	ø cable	r	d_2	b	d_3 E_9	d_4 h_6	d_5 M_7	d_6	d_7 M_7	d_8	l_1 -0,2	l_2	l_3	l_4 -0,2	l_5	Rodamientos X	Rodamientos Y	Peso apr. Kg.	Referencia
225	10-11	5,6	260	32	45	60	110	145	85	120	55	100	77	60	82	6212	6209	10	010.22.09
250	10-13	5,6 6,3 7	285 290 295	34 38 44	40 50 60	50 60 70	90 110 125	125 145 165	80 90 110	115 125 145	55 55 60	100 100 110	76 77 82	56 60 65	76 82 87	6210 6212 6214	6208 6210 6212	11 12 14	010.25.08 010.25.10 010.25.12
280	10-13	5,6 6,3 7	315 320 325	34 38 44	55	70	125	165	100	135	60	110	82	65	87	6214	6211	17	010.28.11
315	13-15	7 8	360 359	38 40	50 60 70	60 70 80	110 125 140	145 165 180	90 110 125	125 145 165	55 60 65	100 110 110	77 82 87	60 65 70	82 87 92	6212 6214 6216	6210 6212 6214	18 20 22	010.31.10 010.31.12 010.31.14
355	15-17	8 9	399 411	40 48	60 70 80	70 80 100	125 140 180	165 180 230	110 125 140	145 165 180	60 65 70	110 110 130	82 87 96	65 70 85	87 92 113	6214 6216 6220	6212 6214 6216	22 24 30	010.35.12 010.35.14 010.35.16
400	17-19	9 10	456 456	48 50	60 70 75 80	70 80 90 100	125 140 160 180	165 180 210 230	110 125 130 140	145 165 175 180	60 65 70 70	110 110 130 130	82 87 96 96	65 70 80 85	87 92 108 113	6214 6216 6218 6220	6212 6214 6215 6216	26 28 30 34	010.40.12 010.40.14 010.40.15 010.40.16
450	19-21	10 11	506 526	50 60	70 80 90	80 100 110	140 180 200	180 230 250	125 140 160	165 180 210	65 70 80	110 130 140	87 96 108	70 85 95	92 113 123	6216 6220 6222	6214 6216 6218	35 40 44	010.45.14 010.45.16 010.45.18
500	20-24	11 12,5	576 570	60 60	80 90 100	100 110 120	180 200 215	230 250 265	140 160 180	180 210 230	70 80 85	130 140 150	96 108 113	85 95 100	113 123 128	6220 6222 6224	6216 6218 6220	41 44 48	010.50.16 010.50.18 010.50.20
560	20-26	11 12,5 14	636 630 630	60 60 60	90 100 110 120 140	110 120 130 140 160	200 215 230 250 240	250 265 290 305 290	160 180 200 215 210	210 230 250 265 265	80 85 95 100 85	140 150 160 160 140	108 113 123 134 119	95 100 100 100 95	128 128 132 132 127	6222 6224 6226 6228 9032	6218 6220 6222 6224 6028	55 58 63 65 68	010.56.18 010.56.20 010.56.22 010.56.24 010.56.28
630	24-31	12,5 14 16	700 700 710	60 60 70	100 110 120 150	120 130 140 170	215 230 250 260	265 290 305 320	180 200 215 225	230 250 265 275	85 95 100 90	150 160 160 150	113 123 134 124	100 100 100 100	128 132 132 132	6224 6226 6228 6034	6220 6222 6224 6030	70 74 77 79	010.63.20 010.63.22 010.63.24 010.63.30
710	25-34	14 16 18	780 790 810	60 70 80	110 120 140 170	130 140 160 190	230 250 240 290	290 305 290 350	200 215 210 260	250 265 265 320	95 100 85 100	160 160 140 160	123 134 119 134	100 100 95 110	132 132 127 142	6226 6228 6032 6038	6222 6224 6028 6034	88 98 100 105	010.71.22 010.71.24 010.71.28 010.71.34
800	29-38	16 18 20	880 900 900	70 80 83	120 130 140 180	140 150 160 200	250 270 240 310	305 330 290 370	215 230 210 280	265 290 265 340	100 100 85 110	160 160 140 170	134 134 119 144	100 110 95 120	132 142 127 152	6228 6230 6032 6040	6224 6226 6028 6036	125 130 135 140	010.80.24 010.80.26 010.80.28 010.80.36
900	33-38	18 20	1000 1000	80 83	140 180 200 220	160 200 220 240	290 310 340 360	350 370 400 420	250 280 310 340	310 340 370 400	105 110 120 130	160 170 180 180	139 144 154 164	115 120 130 130	147 152 162 162	6232 6040 6044 6048	6228 6036 6040 6044	152 167 175 182	010.90.28 010.90.36 010.90.40 010.90.44
1000	37-43	20 22,5	1100 1124	83 100	200 220 240	220 240 260	340 360 400	400 420 480	310 340 360	370 400 420	120 130 130	180 180 210	154 164 174	130 130 150	162 162 194	6044 6048 6052	6040 6044 6048	210 220 235	010.100.40 010.100.44 010.100.48
1120	41-46	22,5 25	1244 1255	100 110	220 240	240 260	360 400	420 480	340 360	400 420	130 130	180 210	164 174	130 150	162 194	6048 6052	6044 6048	260 280	010.112.44 010.112.48
1250	46-52	25 28	1385 1385	110 115	240 260	260 280	400 420	480 500	360 400	420 480	130 150	210 210	174 194	150 150	194 194	6052 6056	6048 6052	330 350	010.125.48 010.125.52

Tabla 4.6. Dimensiones de poleas con rodamientos de rodillos.

D_1	Ø cable	r	d_2	b	d_3 E_9	d_4 h_6	d_5 M_7	d_6	d_7 M_7	d_8	l_1 -0,2	l_2 -0,2	l_3	Rodamientos X	Rodamientos Y	Peso apr. Kg.	Referencia
225	6-10	4	255	30	45	60	85	120	—	—	65	100	87	4912	—	10	017.22.09
		5	260	32	50	60	85	120	—	—	65	100	87	4912	—	11	017.22.10
250	7-12	5	285	32													
		5,6	285	34	50	60	85	120	—	—	65	100	87	4912	—	12	017.25.10
		6,3	290	38	60	70	100	135	85	120	75	110	97	4914	4912	14	017.25.12
280	9-14	5,6	315	34	50	60	85	120	—	—	65	100	87	4912	—	15	017.28.10
		6,3	320	38	55	70	100	135	—	—	75	110	97	4914	—	17	017.28.11
		7	325	44	60	70	100	135	85	120	75	110	97	4914	4912	18	017.28.12
			330	50	70	80	145	145	100	135	75	110	97	4916	4914	19	017.28.14
315	10-15	6,3	355	38	50	60	85	120	—	—	65	100	87	4912	—	18	017.31.10
		7	360	38	60	70	100	135	85	120	75	110	97	4914	4912	20	017.31.12
		8	360	40	70	80	110	145	100	135	75	110	97	4916	4914	22	017.31.14
355	12-17	7	400	38													
		8	400	40	70	80	110	145	100	135	75	110	97	4916	4914	22	017.35.14
		9	411	48	80	100	140	180	110	145	95	130	111	4920	4916	26	017.35.16
400	13-21	8	445	40	70	80	110	145	100	135	75	110	97	4916	4914	26	017.40.14
		9	448	44	75	90	125	165	—	—	85	130	111	4918	—	27	017.40.15
		10	456	50	80	100	140	180	110	145	95	130	111	4920	4916	28	017.40.16
		11	475	60	90	110	150	190	125	165	95	140	121	4922	4918	32	017.40.18
450	15-24	9	506	48	70	80	110	145	100	135	75	110	97	4916	4914	36	017.45.14
		10	506	50	80	110	140	180	110	145	95	130	117	4920	4916	40	017.45.16
		11	525	60	90	110	150	190	125	165	95	140	121	4922	4918	41	017.45.18
500	16-26	10	556	50	70	80	110	145	100	135	75	110	97	4916	4914	38	017.50.14
		11	575	60	80	100	140	180	110	145	95	130	117	4920	4916	40	017.50.16
		12,5	570	60	90	110	150	190	125	165	95	140	121	4922	4918	42	017.50.18
		14	570	60	100	120	165	220	140	180	105	150	133	4924	4920	45	017.50.20
560	18-31				70	80	110	145	100	135	75	110	97	4916	4914	51	017.56.14
		11	635	60	80	100	140	180	110	145	95	130	117	4920	4916	52	017.56.16
		12,5	630	60	90	110	150	190	125	165	95	140	121	4922	4918	54	017.56.18
		14	630	60	100	120	165	220	140	180	105	150	133	4924	4920	56	017.56.20
		16	640	70	110	130	180	230	150	190	115	160	143	4926	4922	58	017.56.22
					120	140	190	240	165	220	115	160	143	4928	4924	60	017.56.24
					140	160	200	250	190	240	95	170	126	4932	4928	64	017.56.28
630	20-34				80	100	140	180	110	145	95	130	117	4920	4916	62	017.63.16
		12,5	700	60	90	110	150	190	125	165	95	140	121	4922	4918	63	017.63.18
		14	700	60	100	120	165	220	140	180	105	150	133	4924	4920	65	017.63.20
		16	710	70	110	130	180	230	150	190	115	160	143	4926	4922	66	017.63.22
		18	730	80	120	140	190	240	165	220	115	160	143	4928	4924	68	017.63.24
					150	170	215	265	190	240	105	150	136	4834	4830	70	017.63.30
710	23-38				90	110	150	190	125	165	95	140	121	4922	4918	80	017.71.18
		14	780	60	100	120	165	220	140	180	105	150	133	4924	4920	82	017.71.20
		16	790	70	110	130	180	230	150	190	115	160	143	4926	4922	86	017.71.22
		18	810	80	120	140	190	240	165	220	115	160	143	4928	4924	88	017.71.24
		20	810	83	140	160	200	250	190	240	95	160	127	4832	4928	92	017.71.28
					170	190	240	300	215	265	115	160	145	4838	4834	100	017.71.34
800	26-43				100	120	165	220	140	180	105	150	133	4924	4920	110	017.80.20
		16	880	70	110	130	180	230	150	190	115	160	143	4926	4922	113	017.80.22
		18	900	80	120	140	190	240	165	220	115	160	143	4928	4924	116	017.80.24
		20	900	83	130	150	190	240	180	230	95	160	127	4830	4926	120	017.80.26
		22	920	100	140	160	200	250	190	240	95	160	127	4832	4928	122	017.80.28
					150	170	215	265	190	240	105	150	136	4834	4830	125	017.80.30
					180	200	250	310	225	275	115	170	147	4840	4836	130	017.80.36
900	30-43				120	140	190	240	165	220	115	160	143	4928	4924	150	017.90.24
					130	150	190	240	180	230	95	160	127	4830	4926	153	017.90.26
		18	1000	80	140	160	200	250	190	240	95	160	127	4832	4928	155	017.90.28
		20	1000	83	150	170	215	265	190	240	105	150	136	4834	4830	158	017.90.30
		22	1020	100	160	180	225	275	200	250	105	150	136	4836	4832	160	017.90.32
					180	200	250	310	225	275	115	170	147	4840	4836	165	017.90.36
					200	220	270	330	250	310	115	180	147	4844	4840	170	017.90.40
1000	32-46				140	160	200	250	190	240	95	160	127	4832	4928	190	017.100.28
		20	1100	83	150	170	215	265	190	240	105	150	136	4834	4830	195	017.100.30
		22	1120	100	160	180	225	275	200	250	105	150	136	4836	4832	200	017.100.32
		25	1135	110	180	200	250	310	225	275	115	170	147	4840	4836	205	017.100.36
					200	220	270	330	250	310	115	180	147	4844	4840	210	017.100.40
					220	240	300	360	270	330	135	180	167	4848	4844	220	017.100.44
1120	37-46				160	180	225	275	200	250	105	150	136	4836	4832	220	017.112.32
		22	1240	100	180	200	250	310	225	275	115	170	147	4840	4836	225	017.112.36
		25	1255	110	200	220	270	330	250	310	115	180	147	4844	4840	230	017.112.40
					220	240	300	360	270	330	135	180	167	4848	4844	240	017.112.44
					240	260	320	380	300	360	135	210	177	4852	4848	260	017.112.48
1250	37-52				180	200	250	310	225	275	115	170	147	4840	4836	280	017.125.36
		22	1370	100	200	220	270	330	250	310	115	180	147	4844	4840	290	017.125.40
		25	1385	110	220	240	300	360	270	330	135	180	167	4848	4844	305	017.125.44
		28	1385	115	240	260	320	380	300	360	135	210	177	4852	4848	310	017.125.48
					260	280	350	410	320	380	153	210	197	4856	4852	320	017.125.52

4.1.4.4. Poleas con casquillos de bronce para cucharas

Con $D_1 \approx 17.d$

Con respecto al Figura 4.13, las dimensiones están descritas en la Tabla 4.7.

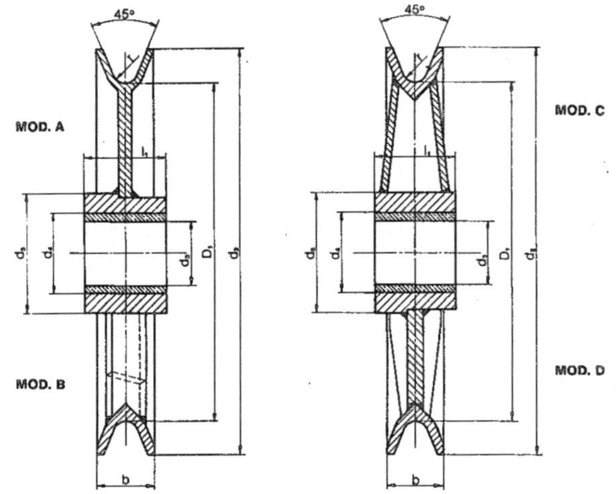

Figura 4.13. Definición de variables de poleas con casquillos de bronce para cucharas.

Tabla 4.7. Dimensiones de poleas para cucharas.

D_1	Ø de cable	r	d_2	b	d_3 ^{E_9}	d_4 ^{H_7}	d_5	$l_{1\,-0,2}$	Peso aprox.Kg.	Referencia
80	Hasta 5	2,5	100	18	12 15 18 20	18 22 25 26	35	25	1	003.08.02 003.08.03 003.08.035 003.08.04
100	5-6,5	3,2	125	22	15 18 20 25	22 25 28 32	40	30	2	003.10.03 003.10.035 003.10.04 003.10.05
125	6-8	4	155	28	15 20 25 30	22 28 32 36	50	35	3	003.12.03 003.12.04 003.12.05 003.12.06
160	8-10	5	195	32	40 50 60 70	50 60 72 85	80 90 100 115	60 50 50 40	4	003.16.08 003.16.10 003.16.12 003.16.14
200	10-12	6,3	240	36	50 60 70 80	60 72 85 95	90 100 115 125	60 70 60 50	7 7 8 7	003.20.10 003.20.12 003.20.14 003.20.16
250	12-16	8	300	43	50 70 80 90	60 85 95 105	90 115 125 140	90 80 70 60	8,5 9 10 9	003.25.10 003.25.14 003.25.16 003.25.18
315	15-20	10	371	50	60 70 90 110	72 85 105 125	100 115 140 165	100 80 70 60	14,5	003.31.12 003.31.14 003.31.18 003.31.22
355	17-22	11	431	60	70 80 100 125	85 95 115 140	115 125 150 180	110 90 80 70	19 19 17,5 17,5	003.35.14 003.35.16 003.35.20 003.35.25
400	20-25	12,5	470	60	80 90 110 125	95 105 125 140	125 140 165 160	120 110 90 80	28 28 25 25	003.40.16 003.40.18 003.40.22 003.40.25
450	22-28	14	520	60	90 100 125 140	105 115 140 160	140 150 180 200	130 120 100 90	32	003.45.18 003.45.20 003.45.25 003.45.28
500	25-32	16	580	70	100 110 140 160	115 125 160 180	150 165 200 230	140 130 110 100	43	003.50.20 003.50.22 003.50.28 003.50.32
560	28-36	18	660	80	110 125 160 180	125 140 180 200	165 180 230 245	160 140 130 120	54 54 57 57	003.56.22 003.56.25 003.56.32 003.56.36
630	31-40	20	730	83	125 140 180 200	140 160 200 220	180 200 245 280	180 160 140 120	68 68 71 71	003.63.25 003.63.28 003.63.36 003.63.40

4.1.5. SELECCIÓN DE POLEAS DE ACERO. NORMATIVA.

Las poleas de acero laminado diseñadas y construidas están provistas de rodamientos, perfectamente obturados con retenes especiales. El engrase de estos rodamientos se hace mediante engrasadores a presión, uno por rodamiento, colocados en el extremo del eje y debidamente protegidos contra golpes.

En la ejecución de la polea se presta especial atención a la forma de la garganta. El radio de fondo ($r = 0,54\ d$) condiciona en gran medida la vida del cable, que será máximo si hay un buen asentamiento del cable sobre la garganta de la polea. Bajo pedido se pueden montar poleas con la garganta templada para aumentar la vida de las mismas.

La separación entre poleas (aparejos de cuatro o más poleas) es muy reducida debido al tipo de rodamiento empleado. Al determinar el diámetro de la polea compensadora y la situación de las poleas de vuelta, se tendrá en cuenta que la desviación lateral del cable no debe ser superior a 4°

El diámetro del cable indicado en las tablas ha sido determinado en función de la composición WS. 6x36+1 (Textil) y resistencia unitaria 180 kg/mm^2. La tendencia actual a utilizar cables con mayor sección metálica y resistencias de 200 y 220 Kg/mm^2, pueden reducir el diámetro del cable y por lo tanto el de las poleas. Este aspecto es muy interesante para cargas elevadas ya que se consigue un aparejo de menor tamaño y por lo tanto más económico.

Las poleas están protegidas por defensas fácilmente desmontables aunque el aparejo esté suspendido de los cables. Las ventanas de salida de cables tienen los bordes reforzados y redondeados para no dañar el cable.

4.1.5.1. Determinación del diámetro primitivo mínimo en el cable.

El diámetro primitivo mínimo de una polea se determina verificando la relación:

$$D \geq d_1 \cdot h_1 \cdot h_2 \qquad (4.9)$$

Siendo $d_1 =$ diámetro del cable

$h_1 =$ coeficiente dependiente del grupo en el que está clasificado el mecanismo de elevación.

$h_2 =$ coeficiente de mayoración de h_1 (función del montaje)

Compensa el número de flexiones, de un cable en su peso por las poleas y el tambor. Este coeficiente definido por DIN 15020, no está contemplado en las nuevas normas FEM aunque si recomendado en el anexo A - 4.2.3.

$D =$ diámetro de enrollamiento sobre las poleas, tambores o poleas de equilibrio contado desde el eje del cable.

Valores del coeficiente h_1

Depende del grupo en el que esté clasificado el mecanismo, y para tambores, poleas y poleas de equilibrio con cables normales y antigiratorios pueden verse en la Tabla 4.8.

Tabla 4.8. Valores del coeficiente h_1

GRUPO		CABLE NORMAL			CABLE ANTIGIRATORIO		
FEM	DIN	POLEA DE CABLE	POLEA COMPENSA DORA	TAMBOR	POLEA DE CABLE	POLEA COMPENSA DORA	TAMBOR
M3	1 Bm	16	12,5	16	18	14	16
M4	1 Am	18	14	16	20	16	18
M5	2m	20	14	18	22,4	16	20
M6	3m	22,4	16	20	25	18	22,4
M7	4m	25	16	22,4	28	18	25
M8	5m	28	18	25	31,5	20	28

Valores del coeficiente h_2

Para los tambores y poleas de equilibrio $h_2 = 1$ sea cual sea el tipo del montaje.

Para las poleas, los valores del coeficiente h_2 dependen del número de poleas por las que pasa el cable y del número de inversiones del sentido de enrollamiento (curvaturas en S); las poleas de equilibrio no entran en el cómputo de inflexiones.

Contaremos:

W = 1 para un tambor,

W = 2 para una polea que no suponga inversión del sentido de enrollamiento en el recorrido del cable (flexión en igual sentido).

W = 4 para cada polea que produzca una inversión en el sentido de enrollamiento (curvatura en S) (flexión en sentido contrario).

W = 0 para poleas de equilibrio

Con el valor total W_{tot} obtenido sumando todos los W correspondientes a los diversos elementos se obtiene el valor de h_2 de la Tabla 4.9

Tabla 4.9. Valores del coeficiente h_2.

W_{tot}	≤ 5	6 a 9	> 10
h_2	1	1,12	1,25

Si dos planos de enrollamiento entre ellos presentan un ángulo inferior a 120°, se considera que no hay curvatura en S, pueden apreciarse en la Figura 4.14.

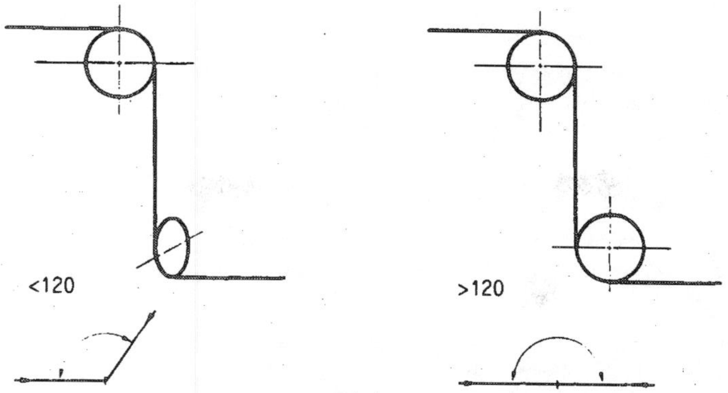

Figura 4.14. Disposición de poleas en ángulo.

En la Figura 4.15 pueden verse valores de h_2 para algunos montajes.

h_2	Disposición del aparejo
1	
1,12	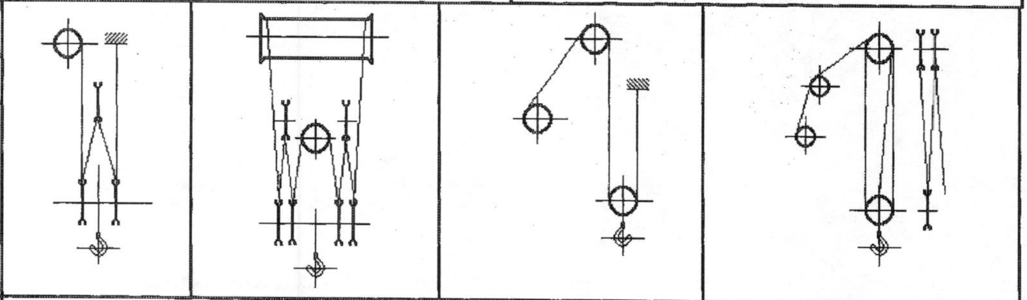
1,25	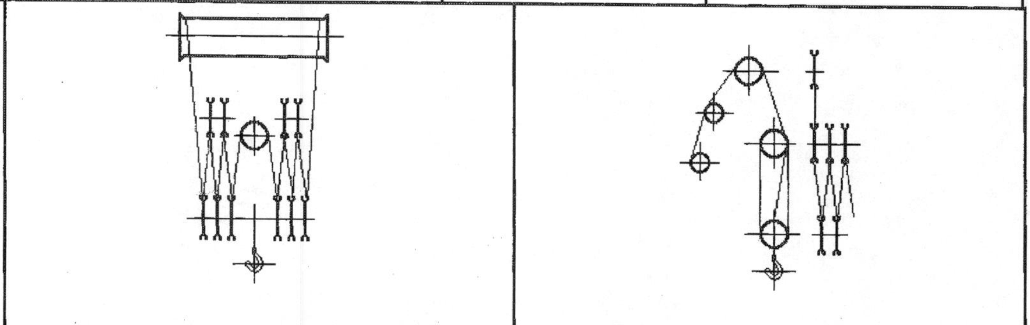

Figura 4.15. Valores de h_2 para diferentes disposiciones.

Con los resultados obtenidos mediante la aplicación de las normas F.E.M. se obtienen unos valores que admiten un diámetro de cable un 25% superior al diámetro mínimo del cable calculado siempre que el esfuerzo de tracción del cable no resulte superior al utilizado en el cálculo.

Las normas F.E.M., en su anexo A-2,53 indican que no existe un diámetro mínimo absoluto de enrollamiento, si bien la duración de la vida de un cable disminuye de forman continua en función de la disminución del diámetro de las poleas y de los tambores, manteniendo fijas el resto de las variables.

En la Figura 4.16 puede verse la influencia del diámetro D de la polea y de la tensión de tracción σ_t sobre la vida de un cable. Se trata de un cable Lang, de 16 mm de diámetro, 6 torones de 19 hilos de 1 mm de diámetro, σ_r = 1400 MPa. Poleas de fundición provistas de una garganta de radio 8,5 mm.

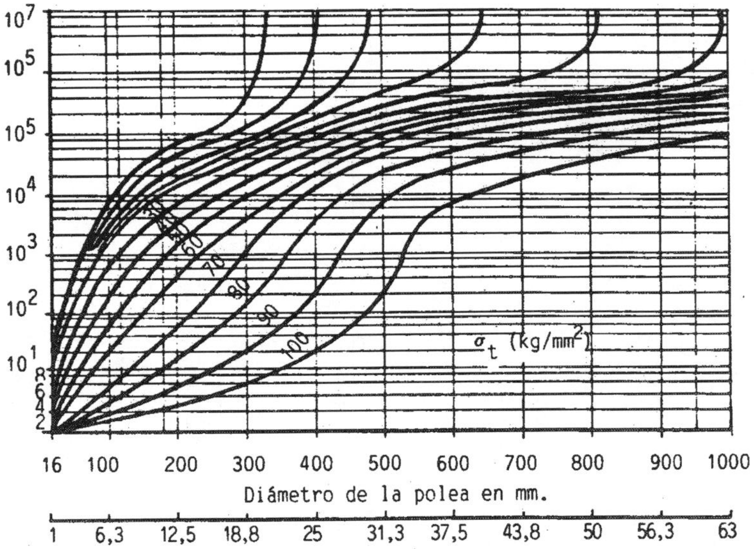

Figura 4.16. Relación del diámetro de la polea con diámetro del cable.

Para asegurar una vida suficiente del cable los diámetros de enrollamiento mínimos D deben ser determinados en función del grupo de mecanismo mediante la fórmula

$$\frac{D}{d} > H \qquad (4.10)$$

en la que d es el diámetro mínimo del cable y H un coeficiente función del grupo en el cual se encuentra clasificado el mecanismo y que es tanto mayor cuanto más duro sea el servicio.

El coeficiente H es mayor para las polea que para los tambores pues, a lo largo de un ciclo de maniobra, el cable se somete sobre una polea al doble de flexiones alternadas (cable recto, cable flexionado, cable recto) que sobre un tambor (cable recto, cable flexionado).

Para las poleas de equilibrio, el coeficiente H es menor, pues el cable está sometido a menos flexiones alternadas y normalmente los movimientos son muy restringidos. Es necesario dimensionar también estos elementos en función de las flexiones alternadas.

Las condiciones de enrollamiento desfavorables, como por ejemplo los enrollamientos sobre varias poleas o los sentidos de enrollamiento inversos o el empleo de cables antigiratorios (los cuales tienen una estructura menos favorable a las flexiones alternadas), deber ser compensadas por una mayoración conveniente que permita obtener una vida del cable suficiente en función del grupo de mecanismo.

4.2. Poleas de plástico.

4.2.1. INTRODUCCIÓN.

Durante muchos años los fabricantes de equipamiento para aparatos de elevación pesados han buscado vías para aumentar la vida del cable. Algunos intentos han sido forrar las gargantas de las poleas metálicas con materiales elásticos y montar llantas realizadas en estos materiales sobre cubos metálicos.

El crecimiento de los equipos móviles de elevación ha añadido un nuevo requerimiento de diseño como es la carga muerta de las poleas metálicas sobre la pluma o mástil la cual debe ser reducida para mejorar la elevación y optimizar el funcionamiento del aparato sobre la carretera. También el desarrollo de los aparatos de elevación navales ha generado la necesidad de equipos de elevación sin corrosión de sus partes resistentes.

El desarrollo de poleas de nylon fundidas ha traído consigo la mejora de la vida de los cables metálicos, la reducción de peso y de la corrosión de partes resistentes. Las poleas de nylon se utilizan hoy en día tanto en aparatos de elevación móviles como en equipos de elevación marítimos.

Para evaluar si es posible introducir una polea de nylon en un sistema de elevación es necesario considerar la capacidad de carga para cada operación específica así como las condiciones ambientales bajo las cuales se utilizarán.

4.2.2. POLEAS DE NYLON.

Las poleas de nylon fundidas contienen partículas finamente divididas de disulfuro de molibdeno (MoS_2) sólido como agente lubrificante. Su superior resistencia les permite soportar solicitaciones mas grandes que otros materiales termoplásticos. Debido a su inherente elasticidad, las tensiones de trabajo no uniformes o instantáneas no causan deformaciones permanentes. Con el uso de las poleas de nylon se puede reducir el peso del equipamiento total además de proteger las superficies metálicas de los cables.

Las propiedades mecánicas típicas de las poleas de plástico a temperaturas normales de utilización así como el correspondiente ensayo reglamentario con que se ha obtenido se muestran en la tabla siguiente:

Tabla 4.10. Propiedades mecánicas de poleas de plástico.

Propiedad Física		**MONOCAST GSM**	**MONOCAST M/MX**	**Tipo de Ensayo**
Resistencia a Tracción	N/mm^2	80	75	DIN53455
Alargamiento	%	50	60	DIN53455
Módulo de Elasticidad	N/mm^2	3000	2400	DIN53457
Dureza	Rockwell Shore	115 81	112 80	DIN53452
Resistencia a Flexión	N/mm^2	110	100	DIN53452
Deformación bajo carga (14 N/mm^2) a 50ºC después de 24 horas	%	0.5 - 1.0	0.5 - 1.0	ASTM-D-621
Resistencia a Impacto	KJ/m^2	> 4	> 4	DIN53453
Coeficiente de expansión térmica lineal	$K^{-1} \times 10^5$	7.5	7.5	DIN53752
Temperatura de fundido	ºC	225	225	ASTM-D-789
Inflamabilidad		autoextinguible	autoextinguible	ASTM-D-635
Temperatura de doblado a 0,46 N/mm^2 a 1,86 N/mm^2	ºC	204 93	200 90	ASTM-D-648
Permititividad a 50×10^6 Hz		3.7	3.7	DIN53483
Resistencia dieléctrica	Kv/mm	30	30	DIN53481
Resistitividad volumétrica	Ohm·cm	10^{12}	10^{12}	DIN53482
Resistencia Química		Resiste los disolventes y lubricantes comunes, hidrocarburos, esteres, cetonas, soluciones acuosas de acidos y bases con un ph entre 5 y 11. No resiste a los fenoles, crisoles, acidos fórmicos, acidos minerales y bases concentrados fuertes agentes oxidantes incluidos los halógenos.		
Densidad	g/cm^3	1.15	1.15	DIN53479
Absorción del agua a las 24 horas Saturación	% %	0.8 5 - 5.8	1.0 6 - 7	-

A temperaturas mas bajas. la resistencia última y el módulo aumenta pero la resistencia al impacto y el alargamiento disminuyen.

Las poleas de plástico se realizan mediante el proceso de fundido de un único monómero, en el cual el monómero liquido es directamente polimerizado en nylon a través de moldes metálicos. Se pueden fabricar poleas sin tamaño límite y espesor, manteniendo su solidez interna. Se han realizado piezas de nylon fundido que han probado su eficacia en una gran variedad de aplicaciones pesadas en la construcción, ferrocarriles, minería de materias primas, náutica, grúas y otras aplicaciones industriales. Las propiedades de las poleas de nylon fundido así como su capacidad de producción ofrecen ventajas comparadas con las metálicas, como el alargamiento de la vida del cable, la reducción de peso (una séptima parte de las metálicas), resistencia a la corrosión, mejora de la vida en servicio así como sus bajos costes.

4.2.3. CONFIGURACIÓN DE LA GARGANTA

El radio de la garganta de un polea de nylon debe ser aproximadamente un 5% mas grande que el diámetro nominal del cable para acomodarse a las tolerancias del cable y al mismo tiempo ofrecer un adecuado soporte para el cable. La experiencia indica que un ángulo de garganta de 45° proporcionará generalmente un soporte óptimo para el cable en el caso de aparatos de elevación.

En Europa la práctica requiere que la profundidad de la garganta del cable para poleas de grúas tengan como mínimo 1.5 veces el diámetro del cable

4.2.4. CONFIGURACIÓN DEL ALMA.

Las poleas de nylon para aplicaciones de grandes potencias se deben instalar con rodamientos antifricción. Se recomiendan generalmente los rodamientos de bolas ya que proporcionan una superficie de contacto continua a lo largo de la anchura del diámetro interior.

Debido a que el coeficiente de expansión térmica de las poleas de nylon es varias veces el de las metálicas, la tolerancia de ajuste debe ser bastante grande para que el rodamiento mantenga contacto con el diámetro interior hasta temperaturas de 50°. Un tolerancia de ajuste satisfactoria para rodamientos antifricción en servicios severos se puede obtener de la tabla 4.11. o utilizando la siguiente ecuación:

$$d = 0{,}035 \sqrt{D_{brg}} \qquad (4.11)$$

donde: d = tolerancia de ajuste

D_{brg} = diámetro exterior del rodamiento

Tabla 4.11. Tolerancias de ajuste de las poleas de nylon.

Rodamiento	**Tolerancia de calado**
OD (mm)	**A* (mm)**
50	0.25
75	0.30
100	0.35
125	0.39
150	0.43
175	0.46
200	0.50
225	0.53
250	0.55
275	0.58
300	0.60

* El diámetro del hueco de la polea será el del rodamiento OD menos la tolerancia de calado.

La tolerancia de ajuste debe reducirse algo para rodamientos de pared delgada en servicios ligeros para prevenir un posible cerramiento del rodamiento sobre el eje.

Los rodamientos de bronce no son recomendados para aplicaciones donde la carga es importante. Su uso se limita a cargas moderadas para evitar la aparición de excesivo calor de fricción y posible desplazamiento del rodamiento en el interior de la polea.

Para aplicaciones con carga ligera donde los valores de presión-velocidad no son excesivos, puede ser posible diseñar poleas de nylon aplicables directamente para ajustarse sobre el eje. Algunas de las tolerancias en el eje para poleas ajustadas directamente sobre ejes se pueden ver en la tabla 4.12.

Tabla 4.12. Tolerancias en el eje de poleas ajustables directamente al eje.

Diámetro del eje	**Holgura en el eje**
D (mm)	**C** (mm)**
25	0,23
50	0,33
75	0,41
100	0,46
125	0,51
150	0,56

** El diámetro del hueco de la polea será el diámetro del eje mas la holgura en el eje. La terminación recomendada para los ejes debe ser comparable a aquellas comerciales rectificadas y endurecidas

4.2.5. RETENCIÓN DEL RODAMIENTO.

La retención circunferencial del rodamiento se puede obtener utilizando las tolerancias de ajuste recomendadas en la tabla 4.11. y ejerciendo presión directamente en el interior de la polea de nylon. Se puede utilizar una prensa hidráulica ó la polea se puede calentar hasta 85° ó 95°C e introducir el rodamiento en el hueco interior expandido de la polea.

Se deben disponer arandelas de empuje o placas de empuje a cada lado del cubo de la polea para mantener la retención lateral del rodamiento. Esto es necesario para restringir el movimiento del rodamiento el cual puede ocurrir como resultado de las fuerzas laterales que aparecen durante el funcionamiento.

Hay dos excepciones para utilizar los procedimientos anteriores para retener el rodamiento en la polea. El uso de rodamientos de bronce en poleas tensoras donde la polea es libre de moverse de un lado a otro del eje, y bajo condiciones donde se recomiende el uso de insertos metálicos, como las arandelas de empuje o placas de empuje, no pueden usarse, se deben encontrar otros medios de retención para restringir el movimiento lateral del rodamiento.

Un posible método de retención para rodamientos de bolas con cargas altas es insertar una funda de acero en el hueco interior de la polea de nylon en el cual el rodamiento se introduce a presión. El inserto es agarrado al interior del hueco del eje de la polea mediante unos anillos externos de sujección a cada lado del cubo de la polea.

Se puede dotar de una retención eficiente a los rodamientos de bronce en poleas tensoras, alargando la longitud de los rodamientos mas allá del cubo y situando anillos de retención externos sobre el rodamiento y a cada lado del cubo. Para esto también se pueden utilizar unas placas metálicas a cada lado atornilladas al cubo y superponiéndose a los lados del rodamiento.

La normativa en la industria de la manutención especifica la relación de clasificación de las poleas (Dp/Dr) (Diámetro de la polea/Diámetro del cable) y el factor de diseño Fd (coeficiente de seguridad) como dos variables que afectan al diseño de la grúa y de la aplicación de la polea. Cuando las poleas de plástico se tienen que utilizar en servicios intensos, el usuario debe primero determinar el coeficiente de la polea y el factor de diseño mas apropiado para esa aplicación.

Utilizando valores específicos para las variables, se pueden calcular presiones nominales estáticas para evaluar la capacidad de carga de la polea. La máxima presión en la garganta debida al cable, para cualquier tipo de polea se puede calcular con la ecuación:

$$Pg = \frac{2 \bullet (U/Fd)}{Dr \bullet Dt} \qquad (4.12)$$

donde: Pg = máxima presión en la garganta (N/mm^2)

U = Resistencia a rotura del cable (N)

Fd = Factor de seguridad del cable

U/Fd = Máximo esfuerzo (N)

Dr = Diámetro del cable (mm)

Dt = Diámetro de la garganta (mm)

Si la presión en la garganta no excede 25 N/mm^2, la polea se puede calcular con la siguiente ecuación:

$$Pb = \frac{2 \bullet (U/Fd)}{Db \bullet Wh} \qquad (4.13)$$

donde: Pb = Presión máxima en el interior del hueco de la polea (N/mm^2)

Db = Diámetro del hueco interior de la polea (mm)

Wh = anchura del cubo en contacto con el rodamiento (mm)

Si la presión interior del hueco de la polea no excede 25 N/mm^2, una polea equipada con rodamientos anti-fricción desarrollará satisfactoriamente los requerimientos bajo condiciones de operación normales.

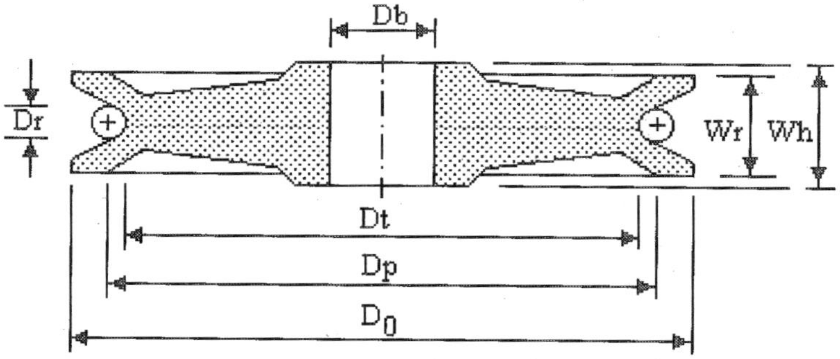

Figura 4.17. Sección de una polea

La máxima capacidad de carga de una polea de nylon equipada con rodamientos anti-fricción es por tanto el mas pequeño de los valores calculados de las dos ecuaciones.

$$LC = 25\ N/mm^2 \cdot Dr \cdot Dt \qquad (4.14)$$

y $$LC = 25\ N/mm^2 \cdot Db \cdot Wh \qquad (4.15)$$

donde LC = máxima capacidad de carga (N)

Los límites de presión y capacidad de carga recomendados anteriormente están basados en carga cíclica intermitente como la típica operación que realiza una grúa móvil hidráulica. Si la operación involucra ciclos continuos de carga, alta velocidad y aceleración o fuertes cargas de impacto, los límites se deben reducir y la aplicación se debe evaluar totalmente de nuevo. Las cargas excesivas y/o velocidades pueden causar distorsión del hueco del eje de la polea y pérdida de presión de ajuste con el rodamiento, lo que incluso puede dar lugar a un desgaste acelerado de la garganta.

4.2.6. CAPACIDAD DE CARGA DE POLEAS PLANAS PERFORADAS.

La capacidad de carga de las poleas planas perforadas se basa en la capacidad del hueco de la polea de actuar como rodamiento. Primero se obtiene el valor recomendado de presión velocidad PVa para unas condiciones de operación dadas. Seguidamente se calcula la máxima presión en el hueco de la polea con la ecuación:

$$Pb = \frac{PV_a}{V} \qquad (4.16)$$

donde: Pb = máxima presión en el hueco de la polea (N/mm^2)

PVa = valor de presión velocidad (N/mm^2 · mm/s) (de Tablas)

V = velocidad de la superficie del eje (mm/s) = p · rpm de eje · Ds

Ds = diámetro del eje (mm)

La presión en el hueco del eje de la polea Pb no debe exceder unos valores determinados, si no los excede, se sustituyen en la siguiente ecuación para obtener la máxima capacidad de carga para las condiciones de trabajo especificadas:

$$LC = Pb \cdot Ds \cdot Wh \qquad (4.17)$$

donde LC = máxima capacidad de carga (N)

Wh = anchura del cubo en contacto con el eje (mm)

Los límites de capacidad de carga y presión recomendados anteriormente están basados en la experiencia práctica con rodamientos y poleas. Si la operación es mayor que los límites recomendados, se debe realizar una evaluación total de la operación de servicio teniendo en cuenta las características especiales de la aplicación. Las cargas y/o velocidades excesivas pueden causar un desgaste acelerado y un aumento de la tolerancia en el interior del hueco de la polea.

4.2.7. PRESIÓN DE CONTACTO (PRESIÓN DE HERTZ).

Los valores nominales calculados para la presión en la garganta están basados en la suposición de que el área de contacto es el área proyectada de la garganta del cable y que el cable metálico realiza un contacto total con la garganta. Los valores reales para la presión superficial serán mas altos que los nominales, ya que el contacto entre los torones individuales y la garganta es puntual. Como se muestra a continuación, la presión de contacto puntual para una polea de acero será mucho mayor que la de una polea de plástico. La elasticidad de las poleas de nylon produce una gran área de contacto puntual y un apoyo mayor para el cable metálico. La máxima presión de contacto q_0 que ocurre en el centro de la superficie de contacto es función de los módulos elásticos E_1 y E_2 de los dos materiales en contacto como muestra la ecuación de contacto de Hertz:

$$q_0 = f \cdot \left[3 \cdot \sqrt{4 \cdot \frac{(E_1 \cdot E_2)^2}{E_1 + E_2}} \right] \qquad (4.18)$$

Substituyendo E_1 y E_2 por 220.000 N/mm^2 como valores para un cable metálico y una polea de acero, el valor entre corchetes llega a ser uno. Sustituyendo E_1 = 220.000 N/mm^2 para un cable metálico y E_2 = 2850 N/mm^2 para una polea de plástico, la relación entre módulos es de E_2/E_1 = 0.013, con lo que el valor entre corchetes llega a ser 0.087. Esto significa que la presión máxima de contacto con una polea de acero es 11,5 veces la ejercida con una polea de nylon.

Ciertos niveles de tensión como los de la fórmula anterior, deformaciones plásticas, agrietamientos de la superficie de la garganta de plástico se producirán entre un contacto acero-nylon. La huella resultante del cable metálico, sinembargo no causa abrasión sobre el cable metálico como podría suceder en una polea de acero. Esto corrobora en gran parte la elasticidad y resistencia de las poleas de plástico. De esta manera poleas muy ligeras pueden soportar largos ciclos de carga alargando de manera considerable la vida del cable.

4.2.8. OPERACIÓN CON POLEAS DE PLÁSTICO.

Las poleas de plástico proporcionan en definitiva grandes ventajas para grúas y equipamientos similares si son diseñadas de acuerdo a las condiciones enunciadas anteriormente. Para obtener resultados óptimos, el equipamiento debe funcionar utilizando el modo usual en la industria. Por ello situaciones que deben intentar ser evitadas son:

- sistemas de dos ramales, polea de gancho contra polea en punta de pluma,
- gancho de arrastre y bola con final de cable abierto en la polea,
- excesivos ángulos de ataque o ángulo lateral de tiro.

Se recomienda introducir protecciones en las poleas antibloqueo tanto para sistemas de reenvío simples como múltiples.

PROBLEMA TIPO 4.1

Enunciado: El vehículo grúa de la Figura 4.18 tiene un que elevar una carga total de 12500 daN (carga útil + peso del elemento de suspensión). El elemento de suspensión es un gancho, y el aparejo es de una única polea, dos ramales de cable de diámetro 38 mm, antigiratorio. El aparato posee una Frecuencia aproximada igual de cargas pequeñas, medianas y máximas, y se le estima una duración del mecanismo de 6.300 horas

Dimensionar la polea: 1.- diámetro de la polea
2.- espesor llanta
3.- espesor radios

Figura 4.18. Fotografía de la grúa pórtico de una polea.

Solución:

1.- Cálculo de diámetro de la polea

Según la Tabla 3.17, el aparato es del Grupo M6.

Para este grupo, y sabiendo que es cable antigiratorio, según la tabla 4.8, $h_1 = 25$

Para determinar h_2, se puede ir a la Figura 4.15 o calcular el parámetro W_{tot} y buscarlo en la Tabla 4.9.

Según la Figura 4.15, el coeficiente vale: $h_2 = 1$

Calculándolo: $W_1 = 1$, por pasar por un tambor

$W_2 = 2$, por pasar por una polea con flexión en el mismo sentido

$Wtot = W_1 + W_2 = 1 + 2 = 3 < 5$

Según la Tabla 4.9, para $W_{tot} = 3$, $h_2 = 1$.

Con lo que el diámetro primitivo de la polea es:

$$d_{polea} = D_1 \geq d_{cable} \cdot h_1 \cdot h_2 = 38 \cdot 25 \cdot 1 = 950 \text{ mm}$$

En este caso tenemos carga alta y una sola polea por ello se selecciona una polea con rodamiento de bolas, como debe ser de diámetro mayor o igual a 945 mm seleccionamos una de 1000 mm.

2.- Cálculo del espesor de la llanta de la polea

Entrando en la Tabla 4.5, para un diámetro $D_1 = 1000$ mm, se obtienen los siguientes valores de la polea:

$d_2 = 1100$ $37 < d_{cable} < 43$

$b = 83$

$d_6 = 400$

Calculamos la altura de la garganta de esta forma: $\dfrac{d_2 - D_1}{2} = 50$ mm

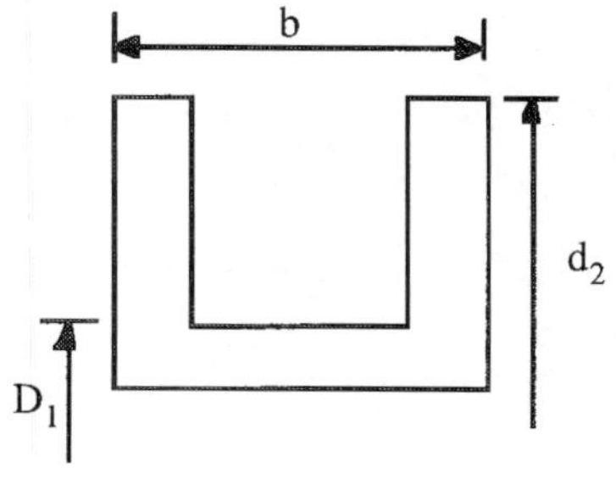

Figura 4.19

Consideraremos un determinado espesor y con él haremos el cálculo de la polea

Suponemos un espesor de pared de e = 8 mm

Suponemos también el número de radios; 8 radios.

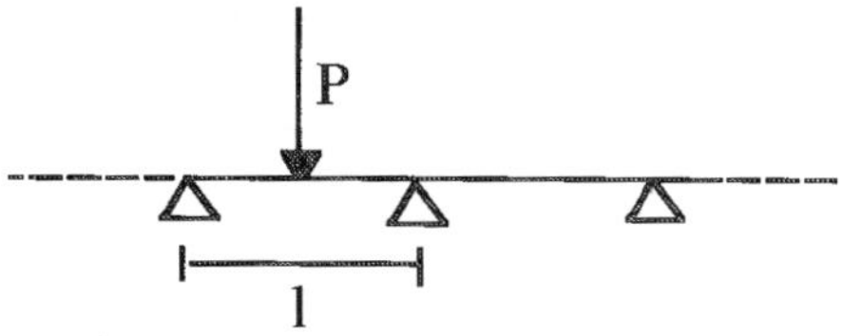

$$S = \frac{Q_{Total}}{n^o \text{ ramales}} = \frac{12500}{2} = 6250 \text{ daN} \quad \text{(S es la carga por ramal)}$$

$$\gamma = \frac{360}{8} = 45^o \qquad l = \frac{\pi D_1}{8} = \frac{\pi\, 1000}{8} = 392{,}7 \text{ mm}$$

$$P = 2\, S.\text{sen}\, \frac{\gamma}{2} = 2\, .\, 6250\, .\, \text{sen}\, 22{,}5^o = 4783{,}5 \text{ daN}$$

$$M_f = \frac{P.l}{16} = 1{,}17.10^5 \text{ daN.mm}$$

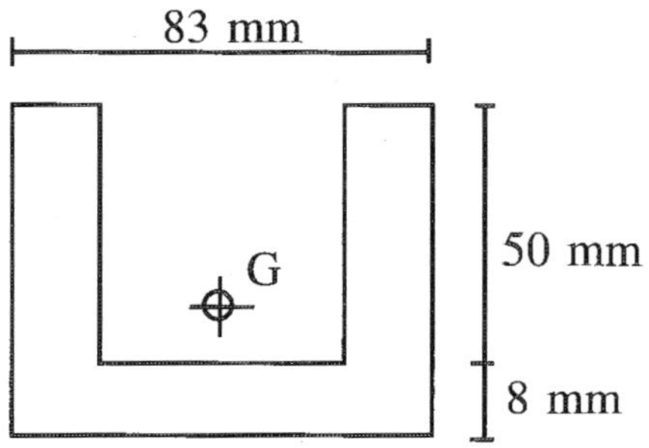

Figura 4.20.

Recordando que $\sigma_f = \dfrac{M_f}{W}$ y que $\tau = \dfrac{P/2}{A_c}$

$$A_c = 8.58.2 = 928 \text{ mm}^2$$

Cálculo de I por Steiner:

$$I = I_G + A\, .\, z^2$$

$$h_G = \frac{\Sigma h_i A_i}{\Sigma A_i} = \frac{29\,(58.8.2) + 4\,(67.8)}{58.8.2 + 67.8} = 19{,}84 \text{ mm}$$

$$I = \Sigma \frac{1}{12} b_i h_i^3 + \Sigma A_i (h_i - h_G)^2 =$$

$$= \frac{1}{12}(8.58^3.2 + 67.8^3) + 58.8.2\,(29 - 19{,}84)^2 + 67.8\,(4 - 19{,}84)^2 = 475357{,}8 \text{ mm}^4$$

$$W = \frac{I}{h_{CG\,máx}} = \frac{475357{,}8}{(58 - 19{,}84)} = 12457 \text{ mm}^3$$

$$\sigma_f = \frac{1{,}17.10^5}{12457} = 9{,}42 \text{ daN/mm}^2$$

$$\tau = \frac{4783{,}5/2}{928} = 2{,}57 \text{ daN/mm}^2$$

Según el criterio de Von Mises:

$$\sigma_{eq} = \sqrt{\sigma_f^2 + 3\tau^2} = 10{,}41 \text{ daN/mm}^2 = 104{,}1 \text{ MPa}$$

Utilizando Acero A-42 con límite elástico $\sigma_e = 26$ daN/mm^2 calculamos el coeficiente de seguridad que tenemos:

$$C_s = \frac{260}{104{,}1} = 2{,}49$$

3.- Cálculo del espesor de los radios

Determinaremos ahora el espesor de los radios que unen la llanta y el cubo

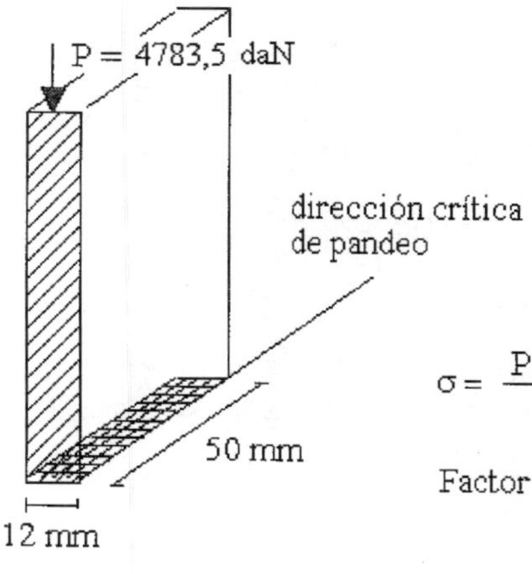

$$\sigma = \frac{P \,.\, w}{A}$$

Factor de pandeo : w

Figura 4.21.

$$I_{mín} = \frac{1}{12} bh^3 = \frac{1}{12} 50.12^3 = 7200 \text{ mm}^4$$

$$A = 12.50 = 600 \text{ mm}^2$$

$$\text{Radio de giro: } K = \sqrt{\frac{I_{mín}}{A}} = \sqrt{\frac{7200}{600}} = 3{,}46 \text{ mm}$$

Longitud crítica de pandeo:

$$L^* = \frac{D_1 - d_6}{2} - e = \frac{1000 - 400}{2} - 8 = 292 \text{ mm}$$

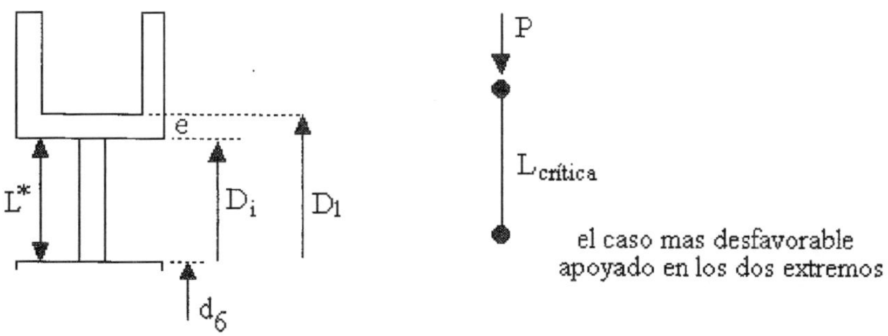

Figura 4.22

Suponiendo el caso mas desfavorable de viga articulada - articulada: $L_{crit} = L^* = 292$ mm

Esbeltez: $$\lambda = \frac{L_{crit}}{K} = \frac{292}{3,46} = 84{,}39$$

Con la esbeltez se entra en las tablas de pandeo y se busca el coeficiente w: w = 1,60

Una vez obtenido, se puede calcular la tensión de compresión para que no se produzca pandeo:

$$\sigma = \frac{P.w}{A} = \frac{4783,5.1,60}{600} = 12{,}75 \text{ daN/mm}^2 = 127{,}5 \text{ MPa}$$

Podemos ahora calcular el coeficiente de seguridad utilizando acero A-42 de 260 MPa.

$$C_S = \frac{260}{127{,}5} = 2{,}03$$

cuyo valor es aceptable, por ello el espesor de 8 mm es aceptado como válido al igual que la polea de 1000 mm de diámetro. Según la Tabla 4.5, el peso aproximado de la polea es 210 daN.

PROBLEMA TIPO 4.2

Enunciado: Sea la polea del problema anterior. Dimensionar ésta y buscar la óptima configuración de número de radios.

1.Cálculo de la llanta:

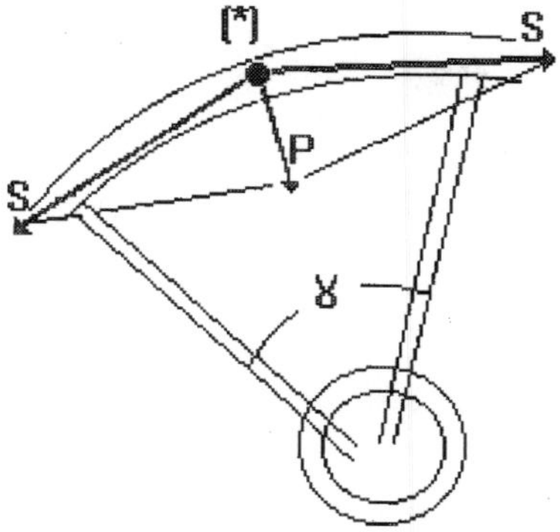

Polea:

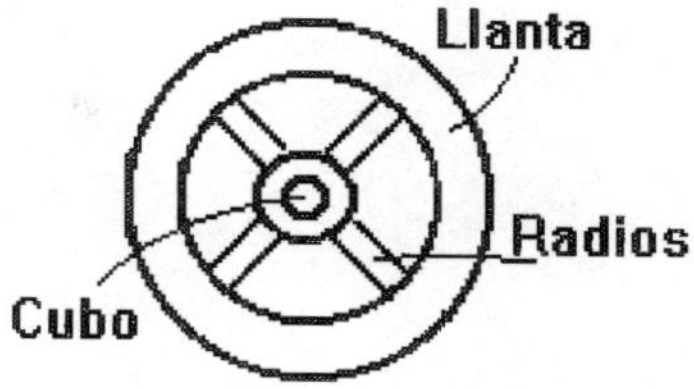

S = Tracción del cable

P = Fuerza de presión resultante

γ = Ángulo entre radios

(*) = Punto más desfavorable para el cálculo de la llanta de una polea de radios

Aproximación del cálculo:

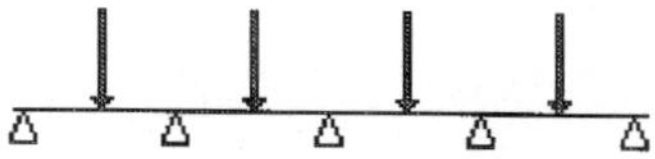

Sección de la llanta:

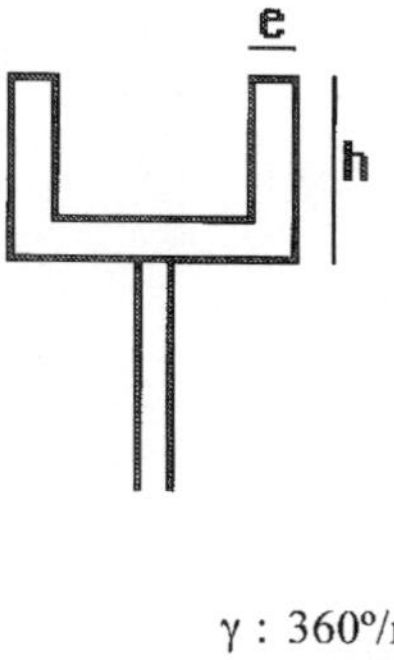

S : Esfuerzo por ramal

M_f : Momento flector producido

W : Módulo resistente de la sección

L : Longitud entre apoyos

γ : 360º/nº de radios

P : Carga resultante

A_C : Área de la cortadura

$$S = \frac{Q_T}{N^o ramales} = \frac{Q}{2} = \frac{12.570}{2} = 6.285 \quad daN$$

$$P = 2\ S\ sen\frac{\gamma}{2}$$

$$M_f = \frac{P \bullet l}{16} \quad \sigma_f = \frac{M_f}{W} \quad \tau_C = \frac{P}{A_C}$$

$$L = \frac{\pi \bullet D_1}{N^o radios}$$

De los datos de la página anterior:

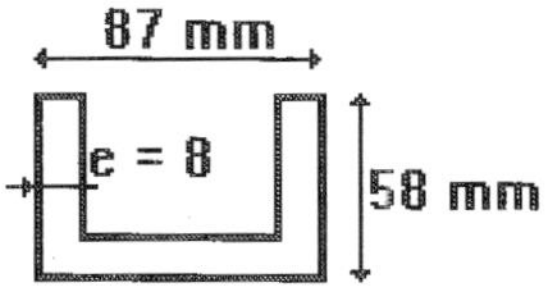

$I = 475.357{,}8\ mm^4$

$W = 12.457\ mm^3$

$A_C = 928\ mm^2$

Al variar el N° de radios, varía la carga entre radios, la longitud de carga entre radios, así como el ángulo entre radios, obteniéndose diferentes valores de resistencia para la misma sección de la llanta.

Las conclusiones se ven en la tabla siguiente:

N° radios	γ	**P**	L	**M_f**	σ_f	τ	σ_{equi}	**Coef.Seguridad**
8	45°	4.811	392,7	$1{,}18 \cdot 10^5$	9,47	2,59	10,47	2,48
6	60°	6.285	523,59	$2{,}05 \cdot 10^5$	16,45	3,385	17,46	1,48
4	90°	8.888,33	785,39	$4{,}36 \cdot 10^5$	35,02	6,67	36,56	0,7 < 1

Unidades: σ_f (daN/mm²) σ_{equi} (daN/mm²)

τ (daN/mm²) P (daN)

M_f (daN/mm²) γ (°)

Con respecto al diseño de 8 radios:

- El de 6 radios disminuye el material en un 25% y la resistencia en un 40%.
- El de 4 radios disminuye el material en un 50% y la ressistencia en un 70%

Examinando ahora el espesor de los radios:

L: Longitud crítica

λ: Esbeltez

ω: Coeficiente de pandeo

K: Radio de giro

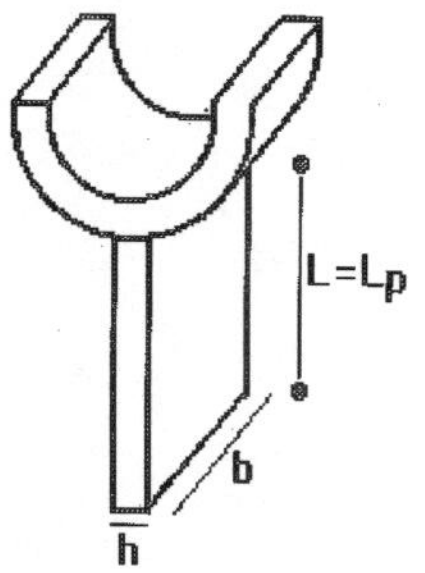

En la tabla siguiente se ven los resultados obtenidos:

Nº radios	h	b	$L_{MÍN}$	A	K	L	λ	ω	P	σ_P	**Coef.Seg.**
	12	50	7.200	600	3,46	292	84,39	1,6	4.811	12,83	2,02
	“	“	“	“	“	“	“	“	6.285	“	1,59
	“	“	“	“	“	“	“	“	8.888	“	1,09
a) 8	10	50	4.166	500	2,88	292	101,38	2,04	4.811	19,62	1,32
a) 6	“	“	“	“	“	“	“	“	6.285	25,64	1,01
a) 4	“	“	“	“	“	“	“	“	8.888	36,26	0,7
b) 8	12	42	6.048	504	3,46	292	84,39	1,6	4.811	15,27	1,7
b) 6	“	“	“	“	“	“	“	“	6.285	19,95	1,3
b) 4	“	“	“	“	“	“	“	“	8.888	28,21	0,92

Unidades: I: mm^4 A: mm^2 K:mm

P:daN σ_P:daN/mm^2

En este caso, modificamos la sección del radio, disminuyendo en un 15% el material en los dos casos; caso (a) disminuyendo la altura de 12 a 10 y fijando la anchura en 50; caso (b) disminuyendo la anchura de 50 a 42 y fijando la altura a 12.

5. APAREJOS

5.1. Generalidades.

Los aparatos de elevación de media y alta capacidad, precisan frecuentemente el paso múltiple del cable desde la parte superior de la carga hasta el propio aparato. En estas ocasiones, es necesario disponer de un aparejo o elemento soporte de las poleas que tiene como finalidad evitar el aflojamiento del cable y estabilizar el movimiento de descenso del gancho sin carga útil.

Existen varias tipologías de aparejos, las configuraciones mas utilizadas son;

a) *Aparejos de traviesa única*, son aquellos en los cuales sólo existe una traviesa que tiene la función doble de soportar las poleas y sujetar a su vez el elemento de suspensión. Debido a su complejidad de fabricación hoy en día están ya en desuso. Son aparejos cortos y de poleas discontinuas.

b) *Aparejos de doble traviesa*, son aquellos aparejos con dos traviesas, una para soportar el elemento de suspensión y otra para las poleas, ambas están unidas por unas placas.

Dentro de los aparejos de doble traviesa podemos distinguir entre aparejos de poleas continuas y aparejos de poleas discontinuas. La diferencia estriba en que en los aparejos de poleas continuas, éstas están todas juntas.

Existe además otra clasificación para los aparejos en función de su longitud, así distinguiremos entre aparejos largos y cortos, siendo estos últimos aquellos en los cuales la distancia entre los ejes de las traviesas es menor que el radio de las poleas y son con poleas exteriores a placas.

Se fabrican además aparejos largos con poleas dispuestas en el interior de las placas, en el exterior de las placas o unas en el interior y otras en el exterior. También se realizan aparejos con poleas de diámetros diferentes y aparejos sin gancho, con cáncamo giratorio u otro sistema adecuado al servicio del aparato de elevación.

Un aparejo se compone de varios elementos (Figura 5.1)

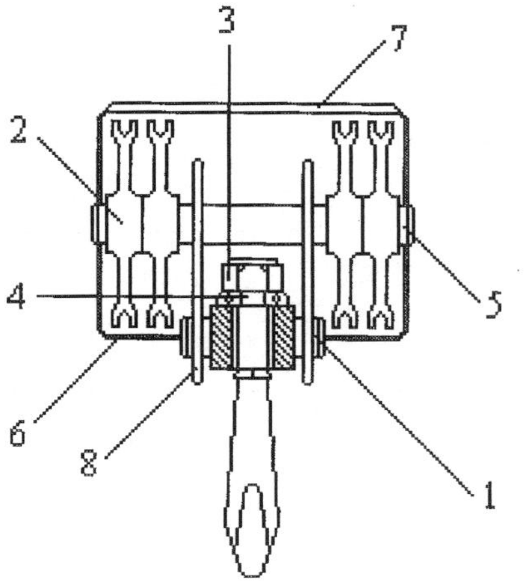

Figura 5.1. Partes de un aparejo.

1. traviesa de gancho
2. poleas
3. tuerca
4. rodamiento axial
5. traviesa de poleas
6. carter
7. placa superior
8. placas de sujección

Dependiendo del número de ramales, el aparejo se compone de una o varias poleas. La tuerca del gancho está fija por medio de una placa que se apoya sobre un soporte a través de un rodamiento axial. El gancho, así pues, puede orientarse fácilmente en vacío o en carga. El carter protege al aparejo del polvo y del agua. La traviesa de gancho está articulada en los extremos de manera que el gancho puede girar respecto a un eje horizontal cuya dirección coincide con la de la traviesa principal.

Las placas laterales de protección cubren la altura total del aparejo existiendo en algunos casos, en su parte superior, una traviesa de madera, cuya misión es amortiguar el choque en el caso de que el aparejo entre en colisión con el tambor o las poleas.

Con objeto de proteger los cables contra el calor y para evitar que se salgan de las gargantas de las poleas, existe una placa de protección unida a ambas placas laterales. Las poleas son engrasadas a través del eje.

Los aparejos pueden clasificarse come hemos mencionado anteriormente, en aparejos de traviesa simple (A), y aparejos de doble traviesa, que a su vez pueden ser cortos (B) y largos (C). Su representación se muestra en la Figura 5.2. En la Figura 5.3 se muestran otras tipologías de aparejos, aparejo de doble traviesa, largo y de poleas continuas (A), y aparejo de doble traviesa, largo con poleas exteriores e interiores a placas (B).

Se suele utilizar acero tipo F-114 ó F-125.

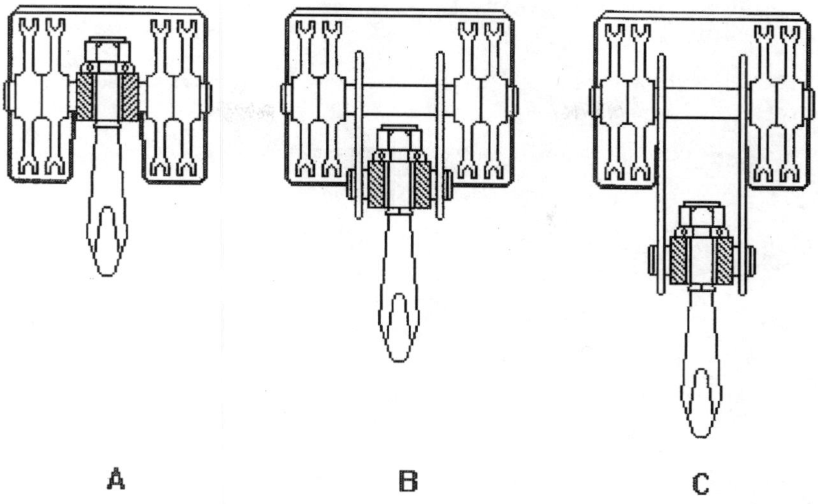

Figura 5.2. Representación de aparejos de simple y doble traviesa.

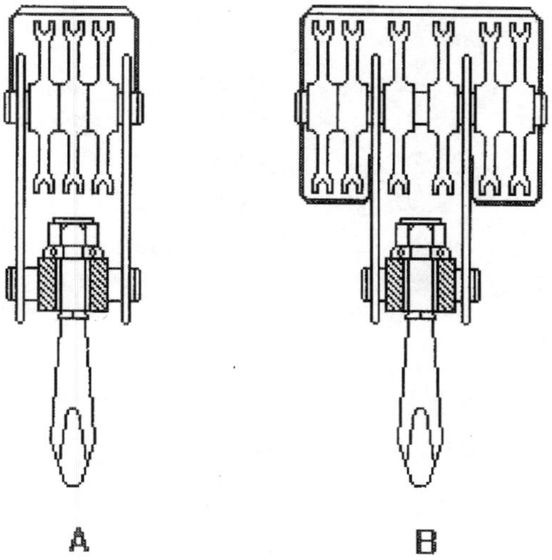

Figura 5.3. Representación de aparejos de poleas continuas.

5.2. Dimensionado según normativa.

Con el fin de ofrecer el aparejo adecuado al servicio requerido, es necesario que con la consulta se indiquen los siguientes datos:

1. Grupo FEM/DIN del mecanismo de elevación o descripción del trabajo de la grúa o aparato de elevación.
2. Carga máxima a elevar.
3. Diámetro del cable
4. Número de ramales del aparejo
5. Velocidad de elevación
6. Diámetro de la polea compensadora
7. Disposición de las poleas superiores

La separación entre poleas (aparejos de cuatro o más poleas) es muy reducida debido al tipo de rodamiento empleado.

Al determinar el diámetro de la polea compensadora y la situación de las poleas de vuelta, se tendrá en cuenta que la desviación lateral del cable no debe ser superior a 4°

El diámetro del cable indicado en las tablas ha sido determinado en función de la composición WS. 6x36+1 (Textil) y resistencia unitaria 180 kg/mm^2.

La tendencia actual a utilizar cables con mayor sección metálica y resistencias de 200 y 220 Kg/m M2, pueden reducir el diámetro del cable y por lo tanto el de las poleas. Este aspecto es muy interesante para cargas elevadas ya que se consigue un aparejo de menor tamaño y por lo tanto más económico.

Las poleas están protegidas por defensas fácilmente desmontables aunque el aparejo está suspendido de los cables. Las ventanas de salida de cables tienen los bordes reforzados y redondeados para no dañar el cable.

El eje de poleas puede ser de calidad F-1140 (CK-45) o F-1152 (42 Cr Mo 4).

Las placas de sustentación son de gran espesor y de diámetro exterior superior al de la polea. están reforzadas con gruesos llantones verticales entre el eje de poleas y la cruceta. Normalmente se construyen en acero laminado A-42b (St-44-2), pero con ganchos en acero aleado se utiliza A-52b (St-52-3).

Los aparejos están sometidos a un riguroso control de calidad durante el proceso de fabricación. Los certificados de recepción y de vigilancia en el empleo de los ganchos DIN 15404 y 15405 así como los de fabrica DI N-50049-2.2, se entregan con el aparejo.

Las dimensiones de aparejos de dos poleas se muestran en la Tabla 5.1. (Figura 5.4)

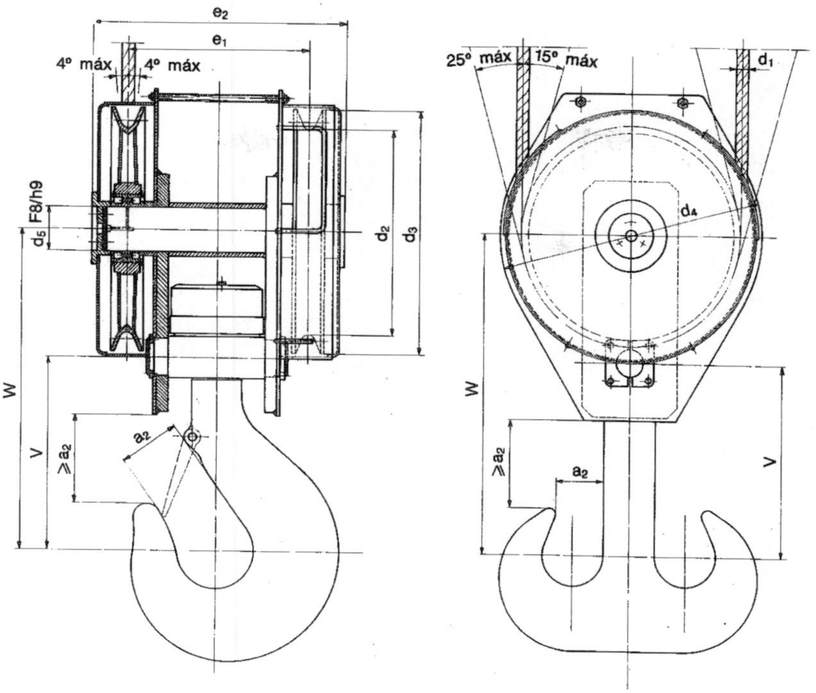

Figura 5.4. Representación de una aparejo de dos poleas.

Tabla 5.1. Dimensiones principales de un aparejo de dos poleas.

Nº	GRUPO		CARGA	VIDA	CABLE	DIMENSIONES											PESO	TIPO
	ISO FEM	DIN	t	h	d_1	d_2	d_3	d_4	d_5	e_1	e_2		v	w	Simple a_2	Doble a_2	kgs.	
2,5	M3	1 Bm	6,3	1.600	10	180	210	245	40	160	250		170	285	50	40	40	022.2,5.M3
	M4	1 Am	5	3.200														022.2,5.M4
	M5	2 m	4	6.300	9	180	210	245	35								40	022.2,5.M5
	M6	3 m	3,2	12.500		200	230	265										022.2,5.M6
	M7	4 m	2,5	25.000		250	280	315	30								44	022.2,5.M7
	M8	5 m	2	50.000														022.2,5.M8
4	M3	1 Bm	10	1.600	12	190	230	265	45	180	280		190	320	56	45	55	022.4.M3
	M4	1 Am	8	3.200														022.4.M4
	M5	2 m	6,3	6.300	11	225	260	295	45		270						58	022.4.M5
	M6	3 m	5	12.500		245	280	315										022.4.M6
	M7	4 m	4	25.000		280	315	355	40	190	280						62	022.4.M7
	M8	5 m	3,2	50.000														022.4.M8
5	M3	1 Bm	12,5	1.600	14	235	280	315	55	200	310		210	360	63	50	75	022.5.M3
	M4	1 Am	10	3.200														022.5.M4
	M5	2 m	8	6.300	12	240	280	315	50		300						75	022.5.M5
	M6	3 m	6,3	12.500		275	315	355										022.5.M6
	M7	4 m	5	25.000		315	355	400	45	210	310						80	022.5.M7
	M8	5 m	4	50.000														022.5.M8

N.º	GRUPO		CARGA	VIDA	CABLE	DIMENSIONES											PESO kgs.	TIPO
	ISO FEM	DIN	t	h	d_1	d_2	d_3	d_4	d_5	e_1	e_2		v	w	Simple a_2	Doble a_2		
6	M3	1 Bm	16	1.600	16	265	315	355	60	240	360		240	420	71	56	102	022.6.M3
	M4	1 Am	12,5	3.200														022.6.M4
	M5	2 m	10	6.300	14	270	315	355	55		350						106	022.6.M5
	M6	3 m	8	12.500		310	355	400										022.6.M6
	M7	4 m	6,3	25.000		360	405	450	50	250	360			410			110	022.6.M7
	M8	5 m	5	50.000														022.6.M8
8	M3	1 Bm	20	1.600	18	300	355	400	70	270	390		265	465	80	63	150	022.8.M3
	M4	1 Am	16	3.200														022.8.M4
	M5	2 m	12,5	6.300	16	305	355	400	60		380						152	022.8.M5
	M6	3 m	10	12.500		355	405	450										022.8.M6
	M7	4 m	8	25.000		405	455	500		280	390			455			155	022.8.M7
	M8	5 m	6,3	50.000														022.8.M8
10	M3	1 Bm	25	1.600	20	295	355	400	75	290	420		280	500	90	71	178	022.10.M3
	M4	1 Am	20	3.200														022.10.M4
	M5	2 m	16	6.300	18	350	405	450	70		410						180	022.10.M5
	M6	3 m	12,5	12.500		400	455	500										022.10.M6
	M7	4 m	10	25.000		455	510	555		320	440						185	022.10.M7
	M8	5 m	8	50.000														022.10.M8
12	M3	1 Bm	32	1.600	22	340	405	450	80	330	470		315	565	100	80	230	022.12M3
	M4	1 Am	25	3.200														022.12M4
	M5	2 m	20	6.300	20	395	455	500	75		450						235	022.12M5
	M6	3 m	16	12.500		450	510	555										022.12M6
	M7	4 m	12,5	25.000		500	570	620		360	490						240	022.12M7
	M8	5 m	10	50.000														022.12M8
16	M3	1 Bm	40	1.600	24	380	455	500	90	350	500		370	645	112	90	335	022.16.M3
	M4	1 Am	32	3.200														022.16.M4
	M5	2 m	25	6.300	22	445	510	555	80		490			635			340	022.16.M5
	M6	3 m	20	12.500		505	570	620										022.16.M6
	M7	4 m	16	25.000		560	630	680		390	520						345	022.16.M7
	M8	5 m	12,5	50.000														022.16.M8
20	M3	1 Bm	50	1.600	28	425	510	555	100	380	540		415	710	125	100	480	022.20.M3
	M4	1 Am	40	3.200														022.20.M4
	M5	2 m	32	6.300	26	490	570	620	90		530			700			485	022.20.M5
	M6	3 m	25	12.500		550	630	680										022.20.M6
	M7	4 m	20	25.000		630	710	765		420	560			705			490	022.20.M7
	M8	5 m	16	50.000														022.20.M8
25	M3	1 Bm	63	1.600	30	480	570	620	110	420	600		460	775	140	112	635	022.25.M3
	M4	1 Am	50	3.200														022.25.M4
	M5	2 m	40	6.300	28	545	630	680	100		570			770			640	022.25.M5
	M6	3 m	32	12.500		625	710	765										022.25.M6
	M7	4 m	25	25.000		710	795	850		440	590						645	022.25.M7
	M8	5 m	20	50.000														022.25.M8
32	M3	1 Bm	80	1.600	34	525	630	680	120	480	670		500	850	160	125	800	022.32.M3
	M4	1 Am	63	3.200														022.32.M4
	M5	2 m	50	6.300	32	610	710	765	110	470	640			845			805	022.32.M5
	M6	3 m	40	12.500		695	795	850										022.32.M6
	M7	4 m	32	25.000		800	900	955		480				840			810	022.32.M7
	M8	5 m	25	50.000														022.32.M8
40	M3	1 Bm	100	1.600	38	595	710	765	130	530	740		565	935	180	140	975	022.40.M3
	M4	1 Am	80	3.200														022.40.M4
	M5	2 m	63	6.300	36	685	795	850	120	520	700			930			985	022.40.M5
	M6	3 m	50	12.500		790	900	955										022.40.M6
	M7	4 m	40	25.000		900	1010	1080									990	022.40.M7
	M8	5 m	32	50.000														022.40.M8

Para cargas elevadas, el número de poleas aumenta. En la Figura 5.5 se muestra un aparejo de cuatro poleas, y en la tabla 5.2. aparecen las dimensiones del mismo.

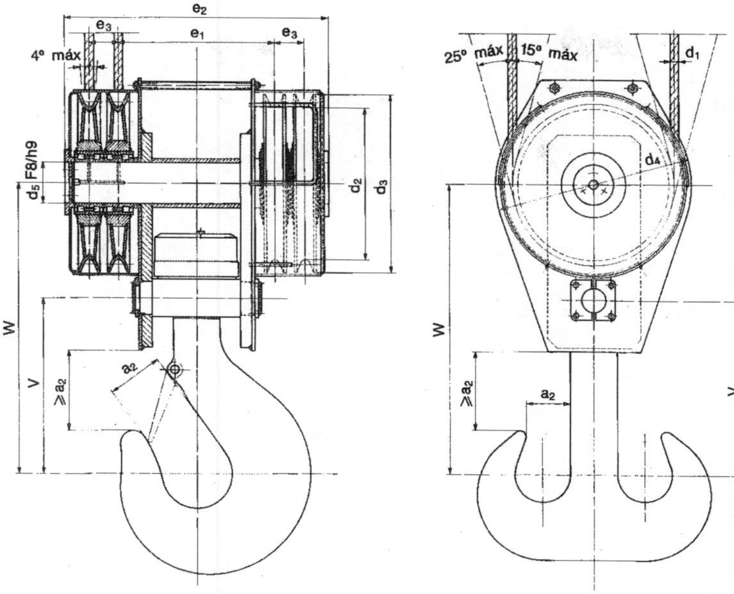

Figura 5.5. Representación de una aparejo de cuatro poleas.

Tabla 5.2. Dimensiones de un aparejo de cuatro poleas.

Nº	GRUPO ISO FEM	GRUPO DIN	CARGA t	VIDA h	CABLE d_1	DIMENSIONES d_2	d_3	d_4	d_5	e_1	e_2	e_3	v	w	a_2 Simple	a_2 Doble	PESO kgs.	TIPO
12	M3	1 Bm	32	1.600	16	305	355	400	80	320	550	60	315	565	100	80	300	041.12.M3
	M4	1 Am	25	3.200														041.12.M4
	M5	2 m	20	6.300	14	310	355	400	75	310	530	54					305	041.12.M5
	M6	3 m	16	12.500		360	405	450										041.12.M6
	M7	4 m	12,5	25.000		410	455	500	70								310	041.12.M7
	M8	5 m	10	50.000														041.12.M8
16	M3	1 Bm	40	1.600	18	300	355	400	90	340	590	67	370	640	112	90	435	041.16.M3
	M4	1 Am	32	3.200														041.16.M4
	M5	2 m	25	6.300	16	355	405	450	80	330	570	60					440	041.16.M5
	M6	3 m	20	12.500		405	455	500										041.16.M6
	M7	4 m	16	25.000		460	510	555	75		550	54					445	041.16.M7
	M8	5 m	12,5	50.000														041.16.M8
20	M3	1 Bm	50	1.600	20	345	405	450	100	360	630	67	415	710	125	100	640	041.20.M3
	M4	1 Am	40	3.200														041.20.M4
	M5	2 m	32	6.300	18	400	455	500	90	350	610						645	041.20.M5
	M6	3 m	25	12.500		455	510	555										041.20.M6
	M7	4 m	20	25.000		515	570	620	80		600	60		700			650	041.20.M7
	M8	5 m	16	50.000														041.20.M8

Nº	GRUPO		CARGA	VIDA	CABLE	DIMENSIONES									Simple	Doble	PESO kgs.	TIPO
	ISO FEM	DIN	t	h	d_1	d_2	d_3	d_1	d_5	e_1	e_2	e_1	v	w	a_2			
25	M3	1 Bm	63	1.600	22	385	455	500	110	390	690	80	460	775	140	112	810	041.25.M3
	M4	1 Am	50	3.200														041.25.M4
	M5	2 m	40	6.300	20	450	510	555	100	380	650	67					815	041.25.M5
	M6	3 m	32	12.500		510	570	620										041.25.M6
	M7	4 m	25	25.000		570	630	680	90					765			820	041.25.M7
	M8	5 m	20	50.000														041.25.M8
32	M3	1 Bm	80	1.600	24	435	510	555	120	450	750	80	500	850	160	125	1.050	041.32.M3
	M4	1 Am	63	3.200														041.32.M4
	M5	2 m	50	6.300	22	500	570	620	110					840			1.060	041.32.M5
	M6	3 m	40	12.500		560	630	680										041.32.M6
	M7	4 m	32	25.000		640	710	765	100		730	67					1.070	041.32.M7
	M8	5 m	25	50.000														041.32.M8
40	M3	1 Bm	100	1.600	28	485	570	620	130	500	850	95	565	940	180	140	1.260	041.40.M3
	M4	1 Am	80	3.200														041.40.M4
	M5	2 m	63	6.300	26	550	630	680	120	490	800	80					1.270	041.40.M5
	M6	3 m	50	12.500		630	710	765										041.40.M6
	M7	4 m	40	25.000		715	795	850	110					930			1.280	041.40.M7
	M8	5 m	32	50.000														041.40.M8
50	M3	1 Bm	125	1.600	30	540	630	680	150	560	930	100	620	1.035	200	160	1.640	041.50.M3
	M4	1 Am	100	3.200														041.50.M4
	M5	2 m	80	6.300	28	625	710	765	130	550	890	95					1.650	041.50.M5
	M6	3 m	63	12.500		710	795	850										041.50.M6
	M7	4 m	50	25.000		815	900	955	120		870	80		1.020			1.660	041.50.M7
	M8	5 m	40	50.000														041.50.M8
63	M3	1 Bm	160	1.600	34	605	710	765	160	620	1.020	109	700	1.160	224	180	2.180	041.63.M3
	M4	1 Am	125	3.200														041.63.M4
	M5	2 m	100	6.300	32	695	795	850	140	620	980	95		1.150			2.190	041.63.M5
	M6	3 m	80	12.500		800	900	955										041.63.M6
	M7	4 m	63	25.000		910	1.010	1.080	130		990			1.140			2.200	041.63.M7
	M8	5 m	50	50.000														041.63.M8
80	M3	1 Bm	200	1.600	38	680	795	850	180	680	1.140	136	800	1.300	250	200	2.890	041.80.M3
	M4	1 Am	160	3.200														041.80.M4
	M5	2 m	125	6.300	36	790	900	955	160	670	1.080	109		1.290			2.900	041.80.M5
	M6	3 m	100	12.500		900	1.010	1.080										041.80.M6
	M7	4 m	80	25.000		1.000	1.110	1.180	150		1.060	100		1.280			2.910	041.80.M7
	M8	5 m	63	50.000														041.80.M8
100	M3	1 Bm	250	1.600	42	770	900	955	200	770	1.270	150	885	1.435	280	224	3.810	041.100.M3
	M4	1 Am	200	3.200														041.100.M4
	M5	2 m	160	6.300	40	890	1.010	1.080	180	760	1.240	136		1.425			3.830	041.100.M5
	M6	3 m	125	12.500		990	1.110	1.180										041.100.M6
	M7	4 m	100	25.000		1.120	1.240	1.310	160		1.180	109		1.410			3.850	041.100.M7
	M8	5 m	80	50.000														041.100.M8
125	M3	1 Bm	320	1.600	46	870	1.010	1.080	220	810	1.340	160	1.000	1.625	315	250	4.860	041.125.M3
	M4	1 Am	250	3.200														041.125.M4
	M5	2 m	200	6.300	44	970	1.110	1.180	200	800	1.320	150		1.610			4.880	041.125.M5
	M6	3 m	160	12.500		1.100	1.240	1.310										041.125.M6
	M7	4 m	125	25.000		1.240	1.380	1.470	180		1.280	136		1.590			4.900	041.125.M7
	M8	5 m	100	50.000														041.125.M8
160	M3	1 Bm	400	1.600	52	950	1.110	1.180	240	900	1.440	160	1.130	1.790	355	280	6.520	041.160.M3
	M4	1 Am	320	3.200														041.160.M4
	M5	2 m	250	6.300	50	1.090	1.240	1.310	220	880	1.420			1.780			6.560	041.160.M5
	M6	3 m	200	12.500		1.230	1.380	1.470										041.160.M6
	M7	4 m	160	25.000		1.400	1.550	1.640	200			150					6.580	041.160.M7
	M8	5 m	125	50.000														041.160.M8

A medida que la carga aumenta, el número de poleas aumenta y se obtienen aparejos de mayor número de poleas. En las Figuras 5.6. y 5.7. se muestran los aparejos de seis y ocho poleas, y en la tabla 5.3. y 5.4. aparecen las correspondientes dimensiones de los mismos.

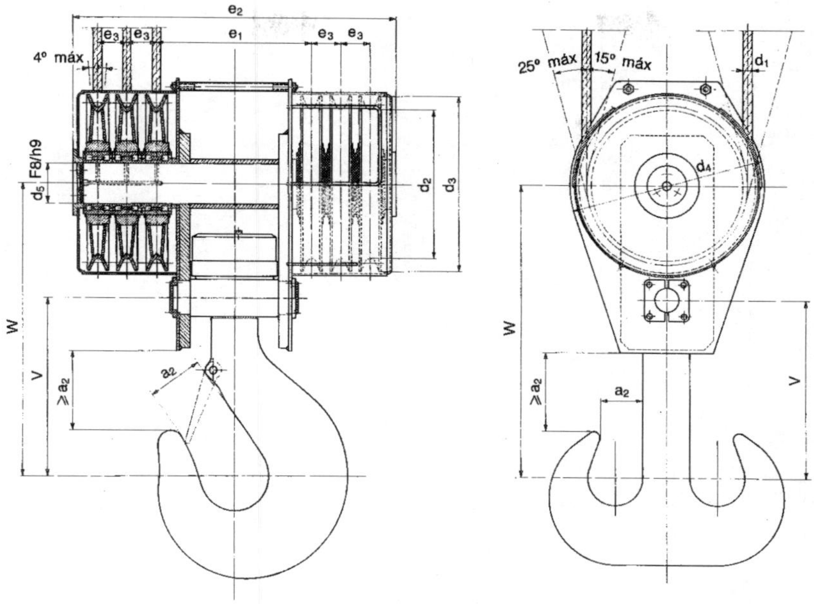

Figura 5.6. Representación de una aparejo de seis poleas.

Tabla 5.3. Dimensiones de un aparejo de seis poleas.

Nº	GRUPO ISO FEM	GRUPO DIN	CARGA t	VIDA h	CABLE d_1	d_2	d_3	d_4	d_5	e_1	e_2	e_3	v	w	a_2 Simple	a_2 Doble	PESO kgs.	TIPO
20	M3	1 Bm	50	1.600	16	355	405	450	110	360	820	80	415	720	125	100	830	060.20.M3
	M4	1 Am	40	3.200														060.20.M4
	M5	2 m	32	6.300	15	360	405	450	100		760	67					840	060.20.M5
	M6	3 m	25	12.500		410	455	500										060.20.M6
	M7	4 m	20	25.000		465	510	555	90								850	060.20.M7
	M8	5 m	16	50.000														060.20.M8
25	M3	1 Bm	63	1.600	18	400	455	500	120	390	850	80	460	775	140	112	1.040	060.25.M3
	M4	1 Am	50	3.200														060.25.M4
	M5	2 m	40	6.300	16	405	455	500	110								1.050	060.25.M5
	M6	3m	32	12.500		460	510	555										060.25.M6
	M7	4 m	25	25.000		520	570	620	100		790	67					1.060	060.25.M7
	M8	5 m	20	50.000														060.25.M8
32	M3	1 Bm	80	1.600	21	445	510	555	140	450	1.020	95	500	860	160	125	1.350	060.32.M3
	M4	1 Am	63	3.200														060.32.M4
	M5	2 m	50	6.300	19	450	510	555	120		930	80		845			1.360	060.32.M5
	M6	3 m	40	12.500		510	570	620										060.32.M6
	M7	4 m	32	25.000		570	630	680	110								1.370	060.32.M7
	M8	5 m	25	50.000														060.32.M8

Nº	GRUPO		CARGA	VIDA	CABLE	DIMENSIONES											PESO kgs.	TIPO
	ISO FEM	DIN	t	h	d_1	d_2	d_3	d_4	d_5	e_1	e_2	e_2	v	w	Simple a_2	Doble a_2		
40	M3	1 Bm	100	1.600	22	440	510	555	150	500	1.080	100	565	945	180	140	1.610	060.40.M3
	M4	1 Am	80	3.200														060.40.M4
	M5	2 m	63	6.300	21	505	570	620	130		1.050	95		935			1.620	060.40.M5
	M6	3 m	50	12.500		565	630	680										060.40.M6
	M7	4 m	40	25.000		645	710	765	120		970	80					1.630	060.40.M7
	M8	5 m	32	50.000														060.40.M8
50	M3	1 Bm	125	1.600	26	550	630	680	160	570	1.180	109	620	1.030	200	160	2.040	060.50.M3
	M4	1 Am	100	3.200														060.50.M4
	M5	2 m	80	6.300	24	635	710	765	140		1.120	95		1.020			2.060	060.50.M5
	M6	3 m	63	12.500														060.50.M6
	M7	4 m	50	25.000		720	795	850	130								2.080	060.50.M7
	M8	5 m	40	50.000														060.50.M8
63	M3	1 Bm	160	1.600	28	625	710	765	180	640	1.380	136	700	1.170	224	180	2.680	060.63.M3
	M4	1 Am	125	3.200														060.63.M4
	M5	2 m	100	6.300	26	630	710	765	160	620	1.230	109		1.160			2.695	060.63.M5
	M6	3 m	80	12.500		715	795	850	160									060.63.M6
	M7	4 m	63	25.000		820	900	955	150		1.180	100					2.710	060.63.M7
	M8	5 m	50	50.000														060.63.M8
80	M3	1 Bm	200	1.600	32	695	795	850	200	690	1.520	150	800	1.320	250	200	3.390	060.80.M3
	M4	1 Am	160	3.200														060.80.M4
	M5	2 m	125	6.300	30	705	795	850	180	670	1.440	136					3.410	060.80.M5
	M6	3 m	100	12.500		810	900	955										060.80.M6
	M7	4 m	80	25.000		920	1.010	1.080	160		1.300	109		1.300			3.430	060.80.M7
	M8	5 m	63	50.000														060.80.M8
100	M3	1 Bm	250	1.600	36	790	900	955	240	770	1.650	160	885	1.430	280	224	4.400	060.100.M3
	M4	1 Am	200	3.200														060.100.M4
	M5	2 m	160	6.300	34	795	900	955	200	750	1.580	150		1.410			4.420	060.100.M5
	M6	3 m	125	12.500		905	1.010	1.080										060.100.M6
	M7	4 m	100	25.000		1.005	1.110	1.180	180		1.510	136					4.440	060.100.M7
	M8	5 m	80	50.000														060.100.M8
125	M3	1 Bm	320	1.600	40	780	900	955	260	840	1.870	190	1.000	1.650	315	250	5.440	060.125.M3
	M4	1 Am	250	3.200														060.125.M4
	M5	2 m	200	6.300	38	895	1.010	1.080	220	820	1.690	160		1.620			5470	060.125.M5
	M6	3 m	160	12.500		995	1.110	1.180										060.125.M6
	M7	4 m	125	25.000		1.125	1.240	1.310	200		1.640	150					5.490	060.125.M7
	M8	5 m	100	50.000														060.125.M8
160	M3	1 Bm	400	1.600	44	875	1.010	1.080	280	900	1.930	190	1.130	1.810	355	280	7.250	060.160.M3
	M4	1 Am	320	3.200														060.160.M4
	M5	2 m	250	6.300	42	980	1.110	1.180	240	870	1.760	160		1.780			7.270	060.160.M5
	M6	3 m	200	12.500		1.110	1.240	1.310										060.160.M6
	M7	4 m	160	25.000		1.250	1.380	1.470	220								7.290	060.160.M7
	M8	5 m	125	50.000														060.160.M8

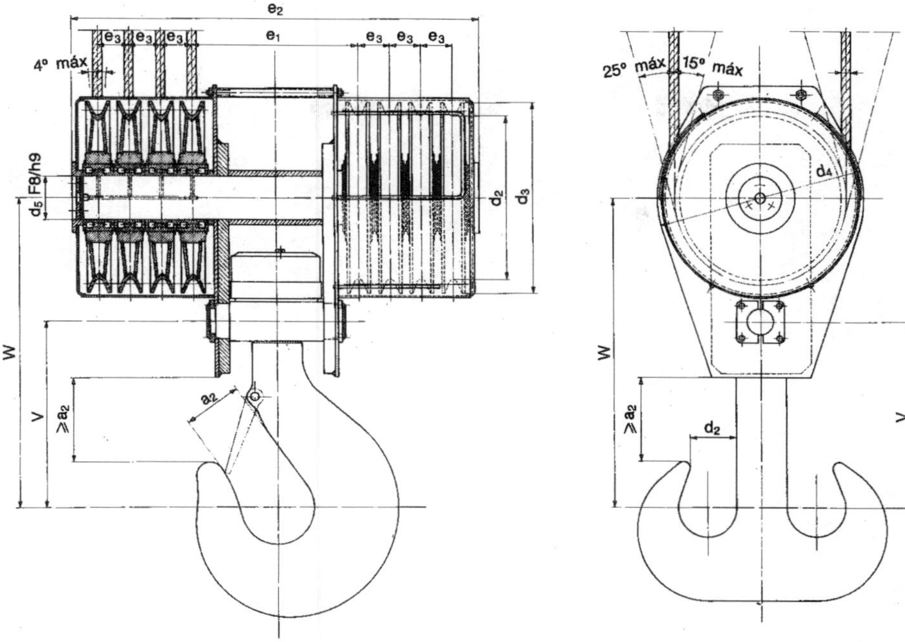

Figura 5.7. Representación de una aparejo de ocho poleas.

Tabla 5.4. Dimensiones de un aparejo de ocho poleas.

Nº	GRUPO ISO FEM	GRUPO DIN	CARGA t	VIDA h	CABLE d_1	DIMENSIONES d_2	d_3	d_4	d_5	e_1	e_2	e_3	V	W	Simple a_2	Doble a_2	PESO kgs.	TIPO
40	M3	1 Bm	100	1.600	20	450	510	555	160	500	1.330	109	565	950	180	140	1.950	080.40.M3
	M4	1 Am	80	3.200														080.40.M4
	M5	2 m	63	6.300	18	455	510	555	140		1.230	95					1.970	080.40.M5
	M6	3 m	50	12.500														080.40.M6
	M7	4 m	40	25.000		515	570	620	130								1.990	080.40.M7
	M8	5 m	32	50.000														080.40.M8
50	M3	1 Bm	125	1.600	22	440	510	555	180	580	1.600	136	620	1.050	200	160	2.620	080.50.M3
	M4	1 Am	100	3.200														080.50.M4
	M5	2 m	80	6.300	20	510	570	620	160	560	1.400	109					2.640	080.50.M5
	M6	3 m	63	12.500														080.50.M6
	M7	4 m	50	25.000		570	630	680	140		1.310	95					2.660	080.50.M7
	M8	5 m	40	50.000														080.50.M8
63	M3	1 Bm	160	1.600	24	495	570	620	220	660	1.850	160	700	1.200	224	180	3.180	080.63.M3
	M4	1 Am	125	3.200														080.63.M4
	M5	2 m	100	6.300	22	560	630	680	180	640	1.660	136					3.195	080.63.M5
	M6	3 m	80	12.500														080.63.M6
	M7	4 m	63	25.000		640	710	765	160	610	1.450	109					3.210	080.63.M7
	M8	5 m	50	50.000														080.63.M8

Nº	GRUPO		CARGA	VIDA	CABLE	DIMENSIONES											PESO kgs.	TIPO
	ISO FEM	DIN	t	h	d_1	d_2	d_3	d_4	d_5	e_1	e_2	e_2	v	w	Simple (a_2)	Doble (a_2)		
80	M3	1 Bm	200	1.600	28	545	630	680	240	700	1.890	160	800	1.330	250	200	3.940	080.80.M3
	M4	1 Am	160	3.200														080.80.M4
	M5	2 m	125	6.300	26	715	795	850	200	690	1.810	150					3.960	080.80.M5
	M6	3 m	100	12.500														080.80.M6
	M7	4 m	80	25.000		820	900	955	180	680	1.710	136					3.990	080.80.M7
	M8	5 m	63	50.000														080.80.M8
100	M3	1 Bm	250	1.600	32	695	795	850	260	800	2.200	190	885	1.440	280	224	5.200	080.100.M3
	M4	1 Am	200	3.200														080.100.M4
	M5	2 m	160	6.300	30	810	900	955	220	770	1.960	160					5.230	080.100.M5
	M6	3 m	125	12.500														080.100.M6
	M7	4 m	100	25.000		920	1.010	1.080	200	760	1.880	150					5.260	080.100.M7
	M8	5 m	80	50.000														080.100.M8
125	M3	1 Bm	320	1.600	34	690	795	850	280	840	2.240	190	1.000	1.660	315	250	6.240	080.125.M3
	M4	1 Am	250	3.200														080.125.M4
	M5	2 m	200	6.300	32	800	900	955	240	810	2.000	160					6.260	080.125.M5
	M6	3 m	160	12.500														080.125.M6
	M7	4 m	125	25.000		1.010	1.110	1.180	220								6.290	080.125.M7
	M8	5 m	100	50.000														080.125.M8
160	M3	1 Bm	320	1.600	38	785	900	955	300	930	2.550	218	1.130	1.820	355	280	7.910	080.160.M3
	M4	1 Am	320	3.200														080.160.M4
	M5	2 m	250	6.300	36	900	1.010	1.080	280	900	2.320	190					7.940	080.160.M5
	M6	3 m	200	12.500		1.000	1.110	1.180	260									080.160.M6
	M7	4 m	160	25.000		1.130	1.240	1.310	240	870	2.080	160					7.980	080.160.M7
	M8	5.m	125	50.000														080.160.M8
200	M3	1 Bm	500	1.600	44	870	1.010	1.080	* 200	940	2.150	150	1.270	1.960	400	315	9.710	080.200.M3
	M4	1 Am	400	3.200					* 180		2.050	136						080.200.M4
	M5	2 m	320	6.300	42	985	1.110	1.180	300	990	2.620	218					9.810	080.200.M5
	M6	3 m	250	12.500		1.115	1.240	1.310	280	960	2.390	190						080.200.M6
	M7	4 m	200	25.000		1.255	1.380	1.470									9.850	080.200.M7
	M8	5 m	160	50.000					260									080.200.M8
250	M3	1 Bm	500	1.600	48	965	1.110	1.180	* 200	1.050	2.230	150	1.440	2.130	450	355	11.700	080.250.M3
	M4	1 Am	500	3.200														080.250.M4
	M5	2 m	400	6,300	46	1.100	1.240	1.310	* 180		2.130	136					11.740	080.250.M5
	M6	3 m	320	12.500		1.240	1.380	1.470	* 160		1.940	109						080.250.M6
	M7	4 m	250	25.000		1.410	1.550	1.640	300	1.100	2.750	218					11.920	080.250.M7
	M8	5 m	200	50.000					280	1.080	2.560	190						080.250.M8

* Apoyo exterior del eje

Para ciertas operaciones de forja, al requerirse movimientos de precisión se utilizan ganchos con amortiguador (Figura 5.8).

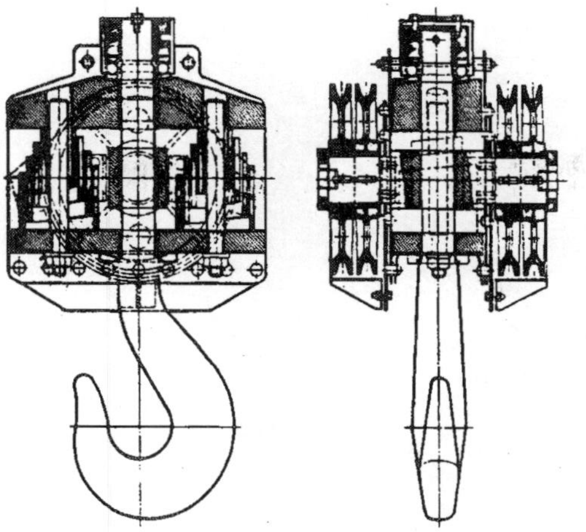

Figura 5.8. Aparejo con gancho con amortiguador.

Los aparejos de confección normal tienen tendencia a inclinarse porque el centro de inercia del gancho vacío no se encuentra en el plano de simetría. La suspensión de gancho de hoja resuelve este inconveniente.

5.3. Cálculo de las traviesas.

5.3.1. CÁLCULO DE LA TRAVIESA DE GANCHO.

La traviesa de gancho se calcula como una viga biapoyada con la carga en el centro.

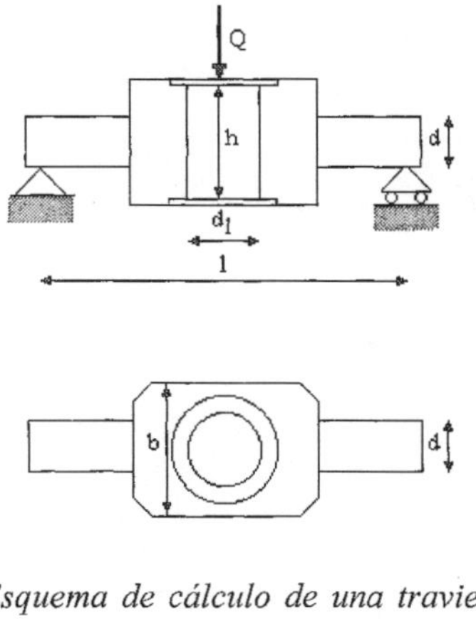

Figura 5.9. Esquema de cálculo de una traviesa principal.

Según la Figura 5.9.

$$M_f = \frac{Q.l}{4} \tag{5.1}$$

$$W = \frac{I}{h/2} = \frac{1}{6}(b - d_1)h^2$$ b: ancho de la parte central (5.2)

$$\sigma_f = \frac{M_f}{W} \tag{5.3}$$

La solicitación a cortadura es:

$$\tau = \frac{Q}{2h(b - d_1)} \tag{5.4}$$

Y la solicitación equivalente se calculará como:

$$\sigma_{eq} = \sqrt{\sigma_f^2 + 3\tau^2}$$

Esta tensión, multiplicada por el correspondiente coeficiente de seguridad debe ser menor que el límite elástico del material. En este tipo de aparejos es necesario comprobar además el estado tensional en el cambio de sección.

5.3.1. CÁLCULO DE LA TRAVIESA DE POLEAS.

La traviesa de poleas se calcula como una viga biapoyada con las cargas en la posición de las poleas. En este caso para un aparejo de dos poleas, el esquema sería según la Figura 5.10.

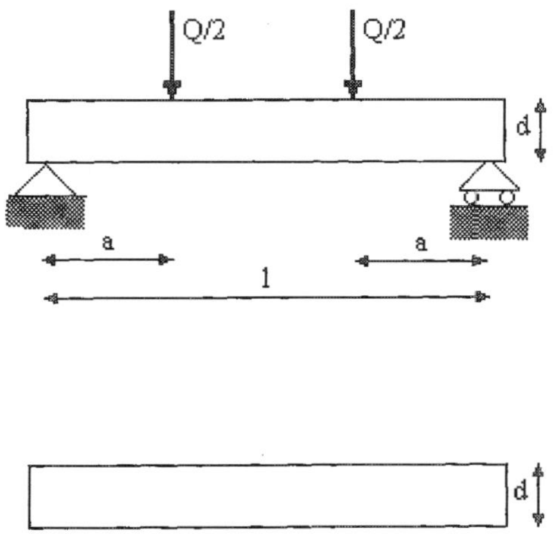

Figura 5.10. Esquema de cálculo de una traviesa de poleas.

Según la Figura 5.10.

$$M_f = \frac{Q.a}{2}$$ a = distancia de la carga al apoyo (5.5)

$$W = \frac{I}{d/2} = \frac{\pi d^3}{32}$$ d: diámetro del eje (5.6)

$$\sigma_f = \frac{M_f}{W} \quad (5.7)$$

La solicitación del eje a cortadura es:

$$\tau = \frac{2Q}{\pi d^2} \quad (5.8)$$

Y la solicitación equivalente se calculará como:

$$\sigma_{eq} = \sqrt{\sigma_f^2 + 3\,\tau^2}$$

Esta tensión, multiplicada por el correspondiente coeficiente de seguridad debe ser menor que el límite elástico del material.

5.4. Aparejos de poleas contínuas.

En aquellos aparatos de elevación donde existe un pescante o pluma, y los cables no descienden desde un carro sino que proceden de un tambor situado en la base del aparato, como es el caso de vehículos grúa, grúas giratorias de puerto y grúas de cubierta, se disponen aparejos de poleas continuas.

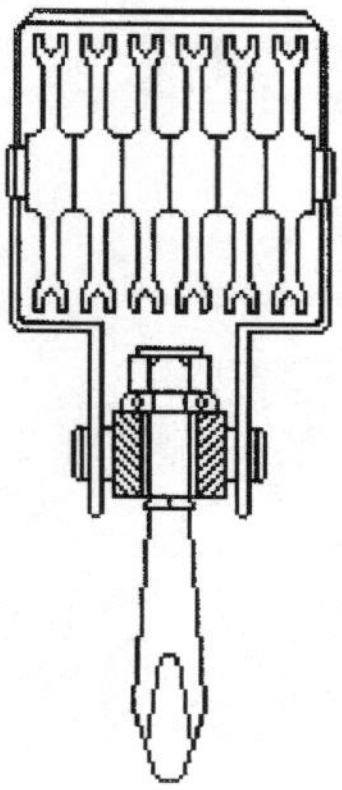

Figura 5.13. Aparejo de poleas continuas.

El cálculo se lleva a cabo de forma muy simple: se modeliza la traviesa mediante una viga de sección circular apoyada en los extremos y cargada con tanta carga puntual como poleas.

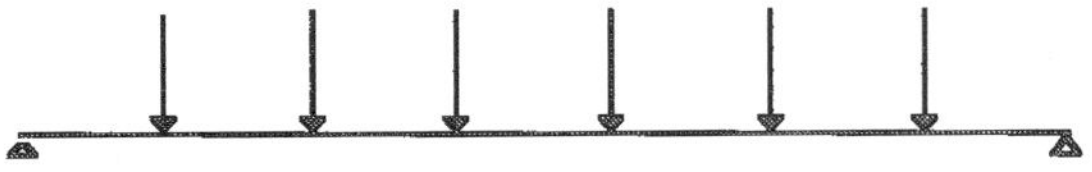

Figura 5.14. Modelización de aparejo de poleas continuas.

La traviesa se dimensiona a flexión y cortadura. Como ocurría con los aparejos con alojamiento central de gancho, se utilizan aceros F-114 ó F-125.

PROBLEMA TIPO 5.1

Enunciado: Una grúa de plataforma giratoria debe elevar 22000 daN de carga. Dimensionar un aparejo de traviesa simple de dos poleas de 160 mm. de anchura y diámetro interior 140 mm, con alojamiento de gancho doble central. Despreciar el peso del gancho. La traviesa es de material F-114.

Figura 5.15. Fotografía de plataforma giratoria.

Solución:

Los datos del problema son:

Q_u = 22.000 daN

Aparejo de dos poleas

Anchura de la polea = 160 mm

Diámetro interior = 140 mm

Alojamiento de gancho doble central

Despreciar el peso del gancho

Traviesa del material F-114

Dimensionamiento:

1° Se obtiene el gancho para saber el diámetro de la caña, de tal manera que podamos acotar el diámetro interior de la sección central de la traviesa, pues es un aparejo de alojamiento de gancho central.

En este caso para 22.000 daN en la tabla 2.1. encontramos que:

Gancho doble, peso = 228 daN, diámetro de caña = 100 mm

2° Sabiendo que la caña del gancho ocupa 100 mm dejamos casi otro tanto para dimensionar las paredes de la sección central. Suponemos una sección central de longitud 180 mm. Esta longitud suele ser la distancia que hay del eje central a la primera polea (en la figura 5.16. es la cota c) luego c = 180 mm.

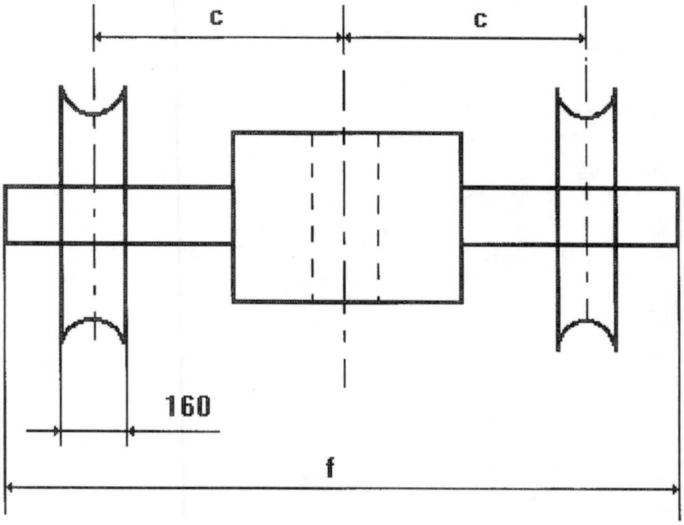

Figura 5.16.

3°.Con estas dos cotas, se compone el aparejo, hallando las restantes por diferencia, sabiendo que entre la sección central y las poleas o entre poleas se dejan 10 mm por montaje, y que en la parte final de la traviesa se dejan 5 mm de terminación. De la figura 5.17. se deducen las cotas.

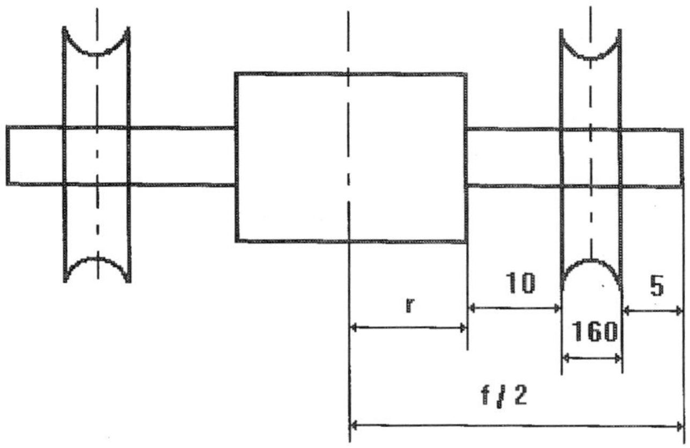

Figura 5.17.

$f/2 = 180/2 + 10 + 160 + 5 = 265$ mm $\Rightarrow f = 530$ mm

Cálculo resistente:

1°. Comprobación a cortadura de la sección mas débil: en este caso el eje cuyo diámetro, es de la misma dimensión que el diámetro interior de la polea d = 140 mm.

$Q_u = 22.000$ daN $\qquad A = \pi\cdot(d/2)^2 = \pi\cdot 70^2$

$$\tau = \frac{Q_u/2}{A} = \frac{11.000}{\pi \cdot 70^2} = 0{,}71 \text{ daN/mm}^2 = 7{,}1 \text{ MPa}$$

$\sigma_{\text{límite elástico}}$ (F-114) = 700 MPa >>> 7,1 MPa $\Rightarrow$ el diámetro es válido

2°. Comprobación a flexión y cortadura. El esquema de cargas así como el de los diagramas de momentos flectores y de cortantes se muestra en la Figura 5.18. También se muestra los dos puntos críticos de la traviesa.

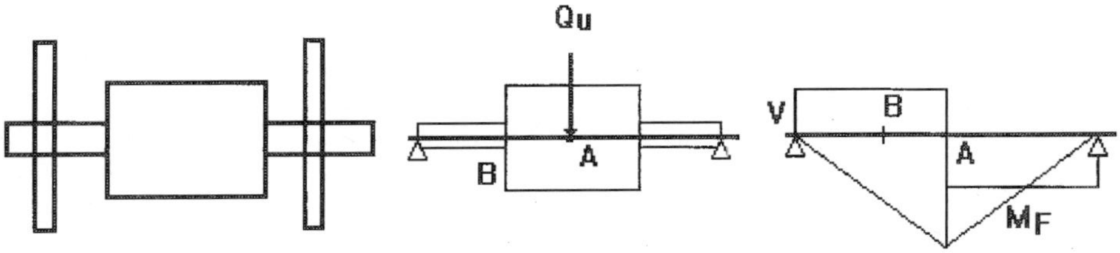

Figura 5.18

Hay que comprobar la tensión en dos puntos:

A: El de mayor momentoflector

B: El de cambio de sección

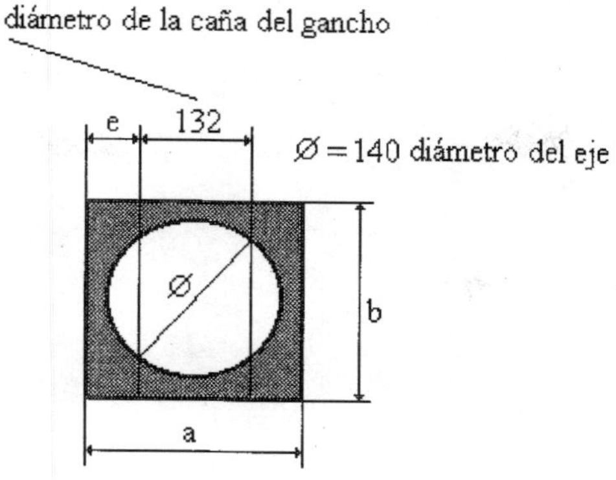

Figura 5.19

La sección central debe cumplir ciertos requerimientos. Las dimensiones a debe ser igual a la b, y mayor que el diámetro del eje, que es el mismo que el diámetro interior de las poleas (en este caso 140 mm) ó mayor que el diámetro de caña del gancho (en este caso 100 mm).

$a = b > 140$ mm ó $a = b > 100$ mm

Tomando a = b = 150 mm, entonces: e = (150-100)/2= 25 mm

$A_A = 2 \cdot b \cdot e = 2 \cdot 150 \cdot 25 = 7500 \text{ mm}^2$

$A_B = \pi \cdot (d/2)^2 = \pi \cdot 70^2 = 15.393{,}8 \text{ mm}^2$

$$W_A = \frac{\frac{1}{12} \bullet e \bullet b^3 \bullet 2}{b/2} = \frac{\frac{1}{12} \bullet 25 \bullet (150)^3 \bullet 2}{150/2} = 187.500 \text{ mm}^3$$

$$W_B = \frac{\pi \bullet d^3}{32} = \frac{\pi \bullet 140^3}{32} = 269.391{,}5 \text{ mm}^3$$

$$M_A = \frac{Q_u}{2} \bullet \left(\frac{530}{2} - 5 - \frac{160}{2} \right) = 1{,}9810^6 \text{ daN mm}$$

$$M_B = \frac{Q_u}{2} \bullet \left(10 + \frac{160}{2} \right) = 9{,}9 \cdot 10^5 \text{ daN mm}$$

$$\sigma_A = \frac{M_A}{W_A} = 10{,}56 \text{ daN / mm}^2 = 105{,}6 \text{ MPa}$$

$$\tau_A = \frac{Q_u / 2}{A_A} = 1{,}46 \text{ daN / mm}^2 = 14{,}6 \text{ MPa}$$

$$\sigma_B = \frac{M_B}{W_B} = 3{,}67 \text{ daN / mm}^2 = 36{,}7 \text{ MPa}$$

$$\tau_B = \frac{Q_u/2}{A_B} = 0{,}71 \text{ daN / mm}^2 = 7{,}1 \text{ MPa}$$

$$\sigma_{equivalente} = \sqrt{\sigma^2 + 3 \cdot \tau^2}$$

$\sigma_{equiv,A} = 108{,}58$ MPa $\qquad$ $\sigma_{equiv,B} = 38{,}7$ MPa

PROBLEMA TIPO 5.2

Enunciado: Calcular el aparejo de poleas continuas que consta de seis poleas de 160 mm de anchura y 140 mm de diámetro interior, sabiendo que va a soportar una carga útil de 24.000 daN. Dimensionar asimismo el eje de dicho aparejo. Despreciar el peso del elemento de suspensión.

Solución:

Sea un aparejo de 6 poleas de 160 mm de anchura y 140 mm de diámetro interior. Para una carga de 24.000 daN, dimensionamos el eje como se indica en la figura 5.20.

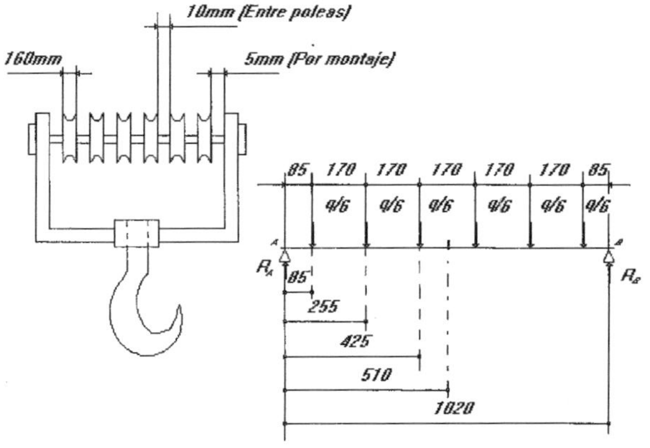

Figura 5.20

$Q_{polea} = Q_{Total} / 6 = 4.000$ daN

$R_A = R_B = 12.000$ daN

$$W = \frac{I}{r} = \frac{\pi \cdot d^4 / 64}{d/2} = \frac{\pi \cdot d^3}{32} = \frac{\pi \cdot 140^3}{32} = 2{,}69 \cdot 10^5 \text{ mm}^3$$

$$A_c = \pi \cdot r^2 = \pi \cdot 70^2 = 15.393{,}8 \text{ mm}^2$$

El momento flector máximo se produce en la mitad del eje C $\Rightarrow$

$M_c = R_A \cdot 510 - Q_{Total}/6 \cdot (510 - 425) - Q_{Total}/6 \cdot (510 - 255) - Q_{Total}/6 \cdot (510 - 85) =$

$= 6.120.000 - 340.000 - 1.020.000 - 1.700.000 = 3.060.000$ daN·m

$M_{máx} = 3.060.000$ daN· m

El cortante máximo se produce en A o en B ⇒

$V_{máx} = Q_{Total}/2 = R_A = R_B = 12.000$ daN·m

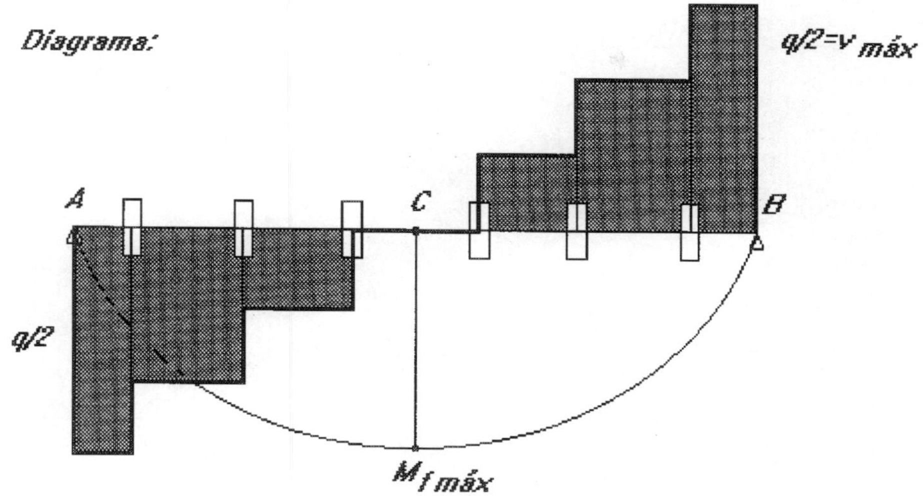

Figura 5.21.

Punto C ⇒

$$\sigma_t = \frac{M_t}{W} = \frac{3,06 \cdot 10^6 \text{ daN} \cdot \text{mm}}{2,69 \cdot 10^5 \text{ mm}^3} = 11,37 \frac{\text{daN}}{\text{mm}^2} = 113,7 \text{ MPa}$$

$\tau_c = 0$

$$\sigma_{eq} = \sqrt{\sigma_f + 3\,\tau_c^{\,2}} = \sigma_t = 113,7 \text{ MPa}$$

Punto A⇒

$\sigma_f = 0$

$$\tau_c = \frac{Q_{total}/2}{A_c} = \frac{12.000 \text{ daN}}{15.393,8 \text{ mm}^2} = 0,78 \frac{\text{daN}}{\text{mm}^2} = 7,8 \text{ MPa}$$

$$\sigma_{eq.} = \sqrt{\sigma_f^{\,2} + 3\,\tau_c^{\,2}} = \sqrt{3} \cdot \tau_c = 13,5 \text{ MPa}$$

ESQUEMA DE APAREJOS DE DIVERSOS APARATOS DE ELEVACION

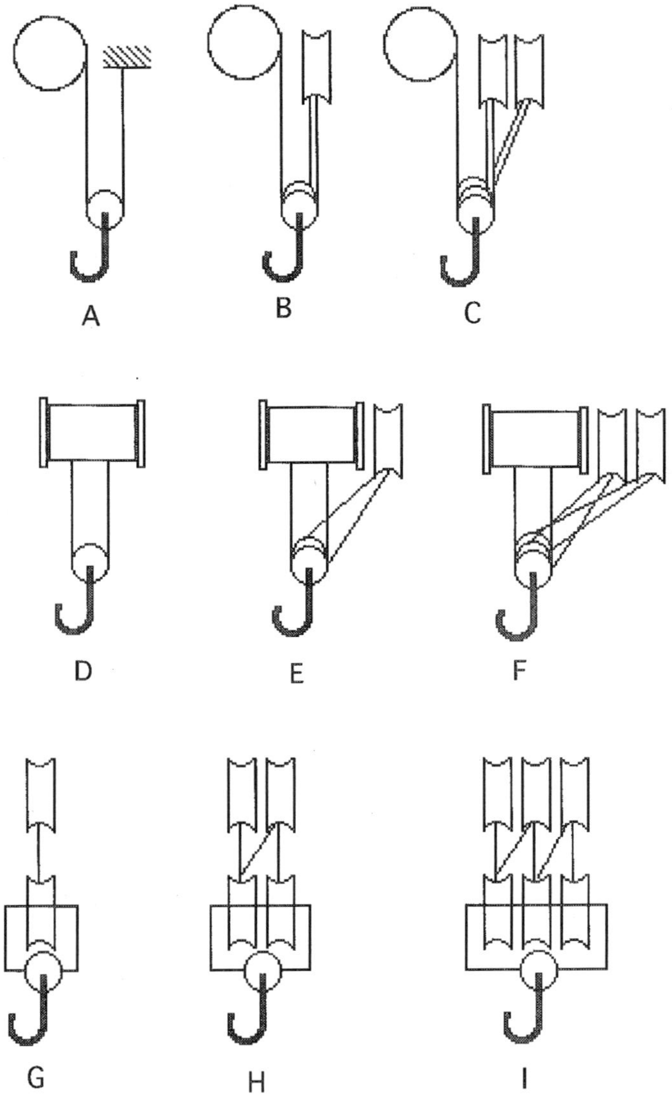

A) GRUAS TORRE

B-F) PUENTES GRUA / GRUAS PORTICO / GRUAS CONSOLA / GRUAS GIRATORIAS DE COLUMNA / GRUAS PORTACONTENEDORES

G-I) GRUAS DE PLATAFORMA GIRATORIA / VEHICULOS GRUA

6. TAMBORES

6.1. Generalidades.

Los tambores de cables han de calcularse de modo que en la posición más alta del medio de transporte no pueda arrollar más capas de cable que las previstas.

Podemos dividir los tambores de elevación en dos grandes grupos:

- de una capa: el cable, normalmente ranurado, se enrolla sólo en una capa. Son los tambores que generalmente se montan en los aparatos de elevación.
- de varias capas de cable: el cable se arrolla en capas sucesivas, normalmente son lisos. Utilizados sólo en tambores de obras públicas, en las cucharas mecánicas y en los tambores de almacenamiento que se encuentran detrás de las poleas de fricción.

Según las reglas de Gosgortejnador, los bordes de los tambores deben sobresalir por encima de la capa superior del cable arrollado no menos que dos diámetros del cable y los bordes de los tambores lisos para cadenas soldadas, no menos que la anchura del eslabón de la cadena.

Los tambores se fabrican generalmente, bien en fundición de hierro, de acero fundido, o en construcción de chapa de acero soldada.

Los tambores son accionados directamente o, en el caso de grandes tambores mediante corona dentada, (Figura 6.1).

La longitud de los tambores debe ser tal que en la posición inferior del gancho queden al menos 1,5 (es preferible de 2 a 3) espiras muertas, a fin de que refuercen la fijación del cable e impidan que la carga quede colgando directamente de ésta.

6.2. El perfil de la garganta.

La norma DIN 15061 marca los perfiles de garganta basándose en las diferencias admisibles siguientes para el diámetro nominal del cable (Tabla 6.1).

Tabla 6.1.

Diámetro nominal del cable	$d_1 < 3$	$3 < d_1 < 6$	$6 < d_1 < 7$	$7 < d_1$
Diferencia admisible %	$^{+8}_{0}$	$^{+7}_{0}$	$^{+6}_{0}$	$^{+5}_{0}$

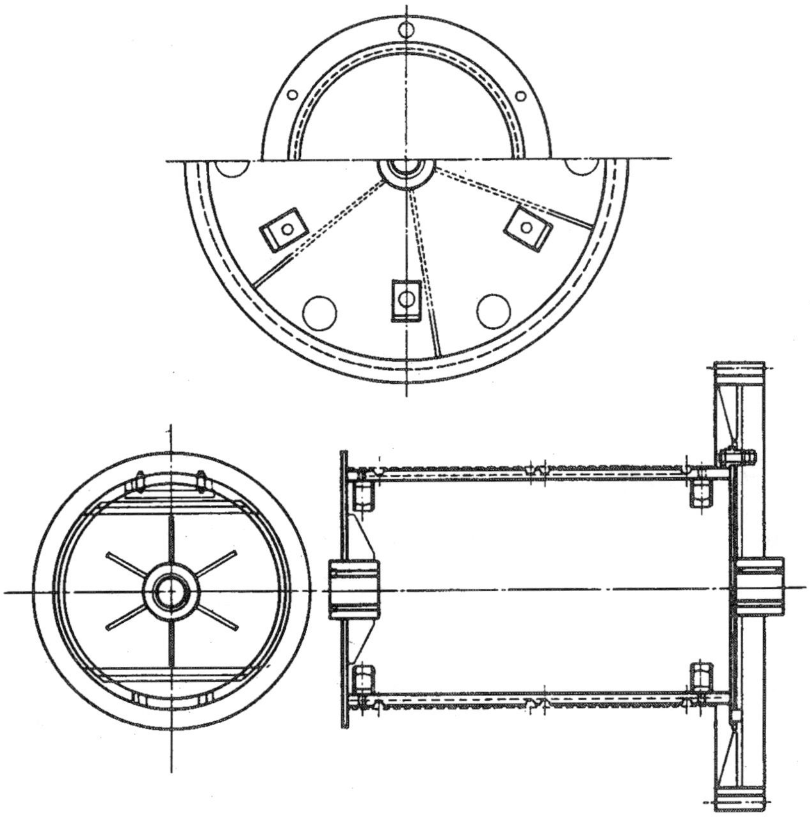

Figura 6.1. Tambor de cable soldado.

Se ha tenido en cuenta una desviación máxima admisible del cable respecto al eje de la garganta de 4° en ambos lados.

En las Figuras 6.2 y 6.3, puede apreciarse la notación utilizada en la Tabla 6.2 para cada una de las cotas de las ranuras de los tambores.

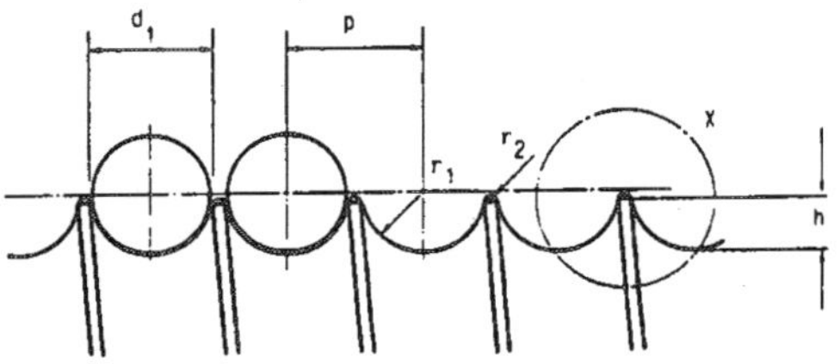

Figura 6.2. Notación.

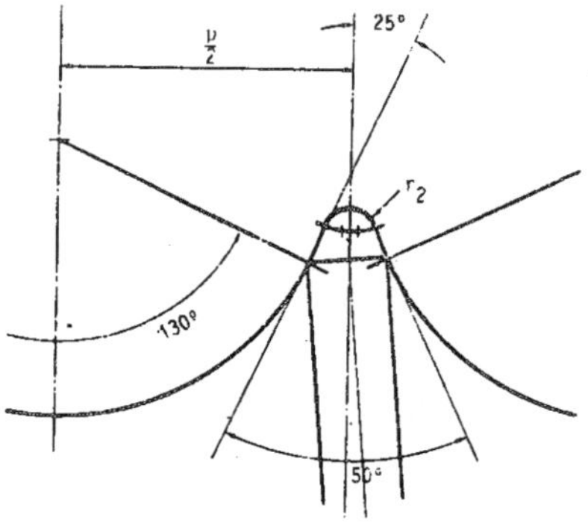

Figura 6.3. Notación.

La designación de los perfiles de garganta para tambores de cable de radio de garganta r_1 = 16 y paso p = 33 es:

Perfil de garganta DIN 15061 - 16 x 33

Para alargar la vida del cable y que éste trabaje en buenas condiciones conviene asegurarse de que los ramales de cable que van desde las poleas a los tambores no formen con el plano longitudinal de la polea un ángulo n que depende de la profundidad de los surcos de la polea y el tambor. En la práctica los valores máximos de n son:

Tambores lisos	$\nu = 2^\circ$
Tambores acanalados	$\nu = 6^\circ$

La magnitud del ángulo n determina la distancia mínima entre ejes de la polea guía y el tambor. De la Figura 6.4 pueden deducirse los valores mínimos:

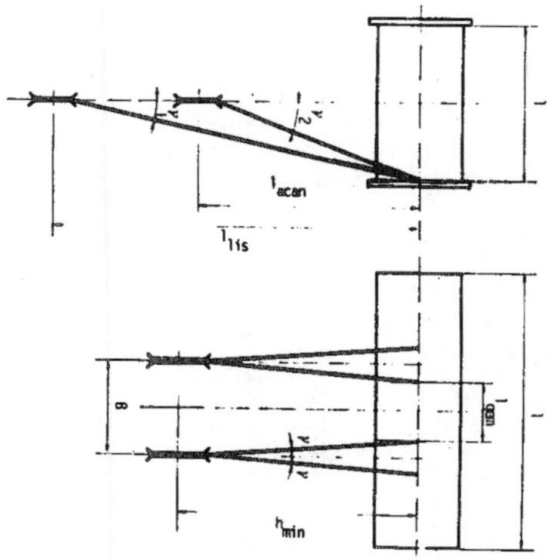

Figura 6.4. Esquema de tambor.

Tambores lisos:

$$L_{lis.} = \frac{1}{2} \text{ctg } 2^\circ$$

Tambores acanalados:

$$L_{acan.} = \frac{1}{2} \text{ctg } 6^\circ$$

Para los montajes con aparejo gemelo, la longitud de la parte no acanalada del tambor deberá estar entre

$$l_{máx} = B + 2\, h_{mín} \text{ tg}\nu \qquad (6.1)$$

$$l_{mín} = B - 2\, h_{mín} \text{ tg}\nu \qquad (6.2)$$

Tabla 6.2. Dimensiones de garganta. Cotas de las gargantas en función del diámetro nominal del cable.

Radio de garganta r_1	dif.adm.	p	$h^{1)}$ mín	$r_2{}^{2)}$ mín	Diámetro nominal del cable d_1
1,6		4	1,2	0,5	3
2,2		5	1,5	0,5	4
2,7		6	1,9	0,5	5
3,2	+ 0,1	7	2,3	0,5	6
3,7		8	2,7	0,5	7
4,2		9,5	3,0	0,5	8
4,8		10,5	3,5	0,5	9
5,3		11,5	4	0,8	10
6		13	4,5	0,8	11
6,5		14	4,5	0,8	12
7		15	5	0,8	13
7,5		16	5,5	0,8	14
8		17	6	0,8	15
8,5		18	6	0,8	16
9		19	6,5	0,8	17
9,5		20	7	0,8	18
10		21	7,5	0,8	19
10,5	+ 0,2	22	7,5	0,8	20
11		24	8	0,8	21
12		25	8,5	0,8	22
12,5		26	9	0,8	23
13		27	9	0,8	24
13,5		28	9,5	0,8	25
14		29	10	0,8	26
15		30	10,5	0,8	27
		31	10,5	0,8	28
16		33	11	1,3	29
		34	11,5	1,3	30
17		35	12	1,3	31
		36	12	1,3	32
18		37	12,5	1,3	33
		38	13	1,3	34
19		39	13,5	1,3	35
		40	13,5	1,3	36
20		41	14	1,3	37
		42	14,5	1,6	38
21		44	15	1,6	39
		44	15	1,6	40
22		45	15,5	1,6	41
23		47	16	1,6	42
	+ 0,4	48	16,5	1,6	43
24		49	16,5	1,6	44
		50	17	2	45
25		52	17,5	2	46
		53	18	2	47
26		54	18	2	48
		55	18,5	2	49
27		56	19	2	50
28		58	19,5	2	52
29		60	21	2	54
30		63	21	2,5	56
31		65	22	2,5	58
32		67	22,5	3	60

1) $h \geq 0,375.d_1$ con motivo de la elasticidad del cable.
2) r_2 sirve hasta $h \leq 0,4.d_1$

Siendo B la distancia entre centros de las poleas del collar del gancho.

Las ranuras helicoidales del tambor tienen la inclinación:

$$tg\beta = \frac{S}{D\,\pi} \qquad (6.3)$$

S: paso del cable

D: diámetro primitivo del tambor

Del lado del tambor vacío la inclinación a_1 del cable se encuentra limitada por no deber montar la arista de la ranura, y por el lado de las espiras precedentes, la inclinación a_2, por no deber tocar la espira anterior. Figuras 6.5 y 6.6.

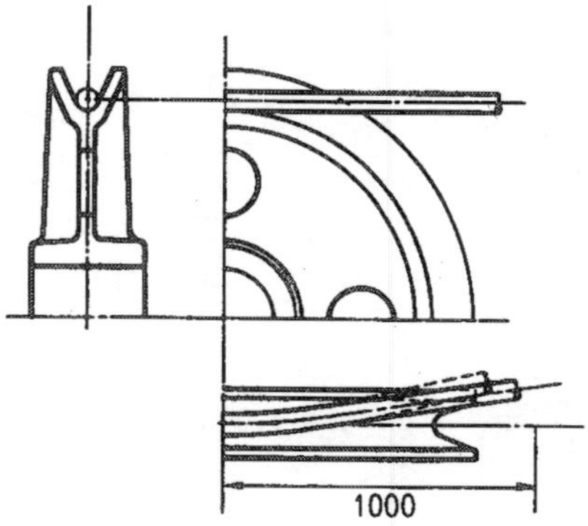

Figura 6.5. Inclinación del cable sobre polea.

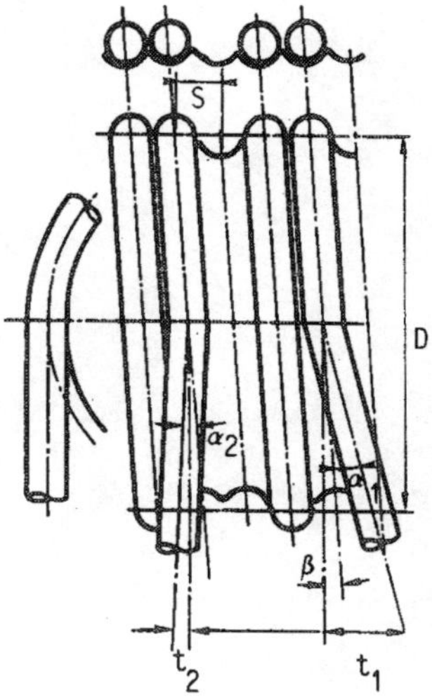

Figura 6.6. Inclinación del cable sobre tambor.

Las inclinaciones admisibles para una distancia de 1000 mm son:

$t_1 = 1000 \text{ tg } (\alpha_1 + \beta)$

$t_2 = 1000 \text{ tg } (\alpha_2 + \beta)$

Los valores admisibles de α_1 y α_2 en función de las relaciones S/d y D/d pueden obtenerse de las Figuras 6.7 y 6.8.

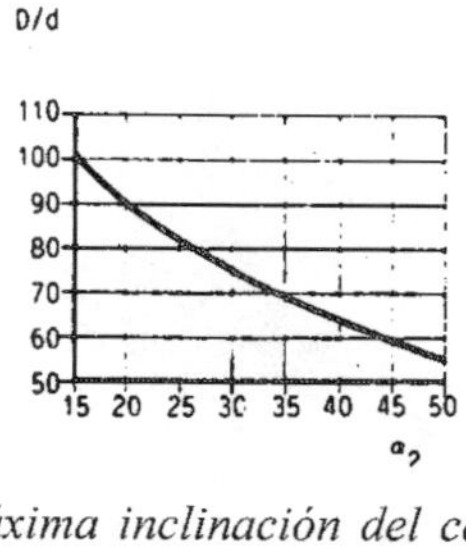

Figura 6.7. Máxima inclinación del cable t_1 por 1000.

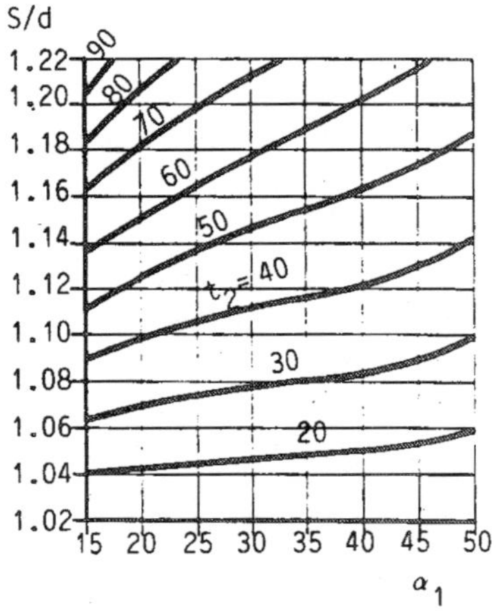

Figura 6.8. Inclinación máxima del cable t_2 por 1000.

Puesto que como se ha visto, el valor admisible es mayor en el sentido de las ranuras helicoidales es interesante descentrar la polea de reenvío con objeto de tener el máximo desplazamiento posible.

A la vista de la figura siguiente puede deducirse para obtener la misma seguridad en ambos lados del tambor que:

$$B = \frac{l_n}{2} + e < A \cdot t_1 \qquad (6.4)$$

$$C = \frac{l_n}{2} - e < A \cdot t_2 \qquad (6.5)$$

A: inter-eje en metros

l_n: longitud útil del tambor

6.3. Cálculo de un tambor.

Las paredes del tambor están sometidas a solicitaciones de torsión, de flexión por la tracción del cable y de compresión causada por el apriete del cable.

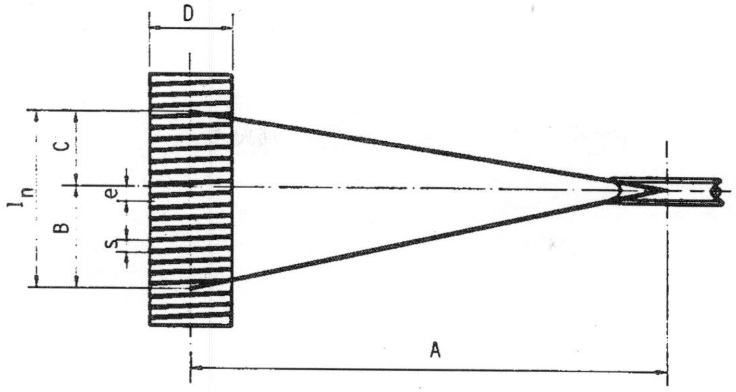

Figura 6.9. Notación para el cálculo del tambor.

Si los tambores son de longitud menor de tres diámetros, las tensiones de torsión y flexión no suelen sobrepasar un 10-15% de la tensión de compresión. Por eso el cálculo a la flexión y torsión se efectúa sólo para tambores de gran diámetro y longitud, teniéndose en cuenta normalmente sólo los esfuerzos debidos a la compresión.

Supongamos que un tambor soporta una única espira como puede verse en las Figuras 6.10 y 6.11.

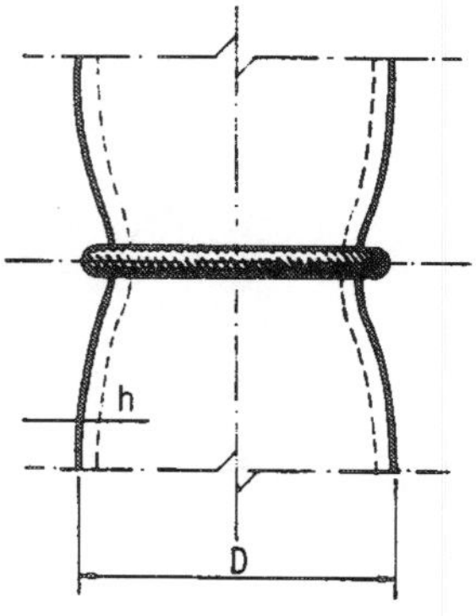

Figura 6.10. Deformación de un tambor bajo la influencia de una espira.

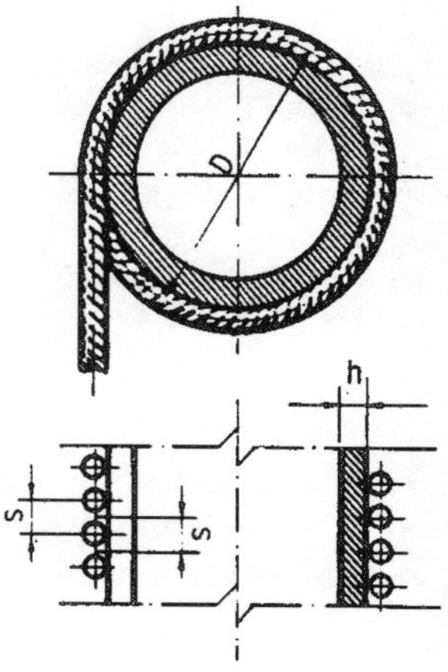

Figura 6.11. Solicitación a compresión de un tambor.

Debido a la tracción del cable, el tambor se comprime y sufre una flexión en sentido paralelo al eje del tambor. Los esfuerzos máximos debidos a una espira, siendo S la tracción del cable en daN son:

$$\sigma_C = 9{,}3\ S\ \sqrt[4]{\frac{1}{D^2 h^6}}\ \text{(MPa)} \tag{6.6}$$

$$\sigma_f = 16{,}1\ S\ \sqrt[4]{\frac{1}{D^2 h^6}}\ \text{(MPa)} \qquad (6.7)$$

En servicio normal el tambor no se encuentra cargado con una sola espira, si no que el cable comienza a arrollarse desde un extremo del tambor, por lo que si la tracción del cable no varía, la solicitación de la flexión local del cable será nula ya que la generatriz deformada permanecerá recta. No obstante, los esfuerzos de compresión se añadirán hasta que la sección correspondiente al paso del enrollamiento sea solicitada por la tracción del cable, calculándose entonces el esfuerzo de compresión como:

$$\sigma = \frac{S}{h\,s}\ \text{(MPa)} \qquad (6.8)$$

S = tracción del cable en N

h = espesor del tambor (mm)

s = paso del enrollamiento (mm)

Con la hipótesis anterior no se cumple exactamente, pues a medida que el cable se va arrollando sobre el tambor disminuye la tracción del cable en las primeras espiras debido al rozamiento, podremos decir para un tambor recubierto totalmente de espiras que el esfuerzo de compresión es:

$$\sigma = 0{,}85\ \frac{S}{h\,s}\ \text{(MPa)} \qquad (6.9)$$

En el extremo de arrollamiento, el esfuerzo es inferior, puesto que la parte del tambor todavía no recubierta de espiras refuerza a la parte ya recubierta, en la cual el esfuerzo a compresión es:

$$\sigma_{ca} = 0{,}5\ \frac{S}{h\,s}\ \text{(MPa)} \qquad (6.10)$$

No obstante, en ese lado subsiste una fuerte flexión local de valor:

$$\sigma_{fa} = 9{,}6\ S\ \sqrt[4]{\frac{1}{D^2 h^6}}\ \text{(MPa)} \qquad (6.11)$$

Las dos solicitaciones son simultáneas, aunque actúan sobre secciones desfasadas 90°, como se trata de solicitaciones repetidas, es conveniente que los esfuerzos admisibles no sobrepasen los siguientes valores:

Fundición (Ge 18.91) $\quad \sigma_{fa} = 20 \div 25$ MPa

Acero (St 37.21) $\quad \sigma_{ca} = \sigma_{fa} = 50$ MPa

Estos valores son para un servicio normal. Para tambores que trabajen en servicio ligero, pueden mayorarse en un 25%, y para los que lo hagan en un servicio pesado, han de minorarse en un 20%.

Tabla 6.3. Espesor h en milímetros de los tambores soldados en acero de 370 MPa (St 37.21) y de tambores de fundición de 180 MPa (Ge 18.91)

Los valores entre paréntesis se entienden para tambores de fundición. Servicio normal.

Tracción del cable (kg)	Diámetro del cable (mm)	Paso (mm)	Diámetro del tambor (mm)						
			250	300	400	500	600	700	800
500	8	9,5	4 (6)	4 (6)	--	--	--	--	--
1 000	10	12	6 (9)	6 (9)	--	--	--	--	--
1 500	13	15	--	8 (12)	7 (11)	--	--	--	--
2 000	16	18	--	9 (14)	8 (13)	--	--	--	--
2 500	16	18	--	--	10 (15)	10-(12)	--	--	--
3 000	19	22	--	--	11 (16)	11 (16)	--	--	--
4 000	22	25	--	--	--	12 (18)	--	--	--
5 000	24	27	--	--	--	14 (20)	14 (20)	--	--
6 000	27	31	--	--	--	--	15 (22)	14 (22)	--
7 000	29	33	--	--	--	--	16 (24)	16 (24)	--
8 000	31	35	--	--	--	--	--	17 (26)	--
9 000	31	35	--	--	--	--	--	19 (27)	18 (26)
10 000	33	37	--	--	--	--	--	20 (28)	19 (27)

Para tambores soldados en la Tabla 6.3 podemos obtener los espesores de acero ST 37 en función de la carga de tracción del cable y del diámetro del tambor. Para los tambores de fundición hay que mayorar estos valores de 3 a 10 mm según el diámetro del tambor.

La fórmula empírica:

espesor = diámetro del cable

da resultados satisfactorios para tambores de fundición.

Para los tambores soldados, se calcula el espesor del cilindro de chapa según la Figura 6.12.

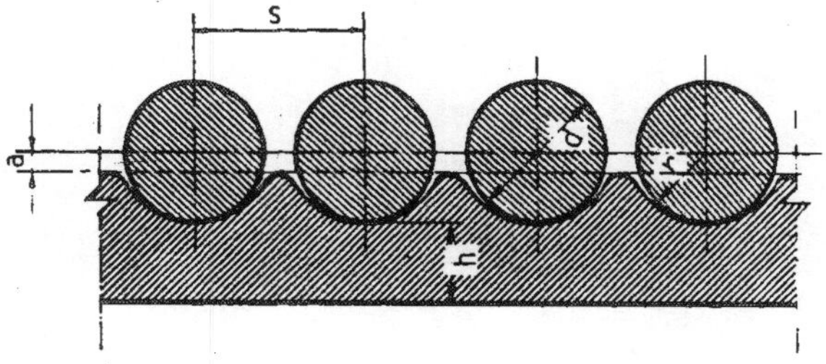

Figura 6.12. Dimensiones de las ranuras de los tambores de los cables.

$$e = h + \frac{d}{2} - a + x \qquad (6.12)$$

x=2 mm	para	D < 500 m.
x=3 mm	para	500 < D < 1000 m.
x=4 mm	para	1000 < D < 1500 m.

Para los valores de a, ver la Tabla 6.4.

Tabla 6.4. Dimensiones de las ranuras de los tambores según la Figura 6.12 (mm).

Diámetro del cable	10.	13.	16.	19.	22.	27.	33.	40.	44.
s	12	15	18	22	25	31	37	45	49
r	5,5	7	9	10,5	12	15	18	22	24
a	1	1,5	2	2,5	3	3,5	4	5	6

En la Figura 6.13 puede verse un tambor de fundición. Los tambores de acero moldeado no se justifican. Por el contrario, los tambores soldados permiten importantes reducciones de peso y mayor economía en diámetros grandes.

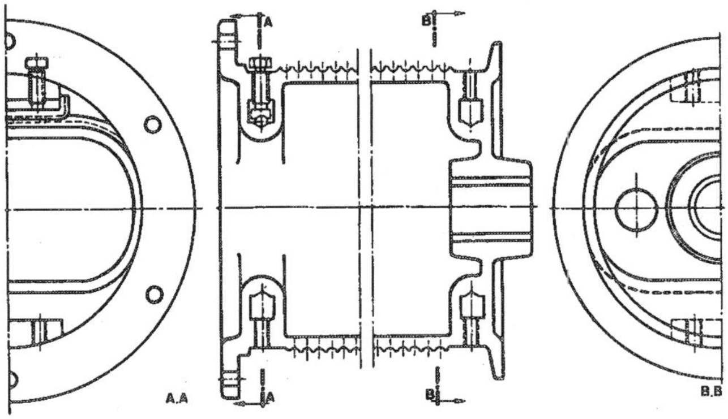

Figura 6.13. Tambor de fundición.

La construcción de un tambor soldado se efectúa mediante el curvado de una chapa laminada, soldándola a lo largo de una generatriz.

Los costados recortados de las chapas son solicitados a flexión por la componente H resultante de la inclinación de los cables, que viene a ser de aproximadamente un 10% de la tracción del cable. Este esfuerzo a flexión se calcula:

$$\sigma_f = 14{,}4 \left(1 - \frac{2}{3} \frac{D_M}{D}\right) \frac{H}{W^2} \qquad \text{(MPa)} \qquad (6.13)$$

W = espesor del costado (mm)

D = diámetro del tambor (mm)

D_M = diámetro del cubo (mm)

H = 0,1 . S (daN)

Para los tambores soldados se admite que σ_f llegue hasta 100 MPa.

Si el cubo está muy desproporcionado respecto a los falcos, se deben reforzar éstos mediante nervios que no deben llegar nunca hasta la parte cilíndrica del tambor por ser contraproducente.

De ordinario se monta el tambor sobre un eje fijo, porque el diámetro del eje puede ser así más reducido.

6.4. Fijaciones del cable en el tambor.

Las fijaciones de los cables han de ser fiables, accesibles para los casos de revisión, de conveniencia para el cambio de cable, y de fácil fabricación.

En la sujeción del cable no deben producirse ni flexiones bruscas, ni elevados esfuerzos, por ello es conveniente dejar entre 1,5 y 3 espiras muertas que ayuden a trabajar en buenas condiciones a la fijación.

Como puede verse en la Figura 6.14 hay varios tipos de sujeciones de los cables al tambor:

- con placas de apriete
- con aprietes cónicos
- con manguito rellenado

La sujeción que más se emplea es la de placas en las que cada una de ellas aprieta el cable al tambor mediante uno o dos tornillos. El número de placas necesarias es:

- Placas de un tornillo: no menos de dos.
- Placas de dos tornillos:
  - 1 para diámetro de cable hasta 31 mm.
  - 2 para diámetro de cable mayor de 31 mm.

La tensión del cable ante la placa de apriete es:

$$S_{suj} = \frac{S_{máx}}{e^{f\alpha}} \qquad (6.14)$$

$S_{máx}$: tensión de trabajo máxima del cable

- con placas de apriete
- con aprietes cónicos
- con manguito rellenado.

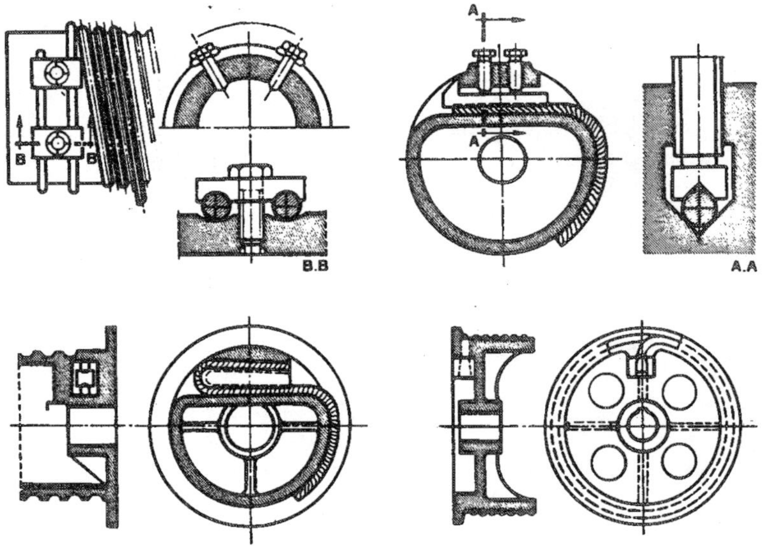

Figura 6.14. Sujeción del cable en el tambor.

f = 0,1: mínimo valor del coeficiente de rozamiento entre cable y tambor

α: ángulo del tambor abrazado por las espiras muertas, en radianes

Las dimensiones de los tornillos se adoptan según los agujeros de las placas normalizadas. El número de tornillos es:

$$Z = \frac{N}{P_O} \tag{6.15}$$

N es el esfuerzo necesario de apriete de todos los tornillos de sujeción, y vale

$$N = \frac{b\,k\,S_{suj}}{c} \tag{6.16}$$

P es el esfuerzo admisible de tracción de un tornillo

$$P_0 = \frac{\pi d_1^2}{4}\sigma_{tracc}. \tag{6.17}$$

k = 1,25:	coeficiente de seguridad
c = 0,35 a 0,4:	coeficiente de resistencia al movimiento del cable apretado con las placas.
b = 0,65:	coeficiente que tiene en cuenta la descarga debida al rozamiento de las espiras sujetas de cable y tambor
d_1:	diámetro interior de rosca del tornillo
σ_{tracc}.:	tensión de tracción admisible del tornillo, determinada según el margen de seguridad n = 4

Figura 6.15. Carro de una grúa portacontenedores con dos tambores soldados.

6.5. Determinación de espesores de pared.

Se ha aplicado el método de los elementos finitos para la determinación de espesores de pared de diferentes tambores en función de la tensión de trabajo del material. Se han confeccionado unas tablas que para una tensión de trabajo determinada, dan el espesor de la pared, en función del diámetro del tambor y de la carga por ramal (Q/n; Q = carga de trabajo, n = número de ramales).

En la Tabla 6.5 se representan los espesores de pared de tambores para una tensión de trabajo de 80 MPa.

En la Tabla 6.6 se ha representado igualmente la relación de espesores de tambor a una tensión de trabajo de 160 MPa.

Por último en la Tabla 6.7 se han determinado los espesores de pared para una tensión de trabajo de 240 MPa.

Tabla 6.5. Espesores de pared para s = 80 MPa.

S (daN)	DIAMETROS (mm) 250	300	400	500	600	700	800	1000
500	4	4						
1000	5	5						
1500		6	6					
2000		8	7					
2500			8	8				
3000			9	9				
4000				11				
5000				12	12			
6000						13	13	
7000						14	14	
8000							15	
9000							16	16
10000							17	17

Tabla 6.6. Espesores de pared para s = 160 MPa.

S (daN)	DIAMETROS (mm) 250	300	400	500	600	700	800	1000
500	3	3						
1000	4	4						
1500		5	5					
2000		6	6					
2500			7	6				
3000			7	7				
4000				8				
5000				9	9			
6000					10	10		
7000					11	11		
8000						12		
9000							12	12
10000							13	13

Tabla 6.7. Espesores de pared para s = 240 MPa.

	DIAMETROS (mm)							
S (daN)	250	300	400	500	600	700	800	1000
500	3	3						
1000	4	4						
1500		4	4					
2000		5	5					
2500			6	6				
3000			6	6				
4000				7				
5000				8	8			
6000					9	8		
7000					9	9		
8000						10		
9000							11	10
10000							11	11

PROBLEMA TIPO 6.1

Enunciado: El puente grúa de la figura tiene un tambor de doble ramal y debe elevar una carga peligrosa total de 3000 daN. El cable antigiratorio, tiene una resistencia de 180 Kg/mm^2. El aparato posee una Frecuencia aproximada igual de cargas pequeñas, medianas y máximas, y se le estima una duración del mecanismo de 12500 horas. Tomar acero de σ = 160 MPa para el cálculo del tambor. No considerar el peso del elemento de suspensión.

Figura 6.16. Fotografía de dos puentes grúa con carro giratorio.

Solución: Se va a suponer un aparejo de una polea y dos ramales.

1. Cálculo del cable:

Grupo M7 $\Rightarrow K_C = 0,375$

2 ramales $\Rightarrow i = 2 \Rightarrow \eta = 0,99$

$$S = \frac{3000}{2 \cdot 0,99} = 1515,15 \text{ daN}$$

$d_{cable} = K_C \sqrt{S} = 0,375 \sqrt{1515,15} = 14,59$ mm

Tomamos

$d_{cable} = 16$ mm (Tabla 6.4)

Suponiendo $\alpha_m < 22,5°$ y $Fa < 10\% \ Q_T$

De la Tabla 6.4: $s = 18$ mm

para $d_{cable} = 16$ mm: $r = 9$ mm

$a = 2$ mm

2. Cálculo del tambor

Suponemos un tambor acanalado, de una sola capa y de doble ramal:

Tabla 3.17 $\Rightarrow$ Grupo M7

Tabla 4.8: $h_1 = 25$. Figura 4.15: $h_2 = 1$

$d_{tambor} = d_{cable} \cdot h_1 \cdot h_2 = 16 \cdot 25 \cdot 1 = 400$ mm

Para $d_{tambor} = 400$ mm. y $S = 1515,15 \approx 2000$ daN Tabla 6.6: espesor $h = 6$ mm

Suponiendo la altura de elevación de 6 metros, la longitud del tambor se calculará:

Longitud del cable = altura de elevación . nº de ramales = 6000 . 2 = 12.000 mm

Longitud de una espira = $\pi . d_{tambor} = \pi . 400 = 1256,63$ mm

Se consideran dos espiras muertas, para que el cable no se desenrolle del tambor.

$$\text{nº de espiras} = \frac{\text{Longitud del cable a enrollar}}{\text{Longitud de una espira}} + \text{nº espiras muertas}$$

$$\text{nº espiras} = \left(\frac{6000}{1256,63} + 2\right) . 2 \approx 14 \text{ espiras}$$

Longitud del tambor = nº de espiras . paso

$L_{tambor} = 14.18 = 252$ mm Tomamos $L_{tambor} \approx 260$ mm

3.- Cálculo del eje del tambor

Suponemos un eje de diámetro $Ø_e = 100$ mm

La longitud del eje a cada lado del tambor se estima aproximadamente que vale = 20 mm.

Con lo que la longitud total es: $L_e = 300$ mm $(260 + 20 . 2)$

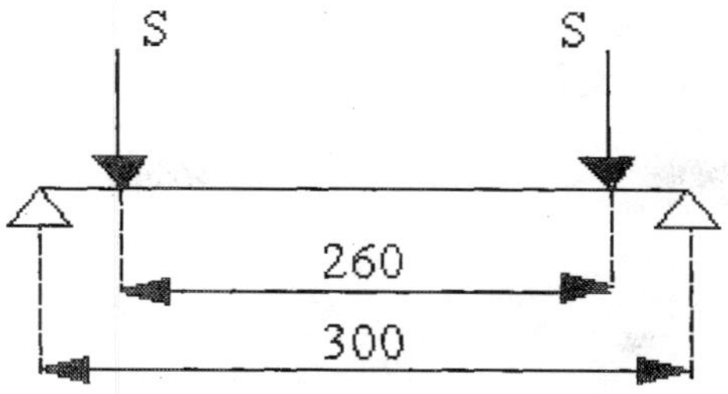

Figura 6.17. Esquema de cargas en el eje..

$M_f = S \cdot 20 = 30.303$ daN.mm $\qquad V = S = 1515{,}15$ daN

$$\sigma_f = \frac{M_f}{W} \qquad \tau = \frac{V}{A}$$

$$W = \frac{\pi\, d^3}{32} = \frac{\pi . 100^3}{32} = 98.174 \text{ mm}^3 \qquad A = \frac{\pi\, d^2}{4} = \frac{\pi . 100^2}{4} = 7853{,}9 \text{ mm}$$

$$s_f = \frac{30.303}{98174} = 0{,}3 \text{ daN/mm}^2 \qquad \tau = \frac{S}{\pi\, d^2/4} = 0{,}19 \text{ daN/mm}^2$$

$\sigma_{eq} = \sqrt{0,3^2 + 0,19^2} = 0{,}45$ daN/mm^2 $= 4{,}5$ MPa inferior a 700 MPa (F-114)

Podría reducirse $Ø_e = 100$ mm, ya que es un valor sobredimensionado.

4.- Cálculo de la pared del tambor

Primero se calcula el 10% de la solicitación por ramal que le llega:

$$H = \frac{10}{100} . S = \frac{10}{100} 1515{,}15 = 151{,}515 \text{ daN}$$

Estimamos $W = 6$ mm ($\approx$ del mismo orden que h) espesor del costado

$D_M = 100$ mm (diámetro del cubo, el mismo que el del eje)

$D = d_{tambor} = 400$ mm (diámetro del tambor)

$\sigma_f = 14{,}4 \left(1 - \frac{2}{3}\frac{D_M}{D}\right)\frac{H}{W^2} = 50{,}5$ MPa. Al ser inferior a 100 MPa, se considera aceptable.

PROBLEMA TIPO 6.2

Enunciado: Dimensionar el carro abierto de la figura que pertenece a un puente grúa que eleva 20.000 daN a una altura máxima de 10 metros. Utilizar las tablas de tambores, de tensión de trabajo de 160 MPa. El aparato posee una Frecuencia aproximada igual de cargas pequeñas, medianas y máximas, y se le estima una duración del mecanismo de 12.500 horas. El cable tiene una resistencia de 180 Kg/mm^2. Espacio máximo disponible para el tambor; 2 metros.

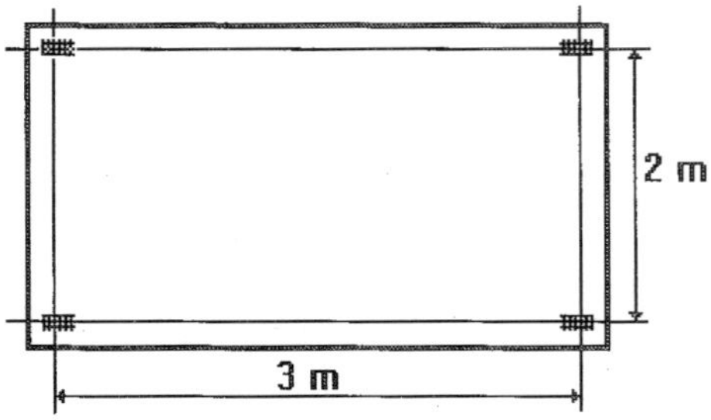

Figura 6.18. Dimensiones principales del carro abierto.

1. Gancho: (Tabla 2.1.) $Q_{gancho} = 160$ daN

$Q_{TOTAL} = Q_{útil} + Q_{gancho} = 20.000 + 130 = 20.160$ daN

2. Cable:

Clasificación del aparato Tabla 3.17. ⇒ Grupo M7 ⇒ $K_C = 0{,}335$ (Tabla 3.17.)

$$S = \frac{Q_u + Q_g}{i\,\eta} = \frac{20.000 + 160}{2\ .\ 0{,}99} = 10.181{,}8 \text{ daN}$$

$$d_{cable} = K_C \cdot \sqrt{S} = 0{,}335 \cdot \sqrt{10.181{,}8} = 33{,}8 \text{ mm}$$

(Aparejo con 2 ramales ⇒ Una polea arriba y otra abajo)

diámetro de cable según tambores: (Tabla 6.4.) ⇒ $d_{CABLE} = 40$ mm ⇒ s = 45 ; r = 22 ; a = 5

3. Polea:

Tabla 4.8. ⇒ $h_1 = 25$

Figura 4.15. ⇒ $h_2 = 1$

$d_{polea} = d_{cable} \cdot h_1 \cdot h_2 = 40 \cdot 25 \cdot 1 = 1000$ mm

4. Tambor:

Tabla 4.8. ⇒ $h_1 = 22{,}4$

Figura 4.15. ⇒ $h_2 = 1$

$d_{TAMBOR} = d_{cable} \cdot h_1 \cdot h_2 = 40 \cdot 22{,}4 \cdot 1 = 896$ mm

Con S = 10.181,8 daN y $d_{TAMBOR} = 900$ mm (Tabla 6.6.)⇒ h = 13 mm espesor de pared

Altura = 10 metros

Pero como son dos ramales, la longitud de cable a enrollar es = 2 x 10 = 20 m = 20.000 mm

$$\text{N° de Espiras} = \frac{\text{Longitud cable}}{2\pi \cdot r} = \frac{L}{\pi \cdot D} = \frac{20.000}{\pi \cdot 900} = 7{,}07 \approx 8$$

N° total de espiras = N° de Espiras + N° espiras muertas = 8 + 3 = 11 espiras

Longitud mínima del tambor = N° de espiras . paso = 11· 45 = 495 mm

Longitud del tambor = Longitud mínima + $\varnothing_{POLEA}$ = 495 + 1.000 = 1495 mm ≈ 2000 mm

Cálculo del peso del tambor: Cálculo de la superficie cilíndrica.

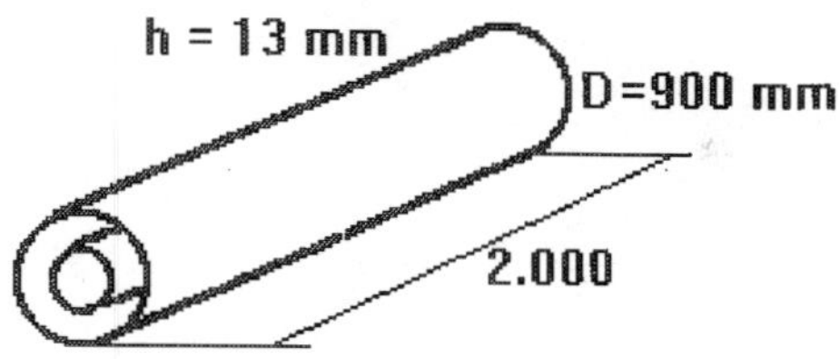

Figura 6.19. Dimensiones tambor.

$$\rho_{ACERO} = 7,8 \ \mathrm{Kg}/\mathrm{dm}^3$$

$$\left.\begin{array}{l} \mathrm{Volumen}_{EXTERIOR} = \pi \cdot (R_{EXT})^2 \cdot l = \left(\dfrac{900}{2}\right)^2 \cdot \pi \cdot 2.000 = 1.270 \quad \mathrm{dm}^3 \\ \mathrm{Volumen}_{INTERIOR} = \pi \cdot (R_{INT})^2 \cdot l = \left(\dfrac{900}{2} - 13\right)^2 \cdot \pi \cdot 2.000 = 1.200 \quad \mathrm{dm}^3 \end{array}\right\} \Rightarrow$$

$$\Rightarrow \mathrm{Volumen}_{TOTAL} = V_{EXT} - V_{INT} = 70 \quad \mathrm{dm}^3$$

Peso del tambor = $\rho \cdot V_T$ = 7,8 Kg / dm^3 · 70 dm^3 = 546 daN

Sujeciones del tambor = 10% del peso del tambor = 54,6 daN

Peso total = 546 + 54,6 ≈ 600 daN

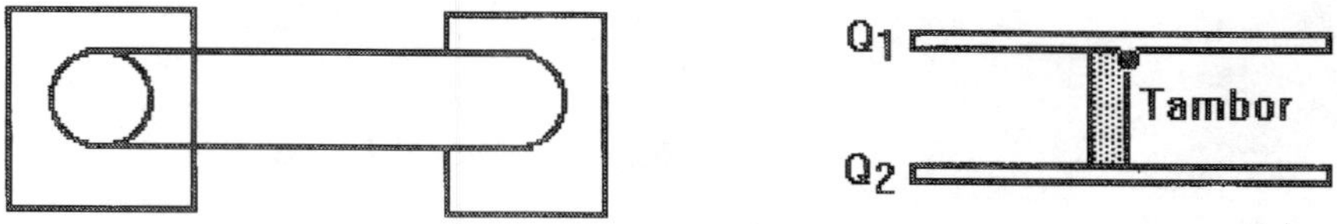

Figura 6.20.

5. Dimensionado de las vigas principales de la estructura del carro:

$Q_2 = Q_{TAMBOR}/2 = 600/2 = 300$ daN

$Q_1 = Q_{TAMBOR}/2 + Q_{ÚTIL} + Q_{GANCHO} = 600/2 + 20.000 + 160 = 20.460$ daN

Suponemos vigas cajón de A-42 de $\sigma_{lim} = 26\ daN/mm^2$ con $C_s = 2 \Rightarrow \sigma = 13\ daN/mm^2$

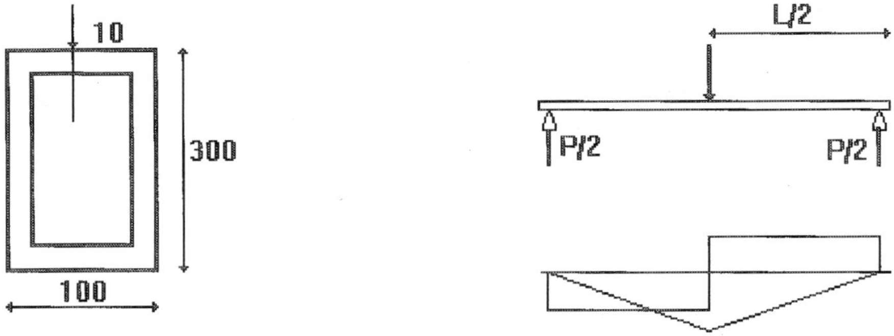

Figura 6.21.Sección, esquema de carga y diagramas de esfuerzos.

$$W = \frac{I}{y_{max}} = \frac{\frac{1}{12} \bullet b \bullet h^3}{h/2} = \frac{1}{6} \bullet b \bullet h^2$$

$$W = \left[\frac{b_e - h_e^2}{6} - \frac{b_i - (h_i^3 / h_e)}{6} \right] = \left[\frac{100 \bullet 300^2}{6} - \frac{80 \bullet (280^3 / 300)}{6} \right] = 524.355,5\ mm^3$$

$$M_f = \frac{P \bullet L}{4} = \frac{20.460 \bullet 3.000}{4} = 15.345.000\ \ daN \bullet mm$$

$$\sigma_{eq} = \frac{M_f}{W} = \frac{15.345.000}{524.355,5} = 29,26\ \ daN/mm^2$$

$\sigma_{eq} > \sigma_{lim} \Rightarrow$ hay que aumentar W. Para ello se aumenta el perfil:

$$W = \left[\frac{200 \bullet 400^2}{6} - \frac{176 \bullet 376^2}{6} \right] = 1.435.125\ \ mm^3$$

$$\sigma_f = \frac{M_f}{W} = \frac{15.345.000}{1.435.125} = 10,69\ \ daN/mm^2$$

$$\tau = \frac{P/2}{A_C} = \frac{20.460/2}{400 \bullet 12 \bullet 2} = 1,065\ \ daN/mm^2$$

$$\sigma_{eq} = \sqrt{\sigma^2 + 3 \bullet \tau^2} = 10,84\ \ daN/mm^2$$

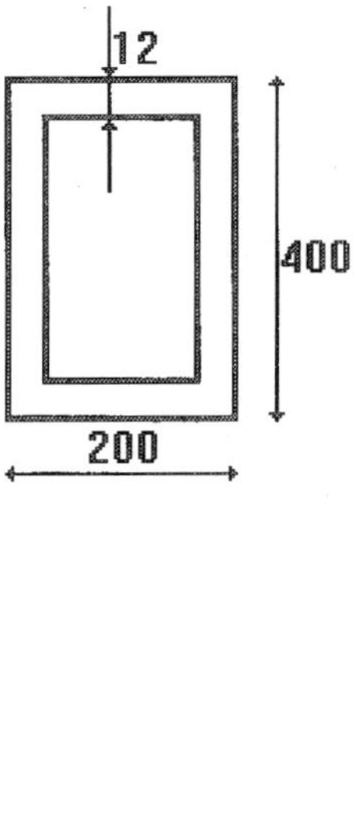

-**Cálculo de las vigas testero:** Deben poseer la misma altura que las otras por fabricacion. En el caso más desfavorable no influyeel peso del tambor

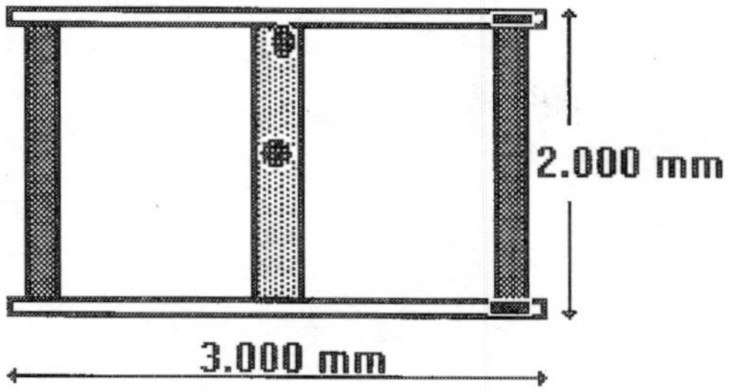

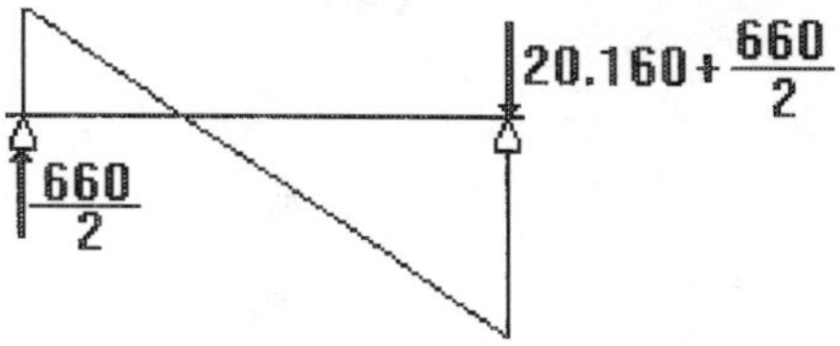

1)

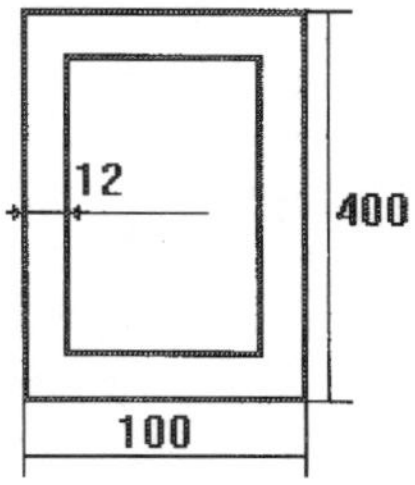

$$\tau = \frac{20.160}{2 \cdot 400 \cdot 12} = \frac{20.160}{9.600} = 2,1 \ \ daN/mm^2$$

$$\sigma_{eq} = \sqrt{3} \cdot 2,1 = 3,6 < 13 \ daN/mm^2$$

2)

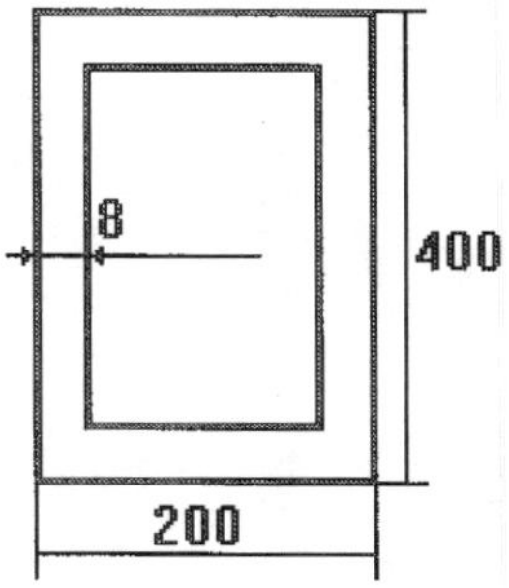

$$\tau = \frac{Q}{A_C} = \frac{20.160}{8 \cdot 400 \cdot 2} = 3,15 \ \ dN/mm^2$$

$$\sigma_{eq} = \sqrt{\sigma^2 + 3\tau^2} = \sqrt{3}\tau = \sqrt{3} \cdot 3,15 = 5,45 \ \ daN/mm^2$$

$$5,45 \, daN/mm^2 < 13 \, daN/mm^2$$

Peso total de la estructura: 663,5 + 123,904 = 787,4 Kg

- Peso de las vigas principales:

$P = (400 \cdot 2 \cdot 12 + 176 \cdot 2 \cdot 12) \cdot 3.000 \cdot 8 \cdot 10^{-3} = 331,7 \cdot 2 = 663,5$

- Peso de los testerosPeso 1) $= [\ (400 \cdot 2 \cdot 12) + (176 \cdot 2 \cdot 12)\ ] \cdot 8 \cdot 10^{-6} \cdot 2000 = 221,18$ Kg

Peso 2) $= [\ (400 \cdot 2 \cdot 8) + (84 \cdot 2 \cdot 8)\ ] \cdot 8 \cdot 10^{-6} \cdot 2000 = 123,904$ Kg

$\Rightarrow$ Hay un 44% de peso de menos en el segundo perfil.

7. CARRILES

7.1. Generalidades.

La práctica totalidad de los aparatos de elevación utilizan como medio de rodadura, la rueda de acero sobre carril metálico. Unicamente, los vehículos-grúa y pórticos autoportantes correspondientes a realizaciones especiales incorporan rodaduras de tipo neumático-asfalto.

El sistema de rodadura por carril metálico implica la selección y cálculo de la rueda y el propio carril. Para ello se parte de un número de ruedas determinado, sabiendo la carga por rueda se selecciona el carril y se comprueba y si es necesario se aumenta el número de ruedas. El proceso continua comprobando la rueda para el carril seleccionado, si la rueda no se ajusta hay dos posibilidades; aumentar el diámetro de la rueda o aumentar el número de ruedas, en cuyo caso se vuelve a recalcular el carril.

7.2. Tipologías.

Existen diferentes tipos de carriles, si bien todos ellos presentan características comunes:

- Permitir una fácil rodadura del elemento rodante
- Conformar un perfil equilibrado
- Presentar un valor adecuado de inercia

Los tipos se describen a continuación:

Carril tipo Llanton

Son carriles ordinarios. Se emplean frecuentemente sobre los caminos de rodadura implementados sobre perfiles laminados o vigas cajón (rodadura de carros de puentes grúa, grúas pórtico o grúas cónsola). Se suministran rectangulares, con las esquinas superiores redondeadas o achaflanadas, con superficie bombeada.

Con arreglo a la Figura 7.1, las dimensiones y pesos se describen en la Tabla 7.1.

Tabla 7.1. Dimensiones y pesos de carril tipo Llanton.

bh (mm)	50.30	50.40	60.30	60.40
Pesos (daN/m)	11,8	15,7	14,1	18,8

Figura 7.1. Perfil tipo Llanton.

Carril tipo Burbach

Es frecuente el empleo de carriles Burbach, que presentan una cabeza ancha para soportar las grandes cargas y un patín muy ancho que facilita la fijación. Es el más utilizado en rodadura de aparatos tanto por carriles elevados como sobre fundación de hormigón.

Según la Figura 7.2, las dimensiones, peso y valores estáticos se muestran en la Tabla 7.2.

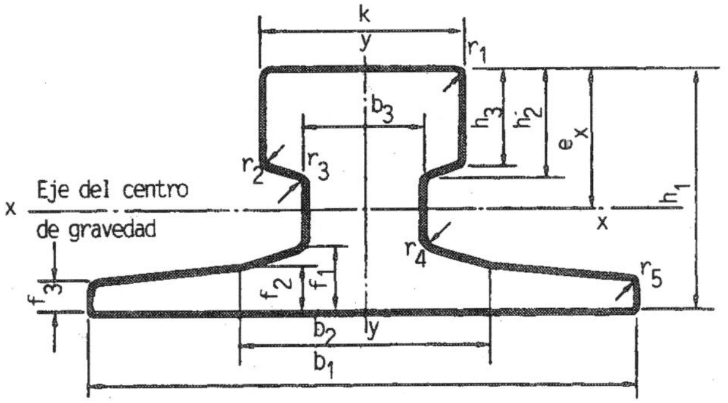

Figura 7.2. Perfil tipo Burbach.

Tabla 7.2. Dimensiones tipo Burbach.

Abreviatura	Anchura de la cabeza h	b_1	b_2	b_3	f_1	f_2	f_3	h_1	h_2	h_3	r_1	r_2	r_3	r_4	r_5	Sección cm^2	Peso kg/m	Momento de inercia J_x cm^4	Distancia al centro de gravedad e_x cm	Momento de resistencia W_x cm^3	Momento de inercia J_y cm^4	Momento de resistencia W_y cm^3
A 45	45	125	54	24	14,5	11	8	55±1	24	20	4	3	4	5	4	28,3	22,2	91	3,31	27.5	169	27.0
A 55	55	150	66	31	17,5	12,5	9	65±1	28.5	25	5	5	5	6	5	40.7	32,0	182	3,88	46.9	337	44,9
A 65	65	175	78	38	20	14	10	75±1	34	30	6	5	5	6	5	55,4	43,5	327	4,44	73,7	609	69.6
A 75	75	200	90	45	22	15,4	11	85±1	39.5	35	8	6	6	8	6	72,1	56,5	545	5,00	109	1010	101
A 100	100	200	100	60	23	16,5	12	95±1,5	45.5	40	10	6	6	8	6	95,6	75,2	888	5,21	170	1360	136
A 120	120	220	120	72	20	20	14	105±1,5	55.5	47,5	10	6	10	10	6	129,0	101,3	1420	5,70	249	2370	215

Carril tipo Vignole

Existe una tendencia a utilizar carril tipo Vignole frente al clásico perfil tipo Burbach, debido a su mayor relación inercia/peso. Actualmente se utiliza únicamente en rodaduras de ferrocarriles.

Según la Figura 7.3, las dimensiones, peso y valores estáticos se describen en la Tabla 7.3.

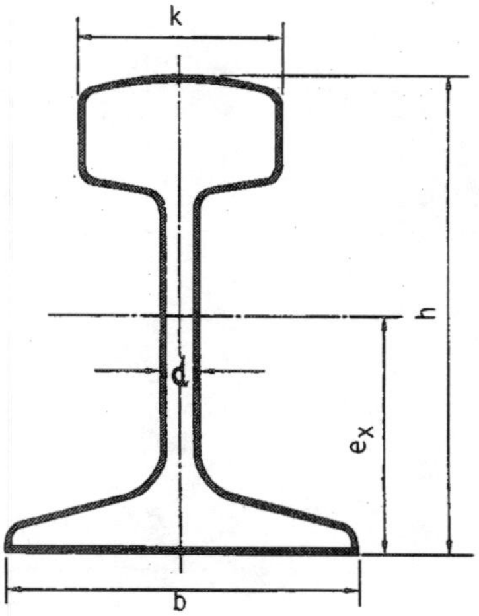

Figura 7.3. Perfil tipo Vignole.

Tabla 7.3. Dimensiones tipo Vignole.

Tipo	Dimensiones (mm)				Sección	Peso	I_x	W_x	e_x
	h	b	k	d	(cm^2)	(kg/m)	(cm^4)	(cm^3)	(mm)
Preussen 6..........	134	105	58	11	42,6	33,4	1040	154	67,3
Preussen 8..........	138	110	72	14	52,3	41,0	1350	193	70,0
Preussen 15..........	144	110	72	15	57,4	45,1	1580	217	73,0
Material: Acero de 60 kg									
Standard de 46 kg....	145	134	62	15	—	46,303	1588	204	67,2
S.N.C.F. 50 kg.......	153	140	67,4	15,5	—	50,568	—	—	—

Carril tipo plano

Es utilizado para elementos de rodadura sin pestaña.

Con arreglo a la Figura 7.4, la anchura de cabeza, peso y valores estáticos se representan en la Tabla 7.4.

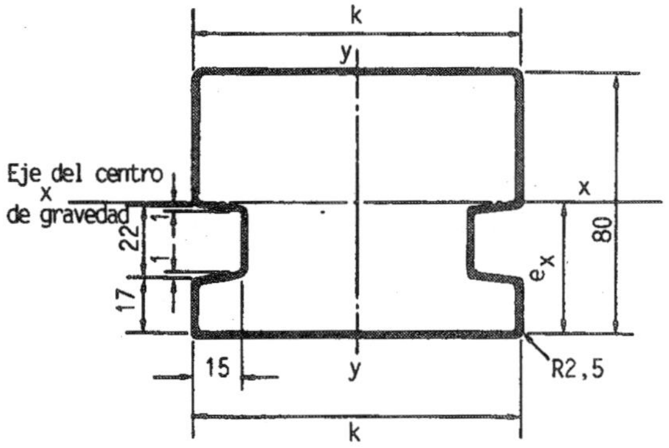

Figura 7.4. Perfil tipo plano.

Tabla 7.4. Dimensiones tipo plano.

Abreviatura	Anchura de la cabeza k	Sección cm^2	Peso kg/m	Momento de inercia J_x cm^4	Distancia al centro de gravedad e_x cm	Momento de resistencia W_x cm^3	Momento de inercia J_y cm^4	Momento resistencia W_y cm^3
F 100	100	73,2	57,5	414	4,09	101	541	108
F 120	120	89,2	70,1	499	4,07	123	962	160

7.3. Cálculo de carriles sobre fundaciones de hormigón.

Cuando el carril se apoya en toda su longitud sobre hormigón es necesario comprobar la presión específica y la solicitación del carril a la flexión, teniendo en cuenta la deformación elástica del hormigón. Andrée da las siguientes fórmulas aproximadas:

Para la presión específica bajo el patín:

$$p = \frac{P}{2.b}\sqrt[4]{\frac{Em}{4EI}} \text{ (MPa)} \tag{7.1}$$

Para la solicitación del carril:

$$\sigma = \frac{0.5.P^{5/4}}{W}.\frac{1}{\eta} \tag{7.2}$$

Con:

P, reacción de cada rueda, N

b, anchura del rail en m

W, módulo resistente del carril en m^3

$$\eta = \sqrt[4]{\frac{2}{3} \cdot \frac{b^2 p \, Em}{IE}} \qquad (7.3)$$

Em, módulo de elasticidad del hormigón, Em ≈ 14,5 GPa

E, módulo de elasticidad del acero, E ≈ 210 GPa

I, momento de inercia del carril en m^4

Se admite p = 2 MPa para un hormigón de buena calidad y σ_{max} = 250 MPa

7.4. Fijaciones del carril

A continuación se van a representar diferentes fijaciones de los carriles de aparatos de elevación.

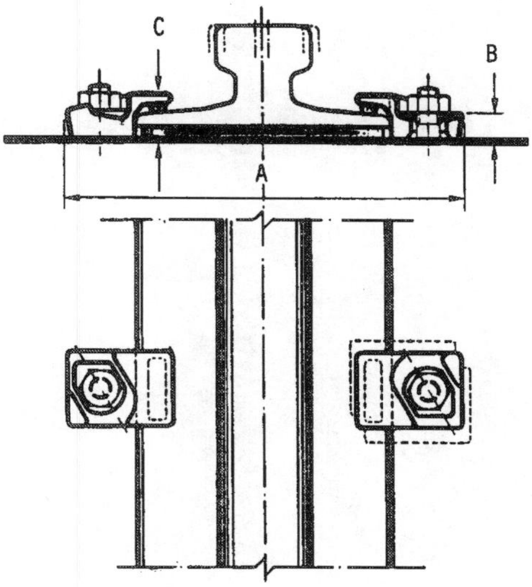

Figura 7.5. Fijación tipo A.

Tabla 7.5. Dimensiones fijación tipo A.

Amarre con soporte				Amarre sin soporte			
Rail	A mini	B	C	Rail	A mini	B	C
A 45	221	22	32	A 45	221	15	25
A 55	256	22	32	A 55	256	15	25
A 65	281	22	32	A 65	281	15	25
S 10	164	22	32	S 10	164	15	25
S 12	171	22	32	S 12	171	15	25
S 14	176	22	32	S 14	176	15	25
S 18	188	22	32	S 18	188	15	25
S 20	188	22	32	S 20	188	15	25
S 24	196	22	32	S 24	196	15	25
S 33	211	22	32	S 33	211	15	25
S 41	231	22	32	S 41	231	15	25
Vign.15 kg	172	22	32	Vign.15 kg	172	15	25
Vign.20 kg	196	22	32	Vign.20 kg	196	15	25
Vign.26 kg	206	22	32	Vign.26 kg	206	15	25
Vign.30 kg	212	22	32	Vign.30 kg	212	15	25

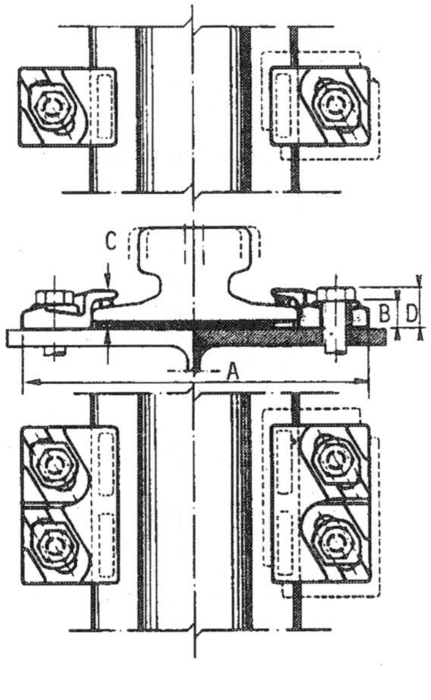

Figura 7.6. Fijación tipo B.

Tabla 7.6. Dimensiones fijación tipo B.

AMARRE CON SOPORTE									
Rail	A Mini	B	C	D	Rail	A Mini	B	C	D
A 100	370	21	38	36	A 120	390	25	42	40
MR 77	370	21	38	36	MR 151	390	25	42	40
S 54	295	21	38	36	MRS 87	325	25	42	40
S 64	320	21	38	36	PRI 185	325	25	42	40
UIC 60	320	21	38	36	180/127	350	37	53	52
EB 63	310	21	38	36					

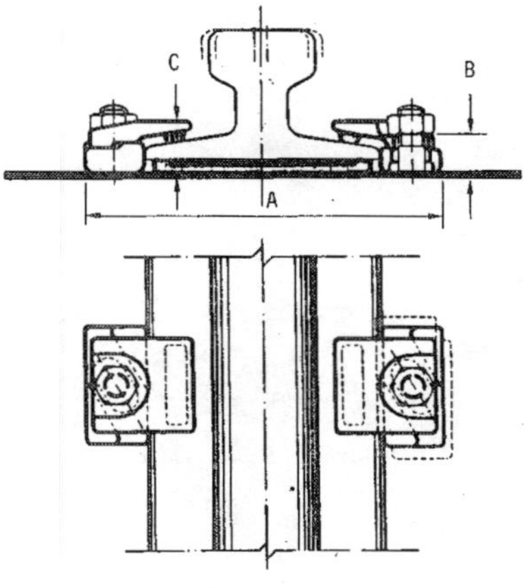

Figura 7.7. Fijación tipo C.

Tabla 7.7. Dimensiones fijación tipo C.

Rail	A mini mm	B mm	C mm	Rail	A mini mm	B mm	C mm
A 45	220	22	33	S 24	185	28	38
A 55	245	28	38	S 41	220	28	38
A 65	270	28	38	S 49	220	32	42
A 75	295	28	38	S 54	220	32	42
A 100	295	28	38	S 64	245	32	42
A 120	315	32	42	UIC 60	245	32	42
MR 77	295	28	38	NP 46	215	32	42
MR 151	315	35	45	VIGN 36	210	28	38
MRS 87	250	35	45	VIGN 46	230	32	42
PRI 85	250	35	45	VIGN 50	235	32	42
EB 50	235	28	38	VIGN 52	245	28	38

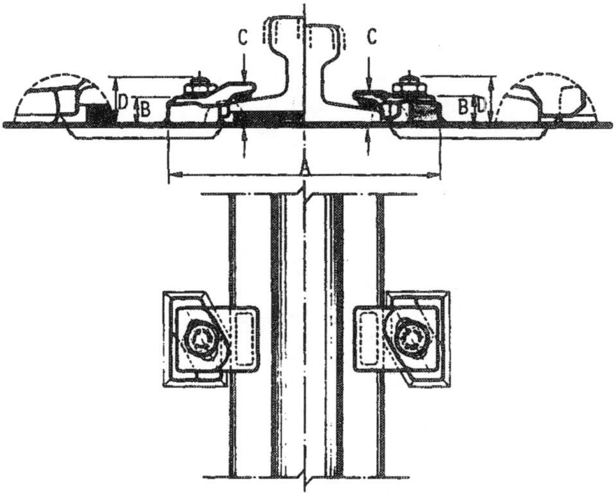

Figura 7.8. Fijación tipo D.

Tabla 7.8. Dimensiones fijación tipo D.

Amarre con soporte					Amarre sin soporte				
Rail	A	B	C	D	Rail	A	B	C	D
A 45	245	22	32	37	A 45	245	22	25	37
A 55	270	22	32	37	A 55	270	22	25	37
A 65	295	22	32	37	A 65	295	22	25	37
S 10	178	22	32	37	S 10	178	22	25	37
S 12	185	22	32	37	S 12	185	22	25	37
S 14	190	22	32	37	S 14	190	22	25	37
S 18	202	22	32	37	S 18	202	22	25	37
S 20	202	22	32	37	S 20	202	22	25	37
S 24	210	22	32	37	S 24	210	22	25	37
S 33	225	22	32	37	S 33	225	22	25	37
S 41	245	22	32	37	S 41	245	22	25	37
Vign.15 kg	186	22	32	37	Vign.15 kg	186	22	25	37
Vign.20 kg	210	22	32	37	Vign.20 kg	210	22	25	37
Vign.26 kg	220	22	32	37	Vign.26 kg	220	22	25	37
Vign.30 kg	226	22	32	37	Vign.30 kg	226	22	25	37

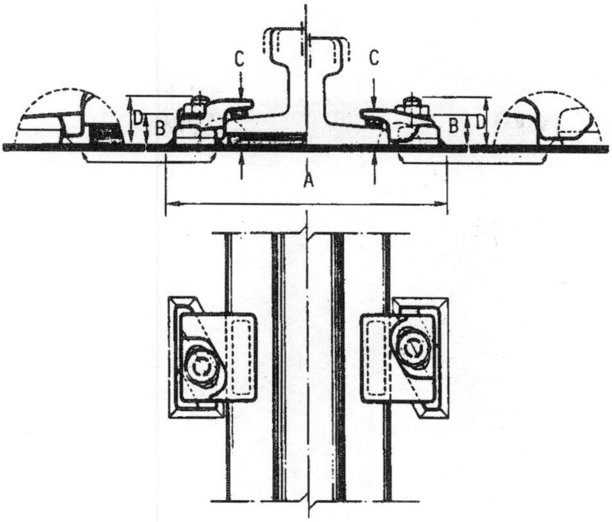

Figura 7.9. Fijación tipo E.

Tabla 7.9. Dimensiones fijación tipo E.

Amarre con soporte					Amarre sin soporte				
Rail	A	B	C	D	Rail	A	B	C	D
A 65	275	23	37	42	A 65	275	23	29	42
A 75	300	23	37	42	A 75	300	23	29	42
A 100	300	23	37	42	A 100	300	23	29	42
EB 50	240	23	37	42	EB 50	240	23	29	42
EB 60	240	23	37	42	EB 60	240	23	29	42
S 49	225	23	37	42	S 49	225	23	29	42
S 54	225	23	37	42	S 54	225	23	29	42
S 64	250	23	37	42	S 64	250	23	29	42
UIC 60	250	23	37	42	UIC 60	250	23	29	42
Vign.36 kg	225	23	37	42	Vign.36 kg	225	23	29	42
Vign.46 kg	234	23	37	42	Vign.46 kg	234	23	29	42
Vign.50 kg	240	23	37	42	Vign.50 kg	240	23	29	42
Vign.52 kg	250	23	37	42	Vign.52 kg	250	23	29	42
Vign.55 kg	234	23	37	42	Vign.55 kg	234	23	29	42
Vign.60 kg	250	23	37	42	Vign.60 kg	250	23	29	42

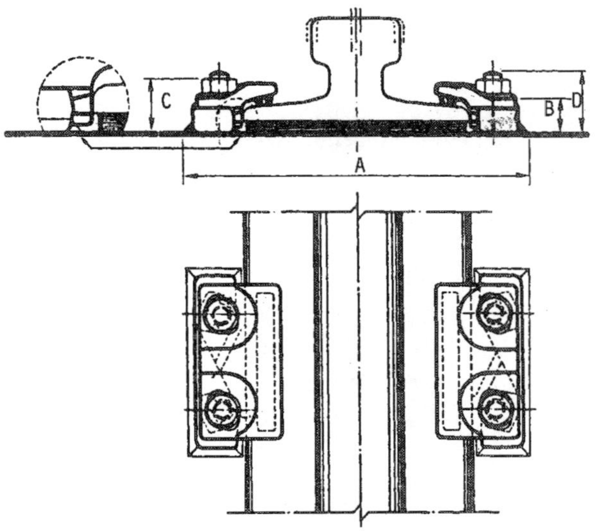

Figura 7.10. Fijación tipo F.

Tabla 7.10. Dimensiones fijación tipo F.

Rail	A mini mm	B mm	C mm	D mm	Rail	A mini mm	B mm	C mm	D mm
A 65	275	29	40	42	S 49	225	29	40	42
A 75	300	29	40	42	S 54	225	29	40	42
A 100	300	29	40	42	S 64	250	29	40	42
A 120	320	32	43	45	UIC 60	250	29	40	42
MR 77	300	29	40	42	NP 46	250	29	40	42
MR 151	320	32	43	45					
MRS 87	250	32	43	45					
PRI 85	250	32	43	45					
EB 50	240	29	40	42					

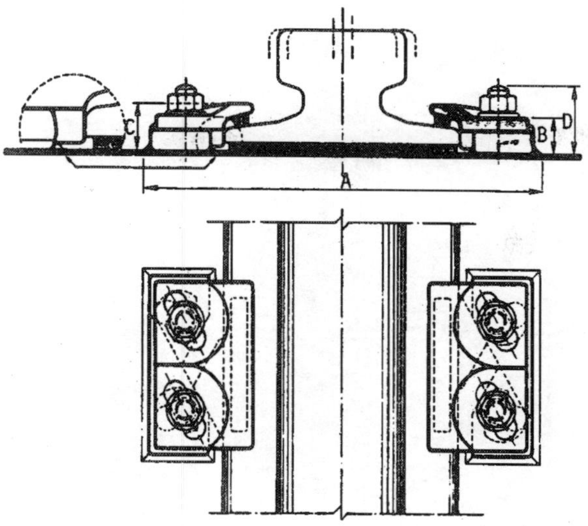

Figura 7.11. Fijación tipo G.

Tabla 7.11. Dimensiones fijación tipo G.

Rail	A mini mm	B mm	C mm	D mm	Rail	A mini mm	B mm	C mm	D mm
A 75	350	35	45	50	S 49	275	35	45	50
A 100	350	35	45	50	S 54	275	35	45	50
A 120	370	35	45	50	S 64	300	35	45	50
MR 77	350	35	45	50	UIC 54	290	35	45	50
MR 151	370	35	45	50	UIC 60	300	35	45	50
MRS 87	300	35	45	50	NP 46	270	35	45	50
PRI 85	300	35	45	50					

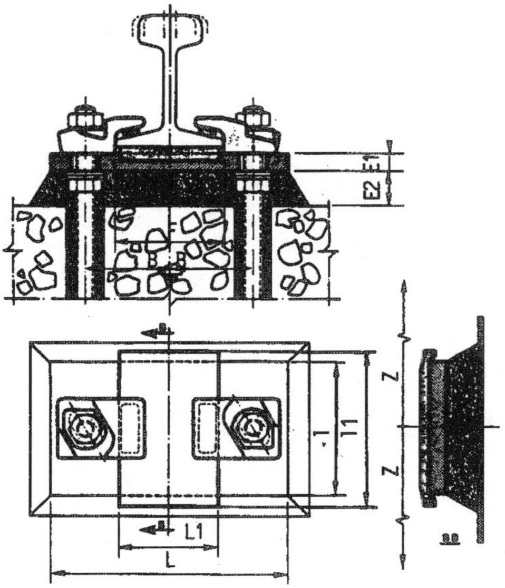

Figura 7.12. Fijación tipo H.

Tabla 7.12. Dimensiones fijación tipo H.

RAIL	F	L	l	L1	l1	E1	E2	B	Z
S 10	58	170	110	55	130	12	30	54	
S 12	65	175	110	60	130	12	30	57,5	
S 14	70	180	110	65	130	12	30	60	
S 18/20	82	190	110	75	130	12	30	66	
S 24	90	200	110	85	130	12	30	70	
S 33	105	215	110	100	130	12	30	77,5	
Railway 15 kg	66	175	110	60	130	12	30	58	
Railway 20 kg	90	200	110	85	130	12	30	70	
Railway 26 kg	100	210	110	95	130	12	30	75	
Railway 30 kg	106	215	110	100	130	12	30	78	
S 41 / A 45	125	235	110	120	130	12	30	87,5	
A 55	150	260	110	145	130	12	30	100	
A 65	175	285	110	170	130	12	30	112,5	

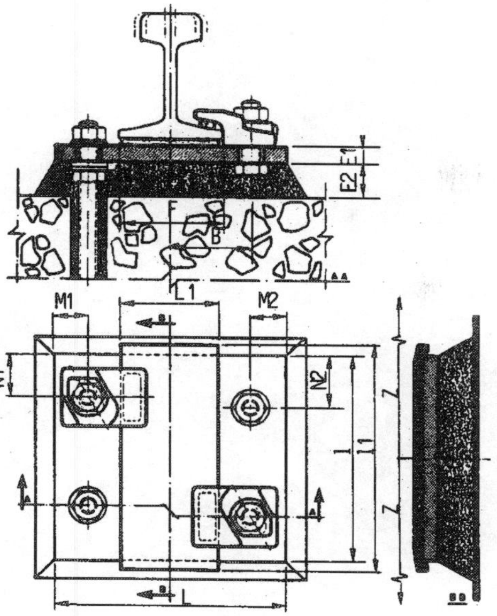

Figura 7.13. Fijación tipo I.

Tabla 7.13. Dimensiones fijación tipo I.

RAIL	F	L	l	L1	l1	E1	E2	B	M1	N1	M2	N2	Z
S 24	90	200	165	85	180	12	30	70	30	40	30	45,5	
S 33	105	215	165	100	180	12	30	77,5	30	40	30	45,5	
Railway 15 kg	66	176	165	60	180	12	30	58	30	40	30	45,5	
Railway 20 kg	90	200	165	85	180	12	30	70	30	40	30	45,5	
Railway 26 kg	100	210	165	95	180	12	30	75	30	40	30	45,5	
Railway 30 kg	106	216	165	100	180	12	30	78	30	40	30	45,5	
S 41 / A 45	125	235	165	120	180	12	30	87,5	30	40	30	45,5	
A 55	150	260	165	145	180	12	30	100	30	40	30	45,5	
A 65	175	285	165	170	180	12	30	112,5	30	40	30	45,5	

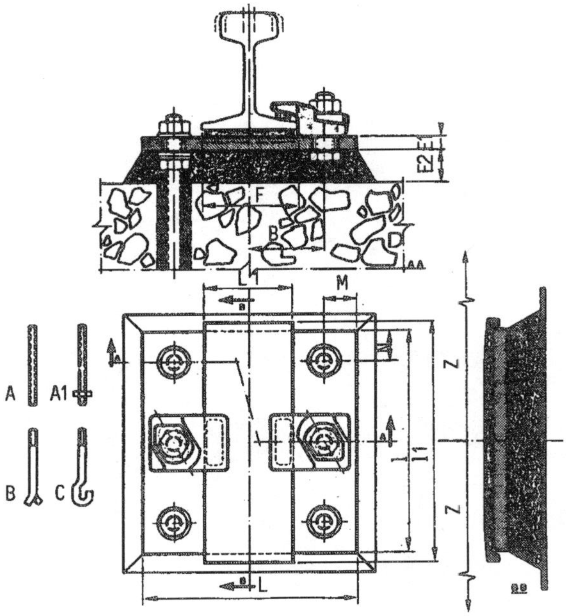

Figura 7.14. Fijación tipo J.

Tabla 7.14. Dimensiones fijación tipo J.

RAIL	F	L	l	L1	l1	E1	E2	B	M	N	Z
S 33	105	255	220	100	242	15-20	30	88	40	32,5	
S 41/S 49/S 54/A 45	125	275	220	120	242	15-20	30	98	40	32,5	
Railway 36 kg	115	265	220	110	242	15-20	30	93	40	32,5	
Railway 46 kg	134	284	220	130	242	15-20	30	102,5	40	32,5	
Railway 50 kg	140	290	220	135	242	15-20	30	105,5	40	32,5	
Railway 52 kg	150	300	220	145	242	15-20	30	110,5	40	32,5	
Railway 55 kg	134	284	220	130	242	15-20	30	102,5	40	32,5	
Railway 60 kg	150	300	220	145	242	15-20	30	110,5	40	32,5	
UIC 54	140	290	220	135	242	15-20	30	105,5	40	32,5	
UIC 60/S 64/A 55	150	300	220	145	242	15-20	30	110,5	40	32,5	
PRI 85 R	152,5	300	220	145	252	15-20	30	111,75	38,5	32,5	

PROBLEMA TIPO 7.1.

Enunciado: Un puente grúa debe elevar 6000 daN de carga útil y tiene un peso propio de 4000 daN. Peso del carro más elemento de suspensión: 1000 daN. Calcular carril de rodadura del puente grúa si la distancia entre postes de apoyo del carril es 2,5 m.

Figura 7.15. Fotografía del puente grúa.

Solución: Se va a suponer una viga biapoyada (distancia entre apoyos 2,5 m) y cargada puntualmente en el centro. Se va a suponer de entrada un perfil Burbach A-120:

Valor de la carga puntual: $6000 + 1000 + \dfrac{4000}{2} = 9000$ daN = 90000 N

Valor de la inercia: 1420×10^{-8} m^4

Valor del módulo elástico: 210 GPa

$$f = \frac{90000\text{N}.(2,5\text{m})^3}{48.210.10^9 \dfrac{\text{N}}{\text{m}^2}.1420\text{x}10^{-8}\text{m}^4} = 0,0098 \text{ m}$$

$f_{admisible} = \dfrac{L}{250} = \dfrac{2,5}{250} = 0,01$ m, luego el carril es adecuado.

Si no lo fuera, como es el mayor normalizado habría que diseñar como carril un llantón sobre un perfil laminado o viga cajón.

PROBLEMA TIPO 7.2.

Enunciado: Una grúa portacontenedores tiene un paquete de rodadura múltiple, de forma que la carga por rueda es 120000 N. Calcular el carril sobre la fundación de hormigón.

Figura 7.16. Fotografía de la grúa portacontenedores.

Solución: Se va a adoptar el perfil Burbach A-100 de características:

$b = 0.2$ m

$I = 888.10^{-8}$ m^4

$W = 170 . 10^{-6}$ m^3

Los módulos elásticos son de valor:

Em = 14 GPa

E = 210 GPa

$P_{adm} = 2$ MPa

$\sigma_{adm} = 250$ MPa

$$p = \frac{120000}{2.0.2}\sqrt[4]{\frac{14.10^9}{4.210.10^9.888.10^{-8}}} = 1{,}974 \text{ MPa} < 2 \text{ MPa}$$

$$\eta = \sqrt[4]{\frac{2}{3}\cdot\frac{0,2^2\ .\ 1,974\ .\ 10^6\ .\ 14\ 10^9}{210\ .\ 10^9\ .\ 888\ .\ 10^{-8}}} = 141\ N^{1/4}/m,$$

luego,

$$\sigma = \frac{0,5\ .\ 120000^{5/4}}{170\ .\ 10^{-6}\ .\ 141} = 46,6\ MPa\ <\ 250\ MPa$$

PROBLEMA TIPO 7.3.

Enunciado: Calcular los carriles del puente grúa de la figura que levanta 5000 daN . El cable tiene una resistencia de 180 Kg/mm^2. El aparato posee una Frecuencia aproximada igual de cargas pequeñas, medianas y máximas, y se le estima una duración del mecanismo de 12500 horas. Suponer; Peso del puente 1.000 daN; Peso del carro ≈ 0; 1 ramal; Carga centrada en el tambor; 4 ruedas en el puente; σ = 160 MPa; para tambor; ¿Cual es la carga por rueda?, ¿Se puede utilizar sólo un perfil tipo Burbach 120?

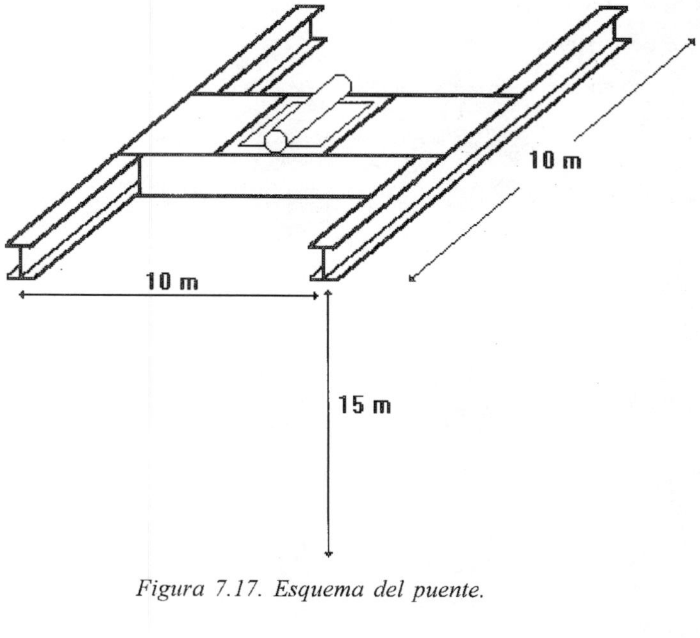

Figura 7.17. Esquema del puente.

Solución:

1.Gancho:

(Tabla 2.1.)

5.000 daN → 20 daN

$Q_{TOTAL} = Q_U + Q_g = 5.000 + 20 = 5.020$ daN

2.Cable:

El esfuerzo principal es de estrepada por lo que se necesita un cable resistente (Tipo Seale); no es necesario que sea flexible pues no hay poleas.

Clasificación del aparato: Grupo M7 ⇒ (Tabla 3.17.) $K_C = 0{,}335$

$$S = = \frac{Q_u + Q_{es}}{i \bullet \eta} = \frac{5.000 + 20}{1 \bullet 1} = 5020 \text{ daN}$$

$d_{CABLE} = K_C \sqrt{S} = 0,335 \sqrt{5.020} = 23,73$ mm ⇒ Cables recomendados (Tabla 6.4)

$d_{CABLE} = 27$ mm ⇒ s = 31; r = 15; a = 3,5

(Tabla 3.10); grupo segundo de 10 a 30 mm ⇒ 6 x 36(1 + 7 +7·7 + 14)WS + 1

3.Tambor:

Grupo M7

(Tabla 4.8) ⇒ $h_1 = 22{,}4$

(Figura 4.15) ⇒ $h_2 = 1$

$d_{TAMBOR} = d_{CABLE} \cdot h_1 \cdot h_2 = 27 . 22{,}4 . 1 \approx 600$ mm

Tomando $\sigma = 160$ MPa (Tabla 6.6) y $d_{TAMBOR} = 600$; S = 6.000 ⇒ Espesor pared = 10 mm

Longitud del tambor:

Altura de elevación = 15 m = 15.000 mm

$$N^o \text{ de espiras} = \frac{\text{Long. Cable}}{2\pi \bullet R} = \frac{L}{\pi \bullet d_{tambor}} = \frac{15.000}{\pi \bullet 600} = 7{,}9 \approx 8 \text{ espirass.}$$

Longitud mínima tambor = Nº de espiras . paso = (8 + 3)·31 = 11·31 = 341 mm

4.Ruedas del puente:

Suponemos Peso del carro ≈ 0 y Peso del puente = 1.000 daN

Peso de la carga = 5.020 daN

Calculamos la carga por rueda:

$$Q_R = \frac{1.000 + 5.020}{4} = \frac{6.020}{4} = 1.505 \text{ daN, FALSO, no es el caso mas desfavorable}$$

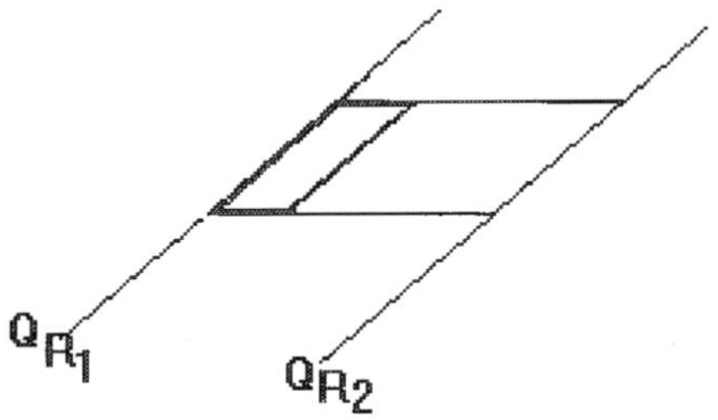

El caso mas desfavorable ocurre cuando el carro está en un extremo del puente.

$Q_{R\,1}$ = Peso del puente/2 + Peso de la carga

$Q_{R\,2}$ = Peso del puente/2

Carga centrada en tambor: $Q_R = \dfrac{\text{Peso Puente}}{4} + \dfrac{\text{Peso Carga}}{2}$

$$Q_R = \frac{1.000}{4} + \frac{5.020}{2} = 250 \text{ daN} + 2.510 \text{ daN} = 2.760 \text{ daN}$$

5.Carril:

Usar Burbach 120 (Tabla 7.2)

A-120 → $J_X = 1.420 \text{ cm}^4$

$W_X = 249 \text{ cm}^3$

$A = 129 \text{ cm}^2$

$K - 2r_1 = 100 \text{ mm}$

Comprobamos primero la flecha, suponemos el puente sobre el rail elevado como una viga biapoyada de longitud L con una carga en el centro P (caso mas desfavorable a flexión).

$$\delta = \frac{PL^3}{48EI}$$

$$P = Q_{UTIL} + \frac{Q_{PUENTE}}{2} = 5.020 + \frac{1.000}{2} = 5.520 \quad \text{daN}$$

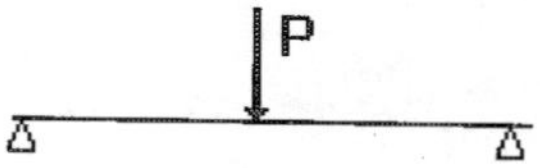

$$\delta = \frac{55.200 \cdot 10^3}{48 \cdot 210 \cdot 10^9 \cdot 1.420 \cdot 10^{-8}} = 0,38 \quad \text{m}$$

$$\text{flecha admisible} : \frac{L(mm)}{1.000} = \frac{10.000}{1.000} = 10 \quad \text{mm} \quad \text{como máximo}$$

No se puede, por lo tanto la solución es poner un perfil de mayor inercia (ej. IPE)

8. RUEDAS

8.1. Generalidades

Las ruedas metálicas son el elemento de apoyo de los aparatos de elevación por excelencia. Las ruedas unidas directamente al elemento motriz son denominadas tractoras. El resto son libres.

Los perfiles de rodadura pueden tener uno o dos salientes laterales o pestañas, con objeto de direccionar el movimiento de la rueda a lo largo de los railes. Las ruedas sin pestañas pueden utilizarse solamente en presencia de rodillos guía complementarios con el eje vertical de rotación. En la Figura 8.1 se representan los diferentes tipos de perfiles de rodadura.

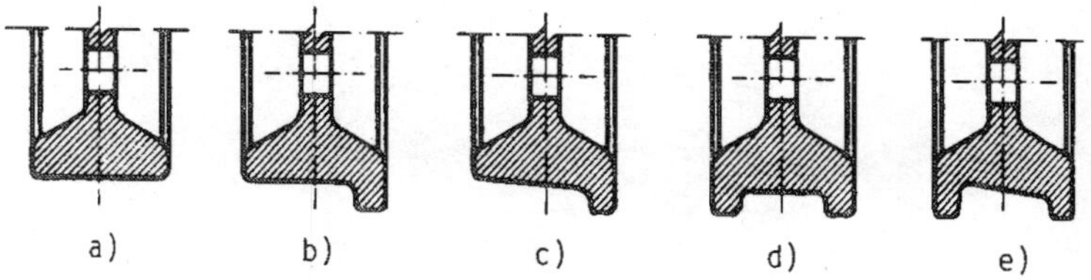

Figura 8.1. Tipos de perfiles de rodadura.

a: cilíndrica sin pestaña

b: cilíndrica de una pestaña

c: cónica de una pestaña

d: cilíndrica de dos pestañas

e: cónica de dos pestañas.

La pestaña única se utiliza en tres casos:

- Cuando la distancia entre los carriles no sobrepasa los cuatro metros y ambos caminos se encuentran a la misma cota vertical, si se tiene en cuenta que la disposición de las pestañas de las ruedas en un rail esté opuesto a la disposición de las pestañas de las ruedas en otro rail.
- En los carros de apoyo y suspendidos de los puentes grúa.
- En los carros suspendidos que se desplazan por un monocarril.

La superficie de rodadura puede ser cilíndrica o cónica. La conicidad, habitualmente, alcanza el valor de 1:20. Para las grúas con accionamiento independiente y para las que tienen un número de ruedas mayor de cuatro, así como para casos se recomienda utilizar superficies cilíndricas.

Las ruedas libres son siempre de llanta cilíndrica.

En los mecanismos de avance con accionamiento central y con dos ruedas impulsoras, se recomienda utilizar llanta cónica, siempre con los vértices del cono exteriores al tramo. De esta manera, el adelantamiento de un lado de la grúa respecto al otro genera la rodadura de la rueda retrasada por su mayor diámetro, alineándose automáticamente el tren sin la participación de las pestañas (Figura 8.2).

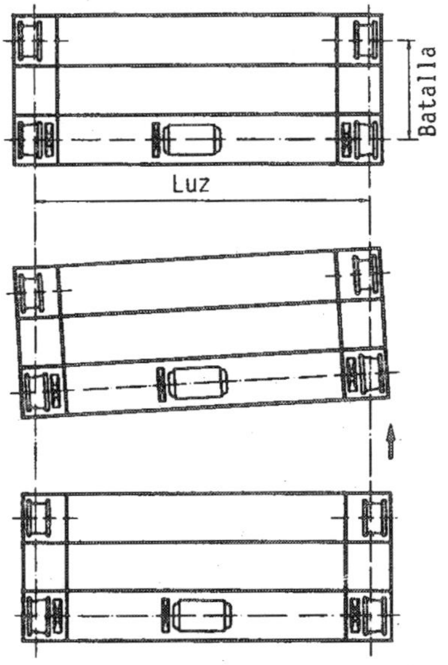

Figura 8.2. Alineación de un puente-grúa.

En las Figuras 8.3 y 8.4 se representan ruedas de llanta cónica y cilíndrica respectivamente.

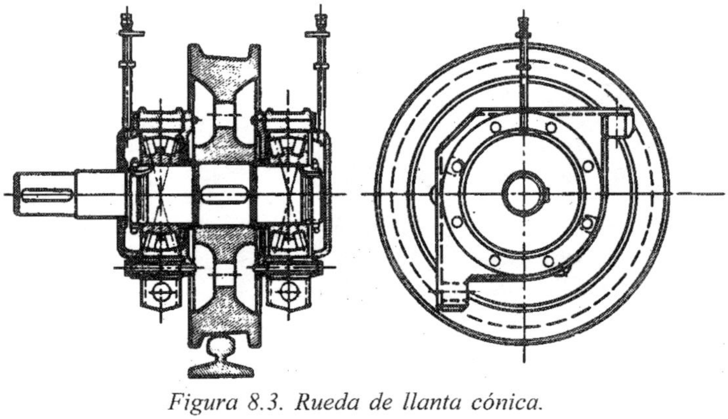

Figura 8.3. Rueda de llanta cónica.

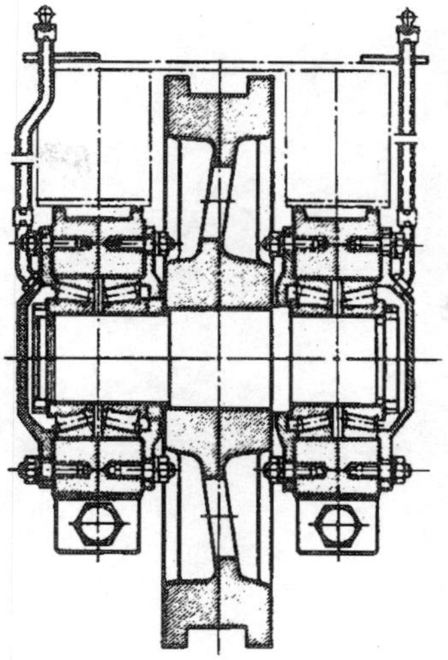

Figura 8.4. Rueda de llanta cilíndrica.

La utilización de rueda sin pestaña con rodillos guía disminuye esencialmente las pérdidas por rozamiento por el carril ya que el rozamiento de deslizamiento de las pestañas se sustituye por el de rodadura del rodillo. Debido a esta afirmación, disminuye la potencia de los motores de translación y aumenta considerablemente la vida de la rueda. En la Figura 8.5 se representa una rueda sin pestañas con rodillo-guía.

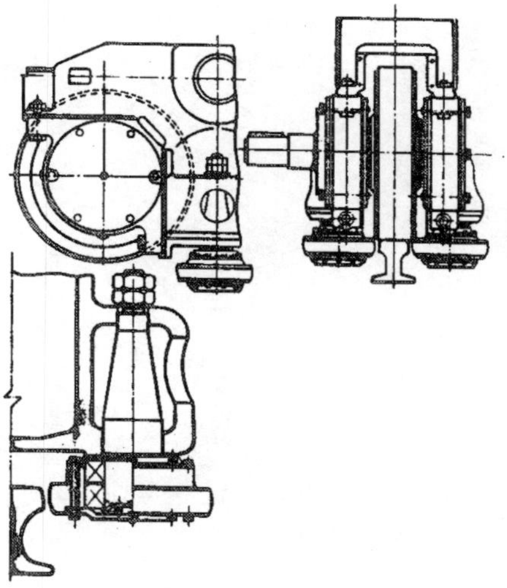

Figura 8.5. Rueda sin pestañas con rodillo-guía.

El número de ruedas impulsoras es función de la capacidad de carga y del tramo de la guía. En las grúas de baja capacidad de carga se utilizan cuatro ruedas impulsoras cuyas cajas de grúas están ancladas directamente a las vigas transversales. En las grúas de alta capacidad de carga el número de ruedas impulsoras aumenta y para uniformizar su carga y asegurar la inestabilidad de las vigas finales, éstas se colocan dos a dos en balancines. En la Figura 8.6 se describen ruedas en balancines de ocho, doce y dieciséis ruedas.

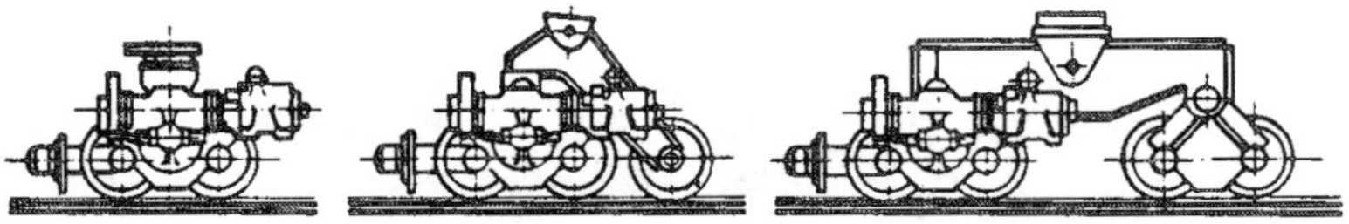

Figura 8.6. Ruedas en balancines.

8.2. Cálculo de las ruedas propulsoras

El cálculo de la rueda de un aparato de elevación se lleva a cabo mediante la norma DIN 15070.

La carga de la rueda se calcula por la fórmula:

$$R \leq P_{adm}.c_2.c_3.d_1.(K - 2.r_1) \qquad (8.1)$$

El diámetro de la rueda portadora obedece la expresión:

$$d_1 \geq \frac{R}{P_{adm}.c_2.c_3.(K - 2.r_1)} \qquad (8.2)$$

La carga característica de la rueda R_o resulta de la Ecuación 8.1 con:

$$P_{adm} = 5.6 \text{ N/mm}^2 \qquad (8.3)$$

$$c_2 = 1 \qquad (8.4)$$

$$c_1 = 1 \qquad (8.5)$$

Es decir,

$$R_o = 5.6 \,.\, d_1 \,.\, (k - 2.r_1) \qquad (8.6)$$

Los parámetros que intervienen en las fórmulas anteriores corresponden a los siguientes valores:

c_1: coeficiente del material. Valores según Tabla 8.1.

c_2: coeficiente del número de revoluciones. Valores según Tabla 8.2.

c_3: coeficiente de vida de la rueda. Valores según Tabla 8.3.

d_1 (mm): diámetro de la rueda.

k (mm): anchura de la cabeza del carril.

n (min^{-1}): número de revoluciones de la rueda. Valores según Tabla 8.4.

P (N/mm^2): compresión

Padm (N/mm^2): compresión admisible entre rueda y carril.

r_1 (mm): radio de redondeado de la cabeza del carril.

r_2 (mm) radio del arco de la cabeza del carril.

k - 2.r_1 (mm): anchura útil de la cabeza del carril ideal. Valores según Tabla 8.5.

V (m/min): velocidad de marcha.

R (N): carga de la rueda.

$R_{máx}$ (N): carga máxima de la rueda.

R_{min} (N) carga mínima de la rueda.

R_o (N): carga característica de la rueda. Valores según Tabla 8.6.

Tabla 8.1. Coeficiente del material.

Material Resistencia a la tracción mínima N/mm^2		P_{adm} N/mm^2	c_1
carril	Rueda portadora		
590	≦ 330	2,8	0,5
	410	3,6	0,63
	490	4,5	0,8
	590	5,6	1,0
≧ 690	740	7,0	1,25

Tabla 8.2. Coeficiente del número de revoluciones.

Diámetro de la rueda portadora d_1 mm	c_2 para v en m/min														
	10	12,5	16	20	25	31,5	40	50	63	80	100	125	160	200	250
200	1,09	1,06	1,03	1	0,97	0,94	0,91	0,87	0,82	0,77	0,72	0,66	-	-	-
250	1,11	1.09	1,06	1,03	1	0,97	0,94	0,91	0,87	0,82	0,77	0.72	0.66	-	-
315	1,13	1,11	1,09	1,06	1,03	1	0,97	0,94	0,91	0,87	0,82	0,77	0,72	0,66	-
400	1,14	1,13	1,11	1,09	1,06	1,03	1	0,97	0,94	0,91	0,87	0,82	0,77	0,72	0,66
500	1,15	1,14	1,13	1,11	1,09	1,06	1,03	1	0,97	0,94	0,91	0,87	0,82	0,77	0,72
630	1,17	1,15	1,14	1,13	1,11	1,09	1,06	1,03	1	0,97	0,94	0,91	0,87	0,82	0,77
710	-	1,16	1,14	1,13	1,12	1,1	1,07	1,04	1,02	0,99	0,96	0,92	0,89	0,84	0,79
800	-	1,17	1,15	1,14	1,13	1,11	1,09	1,06	1,03	1	0,97	0,94	0,91	0,87	0,82
900	-	-	1,16	1,14	1,13	1,12	1,1	1,07	1,04	1,02	0,99	0,96	0,92	0,89	0,84
1000	-	-	1,17	1,15	1,14	1,13	1,11	1,09	1,06	1,03	1	0,97	0,94	0,91	0,87
1120	-	-	-	1,16	1,14	1,13	1,12	1,1	1,07	1,04	1,02	0,99	0,96	0,92	0,89
1250	-	-	-	1,17	1,15	1,14	1,13	1,11	1,09	1,06	1,03	1	0,97	0,94	0,91

Tabla 8.3. Coeficiente de vida de la rueda.

Duración de funcionamiento del mecanismo de rodadura (referida a 1 hora)	c_3
hasta 16 %	1,25
más de 16 a 25 %	1,12
más de 25 a 40 %	1
más de 40 a 63 %	0,9
más de 63 %	0,8

Tabla 8.4. Número de revoluciones de la rueda.

c_2	n min^{-1}
0,66	200
0,72	160
0,77	125
0,79	112
0,82	100
0,84	90
0,87	80
0,89	71
0,91	63
0,92	56
0,94	50
0,96	45
0,97	40
0,99	35,5
1	31,5
1,02	28
1,03	25
1,04	22,4
1,06	20
1,07	18
1,09	16
1,1	14
1,11	12,5
1,12	11,2
1,13	10
1,14	8
1,15	6,3
1,16	5,6
1,17	5

Tabla 8.5. Anchura útil de la cabeza del carril ideal.

Carriles de grúa según DIN	Abreviatura nueva	Abreviatura antigua	r_1 mm	$k-2r_1$ mm
536 parte 1	A 45	KS 22	4	37
	A 55	KS 32	5	45
	A 65	KS 43	6	53
	A 75	KS 56	8	59
	A 100	KS 75	10	80
	A 120	KS 101	10	100
536 parte 2	F 100	-	5	90
	F 120	-	5	110

Tabla 8.6. Carga característica de la rueda.

Diámetro de la rueda portadora d_1	R_o en N Para ruedas portadoras estrechas				R_o en N Para ruedas portadoras anchas					R_o en N Para ruedas portadoras sin pestaña	
	Para carriles de grúa				Para carriles de grúa					Para carriles de grúa	
mm	A 45	A 55	A 65	A 75	A 55	A 65	A 75	A 100	A 120	F 100	F 120
200	41000	--	--	--	--	--	--	--	--	--	--
250	52000	--	--	--	--	--	--	--	--	--	--
315	65000	--	--	--	79000	--	--	--	--	--	--
400	83000	101000	--	--	(101000)	119000	132000	--	--	202000	--
500	104000	126000	--	--	(126000)	148000	165000	--	--	252000	--
630	--	159000	187000	--	--	(187000)	208000	282000	--	318000	388000
710	--	--	211000	235000	--	--	(235000)	318000	398000	358000	437000
800	--	--	237000	264000	--	--	(264000)	358000	448000	403000	493000
900	--	--	267000	297000	--	--	(297000)	403000	504000	454000	554000
1000	--	--	297000	330000	--	--	(330000)	448000	560000	504000	616000
1120	--	--	--	--	--	--	--	502000	627000	--	--
1250	--	--	--	--	--	--	--	560000	700000	--	--

Prefiéranse los valores escritos en negrita, siendo los valores entre paréntesis sólo para ruedas portadoras con juego aumentado o reducido entre carril y pestaña.

8.3. Diseño de ruedas

En el caso de rueda libre sobre eje fijo, ésta se encuentra muy frecuentemente entre dos perfiles laminados y está frenada por placas de retención. La Figura 8.7 representa la idea anteriormente reflejada. La unión entre rueda y eje se lleva a cabo mediante casquillos de bronce y rodamientos. Estos rodamientos está normalmente sometidos a presiones específicas muy elevadas, pero a pesar de esto no es recomendable aumentar la longitud de estos rodamientos, ya que a causa de las progresivas deformaciones, el eje carga únicamente en los extremos.

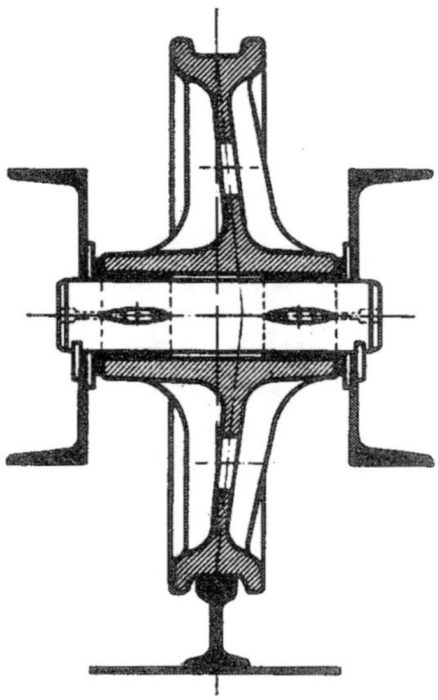

Figura 8.7. Montaje de una rueda correccional libre.

En las ruedas impulsoras, es útil transmitir el esfuerzo tangencial mediante casquillos o rodamientos que absorben los esfuerzos de cortadura. En la Figura 8.8 se aprecia una fijación por casquillos de cortadura.

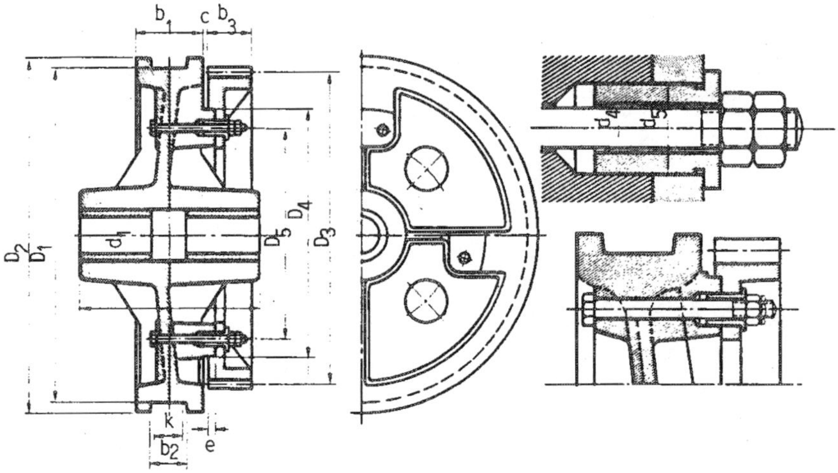

Figura 8.8. Fijación de la corona por casquillos de cortadura.

Las ruedas con corona obtenidas directamente por fundición sólo se emplean en el caso de reacciones de baja magnitud o servicios poco intensos. Se recomienda proveer a las ruedas impulsoras de tetones para que sea posible el montaje de diversas coronas dentadas.

En el caso de montaje de rueda sobre eje medio de rodamientos, éstos y las chapas de desgaste, son los encargados de transmitir el empuje axial.

En la Figura 8.9 no existe rozamiento sobre la cara frontal del cubo, disminuyendo así la resistencia de rodadura. Ahora bien, los rodamientos están cargados por los empujes axiales.

$$V = H \cdot \frac{D}{2} \cdot \frac{1}{a} \qquad (8.7)$$

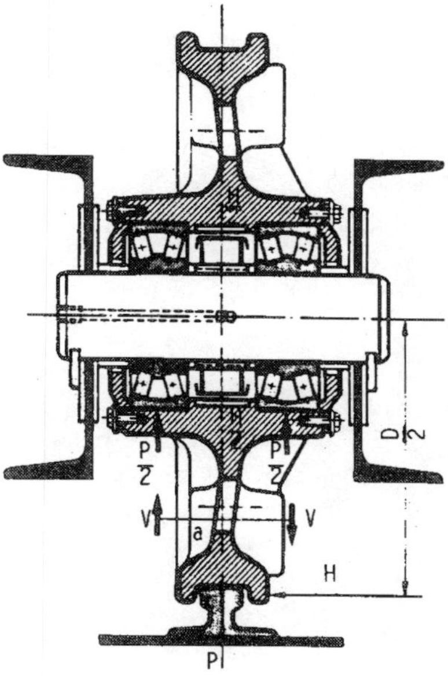

Figura 8.9. Disposición desfavorable de rodamientos de una rueda.

La solicitación disminuye notablemente con el diseño representado en la Figura 8.10. La afirmación anterior tiene su explicación en el hecho de que en la Figura 8.9 el rodamiento situado en la posición izquierda está solicitado axial y radialmente por H/2, P/2 y V, respectivamente. En cambio en la Figura 8.10, se aprecia cómo el rodamiento solicitado axialmente, el situado en la posición derecha, está descargado radialmente al tener P/2 y V sentidos contrarios.

La facilidad de montaje y desmontaje es un factor influyente en el diseño de la instalación. El cambio de ruedas y de rodamientos es una operación relativamente frecuente. Por esta razón, numerosos constructores establecen las ruedas caladas sobre árboles cortos y fijan los soportes de tal forma que se puede retirar las ruedas desmontando sólo algunos tornillos.

$$V = H \cdot \frac{D}{2} \cdot \frac{1}{a} \qquad (8.8)$$

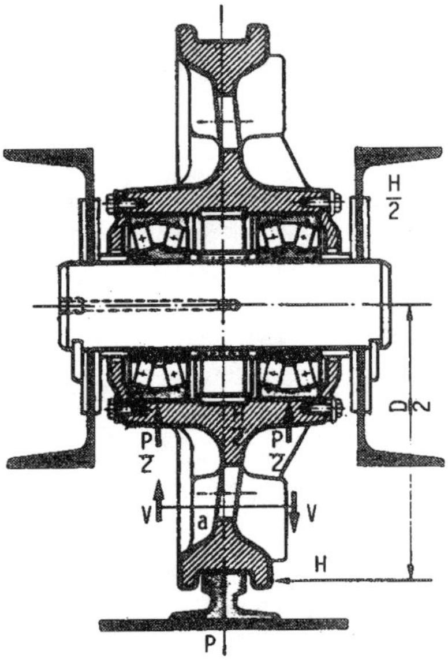

Figura 8.10. Disposición favorable de rodamientos de una rueda.

Los elementos suspendidos sobre las ruedas están sometidos a choques que interesaría quedaran absorbidos o amortiguados por el paquete de rodadura con objeto de aumentar la estabilidad del elemento móvil en condiciones de marcha. Es interesante, así pues, el montaje de ruedas con suspensión elástica. En este sentido han existido numerosos ejemplos como árboles de dirección de camión de alta velocidad montados sobre resortes con pestaña o ruedas de traslación de pórticos igualmente sobre resortes. En la Figura 8.11 se representa una rueda montada sobre amortiguador de caucho.

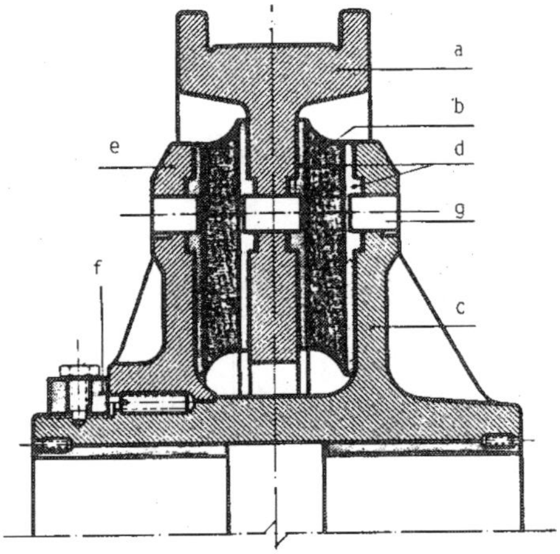

Figura 8.11. Rueda montada sobre amortiguadores de caucho.

a: llanta

b: disco de caucho sintético

c: cubo de la rueda

d: discos de acero solidarios del disco de caucho

e disco móvil de fijación

f: tuerca

g: bulones de arrastre

8.4. Dimensiones de ruedas

Según la normativa DIN 15049 las ruedas portadoras con cojinetes deslizantes presentan las siguientes dimensiones (Tabla 8.7):

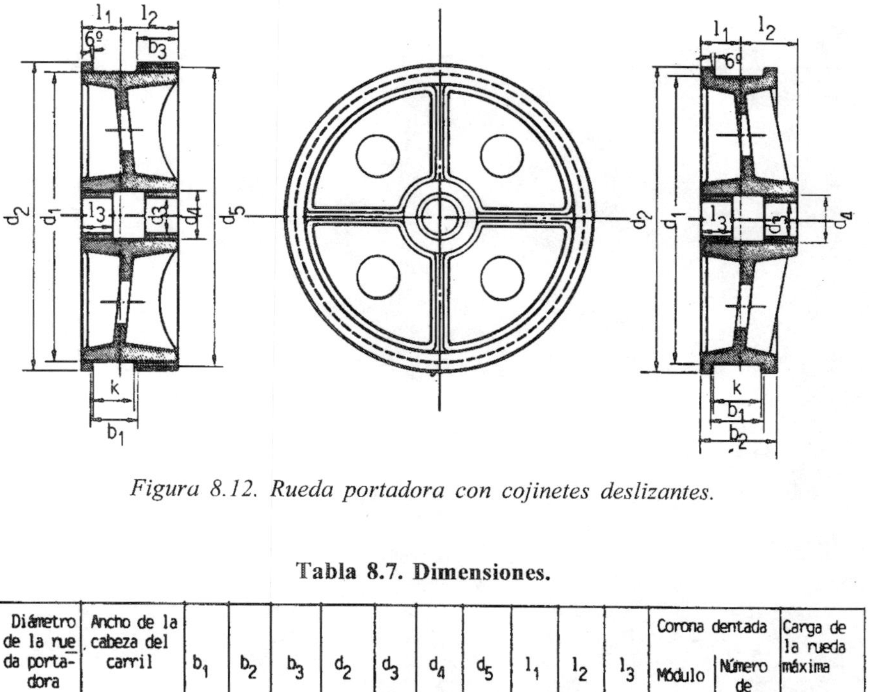

Figura 8.12. Rueda portadora con cojinetes deslizantes.

Tabla 8.7. Dimensiones.

Diámetro de la rueda portadora d_1	Ancho de la cabeza del carril k	b_1	b_2	b_3	d_2	d_3 E9	d_4 H7/r6	d_5	l_1	l_2	l_3	Corona dentada Módulo	Corona dentada Número de dientes	Carga de la rueda máxima kg
250	30	40	80	60	272	50	60	264	40	80	50	4	66	3300
	45	55		52,5										
315	30	40	100	70	348	55	65	340	50	90	56	4	85	5400
	45	55		62,5										
400	45	55	100	62,5	432	60	72	424	50	90	63	4	106	6700
	55	65		57,5										
500	55	65	110	82,5	540	70	82	528	55	115	70	6	88	9500
	65	75		77,5										
630	65	75	120	102,5	680	80	95	664	60	140	80	8	83	12800
	75	85		97,5										

Las ruedas portadoras con rodamientos de rodillos, según DIN 15050 tienen las siguientes dimensiones (Tabla 8.8).

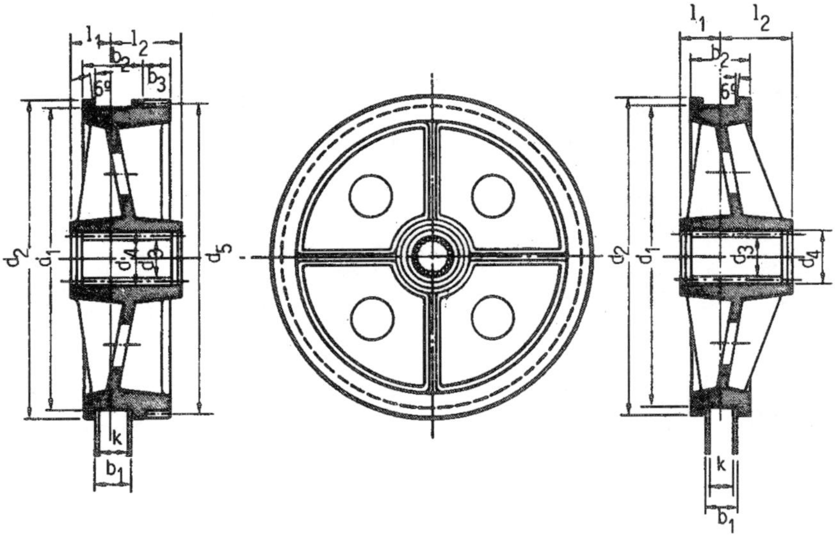

Figura 8.13. Rueda portadora con rodamiento de rodillos.

Tabla 8.8. Dimensiones.

Diámetro de la rueda portadora d_1	Ancho de la cabeza del carril k	b_1	b_2	b_3	d_2	d_3 E8	d_4 máx	d_5	l_1	l_2	Corona dentada Módulo	Número de dientes	Carga de la rueda máxima kg
250	30 45	40 55	75	40	270	35	55	258	40	80	6	43	2000
315	30 45 55	40 55 65	90	40	342	40	70	330	50	90	6	55	3150
400	45 55	55 65	90	50	432	50	80	416	55	105	8	52	5000
500	55 65	65 75	105	50	536	60	90	520	65	115	8	65	8000
630	65 75	75 85	120	60	670	70	100	650	70	130	10	65	12500
800	75	85	120	80	840	80	120	816	80	160	12	68	18000

En la Tabla 8.9 se expresan las dimensiones de ruedas portadoras con pestañas con soporte de fricción sin corno dentada, según DIN 15074.

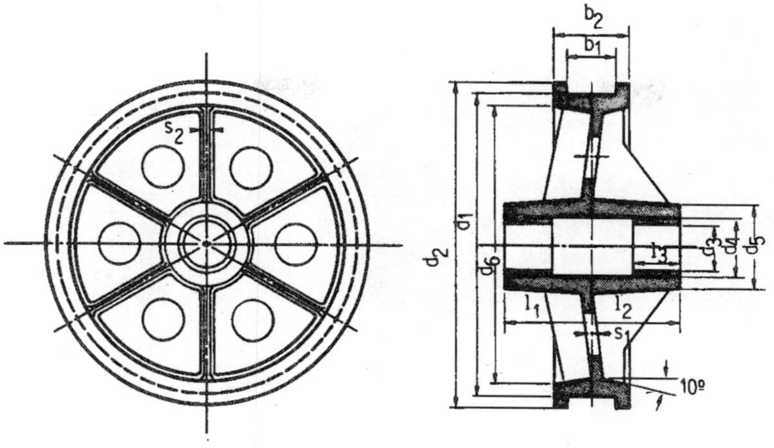

Figura 8.14. Rueda portadora con pestañas.

S representa rueda portadora estrecha

B representa rueda portadora ancha.

Tabla 8.9. Dimensiones.

Forma		d_1 h9	b_1 máx	b_2	l_1 simétrica	l_1 asimétrica		l_2	d_2	d_3 D10	d_4 H7	d_5	d_6 máx	l_3	s_1 mín	s_2 mín	Número de nervios	Número de almas	Peso completo kg
S	-	200	55	90	105	80	60	105	230	45	55	85	170	40	18	-	-	1	20
S	-	250	55	90	115	85	60	115	280	50	60	100	210	50				1	30
S	-	315	55	90	125	95	65	125	350	60	75	120	270	60				1	45
-	B		65	110	135	105	75	135										1	50
S	-	400	65	110	140	105	75	140	440	80	95	140	345	80	20	-	-	1	80
-	B		90	140	155	120	90	155										1	90
S	-	500	65	110	145	110	75	145	540	90	105	160	435	80	20	15	4	1	115
-	B		90	140	160	125	90	160										1	135
S	-	630	75	120	165	120	80	165	680	100	120	180	560	100	20	15	6	1	185
-	B		110	160	185	140	100	185										1	220
S	-	710	90	140	185	135	90	185	760	110	130	200	630	100	25	18	6	1	265
-	B		160	210	220	170	125	220										1 2	345

Según DIN 15075, las dimensiones de las ruedas portadoras con pestañas con soporte de fricción con corona dentada son las indicadas en la Tabla 8.10.

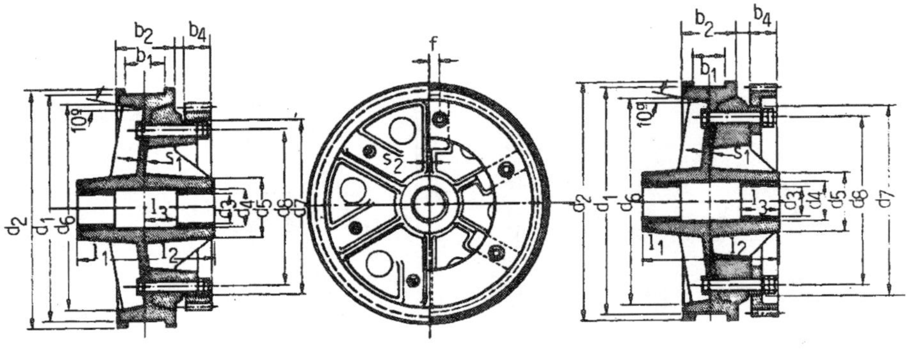

Figura 8.15. Rueda portadora con pestaña.

SK, significa corona dentada pequeña y rueda portadora estrecha

BK, significa corona dentada pequeña y rueda portadora ancha

SG, significa corona dentada grande y rueda portadora estrecha

BG, significa corona dentada grande y rueda portadora ancha

Tabla 8.10. Dimensiones.

Forma				d_1 h9	b_1 máx	b_2	b_4	l_1 simétrica	l_1 asimétrica		l_2	d_2	d_3 D10	d_4 H7	d_5	d_6 máx	d_7 h9	d_8	e	f	l_3	s_1 mín	s_2 mín	Nº nervios y levas	Nº de almas	Peso completo kg.
-	SG	-	-	200	55	90	40	105	80	60	105	230	45	55	85	170	160	125	15	-	40	18	-	4 sin nervios	1	26
-	SG	-	-	250	55	90	50	115	85	60	115	280	50	60	100	210	200	155			50					42
-	SG	-	-	315	55	90	60	125	95	66	125	350	60	75	120	270	260	200			60					65
-	-	-	BG		65	110		135	105	75	135															75
SK	-	-	-	400	65	110	65	140	105	75	140	440	80	95	140	345	270	210	15	-	80	20	-	4 sin nervios	1	115
-	SG	-	-														300	240								120
-	-	BK	-		90	140		155	120	90	155						270	210								130
-	-	-	BG														300	240								135

Según DIN 15076, las dimensiones de las ruedas portadoras con pestañas y llantas con soporte de fricción sin corona dentada son las indicadas en la Tabla 8.11.

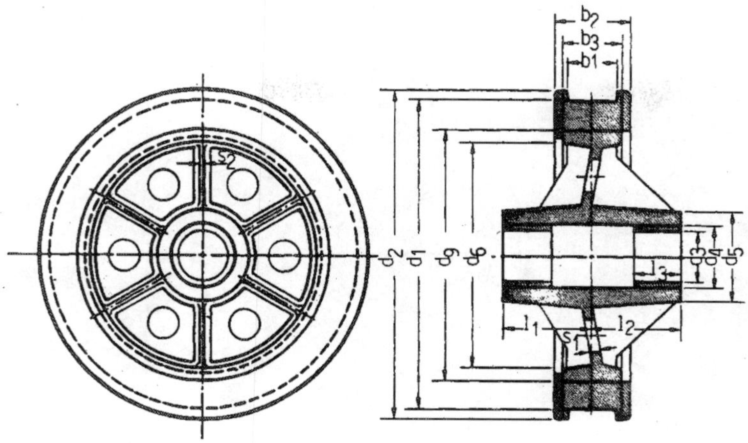

Figura 8.16. Rueda portadora con pestaña y llanta.

S, significa rueda portadora estrecha

B, significa rueda portadora ancha

Tabla 8.11. Dimensiones.

Forma	d_1 h9	b_1 máx	b_2	b_3	l_1 simétrica	l_1 asimétrica		l_2	d_2	d_3 D10	d_4 H7	d_5	d_6	d_9	l_3	s_1 mín	s_2	Nº de nervios	Nº de almas	Peso completo kg
S -	400	65	110	80	140	105	75	140	440	80	95	140	250	310	80	20	-	-	1	100
- B		90	140	110	155	120	90	155												130
S -	500	65	110	80	145	110	75	145	540	90	105	160	330	400	80	20	15	4	1	150
- B		90	140	110	160	125	90	160												190
S -	630	75	120	90	165	120	80	165	680	100	120	180	450	520	100	20	15	6	1	240
- B		110	160	130	185	140	100	185												300
S -	710	90	140	100	185	135	90	185	760	110	130	200	510	590	100	25	18	6	1	340
- B		160	210	170	220	170	125	220												470

Según DIN 15077, las dimensiones de las ruedas portadoras con pestañas y llantas con soporte de fricción con corona dentada son las indicadas en la Tabla 8.12.

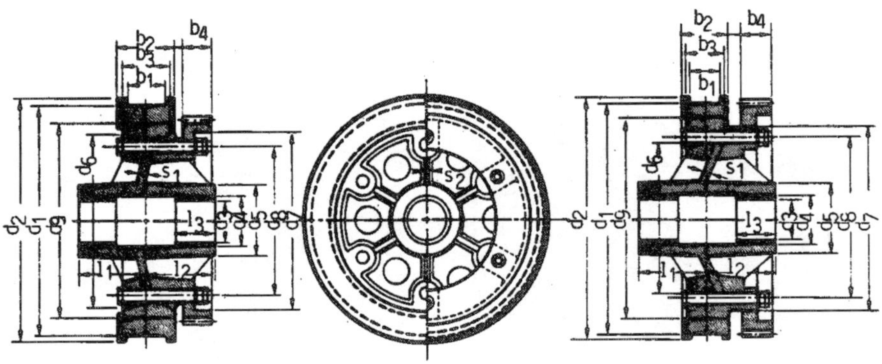

Figura 8.17. Rueda portadora con pestaña y llanta.

SK, significa corona dentada pequeña y rueda portadora estrecha

BK, significa corona dentada pequeña y rueda portadora ancha

SG, significa corona dentada grande y rueda portadora estrecha

BG, significa corona dentada grande y rueda portadora ancha

Tabla 8.12. Dimensiones.

Forma				d_1 h9	b_1 máx	b_2	b_3	b_4	l_1 simétrica	l_1 asimétrica		l_2	d_2	d_3 D10	d_4 H7	d_5	d_6	d_7 h9	d_8	d_9	e	l_3	s_1 mín	s_2 mín	Nº de nervios y levas	Nº de almas	Peso completo kg
SK	-	-	-	400	65	110	80	65	140	105	75	140	440	80	95	140	250	270	210	310	15	80	20	-	4 sin nervios	1	135
-	SG	-	-															300	240								140
-	-	BK	-		90	140	110		155	120	90	155						270	210								165
-	-	-	BG															300	240								170
SK	-	-	-	500	65	110	80	70	145	110	75	145	540	90	105	160	330	350	290	400	15	80	20	15	4	1	190
-	SG	-	-															390	330								200
-	-	BK	-		90	140	110		160	125	90	160						350	290								230
-	-	-	BG															390	330								240

Según DIN 15078, las dimensiones de las ruedas portadoras con pestañas con soporte de rodamiento sin corona dentada son las indicadas en la Tabla 8.13.

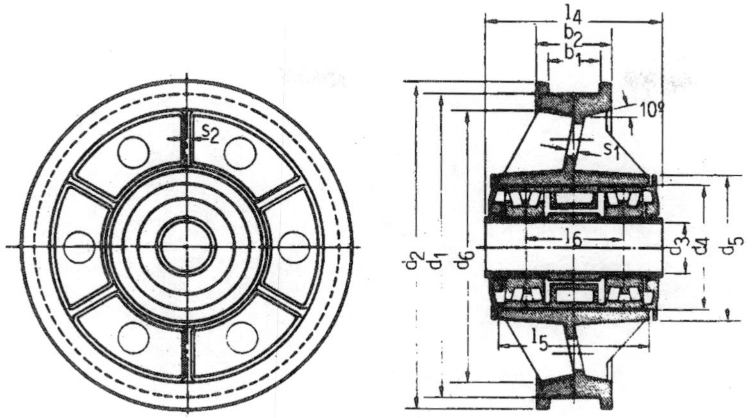

Figura 8.18. Rueda portadora con pestaña.

S, significa rueda portadora estrecha

B, significa rueda portadora ancha

Tabla 8.13. Dimensiones.

Forma		d_1 h9	b_1 máx	b_2	d_2	d_3	d_4 M7	d_5	d_6 máx	l_4	l_5	l_6	s_1 mín	s_2 mín	Nº de nervios	Nº de almas	Rodamiento de rodillos a rótula según DIN 635 parte 2	Peso completa kg
S	-	315	55	90	350	60	160	220	270	250	190	140	18	-	-	1	22218	75
-	B		65	110						270	210	160						105
S	-	400	65	110	440	80	180	240	345	280	220	164	20	15	4	1	22220	130
-	B		90	140						310	250	194						160
S	-	500	65	110	540	90	215	285	435	290	230	162	20	15	4	1	22224	190
-	B		90	140						320	250	192						225
S	-	630	75	120	680	100	230	300	560	330	260	186	20	15	6	1	22226	270
-	B		110	160						370	300	226						320

Según DIN 15079, las dimensiones de las ruedas portadoras con pestañas con soporte de rodamiento con corona dentada son las indicadas en la Tabla 8.14.

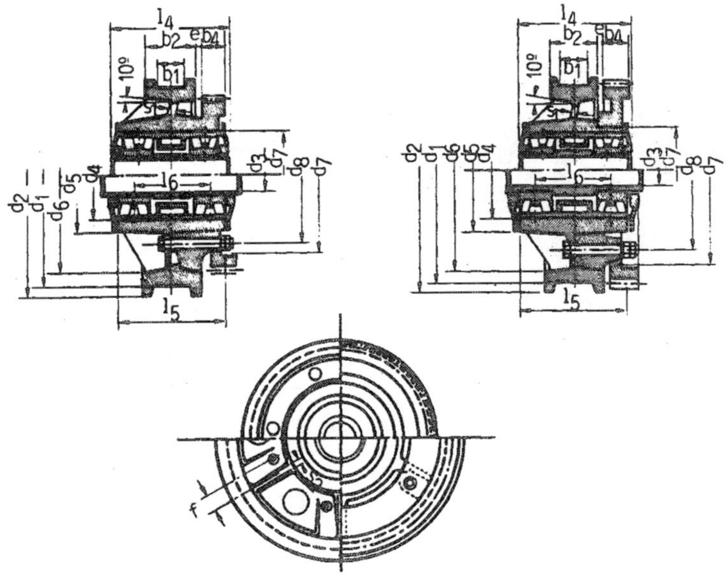

Figura 8.19. Rueda portadora con pestañas.

Tabla 8.14. Dimensiones.

d_1	Coronas dentadas correspondientes DIN	Medidas de coordinación
315 a 500	15082 parte 2	d_7
630 a 1250	15082 parte 1	d_8

Según DIN 15080, las dimensiones de las ruedas portadoras con pestañas y llantas con soporte de rodamiento sin corona dentada son las indicadas en la Tabla 8.15.

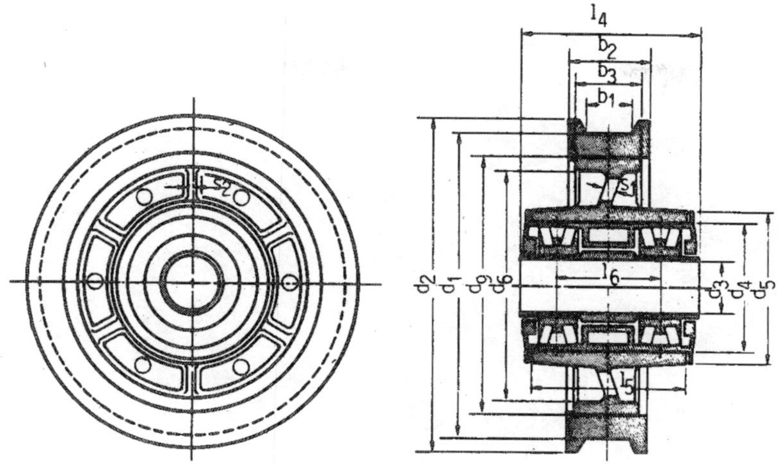

Figura 8.20. Rueda portadora con pestañas y llantas.

S, significa rueda portadora estrecha

B, significa rueda portadora ancha

Tabla 8.15. Dimensiones.

Forma		d_1 h9	b_1 máx	b_2	b_3	d_2	d_3 D10	d_4 M7	d_5	d_6	d_9	l_4	l_5	l_6	s_1 mín	s_2 mín	Nº de nervios	Nº de almas	Rodamiento de rodillos a rótula según DIN 635 parte 2	Peso completa kg
S	-	400	65	110	80	440	80	180	240	250	310	280	220	164	20	-	-	1	22220	160
-	B		90	140	110							310	250	194						180
S	-	500	65	110	80	540	90	215	285	330	400	290	230	162	20	15	4	1	22224	230
-	B		90	140	110							320	260	192						270
S	-	630	75	120	90	680	100	230	300	450	520	330	260	186	20	15	6	1	22226	310
-	B		110	160	130							370	300	226						380
S	-	710	90	140	100	760	110	270	340	510	590	370	300	217	25	18	6	1	22230	455
-	B		160	210	170							440	370	287						590

Según DIN 15081, las dimensiones de las ruedas portadoras con pestañas y llantas con soporte de rodamiento con corona dentada son las indicadas en la Tabla 8.16.

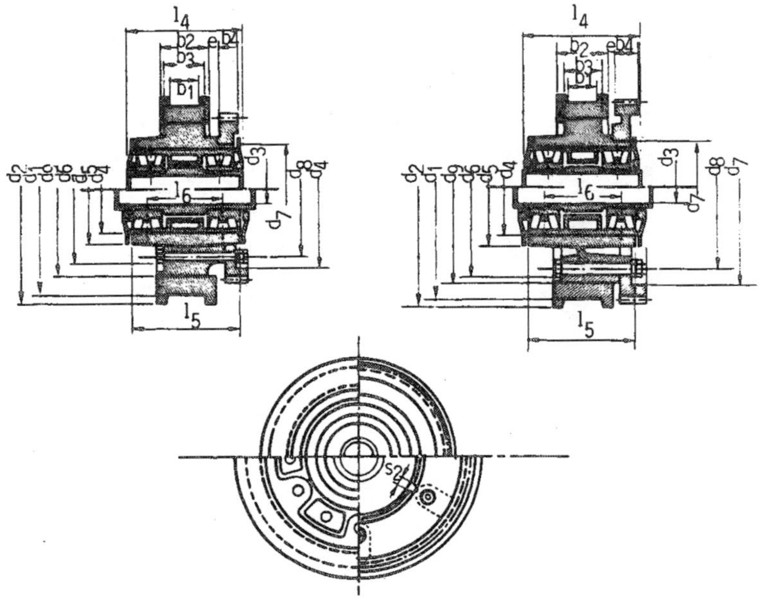

Figura 8.21. Rueda portadora con pestañas y llantas.

Tabla 8.16. Dimensiones.

d_1	Coronas dentadas correspondientes DIN	Medida de coordinación
400 y 500	15082 parte 2	d_7
630 a 1250	15082 parte 1	d_8

Según DIN 15082, las dimensiones de las ruedas portadoras con coronas dentadas aplicables como bridas son las indicadas en la Tabla 8.17.

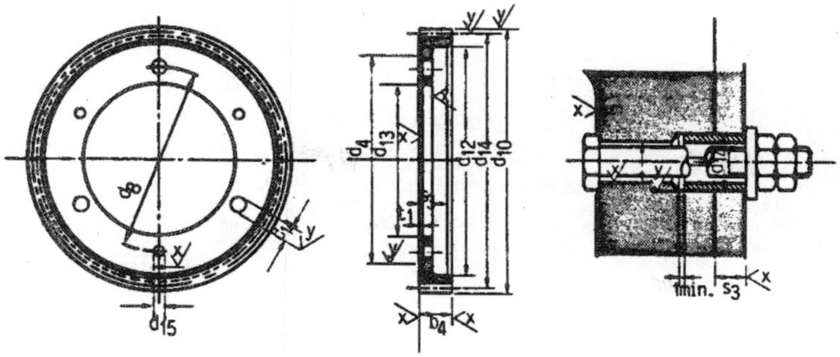

Figura 8.22. Rueda portadora.

K, significa corona dentada pequeña

G, significa corona dentada grande

Tabla 8.17. Dimensiones.

Para diámetro de rueda portadora d_1	Forma	Número de dientes	Módulo	b_4	d_7 H7	d_8	d_{10} h11	d_{11}	d_{12}	d_{13}	d_{14}	d_{15}	s_3	t_1	Nº de agujeros d_{14} ó d_{15}	Peso kg (densidad 7,85kg/dm³)
200	G	40	5	40	160	125	210	200	165	90	21	14	13	5	cada una 2	5
250	G	50	5	50	200	155	260	250	210	110	28	18	16	5		10
315	G	52	6	60	250	200	324	312	270	155	28	18	16	5		15
400	K	40	8	65	270	210	336	320	270	150	35	23	18	5		25
	G	50			300	240	416	400	350	180						30
500	K	42	10	70	350	290	440	420	360	230	35	23	18	5		30
	G	49			390	330	510	490	430	270						40

Figura 8.23. Rueda de un puente grúa.

PROBLEMA TIPO 8.1

Enunciado: Una grúa pórtico tiene 2 vigas principales. Altura = 5 m. Luz = 10 m. Q_u = 35000 daN. Gancho doble (150 daN). Velocidad traslación carro = 80 m/min. Velocidad traslación grúa = 10 m/min. Resistencia tracción mínima de la rueda = 690 N/mm^2. Trabaja el 50 % del tiempo. Perfil Burbach A 65 para la rodadura del pórtico y llantón 50.40 para la rodadura del carro. El tambor de doble ramal está centrado en el carro. Calcular ruedas de traslación de carro y de pórtico.

Figura 8.24. Fotografía de la grúa pórtico.

Solución:

Habría que calcular todos los pesos. Como problema tipo, los vamos a estimar:

$P_{\text{línea gancho}} = 150$ daN.

$Q_T = 150 + 35000 = 35150$ daN.

$P_{\text{estructura}} = 12000$ daN.

$P_{\text{carro}} = 2500$ daN.

a) Ruedas del carro:

$$d_1 \geq \frac{R}{P_{adm} \cdot c_2 \cdot c_3 \cdot (k - 2r_1)}$$

siendo R = (35150 + 2500)/4 = 9412,5 daN = 94125 N (para un número de ruedas = 4)

Estimamos d_1 = 400 mm:

$P_{adm} = 7\ N/mm^2$ (Tabla 8.1)

$c_2 = 0{,}91$ (Tabla 8.2)

$c_3 = 0{,}9$ (Tabla 8.3)

$k\text{-}2r_1 = 50 - 2 \cdot 2\ mm = 46\ mm$ (para llantones $r_1 = 2$ mm)

$$400 \geq \frac{94125}{7 \cdot 0{,}91 \cdot 0{,}9 \cdot 46} = 356{,}91\ mm$$

luego, $D_{rueda\ carro} = 400$ mm.

b) Cálculo de ruedas de traslación del pórtico

Suponemos una rueda por cada poste

$D_{rueda\ pórtico} = 630$ mm

$$R = \frac{35150 + 2500}{2} + \frac{32000}{4} = 26825\ daN = 268250\ N$$

$P_{adm} = 7\ N/mm^2$ (Tabla 8.1)

$c_2 = 1{,}17$ (Tabla 8.2)

$c_3 = 0{,}9$ (Tabla 8.3)

$k\text{-}2r_1 = 53$ mm (Tabla 7.2)

$$630 \geq \frac{268250}{7 \cdot 1{,}17 \cdot 0{,}9 \cdot 53} = 686{,}6\ mm$$

luego, hay que colocar dos ruedas en cada poste:

$D_{rueda\ pórtico} = 400$ mm

$$R = \frac{268250}{2} = 134125\ N.$$

$P_{adm} = 7\ N/mm^2$ (Tabla 8.1)

$c_2 = 1{,}14$ (Tabla 8.2)

$c_3 = 0{,}9$ (Tabla 8.3)

$k\text{-}2r_1 = 53$ mm (Tabla 7.2)

$$400 \geq \frac{134125}{7 \cdot 1{,}14 \cdot 0{,}9 \cdot 53} = 352{,}3\ mm$$

Figura 8.25. Detalle del paquete de rodadura.

PROBLEMA TIPO 8.2

Enunciado: Se desea comprobar la grúa pórtico de la figura 8.26

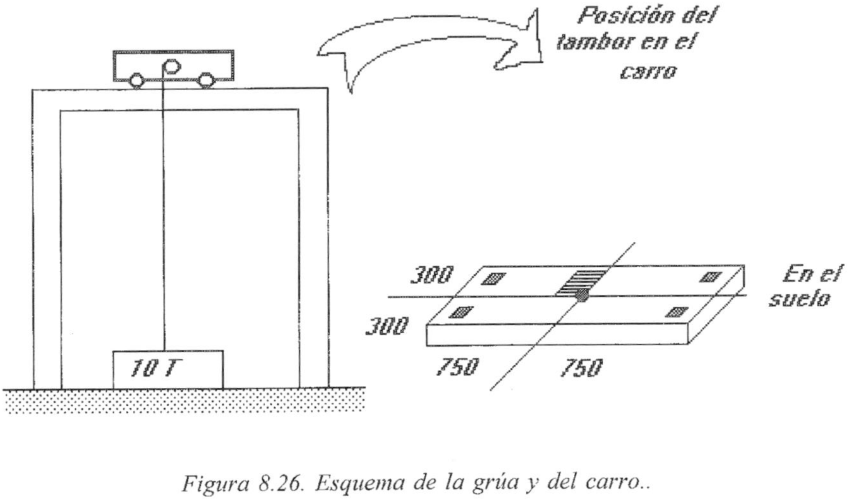

Figura 8.26. Esquema de la grúa y del carro..

¿Es posible elevar la carga a la altura de elevación máxima con estos datos?

Proceso de elevación v = cte

N°de ramales del cable = 1

N°de espiras del tambor = 8

Rendimiento transmisión = η = 0,85

Carga útil (Q_u) = 10.000 daN

Peso propio y elementos suspensión ≈ 0

Potencia motor elevación = 60 CV

Tiempo elevación = 30 s

Altura de elevación = 10 m

$h_1 = 15,15$ $h_2 = 1$ (tambor)

$K_C = 0,32$

$P_{adm} = 40$ Kg / cm^2

K-2 $r_1 = 45$ mm

$d_{Rueda\ carro} = 200$ mm

$C_2 = C_3 = 1$

1. Puede ser que el motor no tenga suficiente potencia.

$$v_{elev} = \frac{s}{t} = \frac{10\ m}{0,5\ min} = 20\ m/min$$

$$P = \frac{Q_u \bullet v_{elev}}{4.500 \bullet \eta} = \frac{10.000 \bullet 20}{4.500 \bullet 0,85} = 52,28\ CV$$

Si que puede pues 52,28 < 60 CV

2. Puede ser que no se pueda enrollar el cable, por no tener espacio en el tambor.

$$S = \frac{Q_u}{i\ \eta} = \frac{10.000}{1\ 1} = 10.000\ daN$$

$$d_{cable} = K_C\sqrt{S} = 0,32\ \sqrt{10.000} = 32\ mm$$

Diámetros de cable disponibles $\Rightarrow d_c = 33mm \Rightarrow$ paso, s = 37 mm

$d_{Tambor} = d_{cable} \cdot h_1 \cdot h_2 = 15,15\ .\ 33\ .\ 1 = 500$ mm

$$N°Espiras = \frac{\text{Longitud del cable}}{\pi \bullet d_{Tambor}} = \frac{10.000\ mm}{500 \bullet \pi} = 6,36 \approx 7$$

7 < 11 $\Rightarrow$ Hay suficiente N° de espiras para enrrollar el cable.

3. Puede ser que no aguanten las ruedas,pues al elevar la carga, el cable se enrrolla en el tambor y la carga se desplaza hacia el extremo.

Calculamos lo que se ha desplazado el cable y por tanto la carga.

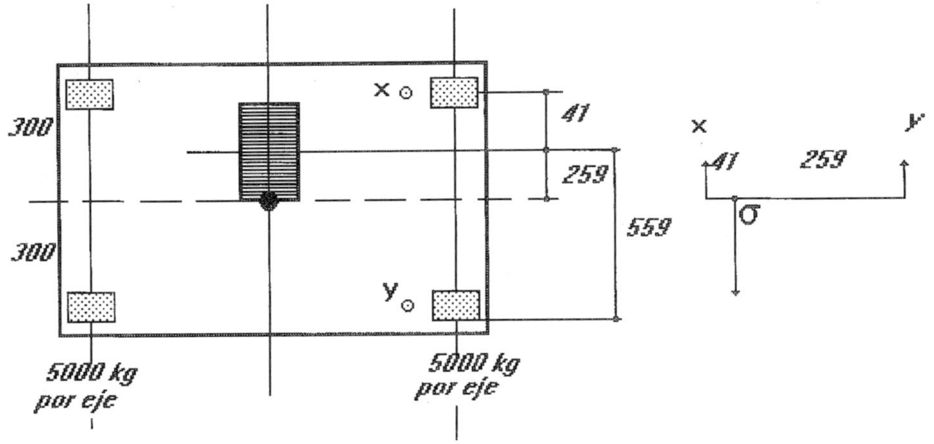

Figura 8.27. Esquema del tambor en el carro

Cuando la carga está arriba , todo el cable se encuentra enrrollado y entonces se produce la situación más desfavorable, con la carga fuera del centro de inercia.

Longitud = 7 espiras × paso (37 mm / espira) = 259 mm

x: Reacción en la rueda sobrecargada

y: Reacción en la rueda descargada

$$\left.\begin{array}{ll} \sum F = 0 & 5.000 = x + y \\ \sum M = 0 & x \cdot 41 - y \cdot 559 = 0 \end{array}\right\}$$

$$x = \frac{559}{600} \cdot 5.000 = 4660 \text{ daN}$$

$$y = \frac{41}{600} \cdot 5.000 = 341,6 \text{ daN}$$

$$d_{rueda} \geq \frac{Q_{rueda}}{P_{adm} \cdot C_2 \cdot C_3 \cdot (K - 2r_1)} = \frac{4.660}{40 \cdot 1 \cdot 1 \cdot 4,5}$$

$$\left.\begin{array}{l} P_{adm} = 40 \text{ Kg/cm}^2 \\ (K - 2\,r_1) = 4,5 \text{ cm} \end{array}\right\} \quad d_{rueda} \geq 25,8 \text{ cm} \Rightarrow d_{rueda} \geq 258 \text{ mm}$$

Pero $d_{rueda} = 200 < 258$ mm ⇒ La rueda se rompe

¿A qué altura de elevación se rompe la rueda?

$$20 = \frac{Q_{rueda.critica}}{40 \cdot 1 \cdot 1 \cdot 4,5} \Rightarrow Q_{rueda} = 3.600 \text{ daN}$$

Como existe relación lineal entre la Q_u y la altura $\Rightarrow$ $x = \frac{Q}{2} \bullet \left(\frac{e+z}{2e} \right)$

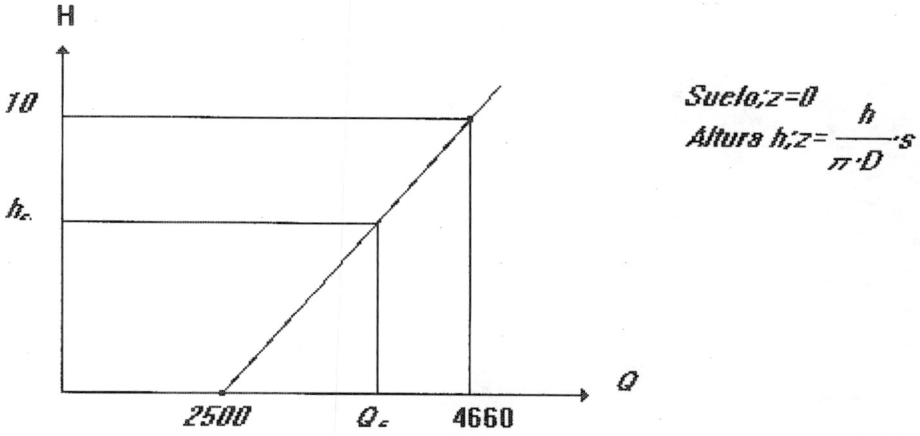

Figura 8.28. Diagrama altura-carga

$$\frac{10}{4.660 - 2.500} = \frac{h_{critica}}{3.660 - 2.500} \Rightarrow h_{critica} = \frac{11.600}{2.160} = 5,09 \text{ m}$$

La rueda se rompe 5,09 metros del suelo.

9. EQUIPO ELECTRICO

9.1. Generalidades

La energía eléctrica es la más empleada en el accionamiento de máquinas de elevación. Los equipos empleados difieren bastante de los habituales, debido a varios factores.

La variedad de cargas que se deben elevar es grande. Las condiciones de trabajo son muy diferentes en la subida y en la bajada y además se debe variar la velocidad de desplazamiento.

Otras características de los equipos empleados en máquinas de elevación, son la necesidad de disponer elementos de seguridad para evitar un manejo inadecuado de la carga y el poder funcionar casi sin interrupción.

Figura 9.1. Representación de una grúa giratoria sobre semipórtico.

Figura 9.2. Representación de grúas transtainer.

9.2. Accionamientos eléctricos

En los aparatos de elevación cada accionamiento eléctrico se corresponde con un movimiento, ya sea éste de la carga, del aparato o de alguna de sus partes. En este apartado se describen los accionamientos de los distintos tipos de grúas.

Un aparato típico es la grúa de cubierta de alcance variable. En esta grúa existen los siguientes accionamientos: elevación, giro, variación de alcance y apertura y cierre de cuchara. El mecanismo de los tres primeros se encuentra en el interior de la torreta, incluyendo motores, reductores, tambores, mando, etc. El control de la cuchara es hidráulico. La toma de corriente se hace en el interior del pilar central, por medio de anillos circulares y escobillas rozantes.

En la Figura 9.1 se muestra una grúa giratoria sobre semipórtico. Los acciona- mientos son los de una grúa giratoria: elevación, giro y variación alcance, más los de una grúa pórtico: traslación de carro y de pórtico.

En la Figura 9.2. aparece un tipo de grúa transtainer. La grúa-pórtico sobre railes tiene los mismos accionamientos que un puente grúa normal: elevación, traslación de carro y traslación de pórtico. Además están los accionamientos propios del spreader (apertura y cierre de twislocks, subir y bajar flippers, manejo de pinzas si las lleva y ajuste de longitud si es extensible). La toma de corriente se hace por cable, que se enrolla en un tambor adosado a una pata.

La grúa-pórtico sobre neumáticos lleva un accionamiento adicional para girar las ruedas.

Figura 9.3. Representación de grúa portacontenedores.

La grúa de cuadrilátero articulado también se conoce como de "pico de pato". Los accionamientos son similares a los de la grúa de cubierta, con el añadido de la traslación y en algunos casos, el accionamiento por cable de la cuchara.

Las grúas portacontenedores (Figura 9.3) tienen los siguientes accionamientos: elevación, elevación de pluma, traslación del carro y traslación del pórtico. En muchos casos tienen elevación auxiliar y en algunos hay giro de carro.

La diferencia entre las grúas de cables y las grúas autoportantes está en la ubicación de los accionamientos. En las grúas autoportantes el mecanismo de elevación está en el carro, y puede haber giro de carro. En las grúas de cables el mecanismo de elevación está en la caseta fija situada en la parte superior de la estructura.

9.2.1. TERMINOLOGÍA ESPECÍFICA DE ACCIONAMIENTOS DE GRÚAS

Portainer: Grúa portacontenedores.

Transtainer: Grúa-pórtico para distribución en parques de contenedores o playas.

Straddle carrier: Grúa rápida sobre neumáticos para trasladar contenedores fuera del parque.

Spreader: Armazón en el cual se enganchan los contenedores para ser elevados.

Corner: Esquina del contenedor con agujeros donde encajan los twislocks y los pines.

Pin: Pieza metálica que asegura la unión entre los corners de los contenedores durante el transporte.

Twislock: Gancho en la esquina del spreader que se introduce en el corner fácilmente. Al ser girado queda bloqueado.

Flippers: Piezas metálicas en los extremos del spreader que sujetan al contenedor si éste se bambolea demasiado.

Pinzas: Brazos en las esquinas del spreader que permiten sujetar el contenedor durante un desplazamiento corto sin necesidad de encajar los twislocks.

Amantillo: Pluma en grúa naval.

9.3. Motores

Los motores eléctricos empleados en máquinas de elevación son, en su mayoría, trifásicos asíncronos de anillos rozantes. En algunos casos se emplean motores en corto y de corriente continua. Los motores síncronos están limitados a usos muy especiales, con grandes potencias y regulación electrónica compleja.

En cualquier caso son motores de construcción especial, con zunchos y refuerzos en las bobinas para soportar los altos esfuerzos mecánicos.

9.3.1. TENSIONES DE TRABAJO

Las tensiones de trabajo están normalizadas en VDE 0530. Para motores trifásicos son 220, 380 y 500 V, aunque 220 V no se suele emplear en la alimentación de motores, reservándola para mando y alumbrado. Para corriente continua están normalizadas las siguientes tensiones

Tabla 9.1.

Generadores (V)			115	230	460	630	
Motores (V)	24	40	110	220	440	600	750

Estas tensiones tienen una tolerancia de ± 5%. Si se escoge una tensión de trabajo que esté dentro de este margen, se construye el motor o generador para la tensión normalizada correspondiente.

Como fuente de energía se usa la red trifásica normal. La frecuencia de esta red es 50 Hz en Europa y 60 Hz en América. La tensión continua se obtiene por rectificadores estáticos. En algunos puertos existen redes autónomas de corriente continua.

Por estas razones los motores trifásicos son siempre de tensiones normalizadas, no así los de corriente continua, en los que hay gran variedad. La tensión más usada es 400 V.

9.3.2. MOTORES DE CORRIENTE CONTINUA

Los motores de corriente continua se emplean cuando es necesario un margen amplio de regulación de velocidad o cuando la potencia supera los 200 kw. En este caso se desaconseja el uso de máquinas trifásicas por la necesidad del uso de contactores para el control, ya que tienen poca vida con las intensidades producidas.

Con motores de corriente continua se pueden alcanzar velocidades en el margen de 3 a 5 veces la nominal, pero el motor ha de ser especialmente construido para ser estable en esa zona. En muy pocas aplicaciones se supera la relación 1:3 y la mayoría de las instalaciones funcionan con valores entre 1:2 y 1:2.5. Estos valores garantizan la ausencia de problemas de conmutación. En cualquier caso no conviene superar las 2000 r.p.m.

La parada de emergencia se hace eliminando la tensión. El freno cae inmediatamente. Se produce una punta de intensidad elevada.

La parada normal se hace vigilando la referencia de la dinamo tacométrica. Cuando el frenado regenerativo ha reducido suficientemente la velocidad, se dejan caer los frenos. La punta de intensidad es así mucho más pequeña.

En caso de que transcurrido un tiempo fijado no se haya reducido la velocidad lo suficiente, se produce una parada de emergencia.

9.3.2.1. Motores de excitación serie

Fueron muy empleados antiguamente. Ahora han cedido terreno a los de excitación independiente. Desarrollan un elevado para de arranque (2.5 a 3 veces el nominal). Adaptan la velocidad a la carga, elevando cargas menores a mayor velocidad.

9.3.2.2. Motores de excitación en paralelo

Totalmente fuera de uso. La velocidad es prácticamente independiente de la carga. Sólo se usaron en accionamientos de poca potencia.

9.3.2.3. Motores de excitación independiente

Son montados en la actualidad en todos los accionamientos de corriente continua. Pueden ser regulados para todo tipo de cargas con un margen de velocidad de 0 a 100% de a velocidad máxima. Son idóneos para la regulación electrónica. Sus características de arranque son parecidas a las de los motores serie.

9.3.3. MOTORES TRIFÁSICOS

Son los más empleados. Su velocidad de sincronismo depende del número de pares de polos (p):

$$n = \frac{60\ f}{p} \qquad \text{n: r.p.m.} \qquad \text{f: ciclos/seg.} \qquad (9.1)$$

Coincide con la velocidad de giro de los motores síncronos. En los asíncronos es 5 - 6% inferior y varía con la carga. Esta velocidad de giro es muy elevada y se debe colocar un reductor para aprovechar el movimiento.

9.3.3.1. Motores asíncronos

9.3.3.1.1. De anillos rozantes

Puede ser regulada su velocidad por medio de resistencias rotóricas o por equipos electrónicos. El margen de velocidad obtenidos es inferior al conseguido con motores de corriente continua, pero son más compactos, baratos y fiables. El par máximo o par de calado es 2.5 a 3 veces el par nominal.

9.3.3.1.2. De colector

Pueden ser regulados decalando a mano las escobillas. Están totalmente fuera de uso.

9.3.3.1.3. De jaula de ardilla

Se emplean en polipastos, puentes grúas pequeños, traslación de puentes, etc. Sólo se emplean en accionamientos de poca potencia. Se conectan sin ningún tipo de regulación. Sólo en traslación de puentes o pórticos se instalan arrancadores. Si se quisiera regular la velocidad se debería recurrir a un convertidor estático.

Se construyen motores especiales (de ranura profunda, de jaula doble, etc.) que dan un par de arranque de 1.6 a 2.5 veces el par nominal. Al calcular los motores de jaula se deben sobredimensionar, pero evitando el exceso de potencia que origine el arranque brusco. La aceleración no debe sobrepasar 0.6 m/seg^2 en movimientos de elevación ó 0.3 m/seg^2 en movimientos horizontales.

9.4. Cálculo de la potencia necesaria

Este cálculo corresponde al técnico mecánico, ya que es él quien conoce el par necesario para el accionamiento así como los rendimientos de las transmisiones.

En la Tabla 9.2 se encuentran los valores empleados por AEG. Los empleados por el resto de marcas son idénticos, aunque muchos introducen una fórmula adicional para el cálculo de la potencia necesaria para vencer la acción del viento.

El cálculo es independiente del tipo de motor y regulación empleados.

Las fórmulas son las siguientes:

Potencia:

- *Movimientos de elevación:*

$$P = \frac{G2 \cdot v_{elev}}{4500 \cdot \eta} \text{ (C V)} \tag{9.2}$$

G_2 = carga de elevación (carga útil + elementos) (daN)

v_{elev} = velocidad de elevación (m/min)

η = rendimiento mecánico

En G_2 se incluye el peso del gancho, cuchara, spreader, etc.

Tabla 9.2.

Clasif.de acçionamiento de grúas	Tiempo medio de trabajo h/d 1)	Nº de carga	Clase de carga		Grupos de accionamiento Denominación a V_1	V_2	V_3	V_4
V_1	< 1	1	ligero	Plena carga sólo excepcionalmente	I	I	II	III
V_2	> 1 hasta < 3							
V_3	> 3 hasta < 6	2	mediano	Uniforme entre 1/4 hasta plena carga	I	II	III	IV
V_4	> 6							
		3	pesado	Mayormente plena carga	II	III	IV	IV

- *Movimientos de traslación:*

$$P_w = \frac{(G1 + G2)\ W \cdot v_{tras}}{4.500.000\ \eta} \text{ (C V)} \tag{9.3}$$

siendo

G_1 = peso muerto (carro, puente, etc.) (daN)

v_{tras} = velocidad de traslación (m/min)

W = coeficiente de rozamiento:

7 para cojinete de rodamiento

20 para cojinete de deslizamiento

Esta es la potencia continua. Se debe tener en cuenta también el par necesario para la aceleración:

$$M_A = M_W + M_b \text{ (daN . m)} \tag{9.4}$$

siendo

M_A = par de arranque (daN . m)

M_W = par resistente (daN . m)

M_b = par de aceleración (daN . m)

El par de arranque sólo se debe considerar en motores de traslación, y no debe superar el par máximo del motor.

$$M_W = \frac{PW\ 716}{n_1}\ (daNm) \tag{9.5}$$

siendo n_1 la velocidad del motor en r.p.m.

$$M_b = \frac{\Sigma\, GD_1^2 . n_1}{375.ta} \tag{9.6}$$

ta es el tiempo de aceleración, siendo $\Sigma\, GD_1^2$ la suma de pares de inercia referidos al eje motor. Las fórmulas de cálculo de los pares de inercia son las siguientes:

Masas movidas linealmente:

$$GD_1^2 = \frac{(G1 + G_2)\ .\ d^2}{\eta}\ (daNm^2) \tag{9.7}$$

siendo $$d = \frac{v_{tras}}{\pi n_1}\ (m) \tag{9.8}$$

v_{tras} es la velocidad lineal de la masa

Masas rotativas:

$$GD_1^2 = GD_2^2 \frac{n_2^2}{n_1^2} \tag{9.9}$$

El GD_2^2 del motor se obtiene directamente de la Tabla 9.3.

Los valores de ta más corrientes son:

Elevación, cierre cuchara	ta = 2 segs.
Traslación carro o puente grúa, giro	ta = 4 segs.
Traslación pórtico	ta = 6 segs.

A estas fórmulas se debe añadir la de la potencia necesaria para vencer la resistencia del viento, en caso de que la grúa esté en el exterior:

$$P_V = \frac{S.v_{tras}}{4.500\ .\ \eta} . F_V\ (CV) \tag{9.10}$$

F_V = presión del viento (daN/m^2) (se toma de la Tabla 10.6 ó se calcula)

S = superficie expuesta al viento (m^2)

v_{tras} = velocidad de traslación (m/min)

Tabla 9.3. Tabla de motores eléctricos.

Potencia nominal según VDE 0530 CV	Potencia nominal según VDE 0530 kW	Tamaño constructivo	Con o sin levanta escobillas	Tensión de servicio V	Tipo	Peso neto kg	Momento de inercia $j = \frac{GD^2}{4}$ kg m²	Valores de servicio a potencia nominal: Velocidad r.p.m.	Rendimiento η %	Factor de potencia cos φ	Intensidad a 380 V A	Par en N. m.	Relación entre par máximo y nominal	Características rotóricas: Tensión V	Intensidad A	[illegible] forma B 3 [illegible]
1.500 r. p. m. (4 polos)																
5,5	4	–	SIN	220/380	**1LS1 133-4AA2.**	75	0,03	1 410	77	0,80	99	27	2,8	130	21	
7,5	5,5	–	SIN	220/380	**1LS1 135-4AA2.**	80	0,035	1 410	82	0,85	12	37	2,7	170	22	
10	7,5	–	SIN	220/380	**1LS1 163-4AA2.**	110	0,068	1 425	85	0,82	16,3	50	3,0	180	27	
15	11	–	SIN	220/380	**1LS1 166-4AA2.**	125	0,09	1 440	87	0,83	23	74	3,4	260	26	
20	15	180 L	SIN	220/380 500	**1LS2 136-4AA2. -4AA3.**	215	0,23	1 445	88	0,84	31	101	4	250	37	
25	18,5	200 L	SIN	220/380 500	**1LS2 155-4AA2. -4AA3.**	285	0,39	1 450	89	0,85	37	124	3,8	215	54	
30	22	200 L	SIN	220/380 500	**1LS2 156-4AA2. -4AA3.**	305	0,43	1 450	90	0,86	43	148	4	250	54	
40	30	225 M	SIN	220/380 500	**1LS2 176-4AA2. -4AA3.**	400	0,76	1 455	91,5	0,88	57	201	3,9	165	115	
50	37	250 M	SIN	220/380 500	**1LS2 185-4AA2. -4AA3.**	555	1,02	1 460	90,5	0,88	71	247	3,8	180	125	
60	45	250 M	SIN	220/380 500	**1LS2 186-4AA2. -4AA3.**	595	1,16	1 465	91,5	0,88	85	300	4,2	230	121	
82	60	280 S	SIN	220/380 500	**1LS2 204-4AA2. -4AA3.**	745	1,9	1 470	92,5	0,88	112	392	4	255	145	
100	75	280 M	SIN	220/380 500	**1LS2 206-4AA2. -4AA3.**	820	2,17	1 475	93	0,89	138	497	4	305	150	
125	90	315 S	SIN	220/380 500	**1LS2 224-4AA2. -4AA3.**	980	3,1	1 475	93,5	0,89	165	582	3,8	315	175	
150	110	315 M	SIN	220/380 500	**1LS2 226-4AA2. -4AA3.**	1.070	3,65	1 475	94	0,90	200	712	4	380	175	
180	132	355	SIN	380 500	**1LS4 354-4AA1. -4AA3.**	1.400	4,9	1 475	93	0,90	240	853	3,6	395	205	
210	155	355	SIN	380 500	**1LS4 355-4AA1. -4AA3.**	1.450	5,5	1 480	93,5	0,90	280	1.000	3,9	475	198	
250	185	355	SIN	380 500	**1LS4 356-4AA1. -4AA3.**	1.550	6,2	1 480	94	0,90	330	1.120	4,2	580	192	
315	230	400	SIN	380 500	**1LS4 404-4AA1. -4AA3.**	2.000	11	1 485	94,5	0,91	405	1.480	3,7	455	305	
390	285	400	SIN	380 500	**1LS4 406-4AA1. -4AA3.**	2.150	13	1 485	95	0,91	500	1.830	3,9	570	300	
485	355	450/1	SIN	380 500	**1LS4 454-4AA1. -4AA3.**	2.800	20	1 490	95	0,92	620	2.270	4,1	630	340	
610	450	450/2	SIN	380 500	**1LS4 456-4AA1. -4AA3.**	3.100	24	1 490	95	0,92	780	2.890	4,1	790	345	

El término de viento no se introduce a menos que aparezca en las especificaciones del cliente. En Europa es obligatorio disponer sistemas de alerta y emergencia en grúas grandes. En España no existe ninguna norma.

Al seleccionar un motor de traslación por su potencia se debe comprobar también el par de aceleración :

$$P_{motor} \geq P_W + P_V$$

$$M_{máx\ motor} \geq M_W + M_b \qquad (9.11)$$

9.5. Elección del motor

9.5.1. POTENCIA DEL MOTOR

En general se debe procurar que el par resistente máximo no supere el 80% del par máximo que puede dar el motor y que la potencia nominal de éste sea mayor o igual que la potencia efectiva que demanda el accionamiento.

9.5.2. TIPO DE MOTOR

El tipo se selecciona según el movimiento a realizar, la potencia, el margen de velocidades necesario y el índice de utilización.

Los motores de corriente continua se emplean en elevaciones y giros, con potencias elevadas e índices de utilización altos. Son imprescindibles para grandes márgenes de regulación.

Los motores de jaula se emplean en traslaciones de puentes o pórticos. También se emplean en elevaciones de poca potencia sin variación de velocidad. Para variar la velocidad se recurre a trasmisiones hidráulicas (A.2) o a regulación electrónica en el estátor.

Los motores más usados son los de anillos rozantes. El tipo de regulación varía según el tipo de accionamiento.

9.5.3. TIPOS DE SERVICIO

Cada motor eléctrico está sometido a un régimen de conexiones y desconexiones que influyen en su calentamiento. Estos regímenes se agrupan en tipos de servicio según VDE 0530 1/1.69, § 8 y son un dato más para la elección en catálogo del motor.

En las máquinas de elevación, los motores asíncronos de anillos rozantes trabajan con servicio S 3 (servicio intermitente sin influencia del arranque en la temperatura) y los de corriente continua con servicio S 5 (servicio intermitente con influencia del arranque y del frenado en la temperatura).

En la práctica, los motores de corriente continua se calculan con servicio S 3, ya que la diferencia de comportamiento térmico no es excesiva.

9.5.4. FACTOR DE MARCHA

El factor de marcha está definido por la siguiente fórmula:

$$\%\ ED = 100\,\frac{\Sigma \text{ tiempo de marcha}}{\Sigma \text{ tiempo de marcha} + \Sigma \text{ tiempo de parada}} \qquad (9.12)$$

En la Tabla 9.4 están detallados el factor de marcha y el número de conexiones por hora para diferentes máquinas de elevación. El número de conexiones por hora no influye en el cálculo del motor, pero si influye en el cálculo de contactores.

9.5.5. FORMA CONSTRUCTIVA

Al seleccionar el motor se debe comprobar que se puede colocar en el sitio previsto para él. Para esto debe ser de tamaño contenido y de forma adecuada. Los motores más usados son los de las formas B3 (con patas) y los de la forma B5 (sin patas), formando éstos un conjunto muy compacto con los reductores.

9.5.6. PROTECCIONES

Los motores están protegidos del ambiente exterior en diverso grado. El grado de protección se indica con dos cifras. La primera indica el grado de protección contra el polvo y la penetración de contactos extraños. La segunda indica el grado de protección contra la penetración de agua. En algunos motores (franceses sobre todo) aparece una tercera cifra que indica la protección contra golpes y choques (norma UTE 20010).

Los tipos de protección indicados son DIN 4050 y CEI 144 y 525.

En motores en el interior de naves (puentes-grúas, grúas-cartela, etc.) se aplica una protección IP 23. En algunos se aplica IP 33 o IP 44 en la caja de bornas.

IP 23: Protección contra contactos con los dedos y contra sólidos de tamaño medio. Protección contra agua de aspersión en sentido vertical o inclinada 60° respecto a la vertical.

IP 44: Protección absoluta contra contactos y contra cuerpos extraños granulados. Protección contra salpicaduras de agua en todas direcciones.

En motores al aire libre (grúas de puerto, de astillero, de contenedores, etc.) se aplica IP 44 o IP 54, protegiéndose las cajas de bornas con IP 55 o IP 56.

IP 55: Protección absoluta contra contactos y contra la acumulación de polvo. Protección contra chorros de agua.

9.5.7. ELECCIÓN DEL MOTOR EN CATÁLOGO

Cada fabricante indica en sus catálogos el método de elección, pero todos clasifican sus motores en tablas ordenadas según el tipo de servicio, la potencia necesaria para el accionamiento y el factor de marcha (% ED). Para cada modelo se indican las formas constructivas y las protecciones disponibles. Las demás formas y protecciones se pueden conseguir, aunque no siempre, bajo pedido.

Tabla 9.4.

Pos.	Tipo grúa	Mecanismos	E.D. relativo S 3 %	Frecuencia conexión c/h.
1	Grúas de almacén Grúas de taller Grúas de casas de máquinas Grúas de ferrocarriles Grúas flotantes Grúas de a bordo	Elevación Traslación carro Traslación grúa Giro	25 25 25 ó 40 25	150
2	Grúas pesadas de montaje y del taller, más de 5 toneladas de peso de elevación	Elevación Traslación carro Traslación grúa	40 25 25 ó 40	150
3	Grúas para obras y construcciones	Elevación Giro Traslación Traslación carro	40 ó 60 40 40 40	150
4	Grúas para bultos Grúas flotantes y del puerto	Elevación Giro Traslación	40 40 25	150
5	Grúas de puerto con mordazas	Elevación Cerrar Giro Traslación	40 ó 60 40 40 25 ó 40	150 hasta 300
6	Puente de carga	Elevación Cerrar Traslación carro Traslación puente Giro	60 60 60 25 ó 40 40	150
7	Grúas ligeras para empresas siderúrgicas	Elevación Traslación carro Traslación grúas	40 40	300
8	Grúas pesadas para empresas siderúrgicas Grúas para fundición Grúas mezcladas Grúas de garras	Elevación Traslación carro Traslación grúa Giro	60 40 60 40	300
9	Grúas "Stripper" (para sacar los lingotes de los moldes) Grúas para hornos de foso Grúas para hornos de pala móvil Grúas para fraguas	Elevación Giro Traslación carro Traslación grúa Elevación lingotes Tenazas	60 60 60 60 60 60	300 hasta 600

9.6. Acoplamientos y embragues

Los acoplamientos son aparatos que permiten transmitir un par determinado entre una parte conductora y otra conducida, unidas ambas por medio de unos elementos. Dependiendo de la naturaleza de estos elementos tendremos acoplamientos rígidos, elásticos, semielásticos y flexibles.

9.6.1. ACOPLAMIENTOS RÍGIDOS.

Los acoplamientos rígidos se encuentran sobre todo en los árboles de traslación.

Los tipos mas comunes son:

- manguito de acoplamiento con prisionero o chavetas de talón
- manguito en dos mitades
- de platos

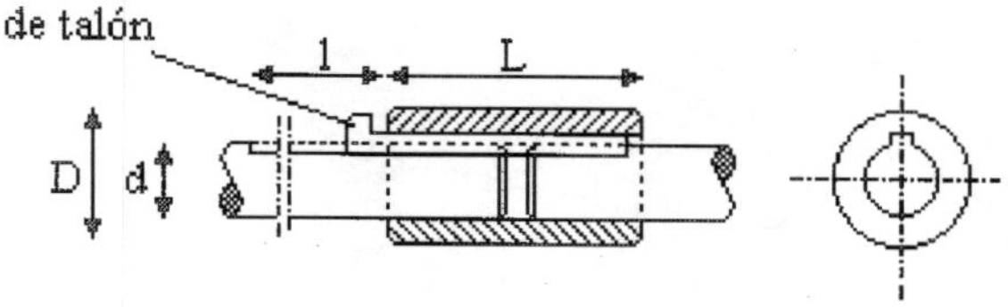

Figura 9.4. Acoplamiento de manguito.
D = 2d, l = longitud de chaveta + 10, L = 3÷4 d.

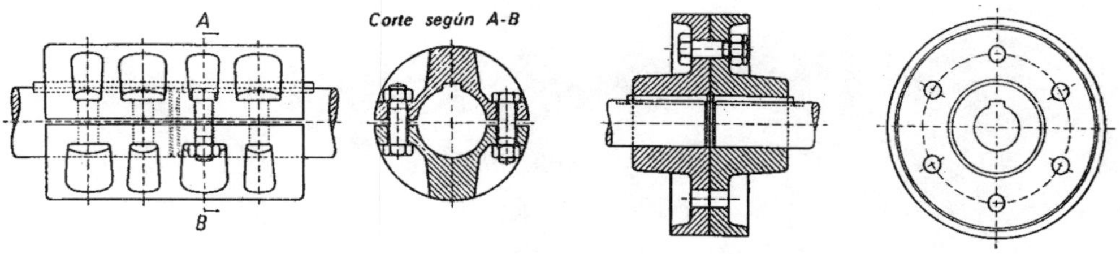

Figura 9.5. Acoplamiento partido (a) y de platos (b).

Los primeros se desmontan desplazando el árbol o el manguito la mitad de su longitud, mientras que los terceros se quitan los bulones atornillados. Estos últimos son empleados en la transmisión de pares elevados y servicios intensos.

9.6.2. ACOPLAMIENTOS ELÁSTICOS

Este tipo de acoplamiento es recomendable en árboles de cierta longitud ya que permite el alargamiento o acortamiento (debido a la variación de temperaturas), así como pequeñas inclinaciones de los árboles.

Los acoplamientos elásticos se aplican cuando sea preciso amortiguar choques de arranques y frenados de los motores y cuando no se posea un bastidor indeformable que una las dos partes y que garantice la posición relativa de los extremos de los árboles en todas las condiciones.

El par se transmite por medio de arandelas elásticas. Otras veces se emplean arandelas de cuero o caucho. Frecuentemente uno de los manguitos sirve de polea de freno.

En el caso de un servicio muy duro, por aceleraciones y frenados bruscos (pórticos de descarga de mineral, grúas-puente de acererías, etc.) es siempre desable que el acoplamiento elástico pueda amortiguar eficazmente los choques, por lo que se necesita una capacidad de desplazamiento muy superior a la de los acoplamientos de arandelas.

Descripción y Funcionamiento

Los acoplamientos elásticos constan de un manguito conductor (1) y un manguito conducido (2) de hierro o acero fundido ampliamente dimensionados para transmitir los esfuerzos a que pueden estar sometidos.

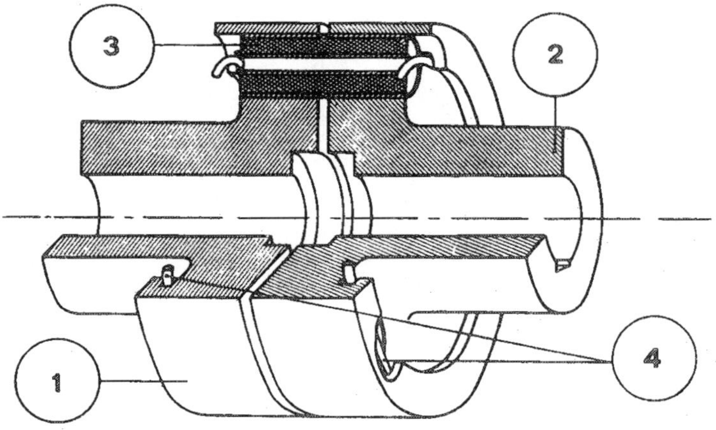

Figura 9.6. Acoplamiento elástico de elementos elásticos.

Estos manguitos alojan los elementos elásticos (3) que consisten en un taco de caucho especial vulcanizado a unos casquillos de acero. Dichos tacos amortiguan las puntas de par producidas en el arranque y durante la marcha, así como las vibraciones, irregularidades de velocidad, etc.

Los elementos elásticos son perfectamente cilíndricos y pueden ser introducidos en sus alojamientos con facilidad y sin necesidad de desplazar ninguna de las máquinas acopladas, lo cual supone una ventaja notable al efectuar su alineación. Los manguitos disponen de unas ranuras en las cuales unos anillos de tope (4) impiden que los elementos elásticos sean expulsados de sus alojamientos por efecto del esfuerzo producido en la transmisión.

Estos anillos, retenidos entre la ranura del manguito y unos pitones de sujección, pueden desmontarse fácilmente sin necesidad de herramientas especiales, con el fin de efectuar la sustitución de los elementos elásticos en caso de desgaste o rotura.

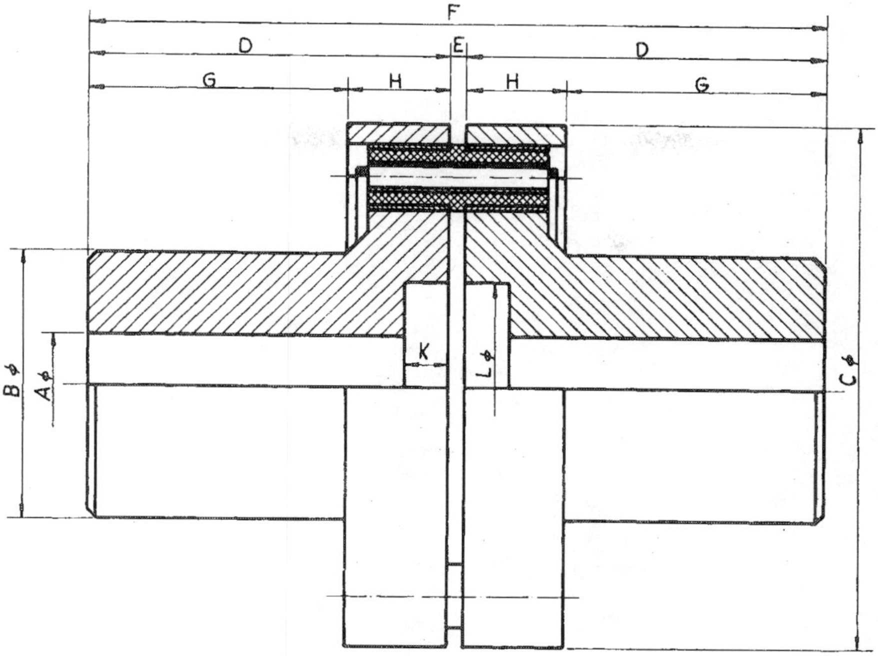

Figura 9.7. Acoplamiento elástico de elementos elásticos.

Tabla 9.5. Acoplamiento elástico.

TIPO	PAR m. Kg.	A Ø Máx.	A Ø Min.	B Ø	C Ø	D	E	F	G	H	K	L Ø	PESO Kg.	PD2 Kg. m2
MA - 2	2	26	14	41	80	60	3	123	40	20	8	34	2,10	0,0037
" - 3,75	3,75	30	16	47	90	72	3	147	52	20	10	42	2,75	0,0059
" - 6 25	6,25	42	16	68	115	95	3	193	75	20	13	52	6,50	0,0195
" - 12.5	12,5	45	18	70	130	128	5	261	95	33	16	58	10,75	0,0426
" - 20	20	50	22	78	140	130	5	265	97	33	18	67	12,50	0,059
" - 30	30	55	28	88	150	130	5	265	97	33	18	68	15	0,082
" - 50	50	65	32	105	190	163	6	332	121	42	20	88	29	0,248
" - 75	75	80	38	125	210	163	6	332	121	42	20	100	37	0,395
" - 135	135	90	42	140	250	200	10	410	138	62	25	112	64	0,975
" - 200	200	95	52	145	280	200	10	410	138	62	25	120	73	1,44
" - 325	325	105	62	165	325	220	10	450	158	62	27	130	103	2,75
" - 500	500	110	75	175	400	245	10	500	181	64	30	150	146	5,90
" - 800	800	125	80	195	480	250	10	510	186	64	35	170	213	12,25
" - 1200	1200	150	85	235	575	265	10	540	201	64	40	190	316	23,80

9.6.3. ACOPLAMIENTOS SEMIELÁSTICOS

Los acoplamientos semielásticos son aparatos que permiten transmitir un par determinado entre una parte conductora y otra conducida, unidas ambas por medio de unos elementos semielásticos.

El par se transmite por medio de unos tacos elásticos unidos a unos bulones metálicos. No es necesario quitar los bulones para separar los elementos, basta con desplazar el motor. Otras veces se emplean arandelas de cuero o caucho. Frecuentemente uno de los manguitos sirve de polea de freno.

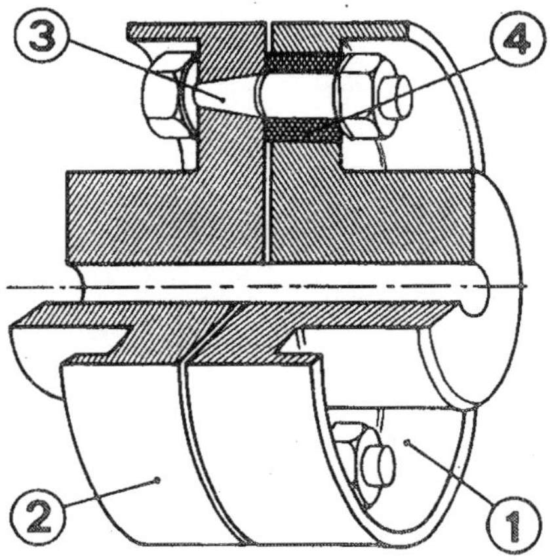

Figura 9.8. Acoplamiento semielástico de bulones.

El acoplamiento de bulones (Figura 9.8.) consta de dos manguitos (conductor (1) y conducido (2)), unidos por unos bulones (3) conteniendo unos tacos elásticos (4) que permiten transmitir los esfuerzos entre ambos de manera suave y eficaz.

Descripción y Funcionamiento

Los manguitos construídos en hierro o acero fundido, están ampliamente diseñados para transmitir los pares de torsión a que pueden estar sometidos. Constan de un moyú para calar en los ejes de las máquinas a acoplar, y una brida en la que están realizados alternativamente los agujeros cónicos de alojamiento de los bulones y los agujeros cilíndricos de alojamiento de los tacos elásticos.

Los bulones construídos en acero especial de alta calidad presentan la particularidad de estar empotrados en los manguitos mediante una espiga cónica que garantice una fijación perfecta y la posibilidad de desmontarlos infinidad de veces sin que su apriete con el manguito desaparezca. Los dos extremos del bulón están terminados en espiga roscada, en la parte cónica para una sólida fijación al manguito, y en la parte cilíndrica para impedir la salida del taco elástico: esta última particularidad confiere a estos bulones la posibilidad de desmontar el taco elástico soltando su tuerca de fijación sin necesidad de desmontar el bulón completo alojado en el manguito.

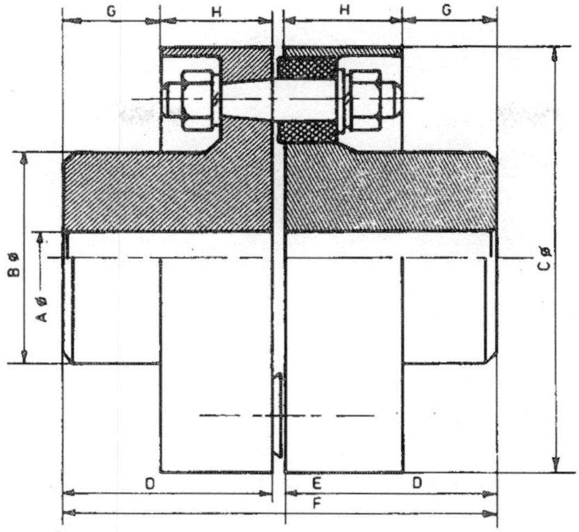

Figura 9.9. Acoplamiento semielástico de bulones.

Tabla 9.6. Acoplamiento semielástico.

TIPO	PAR m. Kg.	A Ø Máx.	A Ø Mín.	B Ø	C Ø	D	E	F	G	H	PESO Kgs.	PD2 Kg. m2
B - 4	4	20	10	32	84	32	2	66	5	27	1.30	0.0021
" - 6	6	24	12	39	92	39	2	80	14	25	1.80	0.0031
" - 9	9	28	12	45	113	45	2	92	10	35	3.20	0.0096
" - 13	13	30	14	48	117	48	2	98	13	35	3.50	0.011
" - 20	20	35	14	56	125	56	2	114	16	40	4.60	0.016
" - 30	30	40	14	64	146	64	3	131	19	45	7.90	0.043
" - 45	45	45	16	72	156	72	3	147	27	45	9.70	0.057
" - 70	70	52	20	83	185	83	4	170	33	50	15.50	0.129
" - 100	100	60	24	96	198	96	4	196	46	50	19.60	0.18
" - 150	150	70	26	112	215	112	4	228	62	50	27.70	0.305
" - 225	225	80	35	128	252	128	5	261	68	60	43	0.62
" - 350	350	90	45	144	270	144	5	293	84	60	54.10	0.97
" - 500	500	100	50	160	300	160	5	325	70	60	70,10	1.30
" - 750	750	115	60	185	340	185	5	375	115	70	107,70	2.64
" - 1.000	1.000	130	75	210	394	210	6	426	130	80	157	5.34
" - 1.400	1.400	145	85	235	430	235	7	477	150	85	211	10.46
" - 2.000	2.000	160	95	255	480	255	7	317	170	85	271.50	15.80
" - 2.600	2.600	175	100	280	530	280	7	567	195	85	380	25.20
" - 3.500	3.500	190	110	305	600	305	7	617	205	100	439.50	36.72
" - 4.500	4.500	210	120	335	675	335	7	677	235	100	599.70	62.7
" - 6.000	6.000	230	130	370	790	370	8	748	265	105	894	126
" - 8.000	8.000	250	150	400	860	400	8	808	295	105	1.155	192
" - 10.000	10.000	270	165	430	950	430	8	868	325	105	1.386.50	288

Los tacos elásticos están construídos con materiales elásticos como VULKOLLAN de gran resistencia a la compresión, al desgarro y fundamentalmente a la abrasión, hacen que la vida del taco sea larga y su reposición no muy frecuente. El diseño del taco, sus diámetros, longitud, forma, etc. permite una notable elasticidad torsional del acoplamiento, y esta elasticidad junto con un cierto juego entre el diámetro exterior del taco y el agujero que lo aloja en el manguito permite compensar importantes defectos de desalineación entre los ejes de las máquinas acopladas

9.6.4. CARACTERÍSTICAS DE LOS ACOPLAMIENTOS ELÁSTICOS Y SEMIELÁSTICOS.

La unión semielástica de los dos manguitos permite una transmisión de esfuerzos, de manera suave y sin deslizamientos, lo cual, unido al diseño de los manguitos y elementos elásticos y a la calidad de los materiales empleados, proporciona las siguientes ventajas específicas:

a) equilibrado perfecto

b) velocidad elevada de rotación

c) temperaturas altas de trabajo

d) absorción de vibraciones

e) posibilidad de admitir defectos apreciables de desalineación

f) elemento elástico inatacable por aceites y grasas

g) facilidad de montaje, alineación y reposición de los elementos elásticos

h) mantenimiento nulo

Se consiguen por tanto mediante este aparato compensar notables defectos de alineación, poder trabajar en ambientes de grasas, aceites y temperaturas elevadas, altas velocidades de rotación gracias a un equilibrio perfecto, gran resistencia torsional con absorción de vibraciones, larga duración con mantenimiento nulo y facilidad de montaje, alineación y reposición de elementos y tacos elásticos.

9.6.5. ELECCIÓN DE UN ACOPLAMIENTO.

Las características que define a un acoplamiento es el par que puede transmitir en condiciones ideales de funcionamiento, o sea con un arranque suave y en vacío, sin sobrecargas y con velocidad uniforme.

Este par M, en Kg·m se calcula partiendo de la potencia P en CV, y la velocidad n del acoplamiento en r.p.m., mediante la fórmula:

$$M = \frac{716{,}5 \cdot P\,(CV)}{n\,(rpm)}\ Kg{\cdot}m \qquad (9.13)$$

y debe estar multiplicado por un coeficiente de seguridad que depende de la naturaleza de las máquinas acopladas.

En la tabla 9.7 vienen indicados los valores del coeficiente de seguridad k para los motores y máquinas utilizados normalmente y clasificados según sus características. Para determinar el acoplamiento apropiado a un caso concreto y una vez calculado el par que debe transmitir (multiplicado por el coeficiente de seguridad correspondiente) se escoge en la tabla de caractrísticas el modelo que tenga un par igual o inmediatamente superior al calculado, comprobando finalmente si sus dimensiones permiten adaptarle a los ejes que se trata de acoplar.

Tabla 9.7.

MOTOR / MAQUINA	**Motor eléctrico**	**Turbinas hidráulicas y de Vapor**	**Motor Diesel**		
			6 o mas cilindros	3 y 4 cilindros	1 y 2 cilindros
Inercia pequeña y sin choques	1,25	1,75	1,75	2	2,5
Ventiladores, bombas rotativas, etc.	1,25	1,75	1,75	2	2,5
Inercia media y sin choques Transportadores, hormigoneras, tec.	1,75	2,25	2,25	2,5	3
Inercia media y con choques Dinamos, alternadores, grúas, cabrestantes, etc.	2,25	2,75	2,75	3	3,5
Inercia grande y con choques fuertes Molinos, laminadores, compresores de pistón, etc.	3,25	3,75	3,75	4	4,5

9.6.6. APARATOS DERIVADOS.

De los acoplamientos estandar, se derivan varios modelos que corresponden a una serie de problemas específicos que se presentan en la industria sobresaliendo algunos tipos caracterizados por tener el moyú de diemensiones reducidas y sin cajera, que se emplean en máquinas que presentan fuertes sobrecargasy otros en los que uno de los manguitos forma parte de una polea de freno.

Tambien existen acoplamientos que pueden adaptarse a limitadores de par, embragues centrifugos, volantes de máquinas, etc.

9.6.7. ACOPLAMIENTOS FLEXIBLES.

Normalmente no se suele prestar gran atención al problema de la unión de árboles giratorios. Con frecuencia se escoge el elemento de unión mas simple y por tanto menos costoso, se considera suficiente para cumplir la función de acoplar, y nadie piensa en las nefastas consecuencias que esta elección puede acarrear a la calidad y duración de funcionamiento de las máquinas acopladas.

Frecuentemente también la elección está orientada según el principio simplista que admite que el órgano de unión debe presentar una elasticidad torsional así como una gran flexibilidad. Los acoplamientos de dientes son flexibles, pero carecen de esa elasticidad torsional. Por concepción propia, no poseen los inconvenientes que presentan los acoplamientos de diseños difrentes. Actualmente existen múltiples aplicaciones en las que por una parte los pares de torsión a transmitir, las altas velocidades de rotación y los valores de desalineación, y por otra parte los costos de mantenimiento muy reducidos, exigen el empleo de los acoplamientos de dientes tanto por sus cualidades como por el precio. Para comprender y apreciar las numerosas ventajas de los acoplamientos flexibles de dientes, es indispensable una breve revisión de las funciones que cumplen en los casos mas generales.

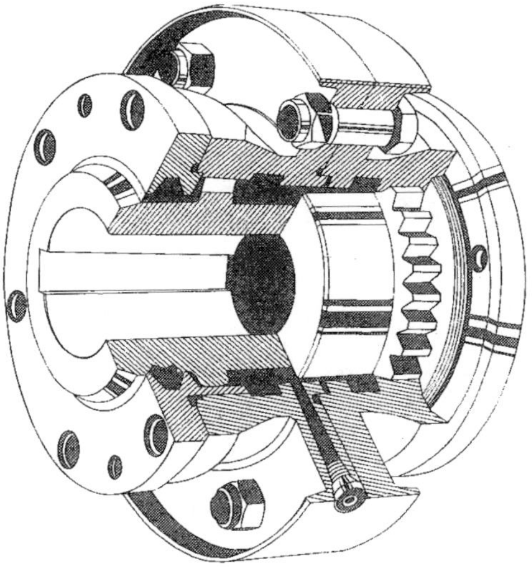

Figura 9.10. Acoplamiento flexible de dientes abombados.

9.6.7.1. Las funciones del acoplamiento flexible en general

Los acoplamientos flexibles son utilizados para la unión de árboles giratorios. Transmiten el par de torsión del árbol conductor al conducido, y al mismo tiempo compensan la desalineación y absorben los movimientos axiales de los arboles acoplados.

Es un hecho conocido que una alineación perfecta, difícil de obtener en el montaje de las máquinas, es aún más difícil de conservar durante el funcionamiento. Los riesgos de modificación normal o accidental de la alineación de los ejes provienen frecuentemente de:

- la dilatación térmica (turbinas de vapor, industrias metalúrgicas y siderúrgicas, industrias químicas, etc.)

- el asentamiento de suelos (minas, cimentaciones, etc.)

- la deformación de los bastidores (grúas, navíos, etc.)

- el desplazamiento del arbol receptor (cilindros de laminación, roduillos de planeadoras, bobinadoras, etc.)

- las vibraciones, desgaste de rodamientos y cojinetes etc.

Un acoplamiento flexible debe pues tener tres funciones principales:

a) Transmitir el par entre dos árboles sin variación de la velocidad del árbol conducido con relación al árbol conductor.

b) Compensar toda clase de desalineaciones entre los árboles sin provocar reacciones o esfuerzos anormales en los aparatos acoplados, y sin pérdida de potencia apreciable.

c) Compensar los movimientos axiales de los áerboles acoplados evitando que unpo de los árboles ejerza un empuje sobre el otro, y siempre permitiendo a cada uno girar en su posición axial normal.

De la misma forma que el acoplamiento flexible debe rersponder a las tres funciones, bases esenciales ya reseñadas, debe también compensar tres tipos característicos de desalineación:

1) Defecto angular puro de alineación, de uno u otro de los árboles o de los dos.

2) Defecto radial puro de alineación de los dos árboles.

3) Defecto radial y angular combinados entre los dos árboles.

9.6.7.2. Los acoplamientos flexibles de dientes abombados.

En estos acoplamientos de dientes con dentado curvo, la carga se reparte sobre una superficie del lado del diente lejos de las extremidades del dentado. Un dentado exterior curvo se comporta como un patín oscilante, y puede deslizarse libremente sin marcar huellas o empotrarse en el dentado interior. De esta forma el lubricante puede cumplir sus funciones y la parte superior del dentado esférico de los moyús permite el centrado en el fondo de las ranuras del dentado interior de la carcasa Los acoplamientos de dientes curvos permiten transmitir pares de torsión muy importantes, su duración de vida es grande y no provocan esfuerzos anormales sobre las máquinas acopladas.

Los acoplamientos flexibles de dientes presentan estas ventajas: robustos, totalmente construídos en acero, no llevan elementos elásticos susceptibles de desgaste, permiten con pequeñas dimensiones transmitir fuertes potencias y grandes velocidades de rotación.

Son utilizados en la actualidad en las mas diversas ramas de la industria, donde confirman su superioridad al cumplir con las exigencias deseadas de:

- Potencias: Servicios contínuos y fuertes en minas, siderurgia, y navíos de gran tonelaje, etc.
- Velocidades; Bombas de alimentación de centrales térmicas, compresores centrífugos y turbinas, bancos de ensayo de aviación, etc.
- Seguridad: Grúas puente de siderurgia, montacargas o ascensores de minas y portaviones, material rodante de transporte, etc.

9.6.7.3. Capacidad de par de los acoplamientos de dientes abombados

Cuando el acoplamiento está perfectamente alineado, es decir, cuando los dos dentados son coaxiales, todos los dientes contribuyen por igual a transmitir la carga, y el par que son susceptibles de transmitir es superior al que puede transmitir el árbol. Con una cierta desalineación angular, todos los dientes no contribuyen por igual a transmitir la carga, y algunos de ellos lo hacen en condiciones tanto mas desfavorables cuanto mayor es la desalineación. La capacidad disminuye así rápidamente, cuando la desalineación aumenta.

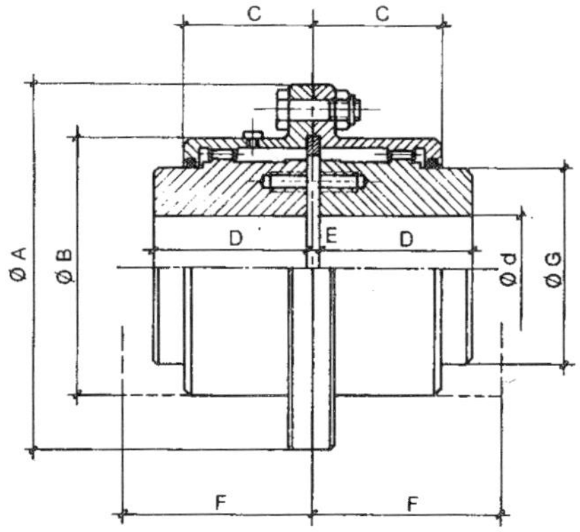

Tamaño 40 a 150

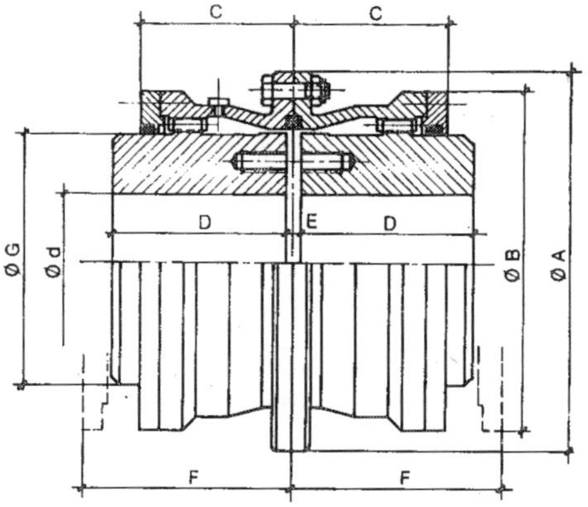

Tamaño 165 a 660

Figura 9.11. Acoplamiento flexible de dientes abombados.

Tabla 9.8. Acoplamiento flexible de dientes abombados.

Tamaño	PN (kw) / n	Par nominal	Veloc. máxima	DIMENSIONES									PD²	Peso	Lubricante
		daNm	rpm	Ød máx.	Ød mín.	A	B	D	E	C	F	G	kgm²	kg.	kg.
40	0,094	90	5800	40	15	115	80	45	4	45	60	60	0,015	3	0,06
50	0,178	170	4600	50	18	145	100	55	6	55	70	74	0,05	6	0,12
60	0,272	260	3900	60	20	170	120	70	6	62	85	94	0,12	10	0,18
70	0,4	380	3500	70	30	190	140	80	6	70	100	110	0,25	15	0,33
85	0,69	660	2950	85	35	225	170	95	8	80	115	130	0,44	21	0,41
100	0,96	920	2700	100	40	245	185	105	8	90	125	150	0,75	30	0,46
120	1,33	1275	2400	120	45	275	210	120	8	100	140	175	1,12	38	0,6
135	1,84	1760	2150	135	50	305	240	135	10	110	160	195	1,92	50	1
150	2,56	2450	2000	150	55	335	260	150	10	120	175	215	2,65	66	1,7
165	3,98	3800	1800	165	60	370	320	170	10	135	200	245	6,42	100	2,2
180	4,92	4700	1650	180	65	400	345	185	12	145	220	260	8,9	135	2,9
195	6,6	6300	1550	195	70	430	365	200	12	160	240	280	13,8	170	3,5
210	8,7	8300	1400	210	75	480	415	230	12	180	270	315	25,8	260	3,9
230	11,7	11200	1250	230	80	535	460	250	16	195	290	355	42,1	350	4,5
250	15	14300	1150	250	90	590	510	270	16	210	310	400	65,2	440	6,5
275	19	17600	1070	275	100	625	545	290	16	225	340	420	96	550	8
300	25	23600	1010	300	110	660	565	325	20	250	380	450	133	675	9,2
325	31	30100	950	325	120	720	625	345	20	270	400	490	205	875	11,5
350	40	38200	850	350	130	795	675	365	20	290	420	525	310	1075	14
380	50	47500	800	380	140	850	730	400	20	310	450	570	450	1370	18,5
410	65	61800	750	410	160	905	785	410	25	330	475	620	630	1660	23
440	83	79100	700	440	180	975	840	430	25	360	500	670	915	2060	27
470	102	97200	650	470	200	1035	910	470	25	380	540	705	1310	2550	34
500	121	115600	610	500	220	1100	960	500	30	400	570	750	1795	3120	41
540	136	130300	570	540	240	1175	1025	520	30	410	590	810	2220	3520	45
580	157	150500	550	580	260	1215	1065	540	30	420	620	850	2800	3980	50
620	189	180600	525	620	280	1300	1150	570	30	435	650	930	3950	4820	65
660	225	215000	500	660	300	1350	1200	600	30	455	680	980	4900	5425	75

9.6.8. Limitadores de Esfuerzo.

Los limitadores de esfuerzo protegen los órganos de transmisión contra las sobrecargas que podrían provocar su rotura, debido a que limitan el par transmitido. Durante el servicio es necesario que el par transmitido pueda ser regulado con precisión y que no varíe. El par varía mucho según la lubricación de las superficies en contacto, por ello se prefieren los limitadores de esfuerzotrabajando en seco, provistos de una guarnición de freno ya que el coeficiente de fricción sólo varía entre límites muy próximos.

Los limitadores de esfuerzo pueden posteriormente convertirse en los frenos de disco, de bandas o de zapatas del sistema. No se debe sobrecalentar salvo que dicho limitador de esfuerzo patine durante un largo tiempo. La regulación de estos limitadores se realiza para el par de aceleración del mecanismo y nunca para el par nominal del motor.

9.6.9. EMBRAGUES.

Los embragues se utilizan en los aparatos de elevación para cambiar la relación de velocidades o para embragar los movimientos con un motor de marcha continua como puede ser un motor térmico. Se observa una tendencia cada vez mayor a utilizar medios mecánicos, como en este caso los embragues, para realizar la variación de velocidad.

La finalidad básica de la utilización de embragues es permiter que durante la aceleración de motores asíncronos el arranque se haga prácticamente en vacío. De esta manera las corrientes altas que caracterizan el arranque de estos motores tienen una duración mínima, con evidentes ventajas para la línea de alimentación y para el motor, consiguiendo que el motor pueda alcanzar su par máximo con velocidades descendentes, en lugar de hacerlo con velocidades crecientes, como es el caso en un arranque normal, sin embrague.

Las curvas de comparación del par y de la corriente del motor, sometido al arranque de una carga utilizando un embrague se muestran en la figura 9.12., en ellas se observa que el par resistente estático es mayor que el par de arranque del motor. Además, observando la figura se ve que durante todo el proceso de aceleración de la carga, la corriente permanece aproximadamente alrededor de su valor nominal. El uso del embrague es uno de los medios más aconsejables para el arranque de motores asíncronos cuando se deben acelerar cargas con inercias grandes. Los embragues se utilizan también para el control de velocidad del sistema y además la mayoría de los tipos de embragues utilizados en accionamientos sirve como amortiguador a los transitorios de carga.

Existe gran variedad de embragues siendo los mas utilizados en los aparatos de elevación y transporte los siguientes:

1. Embragues de tetones.
2. Embragues de fricción.
3. Embragues sin posición de descenso libre.
4. Embragues centrífugos
5. Embragues por corrientes de Foucault.
6. Embragues de fluído magnético.
7. Embragues hidroviscosos
8. Embrgue hidrocinético.

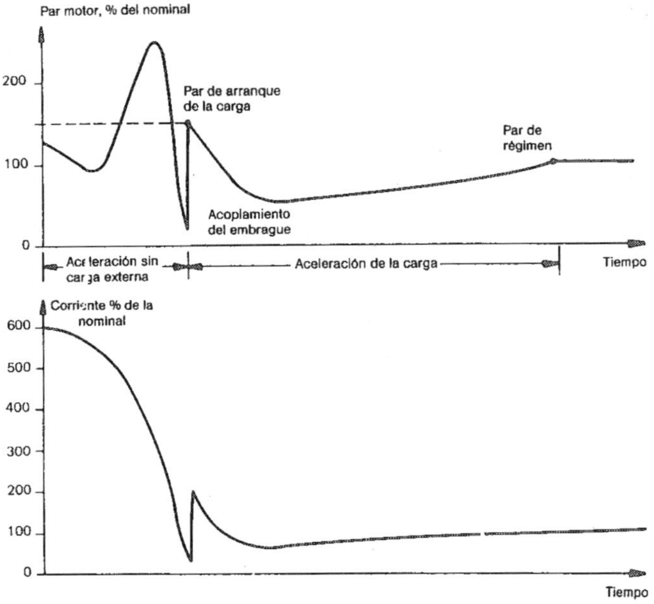

Figura 9.12. Curva de par y corriente de un motor eléctrico que acciona una carga mediante un embrague ideal.

9.6.9.1. Los embragues de tetones

Constan de dos partes que engranan una con otra por medio de tetones y de vaciados o muescas. Están montadas una sobre el árbol de forma deslizante y la otra enchavetada en el árbol-motor. Debido a que los tetones de perfil rectangular no se engranan hasta que coincidan exactamente con las muescas vaciadas de la otra parte, se suelen realizar éstos con un perfil inclinado que sólo se puede utilizar en un sentido de marcha. Este tipo sólo se puede embragar ydesembragar cuando el mecanismo está parado o cuando funciona sin carga a muy poca velocidad o con un par muy pequeño.

9.6.9.2. Los embragues de fricción

Permiten arrastrar el mecanismo sin choques pues se realiza por un aumento progresivo de la fuerza de fricción. El embrague patina hasta que los mecanismos y la carga alcanzan la velocidad de régimen, por lo que en cada embrague existe una pérdida de energía que se manifiesta en forma de calentamiento.

Cuando el embrague se realiza en vacío, dicha pérdida de energía es igual a la inercia de los mecanismos a velocidad de régimen, mientras que si se realiza bajo carga se produce una perdida suplementaria que será mayor cuanto mas progresivo se realize el embragado.

La pérdida de energía (E) se calcula suponiendo que M_r es constante, como:

$$E = \frac{I\varpi_0^2}{2}\left(1 + \frac{M_l}{M_r - M_l}\right) \qquad (9.14)$$

I = momento de inercia de las masas giratorias y de la carga sobre el árbol

M_r = momento de fricción transmitido por el embrague.

M_l = momento de la carga

ω_0 = velocidad angular

El dimensionado de un embrague se realiza de tal forma que el calor absorbido por el número máximo de operaciones por hora del embrague pueda ser evacuado con seguridad. Su diseño de la forma de un embrague se basa en la concepción que se tenga del freno a utilizar (zapatas, de banda, de disco, de cono), y en las condiciones de servicio y colocación.

9.6.9.3. Embragues sin posición de descenso libre.

En aquellos casos en los que se precisa cambiar la relación de transmisión del reductor, o se acopla el arbol de accionamiento alternativamente con uno de los dos trenes de engranajes o se introducen dos embragues. Cuando este cambio se efectúa en un aparato cargado, es indispensable que la fuerza motriz no se interrumpa nunca. Por ello en el caso de dos embragues, uno de ellos se apreta a medida que el otro se afloja, no estando nunca recomendado el embrague simultáneo, debido a que puede producir que se bloquee el sistema y el motor se cale.

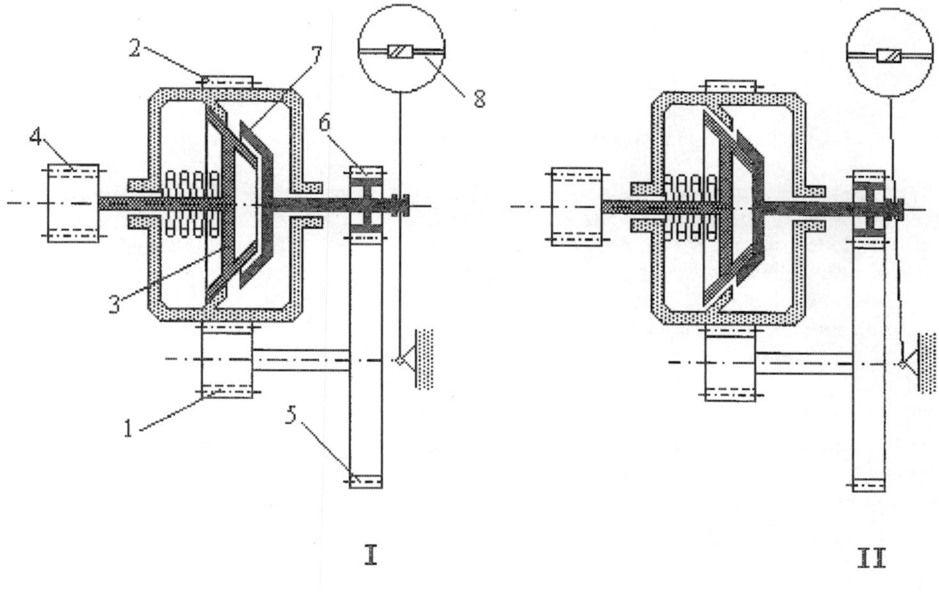

Figura 9.13.

En el esquema de la figura 9.13., el árbol motor está formado por las ruedas dentadas 1 y 5 que engranan con 2 y 6 respectivamente, consiguiéndose así dos relaciones de reducción diferentes. La rueda 3 que se puede deslizar a lo largo de su eje, está empujada por un resorte contra la rueda 2 (movimiento de poca velocidad), por lo que el sistema posee una gran reducción (posición I). El dispositivo 8 puede desplazar a la rueda 7 para ponerla en contacto con la rueda 3, y a medida que el contacto se establece, la presión entre las ruedas 3 y 2 va disminuyendo con lo que el embrague se afloja, y se obtuene una posición (posición Y) de pequeña reducción (movimiento de gran velocidad). Este sistema evita que se produzca una situación de descenso libre sin calar el motor.

9.6.9.4. Embragues Centrífugos.

En este tipo de embragues, junto al eje del motor hay un conjunto de muelles y zapatas, de tal manera que cuando la fuerza centrífuga alcanza un determinado valor, los muelles se dilatan, poniendo las zapatas en contacto con la parte interna de un tambor, junto al eje de la máquina accionada. Se asegura de esta manera que sólo después de que el motor haya alcanzado una determinada velocidad, definida por la constante de los muelles, se hará el acoplamiento de la carga. Cuando se de el caso de que la máquina accionada frene, existirá fricción entre las zapatas y la superficie interna del tambor inmóvil, con la consiguiente disipación de energía en forma de calor y exceso de calentamiento del embrague. Según la normativa, la utilización de embragues centrífugos se limita a potencias pequeñas, típicamente hasta 50 KW. Es necesario que el embrague disponga de protectores térmicos, pues el motor, incluso en la condición de máquina accionada bloqueada, podrá funcionar cerca de su ptencia nominal (la fricción originada por el roce de las zapatas con el tambor puede ser tal que el par resistente generado así sea cerca del nominal). En función de la fuerza del muelle, no sólo se define la velocidad angular en que tendrá lugar el acoplamiento, sino también el máximo par motor transmisible por el embrague.

9.6.9.5. Embragues por corrientes de Foucault.

En este caso, junto al eje motor hay un conjunto de piezas polares y bobinas, por donde circula la corriente contínua inyectada a través de contactores deslizantes. La bobina genera un campo que induce corrientes de Foucault en un tambor macizo, o bien en una jaula eléctrica, junto al eje accionado, las cuales generan un campo que tiende a alinearse con el campo creado por la bobina del eje motor. En función de la intensidad de la corriente en la bobina, se tendrá mayor o menor dslizamiento entre los ejes de entrada y salida, y de esta forma se puede utilizar el embrague por corrientes de Foucault como un conversor de par para control de la velocidad. Debido al deslizamiento relativo entre la entrada y la salida, este tipo de embrague presenta pérdidas intrínsecamente.

En los embragues por corrientes de Foucault de potencias elevadas (superiores a 500 KW), la disipación de las pérdidas exige la utilización de intercambiadores de calor del tipo aire-agua. Hay que tener en cuenta que la potencia necesaria para la bobina de excitación es muy pequeña comparada con la potencia transmitida por el embrague.

La forma de las curvas par-velocidad (Figura 9.14.) es función del tipo de construcción de los polos de las bobinas y del tambor. La variación de la corriente de excitación básicamente desplaza la curva en el sentido ascendente o descendente, según se aumenta o disminuye su intensidad.

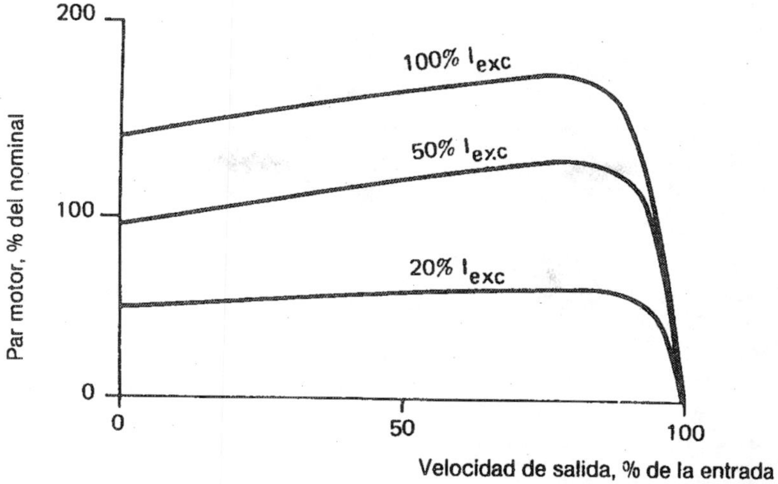

Figura 9.14. Curvas par motor - velocidad de salida para distintas intensidades de la corriente de excitación.

La variación de la intensidad de la corriente de excitación y la consiguiente variación del par motor en el eje secundario permite, la utilización de este tipo de embrague para la variación de la velocidad y además como freno, desde el momento en el que el campo creado por la bobina tenga sentido de rotación opuesto al del movimiento del eje secundario antes de la inyección de la corriente.

Algunas veces se utiliza el embrague por corrientes de Foucault como limitador del par motor, a través del ajuste de la corriente de excitación y también para obtener una curva de aceleración (de la carga) predeterminada mediante la variación continua de la corriente de excitación.

En algunas aplicaciones, la variación de velocidad obtenida por la utilización de embragues por corrientes de Foucault y motores de inducción con doble velocidad puede ser más económica que el uso de un motor de corriente continua, principalmente si la escala de variación de velocidad está en la relación 2:1 y las potencias implicadas están entre 75 y 400 Kw. El rango de utilizacióm de los embragues por corrientes de Foucault es desde 1 CV hasta 1.000 CV existiendo unidades de hasta 18.000 CV. Para potencias superiores a 500 CV estos embragues son refrigerados por agua.

9.6.9.6. Embragues de partículas de polvo y fluído magnético.

El embrague de partículas o de polvo magnético es semejante constructivamente a los embragues por corrientes de Foucault; sin embargo, la transmisión de potencia se hace por partículas de polvo magnético existentes en el entrehierro que hay entre la superficie externa de un tambor (comúnmente junto al eje motor) y la superficie interna de un segundo tambor (comúnmente junto al eje accionado).

La corriente contínua que circula en una bobina de excitación lleva las partículas a formar "cadenas" entre las superficies de los tambores, lo que tiende a mantenerlas juntas. La resistencia a la interrupción de esta conexión magnética depende de la intensidad de la corriente de magnetización. En el caso de los embragues de fluido magnético las partículas magnéticas están suspendidas en aceite lubruicante.

Los embragues de polvo magnético se utilizan en accionamientos de potencias bajas (1 a 30 CV), habiendo algunas unidades de hasta 100 CV, mientras quelos embragues de fluido magnético están disponibles sólo para potencias del orden de 0,5 a 3 CV.

Los embragues de polvo magnético presentan la posibilidad de funcionamiento con deslizamiento cero (velocidad de salida = velocidad de entrada), cuando la corriente de excitación sea suficientemente alta; también pueden operar como limitadores del par motor, por ajuste de la corriente de excitación. Considérese que el hecho de que el par motor de salida pueda mantenerse constante, indepenientemente de la corriente de excitación, hace al embrague de polvo magnético extremadamente adecuado en accionamientos que requieren un ajuste "fino" de las condiciones de aceleración (ejemplo de las cintas transportadoras).

9.6.9.7. Embragues hidroviscosos.

Se le conoce a estos dispositivos como acoplamientos mas que como embragues. Consisten, en dos conjuntos de discos intercalados, un conjunto de los discos está unido al eje motor, y el otro al eje accionado, pudiendo este último conjunto desplazarse axialmente por un sistema electrohidraúlico. Los discos, que tienen "entalladuras" en la superficie, están inmersos en aceite y por tanto la transmisión del movimiento se hace a través del aceite, que es movido por los discos solidarios al eje motor. Es por ello por lo que la característica del par motor de salida, está definido por el ajuste de la distancia entre las superficies de los discos, a través del posicionamiento del conjunto solidario al eje accionado. El sistema de posicionamiento no sólo lleva el conjunto de discos a una posición dada, sino que también debe ejercer la fuerza necesaria para mantenerla, lo que se consigue ajustando la presión de la bomba de aceite del sistema de posicionamiento.En este tipo de máquina, el par motor de salida depende de la velocidad angular de salida. La Figura 9.15. muestra un esquema funcional típico de ese tipo de máquina, presentando también un sistema de realimentación para el control de velocidad.

El acoplamiento hidroviscoso sólo se utiliza en los accionamientos de varios miles de caballos, típicamente en el tratamiento de minerales. Es por ello que debido a las altas potencias involucradas, el circuito de circulación de aceite casi siempre tiene un intercambiador de calor, siendo el propio aceite el que disipa el calor generado internamente.

9.6.9.8. Embragues hidrocinético.

Como los anteriores, también suelen llamarse acoplamientos y no embragues; también se utilizan mucho los términos; acoplamiento fluído, acoplamiento hidraúlico y acoplamiento hidrodinamico. Es el tipo más difundido en el accionamiento de media y alta potencia; su utilización sobretodo se aplica a la industria minera y trituración de piedra.

El funcionamiento de un acoplamiento hidrocinético se asemeja a una bomba centrífuga de aceite accionada por el motor, esta bomba acciona una turbina, que a su vez acciona la carga. Desde el punto de vista de su construcción, la bomba y la turbina están bajo la misma cubierta, habiendo dos rotores con aletas, dispuestos frontalmente inmersos en aceite.

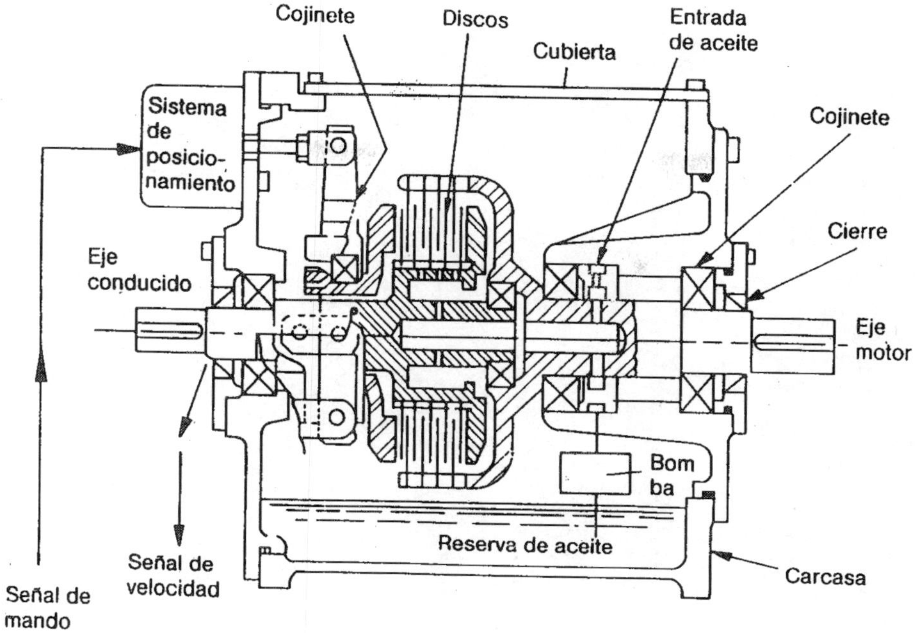

Figura 9.15. Detalle de un acoplamiento hidroviscoso.

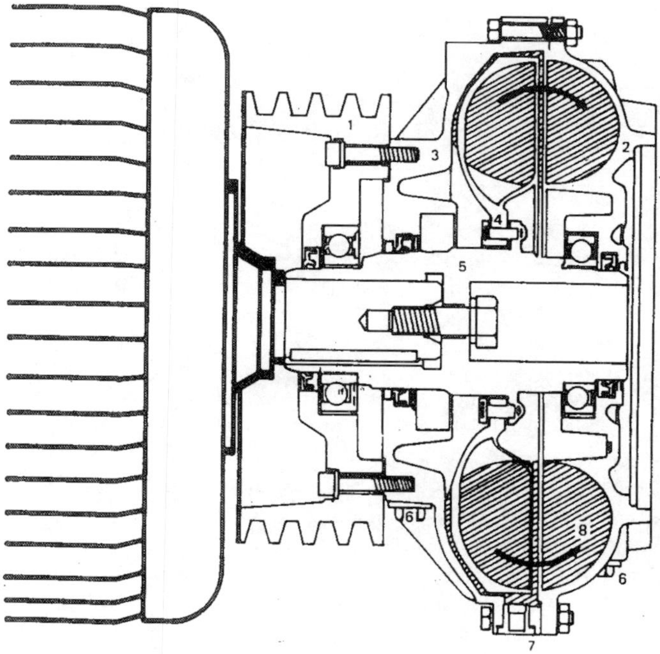

Figura 9.16. Sección transversal de un acoplamiento hidrocinético de tracción. (1) Polea, (2) Rotor primario, (3) Carcasa del acoplamiento, (4) Rotor secundario, (5) Cubo del rotor secundario, (6) Tapón de llenado, (7) Tapón fusible, (8) Aceite de transmisión.

En la figura 9.16 se puede observar un corte transversal de este tipo de acoplamiento, que en concreto es un acoplamiento hidrocinético de tracción y tiene como característica intrínseca el deslizamiento entre las partes motriz y accionada. Teniendo en cuenta que el nivel de aceite es constante, al iniciarse el movimiento de la parte motriz surgirá la tendencia al movimiento de la parte movida, hasta que el par motor transmitido a la parte movida iguale el par resistente del arranque; en este punto comienza la aceleración de la carga. El máximo par motor transmisible es función del nivel de aceite del acoplamiento.

Existe otro tipo de acoplamiento hidrocinético denominado acoplamiento hidrocinético con cámara de retardo, cuya sección transversal se puede ver en la Figura 9.17.

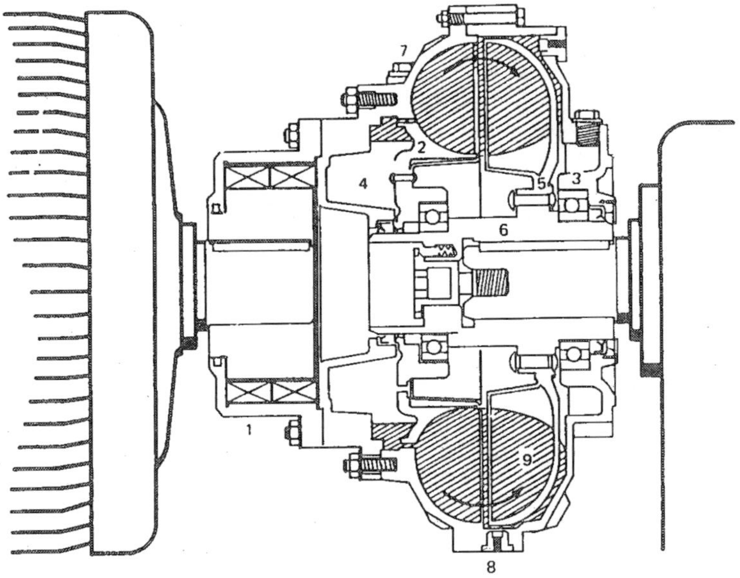

Figura 9.17. Sección transversal de un acoplamiento hidrocinético con cámara de retardo. (1) Conexión elástica, (2) Rotor primario, (3) Carcasa de acoplamiento, (4) Cámara de retardo, (5) Rotor secundario, (6) Cubo del rotor secundario, (7) Tapon de llenado, (8) Tapon fusible, (9) Aceite de transmisión

La misión de la cámara de retardo incorporada es retener parte del fluido durante el arranque del motor, reduciendo o anulando el par motor transmitido a la parte accionada. Una vez que el motor haya alcanzado su máxima velocidad en la condición sin carga, la parte retenida del fluido entra en la cámara de trabajo en función de; la velocidad del conjunto motor, o del tiempo transcurrido desde el principio del movimiento del eje motor. Podemos ver el funcionamiento de este tipo de acoplamiento en la Figura 9.18. Los acoplamientos hidrocinéticos descritos (con y sin cámara de retardo) tienen definido el máximo par transmitido por el relleno de aceite; cuanto más bajo es el nivel de aceite, menor será el máximo par transmisible, por encima del cual ocurrirá deslizamiento creciente entre el rotor bomba y el rotor turbina. Estableciendo una analogía con un embrague por corrientes de Foucault en este caso la corriente de excitación sería fija.

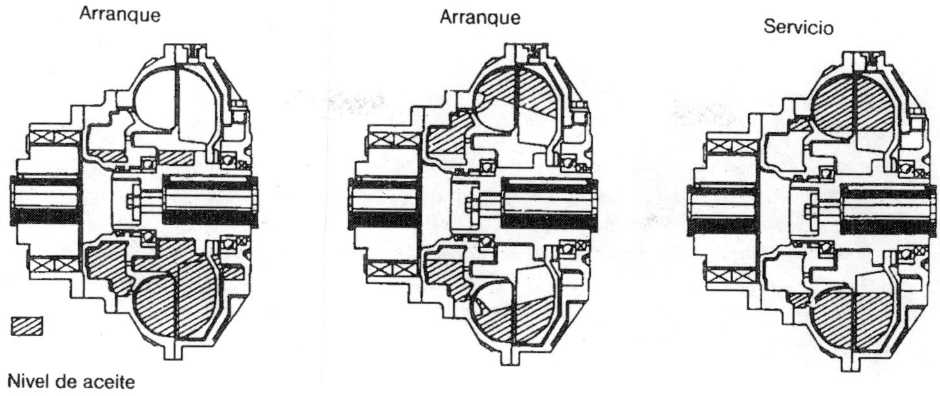

Figura 9.18. Funcionamiento de un acoplamiento hidrocinético con cámara de retardo.

En la Figura 9.19. se muestra la sección transversal de un acoplamiento hidrocinético con control del nivel de aceite, lo que permite el consiguiente ajuste de la velocidad y de la aceleración de la carga. El nivel de aceite está controlado por la posición del tubo captador (5), mientras que la circulación de aceite se hace a través de una bomba (6).

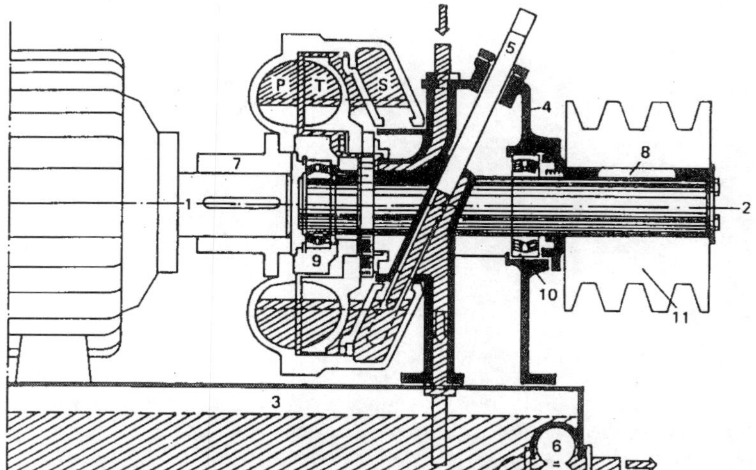

Figura 9.19. Sección transversal de un acoplamiento hidrocinético con relleno regulable. (P) - Rueda primaria, (T) - Rueda secundaria, (S) - Cámara de trabajo del captador, (1) - Entrada (eje motor), (2) - Salida (eje motor), (3) - Depósito de aceite, (4) - Carcasa del captador, (5) - Captador, (6) - Bomba de aceite, (7) - Acoplamiento, (8) - Eje secundario, (9) - Cojinete auxiliar, (10) - Cojinete principal, (11) - Polea o acoplamiento dentado (tipo corona).

9.7. Frenos

9.7.1. INTRODUCCIÓN

En las máquinas de elevación se emplean frenos para detener el movimiento de la carga, el carro, el puente o pórtico, etc. Presentan la particularidad de que comienzan a frenar cuando dejamos de alimentarlos eléctricamente o de accionarlos mecánicamente. Esto se debe a consideraciones de seguridad. Si el equipo se queda sin tensión, el freno actúa por medio de un resorte. Para poder iniciar el movimiento se acciona el mecanismo del freno y éste levanta la cinta o las zapatas venciendo la fuerza del resorte. Al cortar tensión se produce una parada brusca, a menos que usemos sistemas especiales que retardan la acción del freno.

9.7.2. CÁLCULO

Para el cálculo del freno se parte del par máximo desarrollado por el motor eléctrico. El freno debe ser capaz de detener el movimiento venciendo el par del motor y la inercia de la carga si es en elevación o de la masa trasladada si es de traslación. En elevación debe equilibrar además el par debido al peso de la carga.

La fórmula empleada para calcular el par de frenado es:

$$M_{frenado} = M_{motor} \cdot K \qquad (9.15)$$

siendo $K = 2 \div 2.5$ (elevación)

$K = 1.5$ (traslación)

El coeficiente también depende de las especificaciones del cliente. A partir del par de frenado se puede seleccionar el freno.

9.7.3. ACTUADORES ELÉCTRICOS

Para vencer la fuerza del resorte de freno y levantar la cinta o las zapatas se emplean actuadores. Pueden ser eléctricos o mecánicos. Muchas veces llevan incorporado el resorte en su interior.

En los actuadores eléctricos hay que distinguir dos tipos: por electroimán y electrohidráulicos.

En el primer tipo un electroimán genera la fuerza suficiente para vencer el resorte que mantiene aplicadas las zapatas. El electroimán puede ser alimentado con corriente continua o con corriente alterna. En el caso de ser alimentado con alterna se producen picos de corriente de 6 a 8 veces la nominal cuando se cierra el circuito. Por esto se prefiere alimentar al freno con corriente continua aunque se deba instalar un puente rectificador.

En el caso de alimentar el freno con corriente alterna es preferible emplear actuadores tipo Eldro (Figura 9.20).

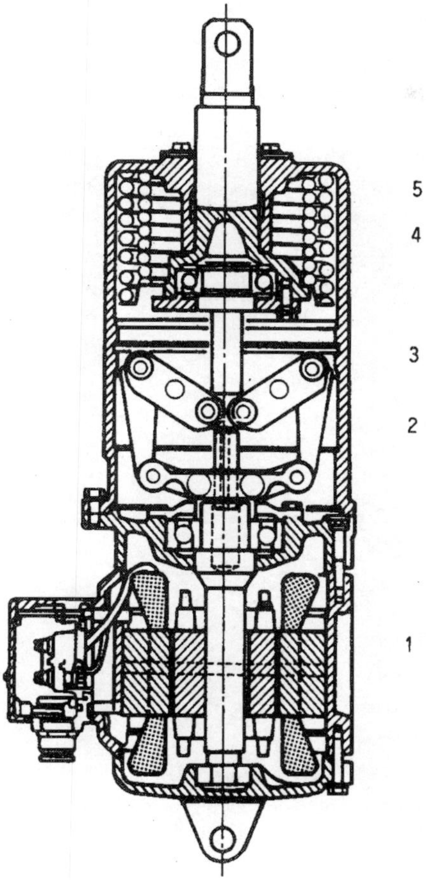

Figura 9.20. Actuador tipo Eldro.

Este actuador consta de un motor de jaula de ardilla (1), cuyo sentido de giro es independiente del orden de conexión de las fases, una turbina movida por el motor (2) y un pistón lleno de aceite. La presión creada por la turbina empuja al eje (3). Al cesar la presión el eje vuelve a su sitio por efecto del muelle antagonista (5). Este muelle no es el resorte que acciona el freno.

Los actuadores Eldro tienen otras aplicaciones sobre todo en posicionamiento. Existen tipos especiales (con válvula de retardo de descenso, etc.). Pueden ser regulados variando la tensión de alimentación.

9.7.4. FRENOS ELECTROMECÁNICOS

9.7.4.1. Frenos de cinta

Constan de una banda de acero de 2 a 5 mms. de espesor y de 70 a 150 mms. de ancho guarnecida con Ferodo. Esta cinta se enrolla sobre una polea de 200 a 750 mms. de diámetro, con un arco de contacto de 250°.

La cinta se acciona por medio de un Eldro de forma que sea indiferente el sentido de rotación. En movimientos de elevación se monta de forma que el frenado sea más efectivo en el sentido del descenso.

Estos frenos están en desuso debido a los desajustes causados por el mal reparto de tensiones mecánicas. Sólo son usados, como freno de seguridad complementaria, en la elevación de la pluma en grúas portacontenedores de gran tamaño.

En una grúa portacontenedores el único fallo que nos puede tirar abajo la grúa es la rotura de los dientes del reductor de la elevación de la pluma. En caso de producirse este fallo la pluma caería a gran velocidad. Como pesa 60 Tm podría volcar la grúa hacia delante. Para evitar esto se pone una vigilancia electrónica por medio de un captador inductivo. Si la velocidad de la pluma supera un cierto valor, cae el freno de cinta.

En una operación normal el freno de cinta se abre al comenzar el movimiento y se cierra con un retardo respecto a la parada. Esto se hace para evitar las tensiones que se producirían en el reductor si el freno de cinta cayese un momento antes de la parada.

El freno de cinta se monta sobre el tambor donde se enrolla el cable. Existe además un freno normal de mordazas.

9.7.4.2. Frenos de mordazas

Estos son, con gran diferencia, los frenos más usados en aparatos de elevación de tipo mediano y grande. Dentro de este tipo de frenos podemos distinguir entre los frenos de electroimán y los frenos accionados por Eldro.

El electroimán puede ir montado directamente sobre las mordazas o actuar por medio de una palanca. El Eldro es más usado y actúa por medio de palancas con distintas configuraciones (Figura 9.21.).

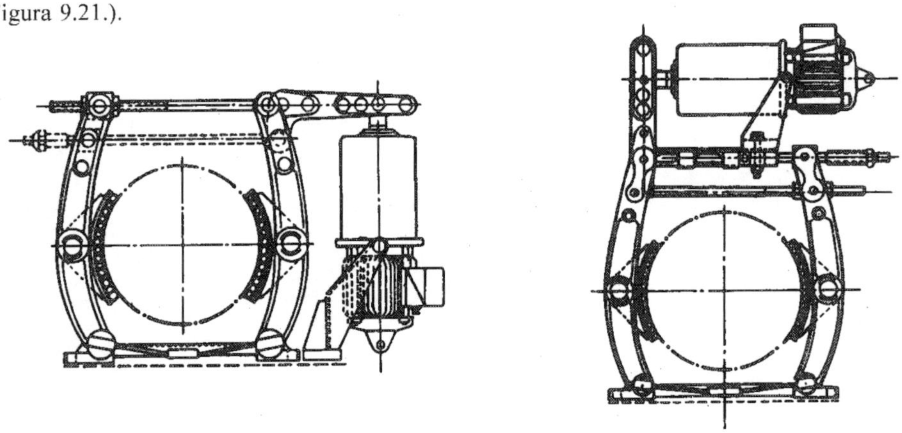

Figura 9.21. Frenos tipo Eldro.

9.7.4.2.1. Cálculo

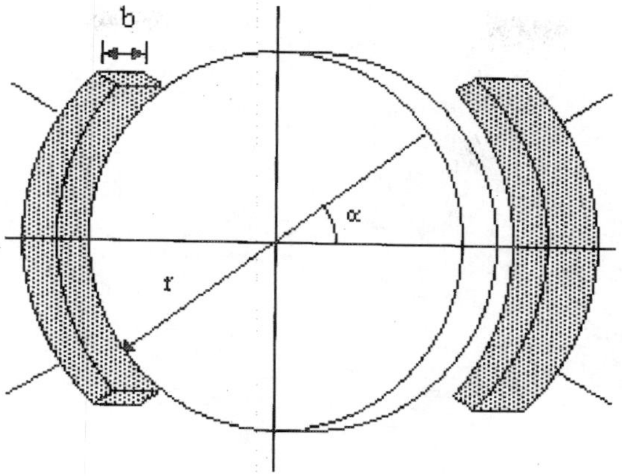

Figura 9.22. Frenos de mordaza.

$$M_{freno} = 4 \cdot b \cdot r^2 \cdot p \cdot tg\psi \cdot a$$

$tg\psi = 0.3$

$p = 1$ MPa

$a = \pi/4$

$150 < r < 350$ (mm)

9.7.4.3. Frenos de disco

Los frenos de disco empleados en aparatos de elevación constan de un disco de acero, una pinza con dos bombines en oposición y una central hidráulica accionada por un motor eléctrico. Se suelen emplear formando conjuntos compactos con los motores. Estos conjuntos tienen aplicación en los aparatos de elevación en cubierta de barcos, ya que son perfectamente estancos a los golpes de mar.

9.7.4.3.1. Cálculo

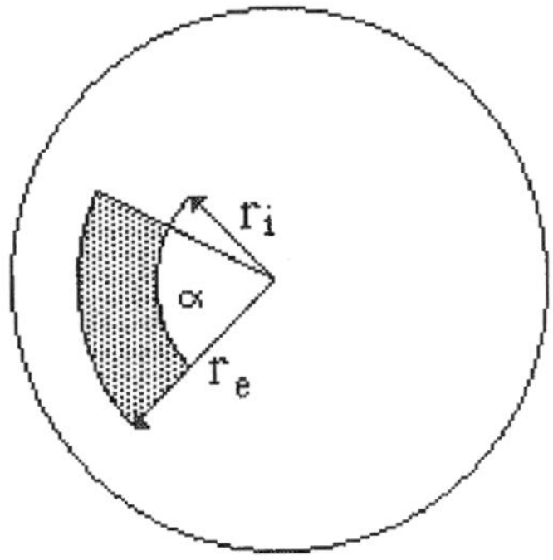

Figura 9.23. Frenos de disco.

$$M_{freno} = \frac{2}{3}\, a \,.\, tg\psi \,.\, p\,(r_e^3 - r_i^3)$$

$\frac{\pi}{4} < \alpha < \frac{\pi}{2}$

$tg\psi = 0.3$

$p = 1$ MPa

$150 < r_e, r_i < 350$ (mm)

9.7.4.4. Frenos cónicos

Son usados en motores Demag-Conz. El rótor del motor es de forma cónica y encaja con el freno. Al conectar el motor se comprime el resorte del freno y se desbloquea el rótor. Al desconectar la corriente, el freno actúa directamente sobre el rótor.

9.7.5. FRENOS DE TRASLACIÓN

En grúas portacontenedores de gran tamaño se emplean frenos de traslación adicionales para evitar que la grúa se desplace por efecto del viento. Estos frenos son con zapatas sobre el carril o con garras aplicadas a los bordes del carril. En ambos casos se emplean actuadores Eldro.

Para el estacionamiento se hacen cuatro huecos en el suelo y se encajan en ellos cuatro bulones, uno por pata. Estos bulones se suelen colocar a mano.

9.8. Cálculo del índice de transmisión

Para el circuito de elevación, el esquema es:

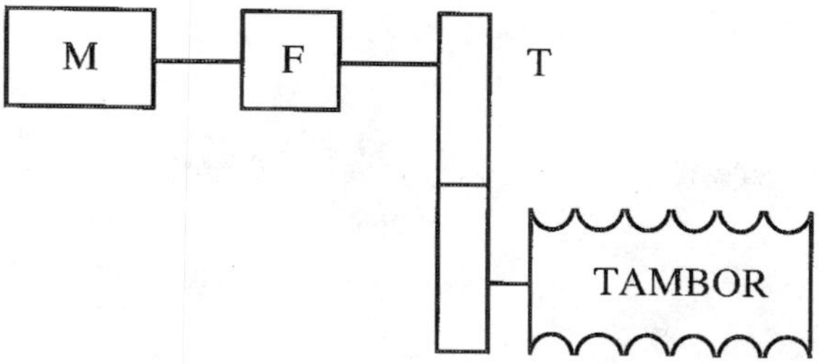

Figura 9.24. Esquema de circuito de elevación.

La fórmula es

$$i = \frac{n_m\,(rpm)\,.\,\pi\,.\,d_{tambor}}{v_{elev}}\;\frac{n_r(st)}{n_r(a)}$$

n_m: rpm motor

d_{tambor}: diámetro del tambor (m)

v_{elev}: Velocidad de elevación (m/min)

n_r (st): número de ramales a la salida del tambor

n_r (a): número de ramales del aparejo

Para el circuito de traslación, el esquema es:

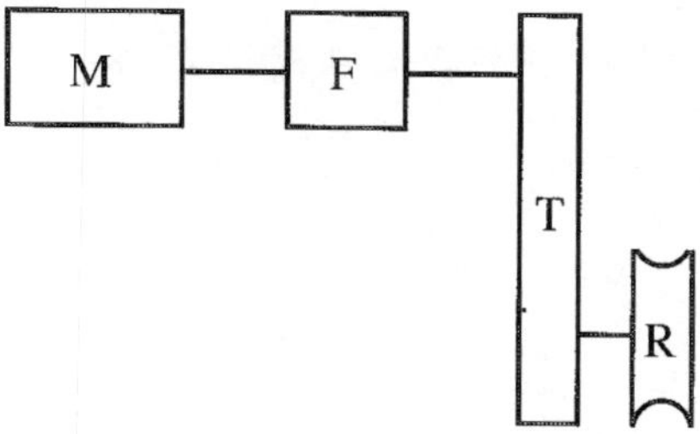

Figura 9.25. Esquema de circuito de traslación.

La fórmula es:

$$i = \frac{n_m\,(rpm)\,.\,\pi\,.\,d_{rueda}}{v_{tras}}$$

n_m: rpm motor

d_{rueda}: diámetro de la rueda (m)

v_{tras}: Velocidad de traslación (m/min)

En la Figura 9.26 se muestra el circuito típico de traslación.

Figura 9.26. Fotografía de un circuito de traslación.

9.9. Esquema de cálculo del circuito eléctrico

9.9.1. CIRCUITO DE ELEVACIÓN

$$P_e = \frac{G_2 \cdot v_{elev}}{4500 \cdot \eta}$$

G_2: Carga a elevar (Carga útil + Peso elem. susp. en daN)

v_{elev}: velocidad elevación (m/min)

η: rendimiento: 0.85

9.9.2. CIRCUITO DE TRANSLACIÓN

$$P_W = \frac{(G1 + G2)W \cdot v_{tras}}{4,5 \cdot 10^6 \cdot \eta}$$

G_1: Carga muerta a transladar (daN)

W: 7 para rodamiento

20 para casquillo de bronce

v_{tras}: velocidad de traslación (m/min)

η: rendimiento: 0.85

Par $_{arranque}$ = $M_W + M_b$ < Par máximo

$$M_W = \frac{P_w \cdot 716}{n_1} \text{ (daN.m)}$$

P_W: Potencia de translación

n_1: Velocidad motor: 1500 rpm.

$$M_b = \frac{\Sigma GD^2 \cdot n_1}{375 \cdot t_a} \quad \text{con } t_a$$

2 seg. elevación, cierre cuchara

4 seg. translación, giro, carro, puente

6 seg. translación pórtico

con $$\Sigma GD^2 = \frac{(G_1+G_2)\, d^2}{\eta} + GD_2^2 \frac{n_2^2}{n_1^2} \quad \text{y} \quad d = \frac{v_{tras}}{\pi\, n_1}$$

Si hay viento,

$$P_{translación} = P_W + \frac{S.v_{tras}}{4500 \cdot \eta} F_v$$

S: superficie exposición (m^2)

F_V: presión del viento (daN/m^2)

9.9.3. CIRCUITO DE GIRO

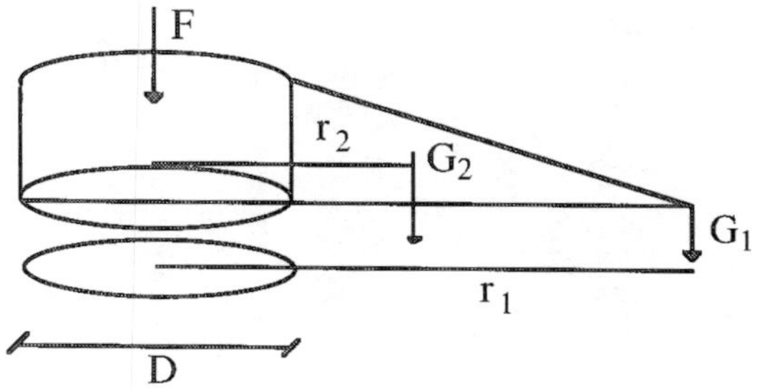

Figura 9.27. Esquema de circuito de giro.

$P_{arranque} = P_w + P_b <$ Potencia nominal

$$P_w = \frac{M.n}{716.\eta} = \frac{Q.\mu.D/2.n}{716.\eta}$$

Q: Carga vertical

μ: coeficiente rodadura: 0.0075

n: rpm giro

η: rendimiento mecánico: 0.85

D = diámetro del rodamiento (m)

$$P_b = \frac{I_t \,.\, \varepsilon \,.\, n}{716 \,.\, \eta}$$

$$It = \frac{\Sigma G_i \, r_i^2}{g}$$

$$\varepsilon = \frac{\pi \, n}{30 \,.\, t_a}$$

9.9.4. CÁLCULO DE FRENOS.

$M_{freno} =$ $\begin{cases} M_{max} \,.\, 2{,}5 \text{ (elevación)} \\ M_{max} \,.\, 1{,}5 \text{ (translación)} \end{cases}$

9.9.4.1. Freno de moradaza

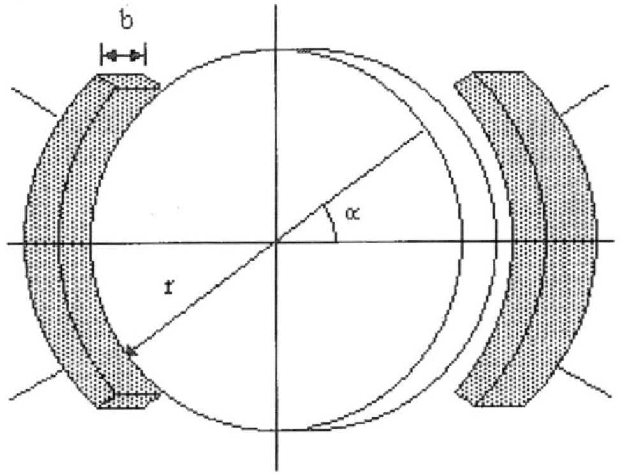

Figura 9.28. Esquema freno de mordaza.

$$M_{freno} = 4 \cdot b \cdot r^2 \cdot p \cdot tg\psi \cdot \alpha$$

$tg\psi = 0.3$
$p = 1$ MPa
$\alpha = \pi/4$
$150 < r < 350$ (mm)

9.9.4.2. Freno de disco

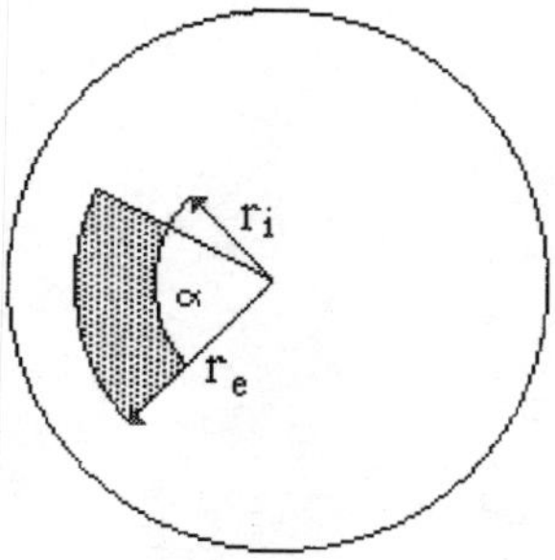

Figura 9.29. Esquema freno de disco.

$$M_{freno} = \frac{2}{3}\alpha \cdot tg\psi \cdot p\,(r_e^3 - r_i^3)$$

$\frac{\pi}{4} < \alpha < \frac{\pi}{2}$
$tg\psi = 0.3$
$p = 1$ MPa
$150 < r_e, r_i < 350$ (mm)

9.9.5. RELACIÓN DE TRANSMISIÓN

9.9.5.1. Circuito de elevación

$$i = \frac{n_m(rpm) \cdot \pi \cdot d_{tambor}}{v_{elev}} \frac{n_r\,(st)}{n_r\,(a)}$$

9.9.5.2. Circuito de traslación

$$i = \frac{n_m(rpm) \cdot \pi \cdot d_{rueda}}{v_{tras}}$$

n_m: rpm motor

d_{tambor}: diámetro del tambor (m)

d_{rueda}: diámetro de la rueda (m)

v_{elev}: Velocidad de elevación (m/min)

v_{elev}: Velocidad de elevación (m/min)

n_r (st): número de ramales a la salida del tambor

n_r (a): número de ramales del aparejo

Figura 9.30 Fotografía de una grúa pórtico.

PROBLEMA TIPO 9.1

Enunciado: La grúa pórtico de la Figura 9.30 está ubicada en una zona portuaria; tiene una velocidad de elevación de 20 m/min, peso propio = 5 T, carga a elevar = 5 T, velocidad de traslación de 80 m/min y una superficie de exposición al viento de 5 m^2. Calcular el circuito de elevación y de traslación de la grúa. El diámetro del tambor es de 400 mm.

Solución

Elevación

$$P_{elev} = \frac{Q \cdot v_{tras}}{4500 \cdot \eta} = \frac{5000 \cdot 20}{4500 \cdot 0,85} = 26\,CV$$

Tabla 9.3:	$P_{elev} = 30$ CV	Motor trifásico asíncrono anillos rozantes;
	1L S2 156-4AA2	regulación por resistencias rotóricas.

$M_{max} = 148 \cdot 4 = 592$ N.m

$M_{freno} = M_{max} \cdot 2,5 = 592 \cdot 2,5 = 1480$ N.m.

Cálculo del freno:

Utilizamos frenos de mordaza, electromecánico, Eldro.

$M = 4 \,.\, b \,.\, r^2 \,.\, p \,.\text{tg}\,\psi \,.\, \alpha$ $\qquad \alpha = \frac{\pi}{4} = 0{,}78 \qquad \text{tg}\,\psi = 0{,}3$

$p = 10^6\ N/m^2$ $\qquad$ b: anchura $\qquad$ r: radio

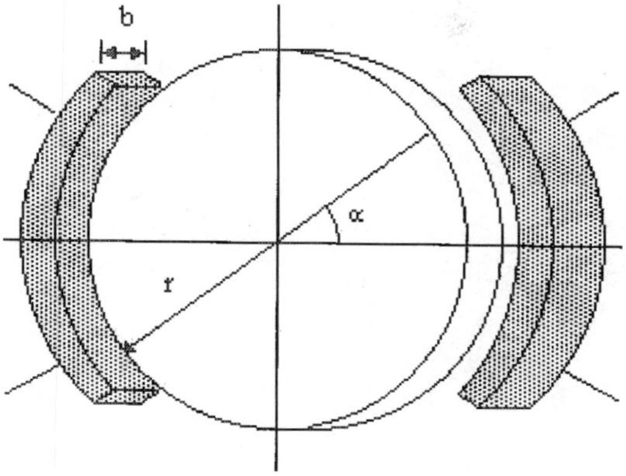

Figura 9.31. Freno de mordaza.

Tomando b = 0,05 m y r = 0,2 m entonces,

M = 1872 N.m que es razonable para soportar M_{freno}

Cálculo de transmisión:

Suponemos engranajes rectos.

Tabla 9.3: $n_2 = 1450$ rpm

$d_{tambor} = 400$ mm

$R_{tambor} = 200$ mm

$v_{elev} = 20$ m/min

$$\omega_{tambor} = \frac{v_{elev}}{R_{tambor}} = \frac{20}{0{,}2} = 100\frac{1}{min}$$

$$rpm_{\ tambor} = \frac{100}{2\pi} = 15{,}92$$

Suponiendo n_r (st) / n_r (a) = 1

índice de transmisión = i = n_2 / rpm (tambor) = 1450/15,92 = 91

Traslación del pórtico

$$P_w = \frac{(G_1 + G_2) \,.\, W \,.\, v_{tras}}{4{,}5 \,.\, 10^6 \,.\, h} = \frac{10000 \,.\, 20 \,.\, 80}{4{,}5 \,.\, 10^6 \,.\, 0{,}85} = 4{,}18\ CV$$

Hemos de considerar el efecto del viento, ya que la grúa pórtico está en el exterior:

Tomamos F= 80 daN/m^2 de la Tabla 10.6:

$$P_v = \frac{S \cdot v_w}{4 \cdot 500 \cdot \eta} \cdot F_v = \frac{5 \cdot 80}{4500 \cdot 0,85} \cdot 80 = 8,36 \text{ CV}$$

En estado estacionario se deben sumar ambas:

$$P = P_w + Pv = 4,18 + 8,36 = 12,54 \text{ CV}$$

Vamos al catálogo: ILS1 166 4AA2

$P = 15$ CV $\quad GD_2^2 = 0,36$

$n_2 = 1440$

$M = 74$ N . m

$M_{max} = 74 \cdot 3,4 = 261,6$ N . m

Comprobación del par de arranque.

$$M_b = \frac{\Sigma GD_1^2 . n_1}{375.ta} \quad \text{con} \quad n_1 = 1500 \text{ rpm} \quad \text{y} \quad ta = 6 \text{ seg}$$

$$GD_1^2 = \frac{1000 \cdot d^2}{\eta}$$

$$d = \frac{v_{tras}}{\pi\, n_1} = \frac{80}{\pi \cdot 1500}$$

$$\eta = 0,85$$

$$GD_1^2 = GD_2^2 \frac{n_2^2}{n_1^2} = 0,36 \cdot \frac{1440^2}{1500^2} = 0,33$$

Luego $\Sigma GD_1^2 = 3,73$ daN.m^2

El par de arranque (M_A) queda:

$$M_b = \frac{\Sigma GD^2 \cdot n_1}{375 \cdot t_a} = \frac{3,73 \cdot 1500}{375 \cdot 6} = 2,49 \text{ daN.m} = 24,9 \text{ N.m}$$

$$M_W = \frac{P_w \cdot 716}{n_1} = \frac{4,18 \cdot 716}{1500} = 1,99 \text{ daN.m} = 19,9 \text{ N.m}$$

$$M_A = M_b + M_W = 19,9 + 24,9 = 44,8 \text{ N.m}$$

Hay que comprobar este par de arranque ($M_{máx\ motor} \geq M_A = M_W + M_b$):

$M_{max\ motor} = 261,6$ N.m

$M_A = 44,8$ N.m correcto

10. ESTRUCTURA

10.1. Generalidades

Se entiende por estructura de un aparato de elevación, el conjunto de elementos resistentes del mismo, que tienen por objeto absorber los esfuerzos generados por las diferentes solicitaciones, y transmitirlos a la estructura fija.

En el caso más general, existen distintos elementos resistentes, de cálculo independiente, dentro del marco global del aparato. Por ejemplo, en una grúa portacontenedores se pueden distinguir:

- Spreader o estructura de amarre del contenedor.
- Carro de la grúa.
- Torre, conformada por viga principal, tirantes, traviesas, pilares, diagonales y vigas testeros.

La constitución de la estructura de un aparato de elevación ha variado de forma notable a lo largo de los últimos años. Hasta hace varias décadas, era frecuente observar estructuras conformadas por celosías. Los perfiles estaban unidos mediante remaches y las vigas tomaban elevadas dimensiones para conseguir los momentos de inercia necesarios.

El progresivo conocimiento de las técnicas de soldadura generó un cambio notable en la filosofía de las estructuras de los aparatos de elevación: La clásica estructura de grandes dimensiones conformada por celosías de perfiles remachados era sustituida por modernas y esbeltas vigas formadas por placas metálicas electrosoldadas. Con este nuevo estilo de construcción se conseguía disminuir el costo global de la estructura debido fundamentalmente a la mayor sencillez del proceso de fabricación.

La técnica de cálculo de una estructura de un aparato de elevación se compone de varias fases:

a) Determinación de solicitaciones, y combinaciones de ellas que actúan sobre la estructura.

b) Obtención de desplazamientos, esfuerzos, tensiones y reacciones existentes en cada uno de los elementos resistentes mediante el proceso de cálculo correspondiente.

c) Comprobación de los valores obtenidos con los valores admisibles de elasticidad, resistencia y estabilidad.

10.2. Determinación de solicitaciones

Las solicitaciones existentes sobre una estructura de un aparato de elevación se van a calcular mediante la normativa de la Federación Europea de la Manutención.

10.2.1. DOMINIO DE APLICACIÓN

El presente método de obtención de solicitaciones es aplicable a aparatos de elevación correspondientes a la sección I de la FEM.

No es aplicable en los siguientes casos:

1) Grúas móviles sobre neumáticos, cintas, orugas, camiones, remolques y patines, correspondientes a la sección V de la FEM.

2) Aparatos correspondientes a la sección IX de la FEM.

a) aparatos eléctricos, neumáticos, hidráulicos o manuales.

b) aparatos de elevación que utilizan los equipos indicados en el apartado a) como elevación principal.

c) gatos y elevadores de carga.

d) tornos de montaje.

10.2.2. CLASIFICACIÓN DE APARATOS EN FUNCIÓN DEL SERVICIO

Para la aplicación de la norma, los aparatos están clasificados en diferentes grupos en función del servicio.

Los dos factores que se consideran para determinar el grupo son la vida del mecanismo y el estado de carga.

10.2.2.1. Vida del mecanismo.

La vida del mecanismo representa el número de horas de funcionamiento real que estimamos va a tener el mecanismo a lo largo de su servicio. Al ser desconocido este número de horas, se ha convenido definir siete grupos. (Tabla 10.1).

Tabla 10.1. Definición de la vida del mecanismo.

Grupo	A	B	C	D	E	F	G
Vida en horas	800	1600	3200	6300	12500	25000	50000

10.2.2.2. Estado de carga

El estado de carga representa en qué medida, el aparato levanta la carga máxima o solamente una carga reducida.

Esta idea está caracterizada por un espectro de cargas elevadas, indicando el número de ciclos para los cuales el aparato es capaz de levantar una cierta fracción de la carga máxima.

Se consideran en la práctica, cuatro estados convencionales de carga, caracterizadas por el valor k, representando la frecuencia de la carga máxima, durante el servicio en un número de ciclos determinado.

$$k = \frac{\text{N}^\circ \text{ de veces de elevación de la carga máxima}}{\text{N}^\circ \text{ de veces de elevación de cargas pequeñas, medianas y máximas}}$$

En la Tabla 10.2 se muestran los valores de los diferentes estado de carga.

Tabla 10.2. Definición de estado de carga.

Estado de carga	Servicio	Factor k
1	Frecuencia muy reducida de la carga máxima	0.125
2	Frecuencia reducida de la carga máxima	0.250
3	Frecuencia aproximada igual de cargas pequeñas, medianas y máximas.	0.500
4	Frecuencia elevada de la carga máxima.	1.000

10.2.2.3. Clasificación de aparatos

A partir de la vida del mecanismo y del estado de cargas, los aparatos se clasifican en seis grupos según la FEM siguiendo la Tabla 10.3.

Tabla 10.3. Clasificación de aparatos.

		Vida del Mecanismo						
		A	B	C	D	E	F	G
Estado de Carga	1			M3	M4	M5	M6	M7
	2		M3	M4	M5	M6	M7	M8
	3	M3	M4	M5	M6	M7	M8	M8
	4	M4	M5	M6	M7	M8	M8	M8

La equivalencia entre la clasificación que se establece para diferentes normativas se puede ver en la Tabla 10.4.

Tabla 10.4. Clasificación de aparatos (FEM/DIN).

ESTADO DE CARGA		VIDA EN HORAS DE FUNCIONAMIENTO REAL DEL MECANISMO													
Factor K	SERVICIO	800		1600		3200		6300		12500		25000		50000	
0,125	Frecuencia muy reducida de la carga máxima					M3	1 Bm	M4	1 Am	M5	2m	M6	3m	M7	4m
0,250	Frecuencia reducida de la carga máxima			M3	1 Bm	M4	1 Am	M5	2m	M6	3m	M7	4m	M8	5m
0,500	Frecuencia aproximada igual de cargas pequeñas, medianas y máximas	M3	1 Bm	M4	1 Am	M5	2m	M6	3m	M7	4m	M8	5m	M8	5m
1,000	Frecuencia elevada de la carga máxima	M4	1 Am	M5	2m	M6	3m	M7	4m	M8	5m	M8	5m	M8	5m

Figura 10.1. Estructura de una grúa de puerto "pico de pato".

Figura 10.2. Estructura de una grúa de puerto de variación de alcance con compensación de cable.

10.2.3. TIPOS DE SOLICITACIONES A TENER EN CUENTA

Los tipos de solicitaciones a tener en cuenta se describen a continuación:

a) Solicitaciones principales que se ejercen sobre la estructura del aparato supuesto inmóvil, en el estado de carga más desfavorable.

b) Solicitaciones debidas a movimientos verticales.

c) Solicitaciones debidas a movimientos horizontales.

d) Solicitaciones debidas a efectos climáticos.

e) Solicitaciones diversas.

Figura 10.4. Estructura de una grúa portacontenedores.

10.2.3.1. Solicitaciones principales

Son las siguientes:

- Solicitaciones debidas a la carga de servicio, o peso de la carga útil más el peso de los elementos accesorios: gancho, cuchara, ...
- Solicitaciones debidas al peso propio, o peso de todos los elementos que componen la grúa a excepción de la carga de servicio.

10.2.3.2. Solicitaciones debidas a movimientos verticales

Estas solicitaciones provienen de manipulación de la carga de servicio, aceleraciones o deceleraciones sobre el movimiento de elevación y choques verticales debidos al rodamiento sobre las vías.

10.2.3.2.1. Solicitaciones debidas a manipulación de la carga de servicio

Se tienen en cuenta, multiplicando la carga de servido por un factor denominado "coeficiente dinámico", ψ.

El coeficiente está definido por la expresión:

$\psi = 1 + \xi \,.\, V_L$ (10.1)

Donde:

V_L = Velocidad de elevación (m/s)

ξ = Coeficiente experimental | 0.6 para puentes-grúa y pórticos
| 0.3 para grúas

Los valores están representados en la Gráfica 10.1.

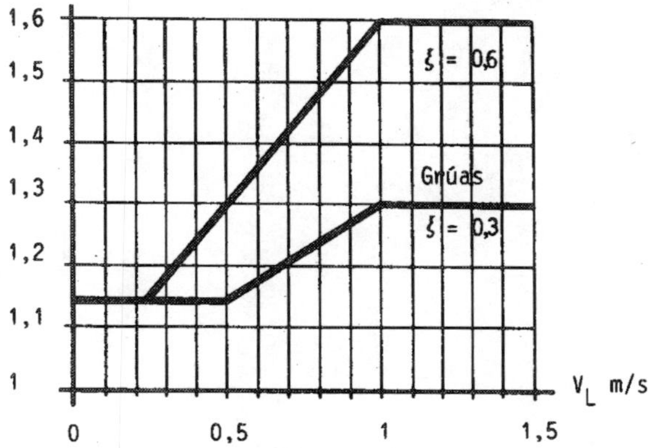

Gráfica 10.1. Representación de los valores de ξ.

El coeficiente ψ tiene en cuenta la manipulación de la carga de servicio, que constituye el choque más importante. Las solicitaciones debidas a aceleraciones o deceleraciones sobre el movimiento vertical son despreciables.

10.2.3.2.2. Caso particular

Para ciertos aparatos las solicitaciones debidas al peso propio y a la carga de servicio son de signo contrario y conviene comparar las solicitaciones en carga" y "en vacío".

Llamando:

S_G: solicitación debida al peso propio

S_L: solicitación debida al la carga de servicio

Se determina la solicitación total mayorada en el momento de descarga, por la expresión:

$$S_G - S_L \left(\frac{\psi - 1}{2} \right)$$

que conviene comparar con las solicitaciones de vehículo en carga:

$$S_G + S_L$$

se debe tomar, pues, el caso más desfavorable de los dos valores.

La gráfica 10.2, muestra la curva de carga y descarga cuando S_G y S_L son de signo contrario.

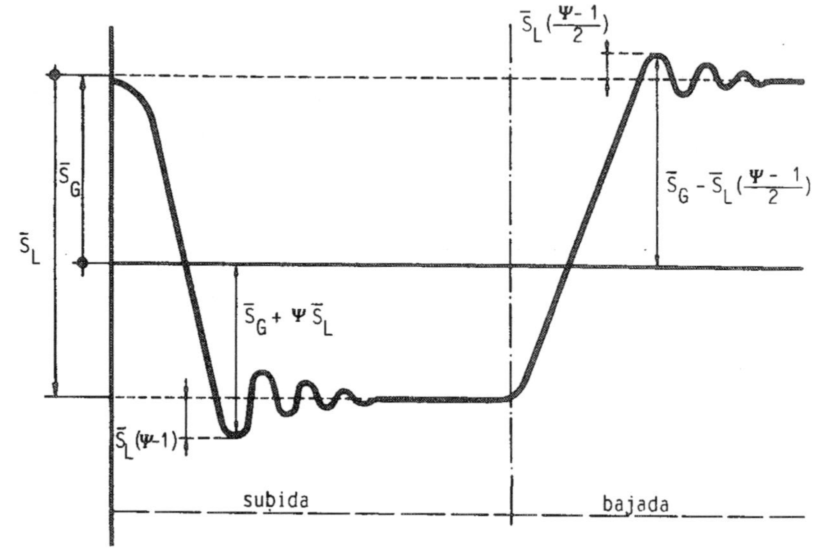

Gráfica 10.2. Representación de carga y descarga.

10.2.3.3. Solicitaciones debidas a movimientos horizontales

Son las siguientes:

- Efectos de inercia debidos a aceleraciones o deceleraciones de movimientos de dirección, translación, orientación y recuperación de flecha.
- Efectos de la fuerza centrífuga.
- Efectos horizontales transversales provocados por la rodadura.
- Efectos de choque

10.2.3.3.1. Efectos horizontales debidos a movimientos de dirección

Se calcula el esfuerzo horizontal aplicado en las ruedas motoras paralelamente al raíl de rodadura.

El valor de la aceleración o deceleración es función de la velocidad a obtener, del tiempo de aceleración o deceleración y de las condiciones de explotación del aparato (Tabla 10.5).

10.2.3.3.2. Efectos horizontales debidos a movimientos de orientación y recuperación de flecha

Para este tipo de movimientos, se debe considerar el momento de aceleración o deceleración que se ejerce sobre el eje motor.

El valor de las aceleraciones o deceleraciones depende del aparato, eligiéndose una aceleración entre 0.1 y 0.6 m/s^2.

10.2.3.3.3. Efectos de la fuerza centrífuga

Para grúas, se tiene en cuenta el esfuerzo horizontal en cabeza de flecha resultante de la inclinación del cable portante de la carga.

En otros aparatos, en general, se desprecia el efecto de la fuerza centrífuga.

Tabla 10.5. Valores de aceleraciones

Velocidad a obtener	(a) Velocidad lenta y velocidad media con larga carrera		(b) Velocidad media y rápida (aplicaciones corrientes)		(c) Velocidad rápida con fuertes aceleraciones	
	Tiempo de acelerac.	Aceleración	Tiempo de acelerac.	Aceleración	Tiempo de acelerac.	Aceleración
m/s	s	m/s^2	s	m/s^2	s	m/s^2
4,00			8,0	0,50	6	0,67
3,15			7,1	0,44	5,4	0,58
2,5			6,3	0,39	4,8	0,52
2	9,1	0,22	5,6	0,35	4,2	0,47
1,60	8,3	0,19	5,0	0,32	3,7	0,43
1,00	6,6	0,15	4,0	0,25	3,0	0,33
0,63	5,2	0,12	3,2	0,19		
0,40	4,1	0,098	2,5	0,16		
0,25	3,2	0,078				
0,16	2,5	0,064				

10.2.3.3.4. Reacciones transversales debidas a la rodadura

Cuando dos rodillos circulan por un raíl, se debe tener en consideración el momento formado por las fuerzas horizontales perpendiculares al raíl. Las componentes de este momento son obtenidas multiplicando la carga vertical existente por un coeficiente λ. Este coeficiente depende de la relación entre p : longitud o vía y a : batalla. Gráfica 10.3.

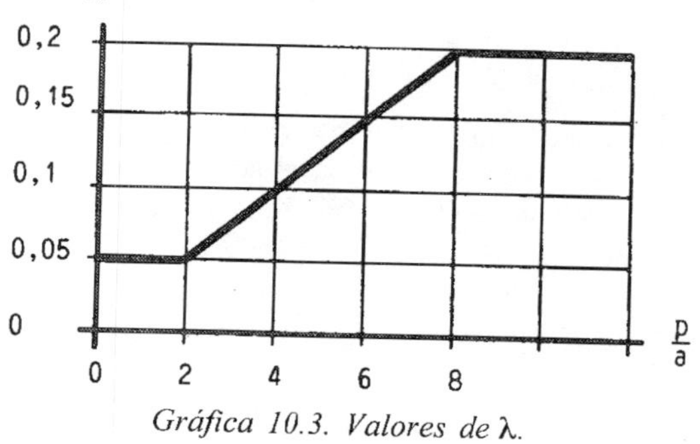

Gráfica 10.3. Valores de λ.

10.2.3.3.5. Efectos de choque de topes

Sólo se considera cuando el choque se produce sobre la estructura, o cuando se produce sobre la carga suspendida.

Para el caso de choque sobre estructura, éste se tiene en consideración cuando la velocidad de desplazamiento es superior a 0.7 m/s. Los esfuerzos resultantes sobre la estructura se calculan en función de la deceleración que el tope impone al aparato. Se admite que el tope es capaz de absorber la energía cinética del aparato correspondiente a 0.7 de la velocidad de translación.

Para el caso de choque de la carga suspendida, se consideran las solicitaciones debidas al choque de carga, cuando ésta está rígidamente guiada.

10.2.3.4. Solicitaciones debidas a efectos climáticos

Las solicitaciones debidas a los efectos climáticos son las resultantes de la acción del viento, sobrecarga de nieve y variaciones de temperatura.

10.2.3.4.1. Acción del viento

Se debe de resaltar que todos los cálculos relacionados con el viento son aproximados, debido a su propia naturaleza. Sin embargo es necesario tenerlos en cuenta y si se le da un tratamiento matemático decuado, los resultados que se obtienen serán mucho mas aproximados y útiles.

El contacto del viento con la superficie de la tierra ejerce un efecto de arrastre similar al rozamiento. Es evidente que este efecto de arrastre es diferente en zonas abiertas como llanuras que en zonas cerradas o con ostáculos como zonas de bosques, o concentrados núcleos urbanos. Esta variación en el arrastre causa que la velocidad del viento varíe en función de la altura y del tipo de terreno. Además accidentes topográficos como colinas o valles producen variaciones de la dirección del viento.

Las medidas realizadas en determinadas localidades presentan una continua variación aleatoria tanto en la velocidad como en la dirección del viento. Con el modelo de variación aleatoria se pueden obtener tendencias o medias para intervalos de tiempo determinados. Se utilizan mapas de viento basados en datos históricos como fuente de información de velocidades de viento, así como principales tempestades, etc.

El aire a nivel del mar ejerce una presión uniforme de 101.4 KPa. Cuando el aire está en movimiento sinembargo, esta presión se modifica. La fuerza del viento ejerce sobre una superficie en su camino una presión y una fuerza negativa o succión en la superficie opuesta debido a los cambios de presión locales. Como ejemplo, un cambio de un 1% en la presión normal es equivalente a 1,014 KPa.

La presión estática equivalente inducida por el viento es función de la densidad del aire, que varía con la temperatura, altura y presión barométrica. Estas variaciones son pequeñas, y son normalmente ignoradas a la hora de realizar cálculos prácticos de viento.

La relación de la presión estática viene dada por:

$$q = \frac{1}{2} \rho v_w^2 \qquad (10.2)$$

donde ρ es la densidad del aire. Si la velocidad se expresa en metros por segundo y la presión en pascales, la expresión queda:

$$q = \frac{5}{8} v_W^2 \tag{10.3}$$

En la Tabla 10.6. se representan diferentes valores de velocidad y presión del viento.

Tabla 10.6. Valores de velocidades y presiones de viento.

Altura del elemento por encima del suelo		Viento limite de servicio					Viento máximo				
m	ft	Velocidad V_W			Presión aerodinámica		Velocidad V_W			Presión aerodinámica	
		m/s	km/h	miles p h	kgf/m² ó daN/m²	lbs/ sq.ft	m/s	km/h	miles p h	kgf/m² ó daN/m²	lbs/ sq.ft
0 a 20	0 a 65	20	72	45	25	5	36	130	80	80	16
20 a 100	65 a 325						42	150	95	110	22
más de 100	más de 325						46	165	105	130	26

Al aumentar la altura sobre el suelo, el efecto de arrastre del viento sobre el suelo llega a ser menos pronunciado, hasta llegar a una altura en la cual el viento es libre de arrastres. Pero las alturas a las que desaparece el efecto arrastre son mas grandes que las de las alturas de instalaciones de grúas (de 250 a 460 metros), por ello se asume que las gruas están situadas en la zona de arrastre.

Varias fuentes registran datos referentes a los cambios de la velocidad del viento con la altura para cada zona. Normalmente estos datos proceden de estudios realizados en zonas costeras y en los cuales se incluyen los efectos de las tormentas por lo que suelen estar mayorados. Es por ello que se ha de diferenciar entre el tipo de relieve topográfico en el que estamos estudiando esta variación. Este es el caso del exponente de Davenport, cuyos valores son aceptados por la normativa americana (ANSI). La ley exponencial propuesta diferencia entre los siguientes coeficientes:

$p = 1/7$ terreno abierto y zonas costeras

$p = 1/4.5$ zonas boscosas, ciudades, extrarradios de ciudades y zonas costeras abruptas

$p = 1/3$ centros o núcleos de grandes ciudades.

Entonces la variación de la velocidad con la altura viene expresada como:

$$v_W = v_{W0}\left(\frac{h}{h_0}\right)^p$$

La expresión por tanto de la presión del viento en unidades del sistema internacional será por tanto:

$$q = \frac{5}{8} v_{w0}^2 \left(\frac{h}{h_0} \right)^{2p}$$

donde

v_{w0} = velocidad de referencia a la altura estandard de 10 metros.

h = altura a la que se quiere conocer la velocidad del viento.

h_0 = altura de referencia (10 metros).

Presión del viento sobre objetos.

La expresión anterior da la presión del viento sobre objetos de formas indefinidas. Evidentemente un objeto cortante originará menores perturbaciones o cambios de presión en la corriente de viento que la que ocasionará una gran superficie plana. A través de ensayos e investigaciones se han obtenido datos que relacionan la forma de los objetos con la resistencia que ellos inducen. En la tabla 10.7. se dan valores de coeficientes para estas fuerzas de oposición para una serie de formas típicas utilizadas en construcciones de gruas.

Cuando un objeto esta enfrente de otro identico al primero, se debe considerar el efecto "sombra". Este parámetro está relacionado con la forma y la distancia entre los objetos. La Gráfica 10.4. da valores del coeficiente de sombra η, el cual representa que parte del viento sobre el primero de los dos objetos actúa sobre el segundo. El coeficiente puede ser aplicado sucesivamente a cuerpos adicionales. Finalmente los efectos de la presión del viento disminuyen si éste no incide normal a la superficie. La presión efectiva del viento se traduce en la presión del viento multiplicada por el cuadrado del seno del ángulo que forma la dirección del viento con la superficie en cuestión.

En la Gráfica 10.4 se obtienen así mismo los valores del coeficiente reductor η.

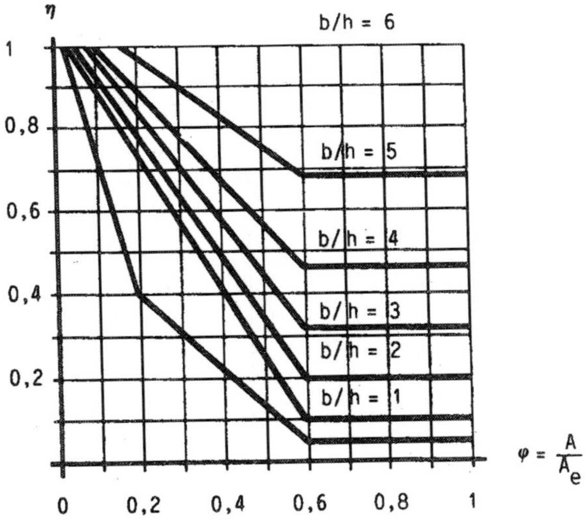

Gráfica 10.4. Determinación del coeficiente η.

La fuerza que ejerce el viento sobre un objeto se expresa como:

F = q·A·C

donde:

F = fuerza sobre la superficie actuando en la dirección del viento.

q = presión estática a la altura h del objeto.

A = área del objeto sobre la que actúa el viento.

C = coeficiente de forma

= C_f para viento actuando normal a la superficie

= $C_f \eta_m$ para consecutivos e identicos objetos equidistantes

C_f = coeficiente de forma, viene expresado en la tabla 10.7.

η_m = efecto acumulativo de sombra sobre m idénticos equidistantes objetos:

$$= 1 + \eta + \eta^2 + \eta^3 + \cdots + \eta^{m-1} \leq (1 - \eta)^{-1}$$

η = coeficiente de sombra, viene dado en la tabla 10.8.

θ = angulo entre la dirección del viento y la superficie del objeto

Cuando una superficie está situada a un ángulo determinado con la dirección del viento, y se requiere conocer el efecto del viento normal a la superficie, se resuelve de manera ordinaria. Para vieno actuando sobre la diagonal de una torre cuadrada, el coeficiente C puede tomarse como $1.0 + 0.75\varphi$ veces el valor frontal sobre la cara de una torre teniendo en cuenta la sombra sobre la segunda cara. Donde φ es la relación entre el área sólida y el área total de dicha cara ($\varphi = A/A_e$), siendo A la suma de todas las áreas de los componentes de la cara, y A_e el área total considerada. La fuerza se toma actuando en la diagonal.

Tabla 10.7. Valores de C para distintos tipos de estructuras.

Perfiles, angulares, vigas cajón (pequeños)

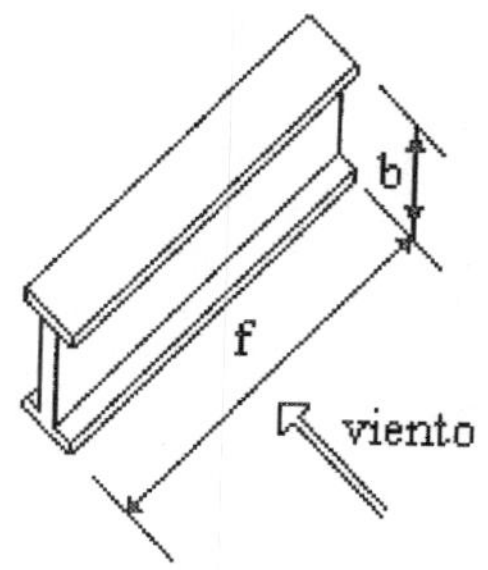

f / b	C_f
50	1,90
40	1,70
30	1,65
20	1,60
10	1,35
5	1,30

			f / d	C_f
Tubos	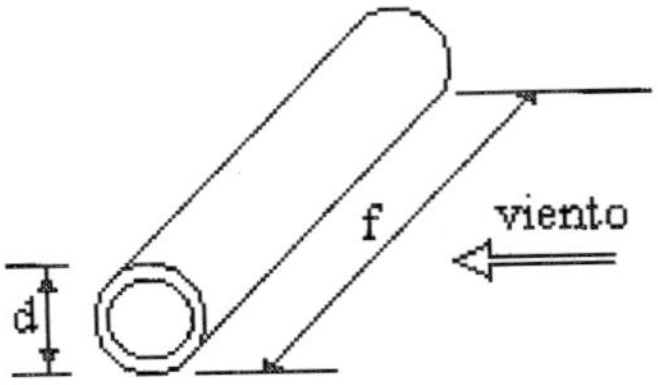	$d \cdot v_w < 4,5\ m/s^2$ v_w = velocidad del viento (m/s^2) d = diámetro (m)	50 40 30 20 10 5	1,10 1,00 0,95 0,90 0,80 0,75
		$d \cdot v_w \geq 4,5\ m/s^2$	50 40 30 20 10 5	0,80 0,75 0,70 0,70 0,65 0,60

			f / d	C_f
vigas cajón grandes sobre 35 mm cuadradas ó 25 x 45 mm rectangulares	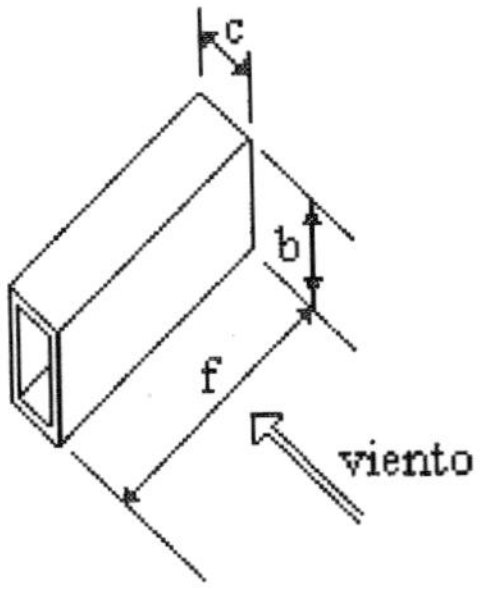	$\frac{b}{c} \geq 2$	40 30 20 10 5	2,20 2,10 1,95 1,75 1,55
		$\frac{b}{c} = 1$	40 30 20 10 5	1,90 1,85 1,75 1,55 1,40
		$\frac{b}{c} = \frac{1}{2}$	40 30 20 10 5	1,40 1,35 1,30 1,20 1,00
		$\frac{b}{c} = \frac{1}{4}$	40 30 20 10 5	1,00 1,00 0,90 0,90 0,80

Tabla 10.7. Valores de C para distintos tipos de estructuras (cont.).

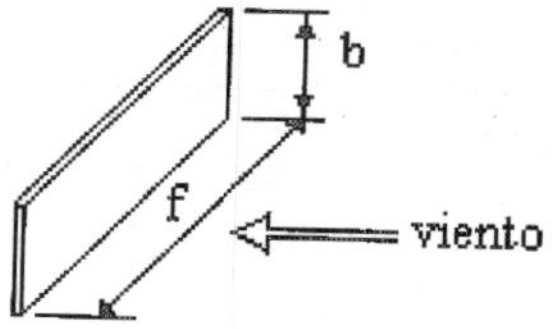

	f / b	C_f
Placas planas por encima del nivel del suelo	≥ 80	2,00
	60	1,85
	40	1,75
	20	1,50
	15	1,40
	10	1,30
	≤ 5	1,20
Cable metálico — Viento perpendicular al cable		1,20

Celosias simples, viento perpendicular a las caras.

(utilizar factor de sombra η_m para marcos múltiples)

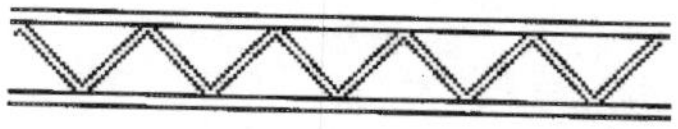

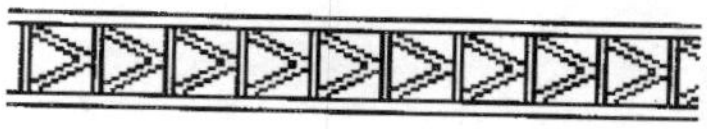

		φ	C_f
Estructuras en celosía	Perfiles, angulares, vigas cajón, placas	≤ 0,05	1,95
		0,10	1,90
		0,20	1,75
		0,30	1,60
		0,40	1,45
		0,50	1,45
	Componentes tubulares $d \cdot v_w < 4{,}64 m/s^2$	≤ 0,05	1,30
		0,10	1,25
		0,20	1,20
		0,30	1,10
		0,40	1,05
		0,50	1,05
	$d \cdot v_w \geq 4{,}64 m/s^2$		0,80

Estructuras de celosiías ensambladas cuadradas o triangulares con el viento perpendicular a las caras 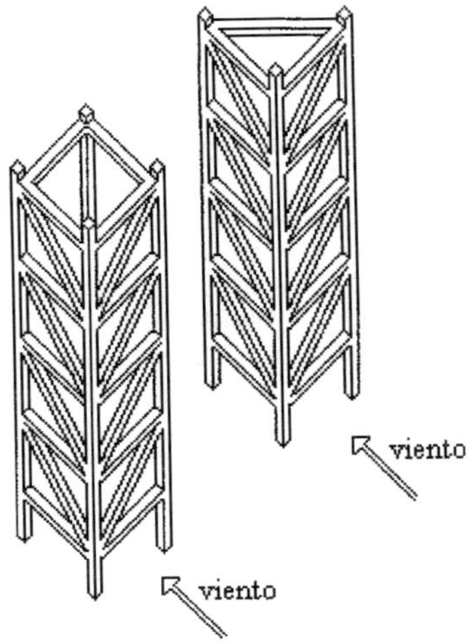	Estructuras cuadradas de perfiles, angulares, vigas cajón y placas.	< 0,025 0,025÷0,45 0,45÷0,7 0,7÷1,0	4,0 4,13-5,18φ 1,8 1,33+0,67φ
	Caso de viento en la diagonal, se multiplica el valor perpendicular a la cara por:		1,0+0,75φ
	Estructuras triangulares de perfiles, angulares, vigas cajón y placas.	< 0,025 0,025÷0,45 0,45÷0,7 0,7÷1,0	3,6 3,71-4,47φ 1,7 1,0 + φ
	Estructuras triangulares y cuadradas con componentes tubulares. Se multiplican los valores anteriores por estos coeficientes:	< 0,3 0,3÷0,8 0,8÷1,0	0,66 0,66φ+0,47 1,0

Donde η depende de A/A_e y b/h, con

A: superficie expuesta al viento

A_e: superficie expuesta al viento mayorada con superficies de posibles agujeros interiores, para el caso de vigas aligeradas, estructuras de celosía, $A_e > A$

Para el resto, $A = A_e$

h: anchura de la viga

b: distancia que separa las caras enfrentadas entre el perfil de cálculo y el intermedio

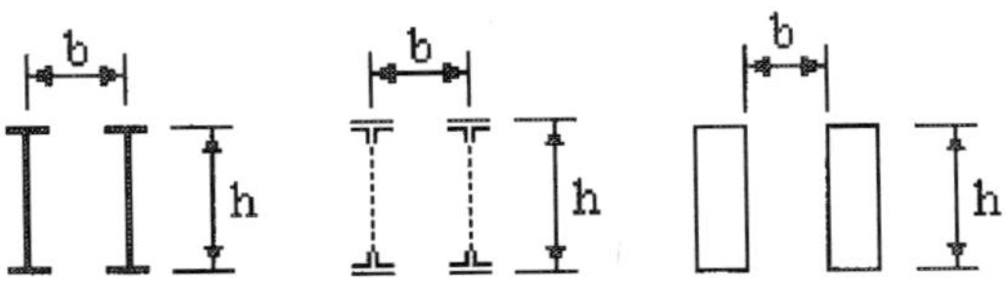

Figura 10.5. Parámetros del coeficiente de sombra.

En la Tabla 10.8 se representan los valores de η en función de A/A_e y b/h.

Tabla 10.8. Determinación del coeficiente η.

$\varphi = \frac{A}{A_e}$	0,1	0,2	0,3	0,4	0,5	0,6	0,8	1
$\frac{b}{h} = 0{,}5$	0,75	0,4	0,32	0,21	0,15	0,05	0,05	0,05
$\frac{b}{h} = 1$	0,92	0,75	0,59	0,43	0,25	0,1	0,1	0,1
$\frac{b}{h} = 2$	0,95	0,8	0,63	0,5	0,33	0,2	0,2	0,2
$\frac{b}{h} = 4$	1	0,88	0,76	0,66	0,55	0,45	0,45	0,45
$\frac{b}{h} = 5$	1	0,95	0,88	0,81	0,75	0,68	0,68	0,68

La acción del viento sobre la carga se calcula teniendo en cuenta la mayor superficie posible de exposición al viento y tomando como valor del coeficiente aerodinámico C = 1.

Para cargas inferiores a 25.000 daN, en las que el cálculo de la superficie expuesta al viento sea de difícil resolución, se pueden tomar a título orientativo los siguientes valores:

1 m^2/1.000 daN para cargas hasta 5.000 daN.

0.5 m^2/1.000 daN para cargas desde 5.000 daN a 25.000 daN.

<u>10.2.3.4.2. Sobrecarga de nieve</u>

No se tienen en cuenta sobrecargas de nieve en el cálculo de puentes-grúa, pórticos o grúas.

<u>10.2.3.4.3. Variaciones de temperatura</u>

Las solicitaciones debidas a variación de temperatura no se consideran excepto en casos particulares, por ejemplo, que los elementos no puedan dilatarse libremente.

10.2.3.5. Solicitaciones diversas

Para el dimensionamiento de pasarelas o barandillas se tomarán los siguientes valores:

300 daN para accesos y pasarelas donde puede haber depositado material

150 daN para accesos y pasarelas destinados únicamente al paso de personal

30 daN de carga horizontal sobre barandillas

10.2.4. DETERMINACIÓN DE COMBINACIONES DE SOLICITACIONES

Se van a distinguir tres casos posibles:

• **CASO I**. APARATO EN SERVICIO SIN VIENTO

Para este caso, la solicitación toma el siguiente valor:

$$[M\,(S_G + \psi\, S_L + S_H)]\,.\,C_S \tag{10.6}$$

Donde C_S, es el coeficiente de seguridad: 1.5

M es un coeficiente variable con el grupo al que pertenece el aparato.

Se muestra en la Tabla 10.9.

Tabla 10.9. Valores de M en función del grupo.

Grupo (Tabla 10.3)	M3	M4	M5	M6	M7	M8
M	1	1	1	1,06	1,12	1,2

• **CASO II**. APARATO EN SERVICIO CON VIENTO

La solicitación toma el siguiente valor:

$$[M\,(S_G + \psi\, S_L + S_H) + S_W]\,.\,C_S \tag{10.7}$$

En este caso $C_S = 1.33$

M está representado en la Tabla 10.9.

• **CASO III**. APARATO SOMETIDO A SOLICITACIONES EXCEPCIONALES

Se adoptan como solicitaciones:

a) Viento en tempestad

$$(S_G + S_{W\,máx})\,.\,C_S \tag{10.8}$$

b) Efecto de choque con los topes de fin de carrera

$$(S_G + S_L + S_T)\,.\,C_S \tag{10.9}$$

c) Ensayos estático y dinámico

$$(S_G + \psi\rho_1\,.\,S_L)\,.\,C_S \tag{10.10}$$

$$(S_G + \rho_2\,.\,S_L)\,.\,C_S \tag{10.11}$$

En este caso $C_S = 1.1$

Donde:

$S_{W\,máx}$: se representa en la Tabla 10.6.

S_T: solicitación de choque en los topes de fin de carrera

ρ_1: coeficiente de mayoración de la carga nominal prevista en los ensayos dinámicos: 1,2

ρ_2: coeficiente de mayoración de la carga nominal prevista en los ensayos estáticos: 1,4

10.3. Obtención de desplazamientos, tensiones y reacciones.

Los primeros pasos en el cálculo de estructuras de aparatos de elevación se dieron mediante métodos gráficos. Los ya clásicos métodos de Cremona, Cullman o Richter, gozaban de una gran sencillez, a la vez, que una cierta precisión, en su aplicación a estructuras articuladas.

Las estructuras de celosía, eran tratadas como armaduras de vigas trabajando a tracción-compresión. En los métodos anteriormente citados, se obtenían gráficamente esfuerzos en las barras, y posteriormente tensiones.

La aparición de estructuras soldadas, y con ello, la existente de momentos de empotramiento en cada una de las uniones de dos o más vigas, implicó el nacimiento de nuevos métodos de cálculo. Mediante el método de Croos, se pueden obtener esfuerzos de tracción, compresión y flexión. No se resolvía el problema de los desplazamientos y el método se complicaba cuando la geometría de la estructura se hacía cada vez más compleja.

La introducción del computador en el campo del cálculo de estructuras facilitó la implementación de métodos matriciales. Esta moderna técnica, permite obtener desplazamientos, esfuerzos, tensiones y reacciones en estructuras formadas por vigas.

Estos métodos matriciales han evolucionado hacia el método de los elementos finitos. Esta vía, permite resolver estructuras formadas por vigas, placas y elementos tridimensionales.

El método de los elementos finitos, en el caso elástico y estático, mediante unas funciones de interpolación y una matriz de las características elásticas del material, definirá una matriz de rigidez que relaciona el vector desplazamientos con el vector de solicitaciones exteriores:

$$\{f\} = \{k\} \cdot \{x\} \qquad (10.12)$$

Donde:

$\{x\}$: vector desplazamiento

$\{k\}$: matriz de rigidez

$\{f\}$: vector de fuerzas exteriores

La matriz de rigidez es función de la geometría de la estructura, y de las características elásticas del material. El vector de fuerzas exteriores se obtiene a partir de las solicitaciones que determina la normativa de la FEM (apartado 10.2). Así pues, el vector de desplazamientos se calcula resolviendo el sistema de ecuaciones.

Los esfuerzos y reacciones de la estructura se obtiene mediante expresiones sencillas, una vez determinados los desplazamientos $\{x\}$.

Por último, las tensiones de trabajo pueden resolverse en función de los esfuerzos tras la aplicación de la fórmula de Von Mises.

El método típico de cálculo de estructura de elevación es el de los elementos finitos, debido al gran volumen de información que es capaz de dar.

10.4. Comprobación de elasticidad, resistencia y estabilidad.

10.4.1. COMPROBACIÓN DE ELASTICIDAD Y RESISTENCIA.

Los desplazamientos, tensiones y reacciones obtenidos según el método de cálculo mencionado en el apartado anterior, en función de las solicitaciones descritas en el apartado 10.2, generan unos resultados de elasticidad y resistencia.

Los desplazamientos deben ser menores que los admisibles, con los correspondientes coeficientes de seguridad explicados en el apartado 10.2.

Las tensiones calculadas deben ser menores que el límite elástico del material en todos los puntos de la estructura resistente, por supuesto con los correspondientes coeficientes de seguridad mencionados en el apartado 10.2.

10.4.2. COMPROBACIÓN DE ESTABILIDAD.

La estabilidad del aparato quedará comprobada tras el estudio de reacciones para la hipótesis correspondiente de viento en tempestad.

10.4.2.1. Caso de grúas portacontenedores y grúas pórtico.

Es de gran importancia conocer cómo determinar las reacciones de una grúa. Ver Figura 10.6

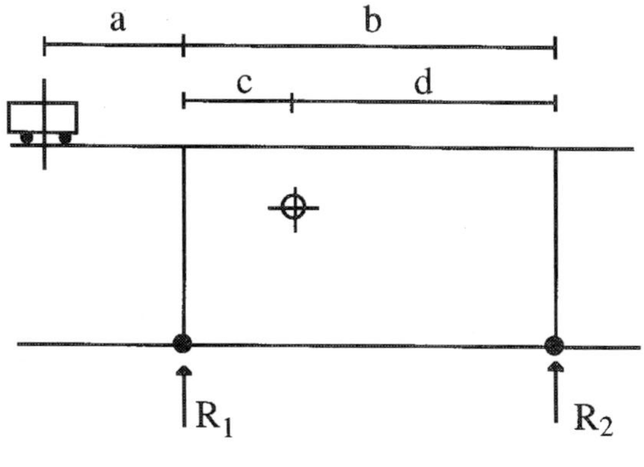

Figura 10.6. Esquema de grúa para cálculo de reacciones.

$$R_1 = \frac{(S_L.\psi + S_C)(a+b) + S_G.d}{b} \tag{10.13}$$

$$R_2 = \frac{S_G.c - (S_L.\psi + S_C).a}{b} \tag{10.14}$$

R_1 y R_2 deben ser mayores que cero, siendo S_G, el peso propio de la grúa, S_L la carga de servicio y S_C el peso del carro.

Para evitar el vuelco de la grúa y aumentar su estabilidad se dispone en la gran mayoría de los casos de un contrapeso.

Figura 10.7. Fotografía de dos grúas con contrapeso para aumentar la estabilidad.

A continuación se muestra cómo calcular el contrapeso.

El momento en la columna (en caso de grúas de columna o torre) o en el centro entre apoyos (grúas pórtico o portacontenedores) debe ser el mismo con y sin carga.

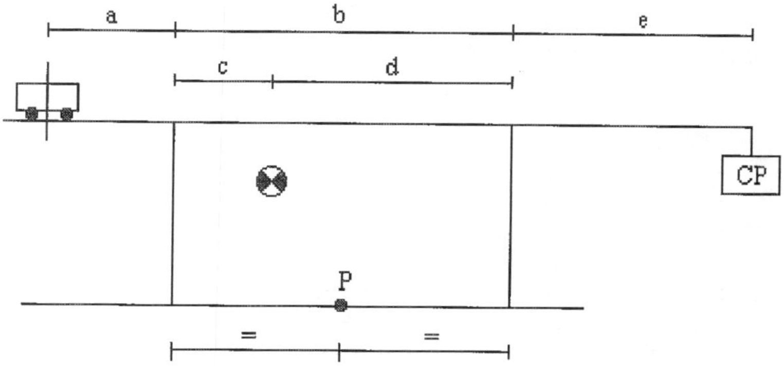

Figura 10.8. Esquema de grúa con contrapeso, para cálculo de reacciones.

Momento con respecto a P (grúa cargada)

$$M_1 = (S_L \cdot \psi + S_C)(a + \frac{b}{2}) + S_G(d - \frac{b}{2}) - S_{CP}(e + \frac{b}{2}) \quad (10.15)$$

Momento con respecto a P (grúa descargada)

$$M_2 = S_{CP}(e + \frac{b}{2}) - S_G(d - \frac{b}{2}) \quad (10.16)$$

Si igualamos M_1 a M_2 queda:

$$(S_L \cdot \psi + S_C)(a + \frac{b}{2}) + 2S_G(d - \frac{b}{2}) = 2\, S_{CP}(e + \frac{b}{2}) \quad (10.17)$$

Luego:

$$S_{CP} = (S_L \cdot \psi + S_C)\frac{(a + \frac{b}{2})}{2(e + \frac{b}{2})} + S_G \frac{(d - \frac{b}{2})}{(e + \frac{b}{2})} \quad (10.18)$$

10.4.2.2. Caso de vehículos-grua.

En los vehículos grúa la comprobación de la estabilidad es muy importante puesto que tenemos cuatro apoyos pero con la posibilidad que dichos apoyos lleguen a levantarse con lo que puede dar lugar al vuelco de la misma. Ahora la carga al variar el alcance da lugar a numerosas posibilidades las cuales tienen que ser analizadas.

Una primera aproximación muy simplificada se puede deducir de la Figura 10.9. donde aparece un vehículo grúa apoyado en los estabilizadores y levantando carga a un alcance determinado. Sea S_p el peso de la pluma, S_G el peso de la estructura portante y superior, y sea S_L la carga de servicio. Tomando como b, a y d las distancias de los correspondientes centros de gravedad de los pesos anteriores al eje de basculamiento de la grúa, se puede establecer la ecuación de estabilidad.

Para el caso de que los estabilizadores estén totalmente extendidos, la relación de estabilidad de este aparato se puede expresar como:

$$S_G \cdot a = S_P \cdot b + S_L \cdot d \cdot \psi \quad (10.19)$$

con lo que obtenemos la mínima distancia que puede utilizarse con esa carga para que la grúa no vuelque:

$$d = \frac{S_G \cdot a - S_P \cdot b}{S_L \cdot \psi} \quad (10.20)$$

Si realizamos un análisis mas detallado, considerando cada una de las partes de la grúa se obtienen resultados mas aproximados a la realidad. Es bastante elevado el número de datos requeridos para determinar la condición de estabilidad de un vehículo grua, es por ello, por lo que para poder determinar correctamente el comportamiento de esta grua frente a las cargas debe hacerse de análisis exhaustivo.

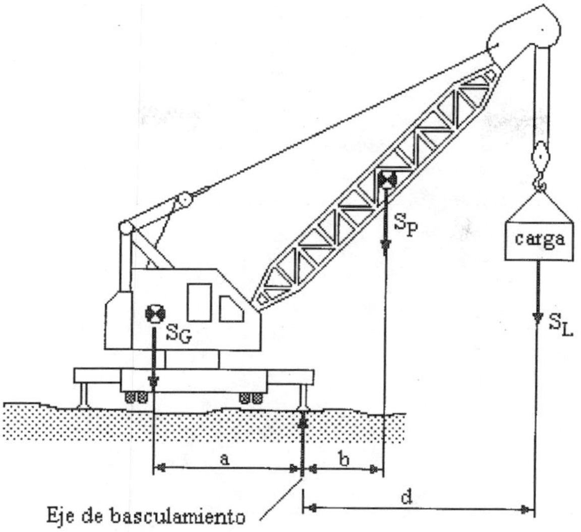

Figura 10.9.

Asumiendo que conocemos los siguientes datos, vamos a analizar su estabilidad:

- Se conoce el peso del vehículo portante (S_{GC}) y la distancia horizontal de su centro de gravedad al eje de rotación (d_{GC}).
- Estructura superior. Se conoce el peso de esta, incluyendo el contrapeso y la distancia horizontal de su centro de gravedad al eje de rotación.
- Pluma. Se conoce el peso de cada tramo de la pluma (telescópica o en celosía) y las coordenadas de sus centros de gravedad, incluyendo los efectos de los tirantes si hay.
- Plumin. Se conoce el peso de cada tramo de la pluma (telescópica o en celosía) y las coordenadas de sus centros de gravedad, incluyendo los efectos de los tirantes si hay.

Para el caso de la pluma y el plumin, la posición de los centros de gravedad se toma en términos de una distancia a lo largo de su eje longitudinal, medidos desde su base y desplazados una distancia perpendicular a dicho eje. (Figura 10.10.) Normalmente es conveniente transformar las posiciones de los centros de gravedad de plumas, plumines y tramos de plumas, de coordenadas cartesianas a polares:

$$\theta_p = \tan^{-1} \frac{y_p}{x_p} \qquad L_p = \left(y_p^2 + x_p^2\right)^{1/2} \qquad (10.21)$$

$$\mu_m = \tan^{-1} \frac{y_m}{x_m} \qquad L_m = \left(y_m^2 + x_m^2\right)^{1/2} \qquad (10.22)$$

donde θ_p, L_p, μ_m y L_m definen la posición del centro de gravedad de la pluma y del plumin respectivamente.

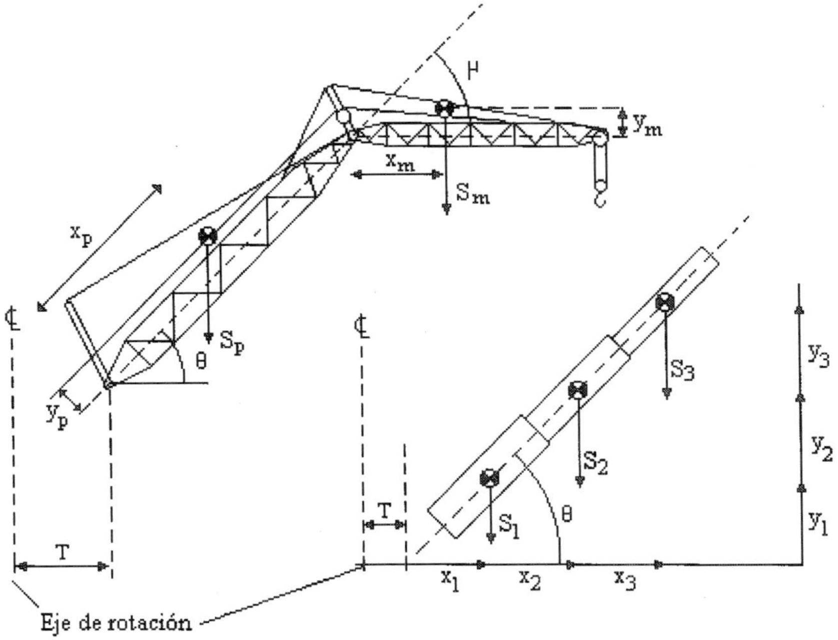

Figura 10.10.

Y en el caso de la pluma telescópica:

$$\theta_{TRi} = \tan^{-1} \frac{y_i}{x_i} \qquad L_{TRi} = \left(y_i^2 + x_i^2\right)^{1/2} \qquad (i = 1, 2, 3) \qquad (10.23)$$

Si los datos están ya en forma polar, el paso previo de conversión se omite, de esta forma podremos expresar el momento que genera la pluma alrededor del eje de rotación como:

$$M_p = S_p \left[T + L_p \cos (\theta + \theta_p) \right] \qquad (10.24)$$

y suponiendo que se monta el plumin, se obtiene un momento total de:

$$M_{pm} = M_p + S_m \left[T + L_p \cos \theta + L_m \cos (\theta - \mu + \mu_m) \right] \qquad (10.25)$$

Que en el caso de una pluma telescopica se simplifica a:

$$M_{TR1} = \sum_{i=1}^{3} S_i \left[T + L_{TRi} \cos (\theta + \theta_{TRi}) \right] \qquad (10.26)$$

La parte de la estructura de la grua que está por encima de la giratoria se puede reemplazar matemáticamente por por un momento y una carga vertical. Si llamamos S_U al peso de la estructura superior menos los pesos de las plumas y plumines (S_p, S_m, S_i), y si su centro de gravedad está localizado horizontalmente a una distancia d_U desde el eje de rotación, entonces el momento de esta estructura superior para el radio de operación R, incluyendo la carga que se está elevando (S_L), así como el peso de los cables suspendidos S_R, es:

$$M_U = M_p + (S_L + S_R) \cdot R - S_U \cdot d_U \qquad (10.27)$$

o en el caso de estar utilizando un plumín:

$$M_U = M_{pm} + (S_L + S_{Rm}) \cdot R - S_U \cdot d_U \tag{10.28}$$

o en el caso de pluma telescópica:

$$M_U = \sum_{i=1}^{3} M_{TRi} + S_L \cdot R - S_U \cdot d_U \tag{10.29}$$

Las cargas verticales serán para cada situación:

$$V_U = S_p + S_L + S_R + S_U \quad (10.30)$$

o cuando se utilice plumín:

$$V_U = S_p + S_m + S_L + S_{RC} + S_U \tag{10.31}$$

o en el caso de pluma telescópica:

$$V_U = \sum_{i=1}^{3} S_i + S_L + S_U \tag{10.32}$$

Tanto la carga vertical como el momento se supone aplicado en el eje de rotación. En algunas ocasiones se prefiere desligar el peso del contrapeso del peso de la estructura superior, por lo que en este caso el término $S_U \cdot d_U$ y el término S_U se reemplaza cada uno por dos términos.

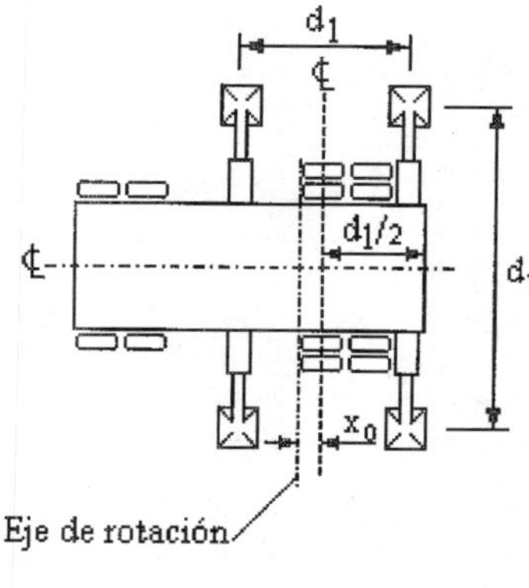

Figura 10.11.

El estado normal de utilización de un vehículo grúa es con los estabilizadores totalmente desplegados. Vamos a analizar el caso de un vehículo grúa con sólo cuatro estabilizadores. No hay razón para asumir que el centroide de los estabilizadores coincida con la proyección del eje de rotación sobre el suelo, aunque algunas gruas se realicen de esta manera. Para el caso que vamos a analizar supondremos que dicho eje de rotación está a una distancia x_0 del centroide de estabilizadores hacia la parte delantera, a lo largo del eje longitudinal como se puede apreciar en la Figura (10.11).

Denominaremos S_{GC} al peso del vehículo y estando localizado su centro de gravedad a una distancia d_{GC} mas alla del centroide de los estabilizazores sobre el eje longitudinal.

El momento neto de todas las fuerzas alrededor del centroide de estabilizadores para operaciones que se realicen sobre la parte trasera de la grúa es:

$$M_{nt} = M_U - V_U \cdot x_0 - S_{GC} \cdot d_{GC} \tag{10.33}$$

Y para operaciones que se realicen a un lado de la grúa es:

$$M_{nl} = M_U \tag{10.34}$$

Además de los momentos, los estabilizadores deben soportar la carga vertical.

$$V = V_U + S_{GC}$$

Tomando como d_l la distancia longitudinal entre los estabilizadores y d_t la distancia transversal entre estabilizadores, como se ve en la Figura (10.11), para operaciones sobre la parte trasera de la grúa, cada estabilizador soportará:

$$P = \frac{V}{4} \pm \frac{M_{nt}}{2 \cdot d_l} \tag{10.35}$$

donde el segundo término de la ecuación anterior se suma para las reacciones de los estabilizadores traseros y se resta para las reacciones de los estabilizadores delanteros.

En caso de estar realizando operaciones en un lado de la grúa, la distribución no es uniforme, debido a la excentricidad tanto del peso del vehículo como de los pesos que están elevados. Lamaremos P_{dp} a la reacción del estabilizador delantero en el lado de la pluma. y P_{dc} a la reacción del estabilizador delantero en el lado del contrapeso. De la misma maneralas reacciones de los estabilizadores traseros en el lado de la pluma y del contrapeso los denominaremos P_{tp} P_{tc} respectivamente. En este caso tendremos:

$$P_{dp} = \frac{V}{4} + \frac{M_{nl}}{2 \cdot d_t} + \frac{S_{GC} \cdot d_{GC} + V_U \cdot x_0}{2 \cdot d_l} \tag{10.36}$$

$$P_{dc} = \frac{V}{4} - \frac{M_{nl}}{2 \cdot d_t} + \frac{S_{GC} \cdot d_{GC} + V_U \cdot x_0}{2 \cdot d_l} \tag{10.37}$$

$$P_{tp} = \frac{V}{4} + \frac{M_{nl}}{2 \cdot d_t} + \frac{S_{GC} \cdot d_{GC} + V_U \cdot x_0}{2 \cdot d_l} \tag{10.38}$$

$$P_{tc} = \frac{V}{4} - \frac{M_{nl}}{2 \cdot d_t} + \frac{S_{GC} \cdot d_{GC} + V_U \cdot x_0}{2 \cdot d_l} \tag{10.39}$$

El modelo por lo tanto expresa que cada estabilizador soporta un reparto equitativo de la carga vertical, una contribución del momento transversal y una contribución del momento longitudinal. Los valores numéricos de la contribución de cada momento permanece constante (para un caso particular de carga, radio de operación y posición de la pluma relativa al eje longitudinal), sólo cambian los signos. El mismo tipo de distribución sucede durante el mas complejo de los casos de operación, que ocurre cuando la pluma está a un cierto ángulo del eje longitudinal de la grúa. Sea α el ángulo horizontal entre la pluma y el eje longitudinal de la grua medido desde la parte trasera. En este caso:

$$M_{nt} = M_U \cos\alpha - V_U \cdot x_0 - S_{GC} \cdot d_{GC} \tag{10. 40}$$

$$M_{nl} = M_U \operatorname{sen}\alpha \tag{10. 41}$$

Donde M_{nt} es la porción del momento neto actuando sobre la parte trasera y M_{nl} es la porción del momento neto actuando sobre el lateral. Cuando estos momentos se distribuyen individualmente a los estabilizadores junto con la carga vertical, las reacciones de los estabilizadores llegan a ser:

$$P_{dp} = \frac{V}{4} + \frac{1}{2}\left(\frac{M_{nl}}{d_t} - \frac{M_{nt}}{d_l}\right) \quad (10.42)$$

$$P_{dc} = \frac{V}{4} - \frac{1}{2}\left(\frac{M_{nl}}{d_t} + \frac{M_{nt}}{d_l}\right) \quad (10.43)$$

$$P_{tp} = \frac{V}{4} + \frac{1}{2}\left(\frac{M_{nl}}{d_t} - \frac{M_{nt}}{d_l}\right) \quad (10.44)$$

$$P_{tc} = \frac{V}{4} - \frac{1}{2}\left(\frac{M_{nl}}{d_t} + \frac{M_{nt}}{d_l}\right) \quad (10.45)$$

Las ecuaciones anteriores dan las cargas sobre los estabilizadores para cualquier orientación de la pluma. Al manejar cargas con grandes radios, es usual que el valor que se obtiene al calcular, de una de las reacciones de los estabilizadores sea negativa, esto significa que la grua se levanta libremente en uno de los estabilizadores, es decir pierde el contacto con el suelo (cuando el número de reacciones negativas en los estabilizadores es dos, significa que la grua está en proceso de basculamiento, o lo que es lo mismo que puede pivotar y volcar).

10.4.2.2. Caso de gruas torre.

Las deflexiones elásticas del mástil de una grúa torre son provocadas por la carga excéntrica y por el viento y son amplificadas por la acción inestable de una estructura esbelta, también llamado efecto columna. Si M_c es el momento neto alrededor de la linea central de la grúa, en ausencia de viento, el desplazamiento de la cima del mástil con respecto a la línea central δ_c viene dada por:

$$\delta_c = \frac{M_c}{Q}\frac{1-\cos kh}{\cos kh} \quad (10.46)$$

donde Q es el peso de la pluma giratoria de la grúa (encima del mástil) mas la carga y un tercio del peso del mástil, y donde k se define como:

$$k = \left(\frac{Q}{EI}\right)^{1/2} \quad (10.47)$$

E es el módulo de elasticidad del material del mástil, e I es el momento de inercia de la sección transversal del mástil. Los argumentos trigonómetricos están en radianes, y la ecuación 10.47, incluye intrínsicamente efectos de columna.

Incluyendo el viento y tomando W_w como la fuerza del viento concentrada sobre un area de exposición sobre la giratoria y w como la fuerza de viento por unidad de longitud sobre el mástil, tenemos;

$$\delta_w = \frac{1}{Qk}\left[W_w\left(\tan kh - kh\right) + wh\left(\tan kh - \frac{kh}{2}\right) - \frac{w}{k}\frac{1-\cos kh}{\cos kh}\right] \quad (10.48)$$

Tomando momentos alrededor de la base de la grúa se obtiene:

$$M_c' = M_c + Q\,\delta_c = \frac{M_c}{\cos kh} \quad (10.49)$$

y para el momento generado por el viento (teniendo en cuenta que: $M_w = W_w + wh^2/2$)

$$M_w' = M_w + Q\,\delta_w = (Ww + wh)\;\frac{\tan kh}{k} - \frac{w}{k^2}\frac{1-\cos kh}{\cos kh} \qquad (10.50)$$

Los momentos aumentados de las ecuaciones 10.49 y 10.50 se usan tanto en cálculos de estabilidad como de resistencia. Para calcular la deflexión total δ_c y δ_w se pueden adicionar vectorialmente de la misma manera que los momentos.

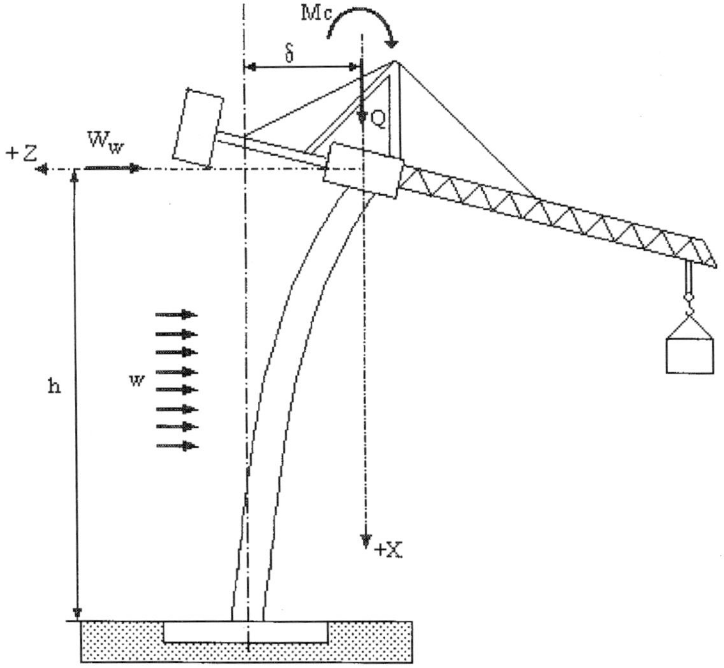

Figura 10.12

Para los ejes coordenados de la figura 10. la expresión básica de la elástica de una columna es una ecuación diferencial de la forma:

$$EI\frac{d^2z}{dx^2} = -M_x \qquad (10.51)$$

Cuando la columna se carga sólo con una carga en voladizo axial y un momento en su límite superior, la ecuación queda:

$$M_x = M_c + Qz \qquad (10.52)$$

$$EI\,z'' = -M_c - Qz \qquad (10.53)$$

$$z'' + \frac{Q}{EI}z = -\frac{M_c}{EI} \qquad (10.54)$$

donde la primera coma se refiere a la diferenciación con respecto a x. Substituyendo:

$$k^2 = \frac{Q}{EI} \tag{10.55}$$

$$z = A \cos kx + B \text{ sen } kx - \frac{M_c}{Q} \tag{10.56}$$

Pero las constantes de integración A y B son desconocidas. Se pueden evaluar introduciendo las condiciones de contorno que definen los requerimientos de la columna los cuales deben ser satisfechos plenamente.

La primera es; z(0) = 0 indica que la deflexión en la parte superior debe ser nula, con respecto al origen de los ejes coordenados elegidos. Sustituyendo ésta en la ecuación 10.56 tenemos:

$$0 = A \cos 0 + B \text{ sen } 0 - \frac{M_c}{Q} \quad \Rightarrow \quad A = \frac{M_c}{Q} \tag{10.57}$$

La segunda, z'(h) = 0 indica que la pendiente en el extremo fijo, debe ser 0.

$$z' = -\frac{M_c}{Q} k \text{ sen } kx + Bk \cos kx \tag{10.58}$$

$$0 = -\frac{M_c}{Q} \text{ sen } kx + B \cos kx \quad \Rightarrow \quad B = \frac{M_c}{Q} \tan kh \tag{10.59}$$

Una vez obtenidas las constantes podemos evaluar la ecuación 10.56 que nos da la expresión de la deflexión elástica en cualquier punto de la columna;

$$z = \frac{M_c}{Q} (\cos kx + \tan kh \text{ sen } kx - 1) \tag{10.60}$$

La deflexión máxima ocurrirá en la base o extremo fijo $z(h) = \delta_c$

$$\delta_c = \frac{M_c}{Q} \left(\cos kh + \frac{\text{sen}^2 kh}{\cos kh} - 1\right) = \frac{M_c}{Q} \frac{1 - \cos kh}{\cos kh} \tag{10.61}$$

Suponiendo la existencia de carga de viento además de actuar la fuerza axial:

$$M_x = W_w x + \frac{wx^2}{2} + Qz \tag{10.62}$$

$$z'' + k^2 z = -\frac{W_w x + wx^2/2}{EI} \tag{10.63}$$

$$z = C \cos kx + D \text{ sen } kx - \frac{W_w x + wx^2/2}{Q} + \frac{w}{Qk^2} \tag{10.64}$$

Insertando la condición de contorno z(0) = 0, se obtiene:

$$0 = C + \frac{w}{Qk^2} \qquad C = -\frac{w}{Qk^2} \tag{10.65}$$

y de la condición de la pendiente z'(h) = 0

$$z' = -Ck \text{ sen } kx + Dk \cos kx - \frac{W_w + wx}{Q} \tag{10.66}$$

$$0 = \frac{w}{Qk} \text{ sen } kh + Dk \cos kh - \frac{W_w + wh}{Q} \tag{10.67}$$

$$D = -\frac{W_w + wh}{Qk \cos kh} - \frac{w}{Qk^2} \tan kh \tag{10.68}$$

La deflexión máxima inducida por el viento δ_w, medida en el extremo fijo $z(h) = \delta_w$, viene dada por :

$$\delta_w = -\frac{w}{Qk^2}\cos kh + \frac{W_w + wh}{Q}\tan kh - \frac{w}{Qk^2}\tan kh \text{ sen } kh - \frac{W_w h + wh^2/2}{Q} + \frac{w}{Qk^2} =$$

$$= \frac{1}{Qk}\left[W_w\left(\tan kh - kh\right) + wh\left(\tan kh - \frac{kh}{2}\right) - \frac{w}{k}\frac{1-\cos kh}{\cos kh}\right] \tag{10.69}$$

Esta expresión de la deflexión incluye intrinsecamente los efectos secundarios de la carga axial actuando sobre el desplazamiento principal el cual es ocasionado por el efecto columna.

PROBLEMA TIPO 10.1

Enunciado: Un puente grúa doble tiene; carro polipasto, tambor de 2 ramales con la carga centrada, luz = 10 m, distancia entre puentes = 2 m, carga útil = 4000 daN, $v_{\text{elevación}}$ = 0,5 m/s, $v_{\text{traslación}}$ = 2 m/s, tiempo de aceleración = 9,1 m/s, resortes: ΔL = 0,5 m. El cable tiene una resistencia de 180 Kg/mm^2. El aparato posee una frecuencia aproximada igual de cargas pequeñas, medianas y máximas, y se le estima una duración del mecanismo de 50000 horas.

Hipótesis: La carga en línea de gancho corresponde a la carga útil, el peso del gancho, aparejo y carro son despreciables.

Figura 10.13. Fotografía de un puente-grúa.

Solución:

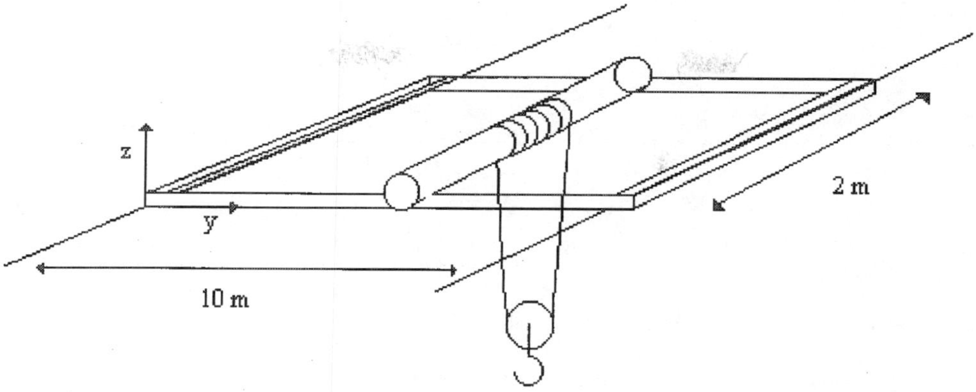

Figura 10.13. Esquema de circuito de elevación.

- Clasificación del aparato: Tabla 3.17. ⇒ Grupo M8

  Tabla 10.9. ⇒ M = 1,12
- Cálculo de la flecha en el puente

$$\delta = \frac{PL^3}{48\ EI}$$

- Cálculo coeficiente dinámico para mayorar la carga:

  Coef ψ = 1,3 (Gráfica 10.1) con V_L = 0,5 m/s

El puente grua está formado por dos vigas, luego la carga se reparte en dos.

$$P = Q_{mayorada} = Q_{útil} \cdot \psi = \frac{4000}{2} 1,3 = 2600 \text{ daN}$$

Elegimos el perfil:

$$I_1 = \frac{1}{12}\left(100.280^3 - 80.260^3\right) = 6,57 \ . \ 10^7 \ \text{mm}^4$$

$$I_2 = \frac{1}{12}\left(100^3.280 - 80^3.260\right) = 1,22 \ . \ 10^7 \ \text{mm}^4$$

$$W_1 = \frac{I_1}{140} = 4,6 \ . \ 10^5 \ \text{mm}^3$$

$$W_2 = \frac{I_2}{50} = 2,4 \ . \ 10^5 \ \text{mm}^3$$

A_{C1} = 280 . 10 . 2 = 5600 mm

A_{C2} = 100 . 10 . 2 = 2000 mm

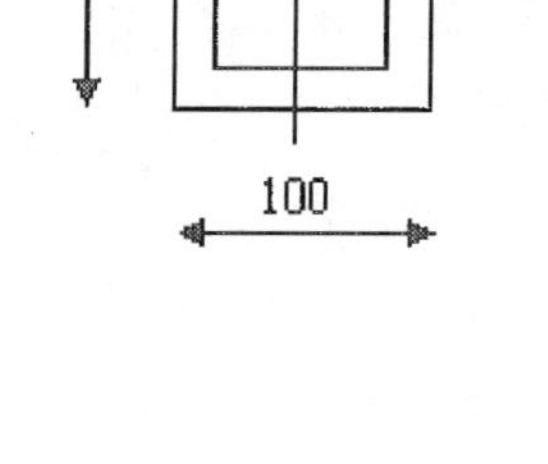

$$\delta = \frac{PL^3}{48 . E . I} = \frac{2600 . 10000^3}{48 . 2,1 . 10^4 . 6,57 . 10^7} = 39,22 \text{ mm}$$

$$\delta_{max} = \frac{10000}{250} = 40 \text{ mm}$$

Se debe verificar que $\delta < \delta_{max}$ Por lo tanto el perfil es válido de momento.

APLICACION DE LAS NORMAS FEM AL CALCULO DEL PUENTE

• Determinación de combinación de solicitaciones **Caso I.** Aparato en servicio sin viento.

Solicitaciones verticales

* Peso propio: $S_G = (280 . 100 - 260 . 80) . 10^{-6} . 8.000 = 58$ daN/m

1) 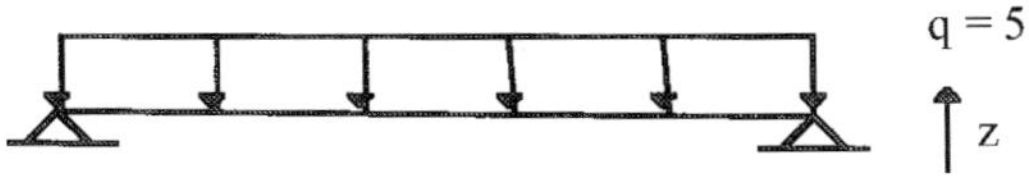

La carga total de servicio son 4000 daN, pero al haber dos puentes: $S_L = 2000$ daN

* Carga en servicio: $S_L = 2000$ daN

2) 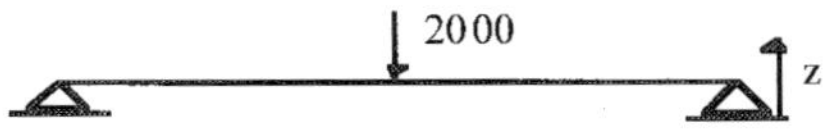

3) 

Solicitaciones horizontales:

De la Tabla 10.5. obtenemos la aceleración; $a = 0,22$ m/sg^2

Calculamos las fuerzas debidas a esta aceleración:

* Para el peso propio: $F = m.a = \frac{58}{9,8} . 0,22 = 1,3$ daN/m

* Para la carga de servicio: $F = m.a = \frac{2000}{9,8} . 0,22 = 44,8$ daN.

4) 

q = 1,3 daN/m

5)

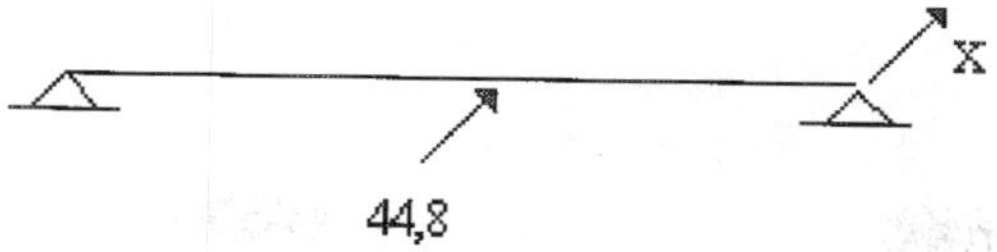

6)

El choque de topes con final de carrera es debido tanto al peso propio como a la carga de servicio, aunque no se considera el caso de carga de 800 daN/m en el extremo, porque para el caso de choque contra los topes se toma siempre carga centrada. Primero calculamos la fuerza máxima que pueden desarrollar los resortes de final de carrera, para mas tarde realizar un reparto entre los casos de carga, en función de la magnitud de su carga.

$$Ec = W \Rightarrow \frac{1}{2} m\, v^2 = F \cdot \Delta L \Rightarrow \frac{1}{2}\ (580 + 2000)\ .\ 4 = F\ .\ 0{,}5 \Rightarrow F = 1032\ \text{daN}$$

7)

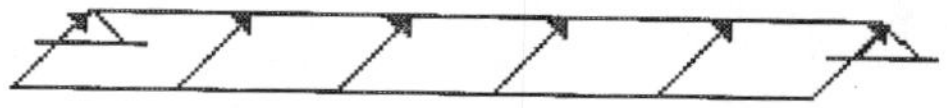

$$F_1 = \frac{1032\ .\ 580}{2580} = 23{,}2\ \text{daN/m}$$

8)

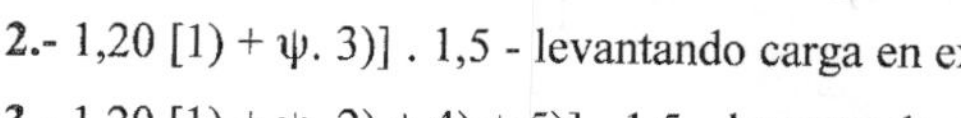

$$F_2 = \frac{1032\ .\ 2000}{2580} = 800\ \text{daN/m}$$

- Combinación de solicitaciones

CASO 1 - Grupo M8 ⇒ M = 1,20 (Tabla 10.9), Cs = 1,5

1.- 1,20 [1) + ψ. 2)] . 1,5 - levantando carga centrada

2.- 1,20 [1) + ψ. 3)] . 1,5 - levantando carga en extremo

3.- 1,20 [1) + ψ. 2) + 4) + 5)] . 1,5 - levantando carga, con aceleración

4.- 1,20 [1) + ψ. 3) + 4) + 6] . 1,5 - levantando carga en un extremo con aceleración

CASO 3 - Grupo M8 ⇒ M = 1,20 (Tabla 10.9), Cs = 1,1

5.- [1) + 2) + 7) + 8)] . 1,1

6.- [1) + ψ. 1,2 . 2)] . 1,1

7.- [1) + 1,4 . 2)] . 1,1

Calculamos la combinación de estados de carga número 3 que pertenece al CASO 1 a modo de ejemplo. Habría que calcular las siete combinaciones y determinar el más edesfavorable.

Los diagramas flectores y cortantes, así como los valores de los máximos momentos flectores y esfuerzos cortantes , nos servirán para determinar el estado tensional límite.

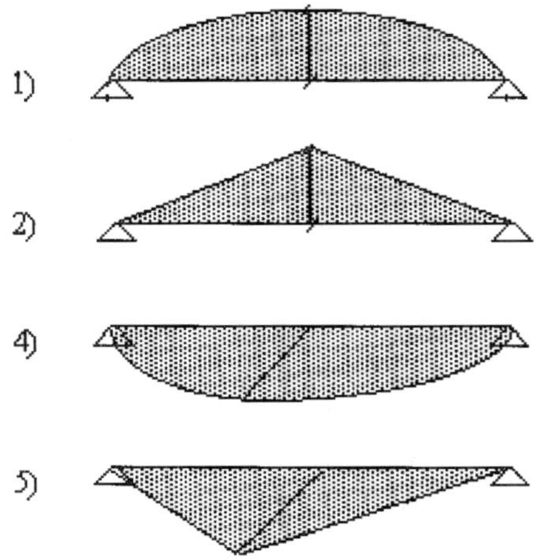

1) $M_{f_{max}} = \dfrac{qL^2}{8} = 725 \text{ daN.m}$

2) $M_{f_{max}} = \dfrac{PL}{4} = 5000 \text{ daN.m}$

4) $M_{f_{max}} = \dfrac{qL^2}{8} = 16{,}25 \text{ daN.m}$

5) $M_{f_{max}} = \dfrac{PL}{4} = 112 \text{ daN.m}$

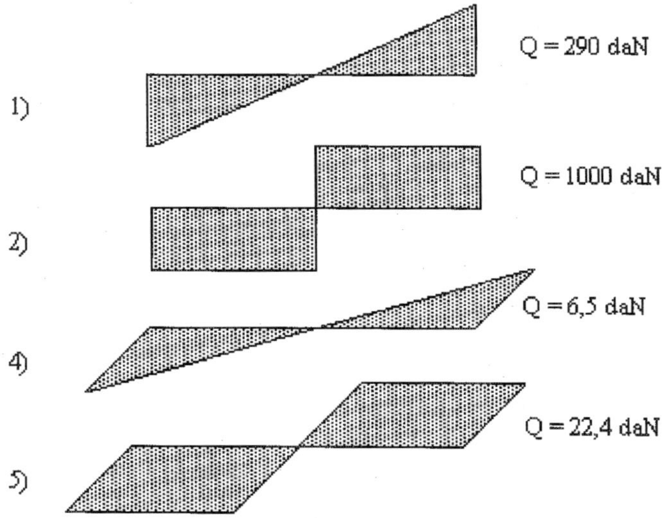

Calculamos los esfuerzos en el punto central, debidos a cada uno de los casos de carga que se combinan y hallamos la tensión equivalente.

$$\sigma_1 = \frac{725}{4,6 \cdot 10^5} \cdot \frac{10}{10^{-9}} = 15,7 \text{ MPa} \qquad \tau_1 = 0$$

$$\sigma_2 = \frac{5.000}{4,6 \cdot 10^5} \cdot \frac{10}{10^{-9}} = 108,6 \text{ MPa} \qquad \tau_2 = \frac{1.000}{5.600} \cdot \frac{10}{10^{-6}} = 1,78 \text{ MPa}$$

$$\sigma_4 = \frac{16,25}{2,4 \cdot 10^5} \cdot \frac{10}{10^{-9}} = 0,67 \text{ MPa} \qquad \tau_4 = 0$$

$$\sigma_5 = \frac{112}{2{,}4 \cdot 10^5} \cdot \frac{10}{10^{-9}} = 4{,}66\ \text{MPa} \qquad \tau_5 = \frac{22{,}4}{2.000} \cdot \frac{10}{10^{-6}} = 0{,}112\ \text{MPa}$$

Se aplican los coeficientes obtenidos de las normas FEM a cada uno de los casos de carga:

$1{,}20 \cdot [(1) + \psi\cdot(2) + (4) + (5)] \cdot 1{,}5 \qquad \psi = 1{,}3$

Caso (1): Afectado de 1,2 y 1,5 $\Rightarrow (1)\cdot 1{,}8 \Rightarrow \sigma_1 = 28{,}26$ MPa $\quad \tau_1 = 0$

Caso (2): Afectado de 1,2 ; 1,3 y 1,5 $\Rightarrow (2)\cdot 2{,}34 \Rightarrow \sigma_2 = 254{,}34$ MPa $\quad \tau_2 = 4{,}165$ MPa

Caso (4): Afectado de 1,2 y 1,5 $\Rightarrow (4)\cdot 1{,}8 \Rightarrow \sigma_4 = 1{,}206$ MPa $\quad \tau_4 = 0$

Caso (5): Afectado de 1,2 y 1,5 $\Rightarrow (5)\cdot 1{,}8 \Rightarrow \sigma_5 = 8{,}388$ MPa $\quad \tau_5 = 0{,}2016$ MPa

$$\sigma_{equivalente} = \sqrt{(\sigma_1 + \sigma_2 + \sigma_4 + \sigma_5)^2 + 3 \cdot (\tau_1^2 + \tau_2^2 + \tau_4^2 + \tau_5^2)} =$$

$$= \sqrt{(28{,}26 + 254{,}34 + 1{,}206 + 8{,}388)^2 + 3 \cdot (4{,}16^2 + 0{,}2^2)}$$

$\sigma = 292{,}28$ MPa > 260 MPa Luego este perfil no es válido y habrá que diseñar otro mayor.
Seleccionamos otro perfil:

$I_1 = 1/12 \cdot (120\cdot 300^3 - 100\cdot 280^3) = 8{,}7\cdot 10^7\ \text{mm}^4$

$I_2 = 1/12 \cdot (120^3\cdot 300 - 100^3\cdot 280) = 1{,}98\cdot 10^7\ \text{mm}^4$

$W_1 = I_1/150 = 5{,}8\cdot 10^5\ \text{mm}^3$

$W_2 = I_2/60 = 3{,}3\cdot 10^5\ \text{mm}^3$

$A_{C1} = 300\cdot 10\cdot 2 = 6.000\ \text{mm}^2$

$A_{C2} = 120\cdot 10\cdot 2 = 2.400\ \text{mm}^2$

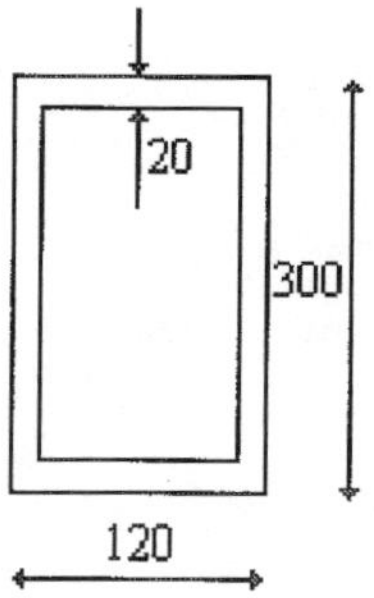

Calculamos esfuerzos y aplicamos los coeficientes:

$\sigma_1 = 12{,}5$ MPa	$\tau_1 = 0$	$(1)\cdot 1{,}8$	$\sigma_1 = 22{,}5$ MPa	$\tau_1 = 0$
$\sigma_2 = 86{,}2$ MPa	$\tau_2 = 1{,}66$ MPa	$(2)\cdot 2{,}34$	$\sigma_2 = 201{,}7$ MPa	$\tau_2 = 3{,}9$ MPa
$\sigma_4 = 0{,}49$ MPa	$\tau_4 = 0$	$(4)\cdot 1{,}8$	$\sigma_4 = 0{,}88$ MPa	$\tau_4 = 0$
$\sigma_5 = 3{,}39$ MPa	$\tau_5 = 0{,}093$ MPa	$(5)\cdot 1{,}8$	$\sigma_5 = 6{,}11$ MPa	$\tau_5 = 0{,}168$ MPa

Obtenemos los esfuerzos mayorados y se calcula el esfuerzo equivalente:

$$\sigma_{equivalente} = \sqrt{(22{,}5 + 201{,}7 + 0{,}88 + 6{,}11)^2 + 3 \cdot (3{,}9^2 + 0{,}168^2)} = 231{,}28\ \text{MPa}$$

231,28 < 260 Este perfil si que es válido.

PROBLEMA TIPO 10.2

Enunciado: De una grua portacontenedores se conocen los siguientes datos:

$v_{elev} = 45$ m/min; $v_{trascarro} = 120$ m/min; $t_a = 9{,}1$ s; $v_{tras\ grua} = 40$ m/min; $t_a = 5{,}3$ s;

W(coef. rodadura) = 20; η(rend. transm.) = 0,85; ΔL(resortes) = 0,5 m; No hay ensayos.

$v_{viento} = 72$ Km/h $= 20$ m/s; $A = 80$ m^2; $C = 1{,}6$; $v_{tempestad} = 165$ Km/h $= 46$m/s;

$Q_{propio} = 40$ Tm; $Q_{útil} = 30$ Tm; $Q_{el.\ suspensión} = 20$ Tm;

Elevación pluma: $d_{rod} = 2$ m $\mu = 0{,}0075$ $n = 1{,}4$ rpm $\alpha_{máx} = 60°$, Q_{pluma} 5.10^3 daN

$$\text{Altura} = 18 \text{ m}; \quad \left.\begin{array}{l} \text{Alcance enagua} = 38 \text{ m} \\ \text{Alcance entierra} = 10 \text{ m} \end{array}\right\} \text{Total} = 48\text{m}$$

El cable tiene una resistencia de 180 Kg/mm^2. El aparato posee una frecuencia reducidade la carga máxima, y se le estima una duración del mecanismo de 25000 horas. Plantear los posibles casos elementales de solicitación.

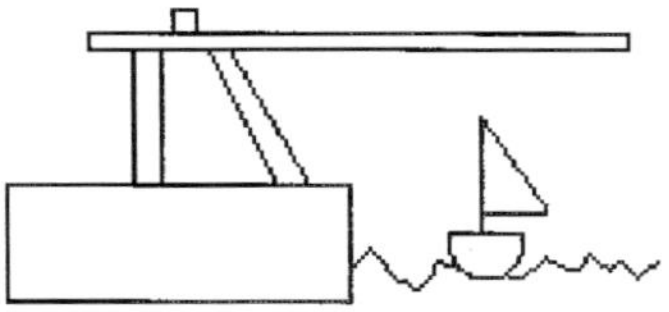

1. Clasificación de la grúa:

(Tabla 3.17.)⇒ Grupo M7

2. Cálculo del coeficiente dinámico:

ζ: Coef.experimental de las grúas-pórtico

$\psi = 1 + \zeta \cdot v_L = 1 + 0{,}6 \cdot 0{,}75 = 1{,}45$

$$v_L = \frac{45 \text{ m/min}}{60 \text{ s}} = 0{,}75 \text{ m/s}$$

3. Cálculo del coeficiente de mayoración:

(Tabla 10.9) ⇒ Grupo M7 ⇒ M = 1,12

Peso propio = $S_G = 40$ T

Peso carga de servicio = Carga útil + Elemento de suspensión = $S_L = 30 + 20 = 50$ T

APLICACIÓN DE LAS NORMAS FEM

I $S = M\ (S_G + \Psi \cdot S_L) \cdot C_S$ — Levantando carga centrada

$S = (M \cdot (S_G + \Psi \cdot S_L + S_H)) \cdot C_S$ — Levantando carga centrada y acelerando

$C_S = 1{,}5$

II $(M \cdot (S_G + \Psi \cdot S_L + S_H) + S_w) \cdot C_S$ — Solicitación con viento

$(S_G + S_{w\ máx}) \cdot C_S$ — Solicitación con viento tempestad

$C_S = 1{,}33$

III. $(S_G + S_L + S_T) \cdot C_S$ Ensayos reglamentarios.

$C_S = 1{,}1$

Planteamiento de los casos posibles:

"1" . Peso propio de la grúa.

"2" . Carro en extremo del lado del agua

"3" . Carro en centro alcance del agua

"4" . Carro en centro alcance de tierra

"5" . Carro en extremo lado de tierra

"6" . Carro acelerando en dirección de desplazamiento de carro
Grua acelerando en dirección de desplazamiento grua

"7" . Carro frenando en dirección de desplazamiento carro
Grúa acelerando en dirección de desplazamiento grua

"8" . Carro fijo
Grúa acelerando en dirección desplazamiento grua

"9" . Viento servicio sobre carro en lado de agua y dirección x

"10". Viento servicio sobre carro en lado de agua y dirección z

"11". Viento servicio sobre carro en lado tierra x

"12". Viento servicio sobre carro en lado tierra z

"13". Viento servicio sobre grúa en dirección x

"14". Viento servicio sobre grúa en dirección z

"15". Carro en aparcamiento (sin carga) centro pórtico

"16". Viento tempestad, carro aparcado, dirección x

"17". Viento tempestad, carro aparcado, dirección z

"18". Carro contra topes final de carrera

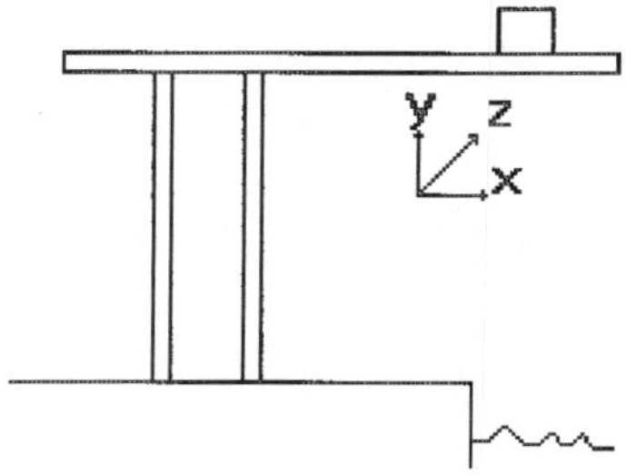

4. Cálculo de la solicitación del viento:

$$q = \frac{5}{8} v_w^2 = \frac{5 \cdot 400}{8} = 250 \text{ N/m}^2 \qquad \text{(Casos "9" a "14")}$$

$$q_{\text{máx}} = \frac{5}{8} 46^2 = 1322,5 \text{ N/m}^2 \qquad \text{(Casos "16" y "17")}$$

$S_w = A \cdot q \cdot C = 80 \cdot 25 \cdot 1,6 = 32000$ N

$S_{w\ \text{máx}} = 80 \cdot 131,25 \cdot 1,6 = 169280$ N

Planteamiento de las combinaciones de casos según FEM.

I) APARATO EN SERVICIO SIN VIENTO

$$S=(S_G+\psi\cdot S_L)\cdot M\cdot C_S=("1"+\psi\bullet\begin{Bmatrix}"2"\\"3"\\"4"\\"5"\end{Bmatrix})\bullet M\bullet C_S \qquad C_S=1{,}5$$

$$S=\{(S_G+\psi\cdot S_L+S_H)\cdot M\}\cdot C_S=(("1"+\psi\bullet\begin{Bmatrix}"2"\\"3"\\"4"\\"5"\end{Bmatrix}+\begin{Bmatrix}"6"\\"7"\\"8"\end{Bmatrix})\bullet M)\bullet C_S \qquad C_S=1{,}5$$

II) APARATO EN SERVICIO CON VIENTO

$$S=(("1"+\psi\bullet\begin{Bmatrix}"2"\\"3"\\"4"\\"5"\end{Bmatrix})\bullet M+\begin{Bmatrix}"9"\\"10"\\"11"\\"12"\\"13"\\"14"\end{Bmatrix})\bullet C_S \qquad C_S=1{,}33$$

$$S=(("1"+\psi\bullet\begin{Bmatrix}"2"\\"3"\\"4"\\"5"\end{Bmatrix}+\begin{Bmatrix}"6"\\"7"\\"8"\end{Bmatrix})\bullet M+\begin{Bmatrix}"9"\\"10"\\"11"\\"12"\\"13"\\"14"\end{Bmatrix})\bullet C_S \qquad C_S=1{,}33$$

III) APARATO SOMETIDO A SOLICITACIONES EXCEPCIONALES

$$S=(S_G+S_{w\,máx})\bullet C_S=("1"+\begin{Bmatrix}"16"\\"17"\end{Bmatrix})\bullet C_S \qquad C_S=1{,}1$$

$$S=(S_G+S_L+S_T)\bullet C_S=("1"+\begin{Bmatrix}"2"\\"3"\\"4"\\"5"\end{Bmatrix}+"18")\bullet C_S \qquad C_S=1{,}1$$

5. Esfuerzos horizontales:

$$v_{carro} = \frac{120}{60} = 2 \text{ m/s} \; ; \quad v_{grúa} = \frac{40}{60} = 0,66 \text{ m/s}$$

$$a_{carro} = (v_{carro} = 2, t_a = 9,1) = 0,22 \text{ m/s}^2$$

$$a_{grúa} = (v_{grúa} = 0,66, t_a = 5,3) = 0,098 \text{ m/s}^2$$

$$S_{H_{i,j}} = \frac{S_{V_j}}{9,8} \bullet a_{carro} \qquad S_{H_{i,k}} = \frac{S_{V_k}}{9,8} \bullet a_{grúa} \qquad \text{(Para los casos: “6”,”7”,”8”)}$$

donde S_H son las solicitaciones horicontales que se derivan de las verticales S_V para $i = 6,7,8 \quad j = 2,3,4,5 \quad k = 1,2,3,4,5$

Ejemplo (para un caso del estado 6) $\quad S_{H_{6,2}} = \frac{S_{V_2}}{9,8} \bullet a_{carro}$ para el carro

$$S_{H_{6,2}} = \frac{S_{V_2}}{9,8} \bullet a_{grua} \text{ para la grua}$$

6. Potencia de elevación:

$$P_{elev} = \frac{G_2 \bullet v_{elev}}{4.500 \bullet \eta} = \frac{(30 \bullet 10^3 + 20 \bullet 10^3) \bullet 45}{4.500 \bullet 0,85} = 588 \text{ CV} \Rightarrow 610 \text{ CV(En Tabla 9.3)}$$

7. Potencia de traslación carro:

$$P_{tras\ carro} = \frac{G_2 \bullet W \bullet v_{tras\ carro}}{4,5 \bullet 10^6 \bullet \eta} = \frac{(30 \bullet 10^3 + 20 \bullet 10^3) \bullet 20 \bullet 120}{4,5 \bullet 10^6 \bullet 0,85} = 22,66 \text{ CV} \Rightarrow 25 \text{ CV}$$

8. Potencia traslación de la estructura:

$$P_{tras\ estructura} = \frac{(G_2 + G_1) \bullet W \bullet v_{tras}}{4,5 \bullet 10^6 \bullet \eta} = \frac{(30 \bullet 10^3 + 20 \bullet 10^3 + 40 \bullet 10^3) \bullet 20 \bullet 40}{4,5 \bullet 10^6 \bullet 0,85} = 18,8 \text{ CV}$$

$$\Rightarrow P_{tras\ estructura} = 20 \text{ CV}$$

9. Potencia giro carro:

$d_{rod} = 2$ m $\quad \mu = 0,0075 \quad n = 1,4$ rpm $\quad \alpha_{máx} = 60°$

$Q = G_2 = 30 \cdot 10^3 + 20 \cdot 10^3$ daN

$M = Q \cdot \mu \cdot d/2 = 50 \cdot 10^3 \ . \ 0,0075 \ . \ 1 = 375$ daN.m

$$P_{giro\ carro} = \frac{M \bullet n}{716,2 \bullet \eta} = 0,86 \text{ CV} \approx 5,5 \text{ CV}$$

10. Potencia de elevación de la pluma:

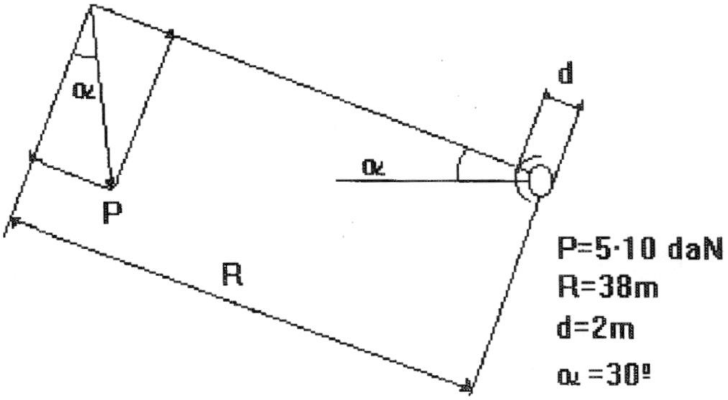

$$P_{elev\ pluma} = \frac{M \cdot n}{716{,}2 \cdot \eta} \qquad P = Q_{pluma}$$

$$P_{elev\ pluma} = \frac{P.\cos\alpha.R/2 + \mu.P.\operatorname{sen}\alpha.d/2}{716{,}2\ .\ \eta} = \frac{P/2.(R.\cos\alpha + \mu.d.\operatorname{sen}\alpha)}{716{,}2\ .\ 0{,}85}$$

$$P_{elev\ pluma} = 218\ CV \approx 250\ CV$$

PARTE II: APARATOS

11. EL PUENTE GRUA

Figura 11.1. Fotografía de un puente grúa.

11.1. Generalidades

El puente grúa es un tipo de aparato de elevación compuesto por una viga, simple o doble, biapoyada sobre dos carriles elevados sobre unos postes, dispuestos a tal efecto o componentes de la estructura resistente de la nave o edificación.

El movimiento longitudinal se lleva a cabo mediante la translación de la viga principal o puente a través de los carriles elevados. En la práctica totalidad de los casos, la rodadura es por ruedas metálicas sobre carriles también metálicos.

El movimiento transversal se realiza mediante el desplazamiento de un polipasto o carro sobre uno o dos carriles dispuestos sobre la viga principal. Como en el caso anterior la rodadura es para todos los casos de tipo acero-acero.

El movimiento vertical se ejecuta a través del mecanismo de elevación: polipasto o carro.

Un puente grúa se compone de las siguientes partes (Figura 11.2):

1. Mecanismo elevación

2. Viga principal

3. Viga testero

4. Camino de rodadura.

Con objeto de elevar las cargas ligeras con mayor rapidez, se dispone de dos velocidades de elevación mediante un cambio de marchas de piñón desplazable o mecanismo planetario. Ahora bien, siempre existirá el problema de desplazar el puente, en sentido longitudinal. En el caso de tener una gran diferencia entre la carga normal y la máxima, la velocidad de translación de la grúa es excesivamente reducida para las cargas bajas. Para evitar este problema, existen seis soluciones constructivas;

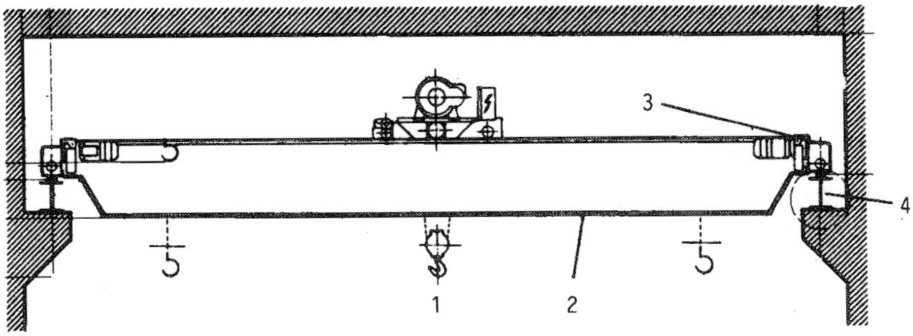

Figura 11.2. Partes de un puente grúa

a) Disponer de dos puentes grúa en la misma vía, con una carga máxima a elevar en cada una de ellas, igual a la mitad de la carga máxima. Existe el problema de solape entre ambas grúas cuando trabajan de forma independiente.

b) Realizar dos o más instalaciones de puente-grúa, una para carga máxima y el resto para cargas normales con mayores velocidades de translación de puente. Con objeto de realizar los diferentes trabajos en condiciones aceptables, se ejecutan ambas instalaciones a diferentes alturas (Figura 11.3). Si existen distintas áreas de trabajo se pueden adaptar grúas ligeras de luz limitada (Figura 11.4)

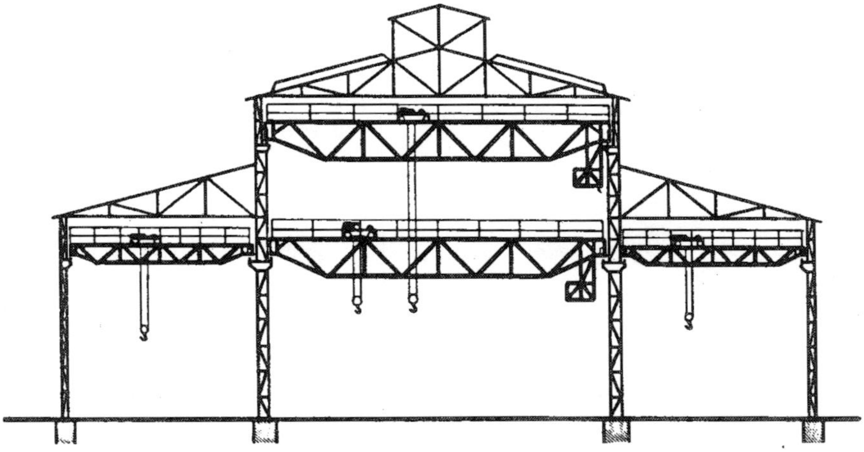

Figura 11.3. Puentes grúa a diferentes alturas.

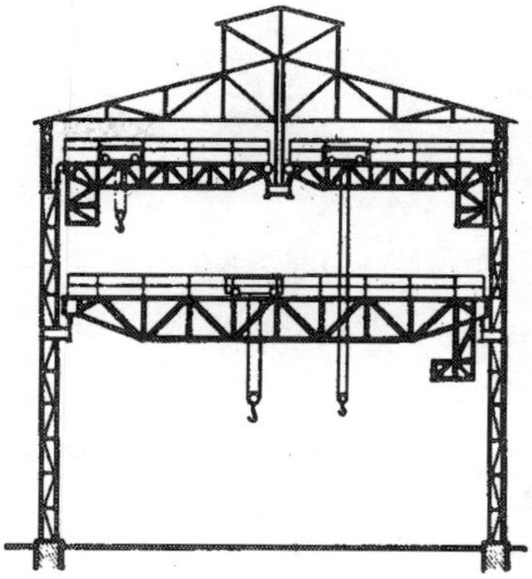

Figura 11.4. Puente grúa para cargas pesadas y dos puentes grúa para cargas ligeras.

c) Se pueden reemplazar las grúas de cargas ligeras y luz limitada por grúas consola. El momento generado por la carga en voladizo en las citadas grúas, es absorbido por dos esfuerzos horizontales soportados por la pared de la nave (Figura 11.5).

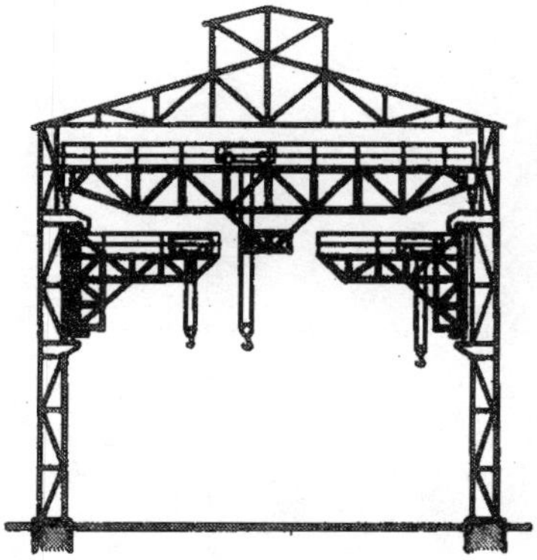

Figura 11.5. Disposición de puentes grúa para carga pesada y dos grúas consola.

d) Cuando existen diferentes zonas de trabajo en una nave y es preciso trasladar la carga de una zona a otra adyacente se puede implementar una viga horizontal corrediza que posibilite la translación de la carga (Figura 11.6).

e) Ante el problema planteado en el párrafo anterior otra posibilidad consiste en la disposición de un carro trasladable con pluma giratoria inferior (Figura 11.7).

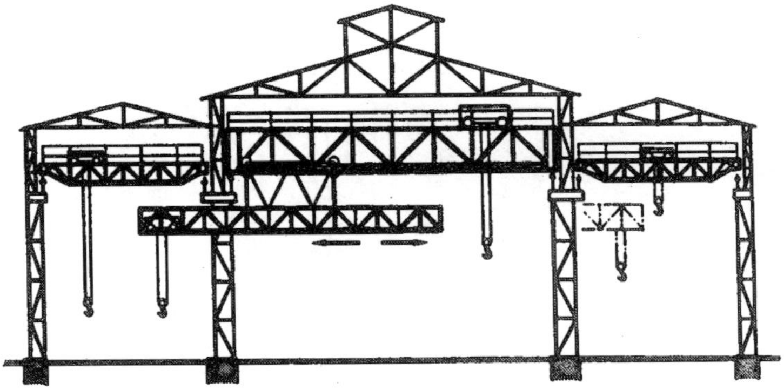

Figura 11.6. Disposición de puente grúa con viga horizontal corrediza.

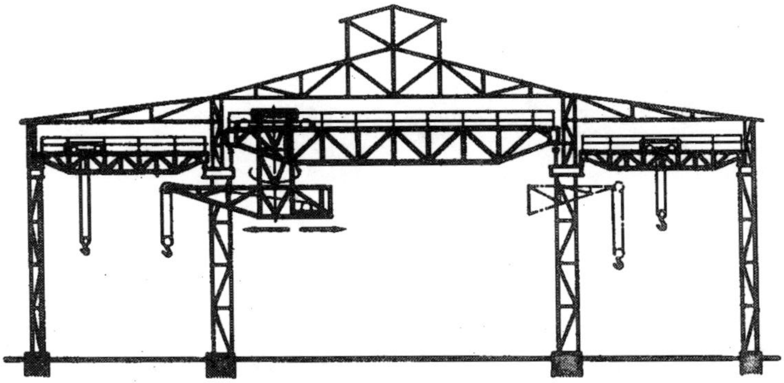

Figura 11.7. Disposición con pluma giratoria inferior.

f) Por último, otra solución al problema planteado en el punto d) consiste en la implementación de dos grúas consola sobre los postes situados en la zona de separación entre ambas zonas de trabajo (Figura 11.8).

11.2. El mecanismo de elevación.

Existen tres tipos:

- El polipasto monorrail
- El carro polipasto
- El carro abierto.

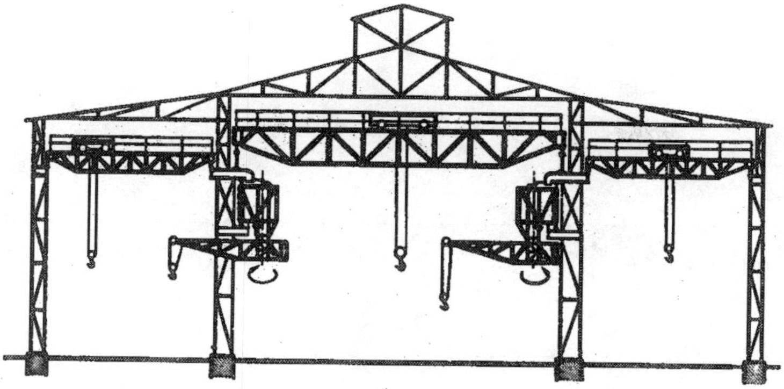

Figura 11.8. Disposición con grúas consola.

La elección del mecanismo de elevación de un puente grúa es función de la capacidad de carga y de la luz del puente grúa.

En la gráfica 11.1 se pueden apreciar las zonas de aplicación tanto de polipastos como de carro.

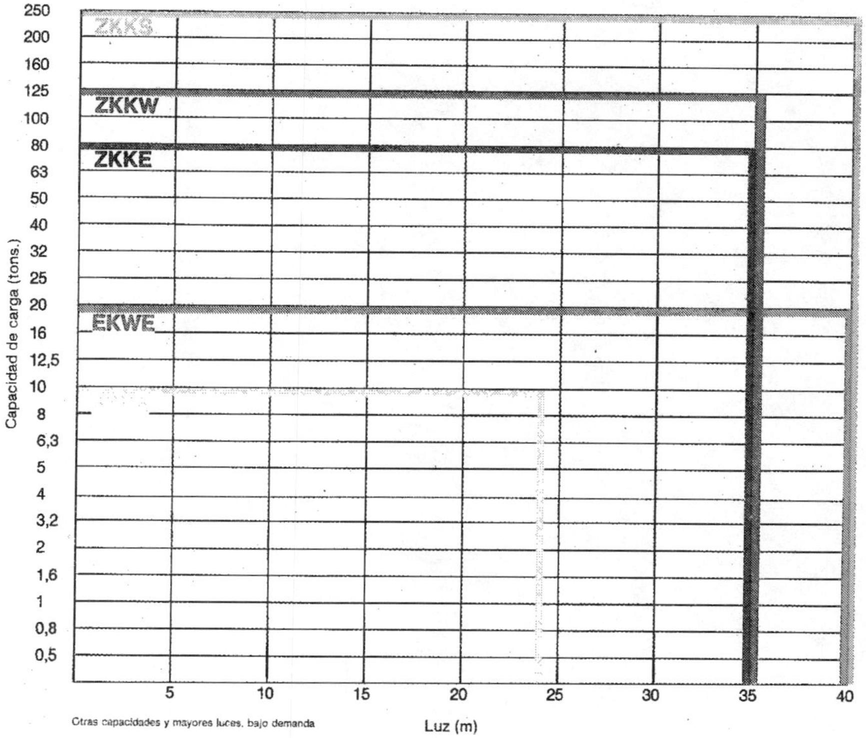

Gráfica 11.1. Elección de mecanismo de elevación.

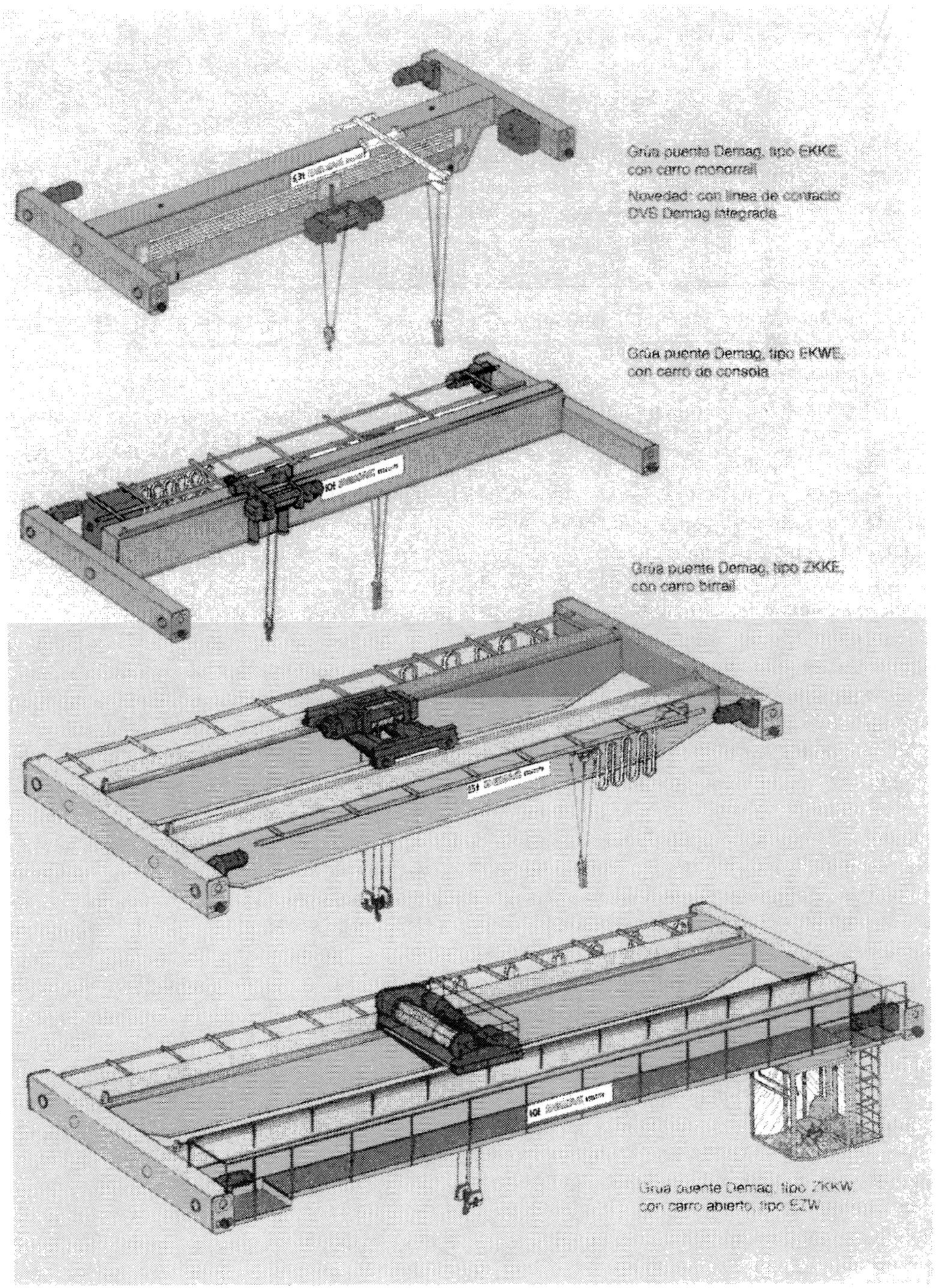

Figura 11.9. Diferentes tipos de mecanismos de elevación.

11.2.1. EL POLIPASTO MONORRAIL

Este mecanismo de elevación se caracteriza por su constitución en línea y por su tendencia hacia el mínimo peso propio.

La estructura resistente está conformada por las propias carcasas de los mecanismos de accionamiento, reducción y eléctricos.

Se compone de las siguientes partes (Figura 11.10):

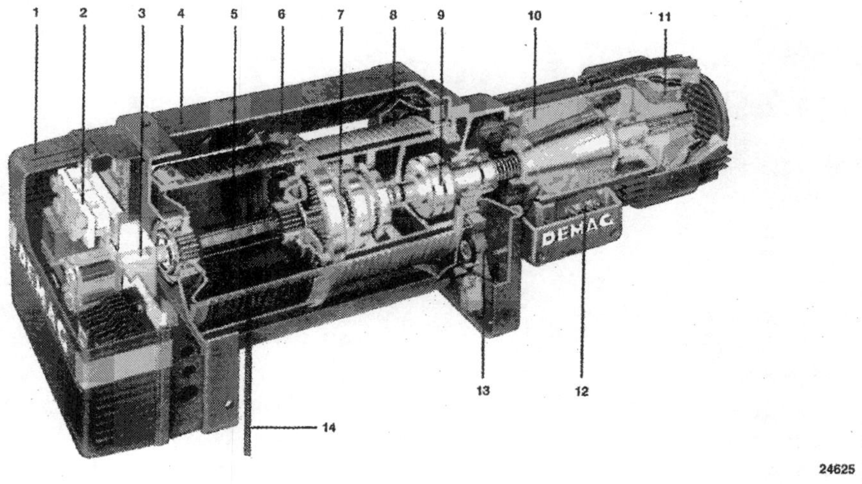

1 Carcasa equipo eléctrico
2 Componentes eléctricos
3 Final de carrera de engranajes
4 Bastidor
5 Arbol de transmisión
6 Guía de cable
7 Reductor planetario
8 Tambor de cable
9 Acoplamiento de rodillos
10 Motor
11 Freno motor principal
12 Caja de bornes
13 Freno de tambor
14 Cable metálico

Figura 11.10. Partes de un polipasto monorrail.

Lógicamente, este tipo de mecanismo cubrirá el campo de aplicación de manutención de cargas bajas.

La translación a lo largo de la viga principal es de tipo manual debido al reducido peso propio del polipasto y al bajo nivel de la carga a elevar.

11.2.2. EL CARRO POLIPASTO

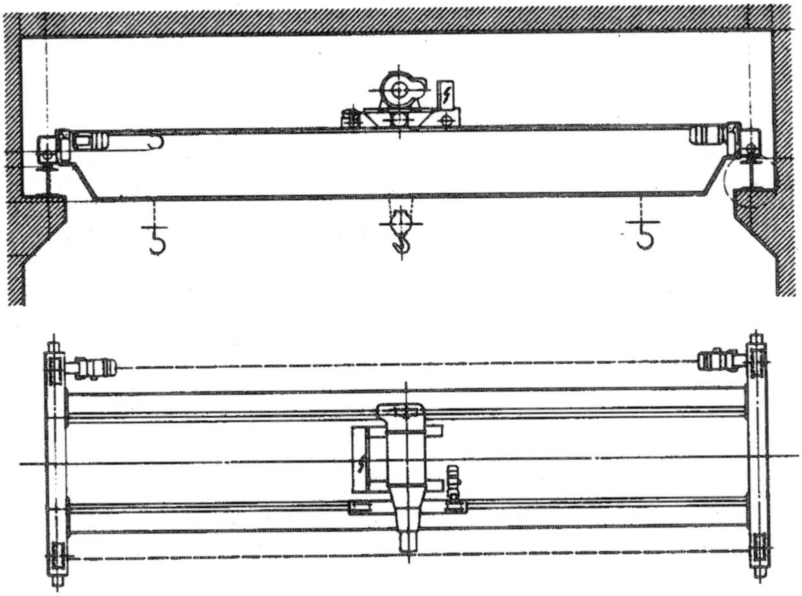

Figura 11.11. Carro polipasto.

Se utiliza para la manutención de cargas de nivel intermedio. Sus características principales son la simplicidad del polipasto y la rodadura sobre dos carriles que le permite la elevación del nivel de carga.

Para este mecanismo de elevación, la estructura resistente está compuesta por uno o dos travesaños en los cuales apoya todos los mecanismos de elevación, accionamiento o traslación, si existe. Así mismo lleva uno o dos largueros donde apoyan los rodillos de rodadura.

Se compone de la siguientes partes (Figura 11.12):

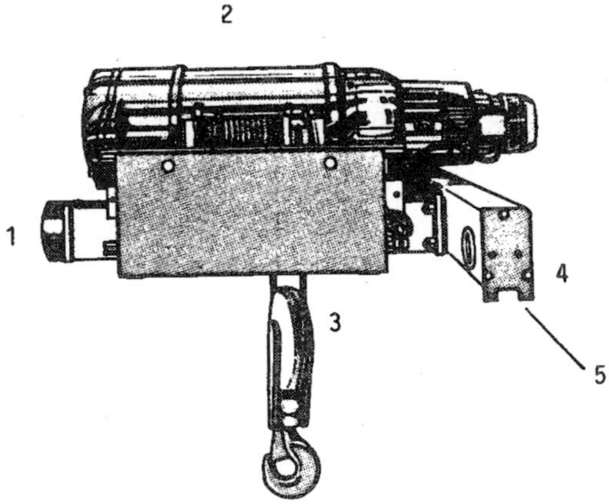

Figura 11.12. Partes de un carro polipasto.

1. Mecanismo de translación
2. Cuerpo central donde se alojan mecanismos de elevación y accionamiento
3. Travesaño
4. Larguero
5. Equipo de rodadura.

La translación puede ser manual o eléctrica.

11.2.3. EL CARRO ABIERTO

Figura 11.13. Carro de un aparato de elevación.

Es el mecanismo de elevación de cargas elevadas, por excelencia. Su estructura resistente, robusta, es capaz de soportar las fuertes cargas verticales y de transmitir los esfuerzos generados por la carga útil a los rodillos de rodadura.

En un carro existen los siguientes elementos:

a) Mecanismos de elevación compuesto por aparejo móvil, tambor de cable, polea de comensación, reductor, freno y motor de accionamiento.

b) Mecanismo de translación del carro compuesto por ruedas, reductor, freno motor de accionamiento.

c) Estructura resistente.

Con objeto de compensar errores geométricos en el montaje, se disponen de acoplamientos elásticos entre el motor y los elementos montados sobre el carro.

Se compone, así pues, de las siguientes partes (Figura 11.14):

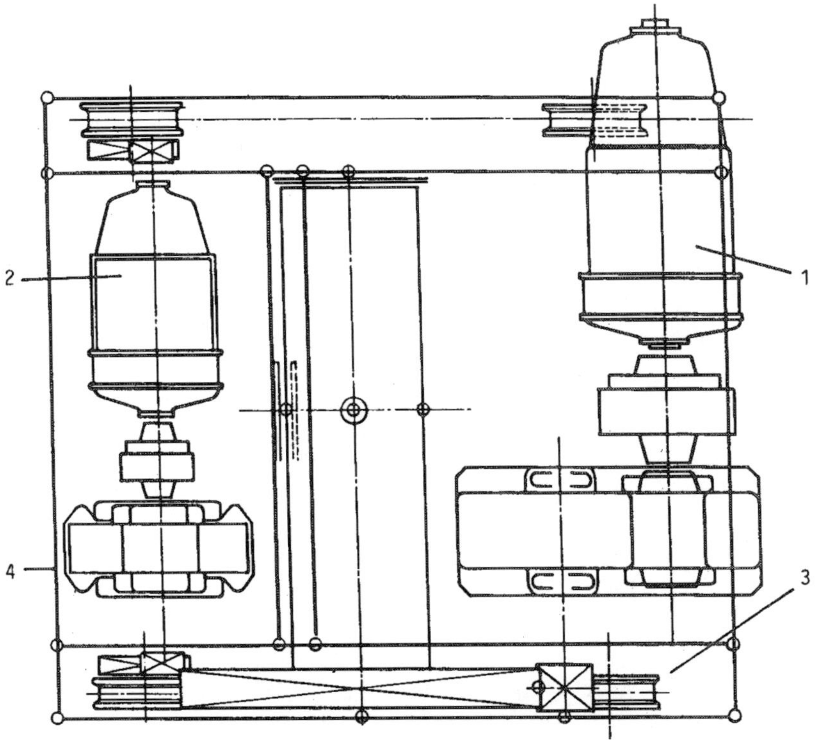

Figura 11.14. Partes de un carro de un aparato de elevación.

1. Mecanismo de elevación
2. Mecanismo de translación
3. Rodillos de translación
4. Estructura

Normalmente, en un carro, existen dos velocidades de elevación: velocidad de elevación principal y velocidad de precisión. En algunos casos, existe también una elevación auxiliar para las cargas ligeras (Figura 11.15).

Los carros de cuchara presentan generalmente una cabina para el conductor desplazable con el propio carro. Debido a esto, a las altas velocidades existentes en este tipo de manutención y a la dureza propia del servicio, los pesos propios de los carros de cuchara son considerablemente mayores que los carros con servicio de gancho. En general, el peso de un carro de cuchara puede oscilar entre 1.5 y 2.5 veces, la carga útil (Figura 11.16).

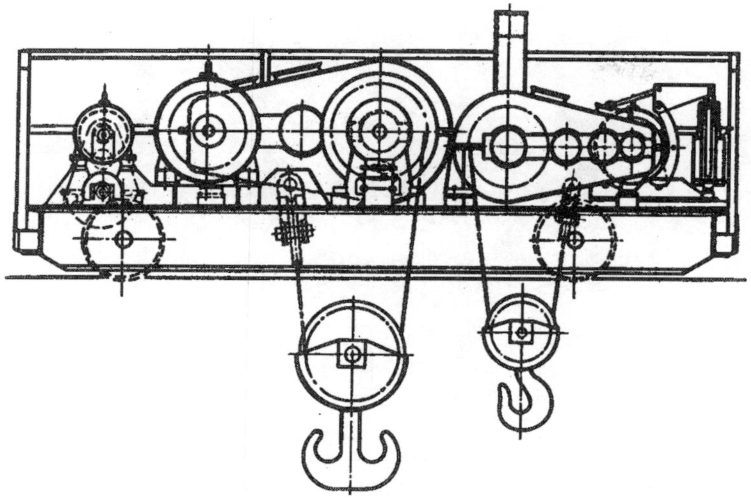

Figura 11.15. Carro con mecanismo de elevación auxiliar.

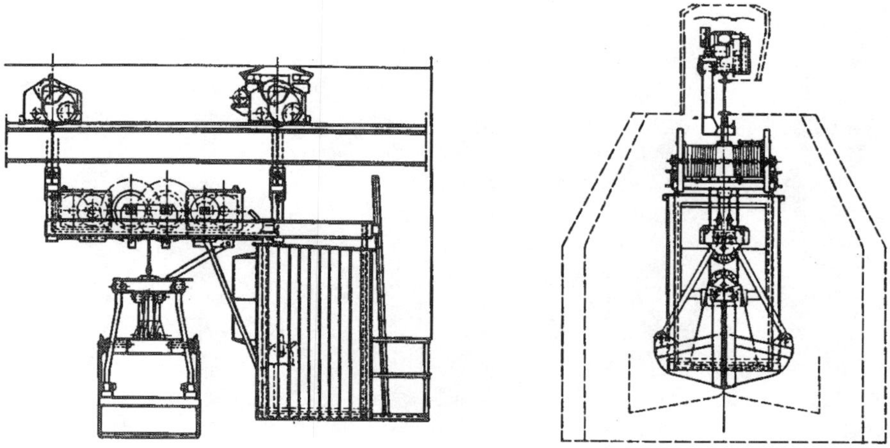

Figura 11.16. Carro de cuchara.

11.2.4. CÁLCULO DEL BASTIDOR

El bastidor de un carro abierto presenta el siguiente esquema (Figura 11.17):

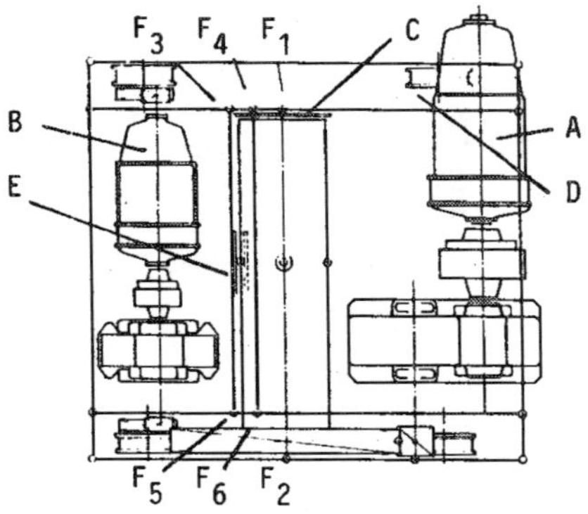

Figura 11.17. Esquema de bastidor de carro abierto.

A Mecanismo de elevación

B Mecanismo de translación

C Tambor

D Rodillos de translación

E Polea de compensación

Inicialmente, se calculan los esfuerzos sobre el bastidor generados por la carga útil existente sobre el tambor. Estos esfuerzos están localizados en los puntos F_1 y F_2.

Asimismo, la polea de compensación transmite al bastidor unos esfuerzos en los puntos F_3, F_4, F_5 y F_6, debido a la acción del cable que abraza la citada polea.

Con arreglo a los esfuerzos citados, es posible calcular los largueros y travesaños, como vigas apoyadas en los diferentes rodillos de rodadura y cargados puntualmente con las solicitaciones explicadas en los párrafos anteriores.

11.2.5. ELECCIÓN DE LAS VELOCIDADES DE ELEVACIÓN

Es frecuente que los mecanismos de elevación de los puentes grúa incorporen dos velocidades de elevación con objeto de obtener el máximo rendimiento en las operaciones de ascenso y descenso de la carga. Ambas velocidades se suelen denominar como velocidad de elevación principal y velocidad de elevación de precisión.

Ambas velocidades son función de la capacidad de carga, de la distancia vertical máxima que puede recorrer la carga, del grupo de carga y de la clase de elevación (Tabla 11.1).

Tabla 11.1.Velocidades de elevación de un puente grúa de clase de elevación 2, grupo de carga 2.

Capacidad de carga (T)	Distancia vertical máxima (m)	Elevación principal (m/min)	Elevación de precisión (m/min)
0,5	3	15	4
1	5,5 11	5 8	1,25 2
2	3,5 7	5 10	0,5 1
5	3,5 7 8	4 8 12	0,4 0,8 1,2
8	3,5 12	5 12	0,5 1,2
10	3,5	4	0,4
16	6	4	0,6
20	6	5	0,5
25	6	6	0,6

11.2.6. ELECCIÓN DE LAS VELOCIDADES DE TRANSLACIÓN

Existen ocasiones donde las velocidades de translación constituyen un dato fijo en el cálculo de la instalación del puente grúa. Ahora bien, en el resto de los casos, existe un camino abierto a la optimización con vistas a obtener el máximo rendimiento de manutención.

La velocidad de translación del mecanismo de elevación (polipasto o carro) va a ser una función lineal de la luz de la grúa, según la gráfica 11.2.

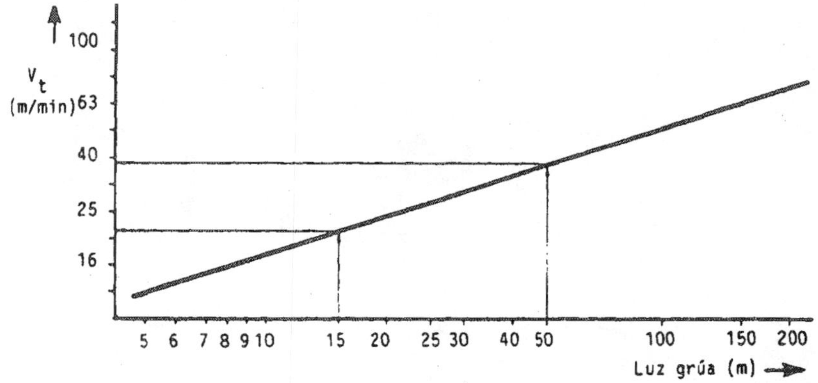

Gráfica 11.2. Velocidad de translación del mecanismo de elevación.

11.3. La viga principal

Para la manutención de cargas bajas, es frecuente utilizar puentes grúa de una única viga principal, recorrida por un polipasto simple.

Asimismo, cuando la carga útil sobrepasa las cuatro toneladas, es normal la disposición de doble viga principal, recorrida por un carro polipasto o por un carro abierto.

En el primer caso, es decir, cuando la máxima carga a transportar no supera las cuatro toneladas, la viga principal está constituida normalmente por un perfil laminado en forma de I. Los rodillos de rodadura del polipasto suelen circular por las alas inferiores del perfil (Figura 11.18).

Figura 11.18. Viga principal constituida por un perfil laminado.

Cuando la carga útil es elevada, ambas vigas principales, unidas por vigas testeras en sus extremos, son fabricadas por diferentes tecnologías:

11.3.1. VIGA EN CELOSÍA

Constituye el método de fabricación clásico. Sus principales características son: uniones por remaches o cartelas, alto costo en mano de obra y un elevado aligeramiento de peso, con respecto a la viga cajón.

Está representada en la Figura 11.19.

En todos los casos, el mecanismo de elevación, ya sea como polipasto o carro abierto circula sobre railes dispuestos en la parte superior de los perfiles horizontales.

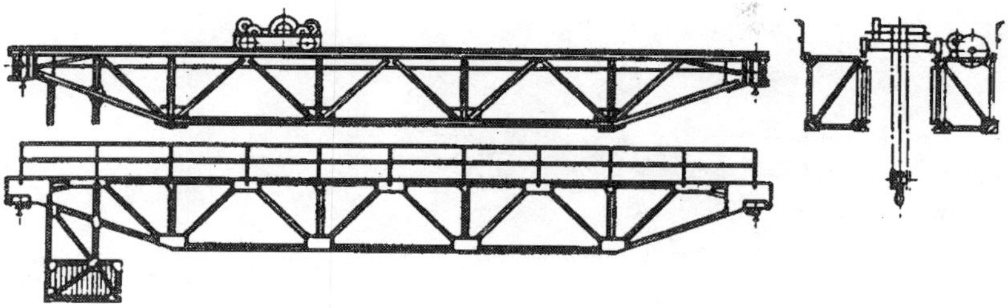

Figura 11.19. Viga principal doble de tipo celosía.

11.3.2. VIGA DE VIERENDEEL

Se trata de una estructura caracterizada por ser una disposición intermedia entre la viga en celosía y la viga cajón. Una serie de perfiles horizontales y verticales enmarcan una estructura en celosía de perfil exterior en forma de sección rectangular. La Figura 11.20 muestra una típica viga principal de tipo Vierendeel.

En lo referente al peso de la estructura, es un caso intermedio entre la viga de celosía y la viga cajón.

11.3.3. VIGA CAJÓN

Es la estructura de viga principal por excelencia. Esto es debido fundamentalmente a la sencillez del proceso de fabricación. Por otra parte, los progresos realizados en las técnicas de soldadura han permitido la construcción de vigas de alta resistencia ante esfuerzos de flexión y cortadura (Figura 11.21).

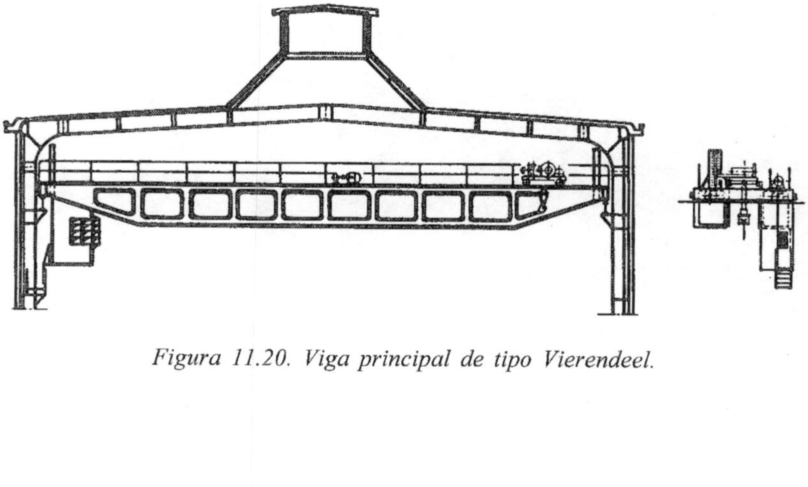

Figura 11.20. Viga principal de tipo Vierendeel.

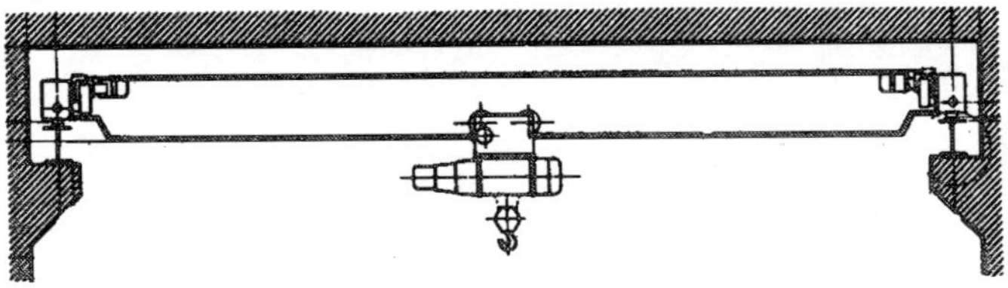

Figura 11.21. Viga principal de tipo viga cajón.

11.3.4. CÁLCULO DE LA VIGA PRINCIPAL

Se deben seguior las normas FEM (Capítulo 10). Según la Figura 11.22, la flecha existente en el centro de la viga está representada en la Fórmula 11.1.

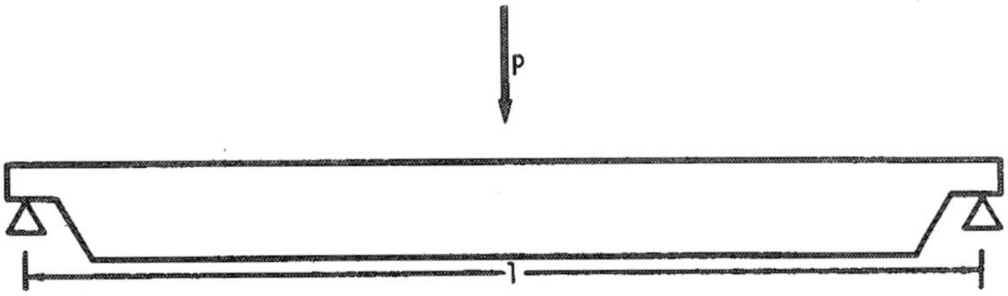

Figura 11.22. Esquema de viga principal.

$$f = \frac{P.L^3}{48 \, . \, E \, . \, I} \tag{11.1}$$

Donde:

P = Carga útil + Peso del mecanismo de elevación

E = Módulo de elasticidad del material

I = Momento de inercia de la sección central

Esta flecha no debe sobrepasar la luz del puente grúa dividida por 250.

Asimismo, la tensión existente en la sección central de la viga principal es debida a un esfuerzo combinado de flexión y cortadura:

$$\sigma = \sqrt{\sigma_f^2 + 3\,\tau_c^2} \tag{11.2}$$

$$\sigma_f = \frac{P\,L}{4\,W} \tag{11.3}$$

$$\tau_c = \frac{P}{2\,A} \tag{11.4}$$

Donde:

W = Módulo resistente de la sección central

A = Area a cortadura de la sección central

Con objeto de conocer la deformada de un puente grúa y su diagrama tensional, se ha representado en las Figuras 11.23 y 11.24 dos vistas de un puente grúa de tipo viga cajón discretizado por el método de los elementos finitos.

En la Figura 11.25 aparece la deformada de la estructura cuando el mecanismo de elevación ocupa la posición central (Caso más desfavorable).

En la Figura 11.26 se representa un diagrama tensional para la misma hipótesis de carga.

11.3.5. ELECCIÓN DE LA VELOCIDAD DE TRANSLACIÓN DE LA GRÚA

Va a ser función lineal de la longitud del camino de rodadura de la grúa, según la Gráfica 11.3.

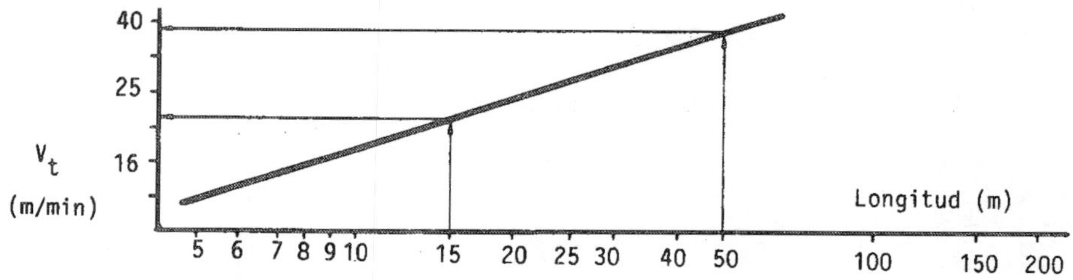

Gráfica 11.3. Velocidad de traslación de la grúa.

11.4. Dimensiones generales de un puente grúa.

Las dimensiones generales de un puente grúa van a ser función de la capacidad de carga, de la distancia vertical máxima que puede recorrer la carga, del grupo de carga, de la clase de elevación y, por último, del tipo de mecanismo de elevación.

Para una viga con polipasto, según la Figura 11.27, las dimensiones están dadas en la Tabla 11.2.

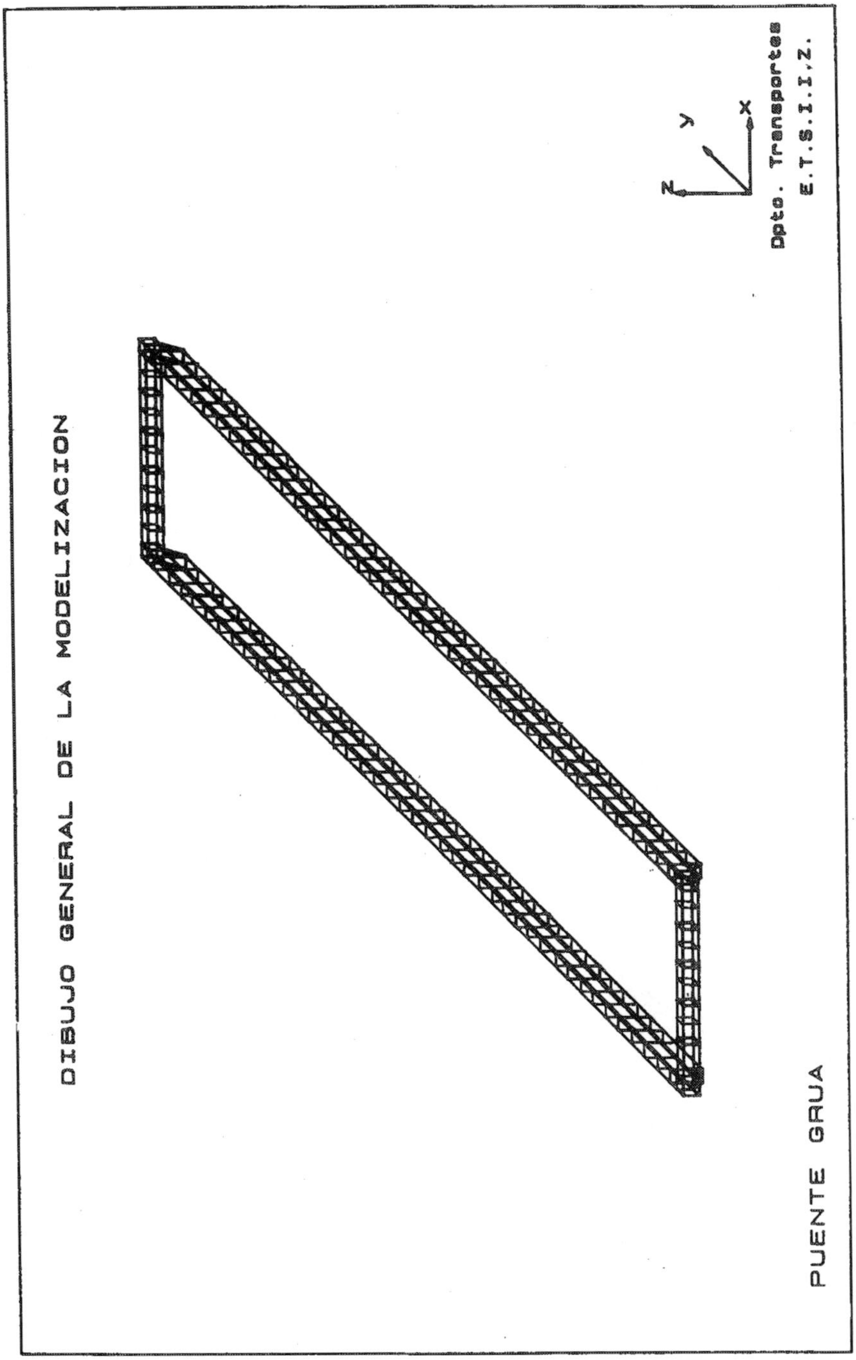
DIBUJO GENERAL DE LA MODELIZACION
PUENTE GRUA
Dpto. Transportes
E.T.S.I.I,Z.
z
y
x

Figura 11.23

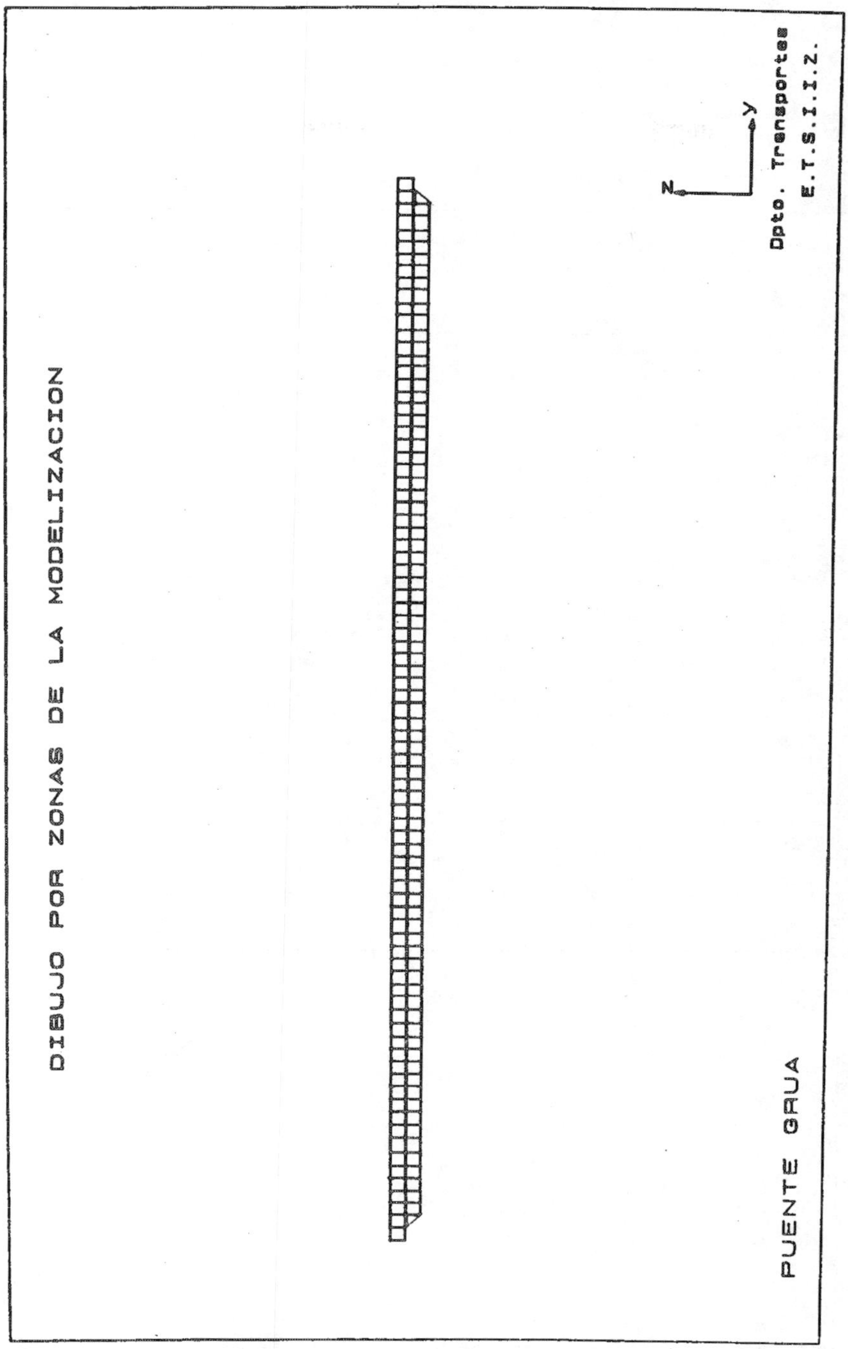
DIBUJO POR ZONAS DE LA MODELIZACION
PUENTE GRUA
Dpto. Transportes
E.T.S.I.I.Z.
N
Y

Figura 11.24

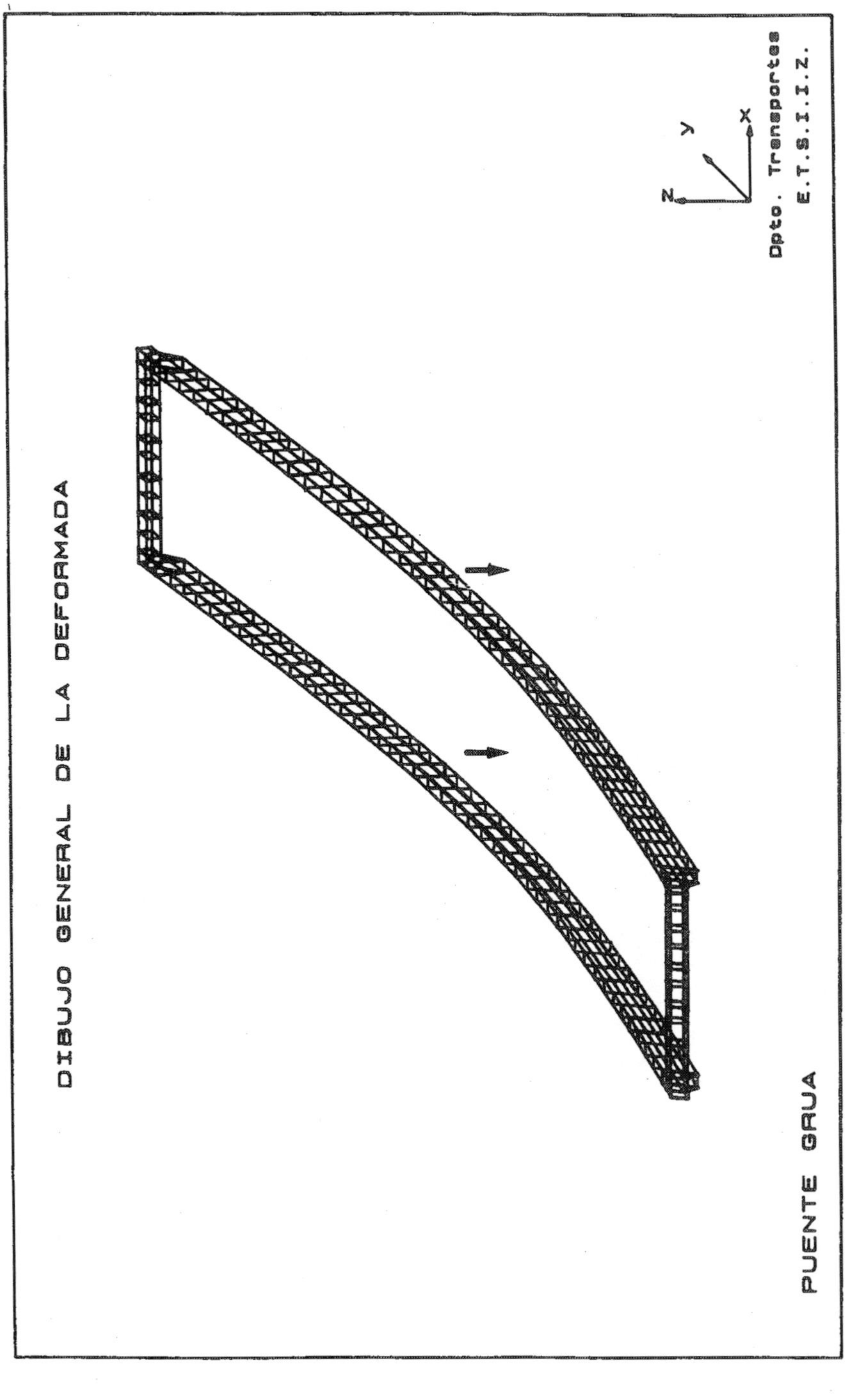
DIBUJO GENERAL DE LA DEFORMADA
PUENTE GRUA
Dpto. Transportes
E.T.S.I.I.Z.
x
y
z

Figura 11.25

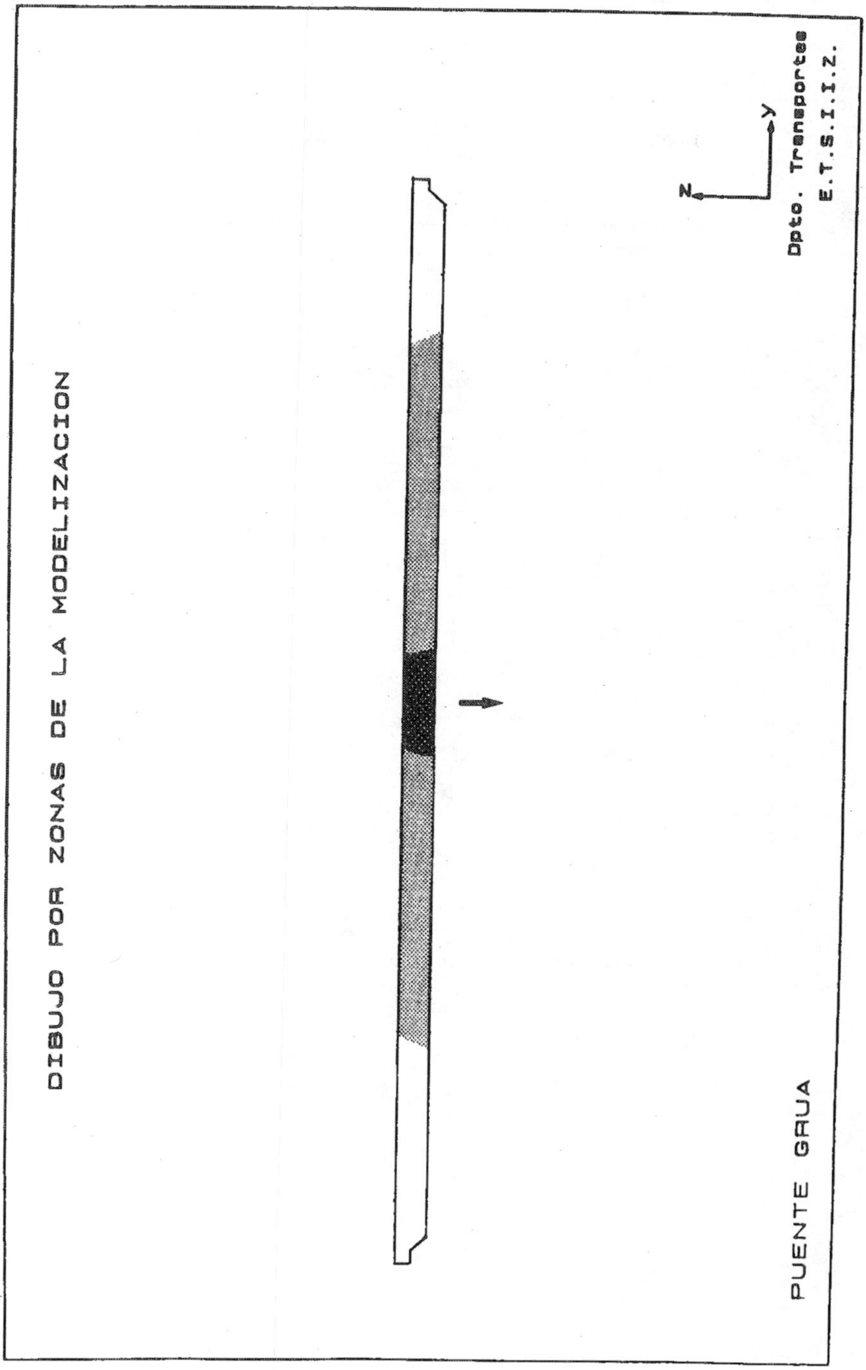
DIBUJO POR ZONAS DE LA MODELIZACION
Z
Y
Dpto. Transportes
E.T.S.I.I.Z.
PUENTE GRUA

Figura 11.26

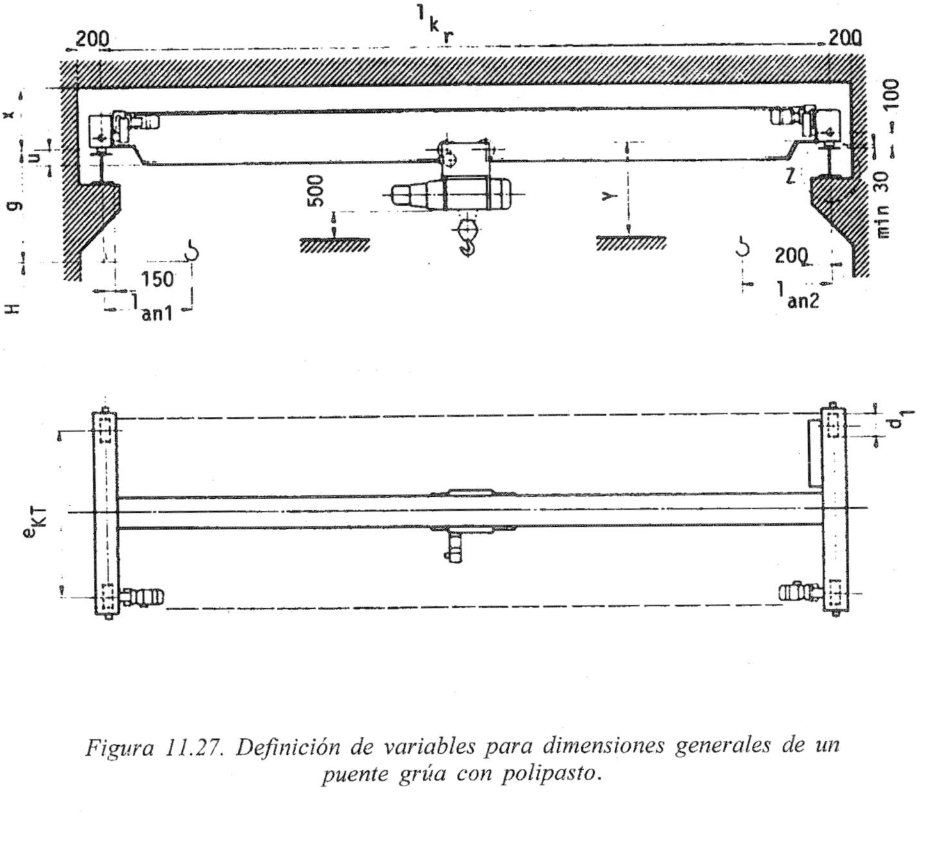

Figura 11.27. Definición de variables para dimensiones generales de un puente grúa con polipasto.

Tabla 11.2. Dimensiones generales para una viga con polipasto.

Capacidad de carga t	H m	PUENTE l_{K_r} hasta m	PUENTE d_1 mm	PUENTE u mm	CARRO EKP v mm	CARRO g mm	CARRO $l_{an\ 1}$ sin elev.prec. mm	CARRO $l_{an\ 1}$ con elev.prec. mm	CARRO $l_{an\ 2}$ mm	CARRO EUP v mm	CARRO g mm
0,5	11	14,6	160	0	750	640					
		16,5		95	850	740	600	600	520	—	—
		18,3		80							
		21,9	250	180	950	840	650	650	670		
		26,0		280	1050	940	700	700	750		
	7	14,6	160	0	1050	700			530	1000	850
		16,6		95	1150	800	620		600	1100	950
		18,3		80				850			
		21,9	250	180	1250	900			650	1200	1050
		26,0		280	1350	1000	700		700	1300	1150
1,0	5,5	13,0		0	750	660	600	600	520		
		16,0	160	95	850	760					
		16,5		195	950	860	650	650	670	—	—
		20,1	250	180							
		26,0		280	1050	960	700	700	750		
	11	13,0		0	770	670	620		580		
		16,0	160	95	870	770		680	650		
		16,5		195	970	870	680		700		
		20,1	250	180							
		26,0		280	1070	970	730	730	750		
	7	13,0		0	1050	700			530	1000	850
		16,0	160	95	1150	800	620	850	600	1100	950
		16,5		195	1250	900			650	1200	1050
		20,1	250	180							
		26,0		280	1350	1000	700		700	1300	1150
2,0	3,5	12,0		0	1050	700			530	1000	850
		13,8	160	95	1150	800	620		600	1100	950
		16,5		195	1250	900		850	650	1200	1050
		18,8		180							
		22,8	250	280	1350	1000	700		700	1300	1150
		26,0		380	1450	1100	770		750	1400	1250
	7	12,0		0	1050	700			600	1000	1000
		13,8	160	95	1150	800	680			1100	1100
		16,5		195	1250	900		920	670	1200	1200
		18,8		180							
		22,8	250	280	1350	1000	730		730	1300	1300
		26,0		380	1450	1100	800		800	1400	1400
	5,5	12,0		0	770	700	620		580		
		13,8	160	95	870	800		680	650		
		16,5		195	970	900	680		700	—	—
		18,8		180							
		22,8	250	280	1070	1000	730	730	750		
		26,0		380	1170	1100	800	800	820		

(Continúa)

		PUENTE					CARRO				
Condiciones de carga t	H m	l_{K_r} hasta m	d_1 mm	u mm	EKP v mm	g mm	l_{an1} sin elev. mm	l_{an1} con prec. mm	l_{an2} mm	EUP v mm	g mm
5	3,5	8,9	160	0	1050	700	680	920	600	1000	1000
		11,5		95	1150	800			640	1100	1100
		14,8		195	1250	900			680	1200	1200
		16,5		295	1350	1000	730		730	1300	1300
		17,0	250	280							
		19,4		380	1450	1100	800		800	1400	1400
		25,0		480	1550	1200	870		870	1500	1500
		26,0		280	1650	1300	940	940	940	1600	1600
	7	8,9	160	0	1050	750	870	1160	700	1100	1200
		11,5		95	1150	850				1200	1300
		14,8		195	1250	950			730	1300	1400
		16,5		295	1350	1050			800	1400	1500
		17,0	250	280							
		19,4		380	1450	1150			870	1500	1600
		25,0		480	1550	1250	910		910	1600	1700
		26,0		580	1650	1350	970		970	1700	1800
	8	8,9	160	0	1050	850	900	1250	800	1200	1400
		11,5		95	1150	950				1300	1500
		14,8		195	1250	1050				1400	1600
		16,5		295	1350	1150			850	1500	1700
		17,0	250	280							
		19,4		380	1450	1250			900	1600	1800
		25,0		480	1550	1350	970		970	1700	1900
		26,0		580	1650	1450	1020		1020	1800	2000
10	3,5	5,0	250	80	1150	950	860	1160	700	—	—
		6,3		180	1200	1050			760		
		7,7		280	1350	1150			810		
		15,3		380	1450	1250			860		
		18,4		480	1550	1350	920		920		
		21,0		580	1650	1450	980		980		
	4	5,0	250	80	1200	950	900	1250	820	—	—
		6,3		180	1300	1050					
		7,7		280	1400	1150			860		
		15,3		380	1500	1250	930		930		
		18,4		480	1600	1350	1000		1000		
		21,0		580	1700	1450	1070		1070		
		5,7	250	80	—	—	900	1250	820	1300	1400
		7,2		180						1400	1500
		8,8		280					860	1500	1600
		16,0		380			930	1230	930	1600	1700
		19,5		480			1000		1000	1700	1800
		21,0		580			1070		1070	1800	1900
	12	5,0	250	80	1200	1050	1000	1470	950	—	—
		6,3		180	1300	1150					
		7,7		280	1400	1250			1000		
		15,3		380	1500	1350	1050		1050		
		18,4		480	1600	1450	1100		1100		
		21,0		580	1700	1550	1160		1160		
		5,7	250	80	—	—	1000	1470	950	1380	1850
		7,2		180						1480	1950
		8,8		280					1000	1580	2050
		16,0		380			1050		1050	1680	2150
		19,5		480			1100		1100	1780	2250
		21,0		580			1160		1160	1880	2350

	PUENTE										
Capacidad de carga t	H m	l_{K_r} hasta m	g mm	l_{an1} mm	l_{an2} mm	e_{KT} mm	L mm	d_1 Ø mm	l_{Ka} mm	x mm	b mm
2,0	3,5	13,0	0	700	700	2000	2520	160	1000	1385	200
		16,5				2500	3020		1400		
		21,0		900	750	3150	3770	250			
		26,0	- 50	1100		4000	4620		2240		
		30,0				4560	5410	400	2800	1480	
		32,5				5000	5850				
	7	13,0	+ 100	700	700	2000	2520	160	1000	1445	200
		16,5				2500	3020		1400		
		21,0		900	750	3150	3770	250			
		26,0		1100		4000	4620		2240		
		30,0	+ 15			4560	5410	400	2800	1540	
		32,5				5000	5850				
	5,5	13,0	+ 70	700	700	2000	2520	160	1000	1270	200
		16,5				2500	3020		1400		
		21,0		900	750	3150	3770	250			
		26,0		1100		4000	4620		2240		
		30,0	- 15			4560	5410	400	2800	1365	
		32,5				5000	5850				
5,0	3,5	13,0	+ 100	700	700	2000	2520	160	1000	1445	200
		16,5				2500	3020		1400		
		21,0		900	750	3150	3770	250			
		26,0		1100		4000	4620		2240		
		30,0	+ 15			4560	5410	400	2800	1540	
		32,5				5000	5850				
	7	13,0	+ 250	700	700	2000	2520	160	1000	1510	200
		16,5				2500	3020		1400		
		21,0		900	750	3150	3770	250			
		26,0		1100		4000	4620		2240		
		30,0	+ 165			4560	5410	400	2800	1605	
		32,5				5000	5850				
	8	13,0	+ 340	700	700	2000	2520	160	1000	1575	200
		16,5				2500	3020		1400		
		21,0		900	750	3150	3770	250			
		26,0		1100		4000	4620		2240		
		30,0	+ 255			4560	5410	400	2800	1670	
		32,5				5000	5850				
10,0	3,5	13,0	+ 250	750	750	2000	2620	250	1000	1510	200
		16,5				2500	3120		1400		
		21,0	+ 165	900		3150	4000	400		1605	
		26,0		1100		4000	4850		2240		
		30,0				4560	5410		2800		
		32,5				5000	5850				
	4	13,0	+ 340	750	750	2000	2620	250	1000	1575	200
		16,5				2500	3120		1400		
		21,0	+ 255	900		3150	4000	400		1670	
		26,0		1100		4000	4850		2240		
		30,0				4560	5410		2800		
		32,5				5000	5850				
	12	13,0	+ 500	750	730	2000	2620	250	1000	1690	200
		16,5				2500	3120		1400		
		21,0	+ 410	900		3150	4000	400		1785	
		26,0		1100		4000	4850		2240		
		30,0				4560	5410		2800		
		32,5				5000	5850				

Tabla 11.3. Dimensiones generales para doble viga con carro polipasto.

Capacidad de carga t	PUENTE H m	l_{K_r} hasta m	g mm	l_{an1} mm	l_{an2} mm	e_{KT} mm	L mm	d_1 ∅ mm	l_{Ka} mm	x mm	b mm
20,0	6	11,0	+ 50	900	900	2500	3270	400	1400	1935	200
		21,0				3150	4000				
		26,0		1000		4000	4850		2240		
		30,0	- 50	1100		4560	5620	500	2800	2050	250
		32,5				5000	6060				
25,0	6	11,0	+200	1300	1350	2500	3270	400	1400	2100	200
		26,0	+100	1500		4000	4950	500	2240	2200	250
		30,0		1700		4560	5620		2800		
		32,5				5000	6060				

Para dos vigas con carro polipasto, según la Figura 11.28, las dimensiones se representan en la Tabla 11.3.

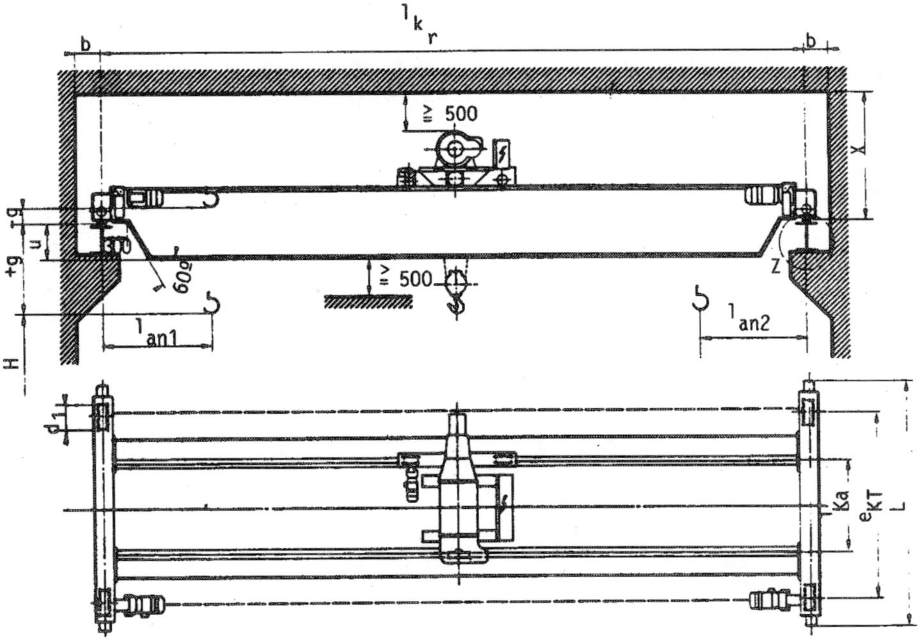

Figura 11.28. Definición de variables para dimensiones generales de un puente grúa con carro polipasto.

11.5. Potencia de los motores eléctricos

11.5.1. MOTORES DE ELEVACIÓN

La potencia del motor de elevación está representada en la Fórmula 11.5.

$$P_{elev} = \frac{G2.V_{elev}}{4500.\eta} \qquad (11.5)$$

G_2: Carga a elevar (Carga útil + Peso elem. susp. en daN)

V_{elev}: velocidad elevación (m/min)

η: rendimiento: 0.85

Donde:

P_{elev} = Potencia de elevación (CV)

11.5.2. MOTORES DE TRANSLACIÓN

En el caso de translación es preciso calcular la potencia a régimen permanente y de aceleración.

La potencia a régimen permanente tiene la siguiente expresión:

$$P_{tras} = \frac{(G1+G2)W.V_{tras}}{4,5 \,.\, 10^6 .\, \eta} \qquad (11.6)$$

G_1: Carga muerta a transladar (daN)

W: 7 para rodamiento; 20 para casquillo de bronce

V_{tras}: velocidad de traslación (m/min)

η: rendimiento: 0.85

donde

P_{tras} = Potencia de translación a régimen permanente (CV)

11.6. Sistemas de mando de guía

La elección del sistema de mando de guía es función del tipo de carga, tipo de trabajo y velocidad de translación.

Existen ocho posibilidades:

a) Mando desde el suelo y desplazable a lo largo del puente.

   Para velocidades de translación menores de 63 m/min.

   Se recomienda cuando existen obstáculos en el suelo o cuando es imposible la translación del conductor acompañando la carga.

b) Mando desde el suelo y suspendido del carro.

   Para velocidades de translación menores de 63 m/min.

   Este sistema es adecuado para trabajos de reparación y montaje, así como para espacios donde no se dificulte el paso del conductor.

c) Mando desde el suelo y suspendido de un punto fijo del puente.

   Para velocidades de translación menores de 63 m/min.

   Se utiliza para puentes grúa de luces reducidas.

d) Mando desde el suelo en un puesto fijo a distancia por radio.

   No existe limitación de velocidad.

   Se utiliza para casos especiales: centrales de energía nuclear, pisos elevados o sistemas de mando desde varios pisos.

e) Mando desde cabina fija en el extremo del puente.

   Se utiliza cuando la velocidad de translación supera los 63 m/min.

   Se precisa buena visibilidad y es frecuente cuando se quiere proteger al conductor contra el polvo, intemperie...

f) Mando desde cabina montada en el centro del puente.

g) Cabina montada en carro.

   Se recomienda cuando existen grandes luces y es precisa una observación exacta de la carga, de su amarre y de su desenganche.

h) Cabina desplazable a lo largo del puente.

   Especial para transporte de cargas de elevado volumen.

PROBLEMA TIPO 11.1

Enunciado: Dimensionar el puente grua de la figura. El cable tiene una resistencia de 180 Kg/mm^2. El aparato posee una frecuencia aproximada igual de cargas pequeñas, medianas y máximas, y se le estima una duración del mecanismo de 12500 horas.

Datos:

$Q_u = 20$ T $Q_{carro} = 1.300$ daN $Q_{grúa} = 4.000$ daN

Longitud = 10 m $v_{tras} = 40$ m/min $v_{elev} = 12$ m/min

Altura elevación = 10 m

Distancia entre columnas = 5m

σ_{tambor} = 160 MPa $\qquad$ $\eta_{transmisión}$ = 85%

Rodamientos en ruedas $\qquad$ 30% uso rueda

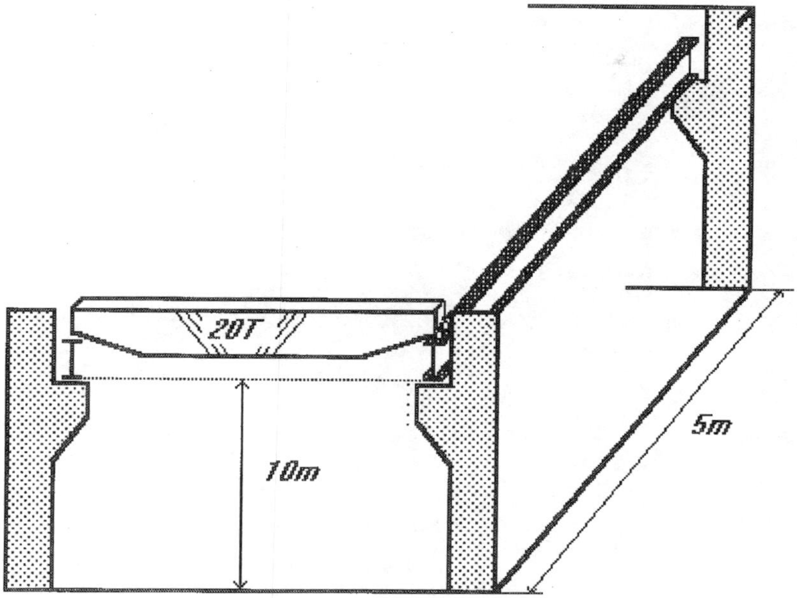

1. Gancho:

(Tabla 2.1.) $\Rightarrow Q_g = 160$ daN

$Q_{Total} = 20.000 + 160 = 20.160$ daN

2.Cable:

Clasificación (Tabla 3.17.) $\Rightarrow$ Grupo M7 $\Rightarrow K_C = 0{,}335$

$d_{cable} = K_C \sqrt{S}$ $\qquad$ $S = Q_{Total} / \eta\, n_r$ $\qquad$ (Esfuerzo por ramal)

$$d_{cable} = K_C \sqrt{Q_{total} / 1 \bullet 1} = 0{,}335 \sqrt{20.160} = 47{,}56 \text{ mm} \quad \text{; Para 1 ramal}$$

$$d_{cable} = K_C \sqrt{Q_{total} / 2 \bullet 0{,}99} = 0{,}335 \sqrt{20.160 / 2 \bullet 0{,}99} = 33{,}8 \text{ mm ;Para 2 ramales}$$

$$d_{cable} = K_C \sqrt{Q_{total} / 4 \bullet 0{,}97} = 0{,}335 \sqrt{20.160 / 4 \bullet 0{,}97} = 24{,}14 \text{ mm ;Para 4 ramales}$$

Seleccionamos 4 ramales por estar el diámetro del cable comprendido entre los valores más utilizados para puentes grúa:

$$d_{cable} = 24{,}14 \approx 25 \Rightarrow \text{Según tabla 6.4} = 27 \text{ mm} \begin{cases} s = 31 \text{ mm} \\ r = 15 \text{ mm} \\ a = 3{,}5 \text{ mm} \end{cases}$$

Tipo: $6 \times 37(1 + 6 + 12 + 18) + 1$ Alma textil

3.Poleas:

(Tabla 4.8.) $\Rightarrow h_1 = 25$

(Figura 4.15.) $\Rightarrow h_2 = 1{,}12$

$d_{Polea} = D_1 = d_{cable} \cdot h_1 \cdot h_2 = 27 \cdot 25 \cdot 1{,}12 = 756$ mm

Poleas de Rodamientos $d_{Polea} = 800 \Rightarrow$ Peso $= 125 \times 2 = 250$ daN

4.Aparejo:

$$\begin{array}{rcl} Q_u & = & 20.000 \\ Q_g & = & 160 \\ Q_p & = & 250 \\ \hline Q_T & = & 20.410 \text{ daN} \end{array} \Rightarrow (25\text{ T}) \Rightarrow \text{Peso tabla de aparejos} = 645 \text{ daN}$$

$Q_T = 20.000 + 645 = 20645$ daN

5.Tambor:

(Tabla 4.8.) $\Rightarrow h_1 = 22{,}4$

(Figura 4.15.) $\Rightarrow h_2 = 1{,}12$

$d_{Tambor} = d_{cable} \cdot h_1 \cdot h_2 = 27 \cdot 22{,}4 \cdot 1{,}12 = 677{,}37$ mm

$\sigma = 160$ MPa $\Rightarrow$ Tabla 6.6 ($d_{Tambor} = 700$ mm ; $S = 5.195{,}8 \approx 6.000$ daN)

Espesor de la pared $\Rightarrow h = 10$ mm

Longitud de elevación $= 10 \times 4 = 40$ m

$$\text{N° de espiras} = \frac{\text{Longitud de elevación}}{\pi \cdot d_{Tambor}} = \frac{40.000}{\pi \cdot 700} = 18{,}18 \text{ espiras} \approx 19 \text{ espiras}$$

N° Espiras totales $= 19 + 2 \cdot 2 = 23$

Longitud tambor $= \text{N°}_{\text{Total de espiras}} \cdot \text{paso} = 23 \cdot 31 = 713$ mm ≈ 800mm

6.Potencia de elevación:

$$P_{elev} = \frac{G_2 \cdot v_{elev}}{4500 \cdot \eta} = \frac{20.645 \cdot 12}{4.500 \cdot 0{,}85} = 64{,}76 \text{ CV} \qquad \text{Tabla 9.3.} \Rightarrow 82 \text{ CV}$$

Datos del motor:

$$\left.\begin{array}{l} \text{Peso} = 745\ \text{Kg} \\ M_N = 392\ \text{N m} \end{array}\right\} \qquad \frac{N_{max}}{M_N} = 4 \Rightarrow M_{max} = 4 \cdot 392 = 1.568\ \text{N m}$$

$n_2 = 1.470$ rpm $\qquad M_{max\ freno} = 2{,}5 \cdot M_{max} = 3.920$ N m

Diseño del freno:

$$\left.\begin{array}{r} p = 10^6\ \text{N}/\text{m}^2 \\ tg\,\varphi = 0,3 \\ \alpha = \frac{\pi}{4} = 0,78 \end{array}\right\} \qquad M_{freno} = 4\ b\ r^2\ p\ tg\varphi\ \alpha = 4\ 10^6\ 0{,}3\ 0{,}78\ b\ r^2$$

$$\left.\begin{array}{r} b = 0{,}05\text{m} \\ r = 0{,}2\text{m} \end{array}\right] \quad M_{freno} = 1.872\ \text{N.m} < M_{max\ freno} \Rightarrow \text{No vale}$$

$$\left.\begin{array}{r} b = 0{,}05\text{m} \\ r = 0{,}3\text{m} \end{array}\right] \quad M_{freno} = 4.212\ \text{N m} > M_{max\ freno} \Rightarrow \text{Válido}$$

$$i_{elev} = \frac{n_2 \cdot \pi \cdot d_{tambor}}{v_e} \cdot \frac{n_r(st)}{n_r(a)} = \frac{1470 \cdot \pi \cdot 0,700}{12} \cdot \frac{2}{4} = 134,7$$

7.Potencia de traslación:

$$\left.\begin{array}{ll} Q_{carro} & = 1300\ \text{daN} \\ Q_{Mot.Elev} & = 745\ \text{daN} \end{array}\right\}$$

Peso muerto: $G_1 = 1.300 + 745 = 2.045$ daN

$$P_{tras} = \frac{(G_2 + G_1) \cdot \omega \cdot v_{tras}}{4,5 \cdot 10^6 \cdot \eta} = \frac{(20.645 + 2.045) \cdot 7 \cdot 40}{4,5 \cdot 10^6 \cdot 0,85} = 1,66\ \text{CV} \quad \text{Tabla 9.3.} \Rightarrow 5{,}5\ \text{CV}$$

8.Ruedas del carro:

$$Q_{rueda} = \frac{G_2}{4} + \frac{G_1}{4} \Rightarrow$$

$$Q_{rueda} = \frac{20.645}{4} + \frac{2.045}{4} = 5.161,25 + 511,25 = 5.675,5\ \text{daN}$$

$P_{adm} = 7{,}0$ N/mm^2 30 % duración $\Rightarrow C_3 = 1$

Perfil Burbach A-100 $\Rightarrow K\text{-}2r_1 = 80$ mm

$$d_{rueda} \geq \frac{Q_R}{P_{adm} \cdot C_2 \cdot C_3 \cdot (K - 2r_1)}$$

$$d_{rueda} = 400 \geq \frac{5.675,5 \cdot 10}{7 \cdot 1 \cdot 1 \cdot 80} = 101,34\ \text{mm} \quad (\text{Para } d_{rueda} = 400 \text{ y } v_{tras} = 40\ \text{m/min}\ C_2 = 1)$$

$$d_{rueda} = 200 \geq \frac{5.675,5 \cdot 10}{7 \cdot 0,91 \cdot 1 \cdot 80} = 111,37\,\text{mm}$$ (Para $d_{rueda} = 200$ y $v_{tras} = 40$ m/min $C_2 = 0,91$)

9.Ruedas del puente:

$Q_{grrua} = 4.000$ daN

$$G_1: \begin{cases} G_1' = Q_{carro} + Q_{motor\ elev} \\ G_1'' = Q_{grúa} \end{cases}$$

Perfil Burbach A-120 ⇒ K-2r₁ = 100 mm

$$Q_{rueda} = \frac{G_2}{2} + \frac{G_1'}{2} + \frac{G_1''}{4} = \frac{20.645}{2} + \frac{2.045}{2} + \frac{4.000}{4} = 12.345\ \text{daN}$$

$$d_{rueda} = 400 \geq \frac{12.345 \cdot 10}{7 \cdot 1 \cdot 1 \cdot 100} = 176,35\,\text{mm}$$ (Para $d_{rueda} = 400$ y $v_{tras} = 40$ m/min $C_2 = 1$)

10.Potencia de traslación del puente:

$$P_{tras} = \frac{(G_1 + G_2) \cdot w \cdot v_{tras}}{4,5 \cdot 10^6 \cdot \eta} = \frac{(20.645 + 2.045 + 4.000) \cdot 7 \cdot 40}{4,5 \cdot 10^6 \cdot 0,85} = 1,95\ \text{CV}$$

Tabla 9.3.⇒ $P_{tras} = 5,5$ CV (Peso motor = 75 daN)

11.Cálculo de los carriles:

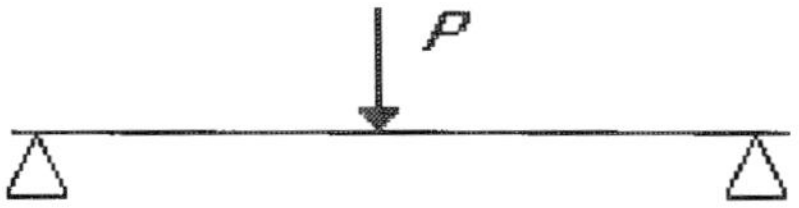

Datos del carril:

$I_x = 1420\ \text{cm}^4$ $W = 249\ \text{cm}^3$

$P = Q_u + Q_{carro + motor} + Q_{grúa}/2$

$P = 20.645 + 2.045 + 4.000/2 = 24.690$ daN

$$f = \frac{PL^3}{48\,EI} = \frac{24.690\ \text{daN} \cdot 5.000^3\ \text{mm}^3}{48 \cdot 2,1 \cdot 10^4\ \text{daN}/\text{mm}^2 \cdot 1,420 \cdot 10^7\ \text{mm}^4} = 215,6\ \text{mm}$$

$$\delta_{max} = \frac{5.000}{250} = 20\ \text{mm}$$ Luego el carril no vale.

12. LA GRUA PORTICO

Figura 12.1. Fotografía de una grúa-pórtico.

12.1. Generalidades

La grúa-pórtico es un aparato de elevación compuesto por dos o cuatro postes que elevan una estructura puente por donde circula el mecanismo de elevación.

El movimiento longitudinal se realiza al nivel del suelo a través de unos paquetes de rodadura situados en las partes inferiores de los postes. Normalmente, la rodadura es sobre carril metálico, aunque también existen realizaciones especiales sobre neumáticos.

El movimiento transversal se lleva a cabo en la viga puente, elevada, sobre unos carriles metálicos dispuestos a tal efecto.

El movimiento vertical se realiza a través del mecanismo de elevación.

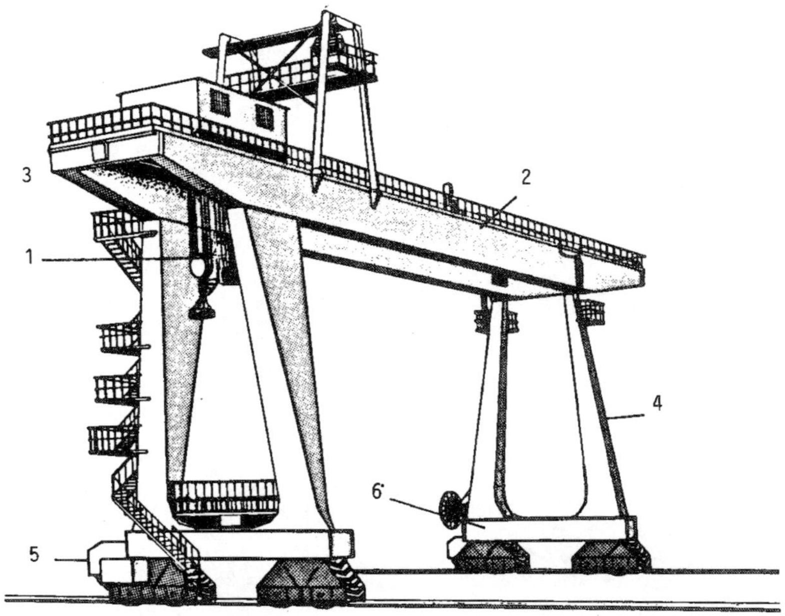

Figura 12.2. Partes principales de una grúa-pórtico.

Las partes principales de una grúa-pórtico son (Figura 12.2):

1. Mecanismo de elevación
2. Viga puente
3. Traviesa de cierre
4. Poste
5. Paquete de rodadura
6. Testero

Presenta la ventaja de tener un coste de primera instalación reducido con respecto al puente grúa ya que no es necesaria la elevación de las vigas carriles. Por lo tanto, es posible su instalación en patios de factorías o espacios abiertos.

Por otra parte, a igualdad de carga útil, al existir mayor peso móvil, aumenta la potencia de translación de la estructura.

Según la disposición del terreno y el recorrido del mecanismo de elevación, se construyen grúas-pórtico de uno o dos voladizos.

Cuando la grúa-pórtico está adosada a los muros de una edificación se le puede dar la forma de semipórtico.

12.2. El mecanismo de elevación

Existen fundamentalmente dos tipos de mecanismos de elevación:

- Carro en voladizo
- Carro abierto

Carro en voladizo

Este mecanismo de elevación necesita únicamente una sola viga principal para su rodadura.

Figura 12.3. Carro en voladizo de una grúa-pórtico.

Los mecanismos de accionamiento, reducción y frenada están dispuestos en voladizo. La carga útil más la de los citados mecanismos genera un momento que es absorbido por cuatro rodillos de rodadura con componente horizontal, dispuestos a dos cotas diferentes.

Existen dos rodillos horizontales en la parte inferior del alma de la viga principal y otros dos dispuestos sobre el ala superior de la citada viga. Estos dos rodillos, inclinados, son capaces de generar una reacción con componentes horizontal y vertical. La componente horizontal se precisa para absorber el momento generado por la carga en voladizo y la vertical para soportar el peso propio del carro más la carga útil (Figura 12.4).

Este tipo de mecanismo de elevación solicita a la viga principal a esfuerzos de flexión, cortadura y torsión. Debido a la afirmación anterior, se utilizan, normalmente vigas cajón que además de presentar altos módulos resistentes a torsión se acoplan por soldadura fácilmente a los postes, normalmente también constituidos por vigas cajón.

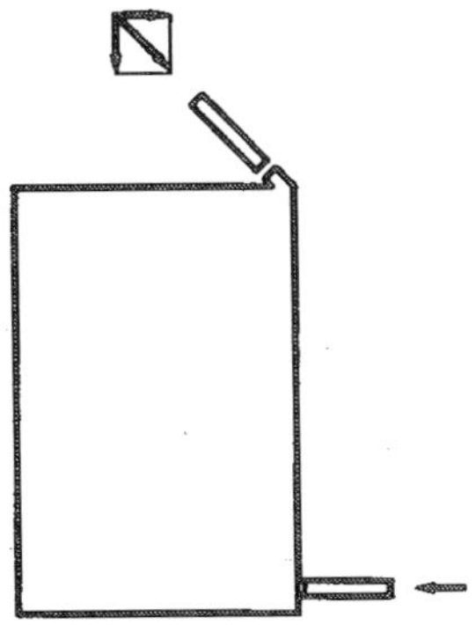

Figura 12.4. Esfuerzos generados por un carro en voladizo.

Este carro ha sido utilizado para cargas altas, aproximadamente 80 toneladas y 32 metros de luz. Para pórticos de transbordo, normalmente se utilizan carros abiertos, los cuales son capaces de soportar más altas cargas y luces más elevadas.

Al estar, este tipo de aparatos, al aire libre, se dispone de unos tejadillos sobre los mecanismos para preservarlos del polvo, lluvia y demás agentes atmosféricos.

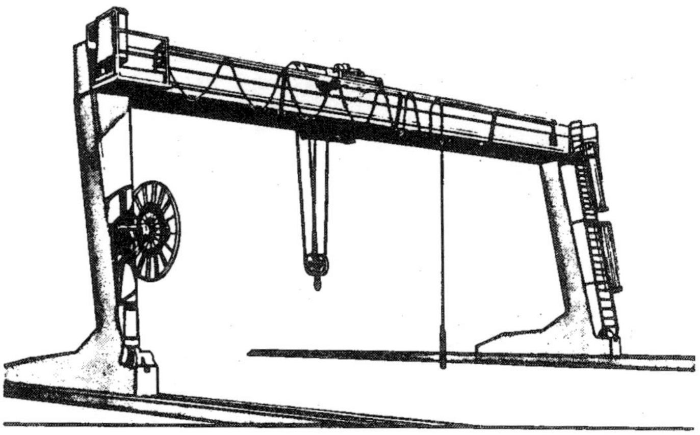

Figura 12.5. Grúa-pórtico para bajas cargas.

En el caso de pórticos de transbordo, así como de manutención de elevadas cargas se recurre a vigas principales dobles recorridas por carros abiertos. Los postes están conformados por vigas dobles cuya distancia relativa aumenta conforme disminuye la altura con objeto de conseguir una alta cota de estabilidad de la grúa en marcha.

En la Figura 12.6 se representa una grúa-pórtico para elevadas cargas.

Carro abierto

Es de constitución similar al explicado en el capítulo de puentes grúa. Así pues, se precisan dos vigas principales para su rodadura.

Como ocurría para el tipo de carro en voladizo, se suele cubrir con un tejadillo, por estar, asimismo, a la intemperie.

Elección de las velocidades de elevación y translación

Se pueden utilizar criterios, explicados en el apartado 1, correspondiente al puente grúa.

12.3. El pórtico

Existen múltiples soluciones en la disposición de la estructura aporticada de una grúa, si bien, se marcarán como las más importantes dos:

Para manutención de cargas de baja y media magnitud, la viga principal es única y el carro es de tipo voladizo. En este caso, los postes suelen estar constituidos por una única viga (Figura 12.5). Con objeto de implementar una plataforma de estabilidad en el aparato, se dispone en la parte inferior de los postes unas vigas longitudinales unidas rígidamente con aquellos, que alojan los paquetes de rodadura de la grúa.

En el caso de pórticos de transbordo así como de manutención de elevadas cargas, se recurre a vigas principales dobles, recorridas por carros abiertos. Los postes, están conformados por viga dobles cuya distancia relativa aumenta conforme disminuye la altura con objeto de conseguir una alta cota de estabilidad de la grúa en marcha.

Figura 12.6. Grúa-pórtico para elevadas cargas.

Fundamentalmente, existen dos tipos de grúas-pórtico:

- Pórtico en celosía

Su estructura reticular precisa de un carro abierto como mecanismo de elevación. Se caracteriza por su ligereza y su alto coste en mano de obra de fabricación (Figura 12.7). Modernamente, ha sido desplazada en la gran mayoría de los casos, por pórticos conformados en viga cajón.

- Pórtico en vigas-cajón

Este tipo de estructura soporta altos esfuerzos de torsión además de los correspondientes a flexión y cortadura. Esta característica implica la posibilidad de implementar carros abiertos o carros en voladizo. La sección de la viga principal es constante a lo largo de su longitud, no así en el caso de los postes, cuya sección es variable con objeto de adaptarse a la fluctuante ley de momentos flectores existente a lo largo de su longitud (Figura 12.8).

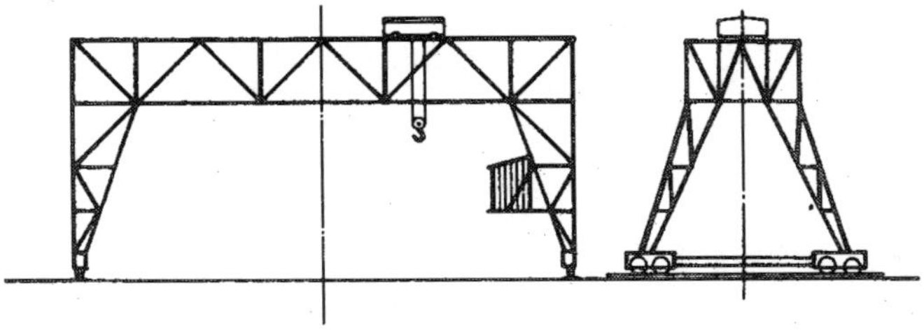

Figura 12.7. Pórtico en celosía.

Figura 12.8. Pórtico en viga cajón.

El pórtico se debe calcular según las normas FEM (Capítulo 10). Como precálculo, para obtener una sección inicial se puede seguir el esquema desarrollado a continuación.

Cálculo de la viga principal

Según la Figura 12.9 el momento flector máximo existente en la viga principal sucede cuando el carro está en el centro de la viga.

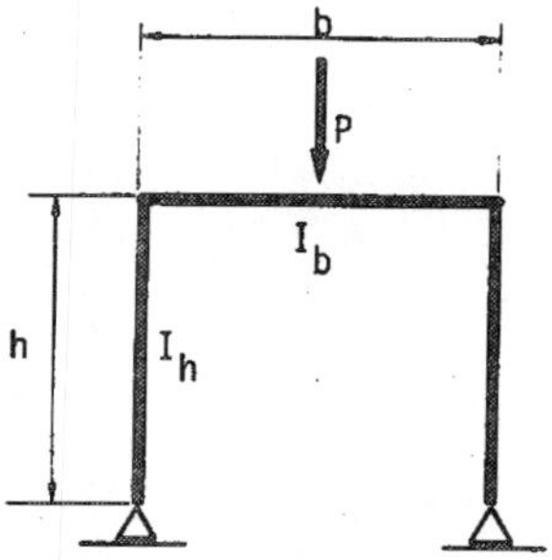

Figura 12.9. Esquema de cálculo de grúa pórtico.

Momento flector máximo:

$$M_{1\,b} = \frac{P\,b^2}{4} \frac{4\,\frac{I_b}{I_h}\,\frac{h}{b} + 3}{4\,\frac{I_b}{I_h}\,h + 6\,b} \qquad (12.1)$$

En el caso abierto, se tiene:

$$\sigma = \frac{M_{1b}}{W_{1b}} \qquad (12.2)$$

Donde:

W_{1b} = Módulo resistente a flexión vertical en el centro de la viga principal.

En el caso de carro en voladizo, existe un esfuerzo torsor adicional. Momento torsor:

$$M_{1t} = P \bullet l \qquad (12.3)$$

Donde:

l = Distancia en proyección horizontal entre centros de inercia de carro y viga principal.

Así pues,

$$\sigma = \sqrt{\left(\frac{M_{1b}}{W_{1b}}\right)^2 + 3\left(\frac{M_{1t}}{W_{1t}}\right)^2} \qquad (12.4)$$

W_{1t} = Módulo resistente a torsión en el centro de la viga principal.

Cálculo de postes

Según la Figura 12.9 el caso más desfavorable sucede cuando el carro está situado en el centro ya que los esfuerzos de flexión van a ser más importantes que los de compresión.

Momento flector máximo en zona superior:

$$M_{1h} = \frac{3}{8} \frac{P\ b}{3 + 2 \frac{I_b}{I_h} \frac{h}{b}} \tag{12.5}$$

En el caso de carro abierto, se tiene:

$$\sigma = \frac{M_{1h}}{W_{1h}} + \frac{P}{2\ A} \tag{12.6}$$

Donde:

W_{1h} = Módulo resistente a flexión vertical en la parte superior del poste.

A = Area de la sección en la parte superior del poste.

En el caso de carro en voladizo, existe un momento flector adicional:

$$M_{2h} = \frac{P\ l}{2} \tag{12.7}$$

Donde l es la distancia horizontal entre centros de inercia de carro y viga principal.

Así pues,

$$\sigma = \frac{M_{1h}}{W_{1h}} + \frac{M_{2h}}{W_{2h}} + \frac{P}{2\ A} \tag{12.8}$$

Donde:

W_{2h} = Módulo resistente a flexión horizontal en la parte superior del poste.

En las Figuras 12.10 y 12.11 se han representado dos vistas de una discretización por elementos finitos de una grúa-pórtico de tipo viga cajón.

En la Figura 12.12 se representa una deformada cuando el carro ocupa la posición central. En la Figura 12.13, se ha dibujado un diagrama de tensiones para la misma hipótesis de carga.

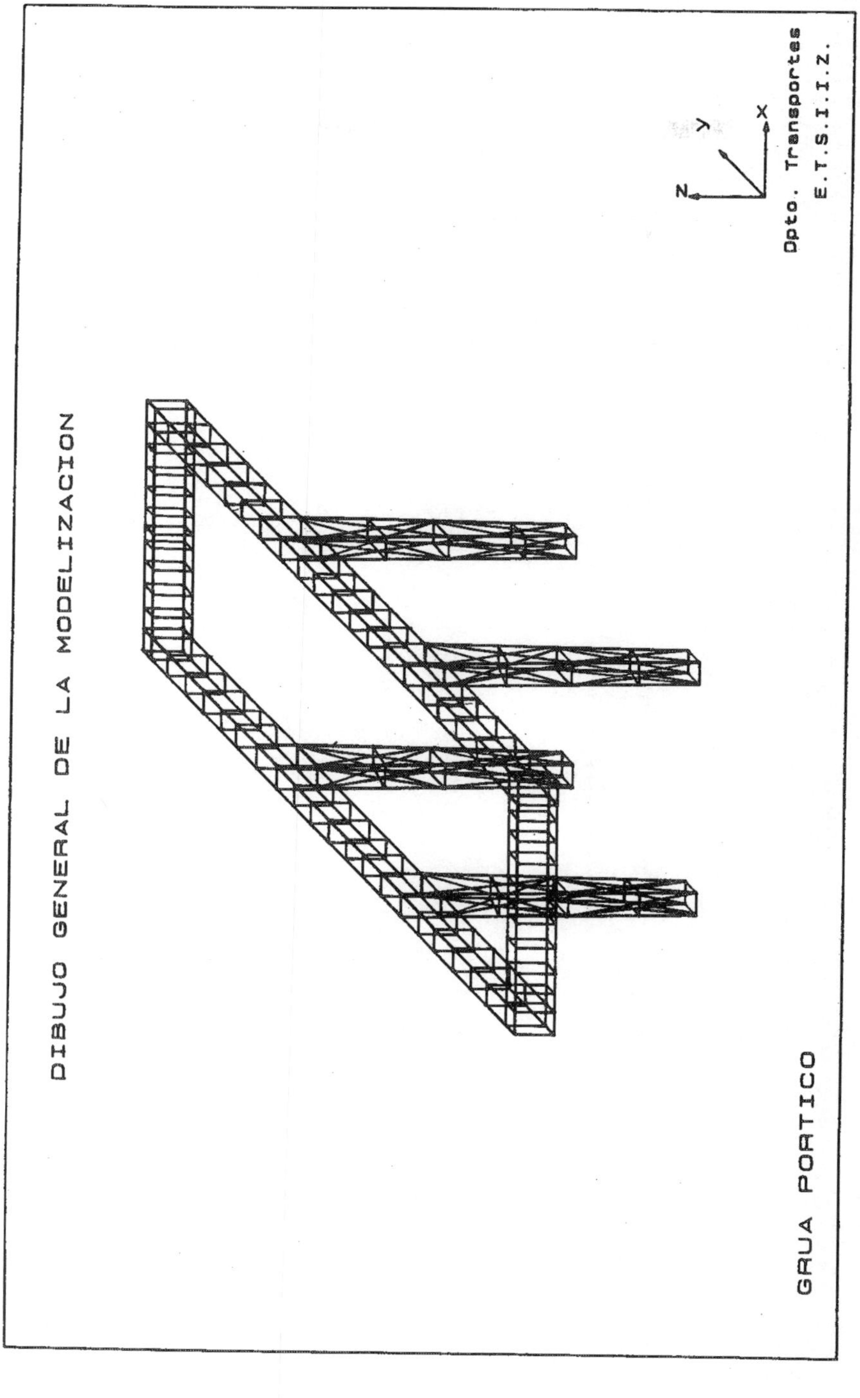
DIBUJO GENERAL DE LA MODELIZACION
GRUA PORTICO
Z
Y
X
Dpto. Transportes
E.T.S.I.I.Z.

Figura 12.10

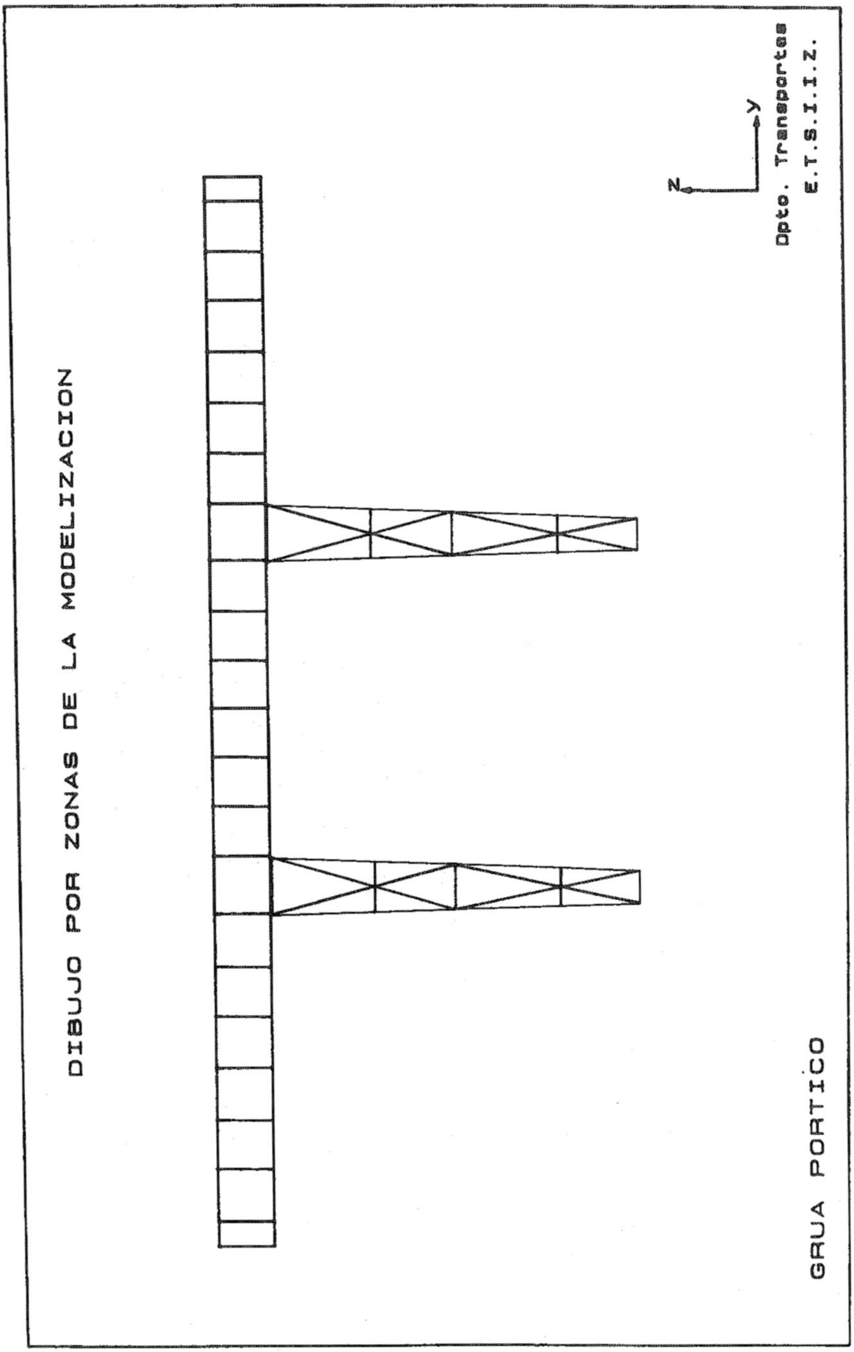
DIBUJO POR ZONAS DE LA MODELIZACION
GRUA PORTICO
Dpto. Transportes
E.T.S.I.I.Z.
z
y

Figura 12.11

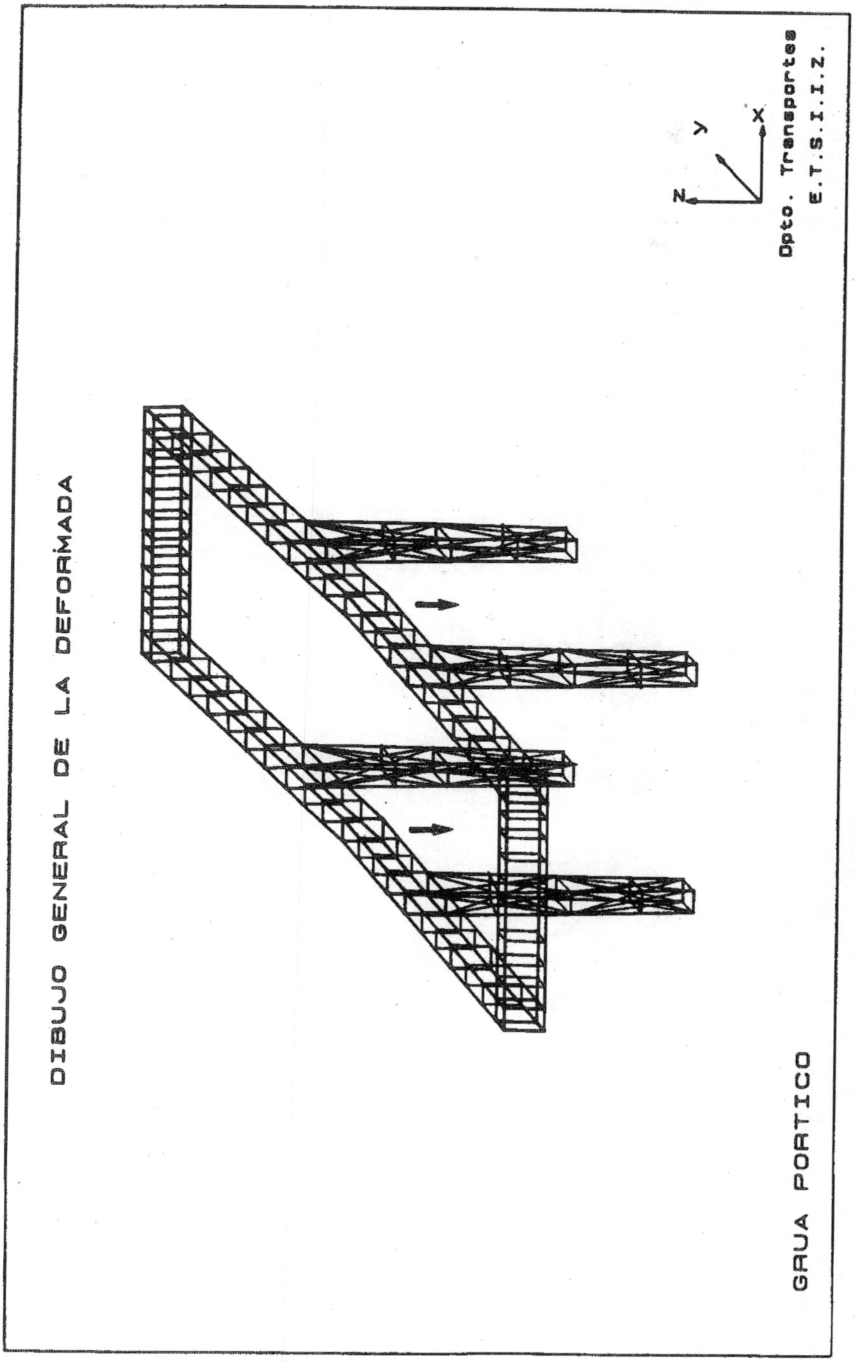
DIBUJO GENERAL DE LA DEFORMADA
GRUA PORTICO
Dpto. Transportes
E.T.S.I.I.Z.
Z
Y
X

Figura 12.12

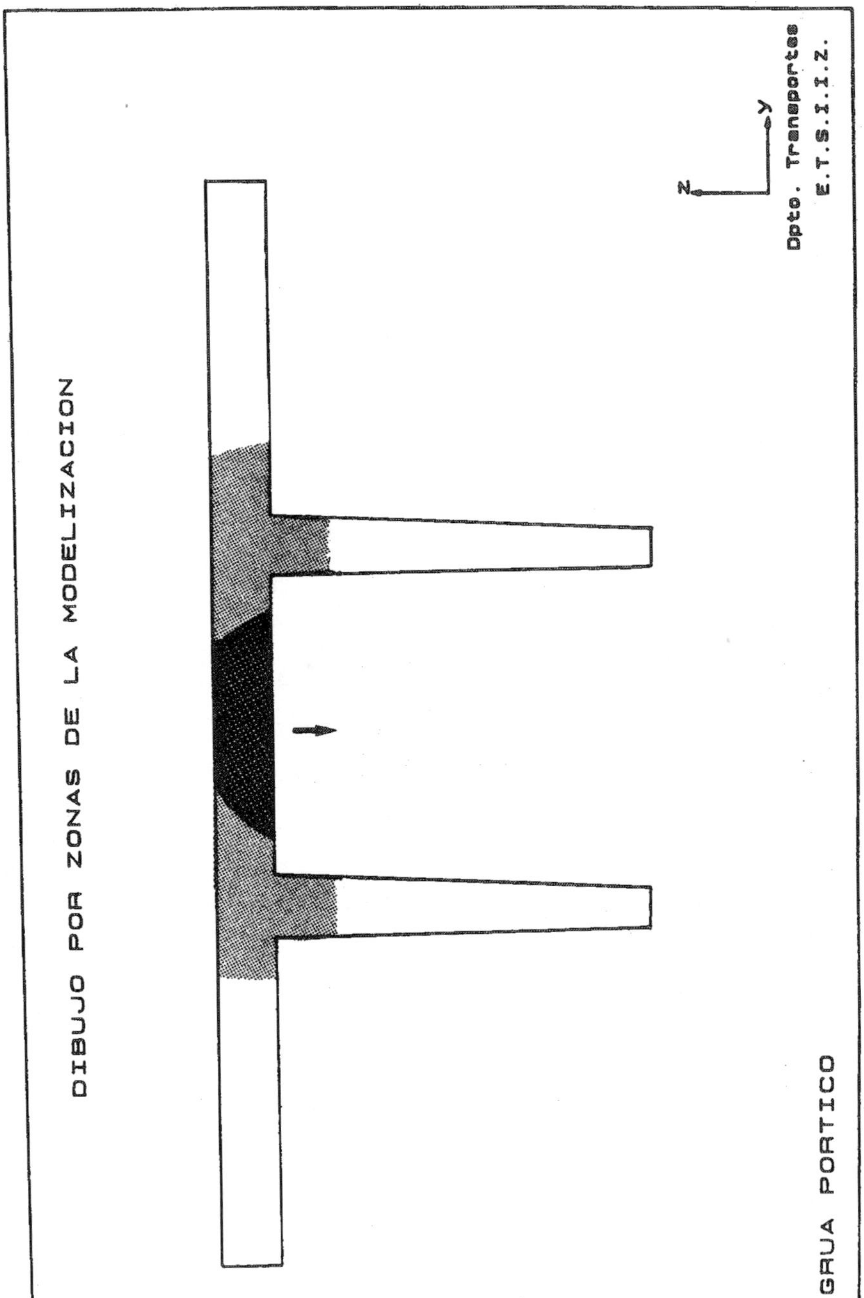
DIBUJO POR ZONAS DE LA MODELIZACION
GRUA PORTICO
Dpto. Transportes
E.T.S.I.I.Z.
z
y

Figura 12.13

Elección de la velocidad de translación

Puede utilizarse el criterio explicado en el Apartado 1.

12.4. Potencia de los motores eléctricos

Las potencias de los tres motores eléctricos se calculan según los criterios reflejados en el punto 11.5.

Unicamente, es preciso señalar que cuando el carro especificado sea en voladizo, va a existir un aumento en la resistencia de rodadura del mecanismo de elevación.

Según la Figura 12.14.

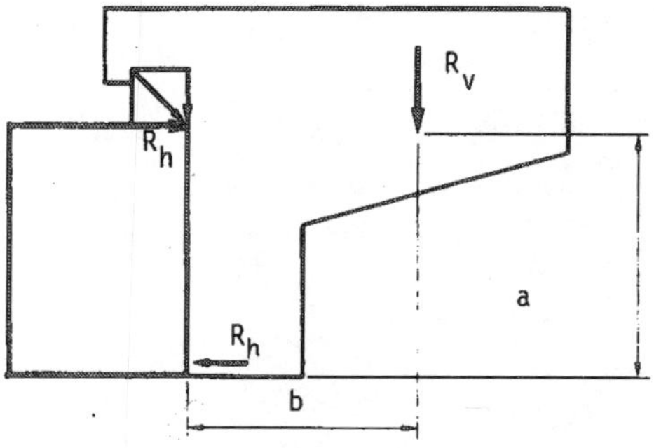

Figura 12.14. Esquema de cálculo de potencia de translación del carro.

Reacción vertical = Q + G (12.9)

Q = Carga útil (daN)

G = Peso del mecanismo de elevación (daN)

$$\text{Reacciones horizontales} = 2\ \frac{b}{a}\ (Q+G) \tag{12.10}$$

$$\text{Fuerza de rodadura} = \left(Q+G+\frac{2\,b}{a}\ (Q+G)\right)\cdot W \tag{12.11}$$

Siendo W = Coeficiente de rodadura.

Así pues, la potencia de translación del carro a régimen permanente será:

$$P_W = \frac{(Q+G)(1+2 \cdot b/a) W \cdot V_t}{4{,}5 \cdot 10^6 \cdot \eta}$$

Q : Carga útil (daN)

G : Peso mec. elevación (daN)

W: 7 para rodamiento; 20 para casquillo de bronce

V_t: velocidad de traslación (m/min)

η: rendimiento: 0.85

(12.12)

Donde:

P_W = Potencia de translación a régimen permanente (CV)

12.5. Sistemas de mando de guía

Para cargas de baja y media magnitud, el mando de guía es móvil a través de la viga principal o bien, se realiza desde tierra.

Para pórticos de transbordo y manutención de elevadas cargas es frecuente el mando desde una cabina solidaria al mecanismo de elevación.

PROBLEMA TIPO 12.1

Enunciado: Calcular los elementos y dimensionar la estructura de grúa pórtico con carro en voladizo. El cable tiene una resistencia de 180 Kg/mm^2. El aparato posee una frecuencia aproximada igual de cargas pequeñas, medianas y máximas, y se le estima una duración del mecanismo de 12500 horas.

Datos:

Q_u = 30.000 daN	Q_{grua} = 40.000 daN	Q_{carro} = 500 daN
v_{elev} = 20 m/min	$v_{tras\ pórtico}$ = 80 m/min	$v_{tras\ carro}$ = 40 m/min
Altura de elevación: 8 m	Distancia entre postes: 10 m	
σ_{tambor} = 160 MPa	$\eta_{transmisión}$ = 85%	Poleas de rodamientos de bolas

Distancia entre línea de carga y centro de inercia del carro: 0,5 m

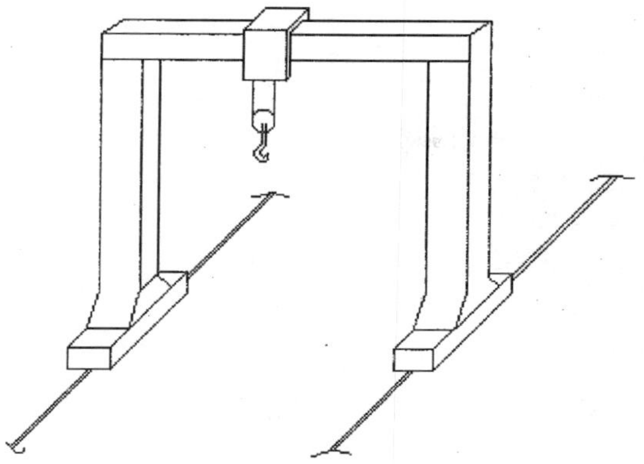

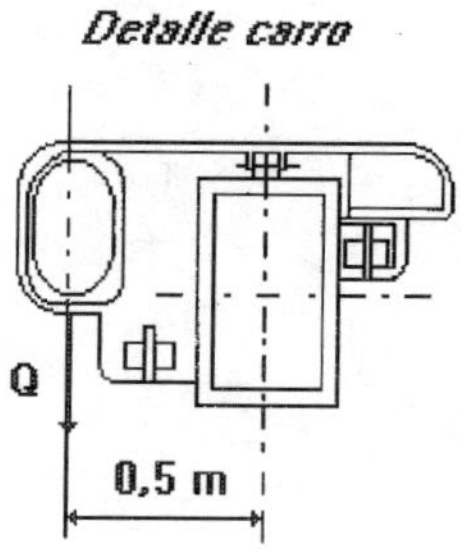

1. Gancho:

Q_u = 30.000 daN   En Tabla 2.1. (32 T) → Q_g = 312 daN

$Q_{total} = Q_u + Q_g = 30.000 + 312 = 30.312$ daN

2. Cable:

Grupo: M7 (Resistencia: 180 Kg/mm^2) ⇒ $K_C = 0{,}335$

1 ramal: $d_{cable} = K_C\sqrt{30.312} = 58{,}32$ mm

2 ramales: $d_{cable} = K_C\sqrt{30.312/2 \cdot 0{,}99} \approx 41{,}44$ mm

4 ramales: $d_{cable} = K_C\sqrt{30.312/4 \cdot 0{,}97} \approx 29{,}60$ mm ⇒

⇒ (Según la tabla 6.4) ⇒ d_{cable} = 33 mm ⇒ s(paso) = 37 mm

Tipo de cable: 6 x 54 (1 + 6 + 9 + 9·9 + 18) ·W ·S + 1 Alma textil

3.Polea:

(Tabla 4.8.) ⇒ $h_1 = 25$

(Figura 4.15.) ⇒ $h_2 = 1{,}12$

$d_{polea} = D_1 \geq d_{cable} \cdot h_1 \cdot h_2 = 33 \cdot 25 \cdot 1{,}12 = 924$ mm

Polea de rodamientos de bolas: d_{polea} = 1000 mm   Peso poleas = 2 x 210 = 420 daN

4.Aparejo de 2 poleas:

$Q_{total} = Q_u + Q_g + Q_p = 30.000 + 312 + 420 = 30.732$ daN

Tabla de aparejo de 2 poleas ⇒ Q = 32 T ⇒ Peso = 810 daN

$Q_T = 30.000 + 810 = 30.810$ daN

5.Tambor:

(Tabla 4.8.) ⇒ $h_1 = 22,4$

(Figura 4.15.) ⇒ $h_2 = 1,12$

$d_{tambor} = D_1 \geq d_{cable} \cdot h_1 \cdot h_2 = 33 \cdot 22,4 \cdot 1,12 = 827,9$ mm ⇒ $d_{tambor} = 900$ mm

$Q_{ramal} = 30.810 / 4 = 7702,5$ daN ≈ 8.000 daN

Espesor de pared, $\sigma = 160$ MPa, Tabla 6.6 ⇒ h = 12

Longitud del cable = 4 · 8 = 32 m

Longitud de 1 espira = $\pi \cdot d_{tambor} = \pi \cdot 900 = 2.827,4$ mm

N°espiras = (8.000·4)/2.827,4 = 11,31 ≈ 12 + 4 = 16

Longitud mínima del tambor = 16·37 = 592 mm ≈ 600 mm

Peso tambor $= (V_{ext} - V_{int}) \cdot \rho = (\pi \cdot r_{ext}^2 \cdot l - \pi \cdot r_{int}^2 \cdot l)\,\rho =$

$= (\pi \cdot 450^2 \cdot 600 \cdot 10^{-9} - \pi \cdot 438^2 \cdot 600 \cdot 10^{-9}) \cdot 8.000 \text{ Kg/m}^3 =$

$= (0,381 - 0,361) \cdot 8.000 \text{ Kg/m}^3 = 160$ daN

Peso total = 160 daN + 16 (10% Anclages) ≈ 176 daN

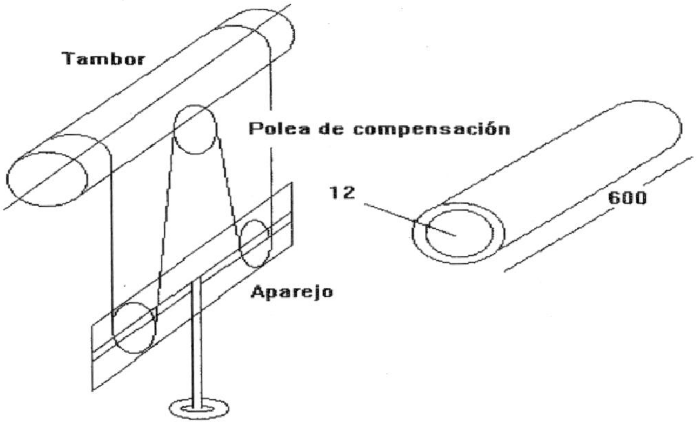

6.Potencia de elevación:

$Q_T = 30.000 + \text{Aparejo} = 30.000 + 810 = 30.810$ daN

$$P_{elev} = \frac{Q_T \cdot v_{elev}}{4.500 \cdot \eta} = \frac{30.810 \cdot 20}{4.500 \cdot 0,85} = 161,09 \Rightarrow \text{Tabla 9.3} \Rightarrow 180 \text{ CV}$$

Peso motor = 1.400 daN

7.Potencia de traslación del carro: (Si fuese carro centrado)

W = 7 ; $v_{tras} = 40$ m/min

$Q_{tambor} = 176$; $Q_{motor} = 1.400$ ⇒ $Q_T = 30.810 + 176 + 1.400 = 32.386$ daN

Suponemos: $Q_{carro} = 500$ Kg $\Rightarrow Q_T = 32.386 + 500 = 32.886$ daN

$$P_{tras\ carro} = \frac{(30.810 + 2.076) \bullet W \bullet v_{tras}}{4{,}5 \bullet 10^6 \bullet \eta} = 2{,}4\ CV \Rightarrow \text{Tabla } 9.3 \Rightarrow 5{,}5\ CV \qquad \text{Peso} = 75\ daN$$

7(Bis). (Por ser carro en voladizo)

Al ser carro en voladizo, existe una resistencia adicional a la rodadura.Para poder hallar la potencia de traslación del carro es necesario conocer primero las dimensiones del perfil de la viga principal.

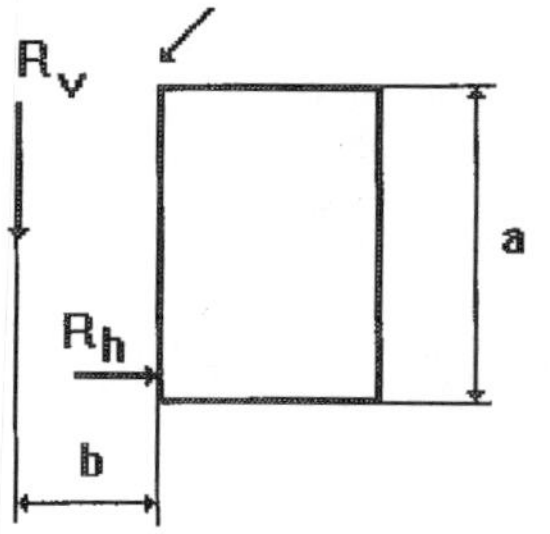

8.Potencia de traslación del pórtico:

$Q_{grua} = 40.000$ daN; $Q_T = 32.886$ daN

$W = 7$; $v_{tras} = 80$ m/min

$$P_{tras\ pórtico} = \frac{(30.810 + 42.076) \bullet W \bullet v_{tras}}{4{,}5 \bullet 10^6 \bullet \eta} = 10{,}67\ CV \Rightarrow \text{Tabla } 9.3 \Rightarrow 15\ CV$$

Peso motor traslación pórtico = 125 daN

9.Estructura:

1.VIGA PRINCIPAL

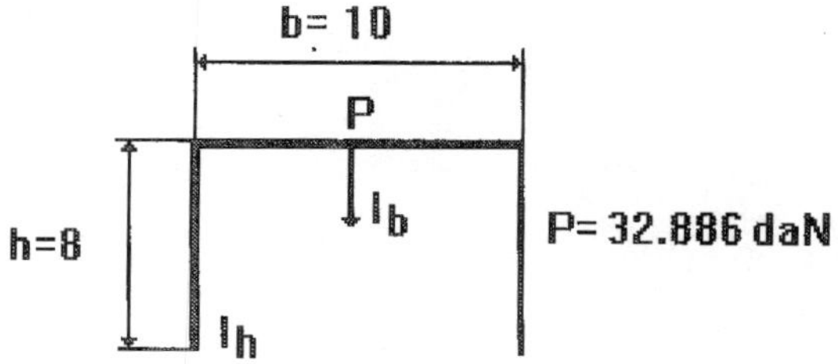

$$M_{1b} = \frac{P \bullet b^2}{4} \bullet \frac{4 \bullet \frac{I_b}{I_h} \bullet \frac{h}{b} + 3}{4 \bullet \frac{I_b}{I_h} \bullet h + 6 \bullet b}$$

Para simplificar, suponemos: $I_b = I_h$

$$M_{1b} = \frac{P \cdot b^2}{4} \cdot \frac{4 \cdot \frac{h}{b} + 3}{4h + 6b} = \frac{32.886 \cdot 10^2}{4} \cdot \frac{4 \cdot \frac{8}{10} + 3}{4 \cdot 8 + 6 \cdot 10} = 55405{,}76 \text{ daNm.}$$

En el caso de carro en voladizo , existe un esfuerzo torsor adicional:

$M_{1t} = P \cdot l$; $l = 0{,}5$ m $\Rightarrow M_{1t} = 32.886 \cdot 0{,}5 = 16.443$ daN m

Sea el perfil:

$$A = 500 \cdot 2 \cdot 20 + 210 \cdot 2 \cdot 20 = 28.400 \text{ mm}^2$$

$$I = \frac{1}{12}(250 \cdot 500^3 - 210 \cdot 460^3) = 9\ 10^8 \text{mm}^4$$

$$W_{1b} = \frac{I}{250} = \frac{9\ 10^8}{250} = 3{,}6\ 10^6 \text{mm}^3$$

$$W_{1t} = 2\ A^* e = 2 \cdot 110.400 \cdot 20 = 4{,}416 \cdot 10^6 \text{mm}^3$$

$$A^* = (500 - 20)(250 - 20) = 110.400 \text{ mm}^2$$

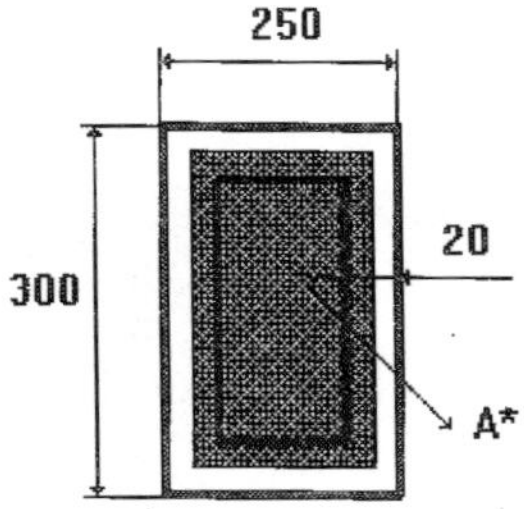

$$\sigma = \sqrt{\left(\frac{M_{1b}}{W_{1b}}\right)^2 + 3\left(\frac{M_{1t}}{W_{1t}}\right)^2} =$$

$$= \sqrt{\left(\frac{55.405{,}76 \cdot 10}{3{,}6 \cdot 10^6 \cdot 10^{-9}} \text{N m/m}^3\right)^2 + 3\left(\frac{16.443 \cdot 10}{4{,}416 \cdot 10^6 \cdot 10^{-9}} \text{N} \cdot \text{m/m}^3\right)^2}$$

$\sigma = 166{,}87$ MPa < 260 MPa $\quad C_s = 1{,}55$ Bien.

2.CÁLCULO DE LOS POSTES: Al suponer $I_b = I_h$

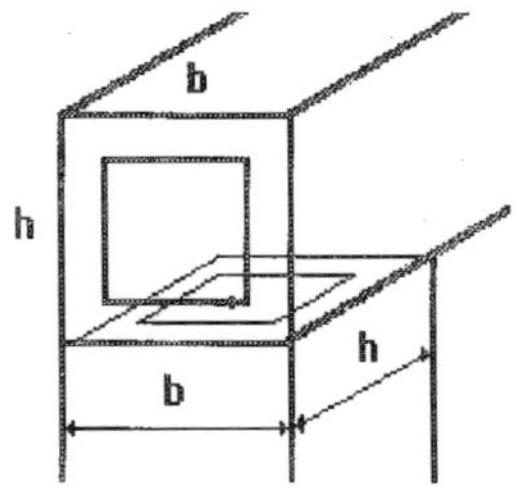

$$M_{1h} = \frac{3}{8}\,\frac{P \cdot b}{3 + 2 \cdot (I_b/I_h) \cdot (h/b)} =$$

$$= \frac{3}{8}\,\frac{P \cdot b}{3 + 2 \cdot (h/b)} = \frac{3}{8}\,\frac{32.886 \cdot 10}{3 + 2 \cdot (8/10)} = 26.809,23 \text{ daN} \cdot \text{m}$$

$$M_{2h} = \frac{P \cdot l}{2} = \frac{32.886}{2} \cdot 0,5 = 8221,5 \text{ daN} \cdot \text{m}$$

$$I_{2h} = \frac{1}{12}(500 \cdot 250^3 - 460 \cdot 210^3) = 2,96 \cdot 10^8 \text{ mm}^4$$

$$\frac{P}{2A} = \frac{32.886 \cdot 10}{2 \cdot 28.400 \cdot 10^{-6}} = 5,78 \text{ MPa}$$

$$S = \frac{M_{1h}}{W_{1h}} + \frac{M_{2h}}{W_{2h}} + \frac{P}{2A} =$$

$$= \frac{26.809,23 \cdot 10}{3,6 \cdot 10^{-3}}\,\frac{\text{N} \cdot \text{m}}{\text{m}^3} + \frac{8.221,5 \cdot 10}{2,36 \cdot 10^{-3}}\,\frac{\text{N} \cdot \text{m}}{\text{m}^3} + 5,78 \text{ MPa} = 115,08 \text{ MPa}$$

$S = 115{,}08$ MPa < 260 MPa $\Rightarrow C_S = 2{,}25$

Como la estructura es válida y tenemos las dimensiones de los perfiles, ya podemos calcular la potencia de traslación del carro.

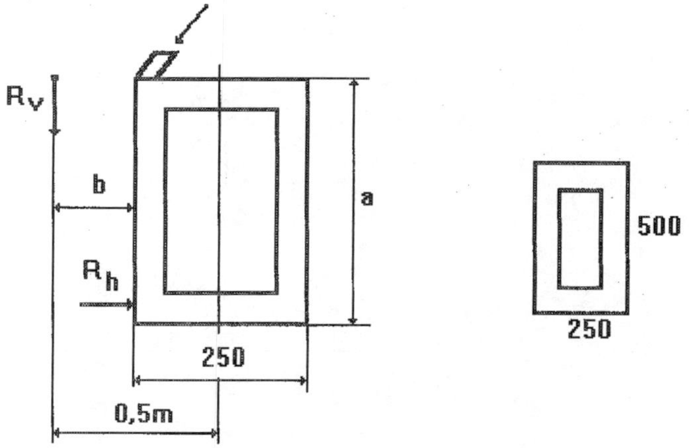

$$b = 0,5 - \frac{0,250}{2} = 0,375 \text{ m}$$

$$R_h = 2\,\frac{b}{a}\,(G_2 + G_1) = 2\,\frac{0,375}{0,5}\,(30.810 + 2.076) = 49.329 \text{ N}$$

$$F = (G_2 + G_1 + R_h) \cdot W =$$

$$= (30.810 + 2.076 + 49.329) \cdot 7 = 82.215 \cdot 7 = 575.505 \text{ N}$$

$$P_{\text{tras carro}} = \frac{F \cdot v_{\text{tras carro}}}{4,5 \cdot 10^6 \cdot 0,85} = \frac{575.505 \cdot 40}{4,5 \cdot 10^6 \cdot 0,85} = 6,01 \text{ CV}$$

Tabla 9.3 $\Rightarrow$ Motor de 10 CV

10.Mecanismos de traslación : (Ruedas del carro y del pórtico)

1.Paquete de rodadura del pórtico:

$$d_{rueda} \geq \frac{Q_R}{P_{adm} \bullet C_2 \bullet C_3 \bullet (K - 2\,r_1)}$$

Sea el carril, un Burbach A-120 $\Rightarrow$ K- 2 r_1 = 100 mm

Sea la P_{adm} de 7 N/mm^2

Suponiendo una duración del mecanismo de rodadura del 50% $\Rightarrow C_3 = 0{,}9$

$v_{tras\ pórtico} = 80$ m/min

Supongamos una rueda de 400 mm $\Rightarrow C_2$ ($v_{tras} = 80$ m/min) = 0,91

La carga por rueda se obtiene en el caso más desfavorable, que es cuando el carro está en un extremo del pórtico.

$$Q_R = \frac{Q_{estructura}}{2\,n} + \frac{Q_T}{n} = \frac{40.000}{2\,n} + \frac{32.886}{n}$$

Siendo: n = Número de ruedas

$$400 \geq \frac{\left(\dfrac{20.000}{n} + \dfrac{32.886}{n}\right) \bullet 10}{7 \bullet 0{,}91 \bullet 0{,}9 \bullet 100} = \frac{\dfrac{528.860}{n}}{573{,}3}$$

$$n \geq \frac{528.860}{573{,}3 \bullet 400} = 2{,}3 \qquad \text{Por tanto} \quad n = 3$$

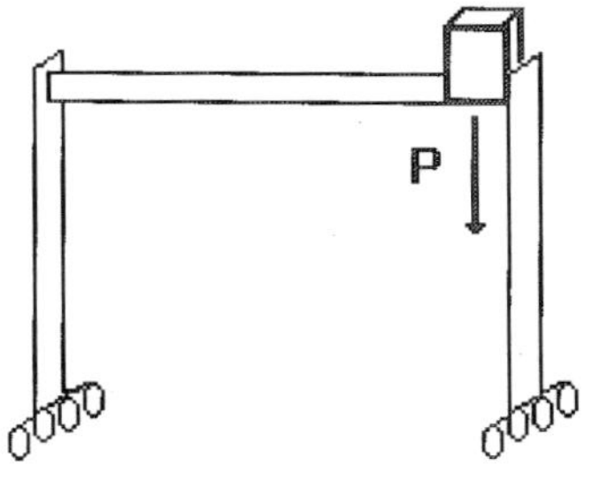

2.Paquete de rodadura del carro:

En este caso, se busca la rueda más solicitada, es decir, la que soporta una carga mayor

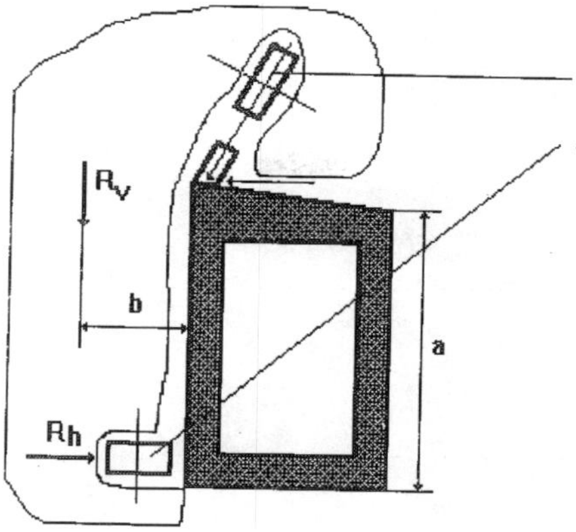

$$R_v = G_2 + G_1 = 30.810 + 2076 = 32.886 \text{ daN}$$

$$R_h = \frac{b}{a}(G_2 + G_1) = \frac{0,375}{0,5}(32.886) = 24.664,5 \text{ daN}$$

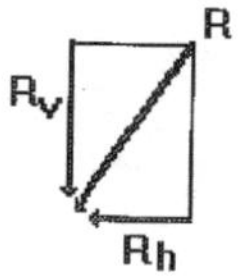

Sobre la rueda superior se componen:

$$R = \sqrt{R_v^2 + R_n^2} = \sqrt{32.886^2 + 24.664,5^2} = 41.107,5 \text{ daN}$$

Como hay dos ruedas:

$$Q_{rueda} = \frac{41.107,5}{2} = 20.553,75 \text{ daN}$$

Sea un llanton de 60 × 40:

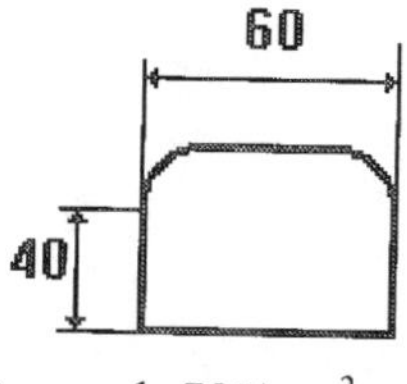

K- 2 r_l = 60 - 2 · 2 = 56 mm ; la P_{adm} es de 7 N/mm^2 y C_3 = 0,9

Probamos una rueda de d = 315 mm ⇒ C_2 (v_{tras} = 40 m/min) = 0,97

$$315 \geq \frac{20.553,75 \cdot 10}{7 \cdot 0,97 \cdot 0,9 \cdot 56} = 600,6 \Rightarrow \text{No es válida}$$

Probamos con una rueda de diámetro 630 mm:

$$630 \geq \frac{20.553,75 \cdot 10}{7 \cdot 0,97 \cdot 1,06 \cdot 56} = 509,94 \text{ mm} \Rightarrow \text{Esta si es válida}$$

13. LA GRUA CONSOLA

Figura 13.1. Fotografía de grúa consola.

13.1. Generalidades

La grúa consola es un aparato de elevación conformado por una estructura en L invertida, dispuesta en voladizo en la parte superior de las paredes longitudinales de la nave.

El movimiento longitudinal se realiza a través de tres carriles de rodadura situados en la parte superior de las paredes longitudinales de la nave.

El movimiento transversal se lleva a cabo mediante un carro que circula por dos carriles en disposición transversal.

El movimiento vertical se realiza a través del mecanismo de elevación.

Las partes principales de una grúa consola son las siguientes:

Figura 13.2. Partes principales de una grúa consola.

1. Mecanismo de elevación
2. Vigas principales
3. Vigas verticales
4. Mecanismo de translación de la grúa
5. Carriles de rodadura vertical
6. Carriles de rodadura horizontal

Sus funciones son dos fundamentalmente:

- Servir de apoyo a un puente grúa como componente de un equipo complejo de elevación y transporte. Dispuestos a diferentes alturas ambos aparatos, el puente grúa transportaría las cargas elevadas mientras que la grúa consola estaría a cargo de la manutención de bajas y medias cargas en una zona del taller próxima a la pared donde estaría implementada la grúa.
- Ser una grúa autosuficiente, transportando bajas cargas a alta velocidad en una zona rectangular próxima a la pared de la nave.

  La carga máxima se sitúa sobre 10 Toneladas.

  La luz de la grúa consola oscila entre 5 y 10 metros.

  La reacción vertical correspondiente al peso propio de la grúa y la carga útil es transmitida a la pared de la nave en forma de dos rodillos de rodadura vertical.

La característica de voladizo en el modo de manutención de la carga implica la necesidad de disponer de cuatro rodillos de rodadura horizontal que transmitan el momento de la carga y peso propio de la grúa en forma de esfuerzos horizontales. Es importante conocer la existencia de una futura grúa consola en la pared de una nave, ya que en base a la afirmación anterior será preciso un reforzamiento de la zona próxima a la rodadura puesto que las reacciones horizontales correspondientes al momento citado son de cierta magnitud.

Asimismo, la característica de voladizo implica un aumento de la resistencia de rodadura en el movimiento de translación del aparato y como consecuencia de ello, una mayor potencia de translación.

13.2. El mecanismo de elevación

En este tipo de aparatos, el mecanismo de elevación preferentemente utilizado es el carro abierto, circulando sobre dos carriles de rodadura dispuestos sobre las dos vigas principales de la grúa.

En cuanto a la disposición, cálculo y características del mecanismo de elevación, se siguen todos los anteriores expuestos en el Apartado 1.2 correspondientes a carros abiertos de un puente grúa.

13.3. La estructura

La estructura de una grúa consola, en forma de L invertida se compone de dos subestructuras claramente diferenciadas:

-Vigas principales, de disposición horizontal solicitadas a flexión por el propio peso y por la carga útil.

-Vigas verticales, solicitadas a compresión por el peso propio de las vigas principales y la carga y a flexión por las reacciones horizontales existentes en los rodillos de rodadura horizontal.

En cuanto a la disposición constructiva, la estructura puede estar realizada en celosía o en vigas cajón.

Estructura en celosía

Es la disposición clásica. Las vigas principales y verticales se conforman por débiles perfiles rectangulares unidos mediante cartelas (Figura 13.3).

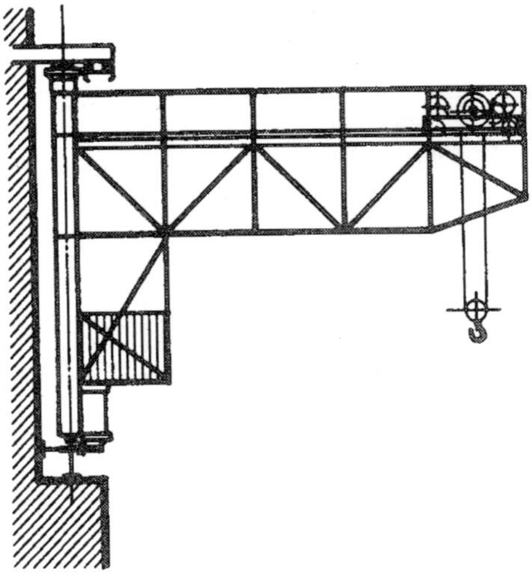

Figura 13.3. Estructura de una grúa consola en celosía.

Debido al alto costo de la mano de obra en el proceso de fabricación, la tendencia actual se dirige hacia las estructuras en viga cajón.

Estructura en vigas cajón

Las estructuras principal y vertical están conformadas por vigas cajón unidas longitudinalmente mediante tres vigas testeras también realizadas en forma de viga-cajón (Figura 13.4).

Cálculo de la estructura

En base a una supuesta estructura conformada en viga cajón, con los parámetros definidos en la Figura 13.5.

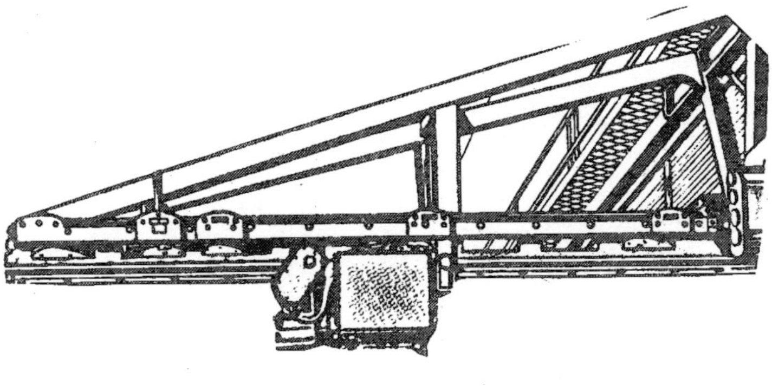

Figura 13.4. Estructura de una grúa consola en vigas cajón.

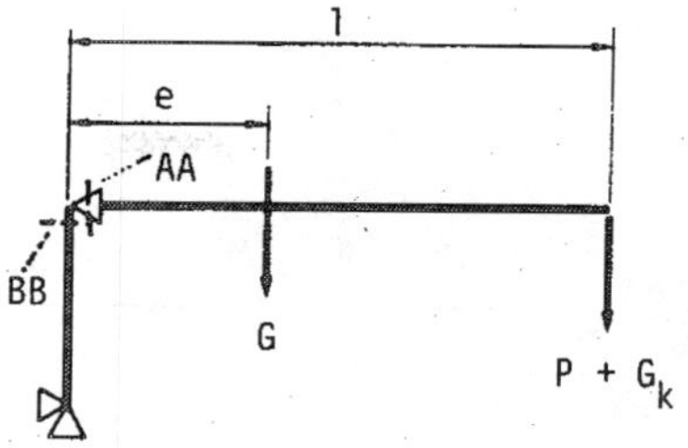

Figura 13.5. Esquema de cálculo de la estructura.

La solicitación más desfavorable corresponde a la carga situada en el extremo de la viga principal ya que, en esta disposición el momento debido a la carga útil a máximo.

Para esta solicitación, la sección más desfavorable de la viga principal es la sección A-A.

En A-A, la tensión de trabajo es debida a flexión:

$$\sigma = \frac{(P + G_K) \bullet l + G \bullet e}{2 \bullet W_x} \tag{13.1}$$

Donde W_X = módulo resistente a flexión vertical en la sección A-A.

En cuanto a la sección más desfavorable de la viga vertical, corresponde a la sección B-B:

$$\sigma = \frac{(P + G_K) \bullet l + G \bullet e}{2 \bullet W_x} + \frac{P + G_K + G}{2\,A} \tag{13.2}$$

En las Figuras 13.6 y 13.7 se representan dos vistas de una discretización de una grúa consola por elementos finitos.

En la Figura 13.8 se representa la deformada de la estructura ante una solicitación existente en el extremo de la viga principal.

El mapa de tensiones se describe en la Figura 13.9 para una solicitación coincidente con la explicada en el párrafo anterior.

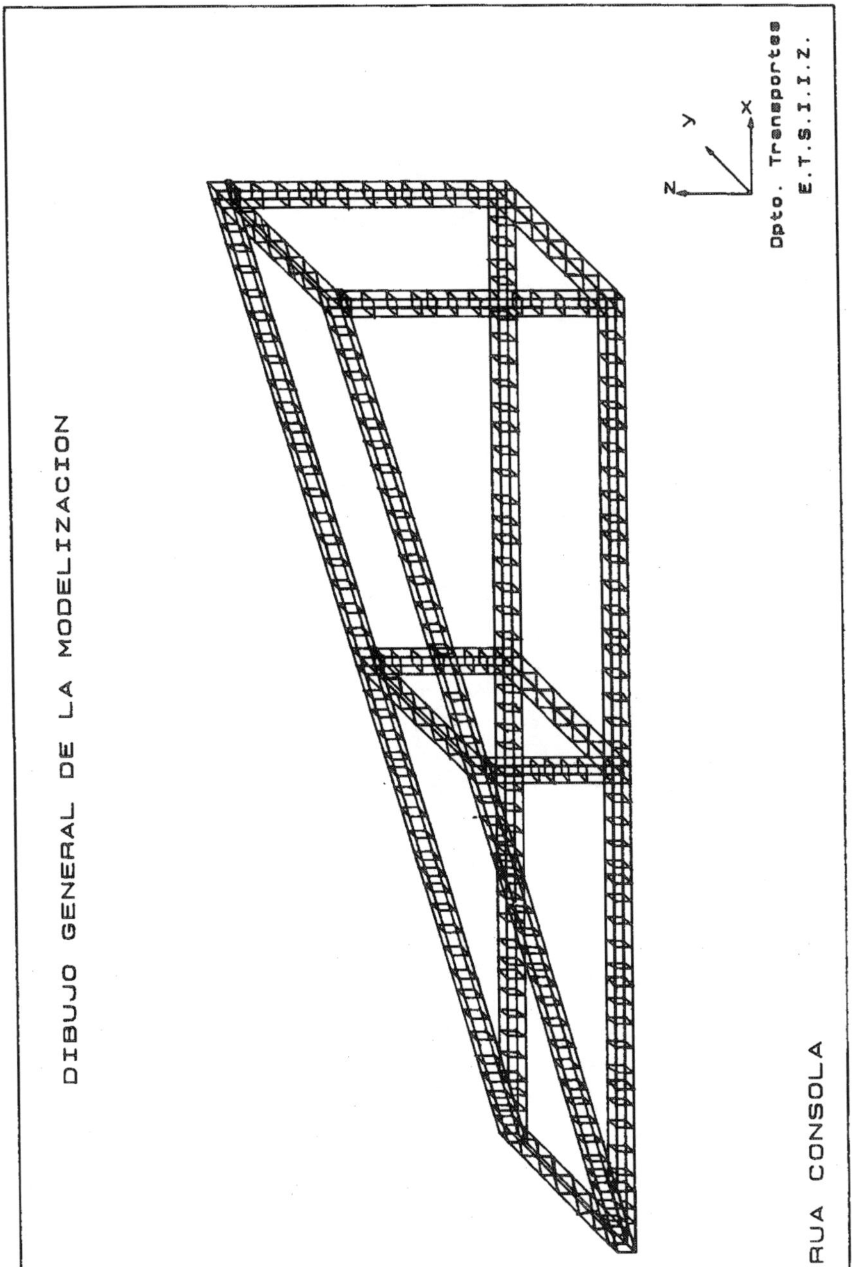
DIBUJO GENERAL DE LA MODELIZACION
Z
Y
X
Dpto. Transportes
E.T.S.I.I.Z.
GRUA CONSOLA

Figura 13.6

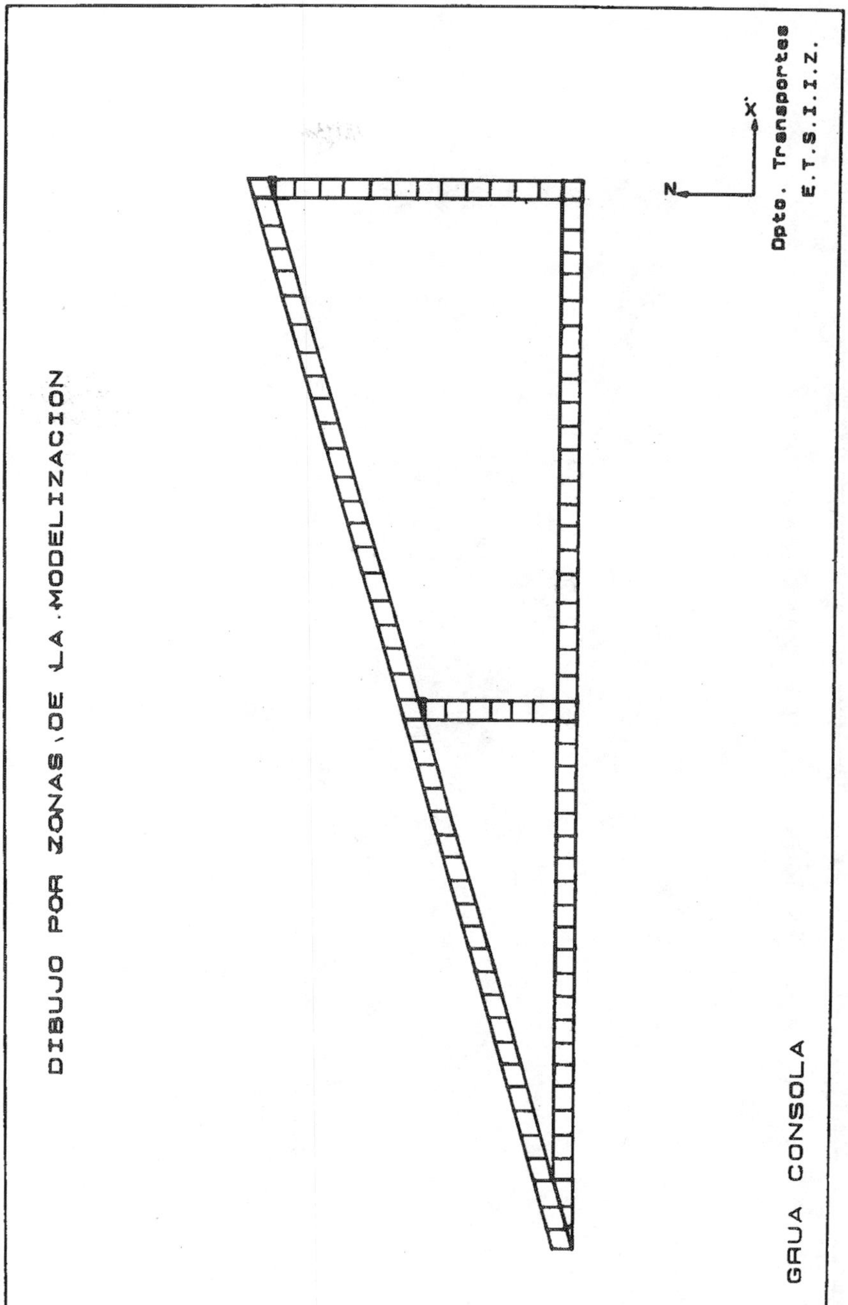
DIBUJO POR ZONAS DE LA MODELIZACION
GRUA CONSOLA
N
X'
Dpto. Transportes
E.T.S.I.I.Z.

Figura 13.7

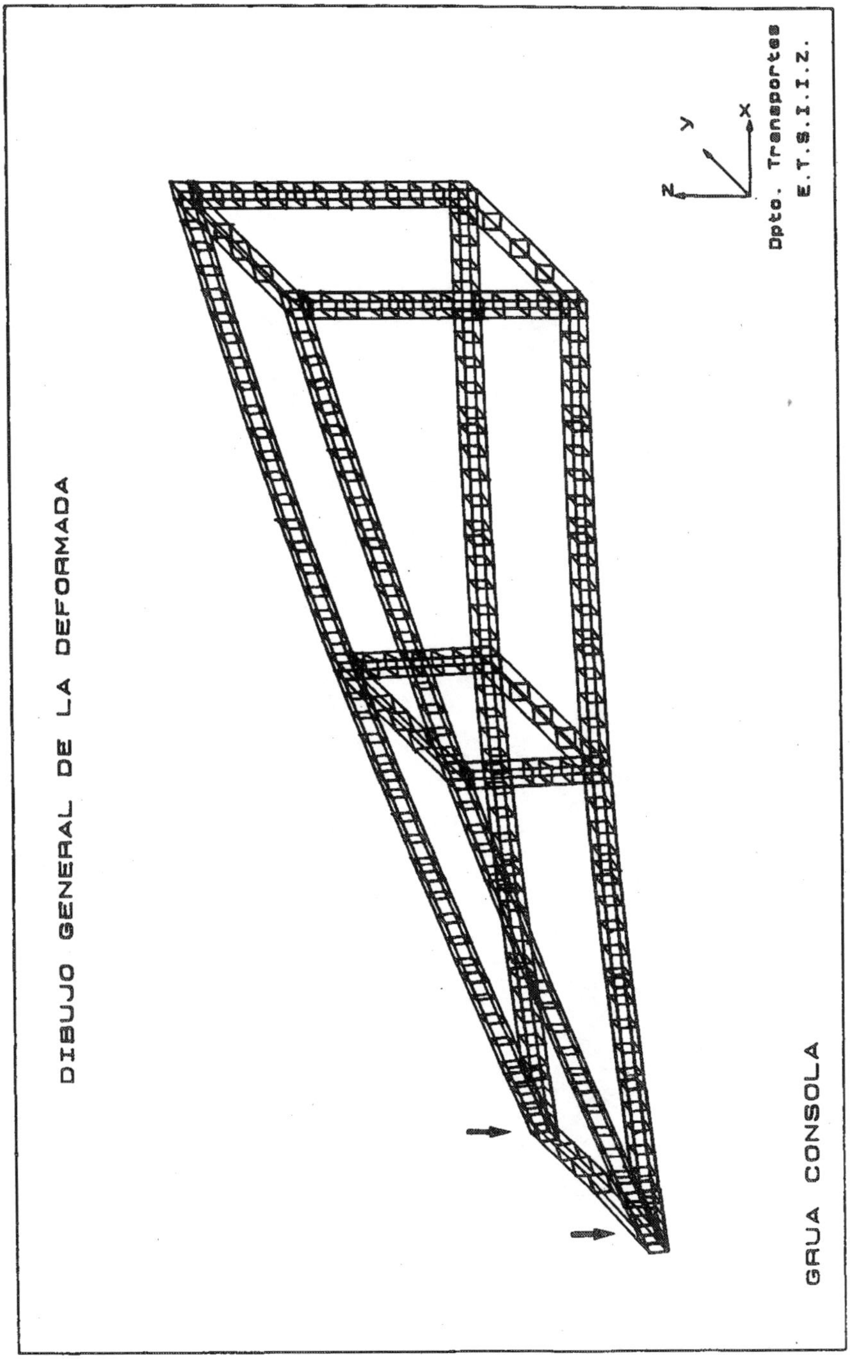
DIBUJO GENERAL DE LA DEFORMADA
GRUA CONSOLA
Dpto. Transportes
E.T.S.I.I.Z.
z
y
x

Figura 13.8

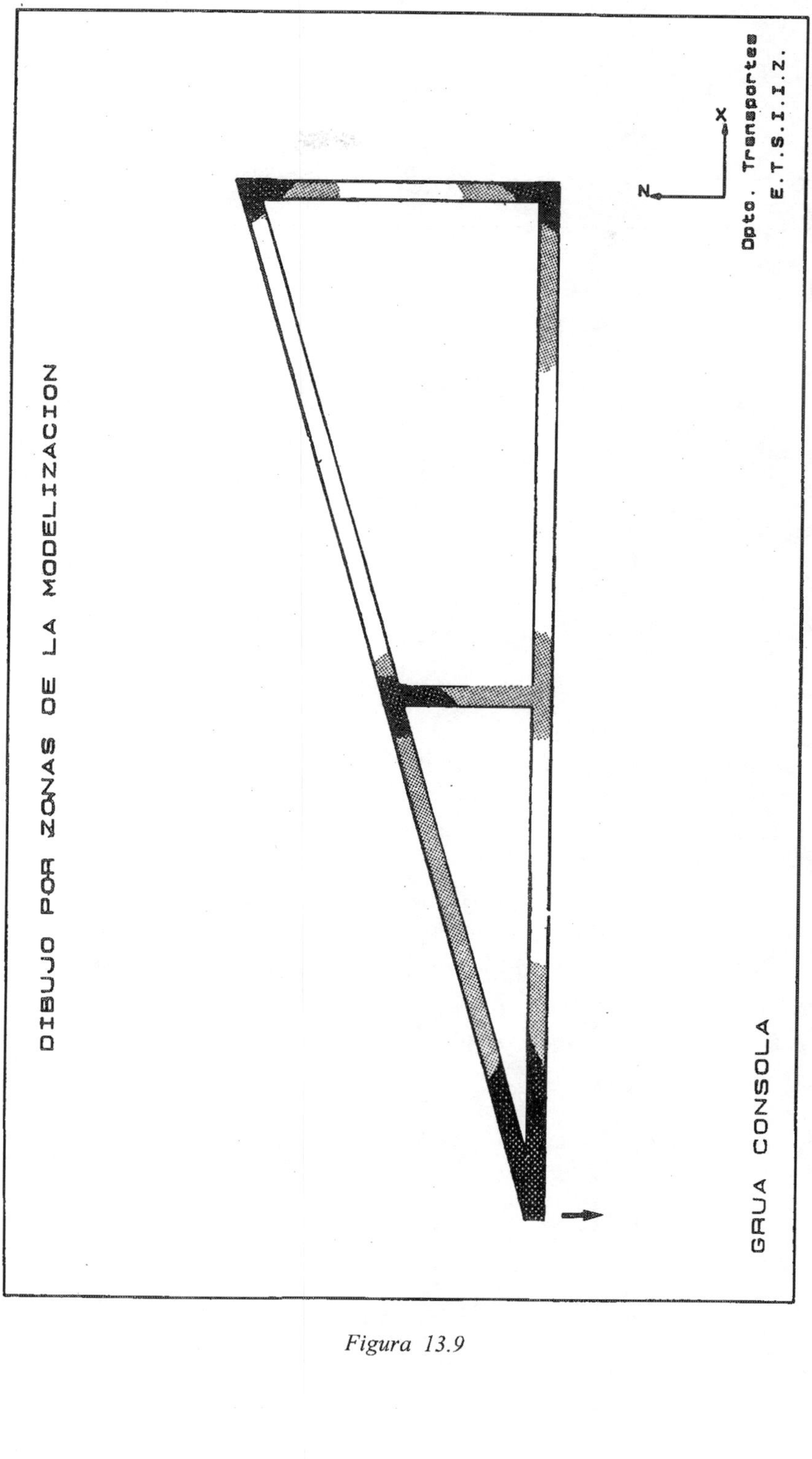
DIBUJO POR ZONAS DE LA MODELIZACION
Dpto. Transportes
E.T.S.I.I.Z.
X
Z
GRUA CONSOLA

Figura 13.9

Elección de la velocidad de translación

Este apartado está destinado al transporte de bajas cargas a velocidades de translación elevadas.

El valor de la velocidad de translación depende de la longitud del camino de rodadura de la grúa según la Gráfica 13.1.

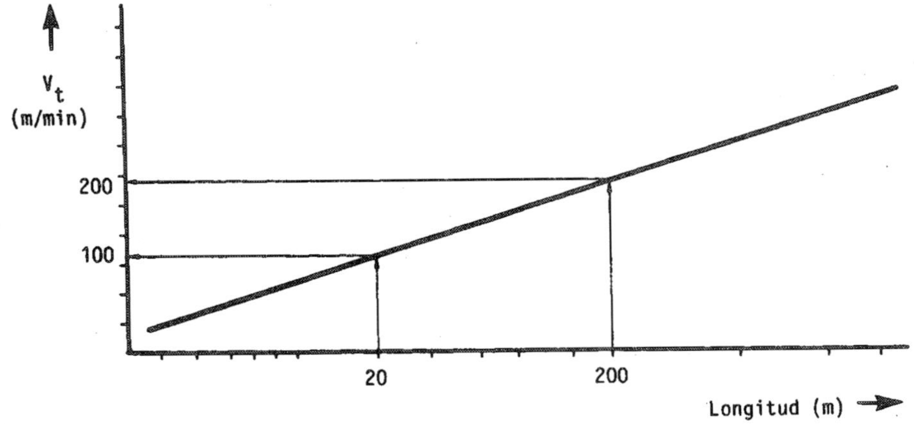

Gráfica 13.1. Diagrama de velocidades de translación.

13.4. Potencia de los motores eléctricos

Las potencias de los motores de elevación y translación del carro se calculan según los criterios expuestos en el Apartado 1.5 correspondiente al puente grúa.

La potencia de translación de la grúa se ve incrementada debido a la existencia de una resistencia a las rodaduras adicionales provocadas por las secciones horizontales.

Según la Figura 13.10, la resistencia a la rodadura total de una grúa consola obedece a la expresión (13.3).

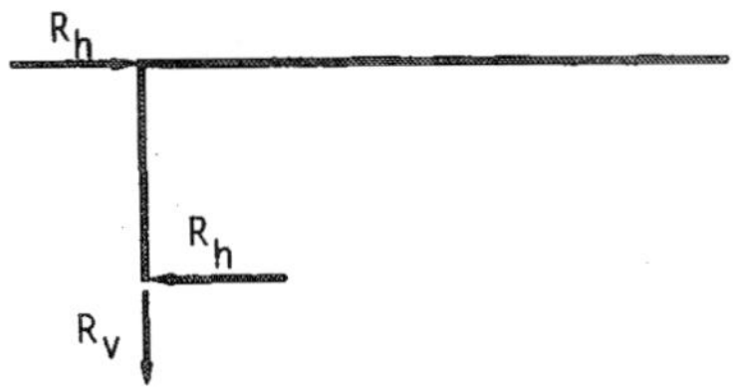

Figura 13.10. Resistencias a la rodadura.

$$F = P + G_K + G + \frac{((P + G_K) \cdot 1 + G \cdot e)\,2}{h} \qquad (13.3)$$

Así pues, la potencia de translación a régimen permanente será:

$$P_w = \frac{F \cdot W \cdot V_t}{4{,}5\ 10^6 \cdot \eta} \qquad (13.4)$$

Donde:

F = resistencia a la rodadura total según (13.3) en daN

W = coeficiente de rodadura — 7 para rodamiento; 20 para casquillo de bronce

V_t = velocidad de translación a régimen (m/seg)

η = rendimiento de la translación

P_W = potencia de translación a régimen permanente en (CV)

13.5. Sistemas de mando guía

Debido a las altas velocidades de translación, el sistema de mando guía es normalmente, según cabina solidaria con el propio aparato.

PROBLEMA TIPO 13.1

Enunciado: Dimensionar la grua cónsola de la figura. El cable tiene una resistencia de 180 Kg/mm². El aparato posee una frecuencia aproximada igual de cargas pequeñas, medianas y máximas, y se le estima una duración del mecanismo de 12500 horas. Realizar los cálculos teniendo en cuenta que existe rodadura

Datos:

$Q_u = 3.000$ daN	$v_{elev} = 4$ m / min	$P_{adm} = 4$ N / mm^2
$Q_{estructura} = 1.000$ daN	$v_{tras\ estruct} = 10$ m / min	K-2 $r_1 = 40$ mm
$Q_{carro} = 200$ daN	$v_{tras\ carro} = 4$ m / min	$\eta = 0{,}85$

Hipótesis:

1 ramal	$C_S = 2$	$C_2 = C_3 = 1$
$d_{ejes\ de\ la\ rueda\ del\ carro} = 40$ mm	$d_{ejes\ de\ la\ rueda\ de\ la\ grua} = 70$ mm	

Coeficiente de fricción entre el eje y la rueda: $0{,}8 = \mu$

f = 0,5 mm (Brazo de rodadura ; distancia rueda - eje)

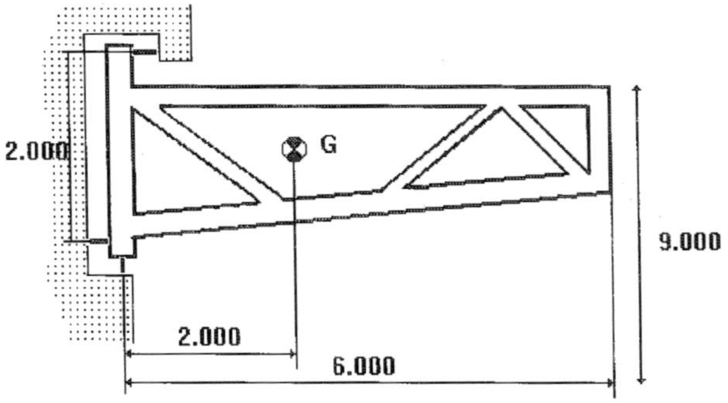

1. Gancho:

Q_u = 3.000 daN ⇒ Tabla 2.1. Q = 4 T⇒ Q_g = 14 daN

2. Cable:

Grupo M7 (Resistencia 180 Kg/mm^2) ⇒ K_C = 0,335

$d_{cable} = K_C \cdot \sqrt{S} = 0,335 \cdot \sqrt{3\,.\,014/1}$ = 18,39 mm ⇒ d_{cable} = 19 mm (Tabla 6.4) ⇒ paso = 22

3. Tambor:

(Tabla 4.8.) ⇒ h_1 = 22,4

(Figura 4.15.) ⇒ h_2 = 1

$d_{Tambor} = d_{cable} \cdot h_1 \cdot h_2$ = 19 · 22,4 · 1 = 425,6 mm ⇒ d_{tambor} = 500 mm

σ = 160 MPa ⇒ Tabla 6.6 (d_{Tambor}= 500 mm ; S = 3.014 ≈ 4.000 daN)

Espesor de la pared ⇒ h = 8 mm

$$N^o \text{ de espiras} = \frac{\text{Longitud del cable}}{\pi \cdot d_{tambor}} = \frac{9.000}{\pi .500} = 5,72 \approx 6 \text{ espiras}$$

N° de espiras totales = 6 + 3 = 9 espiras

Longitud del tambor = N°espiras · paso = 9 · 22 = 198 mm

Longitud del tambor = 250 mm

Suponemos que los pesos de gancho y tambor , son despreciables para calcular la estructura

4. Estructura:

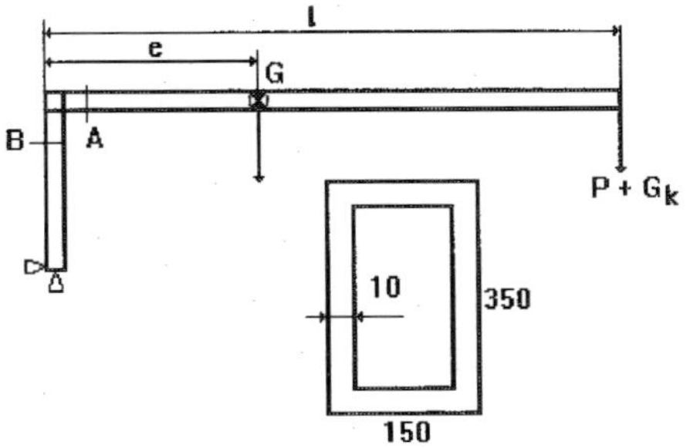

$Q_u = P = 3.000$ daN $Q_{estructura} = G = 1.000$ daN $Q_{carro} = G_K = 200$ daN

$$\sigma_{flexion\ A} = \frac{(P + G_K) \bullet l + G \bullet e}{2 \bullet W_X} = \frac{3.200 \bullet 6.000 + 1.000 \bullet 2.000}{2 \bullet W_X}$$

$I = (1 / 12)\cdot(b_{ext} \cdot h_{ext}^3 - b_{int} \cdot h_{int}^3) = 146{,}62 \cdot 10^6\ mm^4$

$W_X = 837.828{,}57\ mm^3$ $A_C = 9.600\ mm^2$

$\sigma_{adm} = 26\ daN / mm^2\ (C_S = 2) \Rightarrow \sigma_{adm} = 13\ daN / mm^2$

$$\sigma_{fA} = \frac{10{,}6 \bullet 10^6}{W_x} = 12{,}65 < \sigma_{adm} \Rightarrow \text{(Válido)}$$

$$\sigma_{flexión\ B} = \frac{(P + G_K) \bullet l + G \bullet e}{2 \bullet W_x} + \frac{P + G_K + G}{2 \bullet A_C} = \frac{10{,}6 \bullet 10^6}{W_X} + \frac{2.100}{A_C}$$

$\sigma_{flexión\ B} = 12{,}65 + 0{,}22 = 12{,}87 < \sigma_{adm} \Rightarrow$ (Válido)

5. Potencia de elevación:

$Q = Q_u + Q_g = 3.000 + 14 = 3.014$ daN

$$P = \frac{Q \bullet v_e}{4500 \bullet \eta} = \frac{3.014 \bullet 4}{4500 \bullet 0{,}85} = 3{,}15\ CV \Rightarrow \text{Tabla 9.3} \Rightarrow 5{,}5\ CV$$

6. Potencia de traslación del carro:

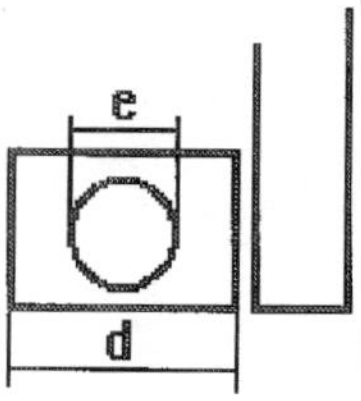

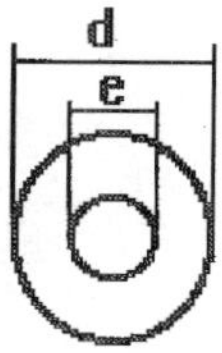

$Q = Q_u + Q_g + Q_K = 3.000 + 14 + 200 = 3.214$ daN

$$P = \frac{Q \bullet W \bullet v_{tras}}{4{,}5\ 10^6 \bullet \eta} = \frac{3214 \bullet 7 \bullet 4}{4{,}5\ 10^6 \bullet 0{,}85} = 0{,}023\ CV$$

$e = 80$ mm ; $d = 200$ mm ; $f = 0{,}5$ mm ; $\mu = 0{,}08$; $\eta = 0{,}85$

$$W = \frac{f + \mu \bullet (e/2)}{d_{rueda}/2}$$

$$P = \frac{Q}{4{,}5\ 10^6 \bullet \eta} \bullet \left(\frac{f + \mu \bullet (e/2)}{d_{rueda}/2} \right) \bullet v_{tras} = \frac{3.214 \bullet 10}{4{,}5\ 10^6 \bullet 0{,}85} \bullet \frac{(0{,}5 + 0{,}8 \bullet (80/2)) \bullet 10^3}{d_{rueda}/2} \bullet 4$$

-Ruedas del carro:

$$d = 200 \geq \frac{Q_R}{P_{adm} \bullet C_2 \bullet C_3 \bullet (k - 2\pi)} = \frac{(3.214 \bullet 10)/4}{4 \bullet 1 \bullet 1 \bullet 40} = 50{,}2\ mm$$

$$P = \frac{3.214}{4{,}5\ 10^6 \cdot 0{,}85} \cdot \frac{(0{,}5 + 0{,}08 \cdot (80/2)) \cdot 10^3}{200/2} \cdot 4 = 0{,}12\ CV \approx 1\ CV$$

7. Potencia de traslación de la estructura: Si se considera que todas las ruedas (2 verticales y 4 horizontales) son iguales, la potencia se calcula de manera directa. Teniendo en cuenta que; P = 3000 daN; l = 6.000 mm; G_K = 200 daN; e = 2.000 mm; G = 1000 daN; h = 2.000 mm

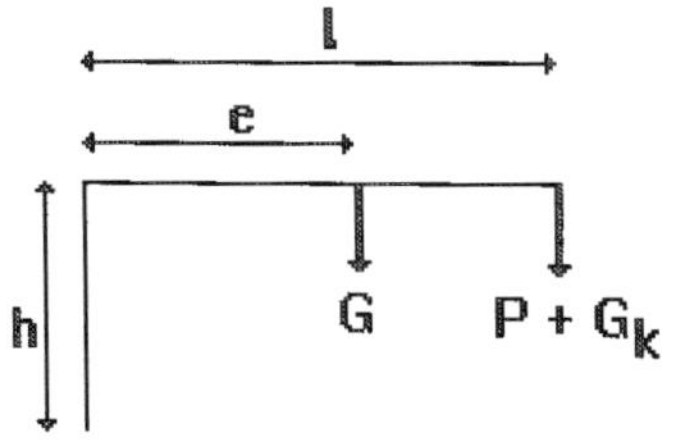

$$P_{tras} = \frac{F \cdot W \cdot v_{tras}}{4{,}5 \cdot 10^6 \cdot \eta}$$

$$F = P + G_K + G + \frac{2 \cdot \left[(P + G_K) \cdot l + G \cdot e\right]}{h} = 4.200 + \frac{2 \cdot \left[3200 \cdot 6000 + 1000 \cdot 2000\right]}{2.000} = 14.800\ daN$$

Como $d_{\text{ejes de la rueda de la grua}}$ = 70 mm

Suponemos un reparto equitativo por rueda: Q_R = 14.800/6 = 2466,66 daN

Con lo que el diámetro de la rueda queda:

$$d_R = \frac{Q_R}{P_{adm} \cdot C_2 \cdot C_3 \cdot (K - 2r_1)} = \frac{24666{,}6}{4 \cdot 1 \cdot 1 \cdot 40} = 154{,}1$$

$$W = \frac{f + \mu \cdot (e/2)}{d_{rueda}/2} = \frac{0{,}5 + 0{,}08 \cdot (70/2)}{155/2} = 0{,}042\ Kg/Kg = 42\ Kg/T$$

$$P_{tras} = \frac{F \cdot W \cdot v_{tras}}{4{,}5 \cdot 10^6 \cdot \eta} = \frac{14.800 \cdot W \cdot 10}{4{,}5 \cdot 10^6 \cdot \eta} = \frac{14.800 \cdot 42 \cdot 10}{4{,}5 \cdot 10^6 \cdot 0{,}85} = 1{,}625\ CV$$

Hay que calcular la reacción que va a cada rueda para evaluar la rodadura.

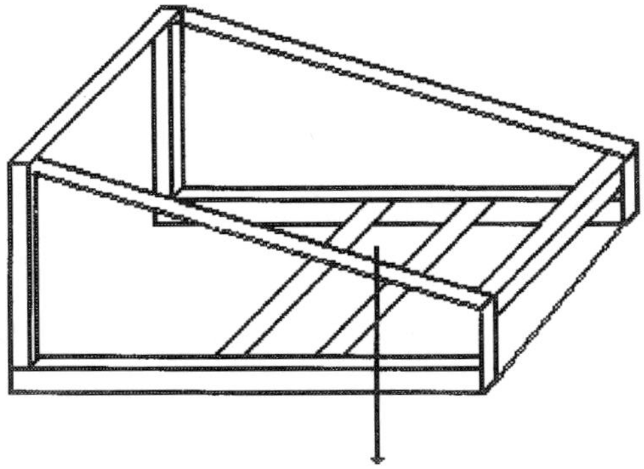

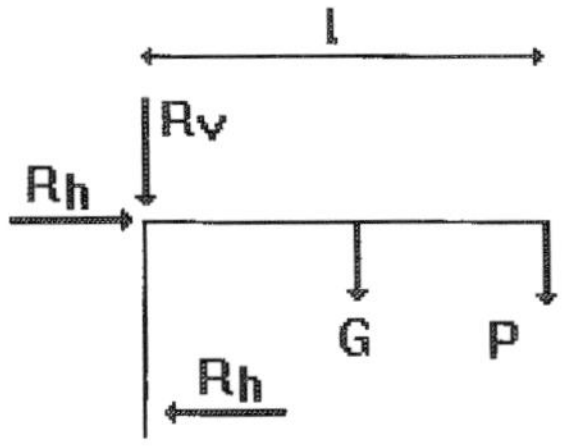

El término F de la fórmula de la potencia totaliza la aportación de todas las reacciones de las ruedas. Teniendo en cuenta que la grúa cónsola posee 2 ruedas verticales y 4 horizontales, el reparto total de carga queda:

$$F = 2\cdot[F_V] + 4\cdot[F_H] = 2\cdot[P/2 + G_K/2 + G/2] + 4\bullet\left(\left(P/2 + G_K/2\right)\bullet l + G/2\bullet e\right)/h$$

Pero como la estructura es simétrica se puede poner como:

$$F = [F_V] + 2\cdot[F_H] = [P + G_K + G] + 2\bullet\left(\left(P + G_K\right)\bullet l + G\bullet e\right)/h = 4.200 + 10.600$$

es decir: $F_V = 4.200$ daN y $F_H = 5.300$ daN

Teniendo en cuenta que $d_{\text{ejes de la rueda de la grua}} = 70$ mm, el diámetro de la rueda queda:

$$d_{RV} = \frac{Q_R}{P_{adm}\bullet C_2\bullet C_3\bullet(K - 2r_1)} = \frac{42000/2}{4\bullet 1\bullet 1\bullet 40} = 131,25 \text{ mm}$$

$$d_{RH} = \frac{Q_R}{P_{adm}\bullet C_2\bullet C_3\bullet(K - 2r_1)} = \frac{53000/2}{4\bullet 1\bullet 1\bullet 40} = 165,62 \text{ mm}$$

$$W_V = \frac{f + \mu\bullet(e/2)}{d_{rueda}/2} = \frac{0,5 + 0,08\bullet(70/2)}{131,25/2} = 0,0502 \text{ Kg/Kg} = 50,2 \text{ Kg/T}$$

$$W_H = \frac{f + \mu\bullet(e/2)}{d_{rueda}/2} = \frac{0,5 + 0,08\bullet(70/2)}{165,62/2} = 0,0398 \text{ Kg/Kg} = 39,8 \text{ Kg/T}$$

$$P_{tras} = \frac{\left(2\bullet F_V\bullet W_V + 4\bullet F_H\bullet W_H\right)\bullet v_{tras}}{4,5\bullet 10^6\bullet\eta} = \frac{\left(2\bullet 2100\bullet 50,2 + 4\bullet 2650\bullet 39,8\right)\bullet 10}{4,5\bullet 10^6\bullet 0,85} = 1,65 \text{ CV}$$

PROBLEMA TIPO 13.2

Enunciado: La grúa cónsola de la figura , se quiere implantar en una nave , existiendo 3 posibilidades constructivas: 1°) a = 1.000 mm. 2°) a = 2.000 mm, 3°) a = 3.000 mm. Elegir la posibilidad adecuada si es que existe.

Datos:

$P_{adm} = 4$ N / mm^2	Potencia de traslación = 8 CV
$C_2 = C_1 = 1$	Velocidad de traslación = 80 m / min
$\mu = 0,08$	Rendimiento de la trasmisión = 0,85 %
Ruedas horizontales: $\varnothing = 400$ mm	Ruedas verticales: $\varnothing = 250$ mm
$K\text{-}2r_1 = 55$ mm	$K\text{-}2r_1 = 45$ mm

Hipótesis:

- La estructura , no presenta problemas de resistencia.
- El peso de las vigas en voladizo y del mecanismo de elevación es despreciable.
- El peso de la viga vertical es de 100 daN/m cada una.
- Al calcular las cargas por rueda, se aplicará un coeficiente de seguridad de 2 por la frenada

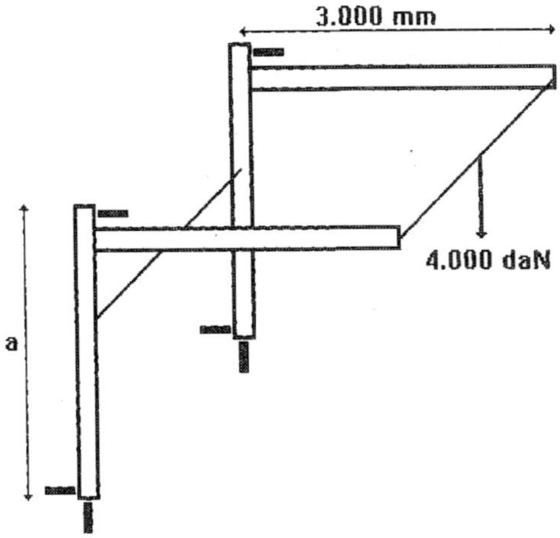

Se puede pasar a dos dimensiones. Se realizará un cálculo de potencia y de ruedas:

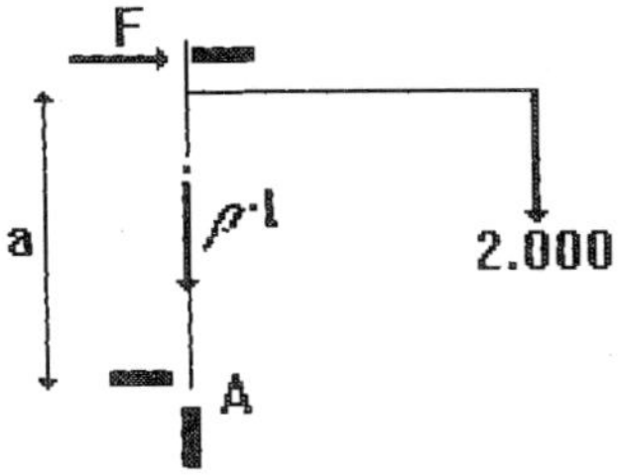

Qu=		= 2.000 daN
Qg=	100·1 =	100 daN
Q =		= 2.100 daN

- **Caso 1º:**

$\sum M_A = 0 = 2.000 \cdot 3.000 - a \cdot F \Rightarrow F = (2.000 \cdot 3.000) / a = 6.000$ daN (a = 1.000 mm)

$$D \geq \frac{Q_R}{P_{adm} \cdot C_2 \cdot C_3 \cdot (K - 2\pi)}$$

- *Horizontales:*

$400 \geq \frac{6.000 \cdot 10}{4 \cdot 1 \cdot 1 \cdot 55} = 272{,}72$ mm $C_S = 2 \Rightarrow 272 \cdot 2 = 544$ mm (No es válido, pues 400 < 544)

-*Verticales:*

$250 \geq \frac{2.100 \cdot 10}{4 \cdot 1 \cdot 1 \cdot 45} = 116{,}66$ mm $C_S = 2 \Rightarrow 116{,}66 \cdot 2 = 233{,}33$mm (Válido)

- **Caso 2°:**

Carga vertical = 2.000 + 100·2 = 2.200 daN

Carga horizontal = (2.000 · 3.000) / 2.000 = 3.000 daN

Rueda vertical: $250 \geq \dfrac{22.000}{4 \cdot 1 \cdot 1 \cdot 55} \cdot 2 = 244$ mm (Válido)

Rueda horizontal: $400 \geq \dfrac{30.000}{4 \cdot 1 \cdot 1 \cdot 55} \cdot 2 = 272{,}72$ mm (Válido)

- **Caso 3°:**

Carga vertical = 2.000 + 100·3 = 2.300 daN

Carga horizontal = (2.000 · 3.000) / 3.000 = 2.000 daN

Rueda vertical: $250 \geq \dfrac{23.000 \cdot 2}{4 \cdot 1 \cdot 1 \cdot 45} = 255{,}55$ mm (No es Válido, pues 255,55 > 250)

Rueda horizontal: $400 \geq \dfrac{20.000 \cdot 2}{4 \cdot 1 \cdot 1 \cdot 55} = 181{,}81$ mm (Válido)

El único caso posible es el caso 2° ⇒ Analicemos la potencia necesaria.

$$W_H = \frac{\left[f + \mu \cdot (e/2)\right]}{D_H/2} = \frac{0,5 + 0,08 \cdot (70/2)}{400/2} = 0,0165 \text{ Kg/Kg} = 16,5 \text{ Kg/T}$$

$$W_V = \frac{\left[f + \mu \cdot (e/2)\right]}{D_V/2} = \frac{0,5 + 0,08 \cdot (70/2)}{250/2} = 0,0264 \text{ Kg/Kg} = 26,4 \text{ Kg/T}$$

$$P = \frac{(2 \cdot F_V \cdot W_V + 4 \cdot F_H \cdot W_H) \cdot v_t}{4,5\ 10^6 \cdot \eta}$$

$$P = \frac{(2 \cdot 2.200 \cdot 26,4 + 4 \cdot 3.000 \cdot 16,4) \cdot 80}{4,5\ 10^6 \cdot 0,85} = 6,54 \text{ CV} > 6 \text{ CV}$$

Como la potencia necesaria es mayor de la que se dispone, este caso tampoco es válido. Realizando el cálculo considerando la rodadura igual en todas las ruedas se tiene:

$F = 2 \cdot F_V + 4 \cdot F_H = 2 \cdot 2.200 + 4 \cdot 3.000 = 4.400 + 12.000 = 16.400$ daN

Suponiendo W = 20 Kg/T

$$P = \frac{F \cdot W \cdot v_t}{4,5 \cdot 10^2 \cdot \eta} = \frac{F \cdot W \cdot v_t}{4,5 \cdot 10^6 \cdot \eta} = \frac{16.400 \cdot 20 \cdot 80}{4,5 \cdot 10^6 \cdot 0,85} = 6,86 \text{CV} > 6 \text{ CV}$$

Como se puede ver en este caso, el resultado es prácticamente el mismo.

14. GRUAS GIRATORIAS DE COLUMNA

Figura 14.1. Fotografía de grúa giratoria de columna giratoria.

Existen tres tipos de grúas giratorias de columna:

- Grúas giratorias de columna giratoria
- Grúas giratorias de columna fija
- Grúas velocípedas

14.1. Grúas giratorias de columna giratoria

14.1.1. GENERALIDADES

Este tipo de aparatos de elevación consiste básicamente en una pluma giratoria, solidaria a una columna articulada verticalmente en sus extremos inferior y superior (Figura 14.2). Sus partes principales son:

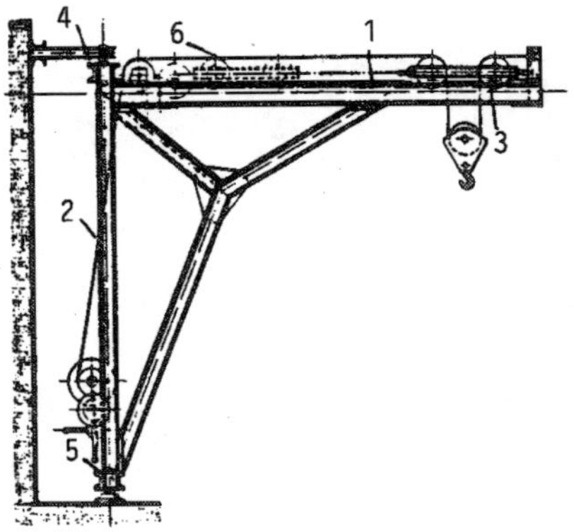

1) pluma. 2) columna. 3) mecanismo elevación

4) soporte superior. 5) soporte inferior .6) sistema de poleas

Figura 14.2. Partes principales de grúa giratoria de columna giratoria.

El movimiento de giro se realiza a través de dos cojinetes dispuestos en los soportes que articulan la columna.

El movimiento de translación del carro se lleva a cabo a lo largo de la parte superior de la pluma.

El movimiento de elevación se realiza a través del carro o polipasto.

Se utiliza en naves de transbordo, almacenes, puertos, talleres de máquinas, herramientas y transporte de piezas.

Su capacidad máxima es alrededor de las 6 toneladas.

El alcance máximo alcanza los 8 metros.

Una limitación importantes es la necesidad de ubicar el aparato próximo a una pared para el anclaje superior de la columna. Este hecho imposibilita el giro completo de la pluma.

14.1.2. EL MECANISMO DE ELEVACIÓN

Para bajas cargas, se utiliza el polipasto eléctrico, analizado en el Apartado 1.

Cuando la carga es elevada, se utiliza un carro que frecuentemente dispone de reducción con dos velocidades. Estos carros pueden disponer de los propios mecanismos de elevación o bien éstos pueden fijarse sobre la columna o la propia pluma (Figura 14.3).

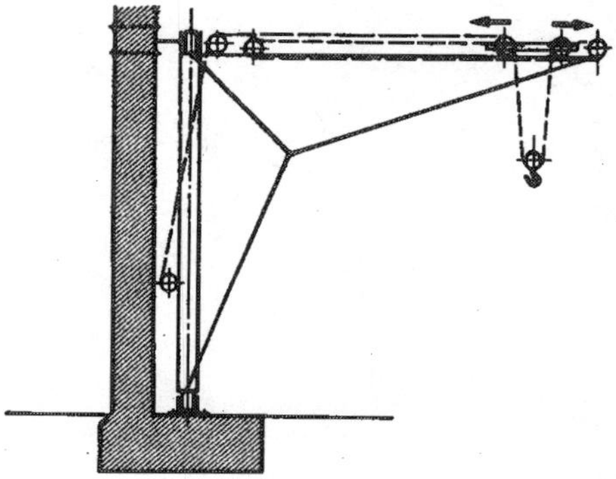

Figura 14.3. Grúa giratoria con carro móvil sin mecanismo de elevación.

Esta disposición presenta la ventaja de disminuir el peso propio del carro y por consiguiente la potencia de translación de éste.

14.1.3. LA ESTRUCTURA

Existen dos subestructuras principales:

- La pluma
- Los soportes

La pluma está anclada en dos puntos a la columna. La situación de ambos puntos depende de la configuración de la propia pluma. Esta puede ser de celosía o de viga cajón.

Pluma de celosía

Se trata frecuentemente de una celosía muy simplificada ya que consta de un tirante diagonal que une el extremo de la pluma con la parte inferior de la columna, los problemas de pandeo de esta diagonal son reducidos mediante la colocación de un segundo tirante (Figura 14.4).

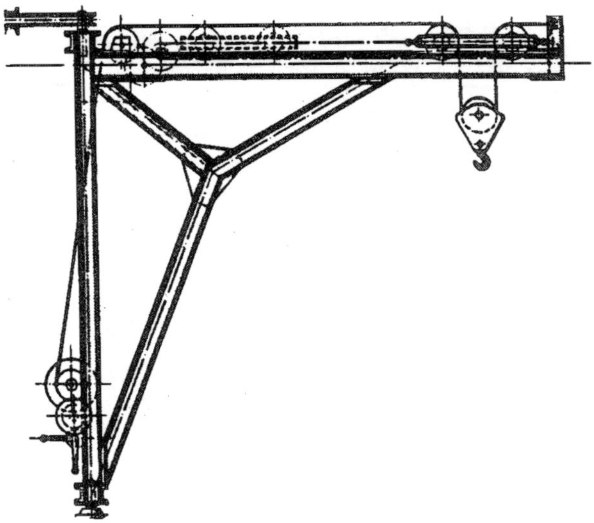

Figura 14.4. Pluma de celosía de una grúa giratoria.

Otro tipo frecuentemente utilizado corresponde a la pluma de viga cajón.

Pluma de viga cajón

En este caso, una viga cajón de sección variable recorre la grúa desde el extremo de la pluma hasta la parte inferior de la columna. En las partes inferior de ésta, se acoplan dos piezas de sección circular que tras la colocación de los correspondientes rodamientos se insertarán en los soportes (Figura 14.5).

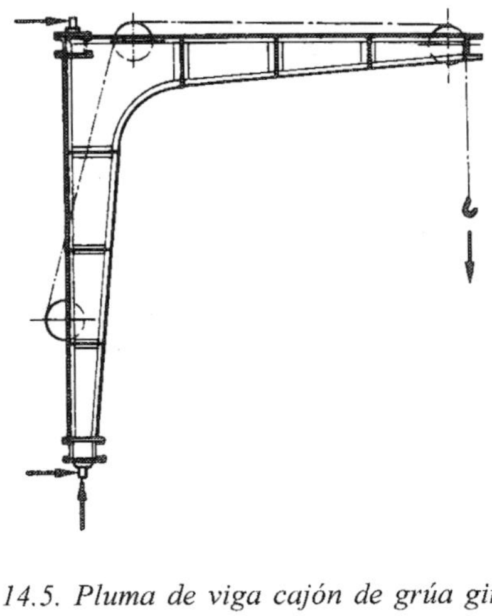

Figura 14.5. Pluma de viga cajón de grúa giratoria.

Cálculo de la pluma

En base a una supuesta estructura realizada en viga cajón, con las variables definidas en la Figura 14.6.

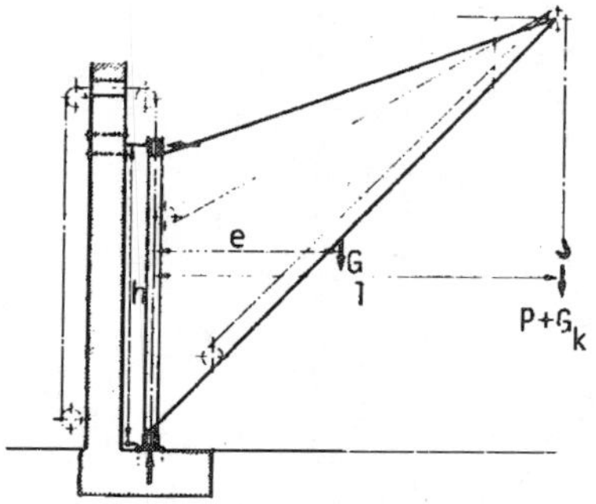

Figura 14.6. Esquema de cálculo de la estructura.

La solicitación más desfavorable corresponde a un estado en que la carga está situada en el extremo de la pluma. Para esta solicitación en la sección A-A, existe la siguiente tensión de trabajo:

$$\sigma = \frac{(P + G_K)\ 1 + G \cdot e}{W_x} \tag{14.1}$$

Donde W_X = Módulo a flexión vertical en la sección A-A.

Soportes

Son de especial importancia en el diseño de una grúa giratoria de columna giratoria, ya que en los soportes es donde se concentran las fuerzas horizontales y verticales que el aparato transmite a la estructura fija.

Con objeto de absorber los esfuerzos horizontales se disponen rodamientos radiales de rodillos. La fuerza vertical es transmitida por medio de un rodamiento axial de bolas (Figura 14.7).

Cálculo de soportes

Con arreglo a la Figura 14.6, las acciones horizontales en los soportes inferior y superior toman el siguiente valor:

$$H = \frac{(P + G_K)\ 1 + G \cdot e}{h} \tag{14.1}$$

y una acción vertical

$$V = P + G_K + G \tag{14.2}$$

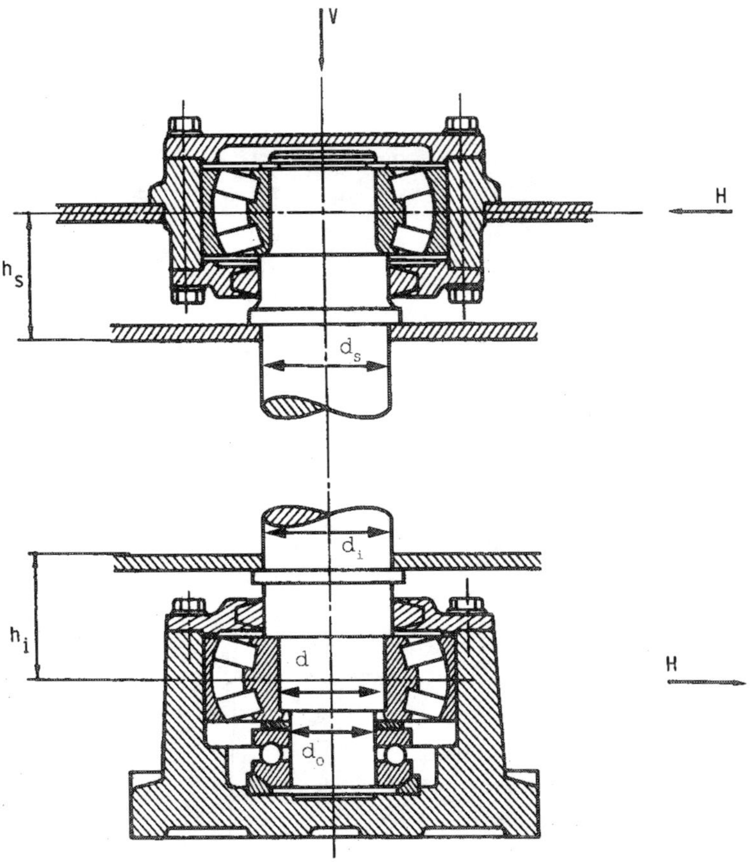

Figura 14.7. Soportes de columna.

El rodamiento superior está sometido a un esfuerzo radial H.

El rodamiento inferior está sometido a un esfuerzo radial H y un esfuerzo axial V.

Con respecto a la Figura 14.7, las tensiones de trabajo en el eje en sus partes inferior y superior van a ser:

$$\sigma_{sup} = \frac{H\,h_s}{W_s} \qquad (14.3)$$

$$\sigma_{inf} = \frac{H\,h_i}{W_i} + \frac{V}{\pi\, d_i^2/4} \qquad (14.4)$$

Con:

W_s = Módulo resistente a flexión en la parte superior del eje

W_i = Módulo resistente a flexión en la parte inferior del eje

d_i = Diámetro de la parte inferior del eje.En las Figuras 14.8 y 14.9 se representan dos vistas de una discretización de una giratoria de tipo celosía.

La deformada de la estructura, cuando está sometida a una carga en el extremo de la pluma se muestra en la Figura 14.10.

La Figura 14.11 representa el mapa de tensiones para la misma solicitación.

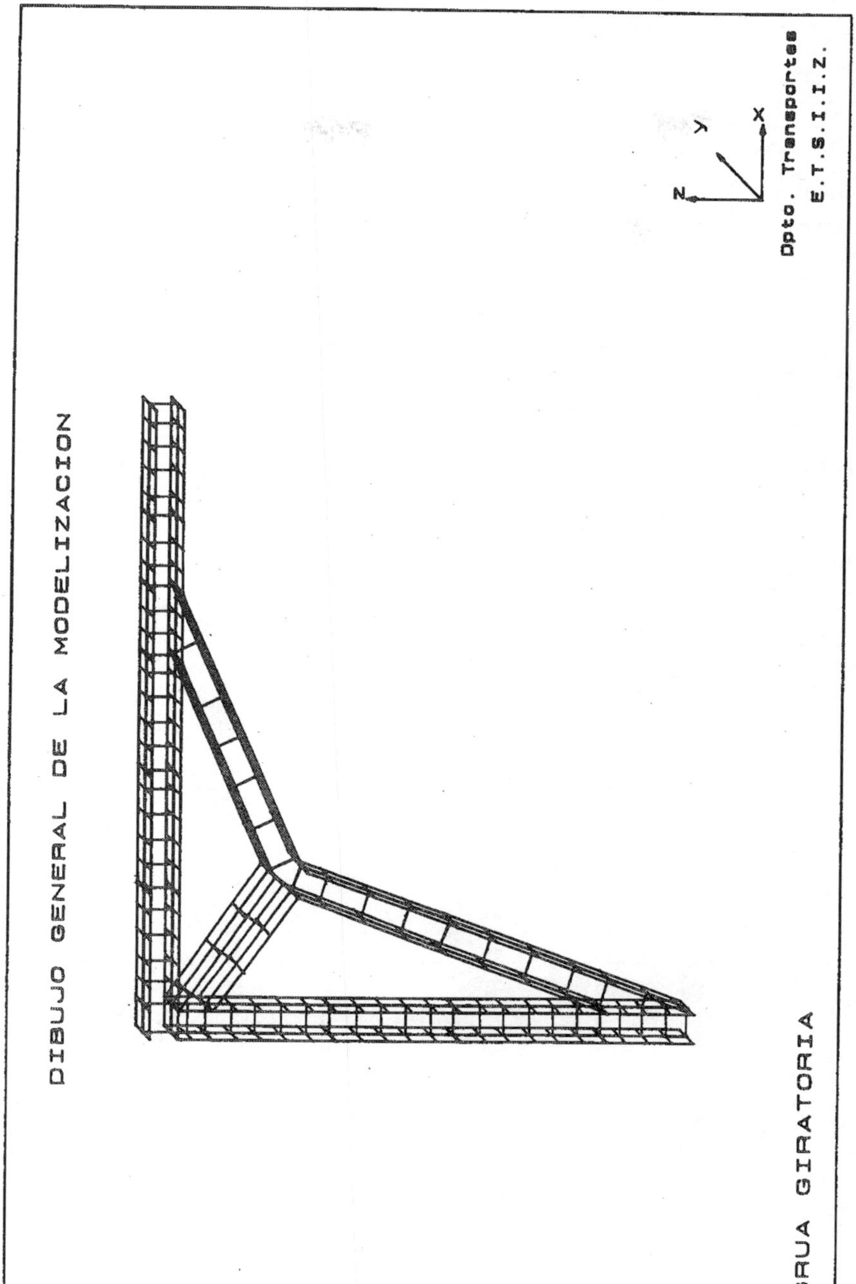

DIBUJO GENERAL DE LA MODELIZACION
GRUA GIRATORIA
Z
Y
X
Dpto. Transportes
E.T.S.I.I.Z.

Figura 14.8

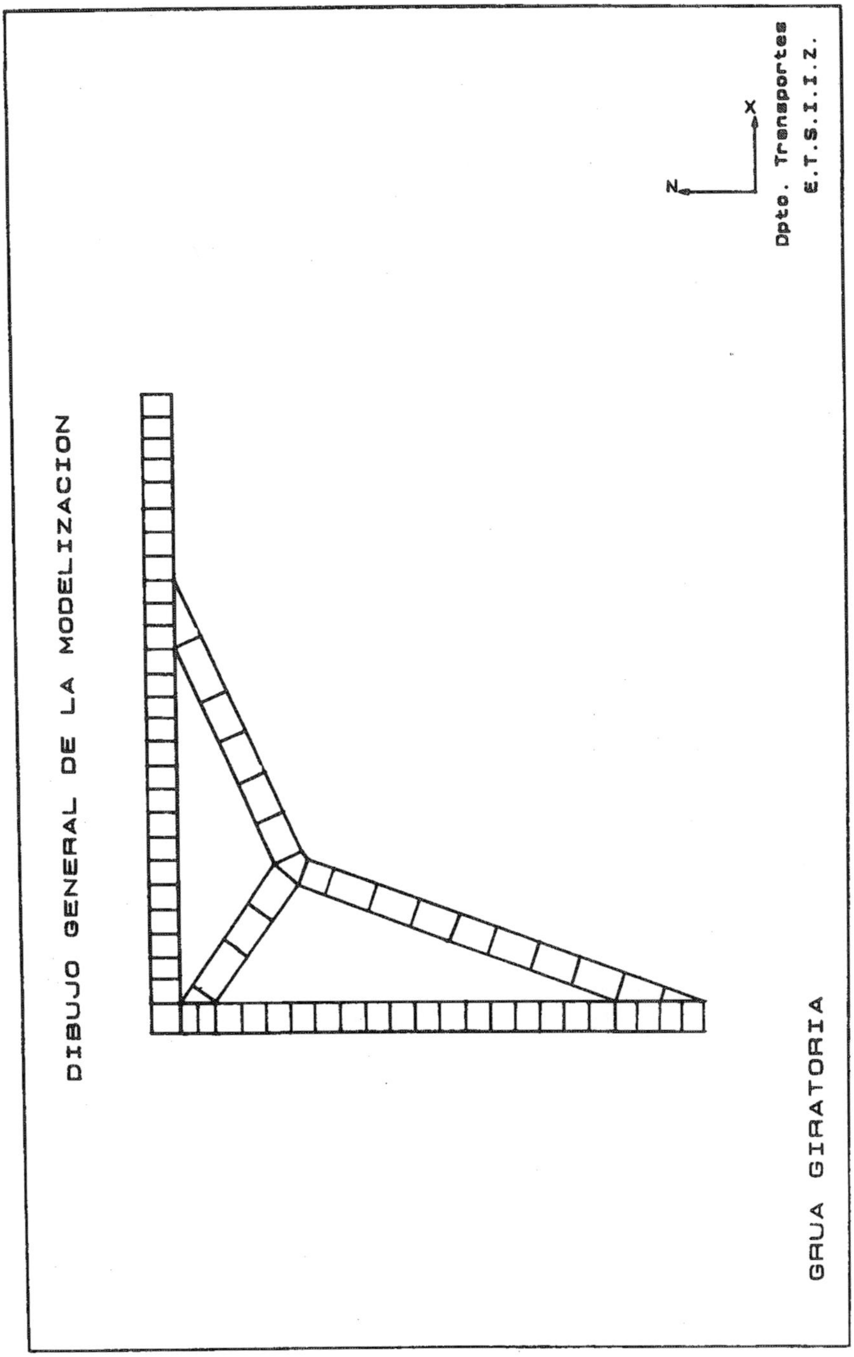
DIBUJO GENERAL DE LA MODELIZACION
GRUA GIRATORIA
Dpto. Transportes
E.T.S.I.I.Z.
X
Z

Figura 14.9

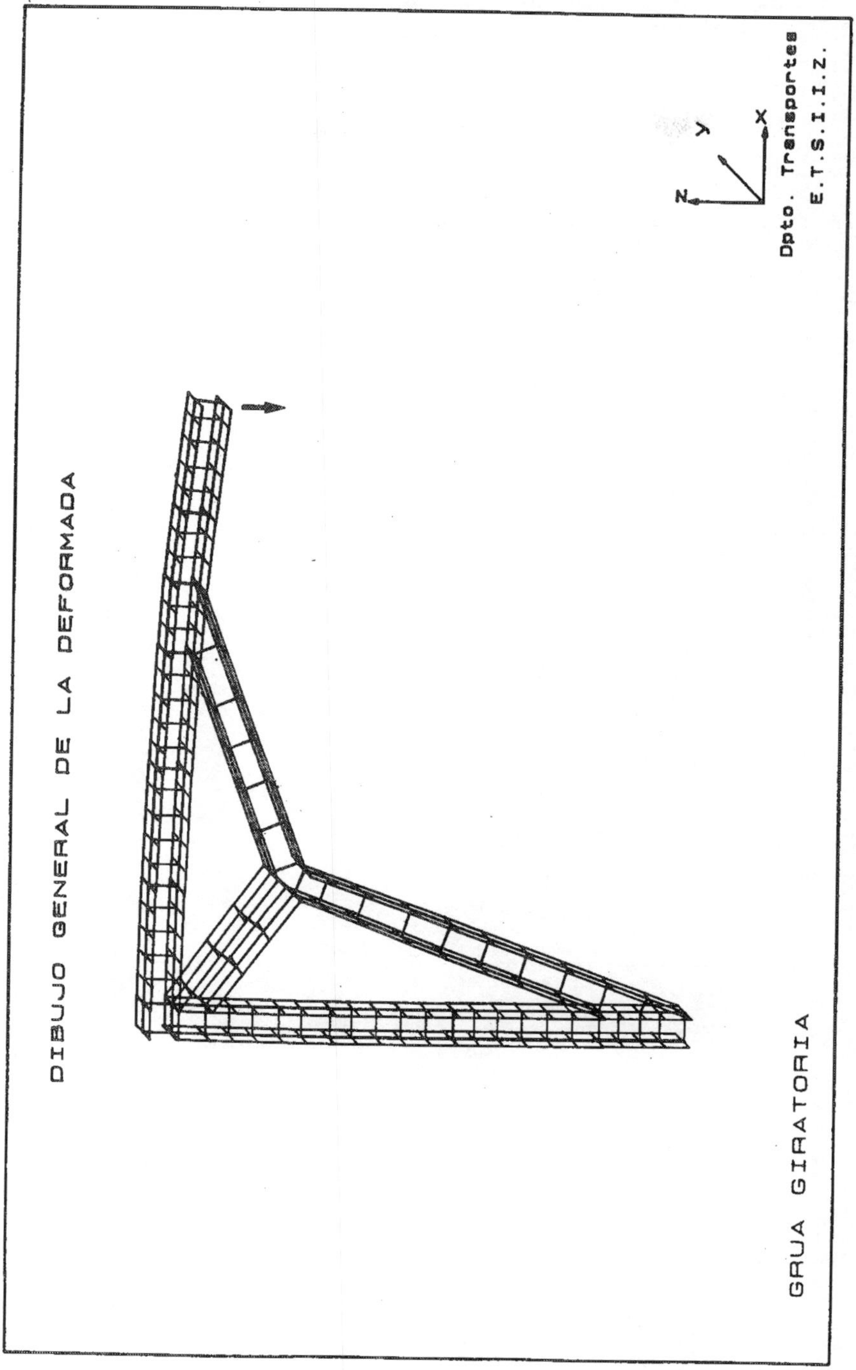
DIBUJO GENERAL DE LA DEFORMADA
GRUA GIRATORIA
Z
Y
X
Dpto. Transportes
E.T.S.I.I.Z.

Figura 14.10

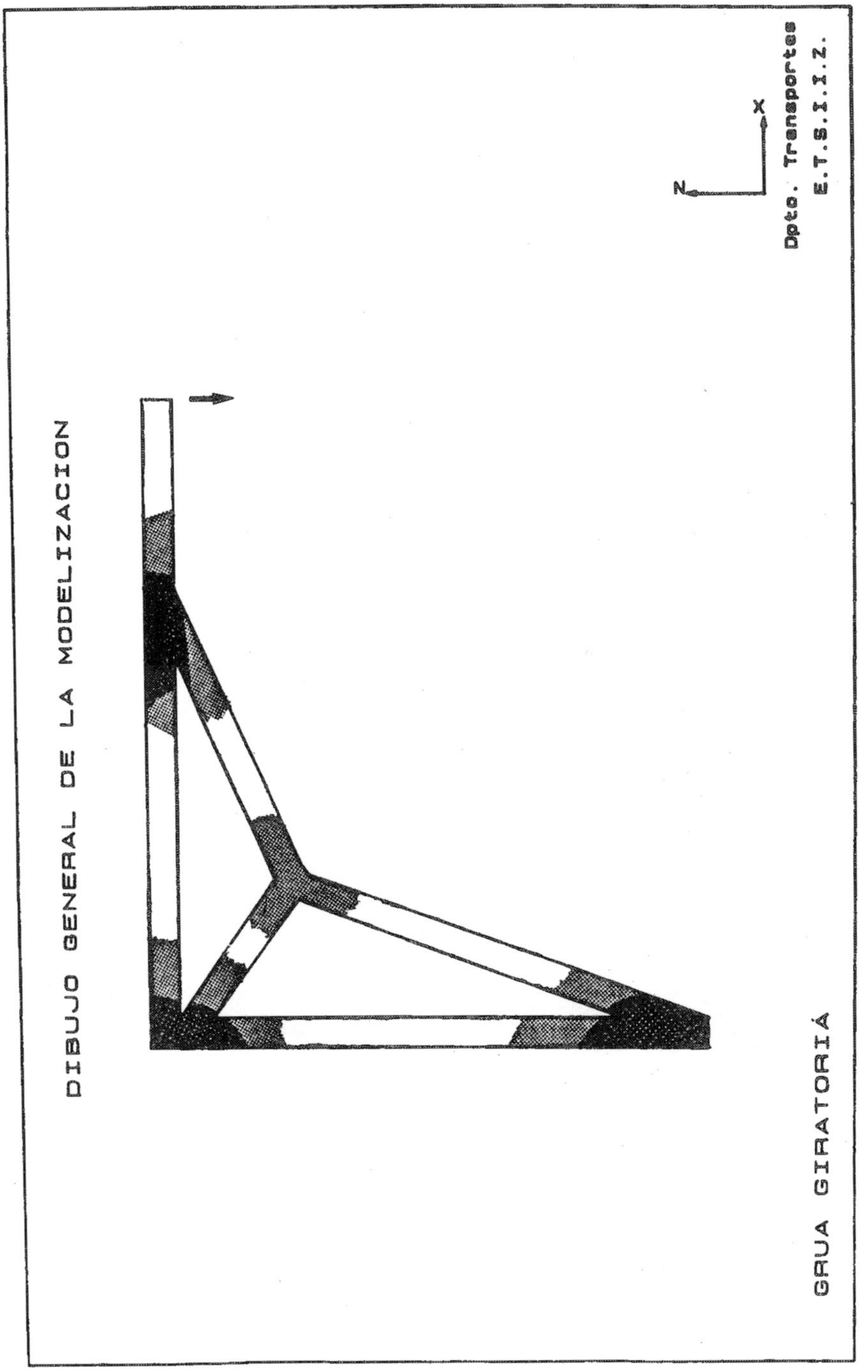
DIBUJO GENERAL DE LA MODELIZACION
GRUA GIRATORIÁ
Dpto. Transportes
E.T.S.I.I.Z.
X
Z

Figura 14.11

14.1.4. POTENCIA DE LOS MOTORES

La elevación puede ser resuelta siguiendo los criterios expuestos en el Apartado 1.5.

La translación del carro, cuando éste no soporta el propio mecanismo de elevación, presenta la siguiente resistencia a la rodadura (Figura 14.12):

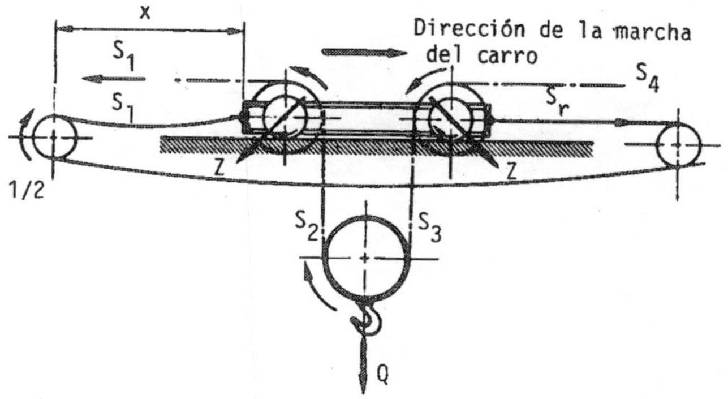

Figura 14.12. Esquema de cálculo de resistencia a la rodadura de carro.

Si definimos como η: rendimiento de la polea.

$$S_1 = \frac{S_2}{\eta} \qquad S_2 = \frac{S_3}{\eta} \qquad S_3 = \frac{S_4}{\eta} \qquad S_2 + S_3 = Q \tag{14.5}$$

y como combinación entre las cuatro fórmulas (14.5)

$$S_1 = \frac{Q}{\eta\,(1+\eta)} \tag{14.6}$$

Luego,

$$S_1 - S_4 = \frac{Q\,(1-\eta^3)}{\eta\,(1+\eta)} \tag{14.7}$$

El valor de S_1-S_4 corresponde a la resistencia de las poleas de reenvío:

$$W_1 = S_1 - S_4 = \frac{Q\,(1-\eta^3)}{\eta\,(1+\eta)} \tag{14.8}$$

Asimismo, la resistencia de rodadura es:

$$W_2 = (Q + G_K)\,W \tag{14.9}$$

con:

W = coeficiente de rodadura.

De forma que la resistencia a la rodadura total es:

$$R = W_1 + W_2 \tag{14.10}$$

La potencia de translación a régimen permanente es:

$$P_W = \frac{R \cdot V_t}{4{,}5 \cdot 10^6 \cdot \eta}$$

R: (Fórmula 14.10 en daN)

V_t: velocidad de traslación (m/min)

η: rendimiento: 0.85

(14.11)

donde

P_W = Potencia de translación a régimen permanente (CV)

La potencia de giro de la pluma es función de la resistencia de giro de la pluma y columna sobre los rodamientos y apoyo en la base.

El momento de giro respecto a la Figura 14.7 es:

$$M = V \frac{d + d_0}{4} \mu + 2 H \frac{d}{2} \mu = (V \frac{d + d_0}{4} + H d)\mu \tag{14.12}$$

Donde:

μ es el coeficiente de rozamiento :

μ = 0.1 para casquillos

μ = 0.0015 para rodamientos (14.13)

El primer término corresponde al rozamiento respecto al rodamiento axial de bolas y el segundo responde al rozamiento respecto a los dos rodamientos radiales de rodillos.

La potencia de giro a velocidad de régimen responde a la fórmula:

$$P_V = \frac{M \cdot n}{716{,}2\ \eta} \tag{14.14}$$

Donde:

n = rpm de giro

η = rendimiento de la transmisión

P_V = potencia de giro a velocidad angular de régimen

14.1.5. SISTEMA DE MANDO DE GUÍA

El sistema, normalmente, es a través de un control desplazable a lo largo de la pluma, independientemente del carro o polipasto.

Existe también el sistema de mando fijo en la columna o puesto de mando centralizado.

14.2. Grúas giratorias de columna fija

14.2.1.GENERALIDADES

Este tipo de grúa consta de una estructura formada por una pluma y un soporte de contrapeso. La citada estructura está anclada a una columna fija en dos puntos situados a diferentes alturas. Sus partes principales son (Figura 14.13):

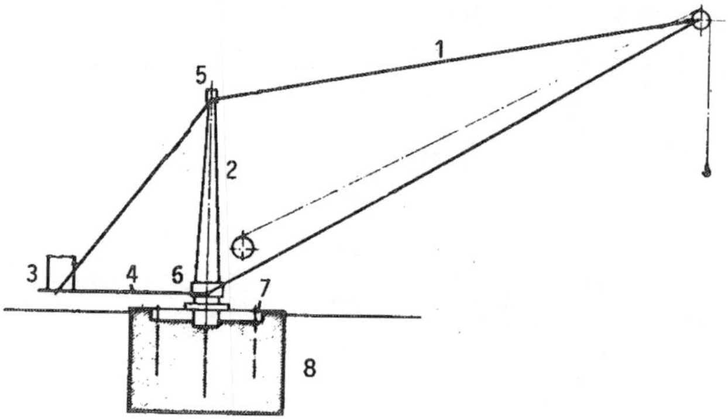

1) pluma. 2) columna. 3) contrapeso. 4) soporte de contrapeso
5) soporte superior. 6) soporte inferior. 7) estrella de base. 8) macizo de anclaje

Figura 14.13. Partes principales de una grúa giratora de columna fija.

La columna está fija al suelo debido a un rígido empotramiento a un macizo de anclaje.

Se utiliza en el servicio ferroviario, patios de fábrica y puertos.

Su capacidad máxima alcanza las 5 toneladas.

Su alcance máximo es de 5 metros.

Presenta la ventaja de que su anclaje se realiza en el suelo, de manera que la pluma puede girar 360^0. El contrapeso se dispone con objeto de disminuir el momento de vuelco y mejorar, así, la estabilidad de la grúa.

14.2.2. MECANISMO DE ELEVACIÓN

Para bajas cargas, se utiliza el polipasto, descrito en capítulos anteriores (Apartado 1.2), o bien un mecanismo de elevación fijo situado en la parte inferior de la grúa que transmite la acción del cable a través de un sistema de poleas.

Cuando la carga es elevada se realiza la elevación por medio de carros. En el apartado 1.2 se describen las características de este tipo de mecanismo de elevación.

14.2.3. LA ESTRUCTURA

Se van a estudiar cuatro subestructuras:

- La pluma
- La columna
- Estrella del fundamento
- Macizo de anclaje

La pluma puede ejecutarse en celosía o en viga cajón . En la Figura 14.14 aparecen ambas representaciones.

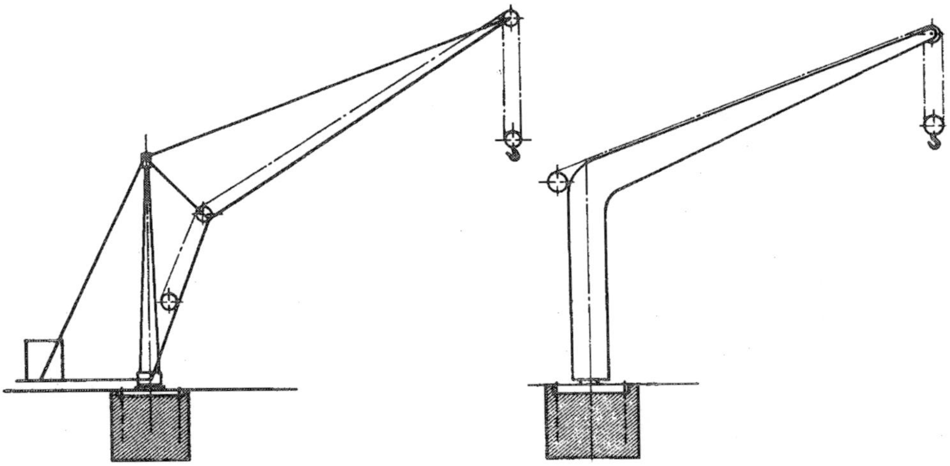

Figura 14.14. Estructura en celosía y viga cajón.

Como es habitual en estructuras de aparatos de elevación, la tendencia actual es la utilización de vigas cajón.

Desde el punto de vista de cálculo, la pluma es una viga solicitada a flexión pura, teniendo su tensión de trabajo el mismo valor que el deducido en apartado 14.1.3, correspondiente a grúa giratorias de columna giratoria.

La columna, es un sólido de revolución, cuyo enlace con la pluma se lleva a cabo mediante dos rodamientos radiales de rodillos y un rodamiento axial de bolas. Esta solicitada por esfuerzos de flexión y compresión. Con arreglo a la Figura 14.15, las acciones V y H toman los valores siguientes.

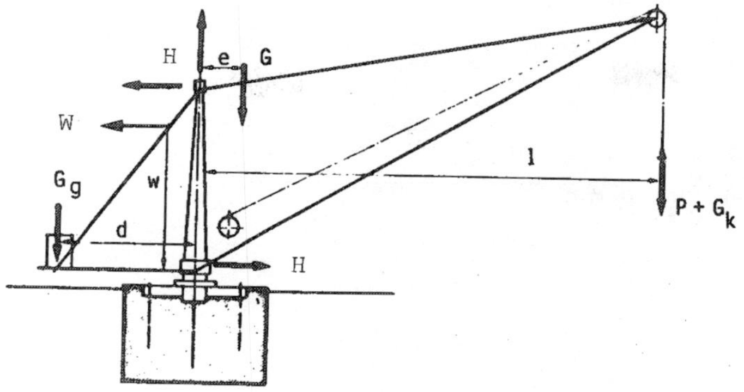

Figura 14.15. Esquema de cálculo de la columna.

Acción horizontal sobre los rodamientos radiales:

$$H = \frac{(P + G_K)\, l + G \cdot e - G_g \cdot d + W \cdot w}{h_K} \qquad (14.15)$$

Con:

W = acción del viento.

Acción vertical sobre el rodamiento axial:

$$V = P + G_K + G + G_g \qquad (14.16)$$

En base a la Figura 14.16, las tensiones de trabajo en la columna en sus puntos inferior y superior son las siguientes:

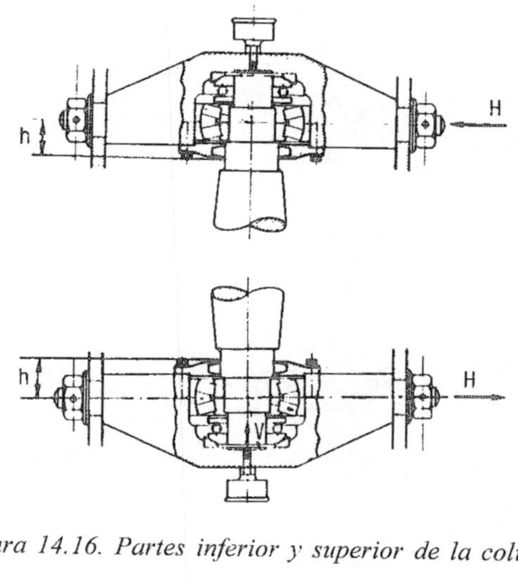

Figura 14.16. Partes inferior y superior de la columna.

$$\sigma_{sup} = \frac{H \bullet h}{W_s} \tag{14.17}$$

$$\sigma_{inf} = \frac{H \bullet h}{W_i} + \frac{V}{\pi d_i^2 / 4} \tag{14.18}$$

Con:

W_s = módulo resistente a flexión en la parte superior del eje

W_i = módulo resistente a flexión en la parte inferior del eje

d_i = diámetro de la parte inferior de la columna

La estrella de la base consta de una placa a la que se acoplan radialmente una serie de brazos (Figura 14.17).

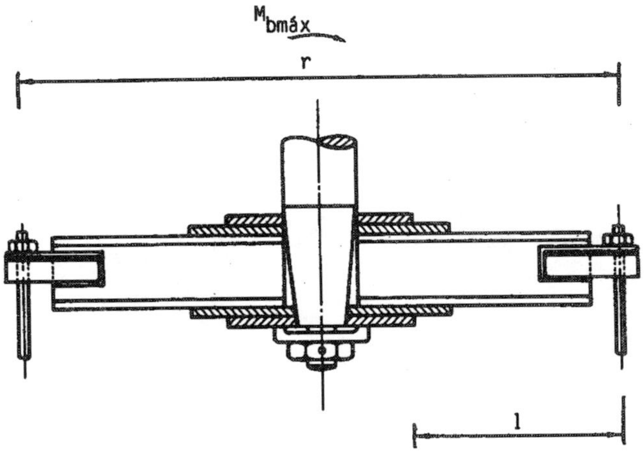

Figura 14.17. Estrella de base.

Cada brazo está solicitado a flexión y a compresión:

$$\sigma = \sqrt{\left(\frac{Mb_{max} \cdot 4.l}{r.n.W_l}\right)^2 + 3\left(\frac{V}{n.A}\right)^2} \tag{14.19}$$

Con:

W_l = Módulo resistente o flexión vertical del brazo

A = Area transversal del brazo

n = número de brazos

Los tornillos de anclaje están sometidos a un esfuerzo de tracción de valor:

$$T = \frac{M_{b\,max}}{r}\frac{4}{n} - \frac{V}{n} \quad (14.20)$$

El macizo de anclaje se va a calcular según la Figura 14.18.

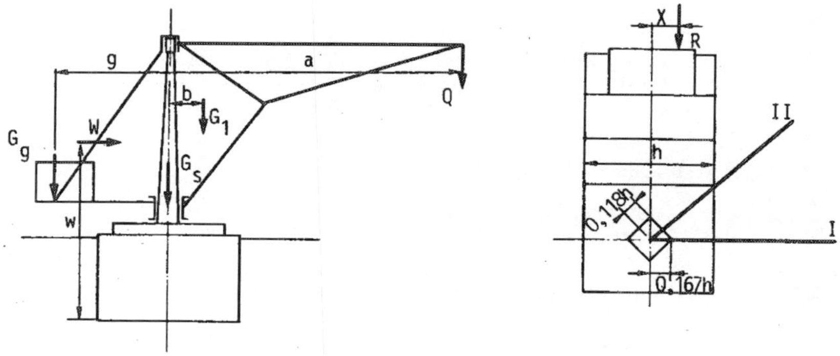

Figura 14.18. Macizo de anclaje.

Definimos M. como el máximo momento de vuelco:

$$M = Q\,a + G_1\,b - G_g\,g + W\,w \quad (14.21)$$

Donde:

W = Fuerza del viento.

Definimos ahora x, como la distancia a la que actúan todas las fuerzas verticales para que su momento sea M:

$$M = (Q + G_1 + G_g + G_S + G_F)\,x \quad (14.22)$$

Donde:

G_S = Peso de columna

G_F = Peso del macizo

Es decir,

$$x = \frac{M}{Q + G_1 + G_g + G_S + G_F} \quad (14.23)$$

Se van a definir, en función de x, cuatro presiones del terreno:

a) Posición I. Pluma paralela a uno de los lados del macizo y x < 0.167 h

$$p = \frac{R}{h^2}\left(1 + 6\,\frac{x}{h}\right) \quad (14.24)$$

b) Posición I. Pluma paralela a uno de los lados del macizo y x > 0.167 h

$$p = \frac{R}{h^2} \frac{4}{\left(3 - 6\frac{x}{h}\right)} \tag{14.25}$$

c) Posición II. Pluma en diagonal y x < 0.118 h

$$p = \frac{R}{h^2}\left(1 + 8{,}5\frac{x}{h}\right) \tag{14.26}$$

d) Posición II. Pluma en diagonal y x > 0.118 h

$$p = \frac{R}{h^2} \frac{1}{\left(0{,}7 - 1{,}7x/h\right)} \tag{14.27}$$

La presión p debe ser siempre mayor de cero, asegurando así la estabilidad de la grúa, y menor que la presión admisible del terreno.

En la Tabla 14.1. se representan diferentes valores de presiones admisibles de terrenos.

Tabla 14.1. Presiones admisibles en el terreno en Kg/cm^2 según DIN 1054.

Clase de terreno	$p_{máx}$ en Kg/cm^2
Terraplén, terreno no apisonado artificialmente, según sus propiedades.	
Terreno de tierra suelta, firme	0 a 1
a) Arena fina y semigruesa hasta un tamaño de 1 mm..................................	2
b) Arena gruesa, tamaño de grano 1 a 3 mm.....	3
c) Gravilla con 1/3 por lo menos de su volumen ocupado por grava, y con grava, hasta 70 mm de tamaño de grano........................	4
Terreno de tierra fuerte (arcilla roja y blanca y marga)	
a) blando (francamente plástico).............	0,4
b) consistente (poco plástico)...............	0,8
c) semifirme................................	1,5
d) duro.....................................	3
Roca fuerte poco resquebrajada, en buen estado, no modificada por los agentes atmosféricos y favorablemente estratificada. Cuando el resquebrajamiento sea mayor o la estratificación desfavorable, hay que reducir los valores en más de la mitad	
a) en una sucesión apretada de capas (Gres esquistoso, piedra calcárea, mármol, marga compocta, dolomía, esquisto cristalino, arcilla esquistosa).......................	
α) de menor resistencia mecánica..........	10
β) de constitución firme (más de 50 Kg/cm^2 de resistencia a la compresión)........	15
b) en formación de masa o especial (granito, sienita, diorita, pórfido, diabasa, basalto andesita, gneis).......................	30

14.2.4. POTENCIA DE LOS MOTORES ELÉCTRICOS

La potencia de los motores de elevación y translación siguen los mismos criterios que los explicados en el Apartado 1.4, correspondiente a puentes grúa.

La potencia de giro puede extraerse del cálculo de potencias de giro para grúas giratorias con columna giratoria (Apartado 14.1.4.).

14.2.5. SISTEMAS DE MANDO DE GUÍA

El sistema normal de mando consiste en un mecanismo desplazable a lo largo de la pluma. Son posibles también sistemas desde puesto de mando centralizado.

14.3. Grúas velocípedas

14.3.1. GENERALIDADES

La grúa velocípeda es un tipo especial de grúa giratoria cuya columna fija está enclavada en una plataforma desplazable en una única dirección (Figura 14.19).

La columna, además del enclavamiento inferior, está guiada en su parte inferior, está guiada en su parte superior con objeto de impedir el vuelco lateral de la grúa. Sus partes principales son:

1) pluma
2) columna
3) mecanismo de elevación
4) rodillo superior
5) plataforma inferior
6) rodillos inferiores
7) mecanismo de translación

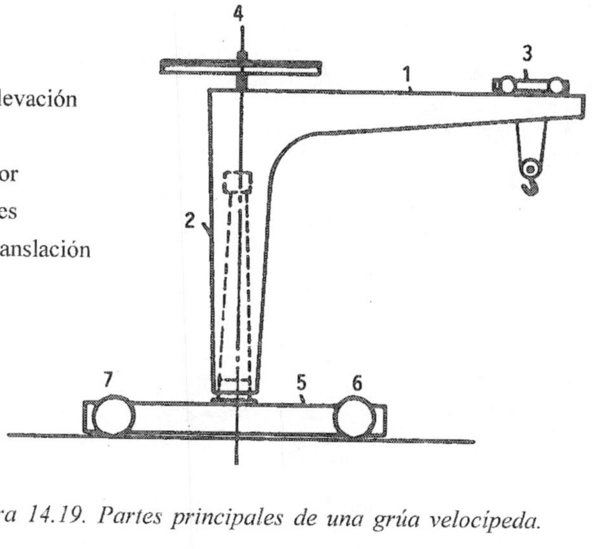

Figura 14.19. Partes principales de una grúa velocípeda.

Su utilización se fija en naves de baja altura donde la instalación de puentes grúa presenta problemas de espacio. El monocarril, por donde circula el aparato se suele disponer en el sentido horizontal de la nave con objeto de optimizar el espacio accesible de trabajo de la grúa.

La carga máxima alcanza las 10 Toneladas.

El alcance puede llegar hasta 8 m.

La velocidad de translación no supera los 100 m/min.

14.3.2. EL MECANISMO DE ELEVACIÓN

No presenta ninguna diferencia con respecto a los explicados en el Apartado 14.2.2 correspondiente a grúas giratorias de columna fija.

14.3.3. LA ESTRUCTURA

La estructura puede ser de celosía o de viga cajón, según se representa en la Figura 14.20:

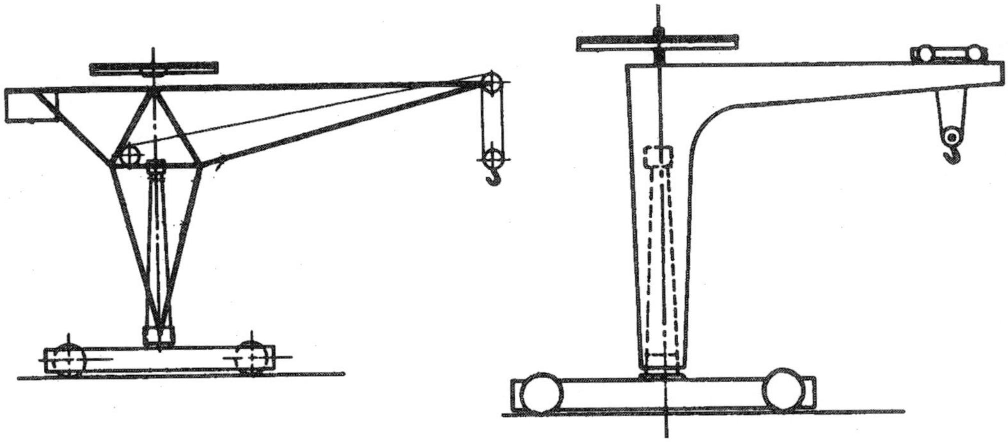

Figura 14.20. Estructura en celosía y viga cajón.

La tendencia actual, debido fundamentalmente al costo del proceso de fabricación, es a utilizar estructuras en viga cajón.

Un aspecto importante en el cálculo de la estructura de este tipo de aparatos consiste en la determinación de la reacción en los rodillos. Para realizar este cálculo se van a considerar dos estados de la grúa.

Pluma paralela a la vía (Figura 14.21).

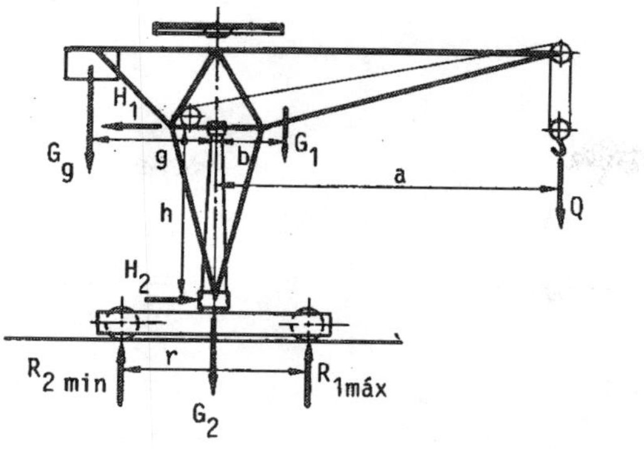

Figura 14.21. Esquema de cálculo en el caso de que la pluma esté paralela a la vía.

En base a la Figura 14.21, las reacciones van a ser:

$$R_{1\,max} = \frac{Q\left(a+\frac{r}{2}\right)+G_1\left(b+\frac{r}{2}\right)+G_g\left(\frac{r}{2}-g\right)+G_2\left(\frac{r}{2}\right)}{r} \qquad (14.28)$$

y

$$R_{2\,min} = \frac{-Q\left(a-\frac{r}{2}\right)+G_1\left(\frac{r}{2}-b\right)+G_g\left(\frac{r}{2}+g\right)+G_2\left(\frac{r}{2}\right)}{r} \qquad (14.29)$$

El segundo caso de cálculo es cuando la pluma está en posición perpendicular a la vía (Figura 14.22).

En base a la Figura 14.22, las reacciones verticales son:

$$R_1 = R_2 = \frac{Q+G_1+G_2+G_g}{2} \qquad (14.30)$$

y las reacciones horizontales:

$$H'_1 = H'_2 = \frac{Q\,.\,a+G_1.b-G_g\,.\,g}{h_1} \qquad (14.31)$$

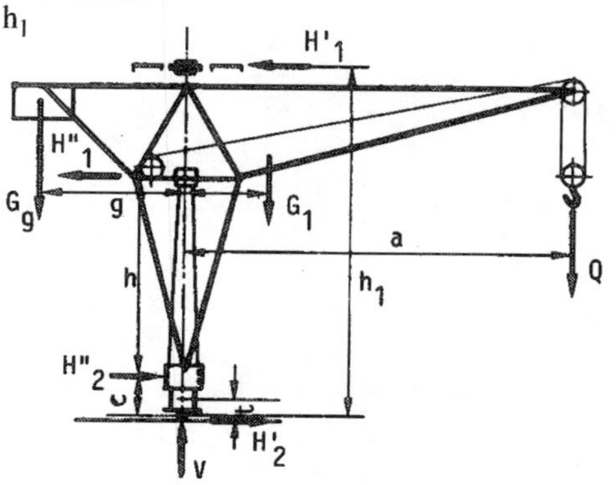

Figura 14.22. Esquema de cálculo en el caso de que la pluma esté perpendicular a la vía.

En función de los dos estados de carga, se realiza el dimensionado de las ruedas de translación del aparato.

La columna y la base se calculan según criterios similares a los expuestos en el Apartado 14.2.3, correspondientes a estructuras de grúas giratorias de columna fija.

14.3.4. POTENCIA DE LOS MOTORES ELÉCTRICOS

La potencia de elevación y giro del aparato siguen idénticos criterios a los expuestos para grúas giratorias de columna fija (Capítulo 14.2.4). El caso de la translación del aparato deber ser estudiado en el caso de pluma perpendicular a la vía, ya que existen en este caso resistencias de rodadura adicionales.

Según la Figura 14.22, la resistencia a la rodadura va a ser:

$$R = (H'_1 + H'_2 + R_1 + R_2) . W \tag{14.32}$$

Donde:

W = coeficiente de rodadura

Es decir,

$$R = \left(Q + G_1 + G_2 + G_g + 2 \, \frac{Q \bullet a + G_1 \bullet b - G_g \bullet g}{h_1} \right) W \tag{14.33}$$

La potencia de translación a régimen permanente es:

$$P_W = \frac{R . V_t}{4{,}5 . 10^6 . \eta} \tag{14.34}$$

R: (Fórmula 14.33 en daN)

V_t: velocidad de traslación (m/min)

η: rendimiento: 0.85

donde

P_W = Potencia de translación a régimen permanente (CV)

14.3.5. SISTEMA DE MANDO DE GUÍA

Se realiza en la práctica totalidad de los casos, mediante un puesto móvil, anclado a la columna, pero desplazable a lo largo de la pluma.

PROBLEMA TIPO 14.1

Enunciado: Calcular la grúa giratoria de la figura. La grúa de la figura posee el mecanismo de elevación anclado en la columna.¿Es posible anclarlo en el carro? El cable tiene una resistencia de 180 Kg/mm^2. El aparato posee una frecuencia aproximada igual de cargas pequeñas, medianas y máximas, y se le estima una duración del mecanismo de 6.300 horas.

Datos:

$h_i = 22$ mm

$h_S = 22$ mm

$d_i = 50$ mm

$d_S = 50$ mm

$\eta_t = 85\%$

$\eta = 95\%$

$\sigma = 160$ MPa

$Q_u = 4.500$ daN

$Q_{carro} = 100$ daN

$v_{elev} = 25$ m/min

$v_{tras} = 80$ m/min

n (rpm) = 1,5

$\mu_{casquillo} = 0,1$

W = 20

$Q_{pluma} = Q_{p\ propio} + 10\%\ Q_{p\ propio}$

$Q_{columna} = 500$ daN

1 ramal

Alcance = 4.000 mm

e = 2.000 mm

Hipótesis: Peso reductor motor elevación ≈ Peso motor elevación. Motor de traslación = 2 CV (Peso despreciable)

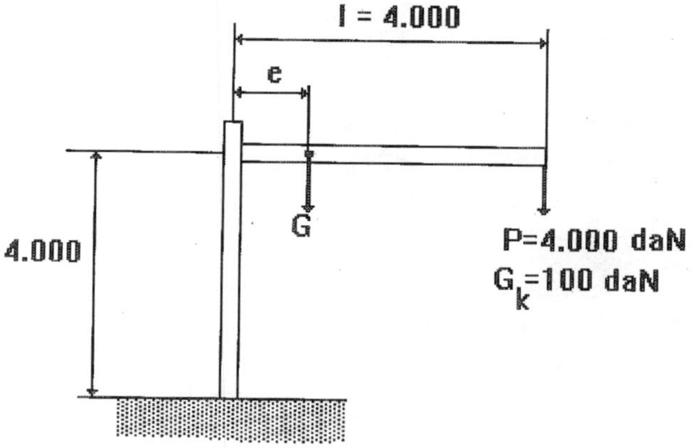

1.Gancho:

$Q_u = 4.500$ daN (Tabla 2.1.) ⇒ $Q_{gancho} = 20$ daN

$Q_{total} = Q_{útil} + Q_{gancho} = 4.500 + 20 = 4.520$ daN

2.Cable:

Clasificación (Tabla 3.17.) ⇒ Grupo M6 ⇒ $K_C = 0,315$

$d_{cable} = K_C \sqrt{S}$ $\qquad S = Q_{Total} / \eta\ n_r$ (Esfuerzo por ramal)

$$d_{cable} = K_c \sqrt{\frac{Q_{total}}{n^o \text{ de ramales} \eta}} = 0,315 \sqrt{\frac{4.520}{1 \bullet 1}} = 21,17 \approx 22 \text{ mm}$$

$d_{cable} = 22$ mm (Tabla 6.4) paso = s = 25 mm

3.Tambor:

(Tabla 4.8.) ⇒ $h_1 = 20$

(Figura 4.15.) ⇒ $h_2 = 1$

$d_{Tambor} = d_{cable} \cdot h_1 \cdot h_2 = 22 \cdot 20 \cdot 1 = 440$ mm

$\sigma = 160$ MPa ⇒ Tabla 6.6 (d_{Tambor}= 400 mm ; S = 4520 ≈ 5.000 daN)

Espesor de la pared ⇒ h = 9 mm

A) Mecanismo de elevación anclado en la columna;

$$N^{o}espiras = \frac{\text{Longitud del cable}}{\pi \cdot d_{tambor}} = \frac{8.000}{\pi \cdot 500} = 5{,}09 \approx 6$$

Nºespiras totales = 6 + 3 = 9

Longitud = Nº de espiras · paso = 9·25 = 225 mm ⇒Tomamos como longitud = 275 mm

Peso = $1{,}1 \cdot \pi \cdot (r^2_{ext} - r^2_{int}) \cdot l \cdot \rho = 32{,}7$ daN

B) Mecanismo de elevación en el carro;

$$N^{o}espiras = \frac{\text{Longitud del cable}}{\pi \cdot d_{tambor}} = \frac{4.000}{\pi \cdot 500} = 2{,}54 \approx 3$$

Nºespiras totales = 3 + 3 = 6

Longitud = Nº de espiras · paso = 6·25 = 150 mm ⇒Tomamos como longitud = 200 mm

Peso = $1.1 \cdot \pi \cdot (r^2_{ext} - r^2_{int}) \cdot l \cdot \rho = 23{,}8$ daN

4.(A) Estructura: (Mecanismo de elevación anclado en la columna)

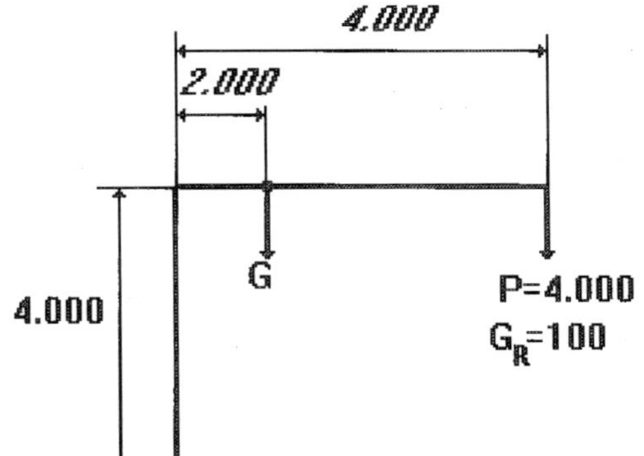

4.(A)1.Pluma:

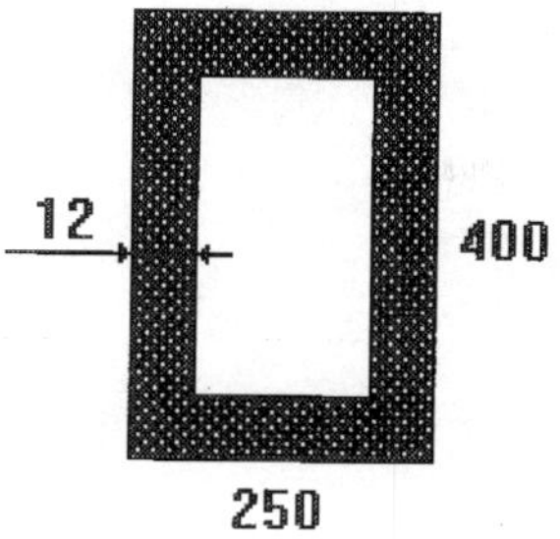

$$I = \frac{1}{12} \cdot b \cdot h^3 = 332.202.752 \ mm^3$$

$$W_x = 1.661.013,76 \ mm^2$$

$$\sigma_A = \frac{(Q_u + Q_{carro}) \cdot l + Q_{pluma} \cdot e}{W_x}$$

$Q_{p\ propio} = (400 \cdot 250 - (400 - 24) \cdot (250 - 24)) \cdot 4.000 \cdot 7,8 = 468,75$ daN

$Q_{pluma} = 468,75 + 10\% = 562,5$ daN

$$\sigma_A = \frac{(4.500 + 100) \cdot 4.000 + 562,5 \cdot 2.000}{1.661.013,76} = 11,75 < 13 \ daN/mm^2 \Rightarrow C_S = 2,21$$

4.(A).2.Soportes:

$$H = \frac{(Q_u + Q_{carro}) \cdot l + Q_{pluma} \cdot e}{h} = \frac{(4.520 + 100) \cdot 4.000 + 562,5 \cdot 2.000}{4.000} = 4901,25 \ daN$$

$V = Q_u + Q_{carro} + Q_{pluma} + Q_{col} + Q_{mec\ elev} = 4.500 + 562,5 + 500 + ? = ?$ daN

4.(A).2.1.Potencia de elevación:

$$P_{elev} = \frac{(Q_u + Q_g) \cdot v_{elev}}{4.500 \cdot \eta_t} = \frac{(4.500 + 20) \cdot 25}{4.500 \cdot 0,85} = 29,54 \ CV \Rightarrow 30 \ CV \ (peso = 305 \ daN)$$

$Q_{Motor\ de\ 30\ CV} = 305$ daN

$$Q_{Reductor} = \frac{57 \cdot 305}{100} = 173,85 \ daN$$

$Q_{mec\ elev} = Q_{motor} + Q_{reductor} + Q_{tambor} = 305 + 173,85 + 32,7 = 511,55$ daN

$V = Q_u + Q_{carro} + Q_{pluma} + Q_{col} + Q_{mec\ elev} = 4.500 + 100 + 562,15 + 500 + 511,55 = 6.187,5$ daN

$$W_S = \frac{\pi \cdot d_s^3}{32} = \frac{\pi \cdot 50^3}{32} = 12.271,85 \ mm^3$$

$$W_i = \frac{\pi \cdot d_i^3}{32} = \frac{\pi \cdot 50^3}{32} = 12.271,85 \ mm^3$$

$$\sigma_{Sup} = \frac{H \cdot h_S}{W_S} = 8,78\ daN/mm^2 \qquad \Rightarrow \text{BIEN}$$

$$\tau_{Inf} = \frac{H \cdot h_i}{W_i} + \frac{V}{\pi \cdot d_i^2/4} = 11,93\ daN/mm^2 \qquad \Rightarrow \text{BIEN}$$

4.(A).2.2.Potencia de traslación:

$$P_{tras} = \frac{R \cdot v_{tras}}{4,5 \cdot 10^6 \cdot \eta_t}$$

$R = W_1 + W_2$ $\qquad$ $P = Q_u + Q_g = 4.520\ daN$ $\qquad$ $\eta = 0,95$

$$W_1 = \frac{P \cdot (1 - \eta^3)}{\eta \cdot (1 + \eta)} = 347,99$$

$$W_2 = (P + Q_{carro}) \cdot W = (4.520 + 100) \cdot 20 = 92.400$$

$\Rightarrow R = 92.747,99\ daN$

$$P_{tras} = \frac{92.747{,}99 \cdot 80}{4,5 \cdot 10^6 \cdot 0,85} = 1,93\ CV < 2\ CV \qquad \Rightarrow \text{BIEN}$$

4.(B).Estructura: (Mecanismo de elevación en el carro)

4.(B).1.Pluma:

$Q_{mec\ elev} = Q_{motor} + Q_{reductor} + Q_{tambor} = 305 + 173,85 + 23,8 = 502,65\ daN$

$$\sigma_A = \frac{(Q_{u+g} + Q_{carro} + Q_{mec\ elev}) \cdot l + Q_{pluma} \cdot e}{Wx}$$

$$\sigma_A = \frac{(4.520 + 100 + 502,65)\ 4.000 + 562,15 \cdot 2.000}{1.661.013,76} = 12,99\ daN/mm^2$$

$\sigma_A = 12,99 < 13\ daN/mm^2 \quad \Rightarrow$ BIEN

4.(B).2.Soportes:

$$H = \frac{(Q_{u+g} + Q_{carro} + Q_{mec\ elev}) \cdot l + Q_{pluma} \cdot e}{h} = 5.403,6\ daN$$

$V = V = Q_u + Q_{carro} + Q_{pluma} + Q_{col} + Q_{mec\ elev} = 6.184,8\ daN$

$$\left.\begin{aligned}\sigma_{Sup} &= \frac{H \bullet h_S}{W_S} = 10,03 \text{ daN/mm}^2 \\ \sigma_{Inf} &= \frac{H \bullet h_i}{W_i} + \frac{V}{\pi \bullet d_i^2 / 4} = 13,17 \text{ daN/mm}^2\end{aligned}\right\} > 13 \text{ daN/mm}^2 \Rightarrow \text{NO ES VÁLIDO}$$

4.(B).2.1.Potencia de traslación:

$$P_{tras} = \frac{(Q_{u+g} + Q_{carro} + Q_{mot\ elev}) \bullet v_{tras} \bullet W}{4,5 \bullet 10^6 \bullet \eta} = \frac{(4.520 + 100 + 502,65) \bullet 80 \bullet 20}{4,5 \bullet 10^6 \bullet 0,85} = 2,14 \text{ CV} > 2 \text{ CV}$$

$\Rightarrow$ NO ES VÁLIDO

PROBLEMA TIPO 14.2

Enunciado: ¿Cúal es el peso del contrapeso correcto,con los siguientes datos de la grúa velocípeda de la figura?

Datos: G = 3.000 daN; G_1 = 2.000 daN; G_2 = 1.000 daN; G_g = 1.600 daN; v_{tras} = 80 m/min; a = 6 m; h = 4 m; b =1,5 m; h_1 = 5 m; d_{rueda} = 315 mm; g = 4 m; r = 4 m; $P_{adm.}$= 0,45 daN/mm^2; Perfil Burbach A-75; Duración del mecanismo de rodadura = 20%

Hipótesis:

- La reacción horizontal máxima es 3.000 daN = $H_{máx}$
- La barra AC posee las dimensiones siguientes:

  Area de la sección: 47 mm^2

  Coeficiente de pandeo = 1,14
- Utilizar un coeficiente de seguridad de 2
- La potencia del motor de traslación es de 5,5 CV ; η = 85%

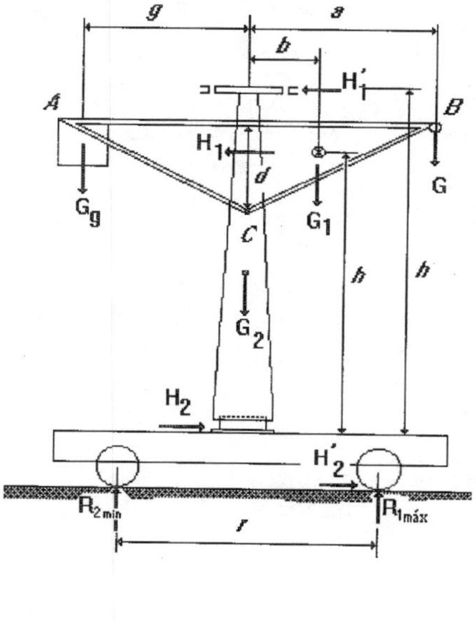

Solución:

Vamos a comprobar las reacciones (caso de vuelco), potencia necesaria, ruedas y la barra AC.

1. Se calculan las reacciones en las ruedas para las dos posiciones extremas de la pluma:

a) Pluma paralela a la vía

b) Pluma perpendicular a la vía

Además se comprueban las reacciones horizontales en los apoyos (H'_1 y H'_2)

a) $$R_{1\,máx} = \frac{G \cdot (a + r/2) + G_1 \cdot (b + r/2) + G_g \cdot (r/2 - g) + G_2 (r/2)}{r}$$

$$R_{2\,mín} = \frac{-G \cdot (a - r/2) + G_1 \cdot (r/2 - b) + G_g \cdot (g + r/2) + G_2 \cdot (r/2)}{r}$$

Las reacciones horizontaales en este caso no son importantes.

b) $$R_1 = R_2 = \frac{G + G_1 + G_2 + G_g}{2}$$

$$H_1' = H_2' = \frac{G \cdot a + G_1 \cdot b - G_g \cdot g}{h_1}$$

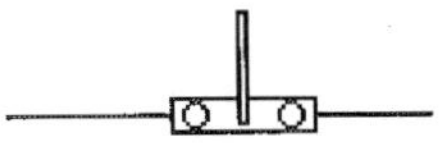

2. Se calcula además la potencia de traslación,que se realiza en el caso de que la pluma sea horizontal a la vía por existir en este caso unas resistencias a la rodadura adicionales.

$R = (H_1' + H_2' + R_1 + R_2) \cdot \omega$ ω: Coeficiente de rodadura

Sustituyendo:

$$R = \left[G + G_1 + G_2 + G_g + 2 \cdot \frac{G \cdot a + G_1 \cdot b - G_g \cdot g}{h_1}\right] \cdot \omega$$

De aquí:

$$P_{tras} = \frac{R \cdot v_{tras}}{4{,}5 \cdot 10^6 \cdot \eta}$$

3.Comprobación de la rueda.

$$d_{rueda} \geq \frac{Q_R}{P_{adm} \bullet C_2 \bullet C_3 \bullet (k - 2\, r_1)}$$

$P_{adm} = 0,45$ daN/mm^2

$(k\text{-}2\, r_1) = 59$ mm (Porque A-75)

$C_2 = 0,87$ (Porque $v_{tras} = 80$ m/min y $d_{rueda} = 315$ mm)

$C_3 = 1,12$ (Porque duración = 20%)

Caso 1: Para el peso de contrapeso dado en el enunciado $G_g = 1.600$ daN

1.

a) $R_1 = 7.450$ daN $R_2 = 150$ daN   ⇒ Todas reacciones > 0

No hay vuelco

b) $R_1 = R_2 = 3.800$ daN $H_1' = H_2' = 2.920$ daN   ⇒Reacciones horizontales < 3.000 daN

2.

R = 268.800 $P_{tras} = 5,62$ CV

3. La máxima reacción es: $R_1 = 7.450$ daN = Q_R Por tanto: $d_{rueda} = 287,97$ mm ≤ 315

⇒La potencia en el **Caso 1** es: $P_{tras} = 5,62$ CV > 5,5 CV

Por lo tanto se precisa una potencia superior a la dada ⇒ Este diseño no es válido

Caso 2: Intentamos aumentar el peso del contrapeso para disminuir las reacciones y de esta manera disminuir la potencia necesaria. Sea $G_g = 2.500$ daN

1.

a) $R_1 = 7.000$ daN $R_2 = 1.500$ daN.

Todas las reacciones son >0 (No hay vuelco)

b) $R_1 = R_2 = 4.250$ daN $H_1' = H_2' = 2.200$ daN.

Reacciones horizontales < 3.000 daN

2.

R = 258.000 daN $P_{tras} = 5,39$ CV < 5,5 CV

3.

$R_1 = 7.000 = Q_R$ $d_{rueda} = 270,58$ mm ≤ 315

A priori,este caso cumple todas las condiciones.Pero veamos la estructura de la barra AC. Al trabajar a compresión habrá que comprobar su funcionamiento a pandeo.

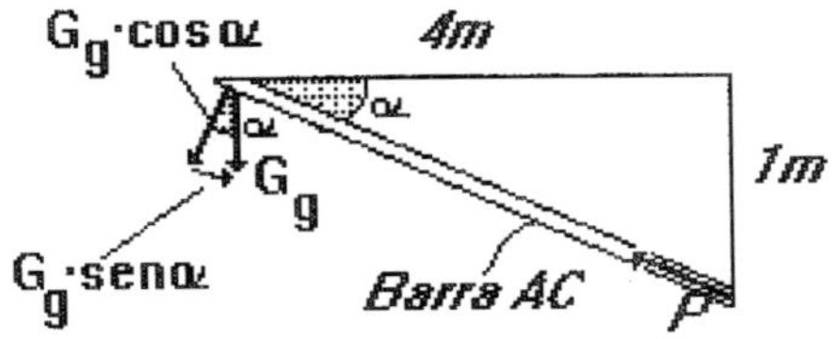

Barra AC: $A = 47\ mm^2$; $\omega = 1,14$

$tg\ \alpha = 1/4 \Rightarrow \quad \alpha = arctg\ 1/4 = 14°$

La componente de la barra es: $G_g \cdot sen\ \alpha$

En este caso:

$G_g \cdot sen\ \alpha = 2.500 \cdot sen 14° = 604,8$ daN

$P = G_g \cdot sen\ \alpha = 604,8$ daN

$$\sigma_{compresión} = \frac{P}{A} \bullet \omega = \frac{604,8}{47} \bullet 1,14 = 14,66\ daN/mm^2 = 146,6\ MPa$$

$$\left.\begin{array}{l}\sigma_{lim\ A\text{-}42} = 260\,MPa \\ \text{Coeficiente de seguridad} = 2\end{array}\right\} \Rightarrow \sigma_{adm} = \frac{260}{2} = 130\,MPa$$

Como $\sigma_{compresión} > \sigma_{adm}$, la barra pandea y por tanto, este diseño tampoco es válido. Para corregirlo, intentamos reducir un poco el peso del contrapeso.

<u>**Caso 3:**</u> Sea $G_g = 2.200$ daN

1. a) $R_1 = 7.150$ daN $\quad$ $R_2 = 1.050$ daN

Todas las reacciones son > 0 $\quad$ No hay vuelco.

b) $R_1 = R_2 = 4.100$ daN $\quad$ $H_1' = H_2' = 2.440$ daN

Las reacciones horizontales son < 3.000 daN

2. R = 261.600 daN $\quad$ $P_{tras} = 5,47$ CV < 5,5 CV

3. $R_1 = 7.150$ daN = Q_R $\quad$ $d_{rueda} = 276,37$ mm ≤ 315 mm

4. P = 532,8 daN $\quad$ $\sigma_{compresión} = 129$ MPa < 130 MPa

Este diseño <u>si es válido.</u>

15. GRUAS GIRATORIAS DE PLATAFORMA

Figura 15.1. Fotografía de una grúa de cubierta.

En este apartado se van a estudiar aquellas grúas giratorias cuya base de giro está constituida por una plataforma, generalmente de altas dimensiones y de disposición horizontal.

El uso habitual de este tipo de grúas es en operaciones de carga y descarga de buques. Por este motivo se ha subdividido el capítulo en grúas de cubierta y grúas de puerto. No obstante, es posible su utilización en Ingeniería civil e industrial, siendo ampliable sin ningún tipo de restricción, para estos casos, todo lo explicado en el presente capítulo.

15.1. Gruas de cubierta

15.1.1. GENERALIDADES

Una grúa de cubierta presenta tres tipos de movimientos:

- Movimiento de elevación de la pluma, a través de un cable denominado amantillo. Con este movimiento se varía la situación de la carga en sentido radial.
- Movimiento de giro de la grúa, por medio de un rodamiento de tipo Roth-Erde sobre la estructura fija también denominada polín.
- Movimiento de elevación de la carga por medio del mecanismo de elevación.

Las partes de una grúa de cubierta son las siguientes (Figura 15.2).

1. Pluma
2. Castillete
3. Rodamiento
4. Polín
5. Cable de elevación
6. Amantillo
7. Mecanismos de elevación
8. Mecanismo de giro

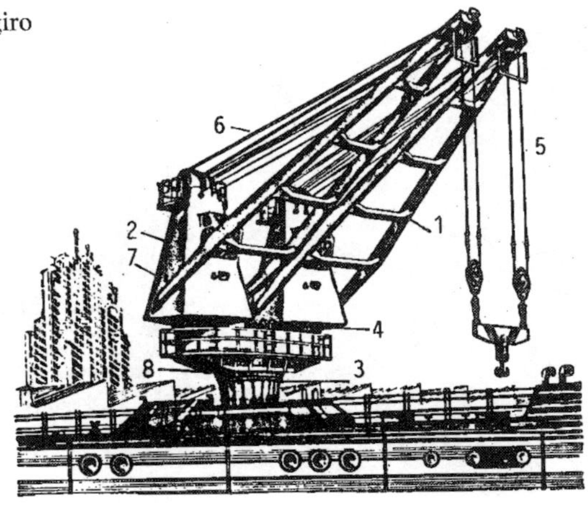

Figura 15.2. Partes de una grúa de cubierta.

La estructura giratoria consta de un cuerpo central o castillete y una pluma, articulada en la parte inferior del castillete. En el interior del cuerpo central se alojan los mecanismos de giro y de elevación. De estos mecanismos de elevación parten dos cables, totalmente independientes, uno que regula el movimiento de elevación de la carga y otro denominado amantillo que regula el movimiento de elevación de la pluma.

Los accionamientos son de tipo eléctrico, proviniendo su energía de una red de corriente continua propia del barco.

Existen también grúas de accionamiento hidráulico, disponiendo una bomba hidráulica accionada eléctricamente.

La carga máxima a elevar por este tipo de grúas es alrededor de 20 Toneladas.

El alcance máximo puede llegar a 20 m.

La velocidad máxima de elevación es aproximadamente 40 m/min.

En barcos portacontenedores, es posible encontrar grúas de cubierta cuya misión es realizar el trabajo de descarga en puertos donde no existen grúas. Su carga máxima es 35 T., y su alcance debe oscilar entre 3 y 30 T.

Debido al ambiente en el que opera normalmente este tipo de grúas, se debe poner especial atención en las capas de pintado y protección que es preciso dar a los diferentes componentes.

Asimismo es importante anotar que los cálculos de los diferentes elementos mecánicos deben contemplar los movimientos del barco cuya escora puede llegar a valer cinco grados sexagesimales según la norma Lloyd's.

15.1.2. EL MECANISMO DE ELEVACIÓN

Debido, fundamentalmente al tipo de pluma y a la necesidad de proteger los diferentes órganos mecánicos frente a los agentes corrosivos, el mecanismo de elevación va situado en el interior del castillete.

Dos tambores, independientes, comandan dos series de cables que elevan la carga y la pluma.

Es de gran importancia, en el mecanismo de elevación de la carga, el número de poleas de reenvío que se disponen en el castillete. Ya que el esfuerzo de tracción total existente en los cables de elevación de la carga corresponde al producto de la carga útil por el número de poleas de reenvío.

Es preciso, así pues, estudiar el número óptimo de poleas de reenvío a utilizar ya que, eligiendo el número adecuado se obtendrán tensiones en el amantillo, que siendo siempre de tracción, su magnitud sea mínima teniendo en cuenta el ángulo de escora.

En la Figura 15.3 se representa el diagrama de fuerzas en el extremo de la pluma.

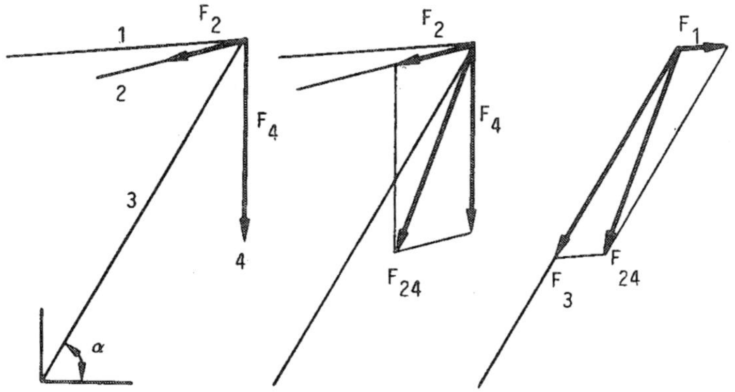

Figura 15.3(a) Diagrama de fuerzas

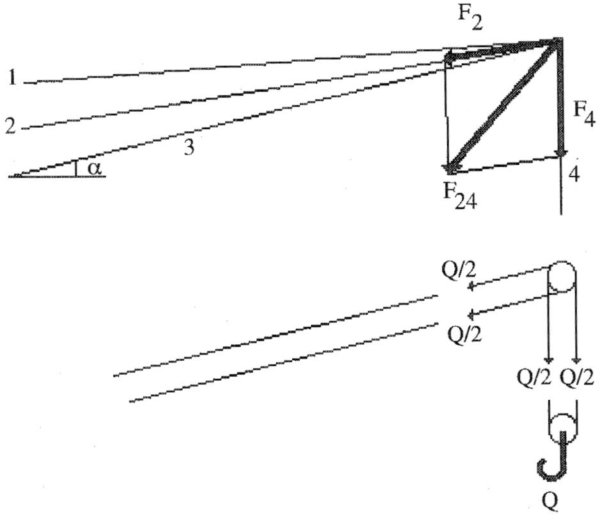

Figura 15.3(b) Esquema para 0 poleas de reenvío.

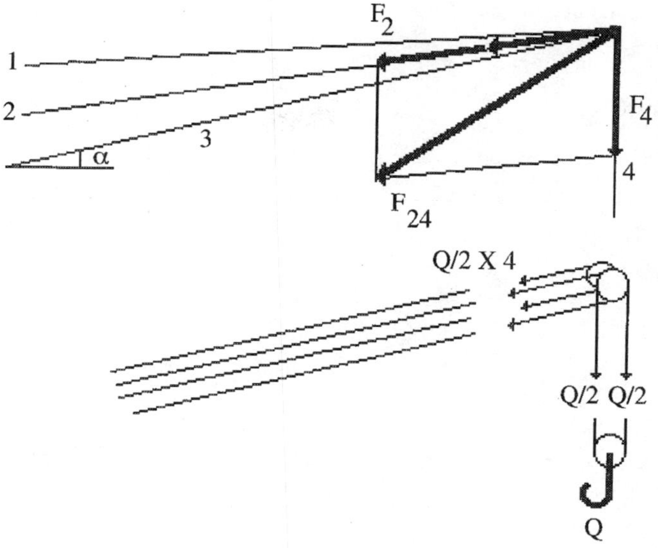

Figura 15.3(c) Esquema para 1 polea de reenvío.

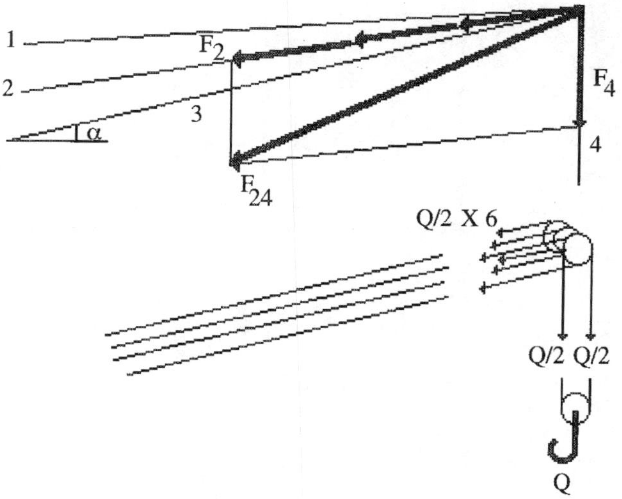

Figura 15.3(d) Esquema para 2 poleas de reenvío.

Figura 15.3. Diagrama de fuerzas en el extremo de la pluma y esquema para 0 (b),1 (c) y 2 (d) poleas de reenvío.

1. Cable de elevación de pluma (amantillo)
2. Cable de elevación de carga
3. Pluma
4. Carga

F_1 = Carga de tracción del amantillo o cable de control de pluma
F_2 = Carga de tracción del cable de elevación de carga = Q.nº poleas de reenvío
F_3 = Carga de compresión de la pluma
F_4 = Carga (Q)
F_{24} = Componente de F_2 y F_4
α = ángulo de la pluma

15.1.3. EL MECANISMO DE GIRO

El mecanismo de giro consta de un motor eléctrico, un acoplamiento elástico y un árbol de salida que lleva en su parte inferior un piñón que ataca un rodamiento Roth-Erde. La figura 15.4 representa un mecanismo de giro típico de una grúa de cubierta.

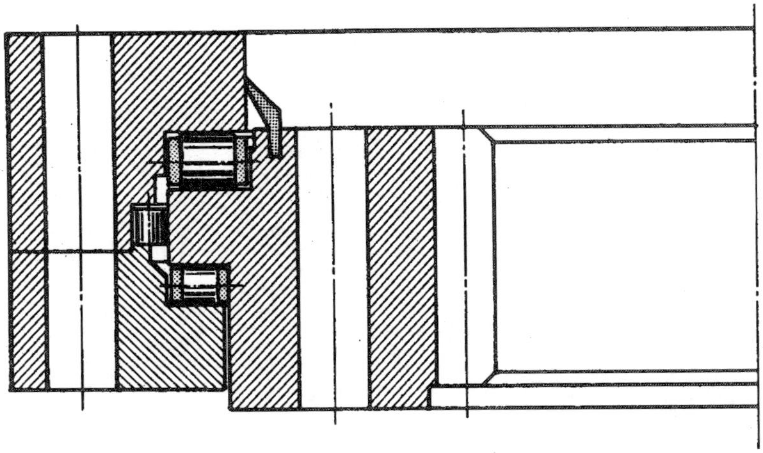

Figura 15.4. Mecanismo de giro.

El rodamiento Roth-Erde es un rodamiento axial de bolas de gran diámetro como se muestra en la Figura 15.4.

15.1.4. LA ESTRUCTURA

Existen dos subestructuras principales:

- pluma
- castillete

La pluma se calcula a compresión según la fuerza existente, que como se ha visto en el Apartado 15.1.2, es función de la carga, el número de poleas de reenvío y del ángulo de la pluma.

Debido a la geometría trapecial (Figura 15.5) existirán unos momentos de flexión en las barras que conforman la pluma, además de la compresión definida anteriormente. Se realizan en vigas cajón soldadas.

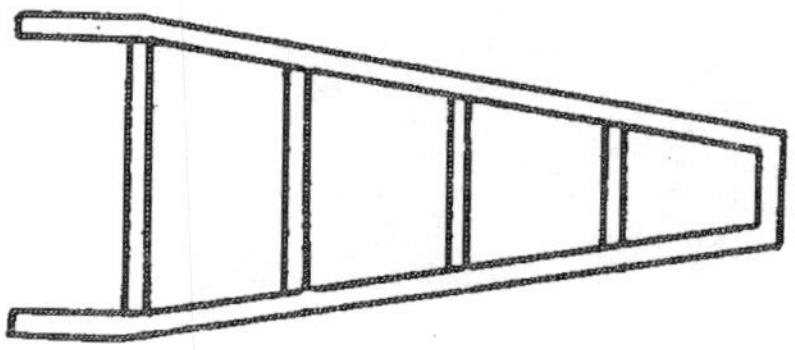

Figura 15.5. Representación de pluma de grúa de cubierta.

El castillete, está solicitado por el peso propio, el viento y las reacciones de la pluma que son transmitidas al castillete en su parte inferior. Se realiza en placas de acero laminado de 10 a 20 mm. de espesor.

15.1.4.1. Cálculo de la estructura

Se van a considerar las siguientes solicitaciones:

- Carga útil
- Peso de la estructura
- Aceleración de giro de la estructura
- Viento en ambas direcciones

Ambas subestructuras, no pueden ser calculadas por método simplificados y si se pretende resolver los estados deformacionales y tensionales es preciso recurrir al método de los elementos finitos.

En las Figuras 15.6 y 15.7 se aprecian dos vistas de una discretización realizada de una grúa de cubierta.

En la Figura 15.8 se representa una deformada ante una determinada carga útil en gancho.

Un mapa de tensiones correspondiente al estado de cargas descrito es representado en la Figura 15.9.

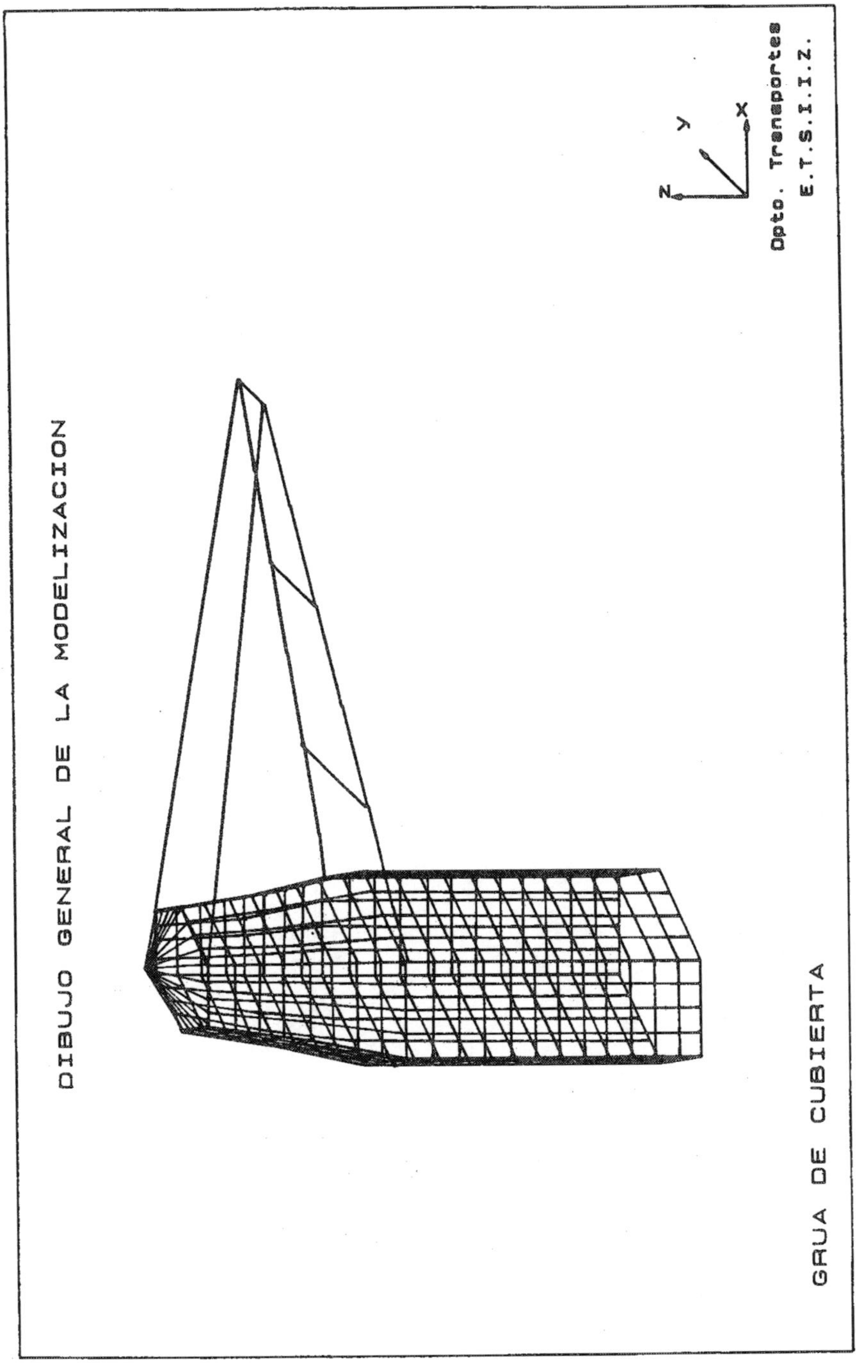
DIBUJO GENERAL DE LA MODELIZACION
GRUA DE CUBIERTA
Z
Y
X
Dpto. Transportes
E.T.S.I.I.Z.

Figura 15.6

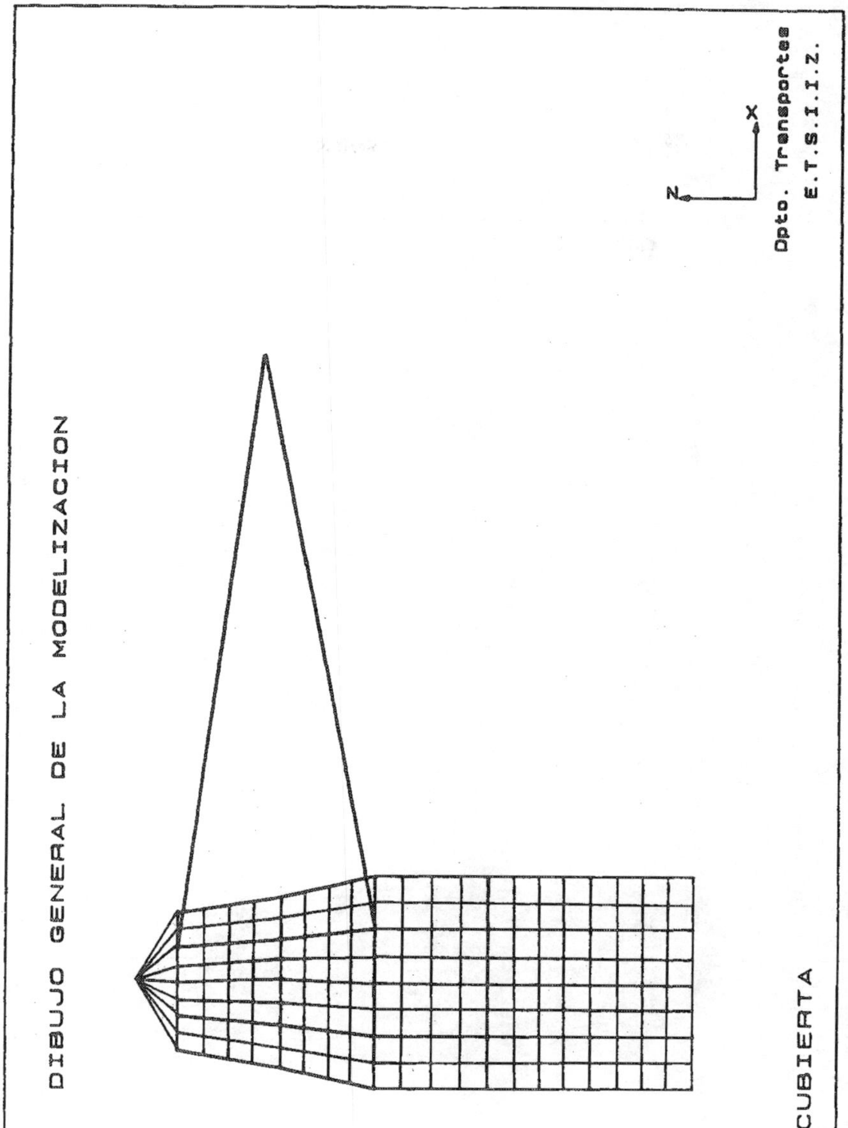
DIBUJO GENERAL DE LA MODELIZACION
GRUA DE CUBIERTA
Z
X
Dpto. Transportes
E.T.S.I.I.Z.

Figura 15.7

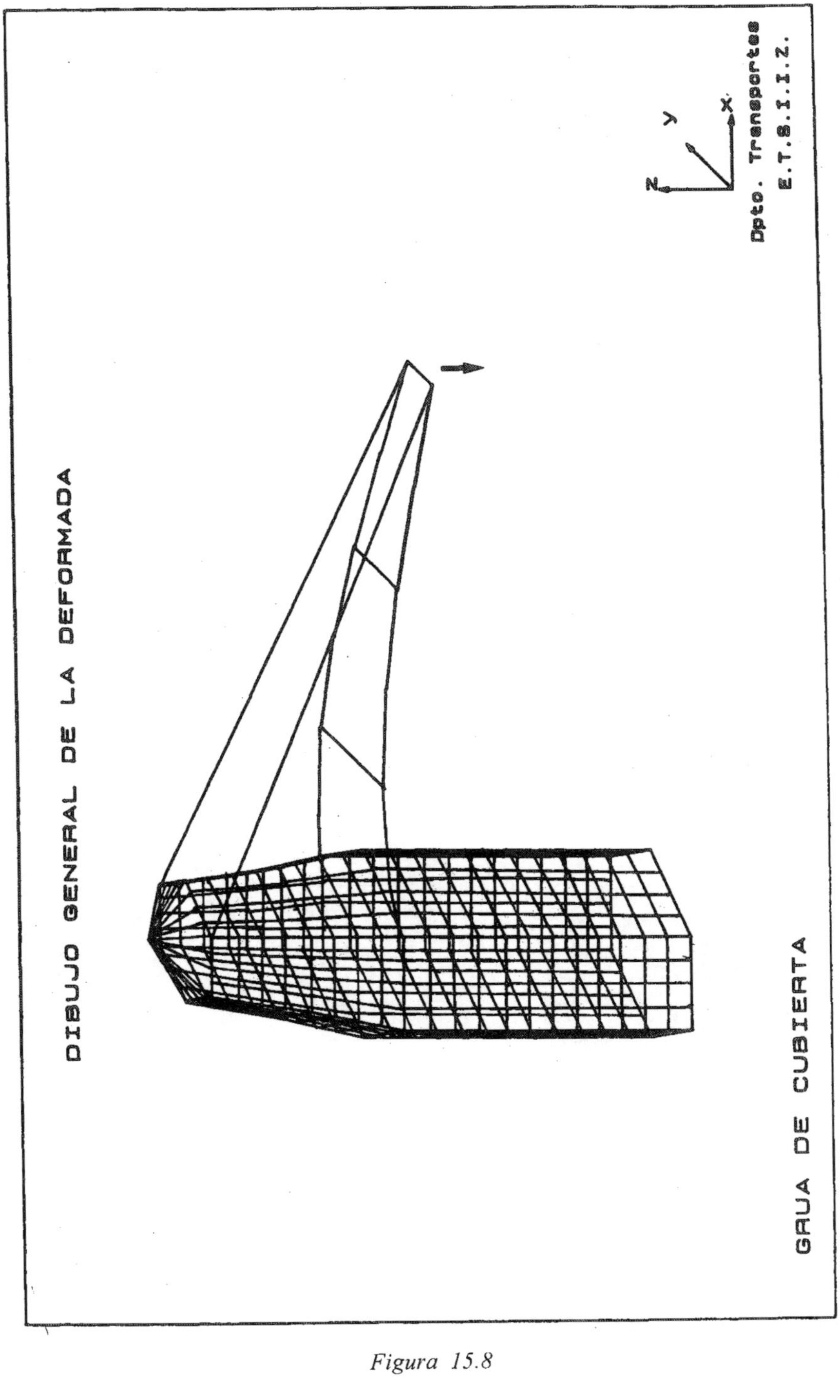
DIBUJO GENERAL DE LA DEFORMADA
GRUA DE CUBIERTA
Dpto. Transportes
E.T.S.I.I.Z.
Z
Y
X

Figura 15.8

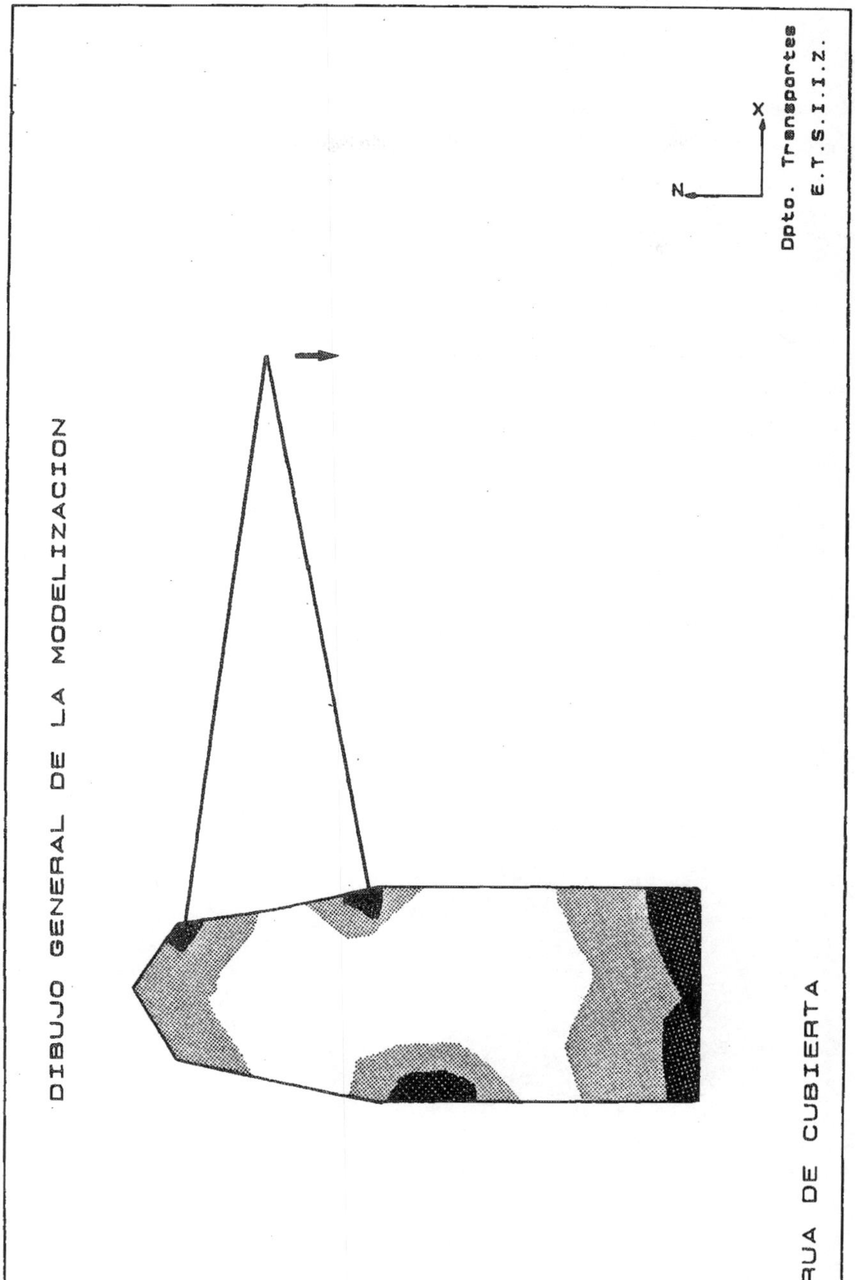
DIBUJO GENERAL DE LA MODELIZACION
GRUA DE CUBIERTA
Dpto. Transportes
E.T.S.I.I.Z.
X
Z

Figura 15.9

15.1.5. POTENCIA DE MOTORES

El cálculo de la potencia de elevación de carga y pluma no presenta ninguna dificultad.

La potencia de giro correspondiente a una velocidad de régimen es la siguiente:

$$P_W = \frac{M \cdot n}{716{,}2 \cdot \eta}$$

M: par resistente (Fórmula 15.2 en daN . m)

n : rpm de la parte giratoria

η: rendimiento: 0.85

(15.1)

donde

P_W = Potencia de giro a régimen permanente (CV)

y

$$M = Q \mu \frac{D}{2} \qquad (15.2)$$

Con:

Q = carga de la estructura giratoria (daN)

μ = coeficiente de rozamiento

D = diámetro del rodamiento (m)

15.1.6. SISTEMA DE MANDO DE GUÍA

En la totalidad de los casos, la cabina de mando está anclada al castillete.

15.2. Grúas de puerto

15.2.1. GENERALIDADES

Una grúa de puerto presenta cuatro movimientos fundamentalmente:

- Movimiento de cambio de alcance. Es preciso mencionar que en este tipo de aparatos es frecuente encontrar mecanismos de alcance variable de la pluma.
- Movimiento de giro de la grúa, por medio de rodillos o bien de un rodamiento de tipo Roth-Erde.
- Movimiento de elevación de la carga por medio del mecanismo de elevación.
- Movimiento de translación del pórtico de sustentación.

Figura 15.10. Fotografía de una grúa de puerto de alcance con compensación de cable.

Figura 15.11. Fotografía de dos grúas de puerto "pico de pato".

Las partes de una grúa de puerto son las siguientes (Figura 15.12).

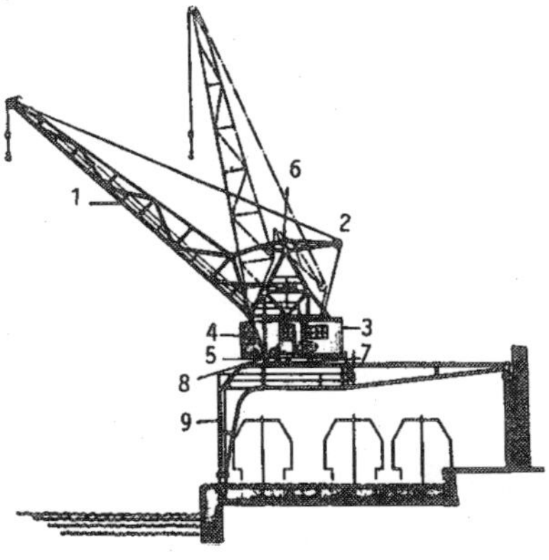

Figura 15.12. Partes de una grúa de puerto.

1. Pluma
2. Balancín oscilante
3. Cabina
4. Mecanismo de elevación
5. Mecanismo de giro
6. Mecanismo de cambio de alcance
7. Carril circular
8. Pivote de guiado
9. Semipórtico

En los aparatos siguientes, se van a analizar los diferentes sistemas de cambio de alcance en este tipo de grúas. Asimismo, se estudiarán los diferentes sistemas de giro utilizados, fundamentalmente, por rodillos o por un rodamiento de bolas de gran diámetro.

En cuanto al mecanismo de elevación de la carga, por necesidades constructivas, está ubicado en el interior de la cabina, en la parte inferior de la estructura giratoria. A partir del tambor, el cable recorre diversas poleas, hasta llegar al gancho o aparejo.

Próximo al mecanismo de elevación, se enclava el mecanismo de giro, que consiste básicamente, en motores eléctricos dispuestos verticalmente, o bien en dispositivos consistentes en reducciones de tipo tornillo sin fin.

El accionamiento es eléctrico para todos los movimientos descritos.

La plataforma base puede estar elevada sobre estructuras aporticadas bien semipórticos, dependiendo de la distribución portuaria.

Las grúas existentes para tráfico portuario tienen una capacidad de carga máxima de 30 T. El alcance máximo es de 30 m.

En talleres de astilleros, se utiliza también el mismo tipo de grúas, si bien la capacidad de carga aumenta, en el caso normal a 50 T. Para realizaciones especiales se han fabricado grúas con capacidad hasta 400 T.

15.2.2. EL MECANISMO DE CAMBIO DE ALCANCE

Este mecanismo requiere un especial cuidado en su diseño, debido a las altas distancias horizontales que debe recorrer la carga. Esta cuestión es resuelta utilizando plumas en voladizo de gran longitud que en teoría, elevaría la carga a una alta cota vertical con el correspondiente aumento de la energía potencial en el recorrido.

Con objeto de obtener largos recorridos horizontales con escasas diferencias de cota vertical de la carga, se han diseñado diferentes sistemas. Ninguno de ellos goza de especial preferencia entre los constructores, sino que dependiendo del país o del continente, es frecuente encontrar cualquiera de los tipos aquí explicados.

Fundamentalmente, existen tres sistemas:

- *Sistema de variación de alcance con compensación de cable.*

Este sistema se basa en una pluma simple en voladizo cuyo extremo superior recorre una trayectoria puramente circunferencial. La diferencia de cotas verticales del extremo superior de la pluma es compensada por la liberación de cable mediante los correspondientes aparejos (Figura 15.13).

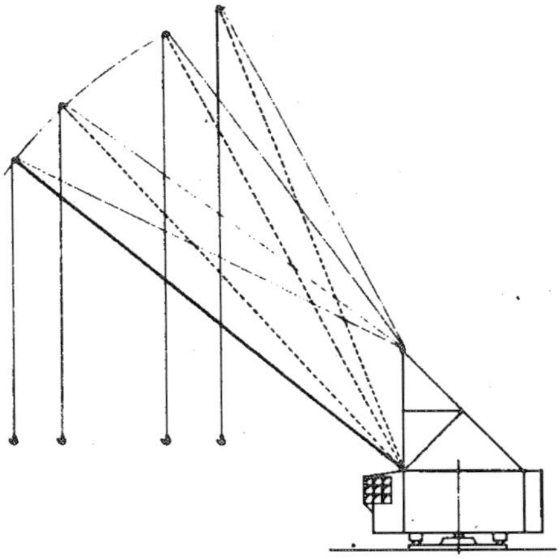

Figura 15.13. Sistema de variación de alcance con compensación de cable.

Este mecanismo, altamente económico, por la simplicidad de la estructura, requiere un cuidadoso manejo de los mecanismos de elevación de la carga con objeto de mantener constante en los posible la cota vertical del centro de inercia de la carga.

- *Sistema de variación de alcance para grúas "pico de pato".*

El concepto de este sistema consiste en el mantenimiento de cota vertical en el extremo de la estructura de la pluma. De esta forma, no es preciso, actuar sobre el cable para obtener el objetivo que se preve en este capítulo (Figura 15.14).

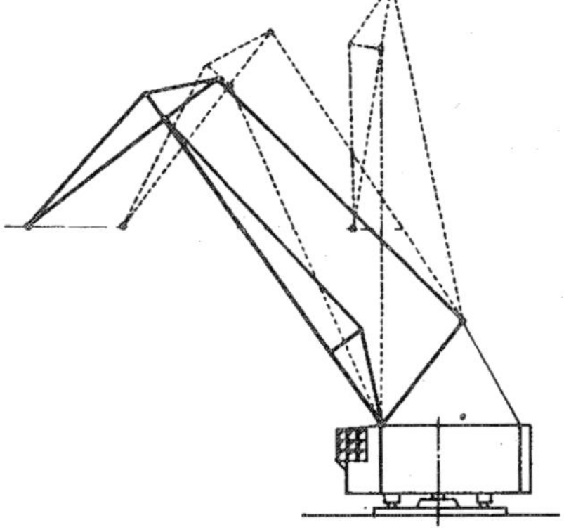

Figura 15.14. Sistema de variación de alcance para grúas "pico de pato".

La estructura, toma la forma de un mecanismo clásico de un grado de libertad denominado cuadrilátero articulado.

- *Sistema de variación de alcance para grúas de balancín de compensación.*

Este mecanismo se podría definir como un sistema mixto entre el accionamiento visto y el denominado mecanismo de grúa "pico de pato". La pluma principal, describe con su extremo superior trayectorias circunferenciales. Como ocurría en el primer sistema, la diferencia de alturas del extremo superior de la pluma principal es compensada por actuaciones sobre el cable.

Ahora bien, en este sistema, el cable se regula automáticamente, mediante la estructura auxiliar, para conseguir el objetivo previsto, de manera que no es necesario actuar sobre el aparejo (Figura 15.15).

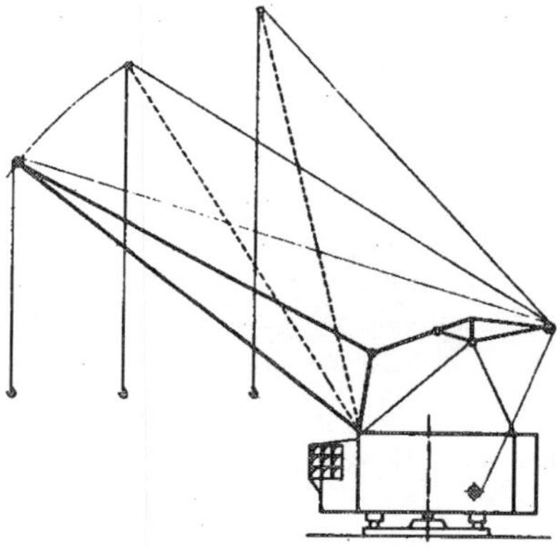

Figura 15.15. Sistema de variación de alcance para grúas de balancín de compensación.

En este caso, la estructura, de complejidad media, actúa mediante el balancín de compensación, para que el cable, mantenga en su extremo de conexión al gancho, una altura prácticamente constante.

15.2.3. EL MECANISMO DE GIRO

En la actualidad, se realizan mecanismos de giro con dos tipos de rodaduras diferentes:

- Rodadura a través de un gran rodamiento axial de bolas (Roth-Erde)
- Rodadura a través de rodillos en torno a un pivote central

El primero de los sistemas es similar al analizado en el Apartado 15.1.3.

La rodadura a través de rodillos antiguamente consistía en una serie de rodillos verticales que recorrían un carril horizontal circular y sobre los cuales cargaba toda la estructura giratoria. El desgaste de los rodillos y la inestabilidad de la zona superior han generado un nuevo modelo de rodadura a través de rodillos (Figura 15.16).

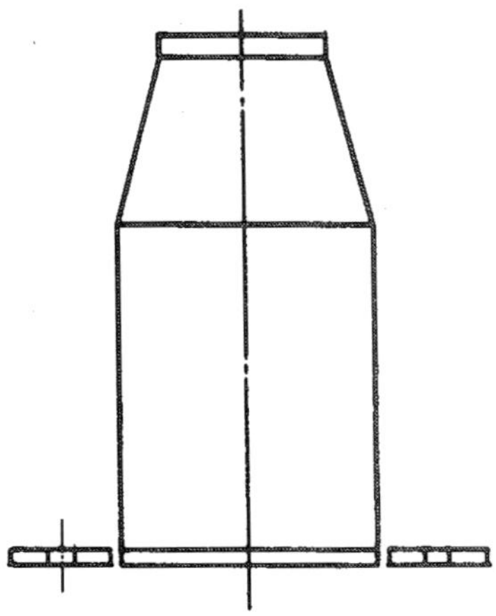

Figura 15.16. Mecanismo de giro de una grúa de pivote.

El mecanismo se realiza en torno a un pivote central. En la parte superior se dispone un rodamiento de larga duración que absorbe el peso de la estructura giratoria, carga útil y los esfuerzos horizontales superiores debidos al momento de la estructura y carga en voladizo.

En la parte inferior del pivote existe una banda de rodadura de rodillos horizontales que absorben los esfuerzos horizontales inferiores debidos al momento de la estructura y carga en voladizo.

15.2.4. LA ESTRUCTURA

La estructura resistente de una grúa de puerto consta de dos subestructuras:

- Pluma
- Pivote central (en el caso de rodadura de rodillos)

La pluma es en la totalidad de los casos de tipo celosía. Al ser una estructura en voladizo, es preferible este tipo de construcción, debido al reducido peso propio respecto a la de viga cajón y por lo tanto, al consiguiente aumento de capacidad de carga.

En el caso de la pluma, existen esfuerzos de tracción y compresión en las barras biarticuladas. En el empotramiento de la pluma a la cabina, existen elevados momentos de flexión. La cortadura es despreciable debido a la elevada longitud de las vigas.

El pivote central tiene un primer tramo cilíndrico que conecta en la parte superior con una zona troncocónica donde se dispone el rodamiento superior.

El pivote está realizado en placa metálica. Está sometido a esfuerzos de compresión y flexión.

15.2.4.1. Cálculo de la pluma

Se van a considerar las siguientes solicitaciones:

- Carga útil
- Peso estructura
- Aceleración de grúa de la estructura giratoria
- Viento en ambas direcciones.

Se pueden realizar precálculos mediante los métodos gráficos de Cremone, Cullman y Ritcher.

El cálculo deformacional y tensional con cierta precisión se lleva a cabo por medio del método de los elementos finitos.

Los máximos esfuerzos aparecen:

- en la zona superior extrema debido a la concentración de esfuerzos provocados por la aplicación de las cargas
- en el empotramiento, en la zona próxima a cabina, debido a los esfuerzos de flexión.

15.2.4.2. Cálculo del pivote

Está sometido al siguiente estado de fuerzas (Figura 15.17).

Aplicando las leyes de la estática se obtienen los siguientes valores de F_1 y F_2:

$$F_1 = F_2 = \frac{M}{l} \qquad (15.3)$$

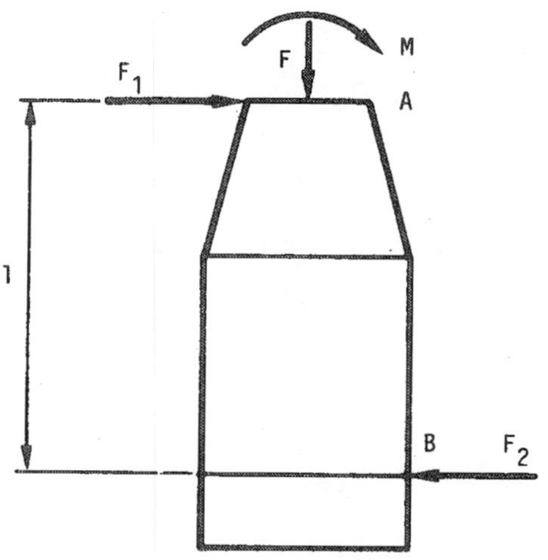

Figura 15.17. Estado de fuerzas sobre el pivote.

El pivote está sometido a unos esfuerzos constantes a lo largo de su longitud, de compresión y cortadura. Asimismo, existe una ley triangular de momentos flectores de máximo valor (M) en la sección superior (A) y de valor nulo en la sección inferior (B).

La tensión en la sección A es la siguiente:

$$\sigma_A = \sqrt{\left(\frac{F}{A_A} + \frac{M}{W_A}\right)^2 + 3\left(\frac{M}{1\,A_A}\right)^2} \qquad (15.4)$$

Con:

A_A = Area transversal del pivote en la sección A

W_A = Módulo resistente a flexión del pivote en la sección A

La tensión en la sección A es la siguiente:

$$\sigma_B = \sqrt{\left(\frac{F}{A_B}\right)^2 + 3\left(\frac{M}{1\,A_B}\right)^2} \qquad (15.5)$$

Con:

A_B = Area transversal del pivote en la sección B

15.2.5. POTENCIA DE LOS MOTORES

En este apartado se va a calcular la potencia de giro de la estructura superior cuando la grúa es de pivote central.

El caso de grúa con rodamiento Roth-Erde se estudió en el Apartado 15.1.5. Las potencias de elevación y cambio de alcance no requieren ninguna explicación, ya que a lo largo de otros capítulos se han visto casos similares.

Sea el esquema de la Figura 15.18.

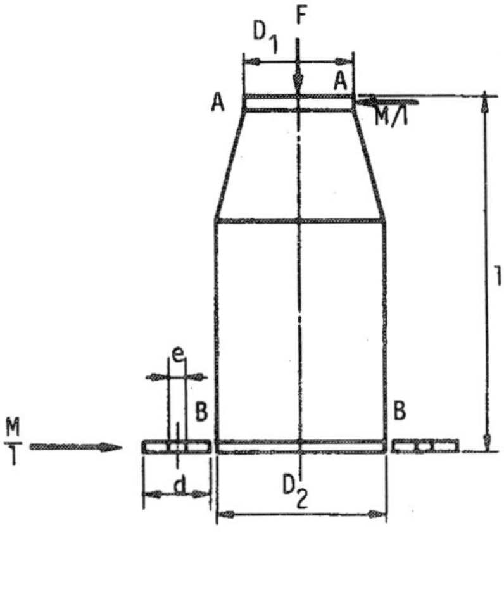

Figura 15.18. Esquema de cálculo de potencia de giro.

En el rodamiento dispuesto en AA, existe primeramente un momento resistente debido a la fuerza vertical, su valor es:

$$M_1 = F \mu_a \frac{D_1}{2} \qquad (15.6)$$

Con:

μ_a = coeficiente de rozamiento del rodamiento ante cargas axiales

Asimismo, en el rodamiento citado, existe un momento resistente generado por la fuerza horizontal M/l, su valor es:

$$M_2 = \frac{M \mu_b D_1}{2 \cdot l} \qquad (15.7)$$

Con:

μ_b = coeficiente de rozamiento del rodamiento ante cargas horizontales

En el elemento de rodadura inferior, dispuesto en BB, existe un momento resistente debido a la fuerza de rozamiento entre el eje y el rodillo:

$$M_3 = \frac{\frac{M}{l} \mu_C \frac{e}{2}}{\frac{d}{2}} \frac{D_2}{2} = \frac{M \mu_C e D_2}{2 \cdot l\, d} \qquad (15.8)$$

Con:

μ_C = coeficiente de rozamiento entre eje y rodillo.

Y por último, existe un momento resistente debido a la rodadura propiamente dicha en la banda BB.

$$M_4 = \frac{\frac{M}{l} f}{\frac{d}{2}} \frac{D_2}{2} = \frac{M\ f\ D_2}{l\ d} \qquad (15.9)$$

Con:

f = distancia de rodadura acero-acero.

Valores aproximados de los diferentes coeficientes se dan a continuación:

μ_a = 0.0075

μ_b = 0.0075

μ_C = 0.08

f = 0.5 mm.

La potencia de giro a velocidad de régimen es:

$$P_W = \frac{(M_1 + M_2 + M_3 + M_4) \cdot n}{716{,}2 \cdot \eta} \qquad (15.10)$$

Con:

n = r.p.m. de la estructura giratoria

η = rendimiento de la transmisión

P_W = potencia a velocidad de régimen (CV)

15.2.6. SISTEMA DE MANDO DE GUÍA

En la práctica totalidad de este tipo de grúas, el sistema de mando de guía se ubica en la cabina, en la parte inferior de la estructura giratoria.

CARACTERISTICAS DE GRUAS GIRATORIAS DE PLATAFORMA

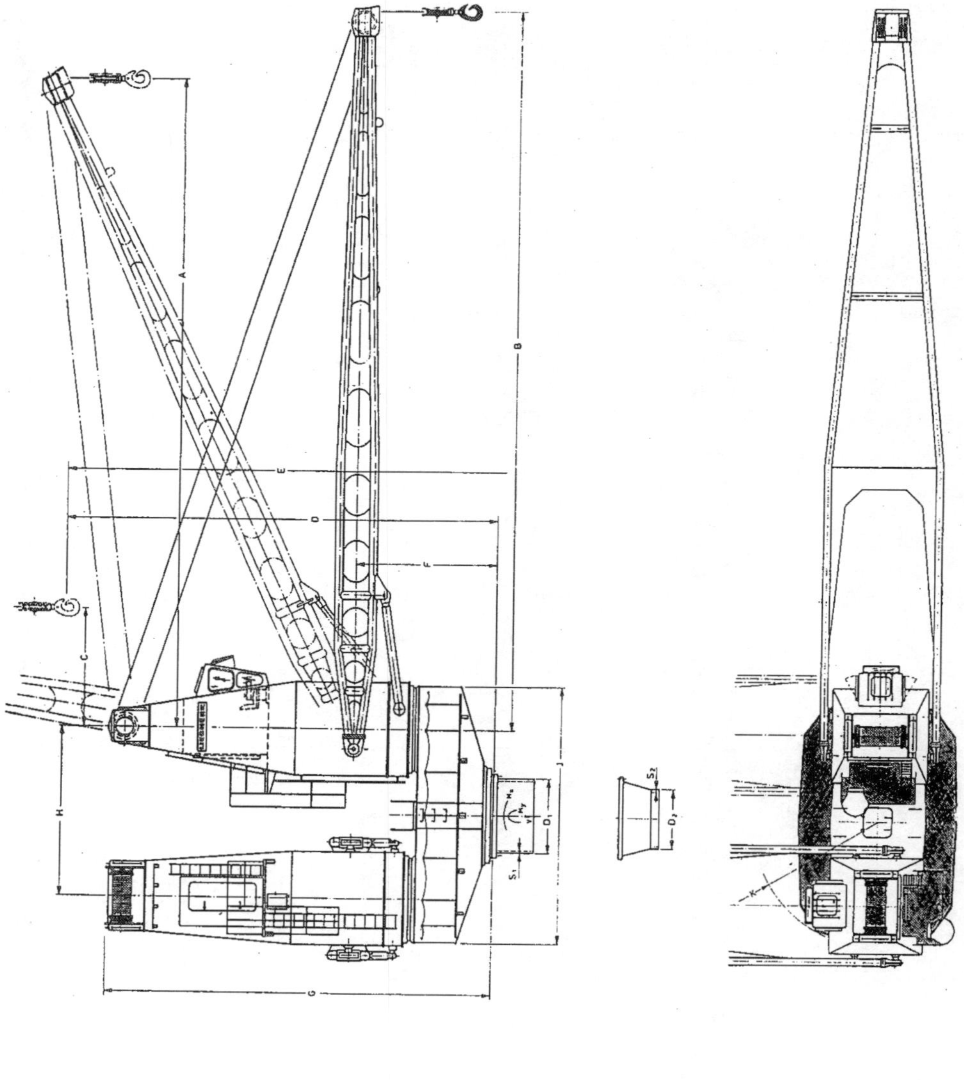

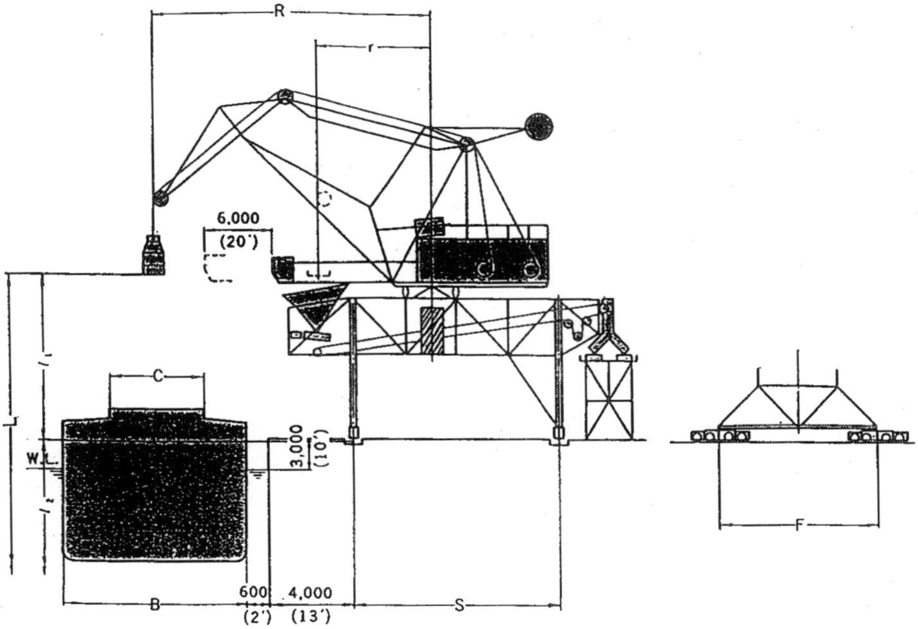

Capacidad descarga		T/h	160	200	315	400	500
Barco	Peso muerto	T	6000	6000	10000	15000	15000
	Anchura	m (ft)	16 (53)	16 (53)	20 (66)	22 (72)	22 (72)
	Ancho de escotilla		6 (20)	6 (20)	7 (23)	8 (26)	8 (26)
Carga Máxima	(peso)	T (lbs)	2 (4.500)	2,5 (5.600)	4 (9.000)	5 (11.200)	6,3 (14.000)
Radio	Máximo (R)	m (ft)	22,4 (73)	22,4 (73)	25 (82)	28 (92)	31,5 (103)
	Mínimo (r)		7,1 (23)	7,1 (23)	8 (26)	9 (30)	10 (33)
Dimensiones	Sobre raíl (l_1)		11 (36)	11 (36)	11 (36)	12 (40)	13 (43)
	Bajo raíl (l_2)		11 (36)	11 (36)	12 (40)	13 (43)	13 (43)
	Total (L)		22 (72)	22 (72)	23 (76)	25 (83)	26 (86)
Luz (S)		m (ft)	10 (33)	10 (33)	11 (36)	14 (46)	16 (53)
Ancho ruedas (F)			8 (26)	8 (26)	9 (30)	10 (33)	12 (40)
Velocidad	Elevación	m/min (F/M)	80 (260)	90 (300)	100 (330)	100 (330)	100 (330)
	Traslación carro		71 (230)	71 (230)	80 (260)	100 (330)	100 (330)
	Traslación grúa		20 (66)	20 (66)	20 (66)	20 (66)	20 (66)
	Giro	rpm	1,6	1,6	1,25	1	0,8

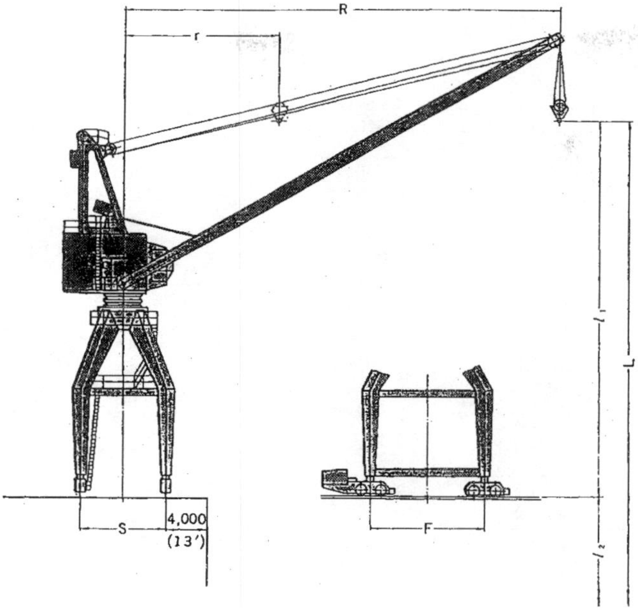

Radio	Máximo (R)	m (ft)	16 (53)			20 (66)			25 (82)		
	Mínimo (r)		7 (23)			8,5 (28)			10 (33)		
Barco	Peso muerto	T	6000			15000			30000		
	Anchura	m (ft)	16 (53)			22 (72)			25 (82)		
	Ancho de escotilla		6 (20)			8 (26)			10 (33)		
Dimensiones	Sobre raíl (l_1)	m (ft)	17 (56)			19 (63)			22 (72)		
	Bajo raíl (l_2)		11 (36)			13 (43)			14 (46)		
	Total (L)		28 (92)			32 (106)			36 (118)		
Luz (S)		m (ft)	5 (16)			5 (16)			6 (20)		
Ancho ruedas (F)			6 (20)			6 (20)			7 (23)		
Capacidad carga		T (lbs)	3 (7.000)	5 (11.000)	10 (22.000)	3 (7.000)	5 (11.000)	10 (22.000)	3 (7.000)	5 (11.000)	10 (22.000)
Velocidad	Elevación	m/min (F/M)	40 (130)	30 (100)	25 (82)	40 (130)	30 (100)	25 (82)	40 (130)	30 (100)	25 (82)
	Traslación carro		40 (130)	40 (130)	40 (130)	40 (130)	40 (130)	40 (130)	40 (130)	40 (130)	40 (130)
	Traslación grúa		30 (100)	30 (100)	30 (100)	30 (100)	30 (100)	30 (100)	30 (100)	30 (100)	30 (100)
	Giro	rpm	2	1,5	1	2	1,5	1	2	1,5	1

Tipo de grúa	Dimensiones principales					Columna de la base				Fuerzas y momentos rodamiento de giro			Potencia	Peso
						cilíndrico		cónico		$\varphi = 1{,}1$ $\psi = 1{,}4$				
	F	G	H	I	K	D_1	S_1	D_2	S_2	M_x	M_y	V		
	m	m	m	m	m	mm	mm	mm	mm	Mpm	Mpm	Mp	kW	T
D2 X B 3/14-16	2,7	8,2	3,7	5,6	2,9	1500	12	1000	20	185	8	36,9	70	25
D2 X B 3/16-18	2,7	8,8	3,7	5,6	2,9	1500	12	1000	25	213	8,7	38,1	70	26
D2 X B 3/18-20	2,7	9,4	3,7	5,6	2,9	1500	12	1000	25	244	9,2	39,1	70	27
D2 X B 3/20-22	2,7	10	3,7	5,6	2,9	1500	15	1000	30	276	9,6	40,3	70	28
D2 X B 3/22-24	2,7	10,6	3,7	5,6	2,9	1500	15	1000	35	306	10,2	41,3	70	29
D2 X B 5/14-16	2,7	8,2	3,7	5,6	2,9	1880	18	1400	20	288	11,5	50,1	104	31
D2 X B 5/16-18	2,7	8,8	3,7	5,6	2,9	1880	18	1400	20	330	12,2	52,3	104	33
D2 X B 5/18-20	2,7	9,4	3,7	5,6	2,9	1880	18	1400	20	374	12,9	54,5	104	35
D2 X B 5/20-22	3	10	3,7	5,6	2,9	1880	18	1400	22	418	14	56,7	104	37
D2 X B 5/22-24	3	10,6	3,7	5,6	2,9	1880	18	1400	25	464	14,8	58,9	104	39
D2 X B 8/14-16	3	8,5	3,7	5,6	2,9	1880	20	1400	25	459	18,7	83,7	124	43
D2 X B 8/16-18	3	9	3,7	5,6	2,9	1880	20	1400	30	527	20,8	87,1	124	46
D2 X B 8/18-20	3,1	9,8	3,7	5,6	2,9	1880	20	1400	35	597	22,5	92,5	124	49
D2 X B 8/20-22	3,1	10,4	3,7	5,6	2,9	1880	20	1400	35	667	23,6	95,9	124	53
D2 X B 8/22-24	3,1	11	3,7	5,6	2,9	1880	25	1400	40	739	24,5	99,3	124	56
D2 X B 11/14-16	3,45	9,1	4,2	6,45	3,5	1880	20	1400	35	607	26,5	100,8	170	56
D2 X B 11/16-18	3,45	9,5	4,2	6,45	3,5	1880	22	1400	40	691	27,7	104,2	170	59
D2 X B 11/18-20	3,45	10,1	4,2	6,45	3,5	1880	25	1400	45	779	28,9	107,6	170	62
D2 X B 11/20-22	3,45	10,8	4,2	6,45	3,5	1880	28	1400	45	867	30,7	111	170	66
D2 X B 11/22-24	3,45	11,4	4,2	6,45	3,5	1880	30	1400	50	961	31,8	114,4	170	68
D2 X B 12,5/14-16	3,45	9	4,2	6,45	3,5	2380	20	1900	25	696	28,5	110	200	60
D2 X B 12,5/16-18	3,45	9,6	4,2	6,45	3,5	2380	20	1900	25	794	30,2	112,3	200	62
D2 X B 12,5/18-20	3,5	10,1	4,2	6,45	3,5	2380	20	1900	30	892	31,4	115,7	200	65
D2 X B 12,5/20-22	3,5	10,8	4,2	6,45	3,5	2380	20	1900	30	994	33,2	119,1	200	68
D2 X B 12,5/22-24	3,5	11,5	4,2	6,45	3,5	2380	20	1900	35	1100	34,6	122,7	200	71
D2 X B 16/14-16	3,45	9	4,2	6,45	3,5	2380	20	1900	30	866	34,5	129,2	240	68
D2 X B 16/16-18	3,45	9,6	4,2	6,45	3,5	2380	20	1900	30	988	36,8	132,6	240	70
D2 X B 16/18-20	3,5	10,2	4,2	6,45	3,5	2380	20	1900	35	1110	38,2	136	240	76
D2 X B 16/20-22	3,65	10,8	4,2	6,45	3,5	2380	25	1900	35	1238	39,8	139,4	240	79
D2 X B 16/22-24	3,65	11,5	4,2	6,45	3,5	2380	25	1900	40	1366	41,8	142,8	240	84
D2 X B 20/16-18	3,85	9,9	4,2	6,45	3,5	2280	22	1900	35	1204	42,3	147,2	280	76
D2 X B 20/18-20	3,85	10,5	4,2	6,45	3,5	2280	25	1900	40	1354	44,3	151,6	280	82
D2 X B 20/20-22	3,85	11,2	4,2	6,45	3,5	2280	28	1900	45	1504	46,2	155	280	85
D2 X B 20/22-24	3,85	11,8	4,2	6,45	3,5	2280	30	1900	50	1658	48,4	158,4	280	88
D2 X B 20/24-26	3,85	12,2	4,2	6,45	3,5	2280	35	1900	50	1816	50,5	161,8	280	91
D2 X B 25/16-18	4,7	10,8	5,2	7,8	3,9	2180	35	1700	40*	1520	67,5	191	320	94
D2 X B 25/18-20	4,7	11,4	5,2	7,8	3,9	2180	40	1700	40*	1708	70,4	197,6	320	100
D2 X B 25/20-22	4,7	12	5,2	7,8	3,9	2180	45	1700	45*	1896	72	202	320	106
D2 X B 25/22-24	4,7	12,6	5,2	7,8	3,9	2180	45	1700	50*	2096	76,6	206,4	320	110
D2 X B 25/24-26	4,7	13,1	5,2	7,8	3,9	2180	50	1700	55*	2296	79,4	210,8	320	116
D2 X B 30/16-18	4,85	11	5,2	7,8	3,9	2150	45	1700	45*	1827	81,7	221,1	380	115
D2 X B 30/18-20	4,85	11,6	5,2	7,8	3,9	2150	50	1700	50*	2055	85,4	226,7	380	120
D2 X B 30/20-22	4,85	12,2	5,2	7,8	3,9	2150	35*	1700	55*	2281	89,3	235,1	380	127
D2 X B 30/22-24	4,85	12,8	5,2	7,8	3,9	2150	40*	1700	60*	2515	92,4	240,7	380	132
D2 X B 30/24-26	4,85	13,3	5,2	7,8	3,9	2150	40*	-	-	2755	96,1	246,1	380	137
D2 X B 40/16-18	5	11,1	5,2	7,8	3,9	2150	40*	1700	60*	2410	103,5	282,4	440	144
D2 X B 40/18-20	5	11,7	5,2	7,8	3,9	2150	40*	-	-	2704	107,6	289	440	150
D2 X B 40/20-22	5	12,3	5,2	7,8	3,9	3050	35	-	-	3000	111,4	296,8	440	157
D2 X B 40/22-24	5	12,9	5,2	7,8	3,9	3050	40	-	-	3310	115,9	304,6	440	164
D2 X B 40/24-26	5	13,4	5,2	7,8	3,9	3050	45	-	-	3622	120,4	312,2	440	171
D2 X B 50/16-18	5,2	11,3	5,2	7,8	3,9	3050	35	2600	30*	3000	130,4	350	440	177
D2 X B 50/18-20	5,2	11,9	5,2	7,8	3,9	3050	40	2600	35*	3372	135,5	358,7	440	185
D2 X B 50/20-22	5,2	12,5	5,2	7,8	3,9	3050	45	2600	40*	3744	140,7	368,7	440	195
D2 X B 50/22-24	5,2	13,1	5,2	7,8	3,9	3050	50	2600	40*	4130	146,4	378,7	440	205
D2 X B 50/24-26	5,2	13,6	5,2	7,8	3,9	3050	35*	2600	45*	4520	152,4	387,5	440	210

Tipo de grúa	Capacidad	Alcance			Altura de Elevación		Velocidad				
		Max.		Min.			Elevación		Giro		Tiempo máximo elevac. pluma
		Pluma 25°	Pluma	0°			Carga total	Max.	Platafor-ma	Grúa	
		A	B	C	D	E					
	Mp	m	m	m	m	m	m/min	m/min	r.p.m.	r.p.m.	s
D2 X B 3/14-16	2 X 3	14	16	2,5	9,5	30	40	100	2	1	20
D2 X B 3/16-18	2 X 3	16	18	2,5	9,5	30	40	100	2	1	25
D2 X B 3/18-20	2 X 3	18	20	2,5	11,5	30	40	100	1,8	0,9	25
D2 X B 3/20-22	2 X 3	20	22	2,5	11,5	30	40	100	1,8	0,9	30
D2 X B 3/22-24	2 X 3	22	24	2,5	11,5	30	40	100	1,8	0,9	30
D2 X B 5/14-16	2 X 5	14	16	2,5	9,5	30	40	100	1,8	0,9	25
D2 X B 5/16-18	2 X 5	16	18	2,5	9,5	30	40	100	1,8	0,9	30
D2 X B 5/18-20	2 X 5	18	20	2,5	11,5	30	40	100	1,6	0,8	30
D2 X B 5/20-22	2 X 5	20	22	2,5	11,5	30	40	100	1,6	0,8	30
D2 X B 5/22-24	2 X 5	22	24	2,5	11,5	30	40	100	1,6	0,8	30
D2 X B 8/14-16	2 X 8	14	16	2,5	9,5	30	30	90	1,6	0,8	25
D2 X B 8/16-18	2 X 8	16	18	2,5	9,5	30	30	90	1,6	0,8	30
D2 X B 8/18-20	2 X 8	18	20	2,5	11,5	30	30	90	1,4	0,7	30
D2 X B 8/20-22	2 X 8	20	22	2,5	11,5	30	30	90	1,4	0,7	35
D2 X B 8/22-24	2 X 8	22	24	2,5	11,5	30	30	90	1,4	0,7	35
D2 X B 11/14-16	2 X 11	14	16	2,5	10	30	30	80	1,4	0,7	30
D2 X B 11/16-18	2 X 11	16	18	2,5	10	30	30	80	1,4	0,7	30
D2 X B 11/18-20	2 X 11	18	20	2,5	12	30	30	80	1,4	0,7	35
D2 X B 11/20-22	2 X 11	20	22	2,5	12	30	30	80	1,4	0,7	35
D2 X B 11/22-24	2 X 11	22	24	2,5	12	30	30	80	1,4	0,7	35
D2 X B 12,5/14-16	2 X 12,5	14	16	2,5	10	30	30	72	1,4	0,7	30
D2 X B 12,5/16-18	2 X 12,5	16	18	2,5	10	30	30	72	1,4	0,7	30
D2 X B 12,5/18-20	2 X 12,5	18	20	2,5	12	30	30	72	1,4	0,7	35
D2 X B 12,5/20-22	2 X 12,5	20	22	2,5	12	30	30	72	1,4	0,7	35
D2 X B 12,5/22-24	2 X 12,5	22	24	2,5	12	30	30	72	1,4	0,7	35
D2 X B 16/14-16	2 X 16	14	16	2,5	10	30	30	72	1,4	0,7	30
D2 X B 16/16-18	2 X 16	16	18	2,5	10	30	30	72	1,4	0,7	30
D2 X B 16/18-20	2 X 16	18	20	2,5	12	30	30	72	1,4	0,7	35
D2 X B 16/20-22	2 X 16	20	22	3	12	30	30	72	1,4	0,7	35
D2 X B 16/22-24	2 X 16	22	24	3	12	30	30	72	1,4	0,7	35
D2 X B 20/16-18	2 X 16	16	18	2,5	10	30	30	72	1,4	0,7	35
D2 X B 20/18-20	2 X 20	18	20	2,5	12	30	30	72	1,4	0,7	35
D2 X B 20/20-22	2 X 20	20	22	3	12	30	30	72	1,4	0,7	40
D2 X B 20/22-24	2 X 20	22	24	3	12	30	30	72	1,4	0,7	40
D2 X B 20/24-26	2 X 20	24	26	3	12	30	30	72	1,4	0,7	40
D2 X B 25/16-18	2 X 25	16	18	2,5	11	30	24	72	1,4	0,7	35
D2 X B 25/18-20	2 X 25	18	20	2,5	13	30	24	72	1,4	0,7	35
D2 X B 25/20-22	2 X 25	20	22	3	13	30	24	72	1,4	0,7	40
D2 X B 25/22-24	2 X 25	22	24	3	13	30	24	72	1,4	0,7	40
D2 X B 25/24-26	2 X 25	24	26	3	13	30	24	72	1,4	0,7	45
D2 X B 30/16-18	2 X 30	16	18	2,5	11	30	24	60	1,4	0,7	35
D2 X B 30/18-20	2 X 30	18	20	2,5	13	30	24	60	1,4	0,7	35
D2 X B 30/20-22	2 X 30	20	22	3	13	30	24	60	1,2	0,6	40
D2 X B 30/22-24	2 X 30	22	24	3	13	30	24	60	1,2	0,6	40
D2 X B 30/24-26	2 X 30	24	26	3	13	30	24	60	1,2	0,6	45
D2 X B 40/16-18	2 X 40	16	18	2,5	11	30	20	45	1,2	0,6	40
D2 X B 40/18-20	2 X 40	18	20	2,5	13	30	20	45	1,2	0,6	40
D2 X B 40/20-22	2 X 40	20	22	3	13	30	20	45	1	0,5	45
D2 X B 40/22-24	2 X 40	22	24	3	13	30	20	45	1	0,5	45
D2 X B 40/24-26	2 X 40	24	26	3	13	30	20	45	1	0,5	50
D2 X B 50/16-18	2 X 50	16	18	2,5	11	30	16	36	1	0,5	45
D2 X B 50/18-20	2 X 50	18	20	2,5	13	30	16	36	1	0,5	50
D2 X B 50/20-22	2 X 50	20	22	3	13	30	16	36	0,8	0,4	55
D2 X B 50/22-24	2 X 50	22	24	3	13	30	16	36	0,8	0,4	60
D2 X B 50/24-26	2 X 50	24	26	3	13	30	16	36	0,8	0,4	65

PROBLEMA TIPO 15.1

Enunciado: Calcular la grúa giratoria de plataforma cuyas dimensiones se muestran en la figura. El cable tiene una resistencia de 180 Kg/mm^2. El aparato posee una frecuencia aproximada igual de cargas pequeñas, medianas y máximas, y se le estima una duración del mecanismo de 6300 horas.

Datos: $\mu_a = 0{,}0075$; $\mu_c = 0{,}08$; $\mu_b = 0{,}0075$; $v_{elev} = 40$ m/min; n = 1,4 rpm; d = 200 mm; e = 80; f = 0,5 mm

Hipótesis: Despreciamos peso del gancho y las poleas, $\sigma_{tambor} = 160$ MPa, $\eta_{transmisión} = 85\%$

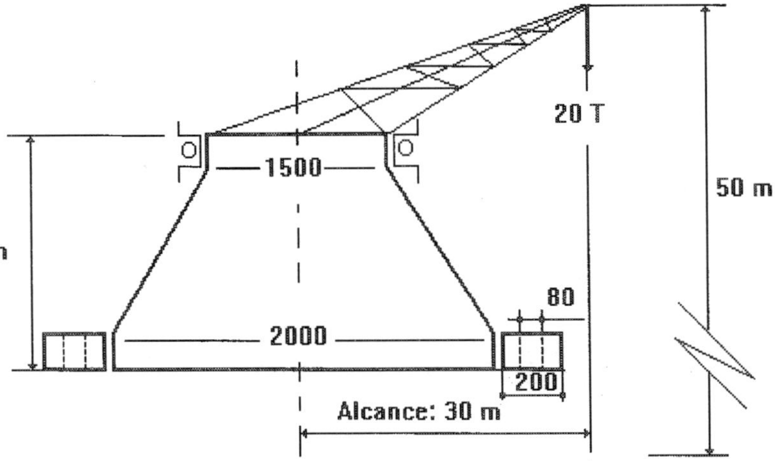

1. Gancho:

$Q_u = 20.000$ daN $\Rightarrow Q_g = 160$ daN

$Q_T = Q_u + Q_g = 20.000 + 160 = 20.160$ daN

2. Cable:

Clasificación (Tabla 3.17). Grupo M6 ; $K_C = 0{,}315$ (Resistencia = 180 Kg/mm^2)

$$S = \frac{Q_T}{n^o \text{ ramales} \cdot \eta} \Rightarrow d_{cable} = K_C \sqrt{Q_T/1} = 0,315\sqrt{20.160} = 44,72 \text{ mm} \rightarrow$$

Es demasiado grande $\Rightarrow$ Se colocan 2 ramales

$$d_{cable} = K_C \sqrt{Q_T/2 \cdot 0,99} = 0,315 \sqrt{20.160/2 \cdot 0,99} = 31,78 \text{ mm} \rightarrow$$

Para grúas giratorias el diámetro debe estar comprendido entre 5 y 30 mm (Tabla 3.8). Sigue siendo demasiado grande, así es que probamos con 4 ramales:

$$d_{cable} = K_C\sqrt{Q_T/4 \bullet \eta_{4\ ramales}} = 0,315\sqrt{20.160/4 \bullet 0,97}$$

$d_{cable} = 22,70 \approx 27$ mm (Tabla 6.4) $\quad s = 31 \quad r = 15 \quad a = 3,5$

3. Tambor:

(Tabla 4.8.) $\Rightarrow h_1 = 20$

(Figura 4.15.) $\Rightarrow h_2 = 1,12$

$d_{Tambor} = d_{cable} \cdot h_1 \cdot h_2 = 27 \cdot 20 \cdot 1,12 = 604,8$ mm

$\sigma = 160$ MPa $\Rightarrow$ Tabla 6.6 ($d_{Tambor} = 700$ mm ; $S = 5.195,8 \approx 6.000$ daN)

Espesor de la pared $\Rightarrow h = 10$ mm

Longitud cable = 2· Longitud de elevación = 4·50 = 200 m

$$N^o \text{ de espiras} = \frac{L_{cable}}{\pi \bullet d_{tambor}} = \frac{200.000}{\pi \bullet 700} = 90,94 \approx 91$$

Nº de espiras totales = 91 + 3 = 94

Longitud tambor = NºEspiras totales x paso = 94 x 31 = 2.914 mm

4. Polea:

(Tabla 4.8.) $\Rightarrow h_1 = 22,4$

(Figura 4.15.) $\Rightarrow h_2 = 1,12$

$d_{polea} = D_1 \geq d_{cable} \cdot h_1 \cdot h_2 = 27 \cdot 22,4 \cdot 1,12 = 677,376$ mm

$d_{polea} = 710$ mm $\Rightarrow$ Polea de rodamiento de bolas. Peso = 132 daN

5. Cálculo de la estructura:

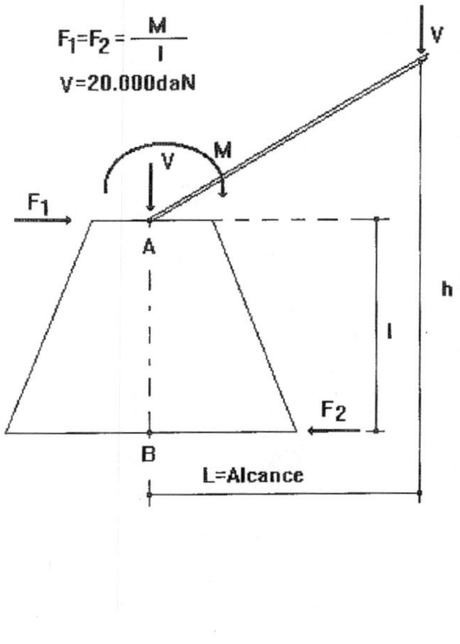

$\Sigma M_B = 0$ $\qquad$ $V \cdot \text{alcance} - F_1 \cdot \text{anclage} = 0 \Rightarrow V \cdot L - F_1 \cdot l = 0$

$$F_1 = F_2 = \frac{V \cdot L}{l} = \frac{20.160 \cdot 30}{3} \Rightarrow F_2 = 201.600 \text{ daN}$$

Cálculo de la sección circular:

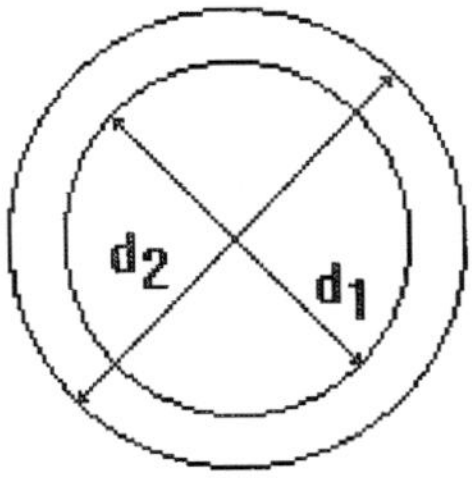

$I = 1/4 \cdot \pi \cdot r^4$ $\qquad$ $r = d/2$

$A = \pi/4 \cdot (d_2^2 - d_1^2) = \pi/4 \cdot 0{,}29 \cdot 10^6 \text{ mm}^2$

$$W = \frac{I}{r} = \frac{\pi \cdot d^3}{32} = \frac{\pi \cdot \left(d_2^3 - {d_1^4}/{d_2}\right)}{32} = \frac{\pi}{32} \cdot \left(1.500^3 - {1.400^4}/{1500}\right)$$

$$W = \frac{\pi}{32} \cdot (3,375 \cdot 10^9 - 2,561 \cdot 10^9) = \frac{\pi}{32} \cdot 0,8139 \cdot 10^9 \text{ mm}^3$$

$$\sigma_f = \frac{M_F}{W} = \frac{201.600 \cdot 3.000}{{\pi}/{32} \cdot 0,8139 \cdot 10^9} = 7,569 \text{ daN/mm}^2$$

$$\sigma_t = \frac{V}{A} = \frac{20.160}{{\pi}/{4} \cdot 0,29 \cdot 10^6} = 0,088 \text{ daN/mm}^2$$

$$\tau_C = \frac{F_2}{A} = \frac{201.600}{{\pi}/{4} \cdot 0,8139 \cdot 10^6} = 0,315 \text{ daN/mm}^2$$

$$\sigma_{\text{equiv A}} = \sqrt{\left(\frac{V}{A_A} + \frac{M}{W_A}\right)^2 + 3 \cdot \left(\frac{F_2}{A_A}\right)^2} = \sqrt{(0,088 + 7,569)^2 + 3 \cdot (0,315)^2}$$

$\sigma_{\text{equiv A}} = 7,67 \text{ daN/mm}^2$

$\sigma_{adm} = 13 \text{ daN/mm}^2$ $\qquad$ ($7,67 \text{ daN/mm}^2 < 13 \text{ daN/mm}^2 \Rightarrow$ El diseño es válido)

6. Potencia en motores:

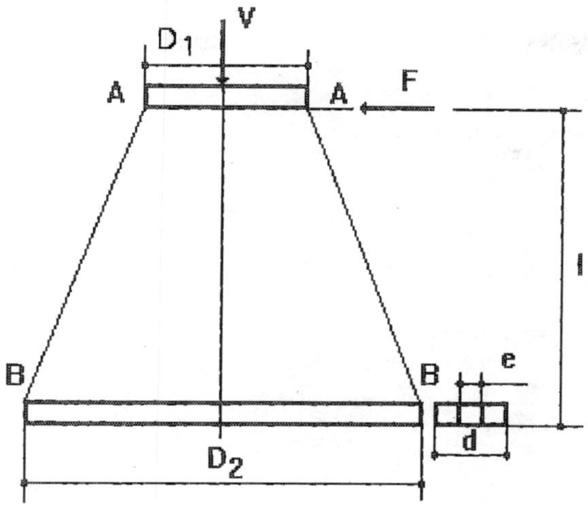

F = Fuerza horizontal

V = Fuerza vertical

f = Anchura rozamiento acero-acero.

μ_c= Coef. roz. entre eje y rodillo

μ_b= Coef. roz. frente a carga horizontal

μ_a= Coef. roz. frente a carga axial

$$M_{superior} = V \cdot \mu_a \cdot r_{superior} + H \cdot \mu_b \cdot r_{superior}$$

$$M_{inferior} = H \cdot \beta \cdot r_{inferior} \qquad \text{con} \quad \beta = \frac{\mu_C \bullet e/2 + f}{d/2}$$

$$M^V{}_{AA} = V \cdot \mu_a \cdot D_1/2 = 20.160 \cdot 0{,}0075 \cdot 1.500/2 = 113.400 \text{ daN mm}$$

$$M^F{}_{AA} = F \cdot \mu_b \cdot D_1/2 = 201.600 \cdot 0{,}0075 \cdot 1.500/2 = 1.134.000 \text{ daN mm}$$

$$M^F{}_{BB} = \frac{F \bullet \mu_C \bullet e/2}{d/2} \bullet \frac{D_2}{2} = \frac{201.600 \bullet 0{,}08 \bullet 40}{100} \bullet \frac{2000}{2} = 6.451.200 \text{ daN mm}$$

$$M^f{}_{BB} = \frac{F \bullet f}{d/2} \bullet \frac{D_2}{2} = \frac{201.600 \bullet 0{,}5}{100} \bullet \frac{2.000}{2} = 1.008.000 \text{ daN mm}$$

Potencia de giro a velocidad de régimen:

$$P_{giro} = \frac{\sum M \bullet n}{716{,}2 \bullet \eta}$$

$$\sum M = M^V{}_{AA} + M^F{}_{AA} + M^F{}_{BB} + M^f{}_{BB} =$$

$$= 113.400 + 1.134.000 + 6.451.200 + 1.008.000 = 8.706.400 \text{ daN mm} = 8.706{,}4 \text{ daN m}$$

$$P_{giro} = \frac{8.706,4 \cdot 1,4}{716,2 \cdot 0,85} = 20,02 \text{ CV} \approx 25 \text{ CV}$$ (Peso del motor = 285 daN)

Potencia de elevación:

$$P_{elev} = \frac{V \cdot v_{elev}}{4.500 \cdot \eta} = \frac{20.160 \text{ daN} \cdot 40}{4.500 \cdot 0,85} = 210,8 \text{ CV} 209 \text{ CV} \rightarrow 210 \text{ CV}$$

7. Cálculo del punto B.

$$A = \frac{\pi}{4} \cdot (d_e^4 - d_i^4) = \frac{\pi}{4} \cdot 0,190 \cdot 10^6$$

$$W = \frac{I}{r} = \frac{\pi \cdot (d_e^4 - d_i^4)}{32 \cdot d_e} = \frac{\pi}{32} \cdot 343,9 \cdot 10^6$$

$$\sigma_t = \frac{V}{A} = \frac{20.000}{\pi/4 \cdot 0,19 \cdot 10^6} = 0.134 \text{ daN/mm}$$

$$\tau_C = \frac{F}{A_C} = \frac{200.000}{\pi/4 \cdot 0,19 \cdot 10^6} = 1,34 \text{ daN/mm}^2$$

$$\sigma_B = \sqrt{(\sigma_t)^2 * 3\,(\tau_C)^2} = 2,32 \text{ daN/mm}^2 < 13 \text{ daN/mm}^2$$

16. GRUAS PORTACONTENEDORES

Figura 16.1. Fotografía de una grúa portacontenedores

16.1. Generalidades

La grúa portacontenedores es un aparato de elevadas dimensiones, situado en zonas portuarias y cuyas misiones principalmente son la carga y descarga containerizada de buques así como de material a granel.

Existen cinco movimientos:

- Movimiento de translación de la grúa, a través de carriles metálicos situados en el suelo.

- Movimiento de translación del carro a través de carriles metálicos implementados sobre la viga principal.
- Movimiento de elevación de la carga, mediante el mecanismo de elevación.
- Movimiento de elevación de la parte lado de agua de la viga principal por medio de motores auxiliares situados en la propia viga principal. Este movimiento es necesario para que el aparato deje libre el espacio sobre el mar para el tráfico normal de buques.
- Movimiento de giro del carro, por medio de un rodamiento Roth-Erde. Tiene por objeto, adaptar el spreader a una disposición aleatoria del contenedor a cargar.

Las partes de una grúa portacontenedores son las siguientes:

1. Viga principal
2. Lado agua viga principal
3. Lado tierra viga principal
4. Traviesas
5. Tirantes
6. Diagonales
7. Postes
8. Vigas testeras
9. Cabina de mando
10. Carro
11. Mecanismo de translación de la grúa
12. Paquete de rodadura

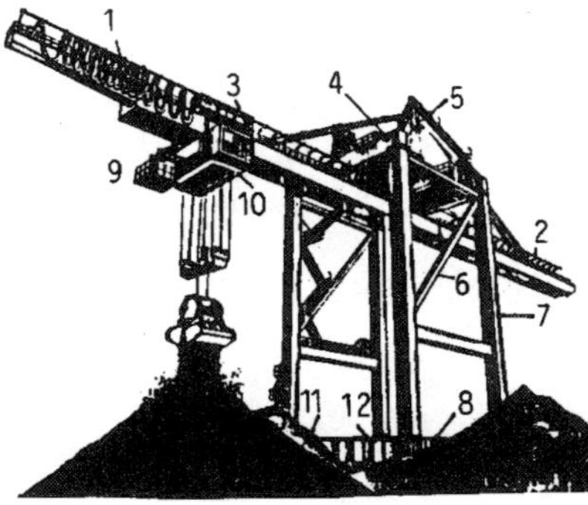

Figura 16.2. Partes de una grúa portacontenedores.

El accionamiento de los diferentes movimientos se realiza mediante motores eléctricos de corriente continua. En una construcción elevada se ubica un equipo de transformación que a partir de la instalación de corriente alterna del puerto, alimenta el equipo eléctrico de la grúa.

La carga útil es generalmente de 40 T.

El lado agua de la viga principal oscila entre 35 y 40 m.

La distancia entre traviesas es de 15 a 20 m.

El lado tierra de la viga principal suele tener de 20 a 25 m.

La altura de la grúa oscila entre 30 y 60 m.

La velocidad del carro es del orden de 100 m/min.

La velocidad de la estructura es del orden de 20 m/min.

16.2. El mecanismo de elevación

Existen dos tipos de mecanismos de elevación, dependiendo del nivel de prestaciones exigidas:

Carro simple

Se caracteriza por disponer de dos movimientos: translación a lo largo de la viga principal y elevación de la carga.

Con objeto de disminuir el ya elevado peso propio del carro se realizan versiones altamente aligeradas ya que están compuestos únicamente de una estructura con cuatro rodillos de giro y cuatro poleas de envío de cable al spreader (Figura 16.3).

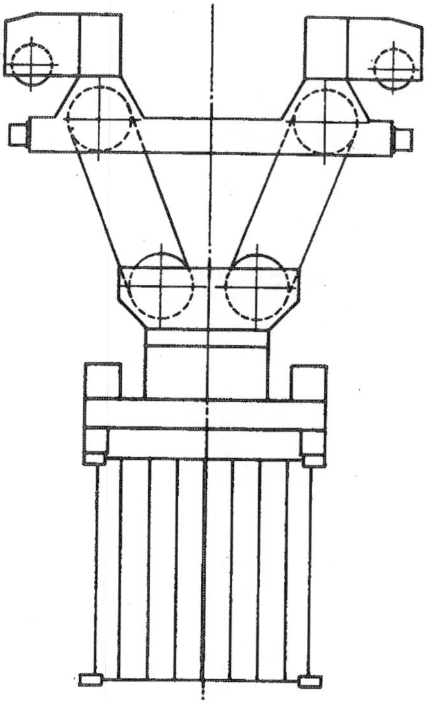

Figura 16.3. Carro aligerado.

Como se aprecia en la Figura 16.3, el tambor de elevación y el mecanismo de translación no se sitúan sobre el carro, sino que se ubican en una instalación dispuesta en la viga principal. Esta instalación suele estar en el centro de ambas traviesas, o bien sobre la traviesa lado tierra.

El mecanismo de transmisión entre la instalación y el carro es por cable a través de un sistema de poleas que mantiene la posición vertical del spreader durante los movimientos de translación del carro.

Con este sistema se requiere adaptar manualmente el spreader a una carga aleatoriamente orientada ya que no es posible el giro del carro. Presenta la ventaja de reducir de forma apreciable las resistencias de rodadura y potencia de translación del carro debido a la disminución del peso propio del carro.

Para la manutención de contenedores por medio de spreaders son necesarios ocho ramales, los cuales son accionados por medio de un tambor de cuatro ramales, cuyos extremos son fijados al propio tambor (Figura 16.4).

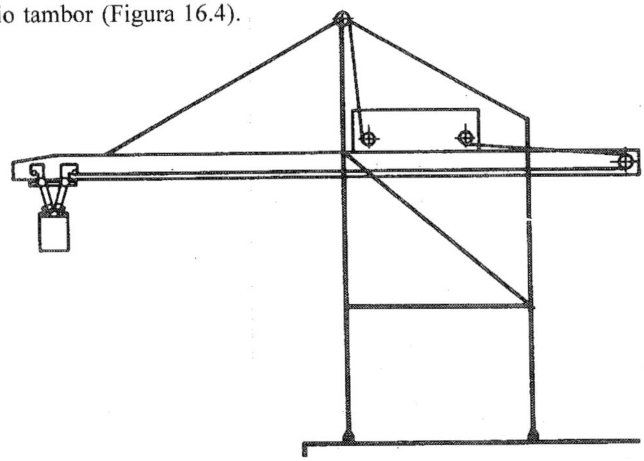

Figura 16.4. Trayectoria de los cables de elevación.

Carro giratorio

Se representa en la Figura 16.5.

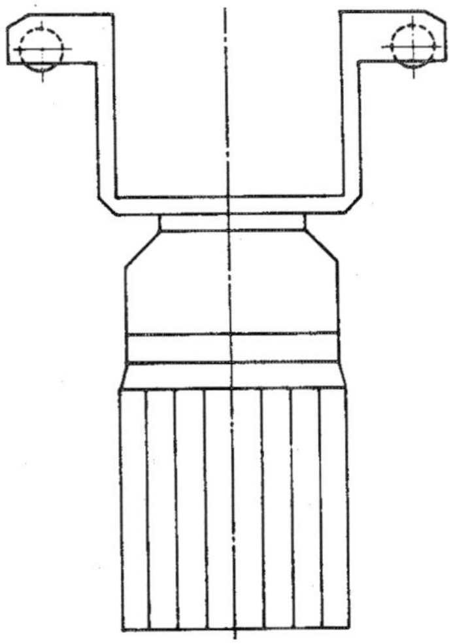

Figura 16.5. Mecanismo de elevación de una grúa portacontenedores.

Consta de dos subestructuras:

- Una subestructura superior compuesta por los elementos de rodadura sobre la viga principal, el mecanismo de translación, cuatro postes y una placa horizontal que aloja un gran rodamiento de bolas.
- Una subestructura inferior, unida a la superior mediante el citado rodamiento Roth-Erde. Esta subestructura conforma un habitáculo cerrado donde se disponen los mecanismos de giro del carro y de elevación de la carga.

En la manutención de carga a granel, se acopla el mecanismo de elevación, una cuchara.

16.3. El mecanismo de translación de la grúa

Los cuatro postes se unen en su parte inferior a otros tantos paquetes de rodadura cuyo diseño ha de ser cuidadoso:

- Se implementa un elevado número de ruedas con objeto de que éstas soporten adecuadamente la carga útil y sobre todo el alto peso propio del aparato. Se suelen tomar cuarenta toneladas por rueda como carga máxima.
- Se introducen balancines con objeto de distribuir de manera uniforme la carga y eliminar así la posibilidad de sobrecargar las ruedas dispuestas en la parte inferior de los postes.
- Se realiza una unión flexible poste-elemento de rodadura con objeto de anular los momentos de flexión en la dirección longitudinal de la grúa.

La Figura 16.6 representa un paquete de rodadura típico de una grúa portacontenedores.

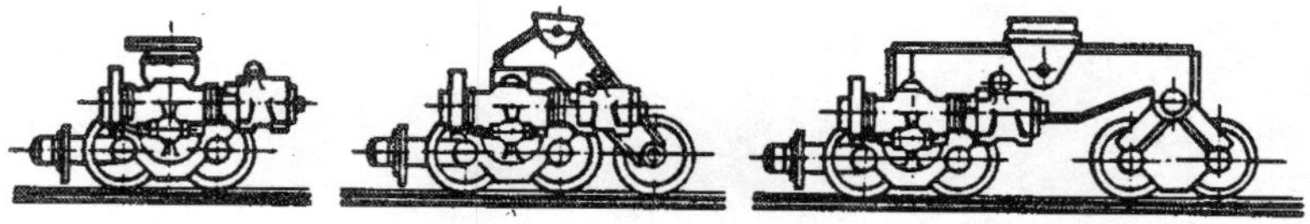

Figura 16.6. Paquete de rodadura de grúa portacontenedores.

En la totalidad de los casos, la rodadura es de tipo acero-acero. Existen realizaciones especiales donde los carriles de rodadura describen trayectorias curvilíneas con objeto de adaptarse a las líneas de carga del puerto.

16.4. La estructura

En la estructura de una grúa portacontenedores se pueden distinguir tres zonas, unidas entre sí, pero de diferentes características resistentes:

- La viga principal

Está conformada por una viga metálica de elevadas dimensiones, aproximadamente, 4 metros de anchura, y rigidizada interiormente por medio de hormigón armado.

Es el "campamento base" para tareas de mantenimiento y reparación de la parte superior de la grúa y sobre ella se ubican una o más cabinas donde se disponen los transformadores y equipo eléctrico pesado que es preciso trasladar con la grúa.

Desde el punto de vista resistente es una viga biapoyada en ambas traviesas y con dos voladizos a ambos lados de estas traviesas. El voladizo de mayor luz lo constituye el lado agua, que está articulado, cerca de la traviesa lado agua con objeto de poder ser elevado hasta una posición casi vertical.

Así pues, se precisa una estructura superior que soporte el lado agua de la viga principal, disminuya las flechas en punta y reduzca la alta solicitación vertical de compresión el la viga V1 (Figura 16.7).

- La estructura superior

Básicamente, está conformada por cuatro tirantes. Figura 16.7.

El tirante V2, articulado inferiormente, sujeta el lado agua de la viga principal y descarga la viga V1, ya que absorbe a tracción la mayor parte de la carga en voladizo P.

El tirante V3, articulado inferiormente, transmite la carga de la viga V2 a la traviesa lado tierra. Con el sistema de vigas V2-V3 se estabiliza la parte superior de la grúa ante cualquier posición del carro.

Los tirantes V4 y V5, rigidizan el vértice P1, transmitiendo los esfuerzos transversales a los postes de lado agua.

Con este sistema, se descarga la traviesa lado agua, si bien, se carga la traviesa lado tierra, debido a la flexión que originan el esfuerzo de tracción de la viga V3 y el esfuerzo de compresión de la viga principal.

Diferentes disposiciones de estos tirantes, modifican el estado tensional de las vigas, si bien, lo hacen ligeramente.

En el caso general, un diseño y cálculo adecuado, estudiando fundamentalmente la traviesa lado tierra, no presentan ninguna dificultad siguiendo las directrices aquí expuestas.

- La estructura inferior

Los postes, fundamentalmente, por flexión y compresión "bajan los esfuerzos" complementados por las diagonales, cuya misión es distribuir las cargas sobre los cuatro postes de forma equitativa a la vez que generar estabilidad a la elevada torre conformada por los cuatro postes.

Las vigas testeras, impiden que la estructura se abra en la parte inferior, confiriendo la estabilidad adecuada a los paquetes de rodadura. La viga testera lado tierra, asiste un contrapeso conformado por hormigón, dispuesto interiormente en la viga. Esta carga adicional, eleva las tensiones de trabajo de la viga testera, si bien, no es problemática debido a la baja altura de las vigas testeras.

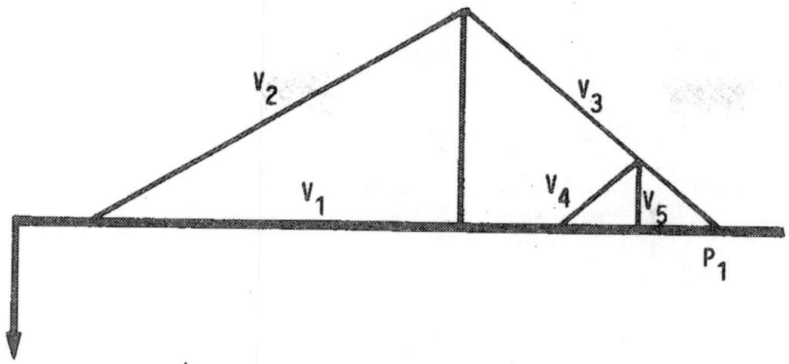

Figura 16.7. Esquema de cálculo de estructura superior.

La estructura se ejecuta en vigas cajón electrosoldadas, y unidas entre sí por medio de bridas rígidamente ancladas por numerosos tornillos.

Existe una tendencia actual a construir el lado agua de la viga principal en estructura de celosía. La complicación en el proceso de fabricación es compensada por su reducido peso propio. El hecho de que este viga esté dispuesta en voladizo, acentúa la importancia del peso propio, disminuyendo de forma apreciable los esfuerzos de compresión en la viga principal.

En cuanto al cálculo de la estructura de una grúa portacontedores se deben tener en cuenta las siguientes solicitaciones:

1) Carro al final de lado agua

2) Carro entre traviesas

3) Carro al final de lado tierra

4) Aceleración de carro

5) Aceleración de grúa

6) Viento en dirección longitudinal

7) Viento en dirección transversal

8) Peso propio grúa

En el cálculo de estabilidad, debe tenerse en cuenta la solicitación de viento en tempestad.

En la Figura 16.8 y 16.9 se representan dos vistas de la estructura discretizada en elementos finitos.

En la Figura 16.10 se muestra una deformada de la estructura cuando el carro ocupa la posición final de lado agua.

En la figura 16.11 se representa un mapa de tensiones para la misma solicitación.

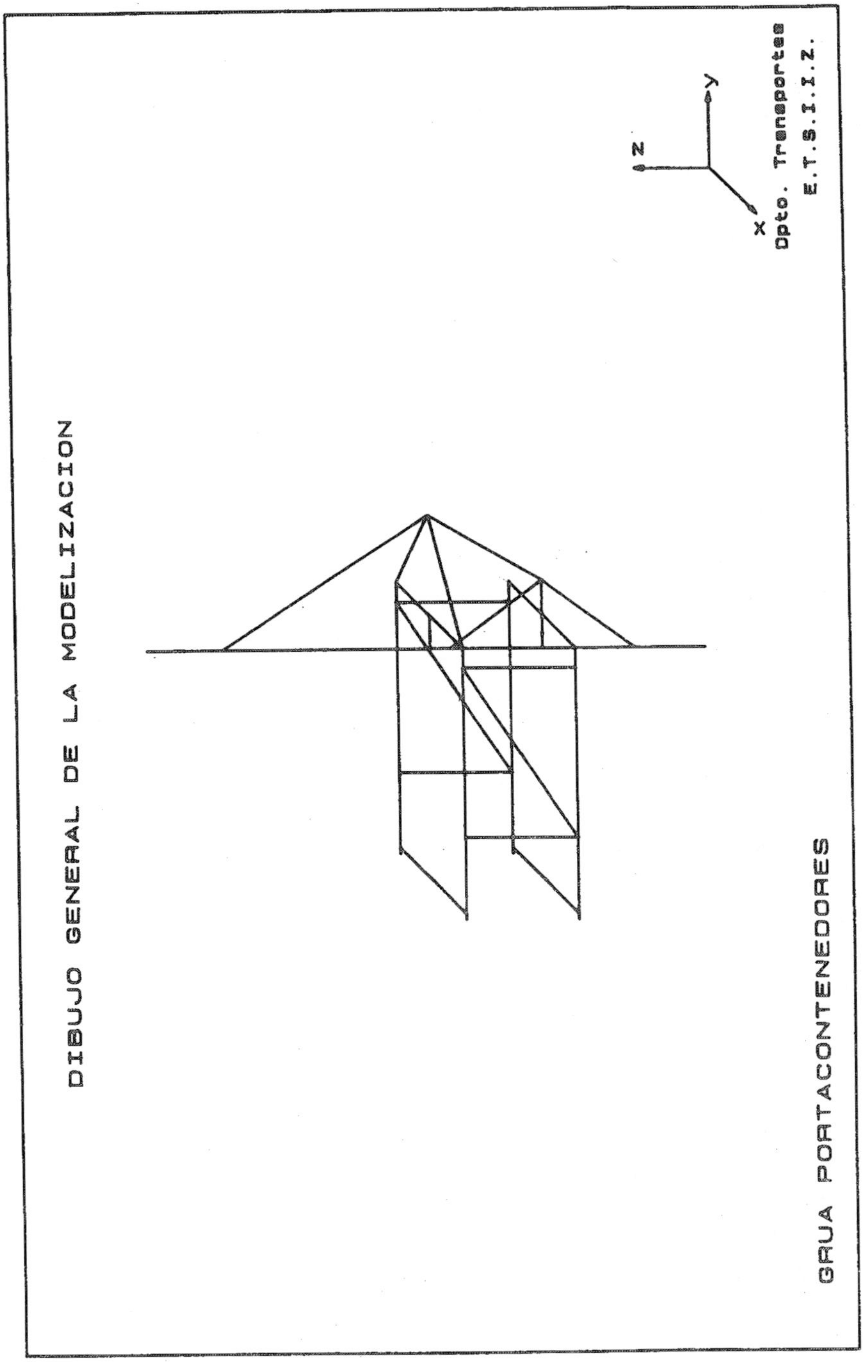
DIBUJO GENERAL DE LA MODELIZACION
GRUA PORTACONTENEDORES
Dpto. Transportes
E.T.S.I.I.Z.
x
y
z

Figura 16.8

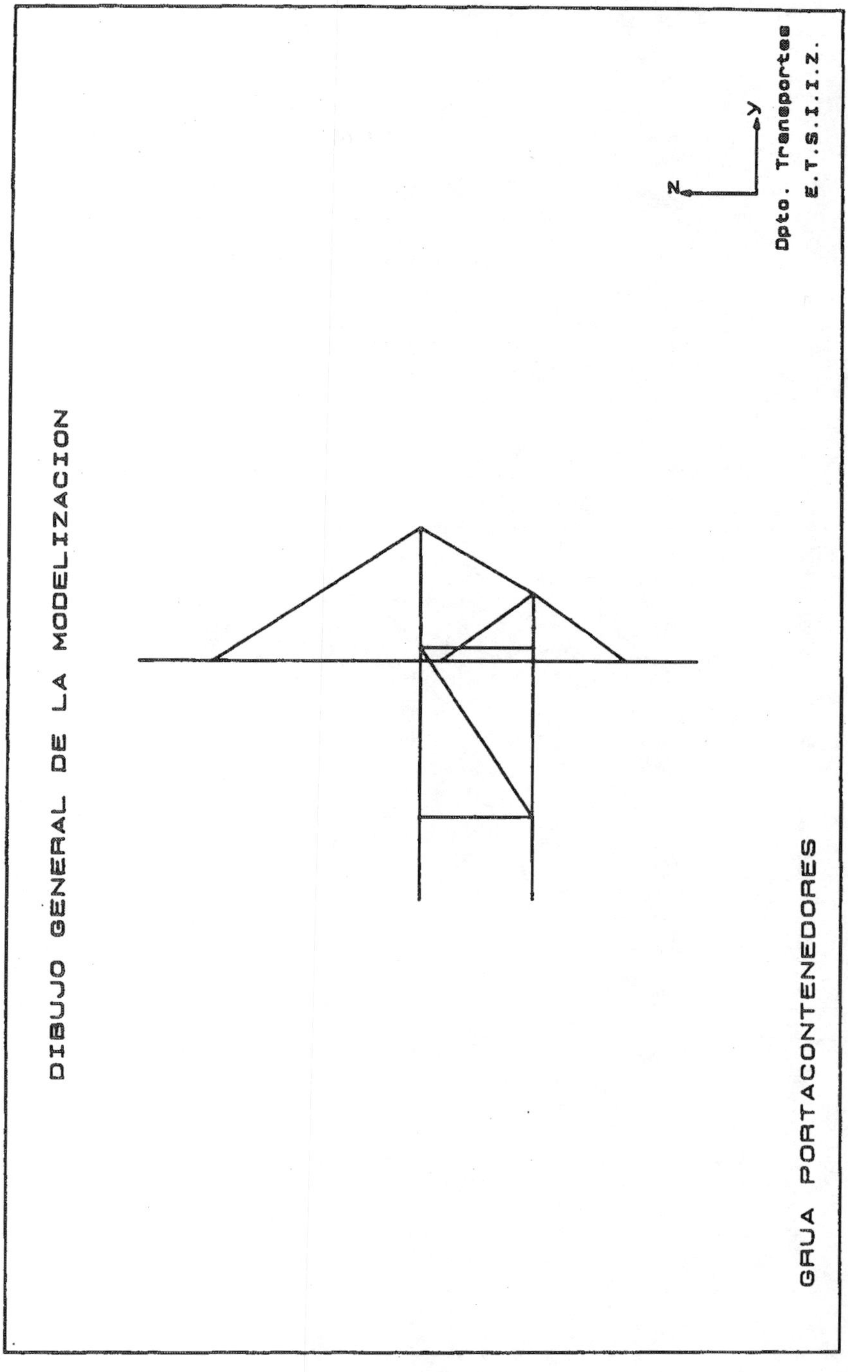
DIBUJO GENERAL DE LA MODELIZACION
GRUA PORTACONTENEDORES
Z
Y
Dpto. Transportes
E.T.S.I.I.Z.

Figura 16.9

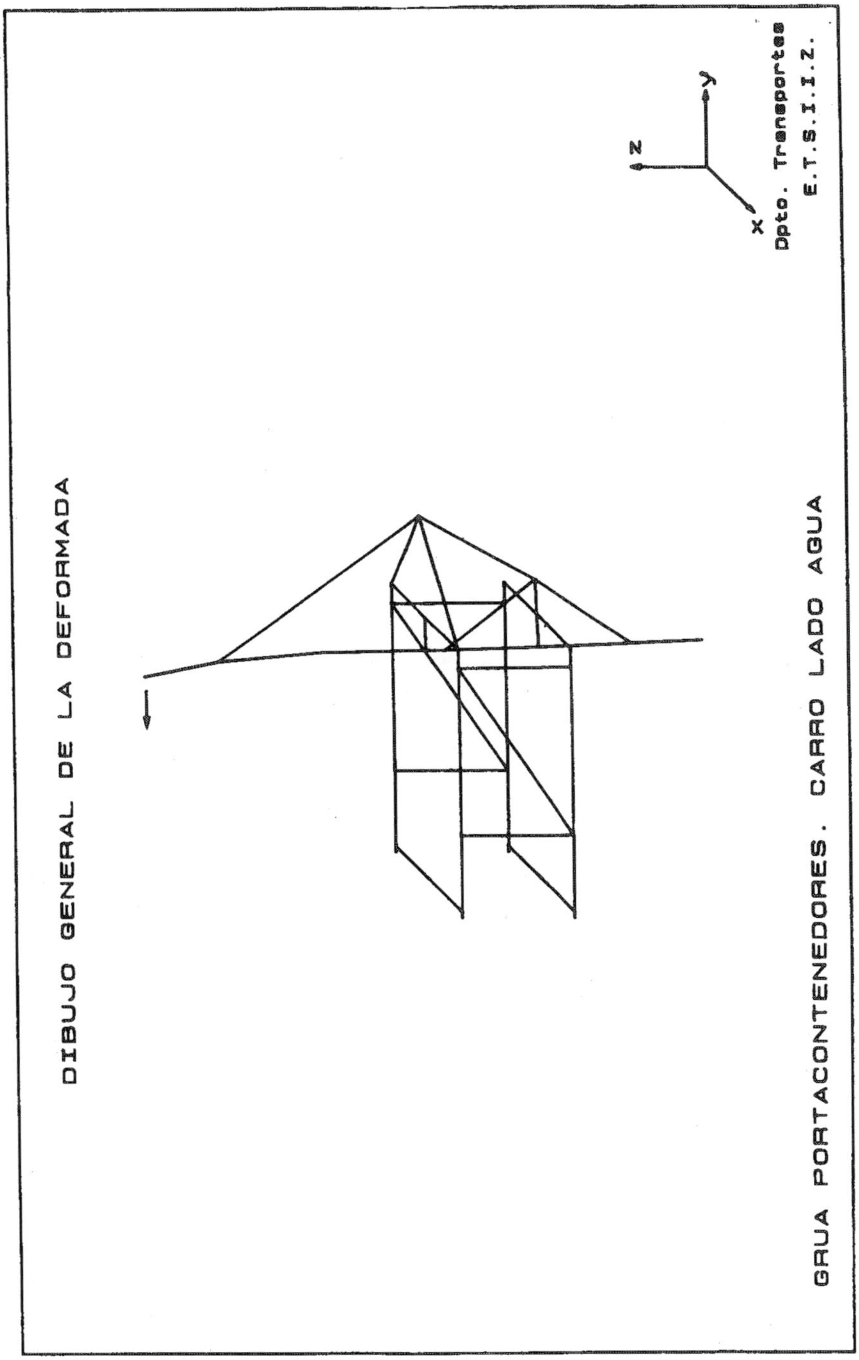
DIBUJO GENERAL DE LA DEFORMADA
GRUA PORTACONTENEDORES. CARRO LADO AGUA
Dpto. Transportes
E.T.S.I.I.Z.
x
y
z

Figura 16.10

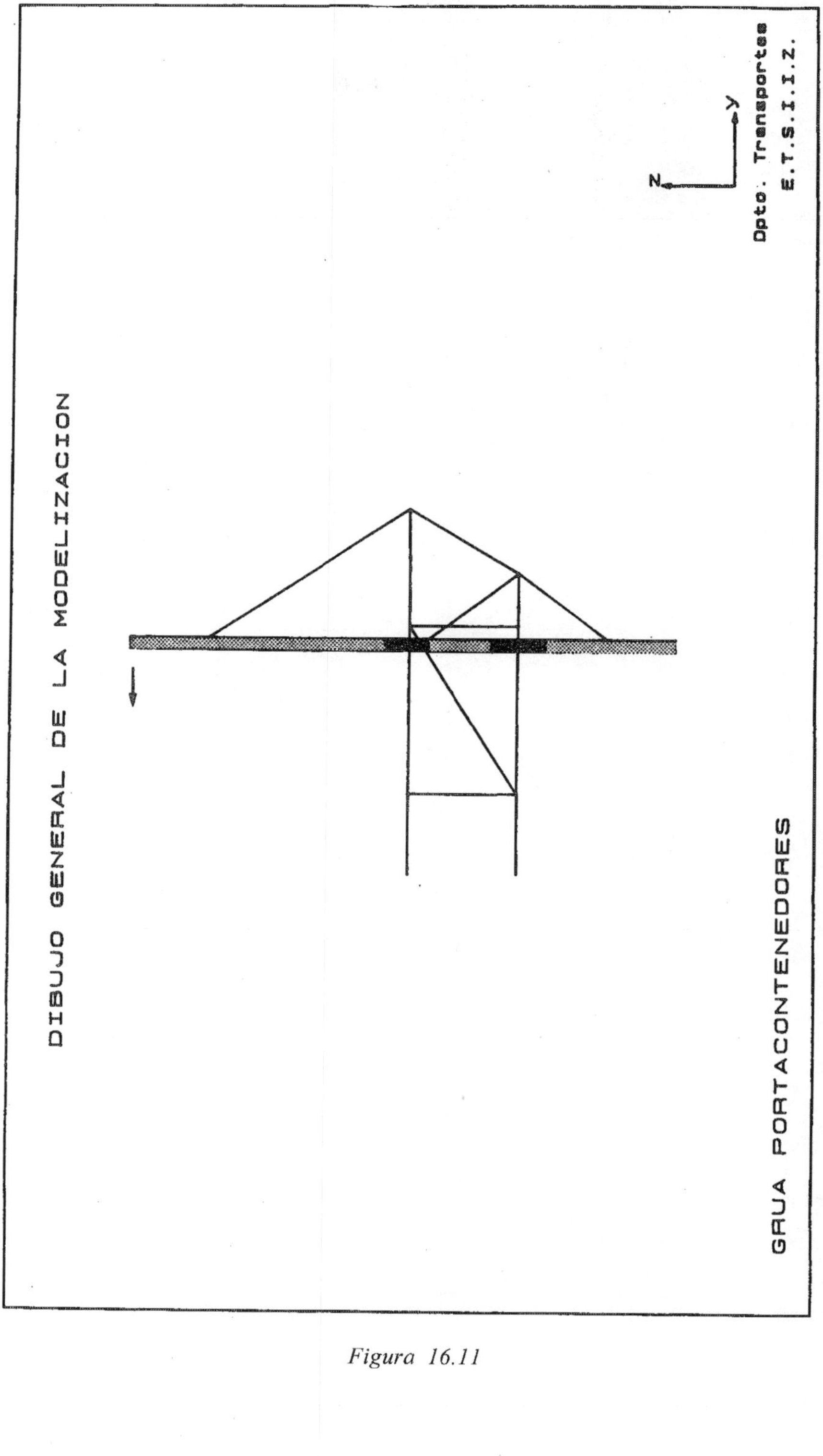
DIBUJO GENERAL DE LA MODELIZACION
GRUA PORTACONTENEDORES
Dpto. Transportes
E.T.S.I.I.Z.
Y
Z

Figura 16.11

16.5. Potencia de los motores

Las potencias de translación, así como la de elevación de la carga se calculan según los criterios expuestos en el Apartado 1.5.

La potencia de giro del carro se calcula tal como se ha explicado en el punto 5.1.5.

En cuanto a la potencia de elevación de la pluma se va a realizar un breve apunte. Según la Figura 16.12.

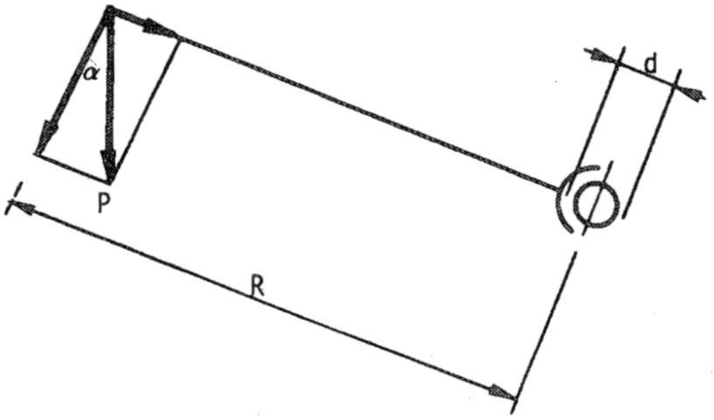

Figura 16.12. Esquema de cálculo de potencia de elevación de pluma.

La potencia de elevación a velocidad de régimen tiene como expresión:

$$P_W = \frac{M \cdot n}{716{,}2 \cdot \eta}$$

M: par resistente (Fórmula 16.2 en daN . m)

n : rpm de la parte giratoria

η: rendimiento: 0.85

(16.1)

Con:

$$M = P \cos\alpha \frac{R}{2} + \mu P \operatorname{sen}\alpha \frac{d}{2} = \frac{P}{2} (R \cos\alpha + \mu d \operatorname{sen}\alpha) \text{ daN m} \tag{16.2}$$

n = r.p.m. de giro de la pluma

η = rendimiento de la transmisión

P_W = potencia a velocidad de régimen (CV)

Se aprecia como P_W es función de α, el máximo valor se presenta cuando $\alpha = 0$.

Figura 16.13. Grúa portacontenedores operativa.

Figura 16.14. Grúa portacontenedores no operativa.

Figura 16.15. Detalle de pasarela de acceso.

16.6. Sistema de mando de guía

Con objeto de manipular la carga con precisión, la cabina del conductor se implementa en el propio carro.

CARACTERISTICAS DE GRUAS PORTACONTENEDORES

CQ 1

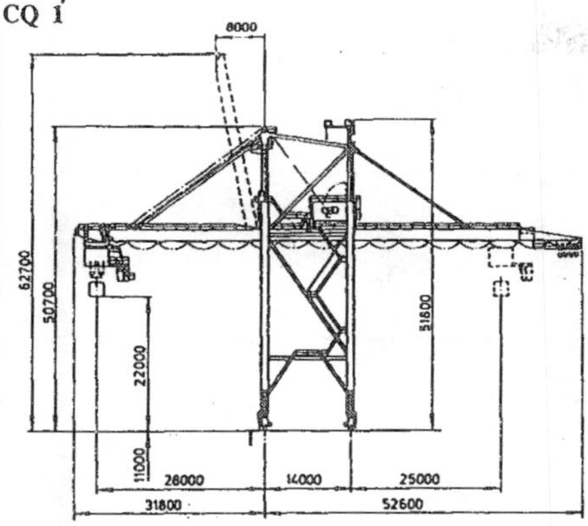

Datos técnicos

Carga de trabajo con contenedor	30,5	t
Carga de trabajo con gancho	40	t
Altura de elevación	22 m + 11 m	
Velocidad de elevación, 40 t	40	m/min
Velocidad de elevación sin carga	75	m/min
Velocidad del carro	120	m/min
Velocidad de desplazamiento	30	m/min
Velocidad de giro	2	r/min

CQ 2

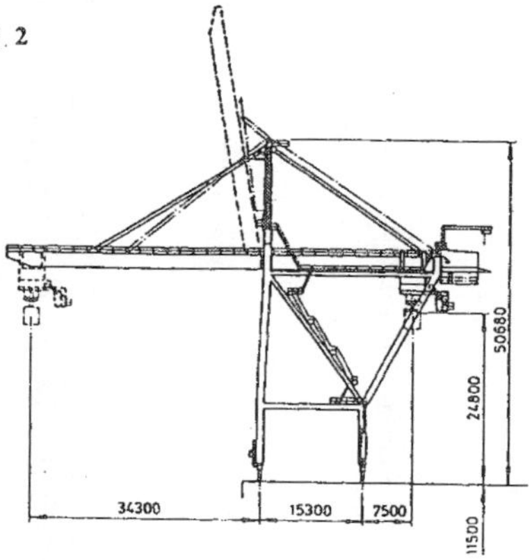

Datos técnicos

Carga de trabajo	30,5	t
Altura de elevación	24,8 m + 11,5 m	
Velocidad de elevación	40	m/min
Velocidad del carro	120	m/min
Velocidad de desplazamiento de la grúa	45	m/min

CQ 3

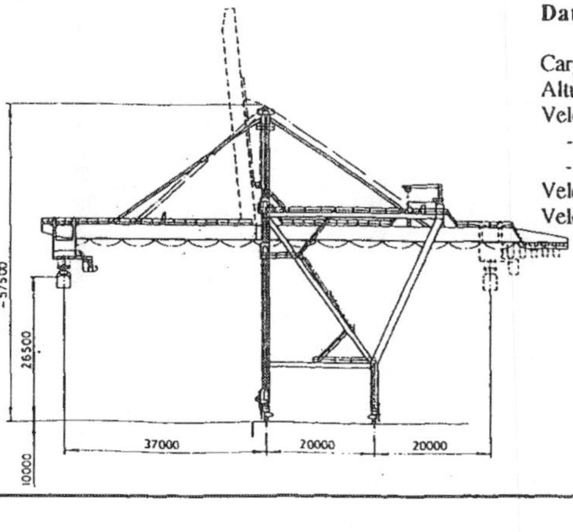

Datos técnicos

Carga de trabajo	30,5	t
Altura de elevación	26,5 m + 10 m	
Velocidades de elevación:		
- carga 30,5 t	40	m/min
- sin carga	75	m/min
Velocidad del carro	120	m/min
Velocidad de desplazamiento	40	m/min

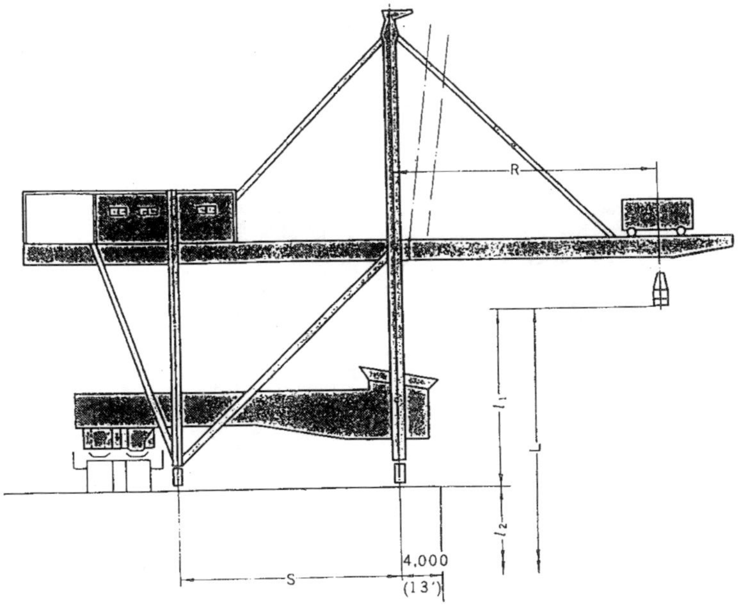

Capacidad descarga		T/h	500	750	1000	1500
Barco	Peso muerto	T	25.000/30.000	30.000/40.000	40.000/60.000	60.000/120.000
	Anchura	m (ft)	25 (76)	28 (86)	32 (98)	40 (123)
	Ancho de escotilla		10 (33)	11 (36)	12,5 (41)	16 (52)
Carga máxima		T (lbs)	8 (18.000)	10 (22.000)	16 (36.000)	20 (44.000)
Radio Máximo (R)		m (ft)	20 (66)	25 (82)	28 (92)	32 (106)
Dimensiones	Sobre raíl (l_1)		14 (46)	14 (46)	16 (53)	16 (53)
	Bajo raíl (l_2)		14 (46)	14 (46)	16 (53)	16 (53)
	Total (L)		28 (92)	28 (92)	32 (106)	36 (119)
Luz (S)		m (ft)	20 (66)	25 (82)	30 (100)	30 (100)
Ancho ruedas (F)			14 (46)	16 (53)	16 (53)	18 (60)
Velocidad	Elevación	m/min (F/M)	100 (330)	100 (330)	100 (330)	90 (300)
	Traslación carro		160 (530)	160 (530)	160 (530)	160 (530)
	Traslación grúa		20 (66)	20 (66)	20 (66)	20 (66)
	Giro	rpm	3	3	3	3

PROBLEMA TIPO 16.1

Enunciado: La grúa portacontenedores de la figura, está situada en un puerto de desembarco. El cable tiene una resistencia de 180 Kg/mm^2. El aparato posee una frecuencia aproximada igual de cargas pequeñas, medianas y máximas, y se le estima una duración del mecanismo de 12500 horas.

Datos: $Q_u = 30$ T; $Q_{carro} = 1$ T; $Q_{grúa} = 100$ T; $v_{elev} = 45$ m/min; $v_{tras\ carro} = 45$ m/min; $\eta_T = 85\%$; Lado agua = 30 m; Lado tierra = 20 m; Altura sobre rail = 30 m; Altura bajo rail = 10 m; Distancia entre postes = 30 m; Capacidad de cuchara = 12,5 m^3; $P_{adm} = 7$ N/mm^2; Duración mec. rod..=30%; Tambor $\sigma = 240$ MPa

Calcular la grúa en dos versiones: a)Carro aligerado. b)Carro estandar

Hipótesis: Considerar los pesos de: Tambor, Motor de elevación, Aparejo, Elemento de suspensión.. Carro (Perfil A-100, d= 400 mm). Grúa (Perfil A-120, d= 400 mm)

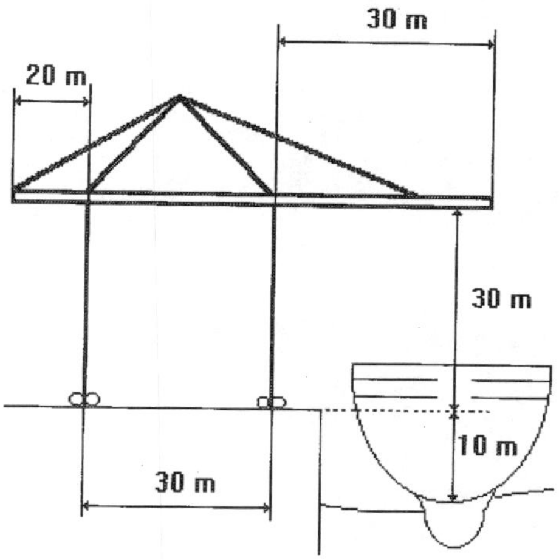

Solución:

1. Cuchara:

Capacidad (12,5 m^3) (Tabla 2.6.) $\Rightarrow$ Peso = 9.500 daN para cucharas de 2 ó 4 cables.

$Q_{total} = 9.500 + 30.000 = 39.500$ daN

2. Cable:

Clasificación (Tabla 3.17.) $\Rightarrow$ Grupo M7 $\Rightarrow K_C = 0,335$

$$d_{cable} = K_C \sqrt{S} = 0,335 \sqrt{Q_{total} / n^o\ ramales \cdot \eta}$$

1.ramal: $d_{cable} = 0,335 \sqrt{39.500} = 65,58$ mm

2.ramales: $d_{cable} = 0,335 \sqrt{39.500 / 2 \cdot 0,99} = 47,31$ mm

$$4.\text{ramales}: \quad d_{cable} = 0,335\sqrt{39.500/_{4 \cdot 0,97}} = 33,80\text{ mm}$$

$$6.\text{ramales}: \quad d_{cable} = 0,335\sqrt{39.500/_{6 \cdot 0,95}} = 27,88\text{ mm}$$

$$8.\text{ramales}: \quad d_{cable} = 0,335\sqrt{39.500/_{8 \cdot 0,93}} = 24,40\text{ mm}$$

Tipo de cable:

(Lang, flexible) 8 x 19 x (1 + 6 + 12) + 1

Según Tabla 3.9. para grúas de gran altura de elevación el diámetro debe estar comprendido entre 10 y 25 mm., por ello escojemos 8 ramales. Si utilizamos diámetros de cable según tabla de tambores (Tabla 6.4) 24,40 mm ≈ 27 mm ⇒ Paso = 31 mm

3. Poleas:

(Tabla 4.8.) ⇒ $h_1 = 25$

(Figura 4.15.) ⇒ $h_2 = 1,12$

$$d_{polea} = D_1 \geq d_{cable} \cdot h_1 \cdot h_2 = 27 \cdot 25 \cdot 1,12 = 756\text{mm}$$

Poleas de Rodamientos $d_{Polea} = 800$ ⇒ Peso = 125 ·8 = 1000 daN

Vida del cable:

$d_{polea} = D = 800$ mm ; $d_{cable} = d = 27$ mm ; n=1 ; $b_1 = 1$; $b_2 = 1,11$

$$W = \frac{170.000}{n}\left(10 \cdot b_1 \cdot b_2 \frac{D/_d - 9/_{b_1}}{\sigma_e + 40}\right) = \frac{170.000}{1}\left(10 \cdot 1 \cdot 1,11 \frac{800/_{27} - 9/_1}{86,2 + 40}\right)$$

W = 308.463 > 150.000 BIEN

$$\sigma_e = \frac{395.000 / 8}{(\pi / 4) \cdot (0,027)^2} = 86,2\text{ MPa}$$

4. Aparejo de 4 poleas (8 ramales):

Para carga útil de 39.500, según la tabla de aparejos de 4 poleas, perteneciendo al gupo M7 y para una carga de 40 T ⇒ Peso del aparejo = 1.280 daN

Q_T = 39.500 + 1.280 = 40.780 daN

5. Tambor:

(Tabla 4.8.) ⇒ $h_1 = 22,4$

(Figura 4.15.) ⇒ $h_2 = 1,12$

$d_{Tambor} = d_{cable} \cdot h_1 \cdot h_2 = 27 \cdot 22,4 \cdot 1,12 = 677,37$ mm

$\sigma = 240$ MPa ⇒ Tabla 6.7 (d_{Tambor}= 700 mm ; S = 5.097,5 ≈ 6.000 daN)

Espesor de la pared ⇒ h = 8 mm

A) CARRO ESTANDAR:

La longitud del cable es la de la altura de elevación por el número de ramales

Altura de elevación = 30 + 10 = 40 m

Longitud total del cable = 40 · 8 = 320 m

Longitud de una espira = $\pi \cdot d_{Tambor} = \pi \cdot 0{,}700 = 2{,}199$ m

$$\text{N° de espiras (Simple arrollamiento)} = \frac{L_T}{L_{1\,e}} = \frac{320}{2{,}199} = 145{,}5 \approx 146 \text{ espiras}$$

N° de espiras totales = 146 + 4 = 150

Longitud del tambor = N° de espiras totales x paso = 150 . 31 = 4650 mm

Peso del tambor:

$$V_{total} = \frac{\pi}{4}(d_{ext}^2 - d_{int}^2) \bullet l = \frac{\pi}{4}(0,7^2 - 0,684^2) \bullet 4,65 = 0,08 \text{ m}^3$$

$$Q_{tambor} = V_{total} \bullet 8.000 \text{ Kg/m}^3 = 0,08 \bullet 8.000 = 640 \text{ daN}$$

Los anclajes de tambor suman un 10% del peso de la parte cilíndrica.

$Q_{total} = 640 \cdot 1{,}1 = 700$ daN

6. Circuito de elevación:

$$P = \frac{Q_T \bullet v_{elev}}{4.500 \bullet \eta_T} = \frac{40.780 \bullet 45}{4.500 \bullet 0{,}85} = 479{,}7 \text{ CV}$$

Tabla 9.3 ⇒ P = 485 CV ⇒ Peso = 2.800 daN

-Freno de mordaza:

$M_{nom} = 2.270$ $\quad M_{máx} / M_{nom} = 4{,}1$ $\quad \Rightarrow M = 23.400$ N m $\Rightarrow M > M_{freno}$

$M_{máx} = 4{,}1 \cdot 2.270 = 9.307$ N m

$M_{freno} = 2{,}5 \cdot M_{máx} = 2{,}5 \cdot 9.307 = 23.267{,}5$ N m

$M = 4 \cdot br^2 \cdot p \cdot tg\,\psi\alpha$

Siendo: $\alpha = 0{,}78$; $p = 10^6$ N/m^2;

$tg\,\psi = 0{,}3$; $b = 0{,}1$ m; $r = 0{,}5$ m

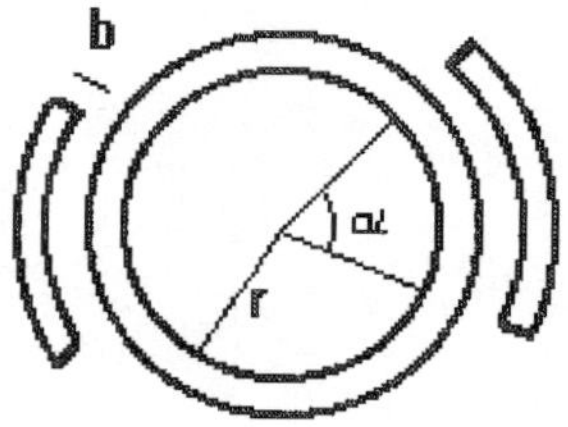

-Indice de trasmisión: $i = \frac{n_2 \bullet \pi \bullet d_{tambor}}{v_{elev}} \bullet \frac{n_{r\,tambor}}{n_{r\,aparejo}} = \frac{1.490 \bullet \pi \bullet 0,7}{45} \bullet \frac{2}{8} = 18,2$

7. Circuito de traslación:

-Carro:

$Q_T = 40.780$ daN

$G = G_{carro} + G_{motor\ elev} + G_{tambor} = 1000 + 2800 + 700 = 4.500$ daN

$$P = \frac{(Q_T + G) \cdot v_{tras\ carro} \cdot W}{4,5 \cdot 10^6 \cdot \eta_T} = \frac{(40.780 + 4.500) \cdot 45 \cdot 20}{4,5 \cdot 10^6 \cdot 0,85} = 10,65 \text{ CV}$$

Tabla 9.3. ⇒ 15 CV   Peso = 125 daN

- Comprobación del Par de arranque:

$$\frac{GD_2^2}{4} = 0,09 \Rightarrow GD_2^2 = 0,09 \cdot 4 = 0,36$$

$n_2 = 1.440$ rpm $M_N = 74$ $M_{máx} / M_N = 3,4 \Rightarrow M_{máx} = 251,6$ N m

$$GD_1^2 = \frac{(40.780 + 4.500) \cdot \left(\frac{58}{1.500\pi}\right)^2}{0,85} = 8,06$$

$$GD_1^2 = GD_2^2 \cdot \frac{n_2^2}{n_1^2} = 0,36 \left(\frac{1.440}{1.500 \cdot \pi}\right)^2 = 0,33$$

$$\sum GD_1^2 = 8,06 + 0,33 = 8,4 \text{ daN} \cdot \text{m}$$

$$M_b = \frac{\sum GD^2 \cdot n_1}{375 \cdot t_a} = \frac{8,4 \cdot 10 \cdot 1.500}{375 \cdot 1,75} = 192 \text{ N m}$$

$$M_W = \frac{P_W \cdot 716}{n_1} = \frac{10,65 \cdot 716}{1.500} = 5,08 \text{ daN} \cdot \text{m} = 50,8 \text{ N m}$$

$$M_a = M_b + M_W = 192 + 50,8 = 242,8 \text{ N m}$$

$M_a = 242,8 < 251,6$ BIEN

-Potencia de traslación de la grúa:

$$P = \frac{(Q + G + G_{grúa}) \cdot v_{tras\ grua} \cdot W}{4,5 \cdot 10^6 \cdot \eta} = \frac{(40.780 + 4.500 + 100.000) \cdot 20 \cdot 20}{4,5 \cdot 10^6 \cdot 0,85} = 15,19 \text{ CV} \Rightarrow$$

Tabla 9.3 ⇒ 20 CV ⇒ Peso = 215 Kg

8. Número de ruedas:

-Carro:

A-100 ⇒ K- 2 $r_1 = 90$; $d_{rueda} = 400$ mm; $P_{adm} = 7$ N/mm^2

$C_3 = 1$ (Duración del mecanismo de rodadura 30%)

$v_{tras} = 45$ m/min ; $d_{rueda} = 400$ mm $\Rightarrow C_2 = 0{,}985$

n = Nº de ruedas por poste →

$$d_r \geq \frac{Q_R}{P_{adm} \cdot C_2 \cdot C_3 \cdot (K - 2\, r_1)}$$

$$Q_{total} = 40.780 + 4.500 = 45.280 \text{ daN}$$

$$Q_{rueda} = \frac{Q_{total}}{4\,n} = \frac{45.280}{4\,n}$$

$$400 \geq \frac{45.280 \cdot 10/4n}{7 \cdot 0{,}985 \cdot 1 \cdot 90}$$

$$n \geq \frac{452.800}{4 \cdot 400 \cdot 7 \cdot 0{,}985 \cdot 1 \cdot 90} \geq 0{,}45 \Rightarrow n = 1$$

-Pórtico:

A-120 $\Rightarrow$ K- 2 r_1 ; d = 400 mm ; $C_3 = 1$; $v_{tras} = 20$ m/min $\Rightarrow C_2 = 1{,}09$

$P_{adm} = 7$ N/mm^2

$$d_R \geq \frac{Q_R}{P_{adm} \cdot C_2 \cdot C_3 \cdot (K - 2\, r_1)} \qquad ¿Q_R?$$

Para calcular la carga por rueda, es necesario establecer el caso más desfavorable, que es cuando el carro está en el extremo en el lado del agua. Ver esquema siguiente.

$$(Q_u + Q_c) \cdot 60 + Q_g \cdot 27 - R_1 \cdot 30 = 0$$

$$R_2 \cdot 30 - Q_g \cdot 3 + (Q_u + Q_c) \cdot 30 = 0$$

$$R_1 = \frac{(Q_u + Q_c) \cdot 60 + Q_g \cdot 17}{30} = \frac{45.280 \cdot 60 + 100.000 \cdot 17}{30} = 147.226,6 \text{ daN}$$

$$R_2 = \frac{Q_g \cdot 13 - (Q_u + Q_c) \cdot 30}{30} = \frac{100.000 \cdot 13 - 45.280 \cdot 30}{30} = -1.946,6 \text{ daN}$$

Al salir la reacción R_2 negativa, indica que la grúa se vuelca; luego en este caso es necesario poner un contrapeso

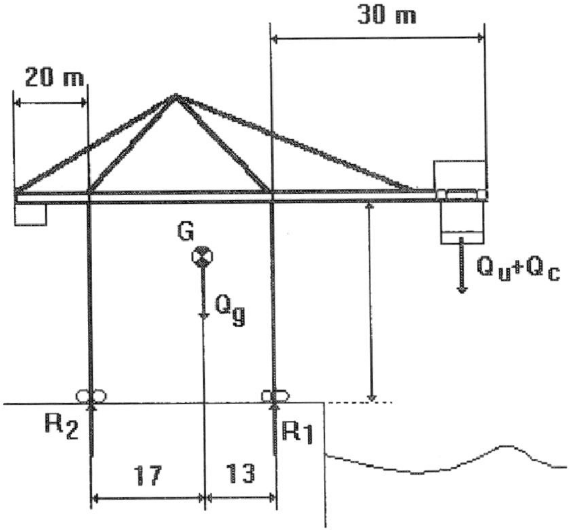

$$Q_{contrapeso} = (Q_u + Q_c)\frac{\left(30+\frac{30}{2}\right)}{2\bullet\left(20+\frac{30}{2}\right)} + Q_g \bullet \frac{\left(17+\frac{30}{2}\right)}{\left(20+\frac{30}{2}\right)} = 45.280\bullet\frac{45}{70} + 100.000\bullet\frac{32}{35} =$$

$$= 29.108{,}5 + 91.428{,}5 \quad \Rightarrow Q_{contrapeso} = 120.537 \text{ daN}$$

$$\Rightarrow (Q_u + Q_c)\bullet 60 + Q_g \bullet 17 - R_1 \bullet 30 - Q_{contrapeso}\bullet 20 = 0$$

$$-Q_{contrapeso}\bullet 50 + R_2 \bullet 30 - Q_g \bullet 13 + (Q_u + Q_c)\bullet 30 = 0$$

$$R_1 = \frac{(Q_u + Q_c)\bullet 60 + Q_g \bullet 17 - Q_{contrapeso}\bullet 20}{30} = \frac{45.280\bullet 60 + 100.000\bullet 17 - 120.537\bullet 20}{30}$$

$$R_1 = 66.868{,}6 \text{ daN}$$

$$R_2 = \frac{-(Q_U + Q_C)\bullet 30 + Q_g \bullet 3 + Q_{CP} \bullet 50}{30} = \frac{-45.280\bullet 30 + 100.000\bullet 13 + 120.537\bullet 50}{30}$$

$$R_2 = 198.948{,}3 \text{ daN}$$

R_2 es la máxima reacción

Como hay dos postes,dividimos R_2 para 2

$R_2/2$ = 198.948,3/2 = 99.474,15 daN

$$d_r \geq \frac{R_2/n}{P_{adm} \cdot C_2 \cdot C_3 \cdot (K - 2\, r_l)} \Rightarrow$$

$$\Rightarrow n \geq \frac{R_2}{d_r \cdot P_{adm} \cdot C_2 \cdot C_3 \cdot (k - 2\, r_l)} = \frac{99.474,15 \cdot 10}{400 \cdot 7 \cdot 1,09 \cdot 1 \cdot 100} = 3,259$$

n = 4 por poste ⇒ 4 ruedas de 400 mm por poste.

9. Comprobación del carril:

E = 210 GPa $\qquad E_m = 14,5$ GPa

A-120 ⇒ b = 220 $mm^4 \approx 0,22$ m

$I = 1.420\ cm^4 \approx 1,42 \cdot 10^{-5}$ m

$W = 249\ cm^3 = 2,49 \cdot 10^{-4}$ m

$$p = \frac{P}{2b} \cdot \sqrt[4]{\frac{E_m}{4\,EI}}\ \text{MPa}$$

$$P = \frac{99.474{,}15}{4}\ \text{daN} = \frac{994.586}{4}\ \text{N} = 248.685{,}3\ \text{N}$$

$$p = \frac{248.685{,}3}{2 \cdot 0,22} \sqrt[4]{\frac{14,5 \cdot 10^9}{4 \cdot 210 \cdot 10^9 \cdot 1,42 \cdot 10^{-5}}} = 3,33\ \text{MPa}$$

p = 3,33 MPa >2 MPa ⇒ Dividir la carga por rueda por 2 ⇒ 8 ruedas por poste en vez de 4

$$p = \frac{248.685{,}3/2}{2 \cdot 0,22} \sqrt[4]{\frac{14,5}{4 \cdot 210 \cdot 1,42 \cdot 10^{-5}}} = 1,668\ \text{MPa} < 2\ \text{MPa} \rightarrow \text{BIEN}$$

$$\eta = \sqrt[4]{\frac{2}{3} \cdot \frac{b^2 \cdot p \cdot E_m}{E\ I}} = \sqrt[4]{\frac{2}{3} \frac{0,22^2 \cdot 1,668 \cdot 10^6 \cdot 14,5 \cdot 10^9}{210 \cdot 10^9 \cdot 1,42 \cdot 10^{-5}}} = 127,18\ N^{1/4} / m$$

$$\sigma = \frac{0,5 \cdot P^{5/4}}{W} \cdot \frac{1}{\eta} = 0,5\ \frac{(124.342)^{5/4}}{2,49 \cdot 10^{-4}} \cdot \frac{1}{127,18} = 36,86\ \text{MPa} < 250\ \text{MPa} \rightarrow \text{BIEN}$$

Por ello son 8 ruedas de diámetro d = 400 mm por poste

B) Carro aligerado:

En este caso, el mecanismo de elevación, está en el centro de la grúa.

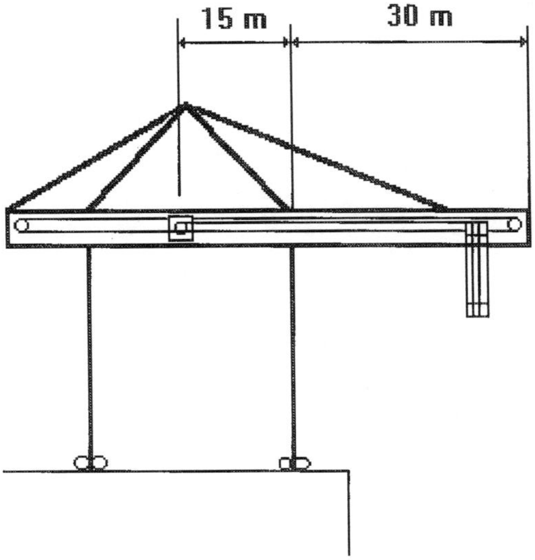

Hay dos series de cables, uno para elevar la carga con 8 ramales y otro para mover el carro a lo largo de la pluma. La longitud del cable de elevación (Suponiendo un tambor de simple arrollamiento), será:

$L_{total\ cable} = (40\ m \cdot 8) + (30 + 15) = 320 + 45 = 365\ m$

$L_{de\ 1\ espira} = \pi \cdot d_{tambor} = \pi \cdot 0{,}7 = 2{,}199\ m$

$$N^o \text{ de espiras} = \frac{L_{total\ cable}}{L_{1\ \ espira}} = \frac{365}{2{,}199} = 165{,}98 \text{ espiras} \approx 166$$

N^o de espiras totales = 166 + 4 = 170

$L_{tambor} = N^o$ de espiras · paso = 170 · 31 = 5.270 m

σ = 240 MPa ; d_{Tambor} = 700 mm

q_{ramal} = 40.780 / 8 = 5.097,5 ≈ 6.000 ⇒ h = 8 (Espesor de la pared)

$$Peso = V_{total} \cdot 8.000\ Kg/m^3 = \frac{\pi}{4} \cdot (0{,}7^2 - 0{,}684^2) \cdot 5{,}27 \cdot 8.000 = 733{,}2 \approx 734\ daN$$

Peso total = 1,1 · 734 = 800 daN

6. Circuito de elevación (El mismo que carro estandar):

P = 485 CV → Peso = 2.800 daN

Freno de mordaza: b = 0,1 ; r = 0,5 m ⇒ M_{freno} = 23.400 N m

Índice de trasmisión: i = 15,6

7. Circuito de traslación:

-Carro:

$Q_T = 40.780$ daN ; $G = G_{carro} = 1.000$ daN

$$P = \frac{(Q_T + G) \cdot v_{tras\ carro} \cdot \omega}{4,5 \cdot 10^6 \cdot \eta_t} = \frac{(40.780 + 1.000) \cdot 45 \cdot 20}{4,5 \cdot 10^6 \cdot 0,85} = 9,83 \text{ CV} \Rightarrow 10 \text{ CV Peso}=110 \text{ daN}$$

-Par de arranque:

$n_2 = 1.425$; $M_N = 50$; $M_{máx} / M_N = 3 \Rightarrow M_{máx} = 150$ N m $\qquad t_a = 1,75$ s

$$\frac{GD_2^2}{4} = 0,068 \Rightarrow GD_2^2 = 0,272$$

$$GD_1^2 = \frac{(40.780 + 1.000) \cdot \left(\frac{45}{1.500 \cdot \pi}\right)^2}{0,85} = 4,48 \text{ daN m}$$

$$GD_1^2 = 0,272\left(\frac{1.425}{1.500}\right)^2 = 0,245 \text{ daN m}$$

$$\Rightarrow \sum GD_1^2 = 4,48 + 0,245 = 4,725 \text{ daN m}$$

$$M_b = \frac{4,725 \cdot 10 \cdot 1.500}{375 \cdot 1,75} = 108 \text{ N m}$$

$$M_W = \frac{9,83 \cdot 716}{1.500} = 4,69 \text{ daN m} = 46,9 \text{ N m}$$

$$M_a = M_b + M_W = 108 + 46,9 = 154,9 < 251,6 \text{ N m} \Rightarrow \text{MAL}$$

Se selecciona un motor de mayor potencia, en este caso el siguiente en la tabla es de 15 CV.

-Potencia de traslación de la grúa: (Igual que carro estandar) P = 20 CV Peso = 215 daN

8. Número de ruedas:

-Carro:

$Q_{total} = 40.780 + 1.000 = 41.780$ daN

$$Q_{rueda} = \frac{41.780}{4\,n}$$

$$400 \geq \frac{41.780/4\,n}{7 \cdot 0,985 \cdot 1 \cdot 90}$$

$$n \geq \frac{417.800}{7 \cdot 0,985 \cdot 1 \cdot 90 \cdot 4 \cdot 400} = 0,42 \Rightarrow n = 1 \text{ (1 rueda por esquina)}$$

-Grúa:

$$R_1 = \frac{(Q_u + Q'_c) \bullet 60 + Q_g \bullet 17 + Q \bullet 15}{30} = \frac{41.780 \bullet 60 + 100.000 \bullet 17 + 3.600 \bullet 15}{30}$$

$$R_2 = \frac{Q_g \bullet 13 + Q \bullet 15 - (Q_u + Q'_c) \bullet 30}{30} = \frac{100.000 \bullet 13 + 3.600 \bullet 15 - 41.780 \bullet 30}{30}$$

Q'_c = 1.000 daN

Q = 2.800 + 800 = 3.600 daN

R_1 = 142.026,6 daN

R_2 = 3.353,33 daN

Como R_1 y R_2 son positivos , no es necesario contrapeso pues la grúa no vuelca siendo R_1 la reacción máxima. Como hay dos postes:

$$R_1 = \frac{142.026,6}{2} = 71.013,3 \text{ daN}$$

$$d_r \geq \frac{R_1 / n}{P_{adm} \bullet C_2 \bullet C_3 \bullet (K - 2r_1)}$$

$$n \geq \frac{R_1}{d_r \bullet P_{adm} \bullet C_2 \bullet C_3 \bullet (K - 2r_1)} = \frac{71.013,3 \bullet 10}{400 \bullet 7 \bullet 1,09 \bullet 1 \bullet 100} \Rightarrow$$

$n \geq 2,32$ n = 3 (Por poste)

9.Comprobación del carril:

$$p = \frac{P}{2\,b}\sqrt[4]{\frac{E_M}{4\,EI}} = \frac{236.711}{2 \bullet 0,22}\sqrt[4]{\frac{14,5}{4 \bullet 210 \bullet 1,42 \bullet 10^{-5}}} = 3,17 \text{ MPa} \;\; (> 2 \text{ MPa}) \text{ No sirve.}$$

$$P = \frac{71.013,3}{3} = 23.671,1 \text{ daN} = 236.711 \text{ N}$$

Tomamos 5 ruedas por poste:

$$P = \frac{71.013,3}{5} = 14.202,66 \text{ daN} = 142.026,6 \text{ N}$$

$$p = \frac{142026,6}{2 \bullet 0,22}\sqrt[4]{\frac{14,5}{4 \bullet 210 \bullet 1,42 \bullet 10^{-5}}} = 1,905 \text{ MPa} < 2 \text{ MPa}$$

$$\eta = \sqrt[4]{\frac{2}{3} \bullet \frac{0,22^2 \bullet 1,905 \bullet 10^6 \bullet 14,5}{210 \bullet 1,42 \bullet 10^{-5}}} = 131,48 \; N^{1/4} / m$$

$$\sigma = \frac{0,5 \bullet (142.026,6)^{5/4}}{2,49 \bullet 10^{-4} \bullet 131,48} = 42,1 \text{ MPa} < 250 \text{ MPa} \Rightarrow \text{BIEN}$$

17. GRUAS TORRE

Figura 17.1. Fotografía de varias grúas torre.

17.1. Generalidades

Para trabajos de edificación, la grúa utilizada por excelencia es la grúa torre. Consiste básicamente en una torre metálica, que soporte en su parte superior una pluma horizontal giratoria.

Los movimientos de un aparato de este tipo son los siguientes:

- Movimiento de translación de la grúa a través de carriles metálicos.
- Movimiento de giro a la pluma.
- Movimiento de translación del carro a través de dos carriles metálicos conformados sobre la pluma.
- Movimiento de elevación de la carga por medio del carro.

Estos movimientos son accionados mediante motores eléctricos independientes.

Las partes de una grúa torre son las siguientes:

1. Pluma
2. Torre
3. Contraflecha
4. Portaflecha
5. Contrapeso de contraflecha
6. Mecanismo de elevación
7. Mecanismo de giro
8. Mecanismo de translación de la grúa
9. Tirante de flecha
10. Tirante de contraflecha
11. Contrapeso de base

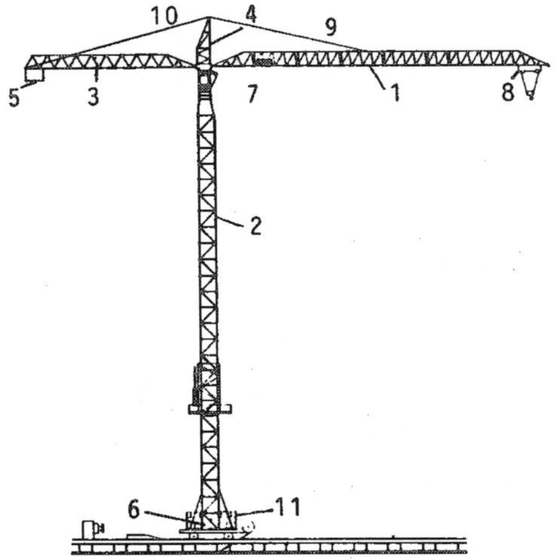

Figura 17.2. Partes de una grúa torre.

El movimiento de translación de la grúa se lleva a cabo mediante unos rodillos de rodadura accionados por motores eléctricos. Es preciso diseñar cuidadosamente, el mecanismo de translación, con objeto de dotar a la grúa de la estabilidad necesaria ya que, la altura de carga es muy elevada y los voladizos alcanzan importantes cotas.

Generalmente, sobre la torre se dispone una plataforma con un rodamiento axial de bolas de tipo Roth-Erde que habilita el giro de la pluma. Un motor eléctrico dispuesto verticalmente acciona un piñón que ataca una corono solidaria al rodamiento.

Existen disposiciones no muy comunes, cuyo giro se realiza en la parte inferior de la torre.

El mecanismo de elevación de la carga es en la gran mayoría de las construcciones, un carro de especiales características.

Un aspecto importante, en este tipo de aparatos, lo constituye su montaje y desmontaje.

Tanto la torre como la pluma, se compone de unidades que son transportadas, independientemente, en vehículos auxiliares. En obra, se ensamblan las unidades, montándose en tierra la torre y la pluma. Mediante un accionamiento por cables situado en la base de la grúa, se iza la torre y progresivamente, se eleva la pluma, hasta que se conforma la estructura definitiva.

Los métodos de montaje son varios y dependen de la configuración de la grúa. En las Figuras 17.3, 17.4 y 17.5 se muestran las etapas de la elevación y montaje de un tipo de grúa torre con un solo voladizo.

Figura 17.3. Etapa primera de montaje de grúa torre de un voladizo.

La grúa torre con voladizo doble se monta de la siguiente forma:

Se monta en tierra, el primer tramo de la torre y contraflecha (Figura 17.6).

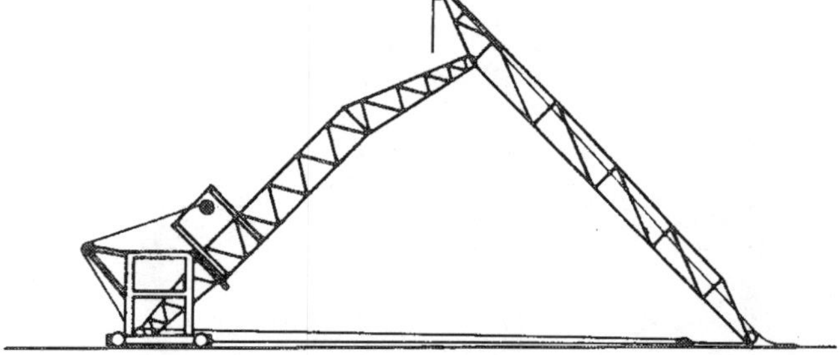

Figura 17.4. Etapa segunda de montaje de grúa torre de un voladizo.

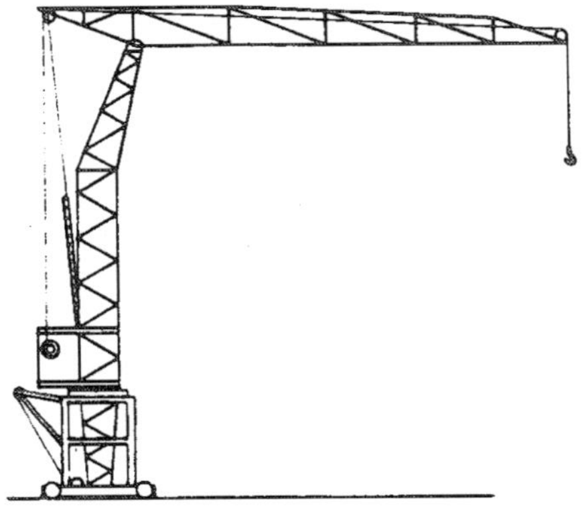

Figura 17.5. Etapa tercera de montaje de grúa torre de un voladizo.

El mecanismo de elevación y los reenvíos necesarios, alzan la torre, portaflecha y contraflecha, que quedan enclavados en su posición final relativa (Figura 17.7).

El cable de elevación y reenvíos eleva la pluma, montada previamente (Figura 17.8).

En este instante, se inicia el telescopaje de la torre, mediante el carro se toman los diversos tramos (Figura 17.9), se aproximan a la parte superior de la torre (Figura 17.10), ésta se eleva una distancia equivalente a un tamo (Figura 17.11) y por último, se introduce éste en el espacio reservado elevándose progresivamente la estructura superior hasta la altura de trabajo (Figura 17.12).

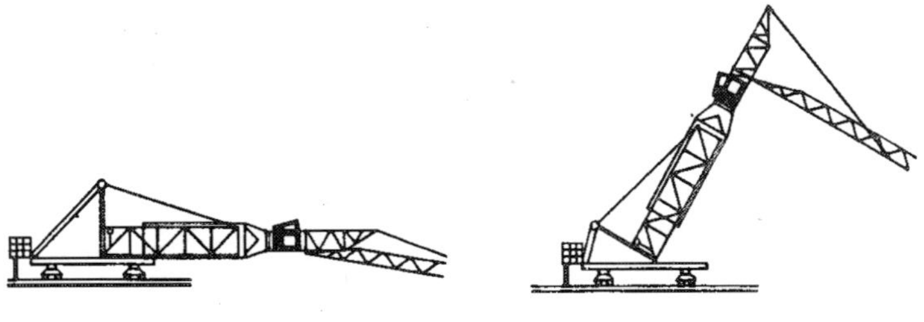

Figuras 17.6 y 17.7. Etapas 1ª y 2ª del montaje de una grúa torre de dos voladizos.

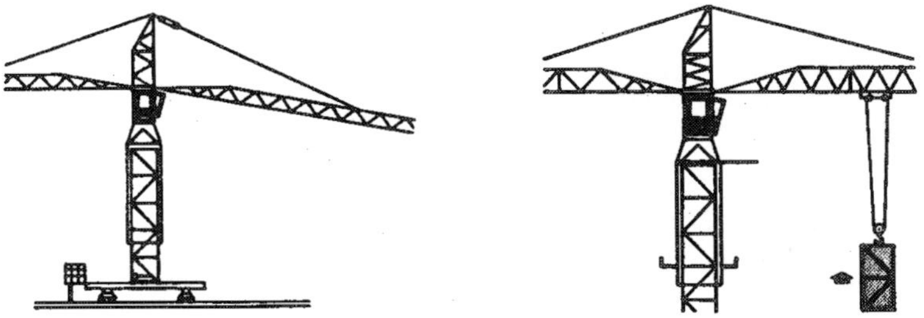

Figuras 17.8 y 17.9. Etapas 3ª y 4ª del montaje de una grúa torre de dos voladizos.

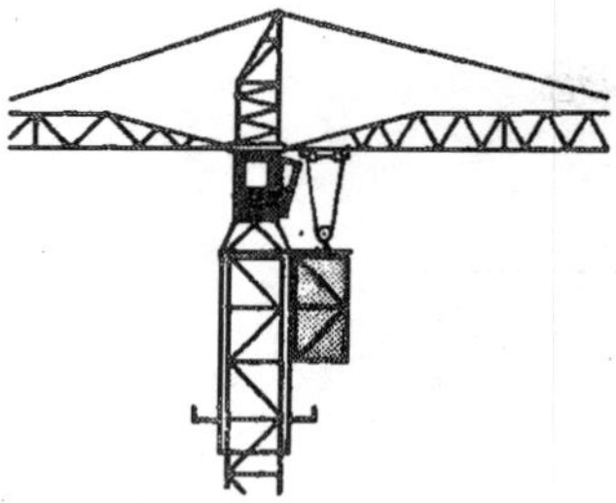

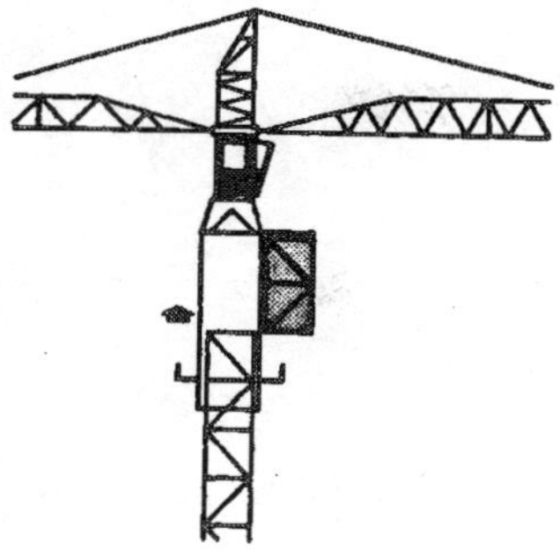

Figuras 17.10 y 17.11. Etapas 5ª y 6ª del montaje de una grúa torre de dos voladizos.

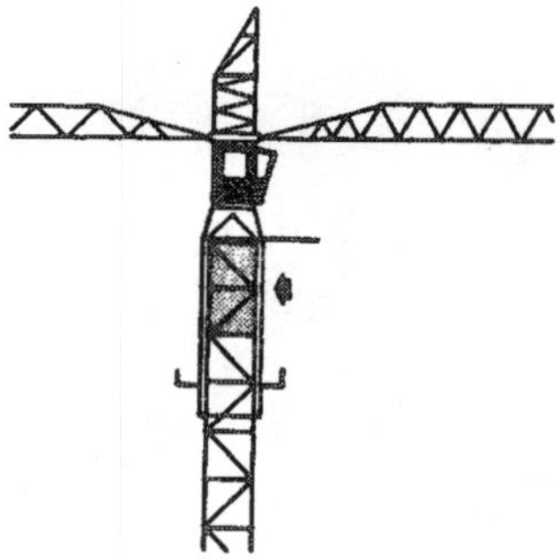

Figura 17.12. Etapa 7ª del montaje de una grúa torre de dos voladizos.

17.2. El mecanismo de elevación

En una grúa de estas características es fundamental utilizar un carro de mínimo peso con objeto de aumentar la carga útil, muy limitada por problemas de estabilidad.

Así pues, el mecanismo de elevación está constituido por una estructura sumamente ligera que incorpora cuatro rodillos de rodadura y dos poleas de paso de cable (Figura 17.13).

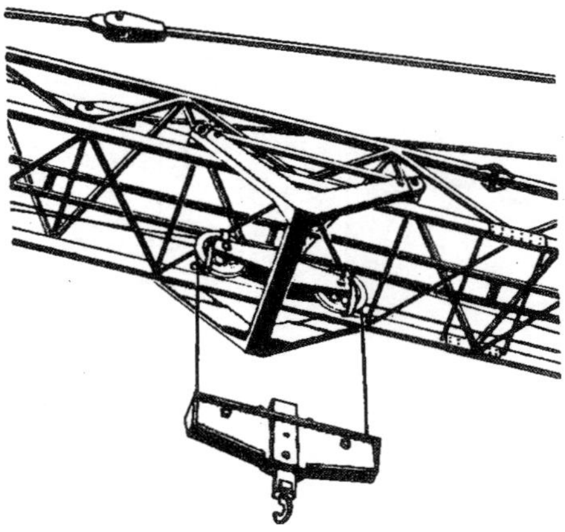

Figura 17.13. Carro de grúa torre.

El motor eléctrico, reductor y tambor se disponen en la base de la torre, dirigiendo el cable a través de dos poleas (Figura 17.14).

Mediante el manejo del cable se consigue trasladar el carro sobre dos perfiles instalados en la pluma y elevar la carga. El presente esquema tiene como características, la altura constante de la carga en desplazamientos del carro.

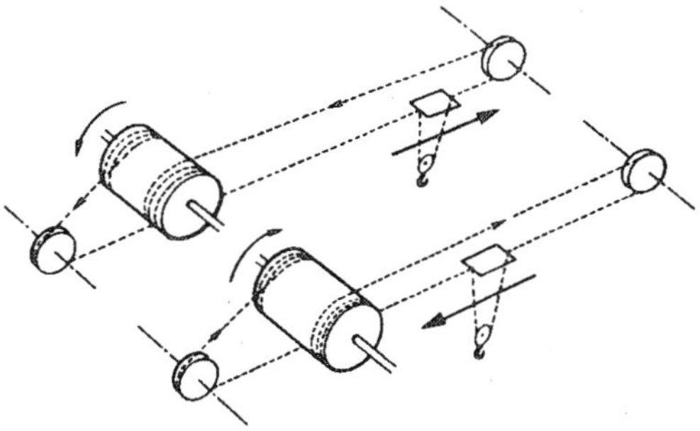

Figura 17.14. Esquema del circuito de elevación.

17.3. Diagrama de cargas

Con objeto de conocer la relación entre el alcance y la carga máxima, se representan diagramas como el representado en la Gráfica 17.1.

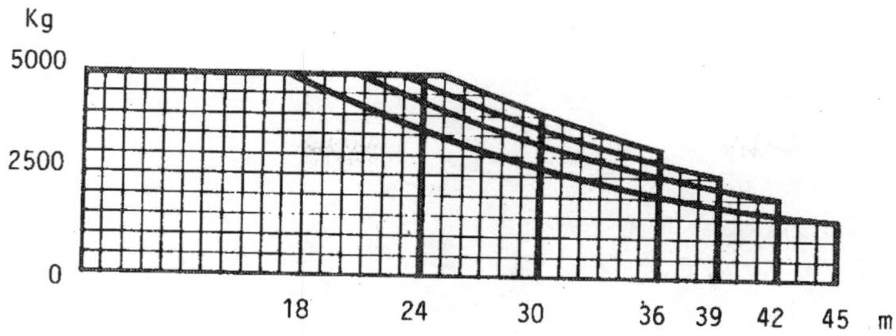

Gráfica 17.1. Diagrama de carga de una grúa torre de capacidad media.

En esta gráfica, para una carga determinada, en ordenadas, se obtiene el alcance máximo, en el punto de corte con la curva representada. El alcance máximo corresponderá a la abcisa del punto de corte.

17.4. La estructura

Las estructuras de las grúas torre son siempre en celosía. Este tipo de construcción facilita el desmontaje en unidades para su transporte y aligera la estructura de forma notable.

En la estructura de una grúa torre se pueden distinguir dos subestructuras:

- Estructura superior
- Torre

La estructura superior se compone de la pluma, de los tirantes y del mástil o parte superior de la torre. Un esquema se muestra en la Figura 17.15.

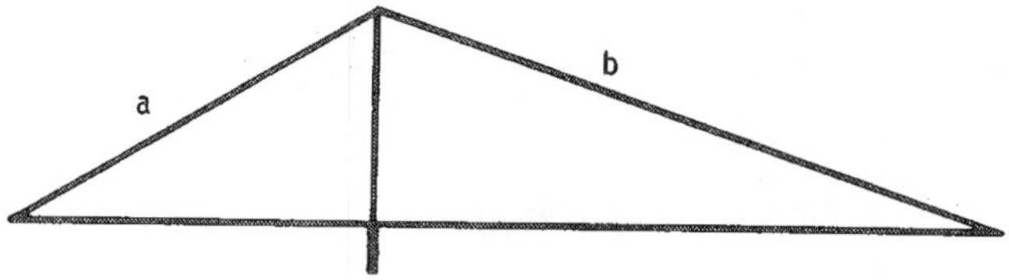

Figura 17.15. Esquema de estructura superior.

Los tirantes a y b se disponen para reducir la flecha en punta de la pluma y disminuir los esfuerzos de flexión en pluma. Su inclusión en una grúa de estas características es fundamental debido a los fuertes voladizos que alcanza la pluma.

La torre, está solicitada a flexión y a compresión. La concentración de esfuerzos sucede en su extremo superior debido a la zona de aplicación de cargas y asimismo una zona crítica es la parte inferior de la torre debido al empotramiento.

Cálculo de la estructura

Se toman las siguientes solicitaciones:

- Peso de la carga útil
- Peso del contrapeso
- Peso propio
- Aceleración del carro
- Aceleración de giro
- Viento en ambas direcciones

El cálculo de la estructura consta de dos etapas:

- Un precálculo que se puede realizar en base a la disminución de esfuerzos (Figura 17.16)

Los tirantes trabajan a tracción.

La portaflecha o parte superior de la torre trabaja a compresión, flexión y cortadura. Su tensión de trabajo será:

$$\sigma = \sqrt{\left(\sigma_C + \sigma_f\right)^2 + 3\,\tau_C^2} \tag{17.1}$$

Con:

σ = tensión de trabajo

σ_C = tensión de compresión

σ_f = tensión de flexión

τ_C = tensión de cortadura

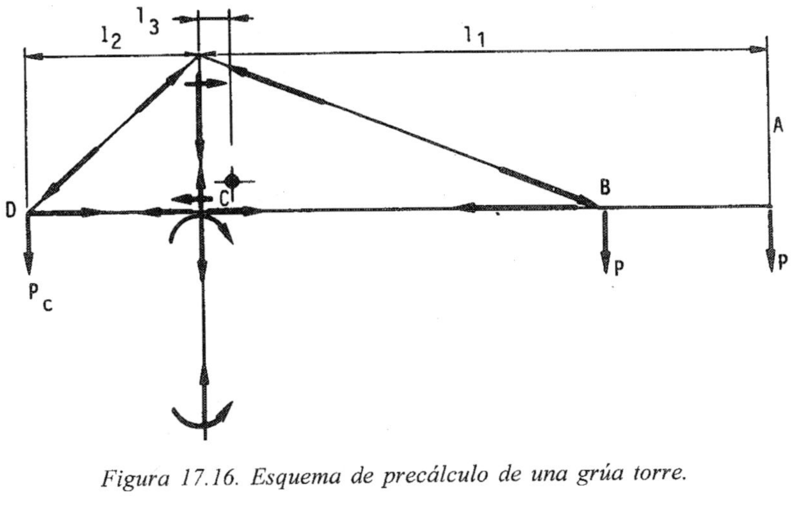

Figura 17.16. Esquema de precálculo de una grúa torre.

La pluma trabaja en su tramo A-B a flexión y a cortadura y en su tramo B-D a compresión. El tramo B-C trabaja a flexión si el carro se sitúa a lo largo del propio tramo.

La torre trabaja a compresión y a flexión.

La tensión de compresión es:

$$\sigma_C = \frac{P + P_C + P_P}{A} \tag{17.2}$$

y la tensión de flexión es:

$$\sigma_f = \frac{P.l_1 - P_C.l_2 + P_P.l_3}{W} \tag{17.3}$$

Con:

P = Carga útil

P_C = Contrapeso

P_P = Peso propio

A = Area a compresión

W = Módulo resistente a flexión vertical

De forma que la tensión de trabajo es:

$$\sigma = \frac{P + P_C + P_P}{A} + \frac{P.l_1 - P_C.l_2 + P_P.l_3}{W} \tag{17.4}$$

- Un cálculo por medio del método de los elementos finitos. En esta etapa, se determinan flechas en pluma, tensiones en los diferentes perfiles y estabilidad de la grúa mediante el cálculo de reacciones.

En la Figura 17.17 se aprecia una discretización de una grúa torre.

En la Figura 17.18 se muestra una deformada de la grúa cuando el carro se sitúa en el extremo de la pluma.

En la Figura 17.19 se representa un mapa de tensiones para la citada hipótesis de carga.

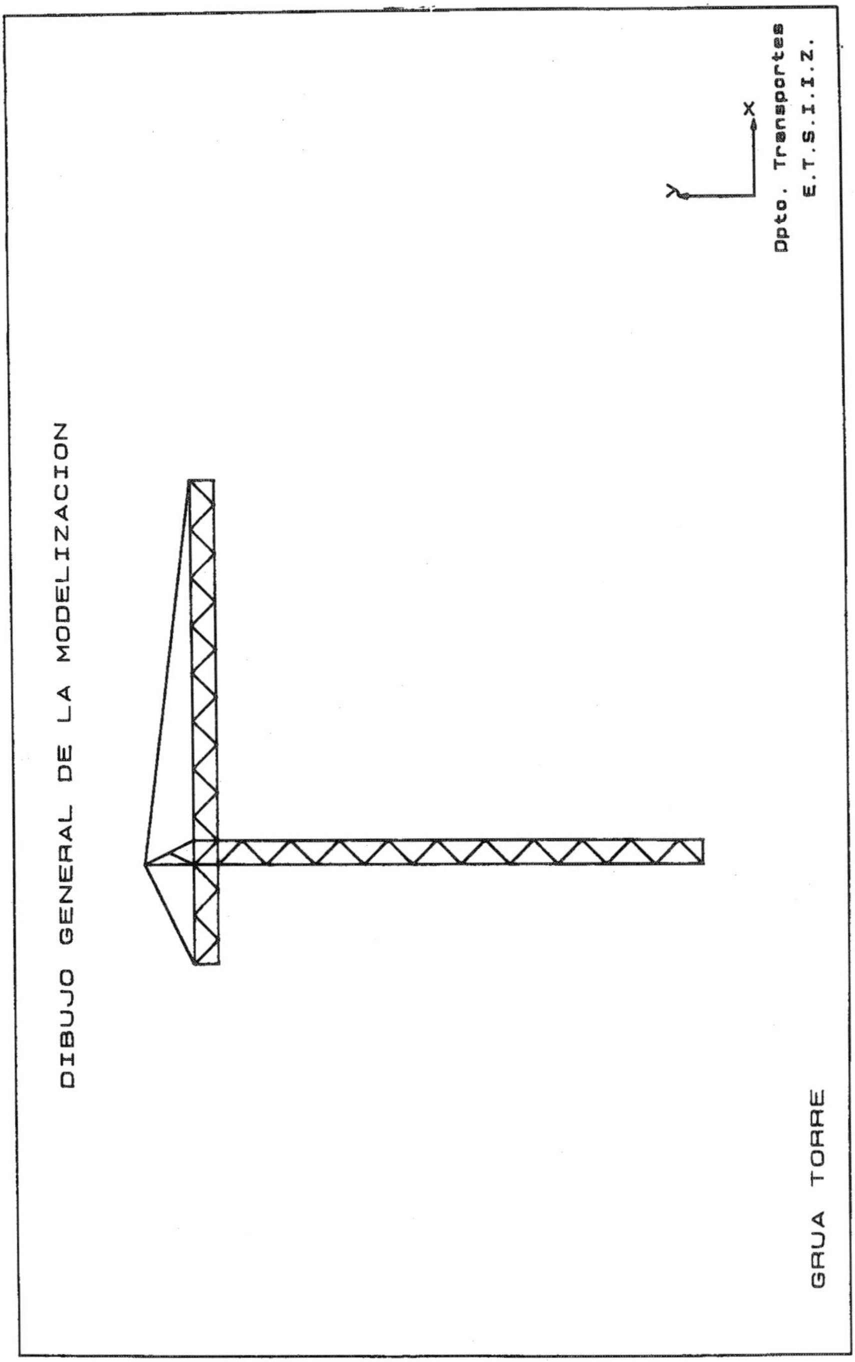
DIBUJO GENERAL DE LA MODELIZACION
GRUA TORRE
Dpto. Transportes
E.T.S.I.I.Z.
X
Y

Figura 17.17

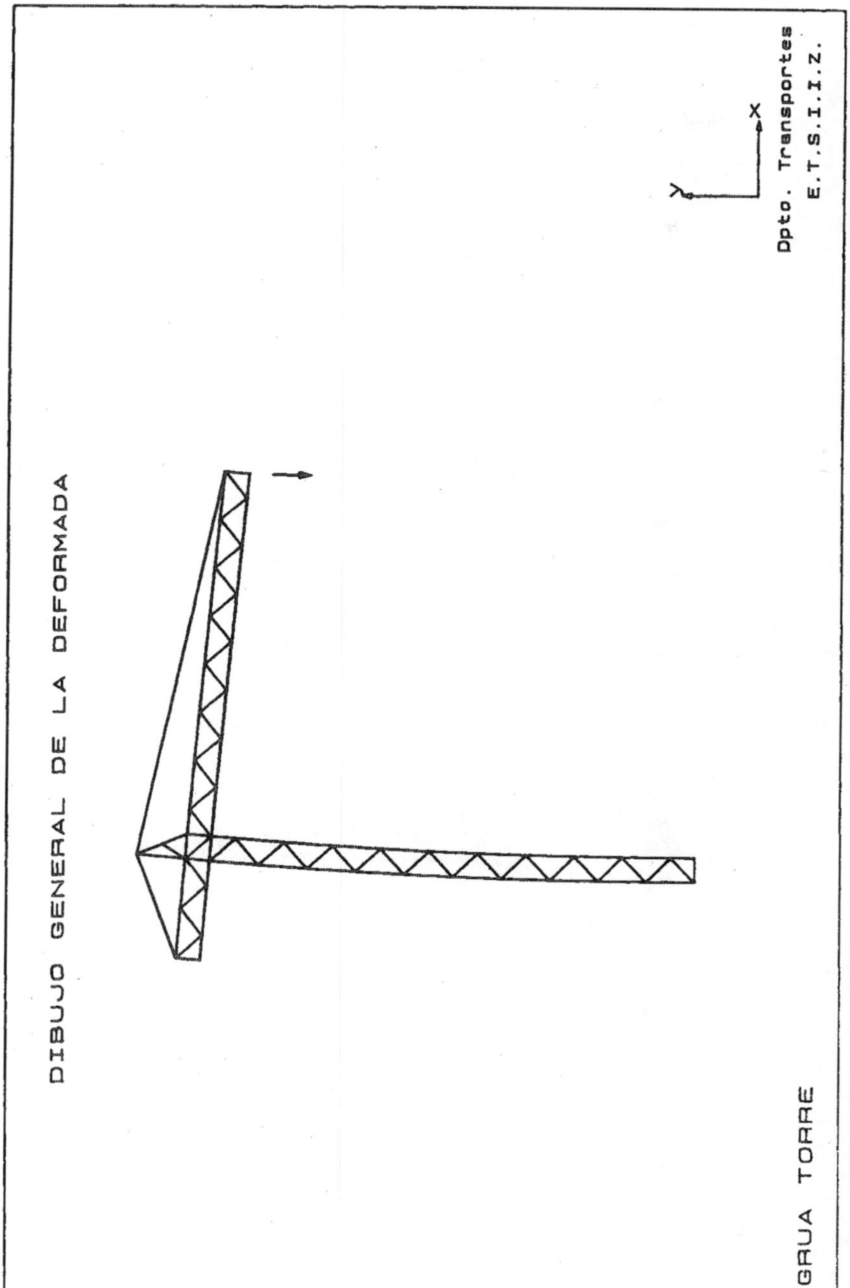
DIBUJO GENERAL DE LA DEFORMADA
GRUA TORRE
Dpto. Transportes
E.T.S.I.I.Z.
X
Y

Figura 17.18

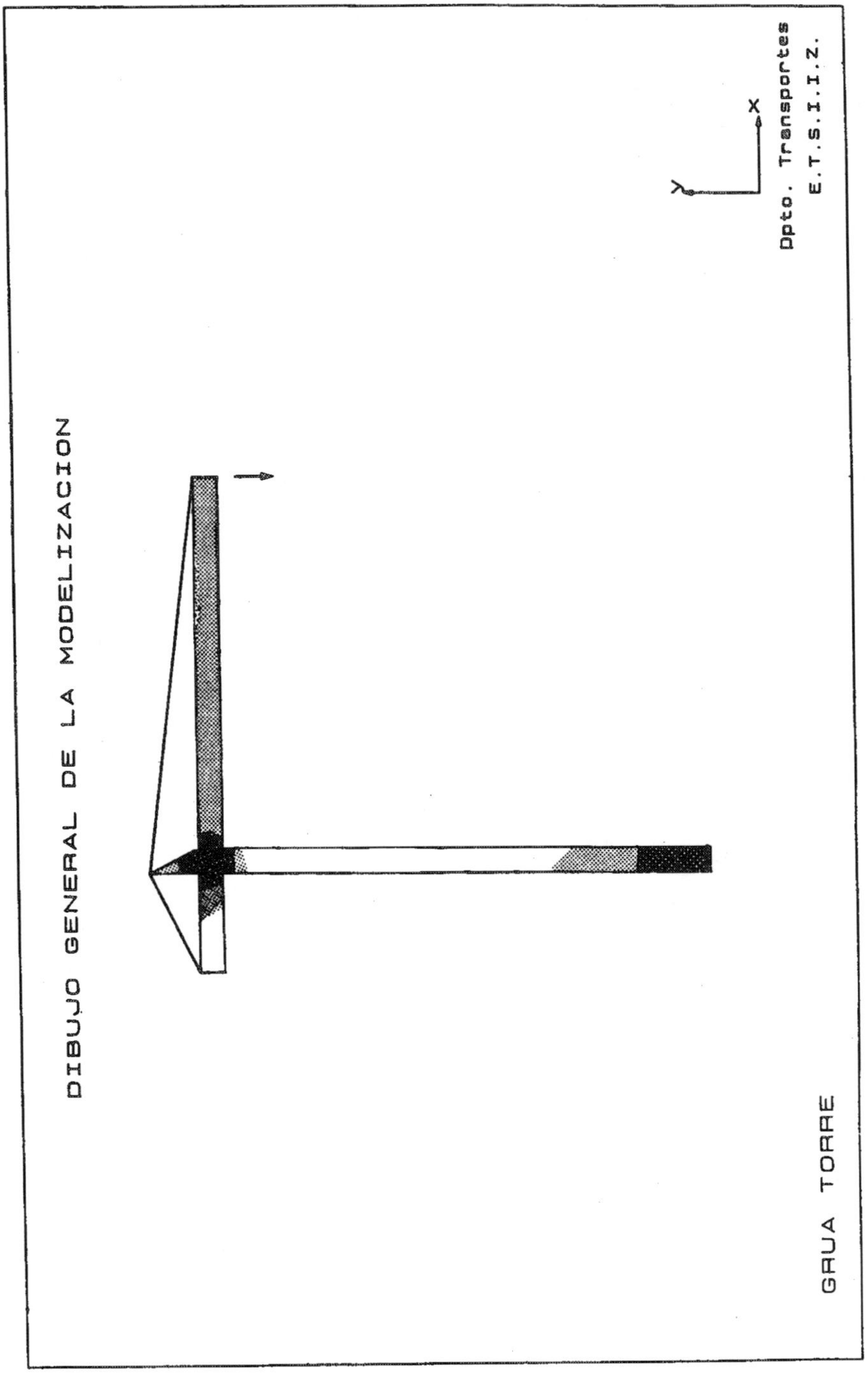
DIBUJO GENERAL DE LA MODELIZACION
GRUA TORRE
Dpto. Transportes
E.T.S.I.I.Z.
X
Y

Figura 17.19

17.5. Potencia de los motores

La potencia de giro de la pluma se calcula según los criterios expuestos en el Capítulo 15.1.5.

Las potencias de elevación y translación se calculan, según se indica en el Capítulo 11.5.

17.6. Sistemas de mando de guía

Existen dos sistemas:

- Cabina de mando situada en la parte superior de la torre.
- Cabina de mando situada en la base de la torre.

Según la situación de la obra y las operaciones a realizar y condiciones de visibilidad, la cabina se situará en una u otra posición.

Asimismo es posible un mando desplazable por tierra.

CARACTERISTICAS DE GRUAS TORRE

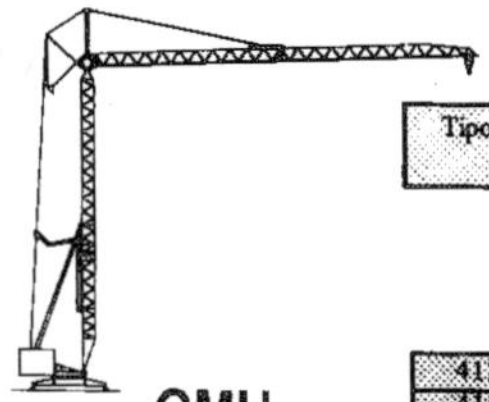

GMH

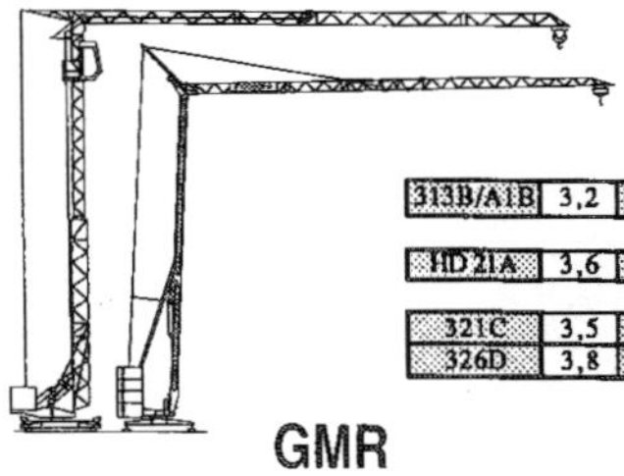

GMR

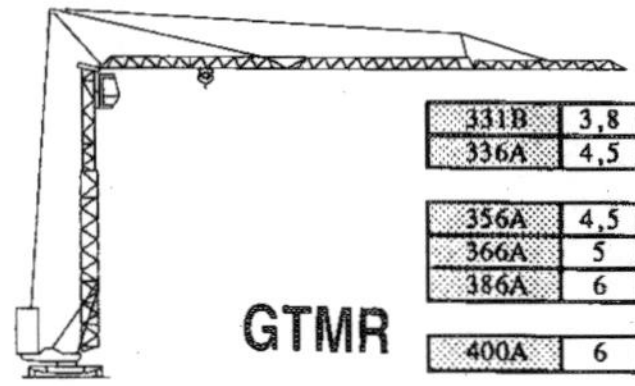

GTMR

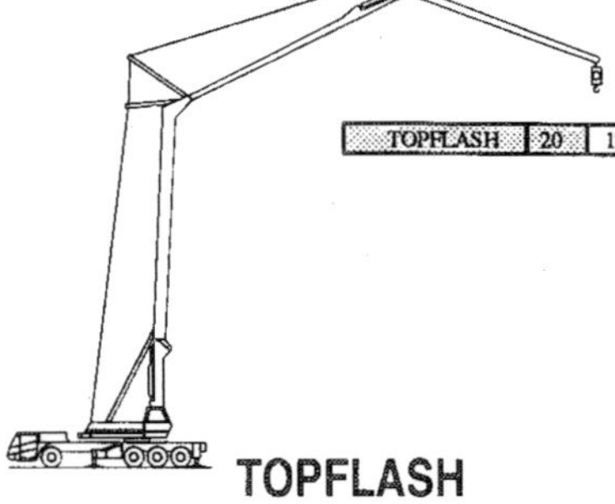

TOPFLASH

Tipo	Vía	Altura	Carga máx.	Alcance (m) Carga (t): 14	16	18	19	20	22	24,5	25	27,8	30	31	33,7	35	40	45	50
412	2,2	12,5	0,8	0,30															
416	2,7	14,5	1		0,40														
519	2,78	16	1				0,50												
720	3,2	18,4	1,5						0,60										
825	3,25	18,4	1,6								0,80								
313B/A1B	3,2	17	1,8			0,8		0,65											
HD21A	3,6	18,5	2								0,8								
321C	3,5	20	2					1,4			1								
326D	3,8	20	3								1,35		1						
331B	3,8	26	4							1,9			1,35			1			
336A	4,5	30,5	4									2				1,25	1		
356A	4,5	32,8	6											2,7		2,2	1,7	1,2	
366A	5	32,8	8											3,5		2,75	2,05	1,5	
386A	6	36,2	8											4,1		3,3	2,6	1,9	1,3
400A	6	32,6	10												4,7		3,34	2,55	2
TOPFLASH		20	12								3								

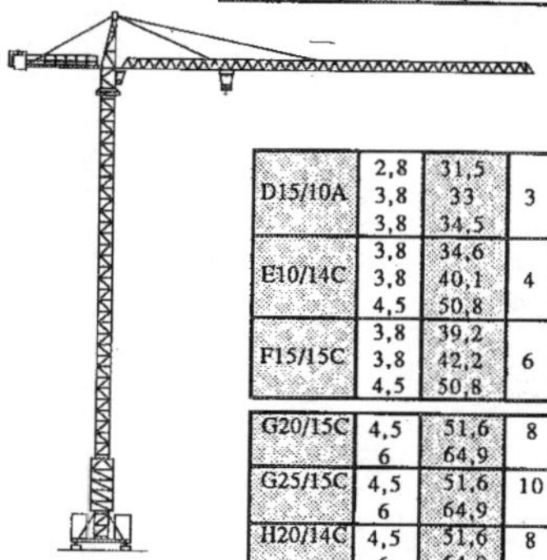

TOPKIT

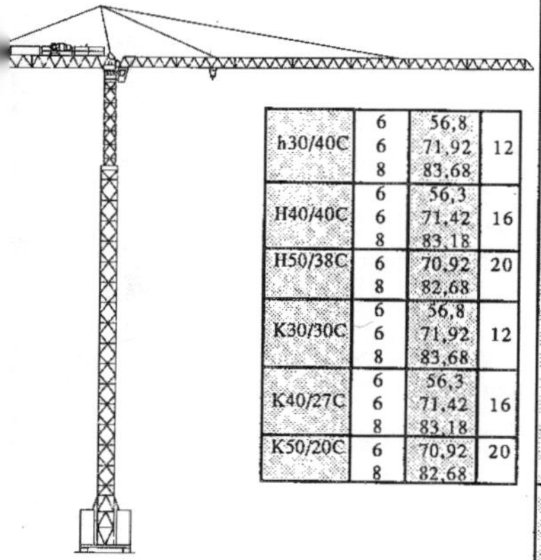

MAXI TOPKIT

Tipo	Vía	Altura	Carga máxima	20	24,5	25	30	30,5	35	36,5	40	41	45	50	55	60	65	70	75	80	85	90	100
				Alcance (m) Carga (t)																			
D15/10A	2,8 3,8 3,8	31,5 33 34,5	3		2			1,5		1,2		1											
E10/14C	3,8 3,8 4,5	34,6 40,1 50,8	4				2,4				1,7		1,4										
F15/15C	3,8 3,8 4,5	39,2 42,2 50,8	6				2,8				2			1,5									
G20/15C	4,5 6	51,6 64,9	8								3,4		2,6	2	1,5								
G25/15C	4,5 6	51,6 64,9	10								3,4		2,6	2	1,5								
H20/14C	4,5 6	51,6 64,9	8								3,4 3,4		2,9 2,9	2,6 2,6	2 2	 1,4							
H25/14C	4,5 6	51,6 64,9	10								3,4 3,4		2,9 2,9	2,6 2,6	2 2	 1,4							
H30/23C	4,5 6	50,4 64,5	12								4,6		3,9	3,4	2,8	2,3							
H30/25C	4,5 6	53,4 64,5	12								4,8		4,2	3,6	3	2,5							
H30/30C	4,5 6	50,4 64,5	12								5,5		4,8	3,8	3,8	3							
h30/40C	6 6 8	56,8 71,92 83,68	12								6,8		6	5,6	4,8	4							
H40/40C	6 6 8	56,3 71,42 83,18	16								7,4		6,4	5,6	4,8	4							
H50/38C	6 8	70,92 82,68	20								7,2		6,2	5,4	4,6	3,8							
K30/30C	6 6 8	56,8 71,92 83,68	12								6,8		6	5,6	4,8	4,3	3,9	3					
K40/27C	6 6 8	56,3 71,42 83,18	16								7,4		6,4	5,6	4,8	4	3,6	2,7					
K50/20C	6 8	70,92 82,68	20								7,2		6,2	5,4	4,6	3,8	2,9	2					
				20	24,5	25	30	30,5	35	36,5	40	41	45	50	55	60	65	70	75	80	85	90	100

Tipo	Vía	Altura	Carga máxima	20	24,5	25	30	30,5	35	36,5	40	41	45	50	55	60	65	70	75	80	85	90	100
K3/59C	6	62,6	12								12			8,6		6,9		5,9					
	8	80,1																					
K4/56C	6	62,2	16								11,2			8,2		6,8		5,6					
	8	79,7																					
K5/50C	6	61,7	20								10,7			7,9		6,2		5					
	8	79,2																					
MD500	8	79,2	20								12,5			9,8		7,8		6,4					
MD600	8	68,03	20								14,4			11		9,1		7,5					
MD900	8	85,3	50								23,5			17,3		13,1		9,1					
	10	103,3																					
MD1400	10	106	64								34,6			27,1		21,3		17,2		11			
	15	136																					
MD2200	10	72,1	64								54,5			42		29,2		24		20			
	15	101																					
MD22500	15,5	99	360													360		306					180
MR150	4,5	31,9	8-10				5,9		4,6		3,6		2,65	2									
	6	48,2																					
MR300	8	54,7	12								8,2			6									
				20	24,5	25	30	30,5	35	36,5	40	41	45	50	55	60	65	70	75	80	85	90	100

Alcance (m) Carga (t)

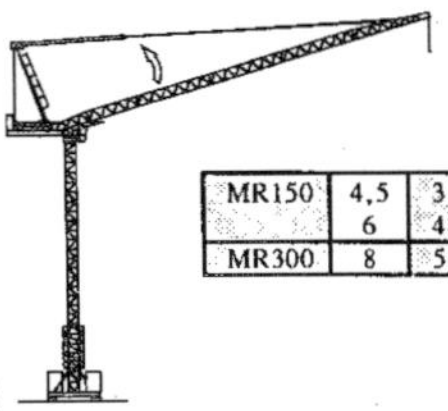

MR

PROBLEMA TIPO 17.1

Enunciado: La grúa torre de la figura, está situada en un parque de almacenamiento. El cable tiene una resistencia de 180 Kg/mm^2. El aparato posee una frecuencia aproximada igual de cargas pequeñas, medianas y máximas, y se le estima una duración del mecanismo de 12500 horas.

Datos: Carga útil en punto B = 50 KN, Carga útil en punto A = 10 KN, Velocidad de elevación = 60 m/min, Velocidad de translación = 40 m/min, Velocidad de giro = 3 rpm, Peso propio = 250 KN, Peso del lastre = 300 KN, Peso del contrapeso = 60 KN, Diámetro del rodamiento de la giratoria = 0.7 m (μ = 0.0075), $P_{adm.}$ = 7 N/mm^2. C_3 = 1

Hipótesis:

- No considerar pesos de los elementos
- No considerar acción del viento
- Considerar el peso propio sólo en el cálculo de las ruedas, carriles y mástil.
- Utilizar acero A-42 en todos los casos. Tambor de σ = 240 Mpa.

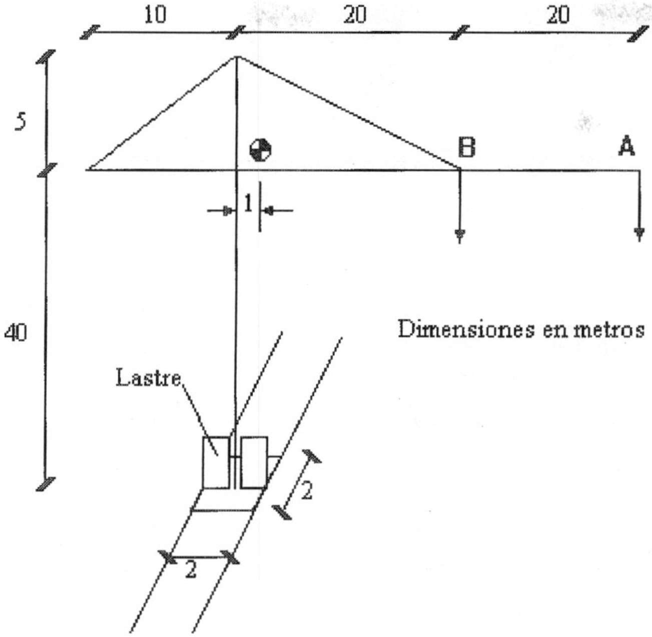

Suponiendo un coeficiente de seguridad de 3, estimar valores de: las secciones de los tirantes y de los módulos resistentes de pluma, portaflecha y mástil (para este caso suponer que W = 2000 A, con A = sección y W = módulo resistente).

Solución:

A) CIRCUITO DE ELEVACIÓN

1. Gancho:

(Tabla 2.1.) $\Rightarrow Q_g = 20$ daN

$Q_{Total} = 5.000 + 20 = 5.020$ daN

2. Cable:

Clasificación (Tabla 3.17.) $\Rightarrow$ Grupo M7 $\Rightarrow K_C = 0{,}335$

$d_{cable} = K_C \sqrt{S}$ $\qquad S = Q_{Total} / \eta\, n_r$ (Esfuerzo por ramal)

Por ser una carga de gran altura de elevación (Según tabla 3.9): 10 mm < d_{CABLE} < 25 mm

Suponiendo dos ramales: $d_{cable} = K_C \bullet \sqrt{Q_T / 2} = 0,335 \bullet \sqrt{5.020 / 2 \bullet 0,99} = 16,86$ m

Para que encaje con los valores tomados en tambores (Tabla 6.4) $\rightarrow d_{cable} = 19$ mm

$d_{cable} = 19$ mm $\Rightarrow S = 22$; $r = 10{,}5$; $a = 2{,}5$

3. Polea:

Al haber 2 ramales existe una sola polea.

(Tabla 4.8.) $\Rightarrow h_1 = 25$

(Figura 4.15.) $\Rightarrow h_2 = 1$

$d_{Polea} = D_1 = d_{cable} \cdot h_1 \cdot h_2 = 19 \cdot 25 \cdot 1 = 475$ mm

Poleas de Rodamientos de bolas $d_{Polea} = 500 \Rightarrow$ Peso = 41 daN

$Q_T = Q_U + Q_G + Q_P = 5000 + 20 + 41 = 5061$ daN

4. Tambor:

(Tabla 4.8.) $\Rightarrow h_1 = 22{,}4$

(Figura 4.15.) $\Rightarrow h_2 = 1$

$d_{Tambor} = d_{cable} \cdot h_1 \cdot h_2 = 19 \cdot 22{,}4 \cdot 1 = 425{,}6$ mm

$\sigma = 240$ MPa $\Rightarrow$ Tabla 6.6 ($d_{Tambor} = 500$ mm ; S = 2.535,3 $\approx$ 3.000 daN)

Espesor de la pared $\Rightarrow$ h = 6 mm

5. Esquemas:

(A) : Simple arrollamiento. Altura variable.

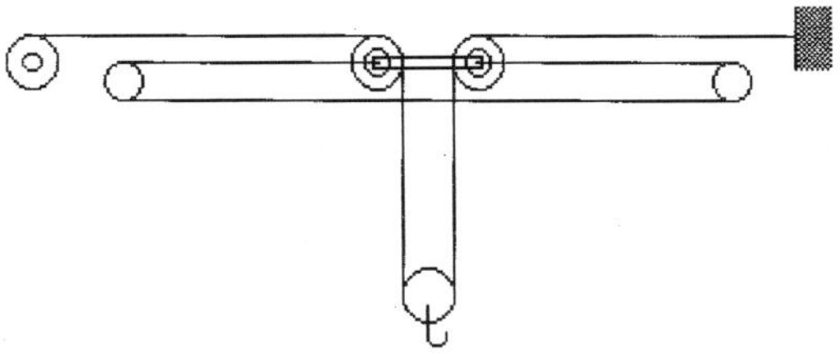

[A]

(B) :Altura constante. Si el tambor está partido, puede haber traslación y elevación

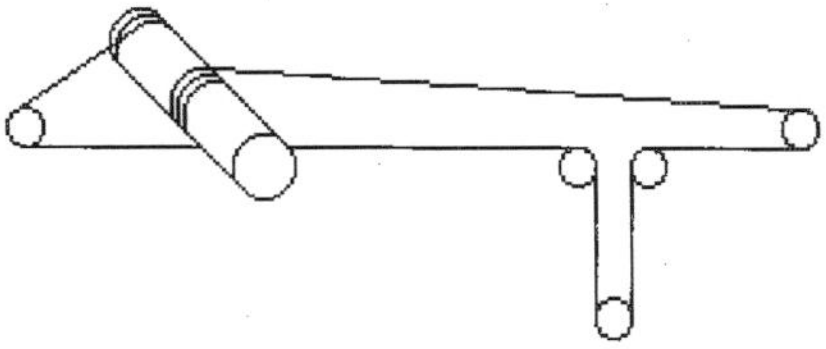

[B]

6. Tambor: (Continuación)

Longitud de elevación = 10 m

Longitud del cable = 10.000 · 2 = 20.000 mm

Longitud de 1 espira = $\pi \cdot d_{Tambor} = \pi \cdot 500 = 1.570{,}79$ mm

$$N^o \text{ de espiras} = \frac{\text{Longitud del cable}}{\pi \cdot d_{Tambor}} = \frac{20.000}{\pi \cdot 500} = 12{,}73 \text{ espiras} \approx 13 \text{ espiras}$$

Nº Espiras totales = 13 + 2·2 = 17

Longitud tambor = $N^o_{Total\ de\ espiras} \cdot paso = 17 \cdot 22 = 374$ mm $\approx$ 400mm

7. Motor elevación:

$$P_{elev} = \frac{Q_T \bullet v_{elev}}{4.500 \bullet \eta} = \frac{5.061 \bullet 60}{4.500 \bullet 0,85} = 79,38 \text{ CV} \Rightarrow \text{Tabla 9.3} \Rightarrow P_{elev} = 100 \text{ CV}$$

B) CIRCUITO DE TRANSLACIÓN

1. Potencia de giro:

Q_{giro} = 5.000 + 25.000 + 6.000 = 36.000 daN

n = 3 r.p.m. d = 0,7 m

M = $Q_g \cdot \mu \cdot d/2$ =36.000 · 0,0075 · 0,7/2 = 94,5 daN·m

$$P_{giro} = \frac{M \bullet n}{716,2 \bullet \eta} = \frac{94,5 \bullet 3}{716,2 \bullet 0,85} = 0,465 \text{ CV} \Rightarrow \text{Tabla 9.3} \quad P_{giro} = 5,5 \text{ CV}$$

2. Potencia de traslación:

Q_{tras} = 5.000 + 25.000 + 6.000 + 30.000 = 66.000 daN

Suponiendo W = 7 (Rodamientos de bolas)

$$Q_{tras} = \frac{Q_{tras} \bullet W \bullet v_{tras}}{4,5 \bullet 10^6 \bullet \eta} = \frac{66.000 \bullet 7 \bullet 40}{4,5 \bullet 10^6 \bullet 0,85} = 4,83 \text{ CV} \Rightarrow \text{Tabla 9.3} \Rightarrow \mathbf{P_{tras}} = 5,5 \text{ CV}$$

3.Cálculo de carriles:

Sea perfil BURBACH A-100 ⇒ b = 0,2 m ; I = 888 · 10^{-8} m^4

P_{adm} = 7 N/mm^2 E_m = 14,5 GPa E = 210 GPa

$\sigma_{máx}$ = 2 MPa (Hormigón) $\sigma_{máx}$ = 250 MPa (Acero)

Se comprueba el caso más desfavorable:

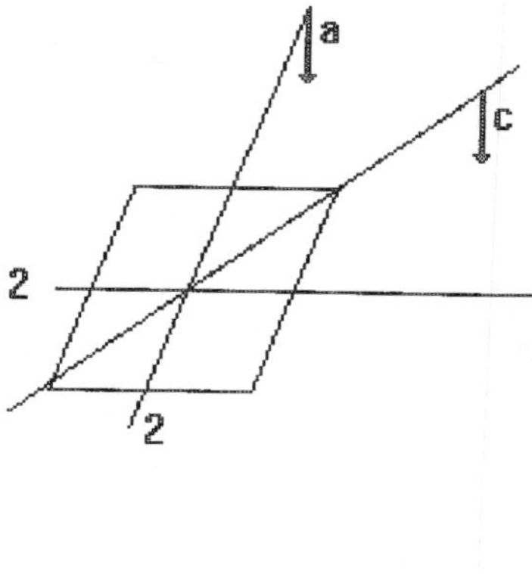

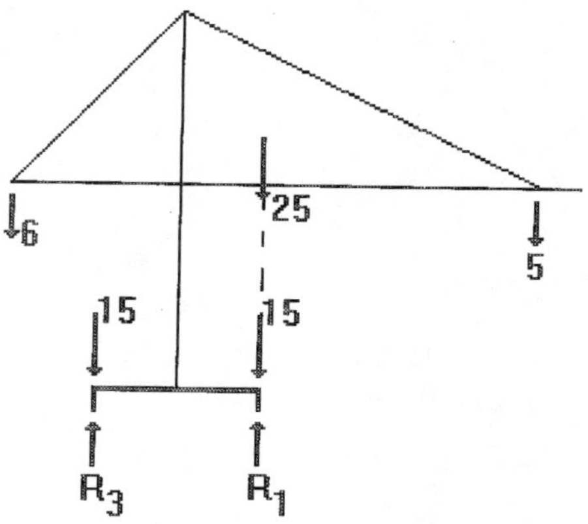

Caso más desfavorable para el cálculo de las reacciones sobre la rueda. Suponiendo 4 ruedas y en voladizo máximo (40 m), las distancias desde este a los puntos: a = 39 m , b = 39 m , c = $40-\sqrt{1^2+1^2} = 40-\sqrt{2} = 38{,}585$

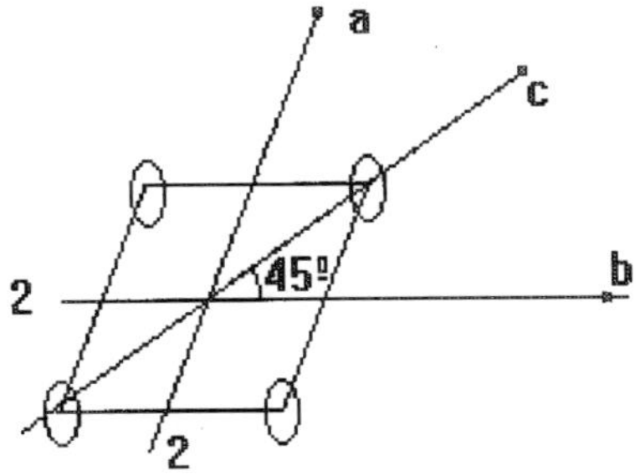

1) Caso a ≅ Caso b

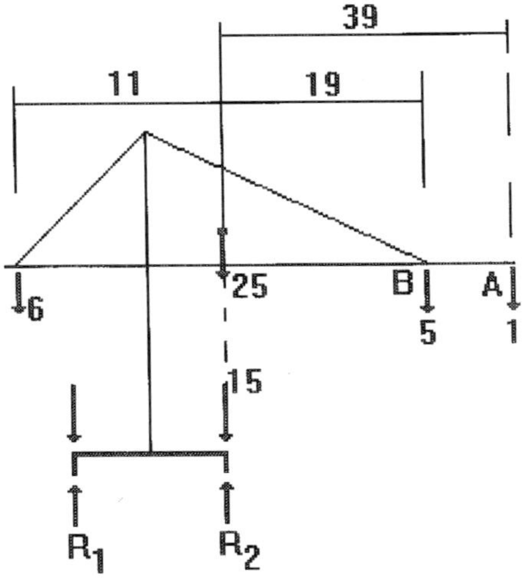

$6+25+5+30=66$ T

$R_1+R_2=\frac{66}{2}$ T

• Caso de 5 T en B)

$$\frac{6}{2}\cdot 11+\frac{15}{2}\cdot 2-\frac{5}{2}\cdot 19-R_1\cdot 2=0$$

$$R_1=\frac{33+15-47{,}5}{2}=\frac{0{,}5}{2}=0{,}25\ \text{T}$$

$$R_2=\frac{66}{2}-R_1=33-0{,}25=32{,}5\ \text{T}$$

• Caso de 1 T en A)

$$\frac{6}{2}\cdot 11+\frac{15}{2}\cdot 2-\frac{1}{2}\cdot 39-R_1\cdot 2=0$$

$$R_1=\frac{33+15-19{,}5}{2}=\frac{28{,}5}{2}=14{,}25\ \text{T}$$

$$R_2=\frac{66}{2}-R_1=33-14{,}25=18{,}75\ \text{T}$$

-Caso c:

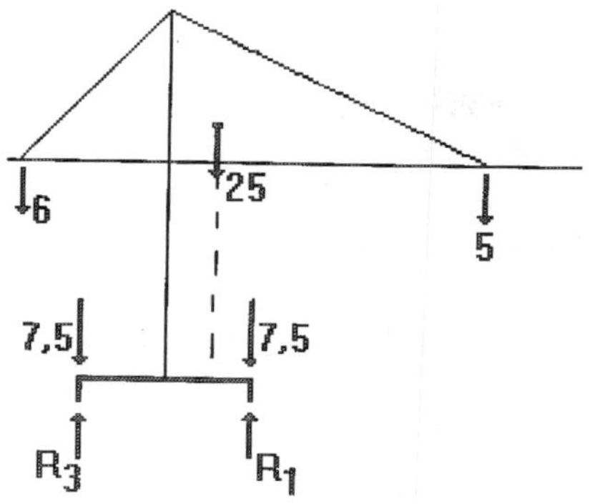

$R_2 = 15\ T \quad \Rightarrow \quad R_1 + R_3 = 66 - 15 = 51\ T$

$6 \cdot 10 + 7{,}5 \cdot (1{,}414) + R_1 \cdot (1{,}414) - R_3 \cdot (1{,}414) - 25 \cdot 1 - 7{,}5 \cdot (1{,}414) - 5 \cdot (20) = 0$

$R_1 - R_3 = 45{,}96\ T$

$R_1 = 45{,}96 + R_3 \Rightarrow 45{,}96 + R_3 + R_3 = 51$

$\mathbf{R_3} = 2{,}52\ T$ $\qquad$ $\mathbf{R_1} = 48{,}48\ T$ (Caso más desfavorable si sólo hay una rueda)

Una vez obtenida la mayor reacción en el caso mas desfavorable, se evalúa el carril, para saber el número de ruedas necesarias.

$$p = \frac{P}{2\,b}\sqrt{\frac{E_m}{4\,EI}} = \frac{484.800}{2 \cdot 0{,}2}\sqrt{\frac{14{,}5 \cdot 10^9}{4 \cdot 210 \cdot 10^9 \cdot 888 \cdot 10^{-8}}} = 484.800 \cdot 16{,}6$$

$p = 8{,}04$ MPa > 2 MPa para una sola rueda en cada esquina

Y con 4 ruedas tampoco vale por poco

Probamos con pefil mayor, un BURBACH A-120:

$b = 0{,}22$ m ; $K - 2r_1 = 100$ mm ; $I = 1.420 \cdot 10^{-8}\ m^4$; $W = 249 \cdot 10^{-6}\ m^3$

$$p = \frac{P/4}{2\,b}\sqrt[4]{\frac{E_m}{4\,EI}} = \frac{484.800/4}{2 \cdot 0{,}22}\sqrt[4]{\frac{14{,}5 \cdot 10^9}{4 \cdot 210 \cdot 10^9 \cdot 1.420 \cdot 10^{-8}}} = \frac{484.800}{4} \cdot 13{,}419$$

$p = 1{,}626$ MPa < 2 MPa

(Si fuesen 3 ruedas, $p = 2{,}168 > 2$ MPa Luego son 4 ruedas en A-120)

Se continúa comprobando el carril:

$$\eta = \sqrt[4]{\frac{2}{3}\,\frac{b^2 \rho\, E_m}{EI}} = \sqrt[4]{\frac{2}{3}\,\frac{0{,}22^2 \cdot 1{,}626 \cdot 10^6 \cdot 14{,}5 \cdot 10^9}{210 \cdot 10^9 \cdot 1.420 \cdot 10^{-8}}} = 126{,}38\ \frac{N^{1/4}}{m}$$

$$\sigma = \frac{0{,}5 \cdot P^{5/4}}{W}\,\frac{1}{\eta} = \frac{0{,}5\left(484.800/4\right)^{5/4}}{249 \cdot 10^{-6} \cdot 126{,}38} = 35{,}93\ \text{MPa} < 250\ \text{MPa}$$

4. Diámetro de las ruedas:

$$d \geq \frac{Q_R}{P_{adm} \cdot C_2 \cdot C_3 \cdot (K - 2\, r_l)} \geq \frac{121.200}{7 \cdot C_2 \cdot 1 \cdot 100} = \frac{173,142}{C_2}$$

$v_{tras} = 40$ m /min. Suponiendo $d_{rueda} = 250$ mm $\Rightarrow C_2 = 0,94$

$250 \geq \frac{173,142}{0,94} = 184,19$ Se cumple $\Rightarrow$ Ponemos 4 ruedas por poste ; en total 16 ruedas.

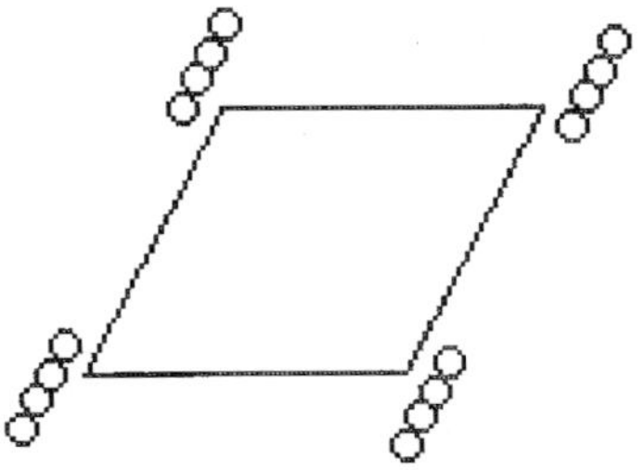

C) PREDIMENSIONADO DE LA ESTRUCTURA

1. Sección de los tirantes:

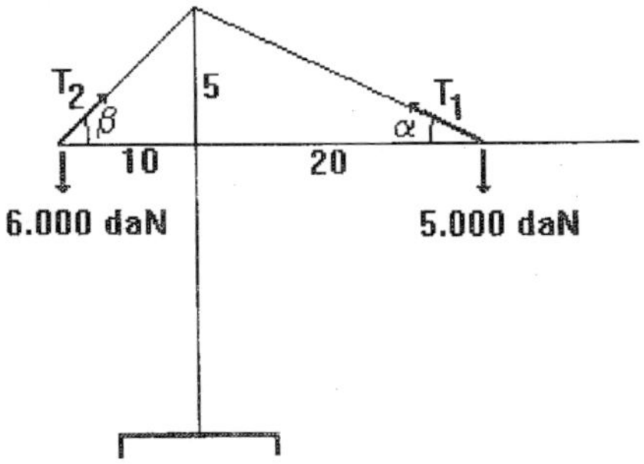

$$5.000 = T_1 \cdot \text{sen}\, \alpha \Rightarrow T_1 = \frac{5.000}{\text{sen}\, \alpha} = 20.624,5 \text{ daN}$$

$$6.000 = T_2 \cdot \text{sen}\, \beta \Rightarrow T_2 = \frac{6.000}{\text{sen}\, \beta} = 13.418,7 \text{ daN}$$

$$\text{tg}\, \alpha = \frac{5}{20} \Rightarrow \alpha = 14,03°$$

$$\text{tg}\, \beta = \frac{5}{10} \Rightarrow \beta = 26,56°$$

$$n = \frac{\sigma_{adm}}{\sigma_{equiv}} \Rightarrow \sigma_{equiv} = \frac{\sigma_{adm}}{3} = \frac{260}{3} \Rightarrow \sigma_{equiv} = 8{,}66\,\text{MPa}$$

$$\sigma_{equiv} = \frac{T}{A} \Rightarrow A = \frac{T}{\sigma_{equiv}} \begin{cases} A_1 = \dfrac{20.624{,}5}{8{,}66} = 2.381{,}5\ \text{mm}^2 \\ A_2 = \dfrac{13.418{,}7}{8{,}66} = 1.549{,}5\ \text{mm}^2 \end{cases}$$

$$A = \frac{\pi \cdot d^2}{4} \Rightarrow d = \sqrt{\frac{4\,A}{\pi}} \Rightarrow \begin{cases} d_1 = 55{,}06\ \text{mm} \\ d_2 = 44{,}4\ \text{mm} \end{cases}$$

2. Módulos de portaflecha:

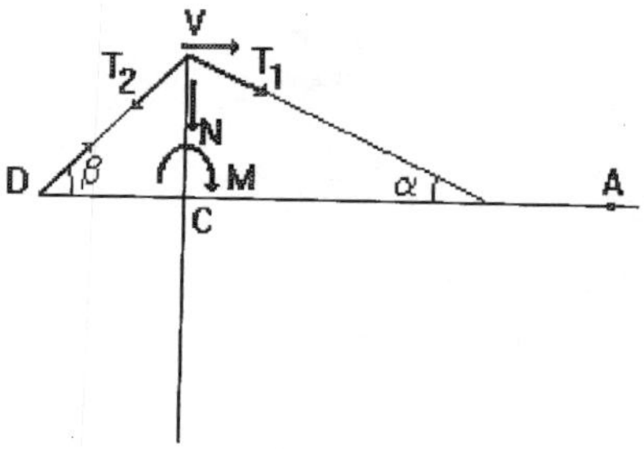

$T_1 \cdot \text{sen}\,\alpha + T_2\,\text{sen}\,\beta = N$

$T_1 \cdot \cos\alpha - T_2 \cos\beta = V \qquad \Rightarrow V \cdot 5 = M$

$N = 20.624{,}5 \cdot \text{sen}\ 14{,}03^\circ + 13.418{,}7 \cdot \text{sen}\ 26{,}56^\circ$

$N = 10.999{,}96$ daN

$V = 20.624{,}5 \cdot \cos 14{,}03^\circ - 13.418{,}7 \cdot \cos 26{,}56^\circ$

$V = 8.006{,}66$ daN

$M = 5 \cdot 8.006{,}6$

$M = 40.033{,}34$ daN m

$$\sigma_{equiv} = \sqrt{(\sigma_c + \sigma_f)^2 + 3\,\tau^2}$$

$$\sigma_{equiv} = \sqrt{\left(\frac{N}{A} + \frac{M}{W}\right)^2 + 3\left(\frac{V}{A}\right)^2} = \sqrt{\left(\frac{N}{W/2.000} + \frac{M}{W}\right)^2 + 3\left(\frac{V}{W/2.000}\right)^2} =$$

$$= \sqrt{\frac{(2.000\,N + M)^2}{W^2} + \frac{6.000\,V^2}{W^2}} = \frac{1}{W}\sqrt{(2.000\,N + M)^2 + 6.000\,V^2}$$

$$W = \frac{\sqrt{(2.000\,N + M)^2 + 6.000\,V^2}}{\sigma_{equiv}} =$$

$$= \frac{\sqrt{(2.000 \cdot 10.999{,}96 + 40.033{,}34 \cdot 10^3)^2 + 6.000 \cdot 8.006{,}6^2}}{8{,}66} \Rightarrow$$

$$W = 7{,}163\ 10^6\ mm^3$$

3. Módulos de mástil:

$$\sigma_{equiv} = \frac{P + P_c + P_p}{A} + \frac{P \cdot 2.000 - P_c \cdot 10.000 + P_p \cdot 1.000}{W} =$$

$$= \frac{P + P_c + P_p}{W/2.000} + \frac{P \cdot 2.000 - P_c \cdot 10.000 + P_p \cdot 1.000}{W} =$$

$$= \frac{1}{W}\left[P(20.000 + 2.000) + P_c(-8.000) + P_p(3.000)\right]$$

$$W = \frac{22.000 \cdot P - 8.000 \cdot P_c + 3.000 \cdot P_p}{\sigma_{equiv}} =$$

$$= \frac{22.000 \cdot 5.000 - 8.000 \cdot 6.000 + 3.000 \cdot 25.000}{8{,}66} \Rightarrow W = 15{,}819\ 10^6\ mm^3$$

4. Módulos de la Pluma

Tramo AB:

$M = 1.000$ daN $\cdot$ 20.000 = $20 \cdot 10^6$ daN mm

$V = 1.000$ daN

$$\sigma_{equiv} = \sqrt{\left(\frac{M}{W}\right)^2 + 3\left(\frac{V}{A}\right)^2} = \frac{1}{W}\sqrt{M^2 + 6.000\,V^2} \Rightarrow$$

$$W = \frac{1}{\sigma_{equiv}}\sqrt{M^2 + 6.000\,V^2} = 2{,}309\ 10^6\ mm^3$$

Tramo BC:

$N_1 = T_1 \cdot \cos\alpha = 20.624{,}5 \cdot \cos 14{,}03^\circ = 20.009{,}24$ daN

$\sigma = \frac{N_1}{A} \Rightarrow W_1 = \frac{2.000\,N_1}{\sigma} = 4{,}62\ 10^6\ mm^3$ Se toma este módulo para el tramo ABC.

Tramo CD:

$N_2 = T_2 \cdot \cos\beta = 13.418{,}7 \cdot \cos 26{,}56^\circ = 12.002{,}5$ daN

$\sigma = \frac{N_2}{A} \Rightarrow W_2 = \frac{2.000\,N_1}{\sigma} = 2{,}77\ 10^6\ mm^3$

18. VEHICULOS GRUA

Figura 18.1. Fotografía de un vehículo grúa.

18.1. Generalidades

En obras públicas de construcción y en operaciones de elevación y transporte "in situ" donde se precisa un aparato por un corto espacio de tiempo es muy utilizado el vehículo grúa.

Un vehículo, caracterizado por poseer un chasis especialmente resistente, aloja en su parte posterior un aparato constituido básicamente por una pluma, fija o extensible.

En un vehículo-grúa existen los siguientes movimientos:

- Movimiento de vehículo convencional por medio de neumáticos.
- Movimiento de extensión de la pluma.
- Movimiento de elevación de la pluma.
- Movimiento de giro de la estructura giratoria.

- Movimiento de elevación de la carga.
- Movimiento de extensión de contrapeso.
- Movimiento de extensión de vigas estabilizadoras.
- Movimiento de extensión de cilindros verticales de apoyo.

En la actualidad existen dos motores independientes, de los cuales el primero acciona el movimiento del vehículo como tal. El segundo motor es el encargado de realizar todos los movimientos de elevación y transporte, accionando los siete movimientos restantes.

Existe una tendencia a introducir un solo motor que opera tanto en los movimientos de vehículo como en los de grúa. De esta forma se consigue disminuir el ya elevado peso propio del aparato.

Se distinguen los siguientes elementos (Figura 18.2):

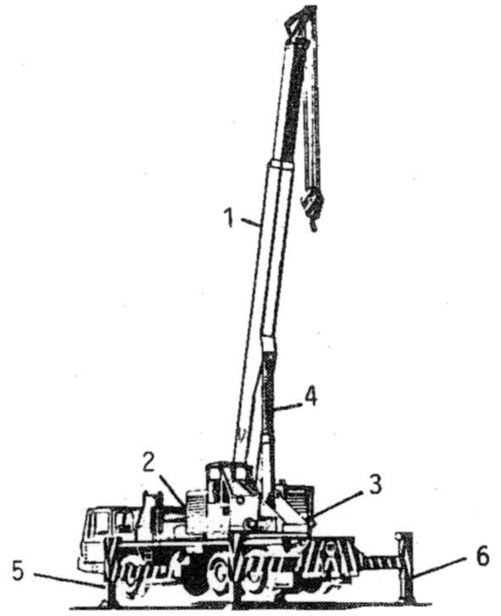

Figura 18.2. Partes de un vehículo grúa.

1. Pluma
2. Contrapeso
3. Estructura giratoria de base
4. Cilindro elevación pluma
5. Estabilizadores anteriores
6. Estabilizadores posteriores

Los motores que existen en el aparato son de tipo térmico, alimentados por gasoil. Una bomba hidráulica, genera presión en un circuito que alimenta los cilindros de extensión de estabilizadores, los cilindros verticales de apoyo, los cilindros de extensión de contrapeso, la junta giratoria de la estructura superior y el reductor de planetarios de giro de los tambores de elevación de la carga.

Cuando el vehículo ha alcanzado la posición de trabajo, se extienden los estabilizadores anteriores y posteriores inicialmente dispuestos en los extremos de los cuatro estabilizadores. La grúa, tras este movimiento queda suspendida de cuatro puntos de apoyo.

En función de la operación a realizar, el contrapeso es desplazado en voladizo por medio de dos cilindros de extensión del contrapeso con objeto de aumentar la superficie de estabilidad.

En este momento, pueden comenzar las operaciones de elevación y transporte por medio de la extensión y elevación de la pluma, giro de la estructura giratoria y elevación de la carga.

Los cuatro movimientos son accionados desde la denominadas estructura giratoria base. En la parte posterior del bastidor se dispone un rodamiento de bolas de gran diámetro de tipo Roth-Erde. Sobre este rodamiento se implementa la citada estructura giratoria donde se alojan:

- El primer tramo de la pluma, y el resto, interiormente, si la pluma es telescópica.
- Dos cilindros horizontales de extensión de contrapeso.
- Uno o dos cilindros que conectan la propia estructura giratoria con el primer tramo de la pluma. Mediante su extensión, se eleva la pluma.
- El mecanismo de elevación de la carga. Un tambor comanda un ramal de cable que recorre varias poleas de un aparejo dispuesto en el extremo de la pluma y de otros tantos dispuestos sobre el gancho.

En algunos casos existe un tambor auxiliar para trabajar con pluma y plumín, o trabajar con dos ganchos.

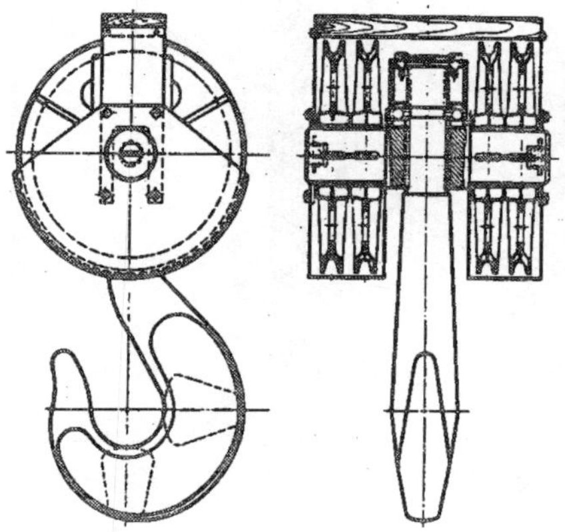

Figura 18.3. Detalle de aparejo de vehículo grúa.

También es usual, la existencia de un tambor de arrastre para auxilio de vehículos inmovilizados o arrastre de piezas en situaciones ocasionales.

- El mecanismo de giro de la estructura sobre el rodamiento Roth-Erde.

  Una junta giratoria, dispuesta en posición vertical acciona directamente mediante un piñón, el giro a través del rodamiento. Existen disposiciones donde un tornillo sin fin, transmite el movimiento de la junta giratoria, al piñón de ataque al rodamiento.

- Por último, existe también sobre esta estructura giratoria el mecanismo de extensión de la pluma.

18.2. El mecanismo de extensión de la pluma

En los primeros diseños, se colocaban tantos cilindros hidráulicos de extensión como tramos desplazables tenía la pluma. Se disponía de una gran flexibilidad de movimientos a costa de un elevado peso propio de la pluma.

Posteriormente, la tendencia a disminuir pesos propios, llevó a los diseñadores a utilizar un único cilindro para extender los diferentes tramos de la grúa (Figura 18.4).

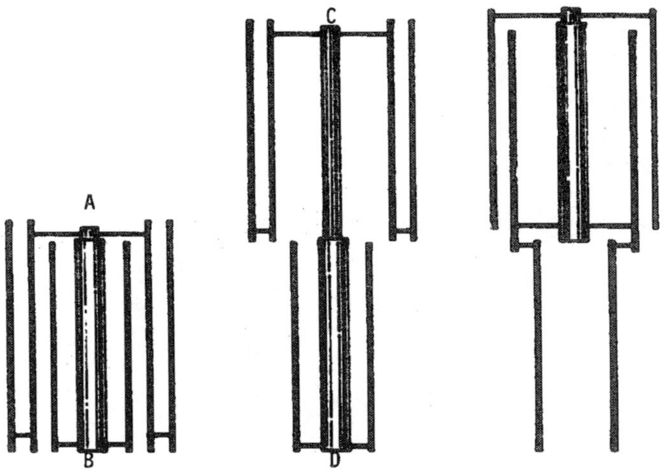

Figura 18.4. Mecanismo de extensión de la pluma mediante un cilindro.

Un cilindro hidráulico móvil se sitúa inicialmente en su posición A-B, es decir, su extremo inferior, en la parte inferior del primer tramo y su extremo superior en la parte superior del segundo tramo. Tras su extensión, se despliega el segundo tramo y con él, el resto de tramos que se alojan en su interior. En este instante se enclavan el primero y segundo tramo.

Si se desea extender el tercer tramo, el cilindro se sitúa en la posición C-D, su extremo inferior en la parte inferior del segundo tramo y su extremo superior en la parte superior del tercer tramo. Así, tras su extensión, se despliega el tercer tramo respecto al segundo que está enclavado con el primero. Y así sucesivamente.

Este sistema, es a la vez que original, muy ligero ya que sólo es preciso equipar a la pluma con un único cilindro hidráulico.

18.3. Diagrama de cargas

Es la representación de las posibilidades del aparato en función de longitudes de pluma, alcances y cargas.

Es una información primordial dentro de las características del vehículo grúa.

A modo de ejemplo se representa en la Tabla 18.1 el diagrama de cargas para un vehículo grúa de 25 T. a 3 m. a un 75% del límite de trabajo.

Los valores por encima de la línea gruesa representan limitación por resistencia. Los valores por debajo de la citada línea, representan limitación por estabilidad.

Tabla 18.1. Diagrama de cargas de un vehículo grúa de 25 T.

Al- can- ce m.	360º									
	LONGITUD DE PLUMA						Extensión celosía	Longitud de plumín		
	9,4 m.	12,4 m.	15,5 m.	18,6 m.	21,7 m.	24,7 m	27,8 m	(7,5m) 35,3 m	(8,3m) 36,1 m	(13 m) 40,8 m.
75%										
3	25.000	23.000	21.000							
4	22.300	20.250	18.200	16.800						
5	18.000	16.750	15.500	13.750	12.000					
6	12.600	12.600	12.600	11.750	10.500	9.600				
7	9.700	9.700	9.700	9.700	9.200	7.900	6.600			
8		7.600	7.600	7.600	7.600	7.000	6.100			
9		6.250	6.250	6.250	6.250	6.200	5.600	3.000	3.350	
10		5.100	5.100	5.100	5.100	5.100	5.100	2.750	3.150	
11			4.350	4.350	4.350	4.350	4.350	2.420	2.900	2.100
12			3.700	3.700	3.700	3.700	3.700	2.100	3.650	2.050
13			3.100	3.100	3.100	3.100	3.100	1.790	2.400	2.000
14				2.650	2.650	2.650	2.650	1.610	2.050	1.950
15				2.200	2.200	2.200	2.200	1.430	1.800	1.800
16				1.950	1.950	1.950	1.950	1.200	1.550	1.550
17				1.700	1.700	1.700	1.700	1.010	1.300	1.400
18					1.500	1.500	1.500	920	1.100	1.250
19					1.350	1.350	1.350	810	950	1.100
20						1.250	1.250		800	1.000
21						1.150	1.150		650	850
22						1.050	1.050		450	650
23						950	950		300	450
24							800			300
25							650			
26							500			

18.4. La estructura

Existen tres subestructuras:

- La pluma
- La estructura giratoria básica
- El bastidor

La pluma está constituida por una viga en voladizo que está articulada en el cilindro hidráulico de elevación y en la propia plataforma giratoria. Existen dos tipos de plumas: en celosía y en viga cajón.

18.4.1. PLUMA EN CELOSÍA

Sus características principales son:

- No es telescopable.
- Realización en tramos de seis metros compuestos por cuatro perfiles circulares huecos conformados en placa metálica y diagonales de rigidización.

Figura 18.5. Vehículo grúa con pluma en celosía.

- Utilización de cables para absorber los esfuerzos de tracción.
- Ligereza, su peso equivalente es la tercera parte del de la viga cajón.
- Se precisan vehículos auxiliares para su transporte debido a la imposibilidad de su alojamiento en el propio vehículo-grúa.
- Se necesitan varias horas de trabajo (6 a 8) para su montaje y puesta en funcionamiento.
- Mayor capacidad de carga que en el caso de viga cajón por su reducido peso propio.

La Figura 18.5 muestra un vehículo-grúa con pluma en celosía.

Su capacidad de carga alcanza las 1000 Toneladas.

Como se aprecia en la Figura 18.5, una pluma principal absorbe los esfuerzos de compresión y dos subestructuras inferiores distribuyen los esfuerzos en la parte posterior de la estructura giratoria. Una serie de cables transmiten los esfuerzos de tracción por medio de varios ramales.

18.4.2. PLUMA EN VIGA CAJÓN

Sus características son:

- La pluma está conformada por una única viga en voladizo, telescopable y resuelta en forma de viga cajón rectangular, trapecial o bitrapecial. Se utiliza placa metálica de alto límite elástico, en su fabricación.
- No precisa vehículos auxiliares para su transporte, ya que la pluma viaja, en la parte alta del vehículo, sobre el bastidor.

La Figura 18.6 muestra un vehículo-grúa con pluma en viga cajón.

La sección de la viga puede adoptar diferentes configuraciones (Figura 18.7).

El tipo a, se suele utilizar para bajas cargas, debido a que esta sección puede presentar problemas de pandeo transversal ante altos esfuerzos de compresión.

El tipo c, más equilibrado y sofisticado se utiliza para elevadas cargas, aproximadamente, más de cincuenta toneladas.

El tipo b, corresponde a un tipo intermedio. Se utiliza para la banda de cargas de magnitud media.

La capacidad máxima para este tipo de pluma es de 400 Toneladas.

El deslizamiento entre tramos se lleva a cabo mediante pastillas de nilatron, cuyo material esencial es nylon 66. Su coeficiente de desgaste es muy reducido.

Es muy usual la utilización de plumines en celosía, acoplados al último tramo de la pluma.

La estructura giratoria tiene una configuración que depende del tipo de pluma. Básicamente, consta de una zona altamente reforzada, que recepciona la pluma. En la parte posterior, se sitúan los mecanismos de elevación de la carga y el contrapeso.

Si la pluma es de viga cajón, los cilindros de elevación de la pluma apoyan en la parte anterior de la estructura giratoria, en una zona altamente rigidizada. Si por el contrario, la pluma es de celosía, una estructura posterior soporta el reenvío de los cables que transmiten los esfuerzos de tracción.

Figura 18.6. Vehículo grúa con pluma en viga cajón.

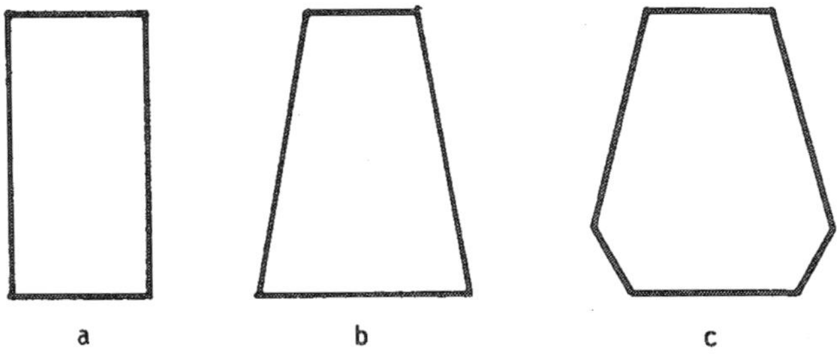

Figura 18.7. Diferentes configuraciones de sección de pluma.

En la Figura 18.8 se puede apreciar un esquema de una estructura giratoria.

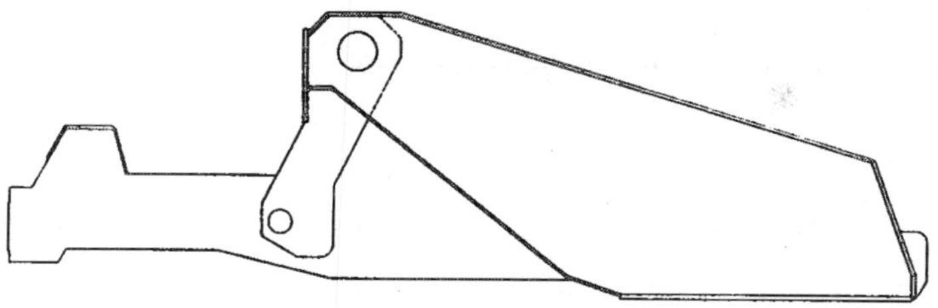

Figura 18.8. Esquema de estructura giratoria.

El bastidor está ejecutado en dos largueros conformados en viga cajón rectangular y una serie de placas soldadas a diferentes alturas que unen ambos largueros.

Los dos largueros absorben fundamentalmente los altos esfuerzos de flexión provocados para la carga de la estructura giratoria, pluma y carga útil así como por los momentos de flexión existentes, debido a la carga en voladizo.

Las placas soldadas a ambos largueros absorben los esfuerzos de torsión en el caso de que la carga genere un momento lateral. Asimismo, las placas citadas dispuestas de forma adecuada hacen frente a la concentración de tensiones existentes en las zonas próximas al rodamiento Roth-Erde.

En la Figura 18.9, se representa un esquema del bastidor.

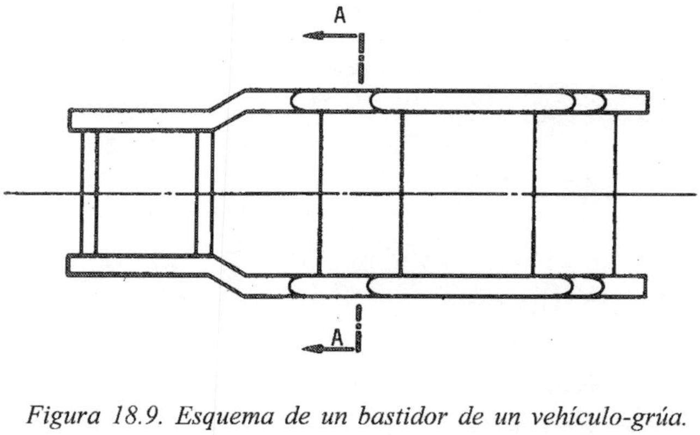

Figura 18.9. Esquema de un bastidor de un vehículo-grúa.

En la Figura 18.10 se muestra la sección AA.

Figura 18.10. Sección AA.

18.4.3. CÁLCULO DE LA ESTRUCTURA

En el cálculo de la estructura, se toman en cuentan las siguientes solicitaciones:

- Peso propio del vehículo-grúa
- Peso de la estructura giratoria
- Peso de la pluma
- Peso del contrapeso
- Carga útil

Se realizan tres hipótesis de carga:

- Carga longitudinal
- Carga lateral
- Carga en avance a 45 grados

En la Figura 18.11 se representan las tres hipótesis:

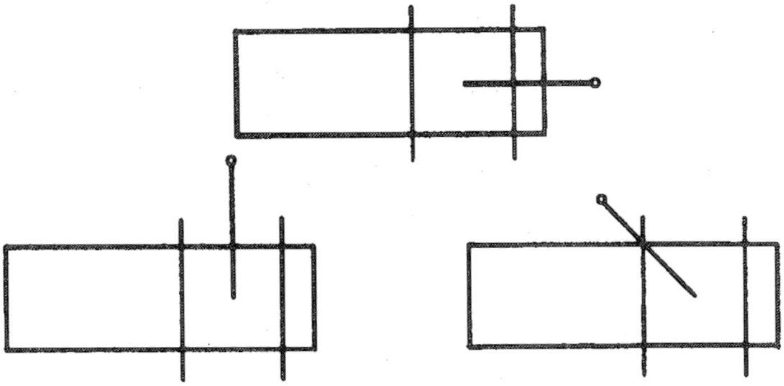

Figura 18.11. Hipótesis de carga de cálculo de la estructura.

En el cálculo de un vehículo-grúa se pueden distinguir dos etapas:

- Precálculo mediante modelos simplificados.

a) Cálculo de pluma (Figura 18.12)

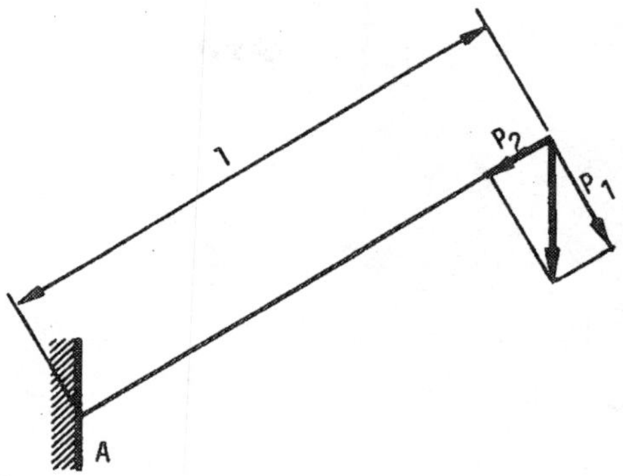

Figura 18.12. Modelo simplificado de cálculo de pluma.

$$\sigma_A = \frac{P_1 . l}{W_A} + \frac{P_2}{A_A}$$

Donde:

W_A = Módulo resistente a flexión vertical en la sección A.

A_A = Area a compresión en la sección A.

b) Cálculo del bastidor

- Componente longitudinal (Figura 18.13)

$$\sigma_B = \frac{P.l}{4W_B} + \frac{M}{W_B}$$

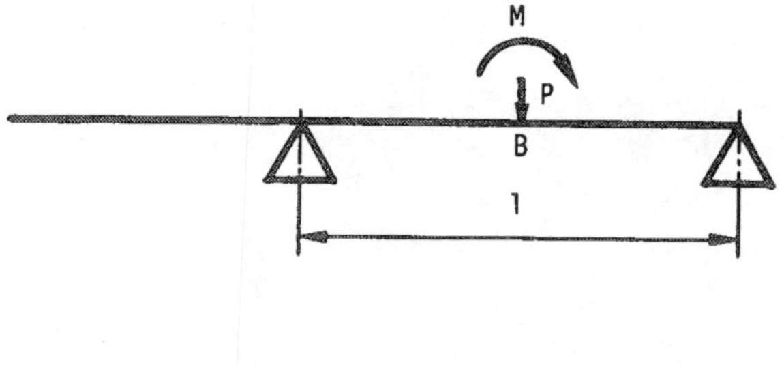

Figura 18.13. Modelo simplificado de cálculo de bastidor.

- Componente lateral (Figura 18.14)

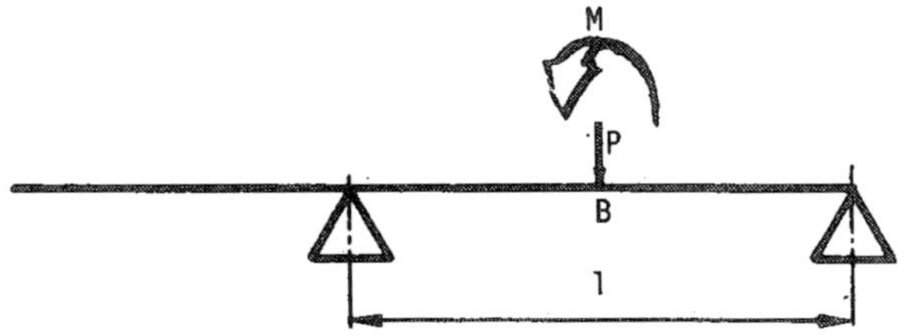

Figura 18.14. Modelo simplificado de cálculo de bastidor.

$$\sigma_B = \sqrt{\left(\frac{P.l}{4W_B}\right)^2 + 3\left(\frac{M}{W_{B0}}\right)^2}$$

Donde:

W_B = Módulo resistente a flexión vertical en la sección B.

W_{B0} = Módulo resistente a torsión en la sección B.

c) Cálculo de estabilizadores (Figura 18.15)

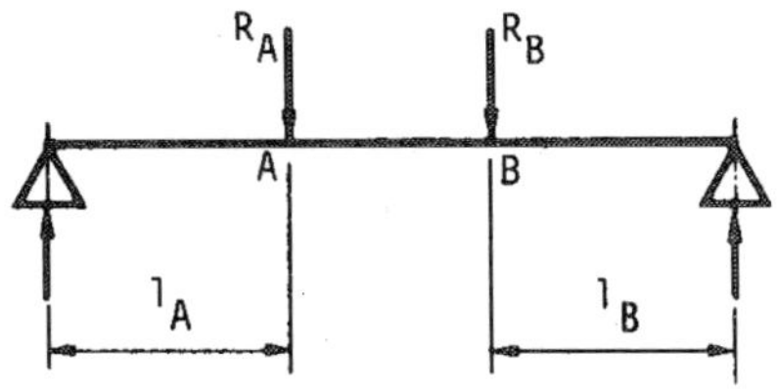

Figura 18.15. Modelo simplificado de cálculo de estabilizadores.

$$\sigma_A = \frac{R_A \cdot l_A}{W_A}, \qquad \sigma_B = \frac{R_B \cdot l_B}{W_B}$$

Con:

W_A = Módulo resistente a flexión vertical en la sección A.

W_B = Módulo resistente a flexión vertical en la sección B.

- Cálculo tensional deformacional mediante el método de los elementos finitos. Las Figuras 18.16 y 18.17 muestran dos vistas de una discretización de un vehículo grúa por elementos finitos.

La Figura 18.18 representa la deformada para una carga longitudinal.

La Figura 18.19 muestra el mapa de tensión para la citada hipótesis de carga.

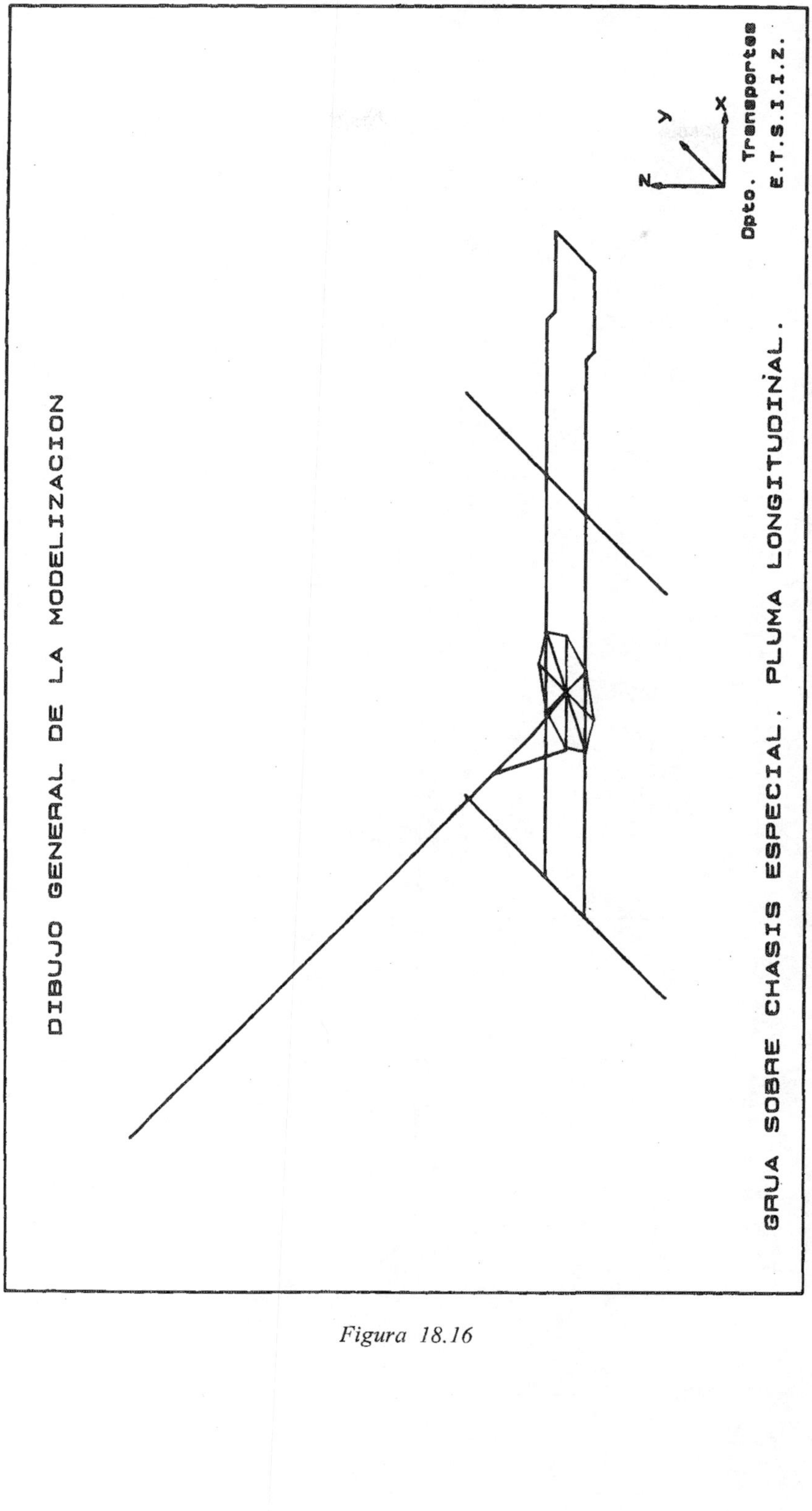
DIBUJO GENERAL DE LA MODELIZACION
GRUA SOBRE CHASIS ESPECIAL. PLUMA LONGITUDINAL.
Z
y
x
Dpto. Transportes
E.T.S.I.I.Z.

Figura 18.16

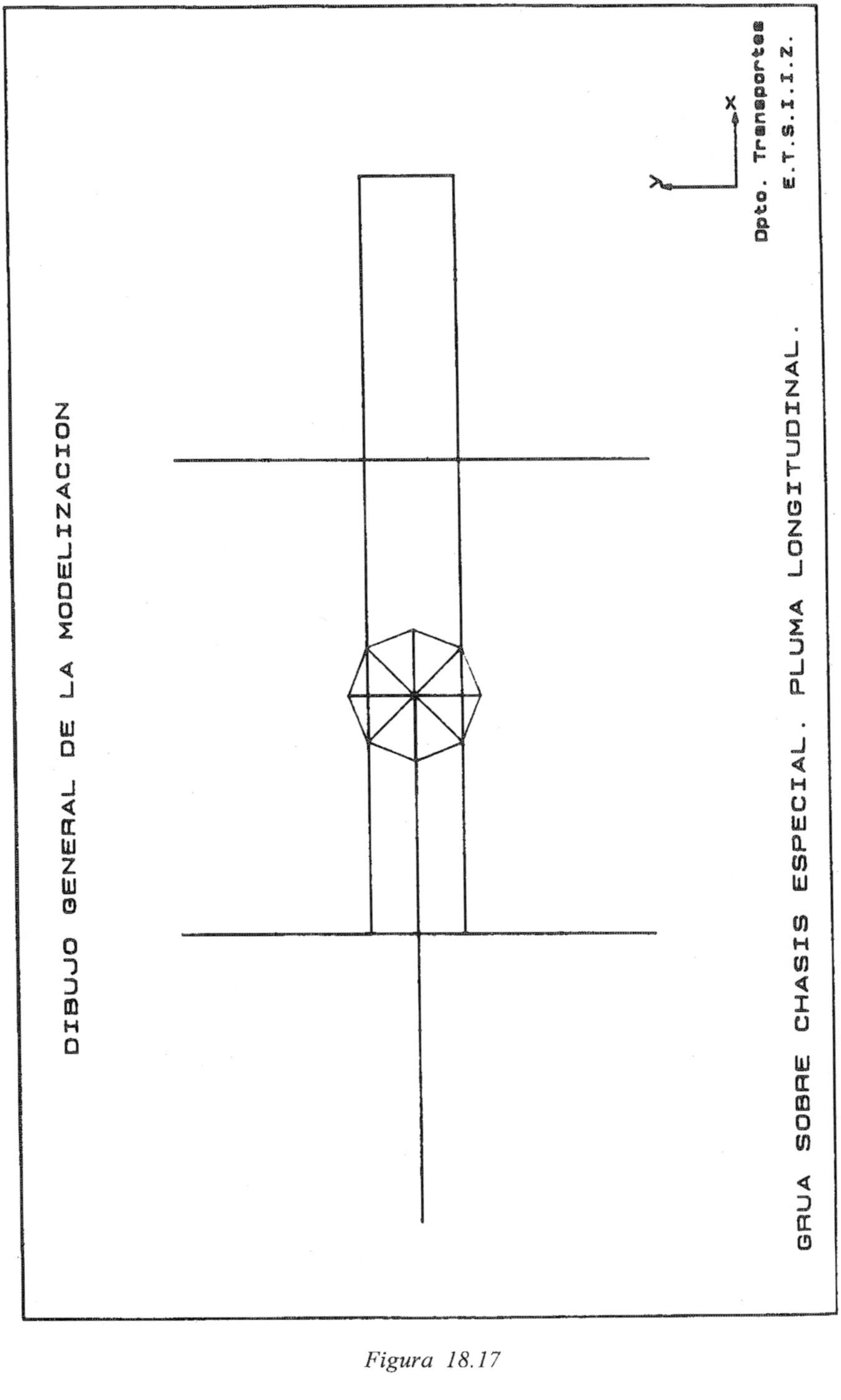
DIBUJO GENERAL DE LA MODELIZACION
GRUA SOBRE CHASIS ESPECIAL. PLUMA LONGITUDINAL.
Y
X
Dpto. Transportes
E.T.S.I.I.Z.

Figura 18.17

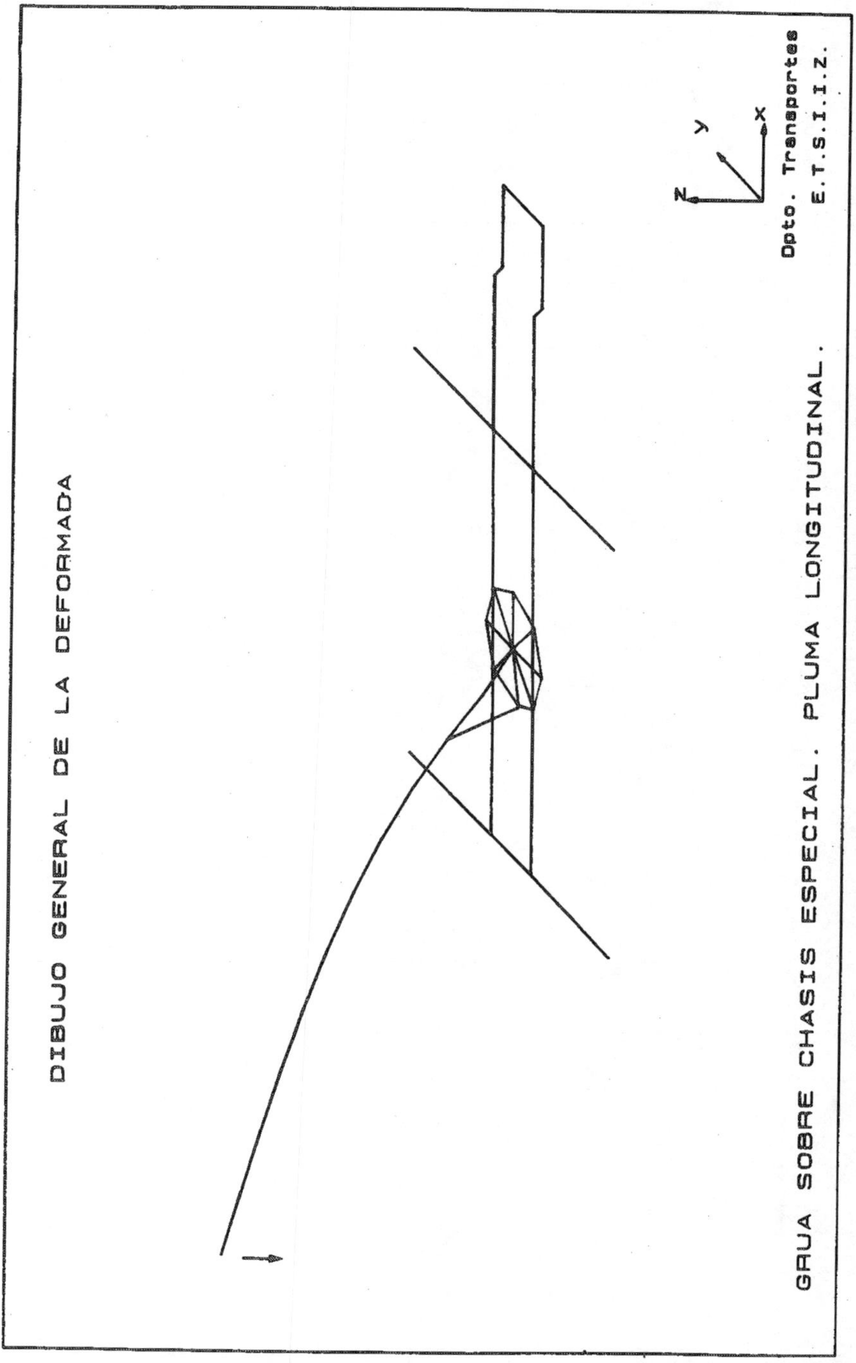
DIBUJO GENERAL DE LA DEFORMADA
GRUA SOBRE CHASIS ESPECIAL. PLUMA LONGITUDINAL.
Dpto. Transportes
E.T.S.I.I.Z.
Z
y
x

Figura 18.18

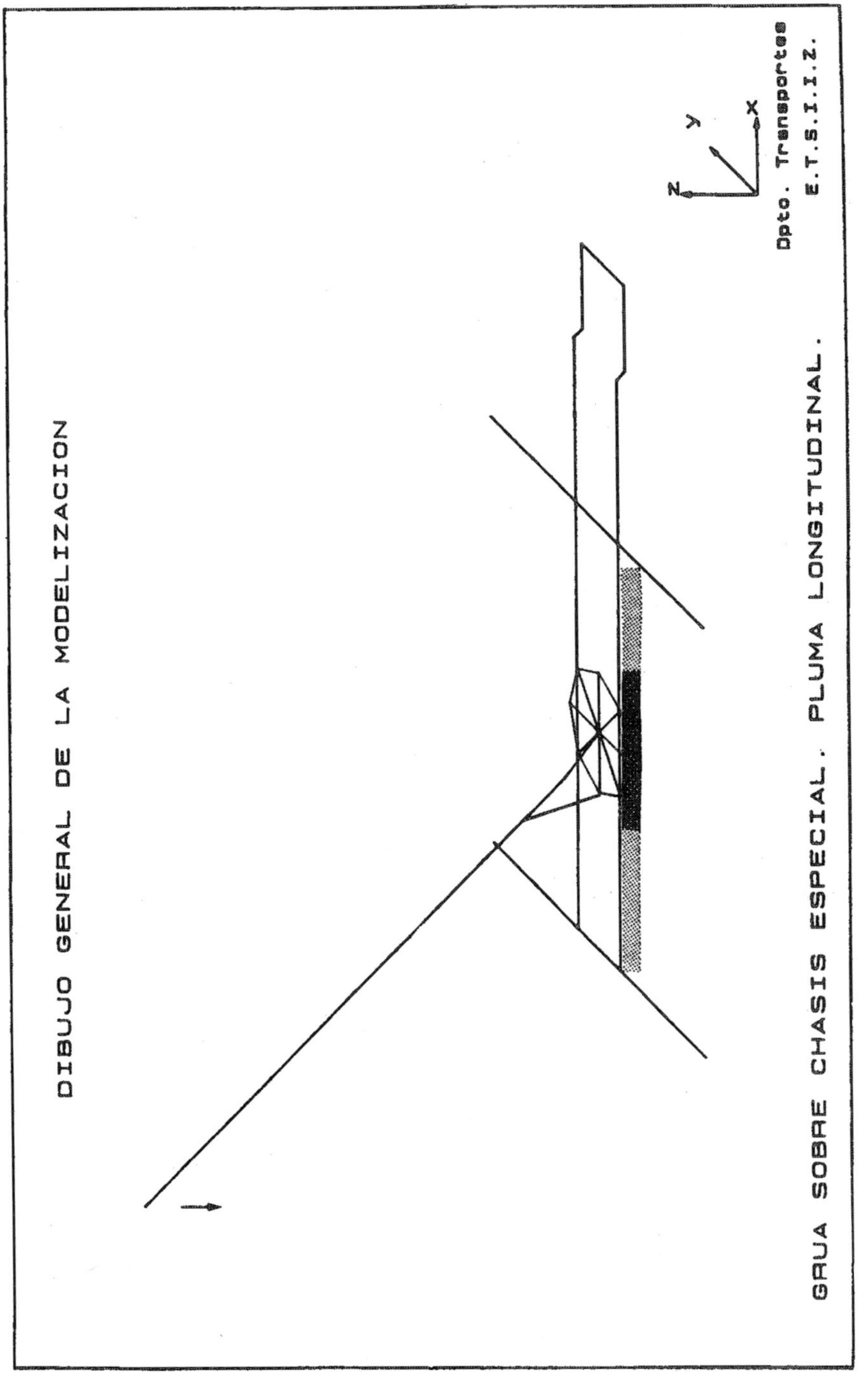
DIBUJO GENERAL DE LA MODELIZACION
GRUA SOBRE CHASIS ESPECIAL. PLUMA LONGITUDINAL.
Z
Y
X
Opto. Transportes
E.T.S.I.I.Z.

Figura 18.19

18.5. Potencia de los motores

Su cálculo es similar a los realizados en los aparatos anteriores correspondiente a otros tipos de aparatos.

18.6. Sistemas de mando de guía

En grúas con pluma de viga cajón, el mando se realiza desde una cabina dispuesta en la estructura giratoria.

En algunos modelos de pluma de celosía, con objeto de mejorar la visibilidad del operario, la cabina adopta una posición elevada.

Figura 18.20. Detalle de circuito de elevación.

Figura 18.21. Detalle de pluma.

Figura 18.22. Detalle de estabilizador.

Figura 18.23. Detalle de giratorio.

PROBLEMA TIPO 18.1

Enunciado: Dimensionar un vehículo grúa, tomar para ello cuantas suposiciones sean necesarias. El cable tiene una resistencia de 180 Kg/mm^2. El aparato posee una frecuencia elevada de la carga máximas, y se le estima una duración del mecanismo de 3200 horas.

Datos:

Q_u = 25.000 daN

Alcance mínimo = 3 m

Pluma = 2 tramos de 10 metros

1.Gancho:

Tabla 2.1. ⇒ $Q_u = 25.000 \Rightarrow Q_g = 228$ daN

$Q_{total} = Q_u + Q_g = 25.000 + 228 = 25.228$ daN

2.Cable:

-Clasificación (Tabla 3.17): Grupo M6 ⇒ K_C (Tabla 3.18)= 0,315 $\quad S = \dfrac{Q_{total}}{n^o \text{ ramales} \cdot \eta}$

$$d_{cable} = K_C \cdot \sqrt{S} = 0{,}315 \cdot \sqrt{25.228/_{1\bullet 1}} = 50{,}03 \text{ mm}$$ (excesivo según tabla 3.9.)

Colocamos 8 ramales: (Tabla 3.19) $\Rightarrow \eta = 0{,}93$

$$d_{cable} = K_C \bullet \sqrt{Q_{total}/_{n^o \text{ ramales} \bullet \eta}} = 0{,}315 \bullet \sqrt{25.228/_{8 \bullet 0{,}93}} = 18{,}34 \text{ mm}$$

Vamos a la tabla 6.4 $\Rightarrow d_{cable}$ =18,34 mm ≈ 19 mm

-Tipo de cable, gruas de gran altura de elevación (Tabla 3.9) : 8 x 19 x (1+6+12) + alma textil

Debido a que seguramente, se introduce mas peso en linea de carga debido al aparejo, vamos a seleccionarlo antes para evaluar su peso y hacer los cálculos teniendo en cuenta dicho peso.

3.Aparejo:

-Circuito:

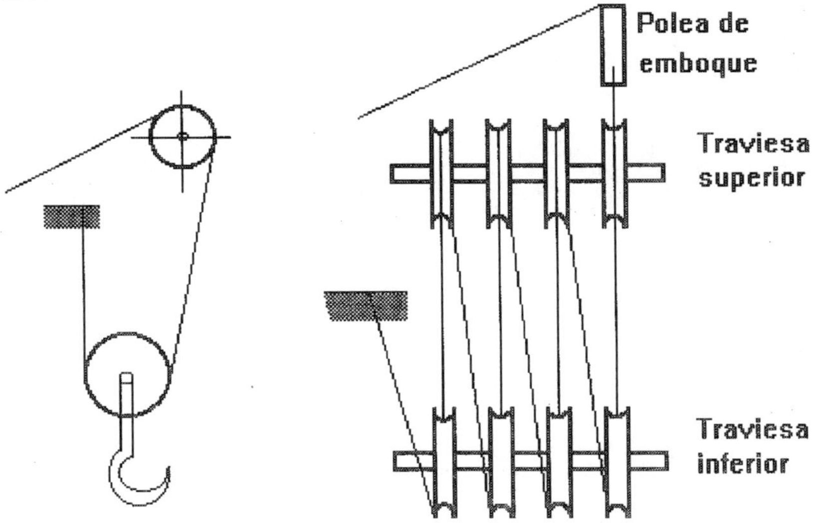

-Aparejo. Seleccionamos en tablas un aparejo de doble traviesa. En este caso en la tabla de aparejos de 4 poleas, entramos por los aparejos de carga superior a 25 T, que son los de 32 T, además entramos por el grupo M6 que es al que pertenece nuestro aparato, en la columna del peso, obtenemos su valor; **Peso del aparejo de 4 poleas = 1060 daN**. Anotamos otros datos como son; el diámetro del cable = 22 mm; y el diámetro de la polea que está entre 560 mm y 640 mm., la distancia entre poleas = 450 mm, longitud de la traviesa = 750 mm, distancia entre ejes de poleas = 80 mm.

$Q_{Total} = Q_{útil} + Q_{aparejo} = 25.000 + 1060 = 26.060 >> 25.000$ por ello para tomar valores de tabla realizamos los cálculos con valores de tabla, es decir Q_{Total} = 32.000 daN.

$$d_{cable} = K_C \bullet \sqrt{Q_{total}/_{n^o \text{ ramales} \bullet \eta}} = 0{,}315 \bullet \sqrt{32.000/_{8 \bullet 0{,}93}} = 20{,}65 \text{ mm}$$

Vamos a la tabla 6.4 $\Rightarrow d_{cable}$ =20,65 mm ≈ 22 mm que coincide con el tomado en la tabla de los aparejos, por ello es el que tomamos.

-Poleas:

(Tabla 4.8.) $\Rightarrow h_1 = 22{,}4$

(Figura 4.15.) $\Rightarrow h_2 = 1{,}25$

$d_{polea} = D_1 \geq d_{cable} \cdot h_1 \cdot h_2 = 22 \cdot 22{,}4 \cdot 1{,}25 = 616$ mm

Poleas de Rodamientos de bolas $d_{Polea} = 630$ mm $\Rightarrow$ Peso = 70 × 4 = 280 daN

Dimensiones principales: $d_3 = 100$ mm; $b = 60$ mm; $I_3 = 113$ mm; $d_2 = 700$ mm; $d_6 = 265$ mm

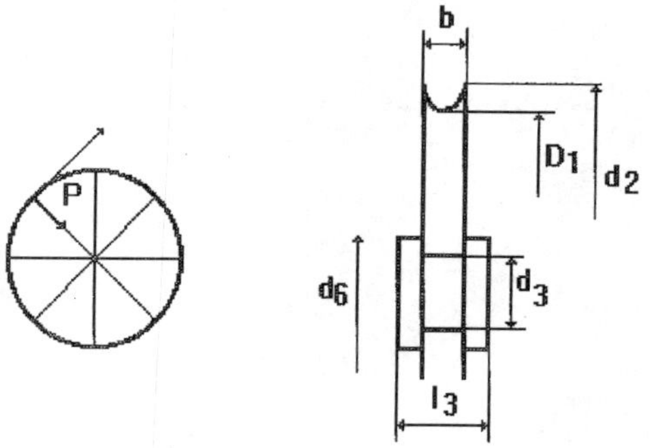

Suponemos poleas de 8 radios soldados:

$$P = 2 \cdot S \cdot \text{sen}\,\gamma / 2 = 2 \bullet \frac{26.060}{8} \bullet \text{sen}\frac{360/8}{2} = 2.493{,}18 \text{ daN}$$

$$l = \frac{2\pi \bullet 630/2}{8} = 247 \text{ mm}$$

$$\sigma_{flex} = \frac{P \bullet l}{16 \bullet W}$$

$$W = \frac{I}{y_{max}}$$

$e = 4$

$d_2 = 700$

$D_1 = 630$

$$h = \frac{d_2 - D_1}{2} + e = 39 \text{ mm}$$

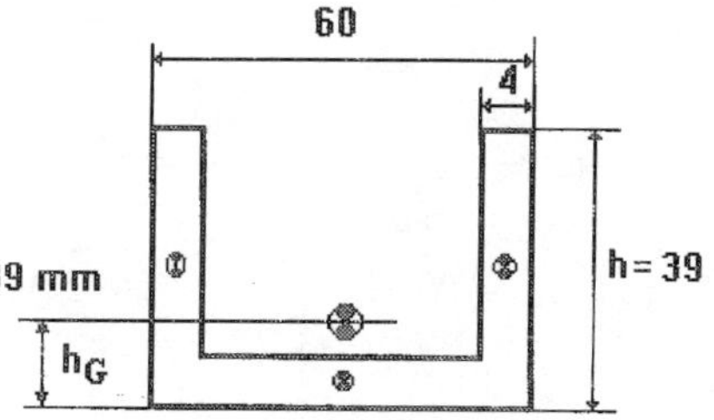

$$h_G = \frac{\sum A_i \bullet h_i}{\sum A_i} = \frac{2 \bullet 39 \bullet 4 \bullet 19,5 + (60-8) \bullet 4 \bullet 2}{2 \bullet 39 \bullet 4 + 52 \bullet 4} = 12{,}5 \text{ mm}$$

$$I = \frac{\sum b.h^3}{12} + \sum A_i.h_i^2 =$$

$$= \frac{1}{12}.2.4.39^3 + \frac{1}{12}.52.4^3 + 2.39.4.(19,5-12,5)^2 + 52.4.(12,5-2)^2$$

$$\Rightarrow I = 78.043{,}3 \text{ mm}^4$$

$W = \dfrac{I}{39-12,5} = 2.945{,}03 \text{ mm}^3$ $\qquad A_C = 2\cdot 39\cdot 4 = 312 \text{ mm}^2$

A-42 $\qquad \sigma = 26 \text{ daN / mm}^2$ $\qquad C_S = 1{,}5$ $\qquad \Rightarrow \sigma_{adm} = 17{,}3 \text{ daN / mm}^2$

$\sigma_{flexion} = \dfrac{2.493,18 \bullet 247}{16 \bullet 2.945,03} = 13{,}06 \text{ daN / mm}^2 < \sigma_{adm}$ BIEN

$$\tau_{cortante} = \frac{P/2}{A_C} = \frac{2.493,18/2}{312} = 3{,}99 \text{ daN / mm}^2$$

$\sigma_{equiv} = \sqrt{\sigma_f^2 + 3 \bullet \tau_C} = \sqrt{13,06^2 + 3 \bullet 3,99^2} = 14{,}77 \text{ daN/mm}^2 < 17{,}3$ Válido.

- Radios de la polea:

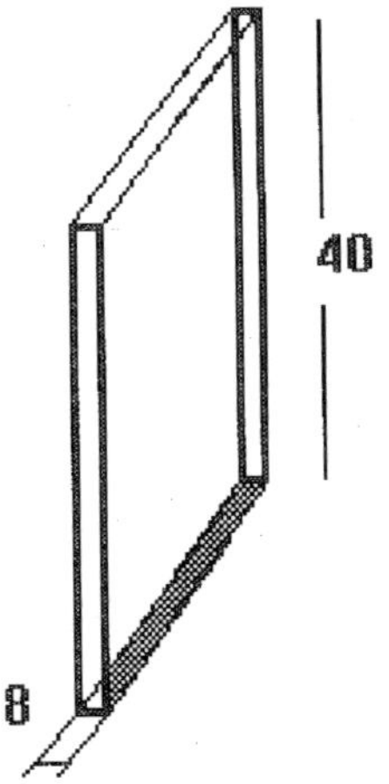

$I = \dfrac{1}{12} \bullet 40 \bullet 8^3 = 1.706,6 \text{ mm}^4$ $\qquad A = 40 \bullet 8 = 320 \text{ mm}^2$

(Radio de giro) $\rightarrow K = \sqrt{\dfrac{I_{min}}{A}} = \sqrt{\dfrac{1.706,6}{320}} = 2,309 \text{ mm}$

$$L = \frac{D_1 - d_6}{2} - e_1 = \frac{630-265}{2} - 4 = 178,4 \text{ mm}$$

Esbeltez $\rightarrow l = \dfrac{L}{K} = \dfrac{178,4}{2,309} = 77,3 \rightarrow w(77,3) = 1,47$

$\sigma = \dfrac{P \bullet w}{A} = \dfrac{2.493,18 \bullet 1,47}{320} = 11,45 \text{ daN/mm}^2 \quad \Rightarrow \quad C_S = 2,27$

-Vida del cable: utilizamos la fórmula de Nieman

Utilizamos cableado Lang por ser mas flexible y garganta de r = 0,54 d.

$n = 1$; $b_1 = 1$; $b_2 = 1{,}11$; $D = d_{polea} = 630$; $d = d_{cable} = 22$; $\sigma_e = \dfrac{252.280/8}{\pi \bullet 0{,}011^2} = 82{,}9$ MPa

$$W = \frac{170.000}{n} \bullet \left(10 \bullet b_1 \bullet b_2 \bullet \frac{\frac{D}{d} - \frac{9}{b_1}}{\sigma_e + 40} \right)^2 = \frac{170.000}{1} \bullet \left(10 \bullet 1 \bullet 1{,}11 \bullet \frac{\frac{630}{22} - \frac{9}{1}}{82{,}9 + 40} \right)^2$$

$= 535.574 > 150.000$ por lo tanto es válido

4.Tambor:

(Tabla 4.8.) $\Rightarrow h_1 = 20$

(Figura 4.15.) $\Rightarrow h_2 = 1{,}25$

$d_{Tambor} = d_{cable} \cdot h_1 \cdot h_2 = 22 \cdot 20 \cdot 1{,}25 = 550$ mm

$\sigma = 160$ MPa $\Rightarrow$ Tabla 6.6 ($d_{Tambor} = 600$ mm ; $S = 3.502{,}6 \approx 4.000$ daN)

Espesor de la pared $\Rightarrow h = 10$ mm

$d_{cable} = 22$ mm $\rightarrow$ ($s = 25$, $r = 12$, $a = 3$)

Longitud del cable = (20 x 8) + 10 = 170 m

$$\text{N° de espiras} = \frac{L_{cable}}{L_{espira}} = \frac{170}{\pi \bullet 0{,}6} = 90{,}18 = 91 \text{ espiras}$$

L_{tambor} = (N° de espiras + 3) · Paso = (91 + 3) · 25 = 2.350 mm $\Rightarrow L_{tambor} = 2400$ mm

Peso del tambor:

$M = V \cdot \rho = \pi \cdot (R^2_{ext} - R^2_{int}) \cdot l \cdot \rho = (300^2 - (300-8)^2) \cdot \pi \cdot 2.400 \cdot 8 \cdot 10^{-6} = 285{,}6$ daN

Peso total = M + 10% M ≈ 314 daN

Ángulo de ataque:

Valores máximos de γ:
γ = 2º Lisos
γ = 6º Acanalados

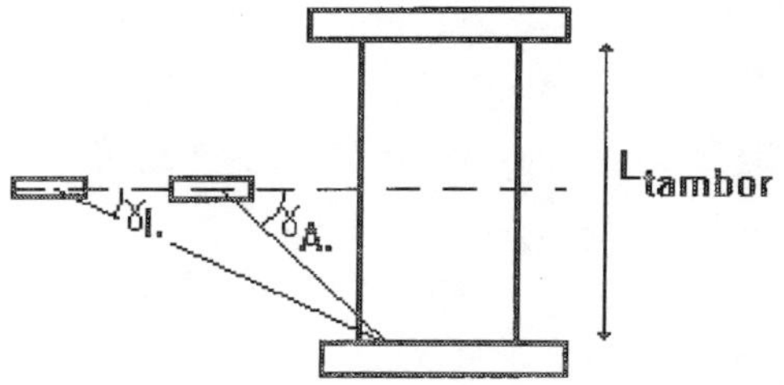

Si $L_{pluma} = 20$ m y $L_{tambor} = 2{,}4$ m $\Rightarrow \gamma = \text{arctg} \dfrac{L_T/2}{L_P} = 3{,}43°$

Si $L_{pluma} = 10$ m y $L_{tambor} = 2{,}35$ m $\Rightarrow \gamma = 6{,}8°$

Reducción en el eje del tambor:

Sea $v_{elev} = 15$ m/min

$$i = \frac{n_m(\text{rpm}) \cdot \pi \cdot d_{tambor}}{v_{elev}} \cdot \frac{n_r(T)}{n_r(a)} = \frac{n_2 \cdot \pi \cdot 0{,}6}{15} \cdot \frac{1}{8} \qquad i = n_2 \cdot 0{,}013$$

5.Pluma:

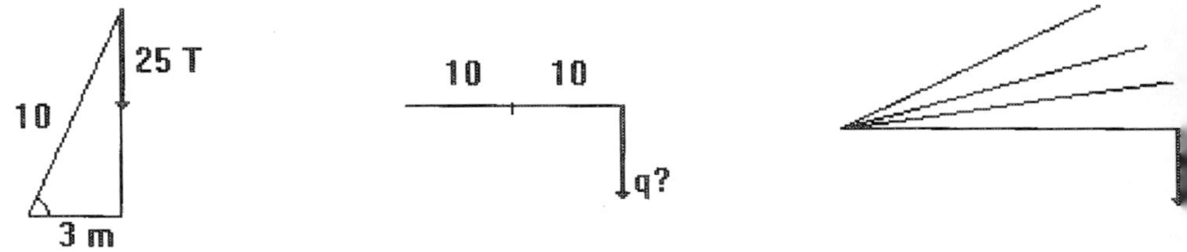

Debe haber el mismo M_f $\quad$ ($\cos\alpha = 3/10 \Rightarrow \alpha = 72{,}5°$)

$M_f = 25.000 \cdot 3 = 75.000$ daN $\qquad M_f = x \cdot 20 = 75.000 \Rightarrow x = 3.750$ daN m

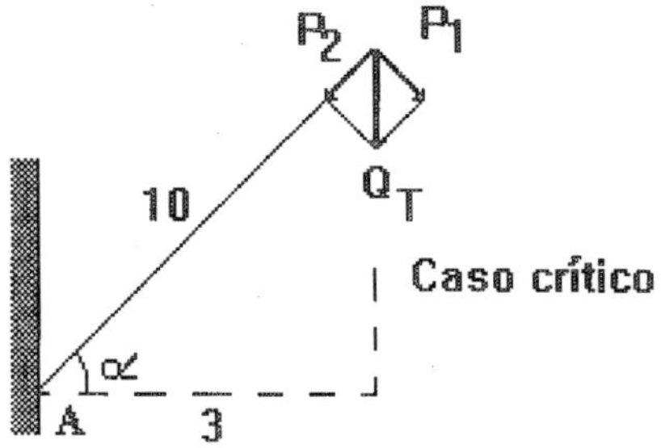

$P_2 = Q_T \cdot \text{sen}\,\alpha = 26.060 \cdot \text{sen}\,\alpha = 24.853{,}8$ daN

$P_1 = Q_T \cdot \cos\alpha = 26.060 \cdot \cos\alpha = 7.836$ daN

$$\sigma_A = \frac{P_1 \cdot L}{W_A} + \frac{P_2}{A_A}$$

$$\tau_A = \frac{P_1}{A_A}$$

En bastidores y plumas se usa F-114: ($\sigma = 70$ daN/mm^2 ; $C_S = 2$) $\Rightarrow \sigma_{adm} = 35$ daN / mm^2

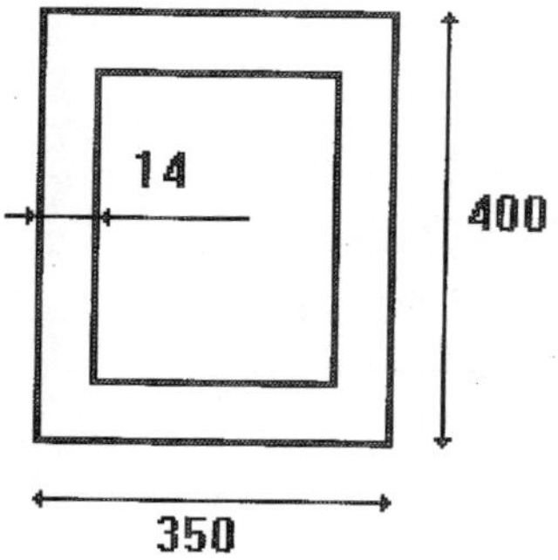

$$I = \frac{1}{12}\left[350 \bullet 400^3 - 322 \bullet 372^3\right]$$

$$I = 485,3 \bullet 10^6 \quad mm^4$$

$$W_A = \frac{I}{y_{max}} = \frac{485,3 \bullet 10^6}{200} = 2,426 \bullet 10^6 \quad mm^3$$

$$A_A = 400 \bullet 2 \bullet 14 + 322 \bullet 2 \bullet 14 = 20.216 \quad mm^2$$

$$\sigma = \frac{7.836 \bullet 10 \bullet 10^3}{2,426 \bullet 10^5} + \frac{24.853,8}{20.216} = 33.52 \quad daN/mm^2 \; < \sigma_{adm}$$

Peso aproximado de la pluma: (400·2·14·20.000 + 322·2·14·20.000) · $7{,}8 \cdot 10^{-6}$ = 3.153 daN

6. Bastidor:

-Componente longitudinal:

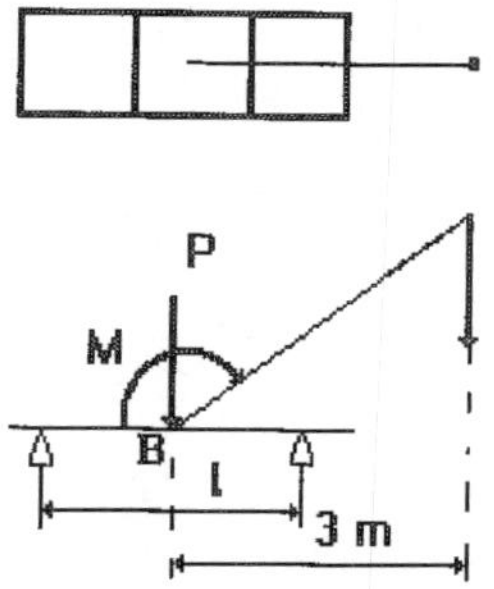

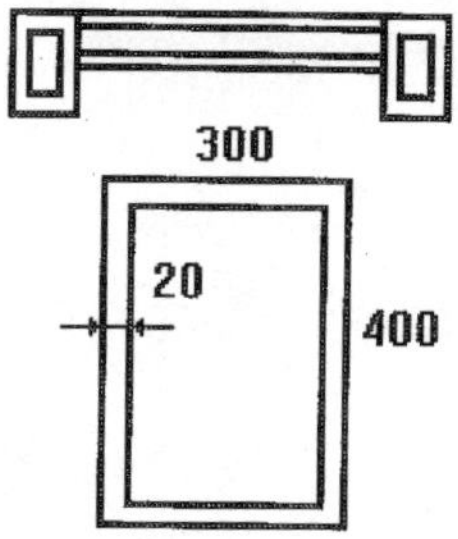

$$\sigma_B = \frac{P \bullet l}{4 \bullet W_B} + \frac{M}{W_B}$$

$M = (Q_T/2) \bullet 3.000 + (3.153/2) \bullet 1.500 = 41,45 \bullet 10^6$ daN mm

$P = (26.060 + 3.153)/2 = 14.606,5$ daN

Suponemos l= 4 m

$$I = \frac{1}{12} \bullet \left[300 \bullet 400^3 - 260 \bullet 360^3\right] = 5,89 \bullet 10^8 \; mm^4$$

$$W_B = \frac{I}{200} = 2,95 \bullet 10^6 \quad mm^3$$

$$\sigma = \frac{14.606,5 \bullet 4.000}{4 \bullet 2,95 \bullet 10^6} + \frac{41,45 \bullet 10^6}{2,95 \bullet 10^6} = 19,00 \quad daN/mm^2$$

- Componente lateral:

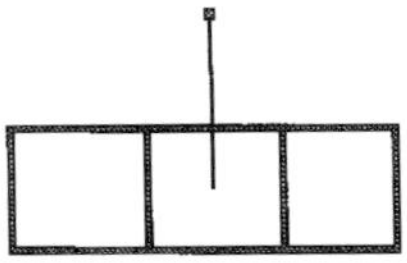

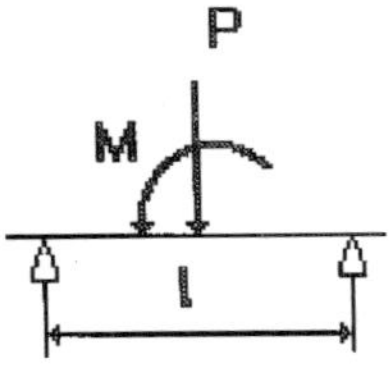

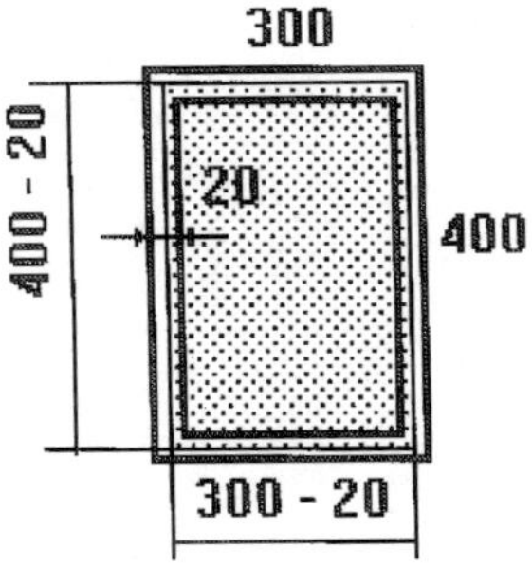

$$M_T = 26.060 \cdot 3.000 + 3.153 \cdot 1.500 = 82,9 \cdot 10^6$$

$$A_e = 280 \cdot 380 = 106.400 \quad mm^2$$

$$e = 20 \quad mm$$

$$W' = 2 \cdot A_e = 2 \cdot 106.400 \cdot 20 = 4.256.000 \quad mm^3$$

$$W = \frac{I}{200} = 2,95 \cdot 10^6 \quad mm^3$$

$$\sigma = \sqrt{\left(\frac{P \cdot l/4}{W}\right)^2 + 3 \cdot \left(\frac{M_T}{W'}\right)} = \sqrt{\left(\frac{29.213 \cdot 4.000}{4 \cdot 2,95 \cdot 10^6}\right)^2 + 3 \cdot \left(\frac{85,548 \cdot 10^6}{4,256 \cdot 10^6}\right)^2}$$

$$\sigma = \sqrt{9,9^2 + 3 \cdot 20,1^2} = 36,19 \quad daN/mm^2$$

$$Peso = 2 \cdot \left[(400 \cdot 2 \cdot 20) + (260 \cdot 2 \cdot 20)\right] \cdot 1 \cdot 7,8 \cdot 10^{-6} = 2.471 \text{ daN} \approx 2.500 \text{ daN}$$

Suponiendo los siguientes pesos aproximados:

Motor:	700 daN
Bastidor:	2.500 daN
Caja de cambios:	200 daN
Freno:	500 daN
Eje delantero: (Ballestas + ruedas)	1.000 daN
Eje trasero motor: (Ballestas + ruedas)	1.500 daN
Cabina:	1.500 daN
Pluma:	3.100 daN
Peso estructura giratoria y peso del contrapeso:	1.000 daN
TOTAL:	**12.000 daN**

7.Cálculo de estabilizadores:

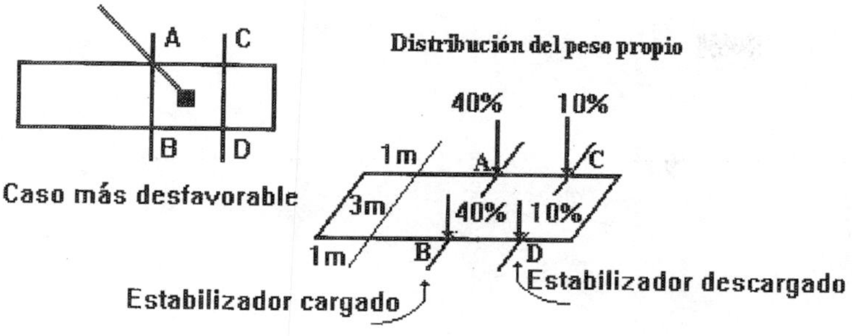

$P_A = 12 \cdot 40\ \% = 4{,}8 \cdot 10^3$ daN

$P_B = 12 \cdot 40\ \% = 4{,}8 \cdot 10^3$ daN

$P_C = 12 \cdot 10\ \% = 1{,}2 \cdot 10^3$ daN

$P_D = 12 \cdot 10\ \% = 1{,}2 \cdot 10^3$ daN

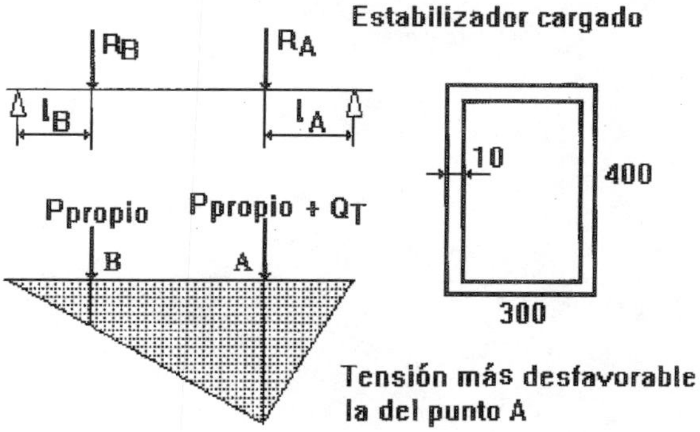

$$4{,}8 \cdot 10^3 + 26.060 \cdot 10^3 = 30.860 \text{ daN}$$

$$I = \frac{1}{12}(300 \cdot 400^3 - 280 \cdot 380^3) = 319,653 \cdot 10^6 \quad \text{mm}^4$$

$$W_A = \frac{I}{200} = 1,598 \cdot 10^6 \quad \text{mm}^3$$

$$A_A = (400 \cdot 2 \cdot 10) + (280 \cdot 2 \cdot 10) = 13.600 \quad \text{mm}^2$$

$$\sigma_A = \frac{R_A \cdot l_A}{W_A} = \frac{30.860 \cdot 1.000}{1,598 \cdot 10^6} = 19,31 \quad \text{daN}/\text{mm}^2$$

$$\tau_A = \frac{30.860}{13.600} = 2,26 \ \text{daN}/\text{mm}^2$$

$$\sigma_{equiv} = 19,7 < 35$$

8.Ejes de la grúa:

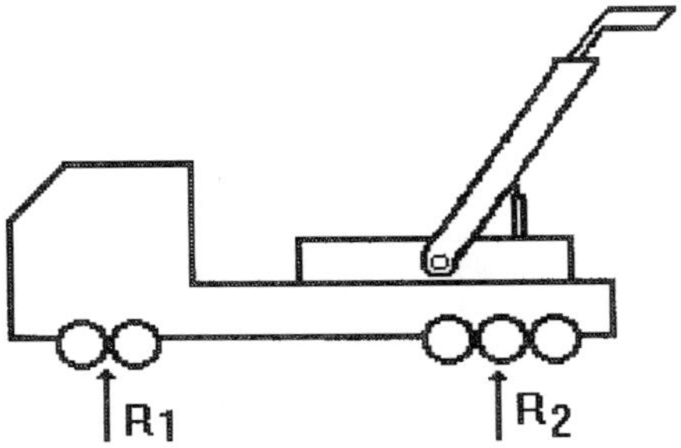

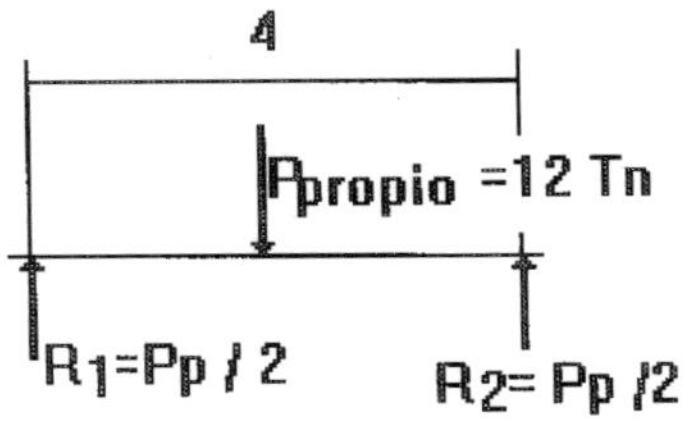

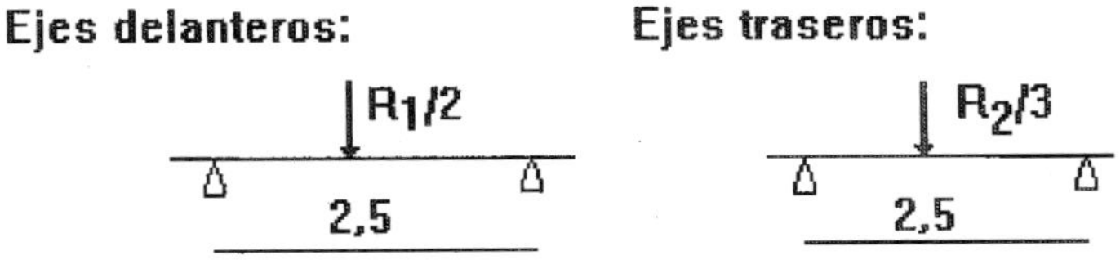

9. Potencias:

9.1. Circuito de elevación de la carga:

$v_{elev} = 15 \quad m/min \qquad \eta_T = 0,85$

$Q_T = Q_{útil} + Q_{aparejo} = 25.000 + 1060 = 26060 \quad daN$

$$P = \frac{Q_T \bullet v_{elev}}{4.500 \bullet \eta} = \frac{26.060 \bullet 15}{4.500 \bullet 0,85} = 102,19 \quad CV$$

$P = 125$ CV ($n_1 = 1.500$ rpm ; $n_2 = 1.475$ rpm) 1 LS2 224 - 4 A A2

$M_{máx} / M = 3,8$; $M = 582$ Nm; Peso = 980 daN

-Reducción en el eje tambor:

$i = n_2 \cdot 0,013 = 1.475 \cdot 0,013 = 19,3$

-Cálculo del freno:

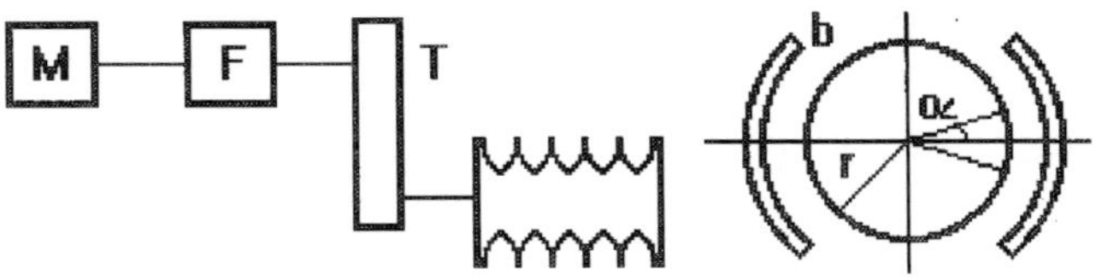

$M_{máx} = 3,8 \cdot M = 3,8 \cdot 582 = 2.211,6$ N m (Electromecánica, mordaza)

$M_{max\ freno} = M_{máx} \cdot 2,5 = 5.529$ N m

$M_{freno} = 4 \cdot b\, r^2 \cdot p \cdot tg\, \psi \cdot \alpha$

($\alpha = \pi / 4 = 0,78$; **tg** $\psi = 0,3$; **p** $= 10^6$ N /m ; **b** $= 0,05$ m; **r** $= 0,35$ m)

$M_{freno} = 5.733$ N m $> M_{max\ freno}$

9.2. Elevación de pluma:

El movimiento se realiza sin carga útil; el caso más desfavorable es el de pluma vertical.

P = Peso de los tramos a elevar + Peso del aparejo y sistema de reenvío.

Peso de 2 tramos = 3.153 daN

Peso del aparejo y sistema de reenvío ≈ 2 · 1.060 daN = 2.120 daN

⇒ Peso total = 5.273 daN

Suponemos $v_{elevación\ pluma} = 6$ m/min

$$P_W = \frac{F \cdot v_{elev\ pluma}}{4.500 \cdot \eta} = \frac{5.273 \cdot 6}{4.500 \cdot 0,85} = 8,27 \text{ CV} = 10 \text{ CV} \Rightarrow \text{Peso} = 110 \text{ daN}$$

9.3. Potencia de extensión de la pluma:

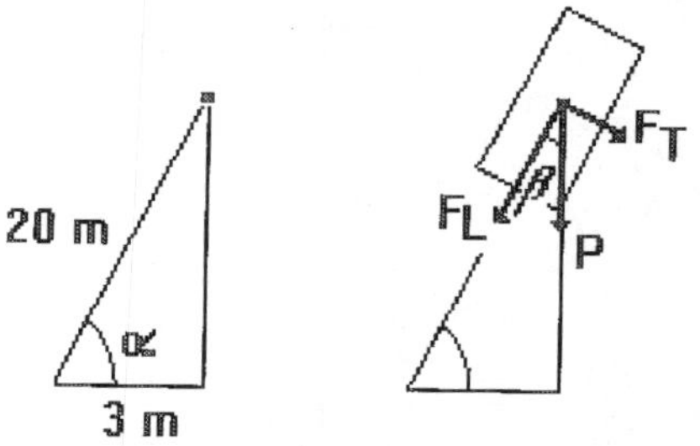

$3 = 20 \cdot \cos\alpha \Rightarrow \cos\alpha = 3 / 20 \Rightarrow \alpha = \text{arctg } 3 / 20 \Rightarrow \alpha = 81,4°$; $\beta = 8,6°$

$$P = \frac{F \cdot v_{ext}}{4.500 \cdot \eta} \qquad F = F_L + \mu \cdot F_T$$

$\mu = 0,1 \quad \eta = 0,85 \quad v_{ext} = 10 \text{m / min}$

$$P = P_{tramo} + P_{carga} + 2 \cdot P_{aparejo} = \frac{3.153}{2} + 25.000 + 2 \cdot 1060 = 28.696,5 \text{ daN}$$

$F_L = P \cdot \cos\beta = 28.373,8$ daN

$F_T = \mu \cdot P \cdot \text{sen}\beta = 0,1 \cdot 28.696,5 \cdot \text{sen}\, 8,6 = 429,1$ daN

$F = F_L + \mu \cdot F_T = 28.373,8 + 429,1 = 28.802,9$ daN

$$P_{ext} = \frac{28802,9 \cdot 10}{4.500 \cdot 0,85} = 75,3 \Rightarrow 82 \text{ CV} \Rightarrow \text{Peso} = 745 \text{ daN}$$

9.4. Potencia de giro:

Suponemos; D = 1,5 m μ = 0,08 n = 1,2 rpm

$$Q = Q_u + Q_{pluma} + Q_{aparejo} + Q_{estructura\ giratoria} =$$

$$= 25.000 + 3.153 + 2 \cdot 1.060 + 500 = 30.773 \ \text{daN}$$

$$M = Q \cdot \mu \cdot D/2 = 30.773 \cdot 0{,}08 \cdot 1{,}5/2 = 1846{,}38 \ \text{daN m}$$

$$P = \frac{M \cdot n}{716{,}2 \cdot 0{,}85} = \frac{1846{,}38 \cdot 1{,}2}{716{,}2 \cdot 0{,}85} = 3{,}63\,CV = 5{,}5 \ \ CV$$

Comprobación de la potencia de arranque:

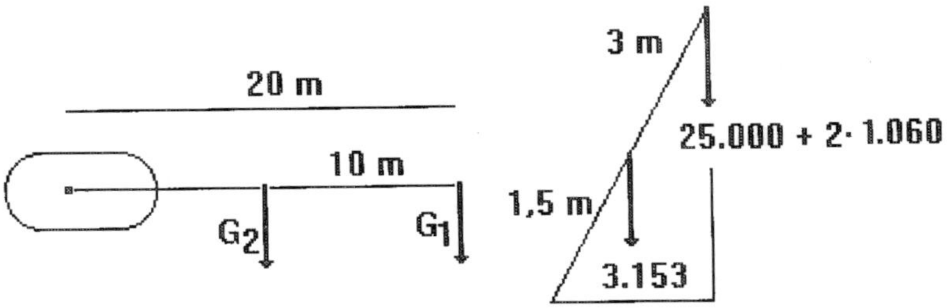

$$G_2 = P_{pluma} = 3.153 \qquad G_1 = P_u + 2 \cdot P_{aparejo} = 25.000 + 2 \cdot 1060 = 27.120 \ \text{daN} \qquad t_a = 8 \ \text{seg}$$

$$I_t = \frac{\sum G_1 \cdot r_1^2}{g} = \frac{27.120 \cdot 3^2 + 3.153 \cdot 1,5^2}{10} = 25.117,4$$

$$\varepsilon = \frac{\pi \cdot n}{30 \cdot t_a} = \frac{\pi \cdot 1,2}{30 \cdot 8} = 0,0157$$

$$P_b = \frac{I_t \cdot \varepsilon \cdot n}{716 \cdot \eta} = \frac{25.117,4 \cdot 0,0157 \cdot 1,2}{716,2 \cdot 0,85} = 0.777 \quad CV$$

$$P_W + P_b = 3,63 + 0,77 = 4,4 \ CV < 5,5 \ CV$$

ANEXO I

ACEROS PARA APARATOS DE ELEVACION Y TRANSPORTE

Tabla I. Aceros para placas

Denominación	E (GPa)	$\sigma_{lím. elástico}$ (MPa)
A-42	210	260
A-52	210	360
T-70	210	700

Tabla II. Aceros para ejes

Denominación	E (GPa)	$\sigma_{lím. elástico}$ (MPa)
F-114	210	700
F-125	210	900

Tabla III. Aceros fundidos

Denominación	E (GPa)	$\sigma_{lím. elástico}$ (MPa)
Ge 18.19	210	180

ANEXO II

TABLAS DE PANDEO

Tabla I. Coeficientes ω para aceros A 42

0	1	2	3	4	5	6	7	8	9	λ
1,02	1,02	1,02	1,02	1,02	1,03	1,03	1,03	1,03	1,04	20
1,04	1,04	1,04	1,05	1,05	1,05	1,06	1,06	1,07	1,07	30
1,07	108	1,08	1,09	1,09	1,10	1,10	1,11	1,12	1,12	40
1,13	1,14	1,14	1,15	1,16	1,17	1,18	1,19	1,20	1,21	50
1,22	1,23	1,24	1,25	1,26	1,27	1,29	1,30	1,31	1,33	60
1,34	1,36	1,37	1,39	1,40	1,42	1,44	1,46	1,47	1,49	70
1,51	1,53	1,55	1,57	1,60	1,62	1,64	1,66	1,69	1,71	80
1,74	1,76	1,79	1,81	1,84	1,86	1,89	1,92	1,95	1,98	90
2,01	2,03	2,06	2,09	2,13	2,16	2,19	2,22	2,25	2,29	100
3,32	2,35	2,39	2,42	2,46	2,49	2,53	2,56	2,60	2,64	110
2,67	2,71	2,75	2,79	2,82	2,86	2,90	2,94	2,98	3,02	120
3,06	3,11	3,15	3,19	3,23	3,27	3,32	3,36	3,40	3,45	130
3,49	3,54	3,58	3,63	3,67	3,72	3,77	3,81	3,86	3,91	140
3,96	4,00	4,05	4,10	4,15	4,20	4,25	4,30	4,35	4,40	150
4,45	4,51	4,56	4,61	4,66	4,72	4,77	4,82	4,88	4,93	160
4,99	5,04	5,10	5,15	5,21	5,26	5,32	5,38	5,44	5,49	170
5,55	5,61	5,67	5,73	5,79	5,85	5,91	5,97	6,03	6,09	180
6,15	6,21	6,27	6,34	6,40	6,46	6,53	6,59	6,65	6,72	190
6,78	6,85	6,91	6,98	7,05	7,11	7,18	7,25	7,31	7,38	200
7,45	7,52	7,59	7,66	7,72	7,79	7,86	7,93	801	8,08	210
8,15	8,22	8,29	8,36	8,44	8,51	8,58	8,66	8,73	8,80	220
8,88	8,95	9,03	9,11	9,18	9,26	9,33	9,41	9,49	9,57	230
9,64	9,72	9,80	9,88	9,96	10,04	10,12	10,20	10,28	10,36	240
10,44										

Tabla II. Coeficientes ω para aceros A 52

λ	0	1	2	3	4	5	6	7	8	9	λ
20	1,02	1,02	1,03	1,03	1,03	1,04	1,04	1,04	1,05	1,05	20
30	1,05	1,06	1,06	1,07	1,07	1,08	1,08	1,09	1,10	1,10	30
40	1,11	1,12	1,13	1,13	1,14	1,15	1,16	1,17	1,18	1,19	40
50	1,20	1,22	1,23	1,24	1,25	1,27	1,28	1,30	1,31	1,33	50
60	1,35	1,37	1,39	1,41	1,43	1,45	1,47	1,49	1,51	1,54	60
70	1,56	1,59	1,61	1,64	1,66	1,69	1,72	1,75	1,78	1,81	70
80	1,84	1,87	1,90	1,94	1,97	2,01	2,04	2,08	2,11	2,15	80
90	2,18	2,22	3,26	2,30	2,34	2,38	2,42	2,46	2,50	2,54	90
100	2,59	2,63	2,67	2,72	2,76	2,81	2,85	2,90	2,95	2,99	10
110	3,04	3,09	3,14	3,19	3,24	3,29	3,34	3,39	3,44	3,49	11
120	3,55	3,60	3,65	3,71	3,76	3,82	3,87	3,93	3,98	4,04	12
130	4,10	4,16	4,22	4,27	4,33	4,39	4,45	4,52	4,58	4,64	13
140	4,70	4,76	4,83	4,89	4,95	5,02	5,08	5,15	5,22	5,28	14
150	5,35	5,42	5,48	5,55	5,62	5,69	5,76	5,83	5,90	5,97	15
160	6,04	6,12	6,19	6,26	6,34	6,41	6,48	6,56	6,63	6,71	16
170	6,79	6,86	6,94	7,02	7,09	7,17	7,25	7,33	7,41	7,29	17
180	7,57	7,65	7,73	7,82	7,90	7,98	8,07	8,15	8,25	8,32	18
190	8,40	8,49	8,58	8,66	8,75	8,84	8,93	9,02	9,10	9,19	19
200	9,28	9,37	9,47	9,56	9,65	9,74	9,83	9,92	10,02	10,11	20
210	10,21	10,30	10,40	10,49	10,59	10,69	10,78	10,88	10,98	11,08	21
220	11,18	11,27	11,38	11,48	11,57	11,68	11,78	11,88	11,98	12,09	22
230	12,19	12,29	12,40	12,50	12,61	12,72	12,82	12,93	13,03	13,14	23
240	13,25	13,36	13,47	13,58	13,69	13,80	13,91	14,02	14,13	14,25	24
250	14,36										

ANEXO III

VALORES ESTATICOS DE PERFILES

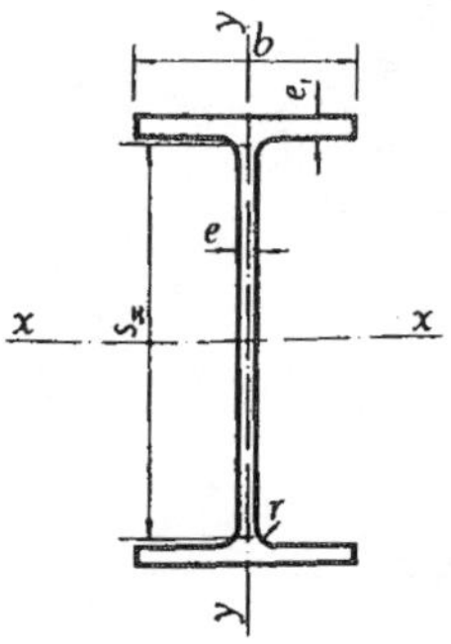

IPE	Dimensiones mm						Sección	Peso	Referido al eje x-x		
	h	*b*	*e*	e_1	*r*	h_1	A cm2	P kg/m	I_x cm4	w_x cm3	i_x cm
80	80	46	3,8	5,2	5	59	7,64	6,00	80,1	20,0	3,24
100	100	55	4,1	5,7	7	74	10,3	8,10	171	34,2	4,07
120	120	64	4,4	6,3	7	93	13,2	10,4	318	53,0	4,90
140	140	73	4,7	6,9	7	112	16,4	12,9	541	77,3	5,74
160	160	82	5,0	7,4	9	127	20,1	15,8	869	109	6,58
180	180	91	5,3	8,0	9	146	23,9	18,8	1 320	146	7,42
200	200	100	5,6	8,5	12	159	28,5	22,4	1 940	194	8,26
220	220	110	5,9	9,2	12	177	33,4	26,2	2 770	252	9,11
240	240	120	6,2	9,8	15	190	39,1	30,7	3 890	324	9,97
270	270	135	6,6	10,2	15	219	45,9	36,1	5 790	429	11,2
300	300	150	7,1	10,7	15	248	53,8	42,2	8 360	557	12,5
330	330	160	7,5	11,5	18	271	62,6	49,1	11 770	713	13,7
360	360	170	8,0	12,7	18	298	72,7	57,1	16 270	904	15,0
400	400	180	8,6	13,5	21	331	84,5	66,3	23 130	1 160	16,5
450	450	190	9,4	14,6	21	378	98,8	77,6	33 740	1 500	18,5
500	500	200	10,2	16,0	21	426	116	90,7	48 200	1 930	20,4
550	550	210	11,1	17,2	24	467	134	106	67 120	2 440	22,3
600	600	220	12,0	19,0	24	514	156	122	92 080	3 070	24,3

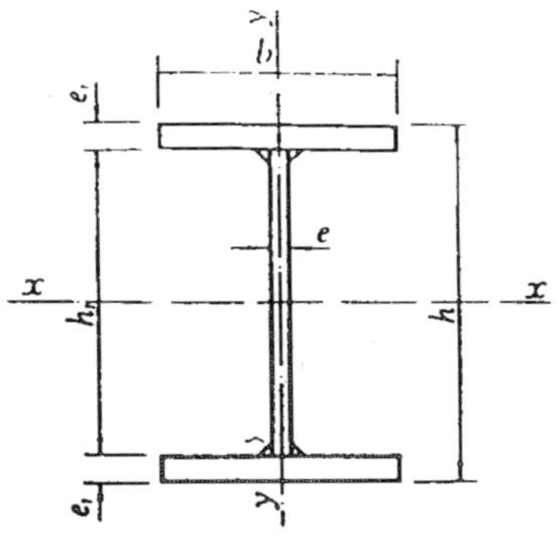

h_l	e	Sección	Peso	Referido al eje x-x			Referido al eje y-y		
		A	P	I_x	W_x	i_x	I_y	W_y	i_y
mm	mm	cm^2	kg/m	cm^4	cm^3	cm	cm^4	cm^3	cm
400	8	72,0	56,5	21 080	1 000	17,1	1 340	134	4,31
450	8	76,0	59,7	27 240	1 160	18,9	1 340	134	4,19
500	8	80,0	62,8	34 350	1 320	20,7	1 340	134	4,09
550	8	84,0	65,9	42 460	1 490	22,5	1 340	134	3,99
600	8	88,0	69,5	51 610	1 660	24,2	1 340	134	3,90
650	8	92,0	72,2	61 870	1 850	25,9	1 340	134	3,73
750	8	100	78,5	85 890	2 230	29,3	1 340	134	3,66
800	8	104	81,6	99 750	2 430	31,0	1 340	134	3,59
850	8	108	84,8	114 900	2 640	32,6	1 340	134	3,52
900	8	112	87,9	131 400	2 860	34,3	1 340	134	3,46
950	8	116	91,1	149 300	3 080	35,9	1 340	134	3,40
1 000	8	120	94,2	168 700	3 310	37,5	1 340	134	3,34
1 100	10	150	118	234 100	4 180	39,5	1 340	134	2,99
1 200	10	160	126	290 400	4 760	42,6	1 340	134	2,89
1 250	10	165	130	321 500	5 060	44,1	1 340	134	2,85
1 300	10	170	133	354 700	5 370	45,7	1 340	134	2,81
1 400	10	180	141	427 500	6 020	48,7	1 350	135	2,73
1500	10	190	149	509 300	6 700	51,8	1 350	135	2,66

BIBLIOGRAFIA

* ACI Standard 313-77, Americal Concrete Institute, 1977.

* Al-Din, N. y Gunn, D.D., Chem. Eng. Sci., 39, 121-127, 1984.

* Alexandrov, M. Aparatos y máquinas de elevación y transporte, Editorial MIR, 1976.

* Allen, T., Particle Size Measurement. Powder Technology Series, 3ª ed., Chapman and Hall, London, 1981.

* Anon., Bulk Solids Handling, 5, nº 5, 1109, 1985

* Anon., Classification and Definitions of Bulk Materials. Book nº 550, Rockville, Maryland: Conveyor Equipment Manufacturers Association, 1970.

* Anon., *Guide for Explosion Venting.* NFPA nº 68, National Fire Protection Association, Boston, 1978.

* Anon., *Pressure Release for Dust Explosions.* VDI Richlinien 3673, VDI-Verlag GmbH, Dusseldorf, 1979.

* Aoki, R. y Tsunakawa, H., J. of Chem. Eng. of Japan, 2, 126-129, 1969.

* Arnold, P.C. y McLean, A.G., Powder Technol., 13, 255-261, 1976.

* Arnold, P.C. y McLean, A.G., Powder Technol., 15, 279-281, 1976.

* Arnold, P.C., McLean A.G. y Roberts, A.W., Bulk Solids Storage, Flow and Handling. TUNRA, University of Newcastle, Australia, 1980.

* Arnold, P.C., McLean, A.G. y Roberts, A.W., Bulk Solids Handling, 1 (1), 13-23, 1981.

* Aude, T.C., Cowper, N.T., Thompson, T.L. y Wasp, E.J., Chem. Eng., 74-90, 1971.

* Ayazi Shamlou, P., IChemE, Fluid Mixing II, Symp. Series nº 89, 3-5 april, 15-27, 1984.

* Ayazi Shamlou, P., The Chemical Engineer, nº 403, 31-34, 1984.

* Babcock, H.A., in Advances in Solid-Liquid Flow in Pipes and its Application, Zandi, I. (Ed.), Pergamon Press, New York, 1971

* Bailey, A.G., Powder Technology, 37, 71-85, 1984.
* Barth, W., Chem. Ing. Technik, 30, 171-180, 1960.
* Beverloo, W.A., Leniger, H.A. y Van de Velde, Chem. Eng. Sci., 15, 260-269, 1961.
* Bishara, A.G., 2ª Int. Conf. on Design of Silos for Strength and Flow, 49-65. Powder Advisory Center, London, 1983.
* Borg, L., Ger. Chem. Eng. 5, 59-63, 1982.
* Bowen, R. LeB, Chem Eng., 24 July 143-150, 1961
* Bowers, H.M. y Wright, Pneutransport, 4, organized by BHRA Fluid Eng., California, USA, A2-7-A2-20, 1968.
* Bragg, G.M., Pneutransport, 4, organized by BHRA Fluid Eng., California, USA, C2-13-C2-26, 1978.
* Brookes, D.A. y Dodwell, C.H., Hydrotransport 9, Roma, Italia, 17-19 Oct, 33-47, 1984.
* Brown, R.L. y Richards, J.C., Trans. Instn. Chem. Engrs., 37, 108-119, 1959.
* Brown, R.L. y Richards, Nature, 191, 458, 1961.
* Brown, R.L. y Richards, Principles of Powder Mechanics, Pergamon Press, New York, 1970.
* Brown, R.L. y Richards, Trans. Instn. Chem. Engrs., 38, 243-256, 1960.
* Bruff, W. y Jenike, A.W., Powder Technol., 1, 252-256, 1967-68.
* Carleton, A.J., Miles, J.E.P. y Valentin, F.H.H., J. of Engin. for Industry, Trans ASME, may, 329-334, 1969
* Carleton, A.J., Powder Technol., 6, 91-96, 1972.
* Carleton, R.P. y cheng, D.C.H., Chem Eng., april 25, 95-100, 1977.
* Carr, L. Jr., Chem. Eng., (Feb 1), 69-72, 1965
* Carr, L. Jr., Chem. Eng., (Jan 18), 163-168, 1965
* Chambers, D., *A Practical Guide to Dust Control*. DCE Group Literature, 1986.
* Chambers, D., *Manufacturing Chemist*. Issue de octubre, 1986.
* Chambers, D., Safecast 85 Supplement, 1985.
* Cheng, D.C.H y Highman, R.W., Proc. Eng. (july)131-138, 1963.
* Chhabra, R.P. y Richardson, J.F., Chem. Eng. Res. Dev., 61, pp. 313-317, 1983.
* Chong, Y.O. y Leung, L.S., Powder Technol., 47, 43-50, 1986.
* Clift, R., Powtech 85 Inst. Chem Eng. Symposium Series nº 91, Birmingham, U.K., pp. 27-41, 1985.

* Colijn, H., Mechanical Conveyors of Bulk Solids, Elsevier Science, 1985
* Condolios, E. y Chapus, E.E., Chem Eng., julio, 131-138 y 93-98, 1963.
* Crewdson B.J., Ormond, A.L. y Nedderman, R.M., Powder Technol., 16, 197-207, 1977.
* Cross, J. y Farrer, D., *Dust Explosions*. Plenum Press, 1975.
* Dale, S.G., *Powtech Technology*. Powtech 75, series nº 6, 59-61, 1975.
* Dalla Valle, J.M., Heating and Ventilating, 39, 28-32, 1942.
* Dalstad, J.I., Chem. Eng., 101-106, 1977
* Darby, R., Viscoelastic Fluids, an Introduction to their Properties and Behavior, vol. 9, Marcel Dekker, New York,1976
* Darton, R.C., Powder Technol., 1, 252-256, 1967-68.
* Davidson, J.F. y Nedderman, R.M., Powder Technol., 16, 197-207, 1977.
* De Jong, J.A.H. y Hoelen, Q.E.J.J.M, Powder Technol., 12, 201-208, 1975.
* Deming, W.E. y Mehring, A.L., Industr. Eng. Chem., 21, 661-665, 1929.
* Deutsch, G.P. y Schmidt, L.C., Trans. ASME, J. of Eng. for Ind., 91B (2), 450-459, 1969.
* Dodge, D.W. y Metzner, A.B. AICHE J, 5, 189-207, 1959
* Doekesen, G., J. of Engin. for Industry, Trans ASME, 95, series nº 1, 93-96, 1973
* Doig, I.D. y Roper, G.H., Aust. Chem. Eng., 4, 9, 1963.
* Drinker, P. y Hatch, T., *Industrial Dust*. McGraw-Hill, 2ª ed., 1954.
* Durand, R., Proc. Minn. Int. Hyd. de Francia, Grenoble, 1952
* Eckhoff, R.K. y Leversen,G., Powtech 73. International Technology and Bulk Solids Exhibition and Conference, Powder Technology, U.K., 1973.
* Enstad, G., Chem. Eng. Sci, 30, 1273-1283, 1975.
* Ernst, H., Aparatos de Elevación y Transporte, Tomos I, II y IIII, Ed. Blume, 1961.
* Everts, R., Van Zanten, D. y Richards, P.C., Trans ASME. J. of Eng. for Ind., 99 (4), 4, 824-827, 1977.
* Faddick, R.R., Hydrotransport 8, Johannesburg, Sudáfrica, 25-27 agosto, 37-49, 1982
* Field, P., *Handbook of Powder Technology*. Dust Explosions, Elsevier Scientific, 1982.
* Foscolo, P.U. y Gibilaro, L.G., Chem Eng. Sci, 39, 1667-1675, 1984.
* Fowler, R.T. y Glastonbury, J.R., Chem. Eng. Sci., 4, 150-156, 1955.
* Franklin, F.C. y Johnson, L.N., Chem. Eng. Sci., 4, 119-129, 1955.

* Fruchtbaum, J., Bulk Materials Handling Handbook. Van Nostrand Reinhold Company Inc., 1988.
* Gaylord, E.H. Jr. y Gailord C.N., Design of Steel Bins for Storage of Bulk Solids. Prentice-Hall, Inc., 1984.
* Geldart, D., Gas Fluidization Technology. Chichester: Wiley, Interscience, 1986.
* Geldart, D., Powder Technol., 7, 258-292, 1973.
* Gibilaro, L.G. y Di Felice, R., Chem. Eng. Sci. 41, 2438-2440, 1985.
* Gibilaro, L.G., Di Felice, R. y Foscolo, P.U., Powder Technology. In Press, 1987.
* Gillmann, J., Les engins de Levage, Tomos I y II, Ed. Dunod. 1972.
* Giunta, J.C., Trans ASME. J. of Eng. for Ind., 91 (2), 406-413, 1969.
* Green, K.D., *Powder Technology*. Series nº 6, 76-83, 1975
* Griffith, J., 2nd. Int. Conference on Design of Silos for Strength and Flow, 14-23, U.K., Powder Advisory Centre, London, 1983.
* Haas, D.B., Husband, W.H.W., Schriek, W. y Smith L.G., Saskatchewan Research Council Reports 1-8, aug. 1973
* Hancock, A.W. y Nedderman, R.M., Trans. Inst. Chem. Eng., 52, 170-179, 1974.
* Hariu, O.H. y Mosltad, M.C., Ind. Eng. Chem., 41, 1148-1160, 1949.
* Harmens, A., Chem. Eng. Sci., 18, 297-306, 1963.
* Harnby, N., Edwards, M.F. y Nienow, A.W., (eds.), Mixing in the Process Industries. Butterworth, London, 1985.
* Harr, M.E., Mechanics of Particulate Media, McGraw-Hill Int., 1977.
* Harris, R.W., Rheol. Acta, 7, 228, 1968
* Hayden, J.W. y Stelson, T.E. in Advances in Solid-Liquid Flow in Pipes and its Application, Zandi, I. (Ed.), Pergamon Press, New York, 149-164, 1971
* Hazra, S.K. y Basur, H.S., Proc. Int. Conference on Design of Silos for Strength and Flow, Univ. of Lancaster, U.K., Powder Advisory Centre, London, 1980.
* Heywood, H., J. Pharm. Pharmacol., (suppl), 15, 56T
* Heywood, H., Powders in Industry. SCI Monograph nº 14, Society of Chemical Industry, pp. 146-149, 1961.
* Hinkle, B.L., PhD thesis, Georgia Inst. of Technology, Atlanta, USA, 1953.
* Horne, R.M. y Nedermann R.M., Powder Technol., 14, 93-102, 1976.
* Horne, R.M. y Nedermann R.M., Powder Technol., 19, 235-241, 1978.
* Horne, R.M. y Nedermann R.M., Powder Technol., 19, 243-254, 1978.
* Huggett, M.R. y Godfery, A.R., Powtech 77, UK, 18-27.

* IGT (Institute of Gas Technology), Dept. of Energy Contact, FE 2286-32, USA, 1978.

* Ikemori, K., J. Mech. Eng. Japan, 62, 480, 1959

* ISO/DIS 5048, Draft International Standard, Continuous Mechanical Handling Equipment, 1979

* Janssen, H.A., Z. Ver. Dtsch. Ing., 39, 1045-49, 1895.

* Jenike, A., University of Utah, Bulletin nº 26, vol. 23, 12, 1964.

* Jenike, A.W. y Johanson, J.R., Flow of Solids. Newsletter (Jenike&Johanson) Vol. VI, nº1, p. 3, 1986.

* Jenike, A.W. y Johanson, J.R., Trans ASME. J. of Eng. for Ind., 91 (2), 339-344, 1969.

* Jenike, A.W., Bulletin n. 108, Utah Eng. Experimental Station, Salt Lake City, 1961.

* Jenike, A.W., Bulletin n. 123, Utah Eng. Experimental Station, Salt Lake City, 1964.

* Jenike, A.W., Elsey P.J. y Wooley, R.H., Bulletin n. 96, Utah Eng. Experimental Station, Salt Lake City, 1959.

* Jenike, A.W., J. of Structural Division, ASCE. vol. 93, nº ST1, 27, 1967.

* Jenike, A.W., Johanson, J.R. y Carson, J.W., Trans ASME. J. of Eng. for Ind., 95 (1), pp. 1-16, 1973.

* Jenike, A.W., Trans. Inst. Chem Eng., 40. 264-271, 1962.

* Jenike, A.W., Trans. Instn. Chem. Engrs., 40, 264-371, 1962.

* Jenike, A.W., Trnas, Inst. Chem. Engrs., 40, 264, 1962.

* Jenike, A.W.y Leser, T., 4º Congress on Rheology, 125, 1963.

* Johanson J.R. y Colijn, Iron and Steel Engineer (Octubre Issue) 85-104, 1964

* Johanson J.R. y Jenike, A.W., Bulletin n.116, Utah Eng. Experimental Station, 1962.

* Johanson, J.R., Chem. Eng., october, 75-83, 1969

* Jones, A.G., Rowe, P.N. y Gravestock, N., Powder Technol., 45, 83-86, 1985.

* Jones, P.S. y Leung, L.S., Pneutransport 4, organized by BHRA Fluid Eng., California, USA, C1-1-C1-12, 1978

* Junior, C.C., 2nd. Int. Conference on Design of Silos for Strength and Flow, 260-271, U.K., Powder Advisory Centre, London, 1983.

* Kenchington, J.M., Hydrotransport 2, University of Warwick, sept. paper C4, 1972

* Klinzing, G., Gas-Solid Transport. New York, McGraw-Hill, 1981

* Knowlton, T.M., Gas Fluidization Technology, Geldart, D. Ineterscience (John Wiley), pp. 341-415, 1986.

* Konno, H. y Saito, S., J. Chem. Eng., Japan, 2, 211-217, 1969.

* Kotchanova, I.I., Powder Technol., 4, 32-37, 1970.

* Kraus, M.N., Pneumatic Conveying of Bulk Solids, 2ª ed. McGraw-Hill, 1980.

* Kvapil, R., Int. J. Rock Mech. Min. Sci. 2, 25-41, 277-304, 1965.

* Lazarus, J.H. y Sive, A.W., Hydrotransport 9, Roma (Italia), oct. 17-19, 207-227, 1984

* Lazarus, J.H., Hydrotransport 8, Johannesburg, Sudáfrica, aug. 25-27, 123-133, 1982

* Lee, F.P., *Loss Prevention in the Process Industries*. Vol. 1, Butterworth, Londres, 1980.

* Lee, F.P., *Loss Prevention in the Process Industries*. Vol. 2, Butterworth, Londres, 1980.

* Leung, L.S., Wiles, R.J. y Nicklin, D.J., Ind. Eng. Chem. Proc. Des. Dv. 10, 183-189, 1971.

* Leung, W.C. y Wiles, R.J., Ind. Eng. Chem. Proc. Des., 552-557, 1976.

* Lipnitskii, M.E. y Abramovitsch, G.R., Zhelezobetonnye Bunkera i Silosy, Izd. Lit. po Stroitelstvu, 2ª ed., Leningrado, p. 208, 1967.

* Liptak, B.G., Chem. Eng., (13 feb), 151-158, 1967

* Lord, D.L., Husley, B.W. y Melton, L.L., Soc. Pet. Eng., 7, 252, 1967

* Lunn, G.A., *Venting Gas and Dust Explosions*. A review, I. Chem. E., 1984

* Martin, R., *Powder Techonlogy*. Series nº 6, 81-84, 1975.

* Mason, J.S., Powtech 77, UK, 1-5, 1977.

* Mccabe, W.L. y Smith, J.C., Unit Operation of Chemical Engineering, 3º End. McGraw-Hill, New York, 1976.

* McDougall, I.R. y Evans, A.C., Trans. Instn. Chem. Engrs., 44, T15-T27, 1966.

* McLean, A.G. y Arnold, P.C., Trans ASME. J. of Eng. for Ind., 95, 1370-1374, 1976.

* Memon, M.A. y Foster, P.J., PowTech, I. Chem. E, Symp. Series nº 91, Birmingham, UK, 1985.

* Metzner, A.B. y Friend, W.L., AIChE J., 4, 339-402, 1958

* Metzner, A.B. y Reed, J.C., AIChE J., 1, 434-440, 1955

* Miles, J.E.P., Schofield, C. y Valentine, H.H., PowTech I. Chem. E. Symp. Series nº 29, London, U.K, 1968.

* Miravete, A., Aparatos de elevación y transporte, 1994.

* Miravete, A., Arrarás, M., Vera, C. y López J.A., Grúas: Principios y Elementos Constructivos. Tomo I. Servicio de Publicaciones, Universidad de Zaragoza, 1986.

* Miravete, A., Arrarás, M., Vera, C. y López J.A., Grúas: Principios y Elementos Constructivos. Tomo II. Servicio de Publicaciones, Universidad de Zaragoza, 1986.

* Miravete, A., Arrarás, M., Vera, C. y López J.A., Grúas: Principios y Elementos Constructivos. Tomo III. Servicio de Publicaciones, Universidad de Zaragoza, 1986.

* Miravete, A., Pérez Lacosta, E., Blesa, J.A. y Arrarás, M., Advancing Crane Drum Design. Port Development International, pp. 30-33, 1986.

* Molerus, O., Powder Technol., 33, 81-87, 1982.

* Moore, P., *The Chemical Engineer.* Nº 430, pp. 43-47, 1986.

* Muir, D.M., *A User Guide to Dust and Fume Control.* I. Chem. E., 1985.

* Murfitt, P.M, Ph. D. thesis, University College London, 1980.

* Murfitt, P.M., Barnsby, P.L. y Nienow, A.W, Proc. of the 1981 Powtech Conf., Inst. of Chem. Engr. Pub. Series nº 16, pp. D3/S/1-D3/S/22, 1981.

* Nagy, J., y Verakis, H.C., *Development and Control of Dust Explosions.* Marcel Dekker, Inc. Nueva York, 1983.

* Napier, D.H., *Powder Technology.* Series nº 6, 51-56, 1975.

* Nedderman, R.M. y Tuzun, U., Chem. Eng. Sci., 40, 3, pp. 325-336, 1985.

* Nedderman, R.M., 2nd. Int. Conference on Design of Silos for Strength and Flow, Stratford-upon-Avon, UK, 1983.

* Nedderman, R.M., Bulk Solids Handling, 1 (1) 25-30, 1981.

* Nedderman, R.M., Tuzun, U., Savage, S.B. y Houslby, G.T., Chem. Eng. Sci., 37 (11), 1597-1609, 1982.

* Newitt, D.M., Richarson, J.F., Abbott, M. y Turtle, R.B., Trans. Instn. Chem. Engrs., 33, 93-113, 1955

* Newitt, D.M., Richarson, J.F.y Gliddon, B.J., Trans. Instn. Chem. Engrs., 39, 93-100, 1961

* Newton, R.H., Dunham, G.S. y Simpson, T.P., Trans. Instn. Chem. Engrs., 41, 215, 1945.

* Ooms, M. y Roberts, A.W., Bulk Solis Handling, 5, 1009-1016, 1985.

* Orr, C. Jr., Particulate Technology, MacMillan, New York, 1966

* Owens, P.R., J. Fluid Mech., 39, 407-432,1969.

* Palmer, K.N., *Dust Explosion and Fires.* Chapman and Hall, 1973.

* Papazoglou, C.S. y Pyle, D.L., Powder Technol., 4, 9-18, 1970.

* Patterson, R.C., Trans. Am. Soc. Mech. Engr., 81, 43, 43-54, 1959.

* Perry, R.H. y Chilton, C.H., Chemical Engineering Handbook, 5ª ed., McGraw-Hill

* Rappen, A. y Wright, H., 2nd. Int. Conference on Design of Silos for Strength and Flow, Powder Advisory Centre, London, pp. 243-434, 1983

* Ravenet, J., *Bulk Solid Handling*, vol 3, nº 1, 127-141, 1983.

* Ravenet, J., Bulk Solids Handling, 1, 4, 667-679, 1981.

* Read, G., Bulk Solids Handling, 5, nº 5, 1071-1076, 1985

* Reimbert, N.A., Trans. Tech. Publication, Series on Bulk Materials Handling, 1975/76, 1, 3.

* Resnick, W., Trans. Instn. Chem. Engrs., 50, 289, 1972.

* Richards, J.C., The Storage and Recovery of Particulate Solids. I Chem. Working Party report, cap. 8, 1966.

* Richards, P.C., Trans ASME. J. of Eng. for Ind., 99, (4), 809-813, 1977.

* Roberts, A.W. y Ooms, M., 2nd. Int. Conference on Design of Silos for Strength and Flow, pp. 151-170, U.K., Powder Advisory Centre, London, 1983.

* Rose, H.E., Powders in Industry. SCI Monograph nº 14, Society of Chemical Industry, pp. 130-149, 1961.

* Rose, H.F. y Tanaka, T., The Engineer, 465, 208, 1959.

* Rotter, J.M., 2nd. Int. Conference on Design of Silos for Strength and Flow, pp. 446-443, U.K., Powder Advisory Centre, London, 1983.

* Rumpf, H., Agglomeration, Knepper, W.A. (ed.) Interscience, N.Y. 379-418, 1962.

* Safarian, S.S. y Harris, E.C., Design and Construction of Silos and Bunkers, Van Nostrand Reinhold, New York, 1984.

* Saphiro, H.I., Saphiro, J.P. y Saphiro L.K., Cranes and Derricks. Ed. McGraw-Hill Inc., 1991

* Savage, S.B., Int. J. Mech. Sci., 9, 651, 1967.

* Schofield, C., *IChemE Guide to Dust Explosion Protection. Part I*, 1985.

* Schubert, H., Chemie Ingenieur Technik, 51, 266-277, 1979.

* Schubert, H., Powder Technol., 37, 105-116, 1984.

* Schwedes, J., German Chem. Eng., 8, 131-138, 1985.

* Seville, J.P.K. y Clift, R., Powder Technol., 37, 117-129, 1984.

* Shamlou, P.A., Handling of Bulk Solids. Butterworth & Co., 1988.

* Sokolovski, V.V., Statics of Granular Media, Pergamon Press, Oxford, 1965.

* Spinks, C.D. y Nedderman, R.M., Powder Technol., 21, 245-261, 1978.

* Stepanoff, A.J., Gravity Flow of Bulk Solids and Transportation of Solids in Suspension, John Wiley, New York, 1969.

* Stoess, H. A. Jr., Pneumatic Conveying, John Wiley, 1983.

* Streat, M. Hydrotransport 9, Johannesburg, Sudáfrica, aug. 25-27, 111-123, 1982
* Sugden, M.B., 1st. Int. Conference on Design of Silos for Strength and Flow. University of Lancaster U.K., Powder Advisory Centre, London, 1980
* Sundram, V. y Cowin, S.C., Powder Technol. 22, 23-32, 1979.
* Svarovsky, L. (Ed.), Solid-Liquid Separation, Butterworth, London, 1981
* Tamura, T. y Haze, H., Bulk Solids Handling, 5 (3) 633-641, 1985.
* Targuetta Arriola, L., López Roa, A., Transporte y Almacenamiento de Materias Primas en la Industria Básica, Tomos I y II, Editorial Blume, 1970.
* Theimer, O.F., *Powder Technology*, 8, 137-147, 1973.
* Turian, R.M. y Yuan, T., AIChE J, 23, 232-243, 1977
* Turian, R.M., Hsu, F.L. y Sami Selim, M., Particulate Science and Techn., 1, 365-392, 1983
* Tuzun, U. y Nedderman, R.M., Powder Technol., 24, 257-266, 1979.
* Van Zanten, D.C. y Mooij, A., Trans ASME. J. of Eng. for Ind. 99, (4), P2 814-818, 1977.
* Van Zanten, D.C., Richards P.C. y Mooij, A., Trans ASME. J. of Eng. for Ind. 99, (4), P3 819-823, 1977.
* Walker, D.M., Chem. Eng. Sci., 21, 975-997, 1966.
* Walker, D.M., Powder Technol. 1, 228, 1967
* Walker, J.K. y Blachard, M.H. Chem. Eng. Sci., 22, 1713-1745, 1967.
* Walters, J.K., Chem. Eng. Sci. 28, 13-21, 1973.
* Wen, C.Y., Gas-solids Hanling in the Process Industries, Marchello, J.M. y Gomezplata, A. (Eds.), Marcel Dekker Inc., 89-134, 1976.
* White, J.F.C. y Seal, M.E.J, Hydrotransport 9, Johannesburg, Sudáfrica, aug. 25-27, 63-75, 1982
* Wilkinson, W.L., Non-Newtonian Fluids-Fluid Mechanics, Mixing and Heat Transfer. Pergamon Press, New York, 1960
* Williams J.C., Head, J.M. y Ahumada, J.J., 2nd. Int. Conference on Design of Silos for Strength and Flow, pp. 401-423, U.K., Powder Advisory Centre, London, 1983.
* Williams, J.C. y Birks, A.H., Rheol. Acta 4 (3), 170, 1965.
* Williams, J.C., Enlargement and Compaction of Particulate Solids, N.G. Stanley-Wood, (ed.), Monographs in Chemical Engineering. Butterworths, 1983.
* Williams, J.C., Head, J.M. y Ahumada, J.J., 2nd. Int. Conference on Design of Silos for Strength and Flow, Powder Advisory Centre, London,, pp. 401-423, 1983.
* Wood, J.G.M., 2nd. Int. Conference on Design of Silos for Strength and Flow, pp. 132-145, U.K., Powder Advisory Centre, London, 1983.
* Wright, H. Trans. of ASME, paper 2, 72-MH-7, 1972.

* Wright, H., Ph.D. thesis, Univ. of Bradford, U.K, 1970.

* Yates, J.G., Fundamentals of Fluidized-bed Chemical Processes. Butterworths, London, 1983.

* Yuasa, Y. and Kuno, H., Powder Technol., 6, 97-103, 1972.

* Zandi, I y Govatos, G., J. Hyd. Div., Proc. ASCE, HY3, 1967

* Zenz, F.A., Ind. Eng. Chem.; Fund. 3, 65-75, 1964.

* Zignoli, V., Transporti meccanici, Tomos I y II, Ulrico Hoepli Editore S.P.A., 1970.

Normas DIN

Normas FEM

Catálogo técnico AUMUND FORDERERBAU GmbH, 1993

Catálogo técnico CAILLARD, S.A., 1993

Catálogo técnico GOSAN, 1993

Catálogo técnico GROVE, 1993

Catálogo técnico HITACHI Ltd., 1993

Catálogo técnico IHI, 1993

Catálogo técnico INDUSTRIAS ALBAJAR, 1993

Catálogo técnico INTA-EIMAR, 1993

Catálogo técnico KONE CORPORATION, 1993

Catálogo técnico LIEBHERR CONTAINER CRANES Ltd., 1993

Catálogo técnico MITSUBISHI HEAVY INDUSTRIES Ltd., 1993

Catálogo técnico NORMAR, 1993

Catálogo técnico PACECO-VICKERS, 1993

Catálogo técnico POTAIN, 1993

Catálogo técnico STOTHERT & PITT Ltd., 1993

Catálogo técnico TALLERES LUNA, 1993

Catálogo técnico TECNOVENTAS, 1993

Catálogo técnico VALMET, 1993

ÍNDICE

PARTE I: ELEMENTOS

PARTE II: APARATOS

Made in the USA
Monee, IL
16 November 2025

35003059R00308